PHYSIQUE I

MÉCANIQUE

2e édition

Raymond A. Serway
James Madison University

Traducteur: Robert Morin, B.Ph., M.A. Trad.

Conseillers: Camille Boisvert, Roger Lanthier, Normand Legault,
Madeleine Page, Dominique Peschard,
Professeurs au cégep de Maisonneuve.

Les Éditions HRW ltée

Distributeur exclusif
Éditions Études Vivantes

Physique I
Mécanique, 2e édition

Traduction de:
Physics for Scientists and Engineers / with Modern Physics

CBS COLLEGE PUBLISHING
Saunders College Publishing
Holt, Rinehart and Winston
The Dryden Press

Maquette de la couverture: Michel Bérard
Supervision graphique : Nicole Beaulieu
Illustrations: Bertrand Lachance
Typographie et montage: Caractéra inc.
Réviseur: Robert Morin
Correctrice: Diane Trudeau
Imprimeur: Interglobe inc.

Distribution exclusive:

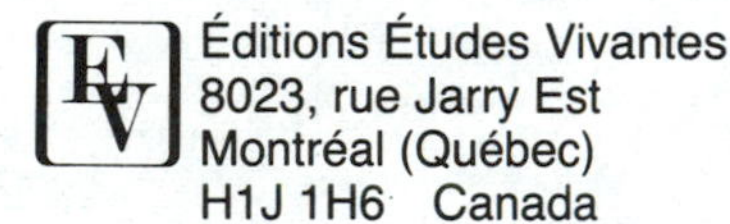
Éditions Études Vivantes
8023, rue Jarry Est
Montréal (Québec)
H1J 1H6 Canada

ISBN 0-03-926210-3

Dépôt légal 3e trimestre 1988
Bibliothèque nationale du Québec
Bibliothèque nationale du Canada

Imprimé au Canada
3 4 5 92 91 90

Préface de la deuxième édition

Le vif succès qu'a connu *Physique I-Mécanique* au niveau collégial justifie à notre sens la présente édition, revue et corrigée.

Parmi les changements les plus significatifs apportés à cette nouvelle édition, mentionnons la suppression des cinq derniers chapitres de la version originale puisque ceux-ci ne traitaient pas directement de la matière du cours de mécanique (Physique 101).

D'autre part, nous avons corrigé les coquilles d'ordre mathématique, linguistique et graphique qui s'étaient glissées lors de la première version. Nous avons également cherché à simplifier le texte et à clarifier les principes énoncés en apportant les corrections qui s'imposaient. Tous les exercices proposés ont été révisés, et les réponses aux problèmes précédés d'un chiffre impair ont été vérifiées.

De plus, afin d'aider l'étudiant(e) à faire la distinction entre les formules essentielles et celles de moindre importance, nous avons éliminé les cadres qui délimitaient bon nombre de formules numérotées. Seules les formules à caractère général demeurent encadrées. Nous souhaitons que l'étudiant(e) puisse en venir à considérer ce traité de physique autrement qu'un livre de recettes à mémoriser.

Enfin, pour ceux et celles déjà familiers avec le calcul différentiel et intégral, nous avons ajouté une brève annexe permettant de traiter les situations générales et de régler plus rapidement le cas du mouvement uniformément accéléré (Annexe D).

En terminant, nous désirons remercier les professeurs et les étudiants(es) du Collège Lionel-Groulx, ainsi que le Département de physique du Collège de Sherbrooke, de leur précieux concours. Ces personnes seront sans doute heureuses de constater que les points sur lesquels elles ont attiré notre attention, ont été pris en considération.

Camille Boisvert
Roger Lanthier
Normand Legault
Dominique Peschard
Département de physique
Collège de Maisonneuve

Préface de la première édition

Ce livre de mécanique est le premier volume (tome 1) de la version traduite et adaptée d'un ouvrage d'introduction à la physique s'adressant à des étudiants qui désirent se spécialiser en science et en génie. Le second volume (tome 2) traitera de l'électricité et du magnétisme, tandis que le troisième (tome 3) abordera les ondes, l'optique et la physique moderne.

La rédaction de cet ouvrage didactique s'est échelonnée sur plusieurs années, au cours desquelles l'auteur donnait des cours d'introduction à la physique au Clarkson College of Technology et à l'Université James Madison. Il eut ainsi l'occasion d'utiliser le contenu de cet ouvrage avec ses étudiants et de recueillir leurs commentaires et leurs critiques qui furent largement pris en compte dans l'élaboration du manuscrit final.

Le contenu d'un tome peut faire l'objet d'un cours d'une durée d'un semestre. Cependant, l'ordre de présentation proposé dans l'ouvrage peut être modifié, permettant ainsi de ne retenir que les chapitres ou les sections traitant des sujets que l'on souhaite aborder.

Les trois tomes portent sur les sujets fondamentaux de la physique classique et moderne. Le premier tome comprend notamment: la mécanique newtonienne (chapitres 1 à 14), la mécanique des solides et des fluides (chapitre 15), la chaleur et la thermodynamique (chapitres 16 à 19).

Dans la préface à l'édition anglaise, l'auteur explique les principaux objectifs qui l'ont amené à rédiger cet ouvrage, compte tenu de son expérience dans l'enseignement de la physique.

«J'ai rédigé cet ouvrage principalement pour fournir à l'étudiant un outil simple et logique qui lui permette de saisir les notions de base de la physique classique et de la physique moderne. J'ai privilégié une présentation précise et concrète des notions et des applications de la physique.

L'expérience m'a appris que bon nombre d'étudiants éprouvent des difficultés à suivre ce cours principalement à cause d'un manque de connaissances en mathématiques. Je me suis donc efforcé de tenir compte de ce facteur en introduisant le calcul différentiel de façon très graduelle. L'ouvrage comporte des remarques d'ordre pratique tout au long du texte et dans les problèmes faisant appel à des notions mathématiques avancées. Étant donné que plusieurs étudiants inscrits à ce cours commencent leur apprentissage de la science physique, j'ai cru bon de n'introduire que quelques notions à la fois dans chaque chapitre. En outre, l'ouvrage présente de nombreux exemples d'application de la théorie, qui devraient permettre à l'étudiant de comprendre les notions traitées et de faire les exercices et les problèmes qui se trouvent à la fin de chaque chapitre.

Selon moi, le manuel scolaire doit être «l'outil» principal de l'étudiant, grâce auquel il réussit à assimiler les concepts inscrits au programme. Le manuel doit donc être présenté et rédigé de manière à faciliter le cheminement didactique.»

Afin d'atteindre ces objectifs, le présent ouvrage est doté des caractéristiques suivantes:

(1) La plupart des chapitres sont précédés d'un bref aperçu des objectifs visés.

(2) Le texte est rédigé dans un style simple et direct qui, nous l'espérons, plaira aux étudiants et leur rendra la lecture agréable.

(3) Pour faciliter la compréhension des notions théoriques, ce livre contient de nombreux exemples qui présentent divers niveaux de difficultés. Bon nombre d'entre eux peuvent servir de modèles pour résoudre les problèmes à la fin des chapitres; leur présentation dans des cadres permet de les repérer facilement dans le texte courant.

(4) De nombreux chapitres comprennent des sections traitant de sujets spéciaux qui permettent à l'étudiant de se familiariser avec diverses applications contemporaines de la physique. Ces sujets sont étroitement liés au contenu du chapitre, de sorte que l'étudiant en saisit toute la pertinence. Parmi ces sujets spéciaux, citons le mouvement des marées, la propulsion des fusées, l'énergie éolienne et la pollution thermique.

(5) Ce premier tome comporte deux chapitres d'introduction destinés à la «mise en place» du texte et de certains outils mathématiques de base, tels que l'utilisation des vecteurs et la notation de vecteurs unitaires.

(6) Les produits de vecteurs sont introduits au moment où leur application physique est requise: le produit scalaire est traité au chapitre 7, qui porte sur le travail et l'énergie; le produit vectoriel est expliqué au chapitre 11, où il est question du mouvement de rotation.

(7) Le calcul différentiel et intégral est amené de façon très graduelle, en tenant compte du fait que, dans bien des cas, l'étudiant suit simultanément un cours d'introduction à ce mode de calcul. Les annexes présentent une révision des notions d'algèbre, de géométrie, de trigonométrie et de calcul différentiel et intégral.

(8) De nombreuses sections sont suivies de questions, dont les réponses peuvent être formulées verbalement. Parmi ces questions, certaines permettent à l'étudiant d'évaluer lui-même sa connaissance du contenu d'une section donnée, alors que d'autres peuvent servir à alimenter la discussion en classe.

(9) À la fin de chaque chapitre, on trouve une série complète d'exercices et de problèmes à l'intention de l'étudiant. (Les trois tomes réunis comptent près de 1 450 exercices et 615 problèmes.) La plupart des exercices sont formulés en termes simples et servent à vérifier le degré de compréhension de l'étudiant. Il ne faut pas se méprendre sur le sens des mots «exercice» et «problème»: bon nombre d'exercices sont en réalité des problèmes de niveau intermédiaire. Pour plus de commodité, tant pour l'étudiant que pour l'enseignant, les exercices sont groupés selon les sections auxquelles ils se rapportent. En règle générale, le degré de difficulté des problèmes est plus élevé et leur solution nécessite le recours à plusieurs notions. Les problèmes particulièrement ardus sont souvent accompagnés d'indices. On trouve en annexe les solutions aux exercices et aux problèmes à numérotation impaire. À mon avis, les travaux pratiques devraient porter davantage sur les exercices plutôt que sur les problèmes, permettant ainsi à l'étudiant de prendre de l'assurance.

(10) Les notes et les commentaires en marge servent à repérer dans le texte les énoncés de base, les équations et les notions importantes. Les numéros identifiant les équations importantes sont insérés dans un rectangle.

(11) Chaque chapitre comporte un résumé des notions et des relations fondamentales établies dans les pages précédentes. Cette formule se révélera particulièrement utile à l'étudiant au moment de résoudre les problèmes et de faire la révision du chapitre.

(12) Les annexes constituent un complément d'information. Outre la révision des concepts mathématiques, elles contiennent des tableaux de conversion, de données physiques, de dérivées et d'intégrales, de symboles mathématiques et d'unités SI correspondant à des quantités physiques.

(13) Le système international d'unités (SI), que certains appellent système métrique, est utilisé tout au long du manuel.

(14) Le texte est abondamment illustré de graphiques, de schémas et de photos destinés à clarifier ou à compléter les notions et les exemples.

Certaines sections et même des chapitres entiers peuvent être retranchés sans que cela nuise à la continuité de l'ouvrage; ils sont indiqués au moyen d'un astérisque (*) dans la table des matières. Il serait cependant souhaitable que les étudiants lisent ces sections et ces chapitres pour compléter leurs connaissances personnelles.

À titre d'utilisateurs du volume, vous aurez sans doute des remarques à formuler quant au contenu de certaines sections. Nous accepterons avec plaisir de recevoir vos suggestions, vos idées et vos critiques, qui seront prises en compte dans les éditions à venir.

Note aux étudiants

Comme je l'ai signalé dans la préface qui, je l'espère, a su retenir votre attention, ce livre présente de nombreuses caractéristiques conçues en fonction de vos besoins. À la lumière de l'expérience acquise au cours de mes quatorze années d'enseignement de la physique, je me permets donc de vous soumettre quelques conseils qui vous aideront à mieux comprendre le contenu de cet ouvrage.

Vous devez avant tout conserver une attitude positive à l'égard de la matière traitée et vous rappeler que la physique constitue la plus fondamentale des sciences naturelles. Vous aurez sûrement l'occasion, dans des cours plus spécialisés, d'utiliser les principes physiques traités dans le présent ouvrage. Il est donc important que vous assimiliez les diverses notions ainsi que le formalisme et les applications qui s'y rattachent.

Une lecture attentive est indispensable à la bonne compréhension de la matière. Sachez que rares sont ceux qui peuvent assimiler le contenu d'un texte scientifique dès la première lecture. Il est donc tout à fait normal que vous deviez relire certains passages à plusieurs reprises et même recourir à vos notes de cours. C'est ainsi que les cours théoriques et les travaux en laboratoire devront compléter le texte du livre et permettre de clarifier les notions les plus difficiles. Le fait de mémoriser les équations, les formules et les définitions présentées en classe ou dans le texte ne vous assure pas nécessairement une compréhension acceptable des notions fondamentales. Je vous conseille donc d'adopter une discipline d'étude efficace et de ne pas hésiter à discuter de certains points avec vos collègues et vos professeurs et à poser des questions chaque fois que vous en éprouvez le besoin. Si vous préférez ne pas soumettre vos questions en classe, je vous recommande de consulter votre professeur à son bureau: vous serez étonnés de constater à quel point les notions qui vous semblent ardues peuvent être expliquées très simplement en échangeant verbalement avec une autre personne.

Il est vraiment indispensable d'établir un programme d'études régulières, de préférence suivant un horaire journalier. Assurez-vous de respecter l'échéancier fixé par votre professeur. Ainsi, vous comprendrez beaucoup mieux ce que dit le professeur en classe si vous avez lu préalablement le texte relatif au contenu de son cours. On recommande généralement deux heures d'études pour chaque heure de cours. Si vous éprouvez des difficultés avec certaines notions, demandez conseil au professeur ou à vos collègues ayant déjà suivi ce cours. Dans certains cas, on offre des sessions de révision de la matière qui peuvent se révéler très utiles. Quoi qu'il en soit, vous devez éviter de remettre l'étude de toute la matière aux quelques jours précédant l'examen, car cela entraîne presque toujours des résultats désastreux.

Je vous recommande de tirer profit de toutes les caractéristiques du manuel, telles qu'elles sont décrites dans la préface. Par exemple, les notes en marge sont pratiques lorsque vous voulez réviser les notions et les définitions fondamentales; les annexes permettent de réviser les notions mathématiques et présentent une foule de données utiles. Sachez tirer profit des réponses aux exercices à numérotation impaire données à la fin du livre, de la table des matières, qui présente un aperçu général du contenu, et de l'index, qui permet les renvois aux passages pertinents dans le texte.

Les notes en bas de page contiennent souvent des renseignements additionnels ou des références à d'autres ouvrages traitant du sujet en cause.

R. P. Feynman, récipiendaire d'un Prix nobel en physique, fit un jour la réflexion suivante: «Sans la pratique, on ne sait rien.» C'est pourquoi j'affirme que l'habileté la plus importante que vous devez acquérir est sans doute celle de pouvoir résoudre des problèmes. Au cours du semestre, le professeur vous assignera probablement de 8 à 10 problèmes chaque semaine. Or, vous devriez vous pratiquer à résoudre le plus d'exercices et de problèmes possibles, car il s'agit là de la meilleure méthode pour vérifier vos connaissances en physique. Il importe que vous ayiez bien assimilé les concepts et les principes de base avant d'entreprendre la solution des problèmes. Pour améliorer le maniement pratique des concepts, je vous recommande d'imaginer diverses solutions possibles à un même problème. Par exemple, plusieurs problèmes de mécanique peuvent être résolus à l'aide de la loi du mouvement de Newton, mais dans bien des cas, on peut recourir à une autre méthode, souvent plus directe, fondée sur les considérations relatives à l'énergie. Il est parfois très décevant de croire qu'on a bien compris la solution d'un problème simplement parce qu'on a bien suivi l'exposé qu'en a fait le professeur en classe. Pour résoudre un problème faisant appel à plusieurs concepts à la fois, vous devez procéder attentivement en suivant un cheminement systématique. Relisez toujours le problème à plusieurs reprises, jusqu'à ce que vous soyez assurés d'avoir bien saisi le sens de la question; puis, notez les données du problème. Enfin, choisissez la méthode qui vous semble applicable au problème et procédez à sa solution. Si votre démarche est infructueuse, vous aurez avantage à relire certains passages du chapitre. D'ailleurs, les exercices sont groupés suivant les sections auxquelles ils se rapportent, ce qui facilite la consultation des passages pertinents.

Il arrive fréquemment que les étudiants ne reconnaissent pas les limites de certaines formules ou de certaines lois de la physique dans des situations particulières. Il est donc très important de ne pas perdre de vue les hypothèses de départ qui soutendent certains développements théoriques. Par exemple, les équations relatives au mouvement rectiligne ne s'appliquent qu'au cas d'une particule animée d'une accélération constante. Or, il existe de nombreux exemples de mouvements dans lesquels l'accélération n'est pas constante, tels que le mouvement d'un objet relié à un ressort ou le mouvement d'un objet se déplaçant dans un milieu offrant une certaine résistance. En pareils cas, il faut aborder le problème d'un point de vue plus général et résoudre l'équation du mouvement.

La physique est une science fondée sur l'observation expérimentale. C'est pourquoi, je vous conseille de tenter de compléter le contenu du texte en élaborant des modèles et des expériences chaque fois que cela est possible. Ces expériences, que vous pouvez effectuer à domicile ou en laboratoire, serviront à vérifier les principes et les modèles présentés en classe et dans le texte. Par exemple, le petit jouet connu sous le nom de «Slinky» est un outil très précieux lorsqu'il s'agit de démontrer la nature de l'onde progressive; une boule attachée à un fil permet d'étudier le mouvement du pendule; en optique, on peut effectuer diverses expériences à l'aide de verres fumés de type Polaroïd, de vieilles lentilles ou de loupes; le phénomène des collisions élastiques peut être démontré en étudiant le mouvement des boules qui s'entrechoquent sur une table de billard: il suffit de recouvrir la table d'une feuille de papier permettant d'enregistrer fidèlement les collisions. En fait, la liste des expériences possibles est sans fin. Dans le cas où les modèles physiques font défaut, essayez de concevoir des modèles «abstraits» et imaginez des expériences originales qui vous permettraient d'améliorer votre compréhension des notions ou des situations à l'étude.

J'espère que vous apprécierez la lecture de ce livre et que son contenu vous sera profitable. À la fin de votre cours, je crois fermement que vous aurez acquis une bonne compréhension des idées en physique et de leurs nombreuses applications concrètes.

Sur ce, je vous souhaite la bienvenue dans l'univers passionnant de la physique.

RAYMOND A. SERWAY
Université James Madison
Harrisonburg VA

Remerciements

Il convient de souligner le travail exceptionnel accompli par les nombreux collaborateurs qui ont permis de réaliser la présente version de l'ouvrage de M. Serway.

Je tiens à remercier tout particulièrement l'excellente équipe de conseillers, Roger Lanthier, Camille Boisvert, Normand Legault, Madeleine Page et Dominique Peschard, tous du département de physique du cégep de Maisonneuve. Leur compétence, leur persévérance et leur dynamisme réunis m'ont assuré un précieux appui tout au long de mon travail.

Robert Morin, traducteur

Table des matières

Chapitre **1**

Introduction: la physique et les mesures

National Bureau of Standards

La physique est une science fondamentale qui vise à une meilleure compréhension des phénomènes naturels de l'Univers. Cette science est fondée sur des observations et sur des mesures quantitatives. Son principal objet est d'élaborer des théories physiques et de formuler des lois fondamentales, qui permettent de prédire le résultat de certaines expériences. Heureusement, il est possible d'expliquer le comportement de nombreux systèmes physiques au moyen d'un nombre restreint de lois fondamentales. Le langage mathématique, outil qui lie la théorie et les expériences, est utilisé pour exprimer ces lois fondamentales.

Chaque fois que survient un désaccord entre la théorie et la pratique expérimentale, on doit formuler de nouveaux concepts théoriques pour en rendre compte. Plusieurs théories ne sont applicables qu'à certaines conditions limitées, alors que des théories plus générales peuvent être valables sans de telles restrictions. Par exemple, les lois du mouvement de Newton décrivent avec précision le mouvement des corps à des vitesses pas trop grandes, mais ne s'appliquent pas aux objets qui se déplacent à des vitesses comparables à celle de la lumière. En revanche, la théorie de la relativité, élaborée par Albert Einstein (1879-1955), prédit avec succès le mouvement d'objets à des vitesses proches de celle de la lumière et constitue donc une théorie plus générale du mouvement.

Ce texte traite essentiellement de la physique classique, mais comprend aussi de nombreuses applications aux théories contemporaines. Les théories, les concepts et les expériences de la physique classique (avant 1900) sont groupés en trois grandes disciplines: (1) la mécanique classique, (2) la thermodynamique (transfert de chaleur, température et comportement d'un grand nombre de particules) et (3) l'électromagnétisme (étude des phénomènes électriques et magnétiques et du rayonnement).

Galilée (1564-1642) contribua le premier de façon significative à la mécanique classique par son travail sur les lois du mouvement dont l'accélération est constante. À la même époque, Johanness Kepler (1571-1630) élabora, à partir d'observations astronomiques, les lois empiriques du mouvement des corps célestes.

C'est Isaac Newton (1642-1727) qui fit les contributions les plus importantes à la physique classique. Il érigea la mécanique en théorie systématique et compte parmi les auteurs du calcul différentiel et intégral. La physique classique continua de connaître des progrès significatifs au cours du 18e siècle, mais la thermodynamique, l'électricité et le magnétisme ne furent bien compris que vers la fin du 19e siècle, car auparavant les montages expérimentaux et les appareils de mesure étaient trop rudimentaires ou tout simplement inexistants. Bien que plusieurs phénomènes électriques et magnétiques aient alors déjà été étudiés, l'oeuvre de James Clerk Maxwell (1831-1879) est la première à offrir une théorie unifiée de l'électromagnétisme. La mécanique et l'électromagnétisme constituent la base commune de toutes les branches de la physique classique et de la physique moderne.

L'ère nouvelle, que l'on désigne généralement par le terme de *physique moderne*, a commencé vers la fin du 19e siècle; elle a vu le jour essentiellement à la suite de la découverte de phénomènes que la physique classique ne pouvait pas expliquer. Les deux principaux développements de la science physique contemporaine sont la théorie de la relativité et la mécanique quantique. La théorie de la relativité d'Einstein a bouleversé les concepts traditionnels d'espace, de temps et d'énergie. Cette théorie a, entre autres, corrigé les lois du mouvement de Newton en décrivant le mouvement d'objets qui se déplacent à des vitesses comparables à celle de la lumière. Selon la théorie de la relativité, la vitesse de la lumière est la vitesse limite maximale d'un objet ou d'un signal et il y a équivalence entre masse et énergie. La formulation de la mécanique quantique par plusieurs scientifiques renommés nous a donné une description des phénomènes physiques à l'échelle atomique.

1.1 Étalons de longueur, de masse et de temps

On exprime les lois physiques par des quantités physiques qui doivent être définies clairement. C'est ainsi que certaines quantités telles que la force, la vitesse, le volume et l'accélération peuvent être exprimées au moyen de quantités jugées plus fondamentales. Les trois quantités fondamentales de la mécanique sont la longueur (L), le temps (T) et la masse (M).

Figure 1.1 *(À gauche)* Le kilogramme étalon américain n° 20, copie conforme du kilogramme étalon conservé à Sèvres en France, est placé sous deux cloches de verre, dans une chambre forte du *National Bureau of Standards.* (Photo offerte par le *National Bureau of Standards,* Département américain du commerce.) *(À droite)* L'étalon de fréquence primaire (horloge atomique) du *National Bureau of Standards.* Ce mécanisme est précis à 3 millionièmes de seconde près par année. (Photo offerte par le *National Bureau of Standards,* Département américain du commerce.)

Il est évident que si nous devons communiquer les résultats d'une mesure à quelqu'un qui veut la reproduire, il nous faut définir un étalon. En effet, il serait inutile qu'un visiteur venu d'une autre planète nous parle d'une longueur de 8 «gliches» si nous ne connaissons pas l'unité «gliche». Cependant, si quelqu'un qui connaît bien notre système de poids et de mesures nous rapporte qu'un mur mesure 2,0 mètres de haut, notre unité de longueur étant le mètre, nous savons alors que le mur mesure deux fois notre unité de longueur. De même, si l'on nous dit qu'une personne a une masse de 75 kilogrammes et que notre unité de masse est 1,0 kilogramme, la masse de cette personne équivaut donc à 75 fois notre unité fondamentale de masse[1].

En 1960, un comité international a établi des règles permettant de définir un ensemble d'étalons pour les grandeurs fondamentales. Le système alors établi est une adaptation du système métrique et se nomme *Système international d'unités* (SI). Dans ce système, les unités de masse, de longueur et de temps sont respectivement le kilogramme, le mètre et la seconde. Le comité a aussi déterminé les unités de température (le *kelvin*), de courant électrique (l'*ampère*) et d'intensité lumineuse (la *candela*). Ce sont les six unités fondamentales qui forment la base du système SI. Cepen-

1. Lord Kelvin (William Thomson) exprima ainsi la nécessité d'attribuer par des expériences des valeurs numériques aux diverses grandeurs physiques: «Je dis souvent que lorsqu'on peut mesurer ce dont on parle et l'exprimer en chiffres, on doit en savoir quelque chose; en revanche, si l'on ne peut l'exprimer en chiffres, l'on en a une bien piètre connaissance.»

dant, seules les unités de masse, de longueur et de temps sont utilisées dans notre étude de la mécanique.

L'unité SI de masse, le *kilogramme*, est définie comme la masse d'un cylindre de platine iridié (i.e. allié avec de l'iridium) conservé au Bureau international des poids et mesures, à Sèvres en France. Cet étalon de masse a été établi en 1901 et n'a subi aucun changement depuis, le platine iridié étant particulièrement stable. Le cylindre de Sèvres a un diamètre de 3,9 centimètres et une hauteur de 3,9 centimètres.

Jusqu'en 1960, l'étalon de longueur, le *mètre*, était défini comme la distance entre deux lignes sur une tige de platine iridié conservée dans des conditions spéciales. On a abandonné cet étalon pour plusieurs raisons dont, en particulier, la précision relative avec laquelle on déterminait la distance entre les lignes gravées sur la tige. Cette précision ne répond plus aux normes actuelles de la science et de la technologie. C'est pourquoi la Conférence générale des poids et mesures de 1983 a redéfini comme suit le mètre étalon:

> «Le **mètre** est la longueur du trajet parcouru dans le vide par la lumière pendant une durée de 1/299 792 458 de seconde»[2].

Jusqu'en 1960, l'étalon de temps était défini en fonction du *jour solaire moyen*, soit la moyenne annuelle du jour solaire[3]. La *seconde solaire moyenne*, unité de temps de base, fut donc d'abord définie comme $(\frac{1}{60})(\frac{1}{60})(\frac{1}{24})$ d'un jour solaire moyen. On appelle *temps universel* le temps défini en fonction de la rotation de la Terre sur son axe.

La seconde fut redéfinie en 1967, l'*horloge atomique* permettant désormais une très grande précision. Les fréquences associées à certaines transitions atomiques extrêmement stables peuvent être mesurées avec une précision d'une partie dans 10^{12}. Cela équivaut à une incertitude de moins d'une seconde par 30 000 ans. Ces fréquences sont particulièrement insensibles aux changements dans l'environnement de l'horloge. C'est ainsi qu'en 1967, l'unité SI de temps, la *seconde*, fut redéfinie en utilisant comme «horloge de référence» la fréquence caractéristique d'un certain type d'atome de césium:

> **Une seconde**: la durée de 9 192 631 770 périodes de la radiation correspondant à la transition entre les deux niveaux hyperfins de l'état fondamental de l'atome de césium 133.

Ce nouvel étalon a l'avantage indéniable d'être «indestructible» et très reproductible.

Divers ordres de grandeurs (valeurs approximatives) de masse, de longueur et d'intervalle de temps sont présentés aux tableaux 1.1, 1.2 et 1.3.

Tableau 1.1 *Masse des divers corps (valeurs approximatives)*

	Masse (kg)
Soleil	2×10^{30}
Terre	6×10^{24}
Lune	7×10^{22}
Requin	1×10^{3}
Être humain	7×10^{1}
Grenouille	1×10^{-1}
Moustique	1×10^{-5}
Atome d'hydrogène	$1{,}67 \times 10^{-27}$
Électron	$9{,}11 \times 10^{-31}$

2. Tiré de l'American Journal of Physics, Vol. 52, n° 7, juillet 1984.
3. Un jour solaire correspond à l'intervalle de temps entre deux passages successifs du Soleil au méridien.

Tableau 1.2 *Valeur approximative de quelques longueurs mesurées*

	Longueur (m)
Distance de la Terre aux galaxies normales et connues les plus éloignées	3×10^{26}
Distance de la Terre à la grande galaxie la plus proche (M 31 d'Andromède)	2×10^{22}
Distance de la Terre à l'étoile la plus proche (Alpha du Centaure)	$4,3 \times 10^{16}$
Rayon moyen de l'orbite de la Terre	$1,5 \times 10^{11}$
Distance moyenne de la Terre à la Lune	$3,8 \times 10^{8}$
Rayon moyen de la Terre	$6,4 \times 10^{6}$
Altitude caractéristique d'un satellite en orbite autour de la Terre	2×10^{5}
Longueur d'un terrain de football	$9,1 \times 10^{1}$
Longueur d'une mouche domestique	5×10^{-3}
Grosseur des plus petites particules de poussière	1×10^{-4}
Grosseur des cellules de la plupart des organismes vivants	1×10^{-5}
Diamètre d'un atome d'hydrogène	1×10^{-10}
Diamètre d'un noyau atomique	1×10^{-14}

Tableau 1.3 *Valeurs approximatives de quelques intervalles de temps*

	Intervalle (s)
Âge de la Terre	$1,3 \times 10^{17}$
Âge moyen d'un étudiant de niveau collégial	$6,3 \times 10^{8}$
Une journée (temps d'une rotation de la Terre sur son axe)	$8,6 \times 10^{4}$
Temps entre des battements de coeur normaux	8×10^{-1}
Période[a] d'ondes sonores audibles	1×10^{-3}
Période d'ondes radio typiques	1×10^{-6}
Période de vibration d'un atome dans un corps solide	1×10^{-13}
Période d'ondes lumineuses visibles	2×10^{-15}
Durée d'une collision nucléaire	1×10^{-22}

[a] La période est définie comme la durée d'une vibration.

Les préfixes les plus souvent employés pour les diverses puissances de dix[4] et leurs symboles sont énumérés au tableau 1.4. Par exemple, 10^{-3} m équivaut à 1 millimètre (mm) et 10^{3} m correspond à 1 kilomètre (km). De même, 1 kg est égal à 10^{3} g et 1 mégavolt, à 10^{6} volts.

Tableau 1.4 *Quelques préfixes des puissances de dix*

Puissance	Préfixe	Symbole
10^{-12}	pico	p
10^{-9}	nano	n
10^{-6}	micro	μ
10^{-3}	milli	m
10^{-2}	centi	c
10^{3}	kilo	k
10^{6}	méga	M
10^{9}	giga	G
10^{12}	téra	T

Q1. Quels types de phénomènes naturels pourraient aussi tenir lieu d'étalon de temps?

Q2. On exprime parfois en «mains» la hauteur d'un cheval. Pourquoi, selon vous, cet étalon de longueur est-il médiocre?

4. Si l'emploi des puissances de 10 (notation scientifique) ne vous est pas familier, vous devriez réviser la section B1 de l'annexe mathématique à la fin de ce livre.

Q3. Exprimez les grandeurs suivantes à l'aide des préfixes donnés au tableau 1.4: (a) 3×10^{-4} m; (b) 5×10^{-5} s; (c) 72×10^{2} g.

1.2 Densité et masse atomique

Tout élément de matière résiste à tout changement de son mouvement. On appelle *inertie* cette propriété de la matière. La *masse* sert à mesurer la quantité d'inertie associée à un corps donné.

Toute substance a comme propriété caractéristique sa densité ou sa masse volumique ρ (la lettre grecque rho) définie comme la *masse par unité de volume*:

Densité

$$\rho \equiv \frac{m}{V} \tag{1.1}$$

L'aluminium, par exemple, a une densité de 2,70 g/cm³ et le plomb, une densité de 11,3 g/cm³. Un morceau d'aluminium d'un volume de 10 cm³ a donc une masse de 27,0 g, alors que le même volume de plomb aurait une masse de 113 g. Une liste des densités de diverses substances est donnée au tableau 1.5.

La différence de densité entre l'aluminium et le plomb résulte en partie de leurs *masses atomiques* différentes. La masse atomique du plomb est 207 et celle de l'aluminium 27. Cependant, le rapport entre les masses atomiques, 207/27 = 7,67, ne correspond pas au rapport entre les densités, 11,3/2,70 = 4,19. Cet écart résulte des espacements et des arrangements atomiques différents de leurs structures cristallines.

Toute matière ordinaire est constituée d'atomes et chaque atome est fait d'électrons et d'un noyau. Le noyau, composé de protons et de neutrons, contient presque toute la masse de l'atome. Nous comprenons ainsi pourquoi la masse atomique varie d'un élément à l'autre. On mesure la masse d'un noyau en fonction de celle d'un atome de l'isotope carbone 12 (le carbone a 6 protons et 6 neutrons).

La masse du carbone 12 (ou ^{12}C) équivaut à 12 unités de masse atomique (u) et 1 u = $1,66 \times 10^{-27}$ kg. Chacune de ces unités (proton et neutron) a une masse d'environ 1 u, soit plus exactement:

$$\text{masse du proton} = 1{,}007\,3 \text{ u}$$
$$\text{masse du neutron} = 1{,}008\,7 \text{ u}$$

La masse du noyau d'aluminium 27 (ou ^{27}Al) est *approximativement* 27 u. En fait, la masse nucléaire est toujours légèrement inférieure aux masses combinées des protons et des neutrons qui forment le noyau. Les procédés de fission et de fusion nucléaires font intervenir cette différence de masse.

Tableau 1.5 *Densité de diverses substances*

Substance	Densité ρ (g/cm³)
Or	19,3
Uranium	18,7
Plomb	11,3
Cuivre	8,93
Fer	7,86
Aluminium	2,70
Magnésium	1,75
Eau	1,00
Air	0,001 3

Une mole de tout élément simple contient le nombre d'Avogadro, soit N_o atomes de la substance. On a défini ce nombre de façon à ce qu'une mole de carbone 12 ait une masse de 12 g; on obtient alors pour le nombre d'Avogadro la valeur $6,02 \times 10^{23}$ atomes/mole.

Par exemple, une mole d'aluminium a une masse de 27 g et une mole de plomb a une masse de 207 g. Elles contiennent toutes deux le même nombre d'atomes, mais la masse d'un atome d'aluminium est plus faible que celle d'un atome de plomb.

Connaissant la masse atomique d'un élément, on peut obtenir la masse d'un seul atome

1.2 *Masse atomique*

$$m = \frac{\text{masse atomique}}{N_o}$$

Lorsque les atomes sont associés pour former des molécules, on définit une mole comme $6,02 \times 10^{23}$ molécules. Pour connaître le nombre d'atomes dans une mole de molécules, il faut connaître la formule moléculaire. Par exemple, combien y a-t-il d'atomes dans une mole d'eau? La formule moléculaire de l'eau étant H_2O, il y a deux atomes d'hydrogène et un atome d'oxygène, donc 3 atomes par molécule. Une mole de (H_2O) contient donc

$$N = 3 \times 6,02 \times 10^{23} \text{ atomes}$$

La masse d'un atome d'aluminium, par exemple, est:

$$m = \frac{27 \text{ g/mole}}{6,02 \times 10^{23} \text{ atomes/mole}} = 4,5 \times 10^{-23} \text{ g/atome}$$

Notez que 1 u est égal à $(1/N_o)$g.

Exemple 1.1

Si un cube d'aluminium plein (densité de 2,7 g/cm^3) a un volume de 0,2 cm^3, combien d'atomes d'aluminium contient-il?

Solution: La densité étant égale à la masse par unité de volume, la masse du cube est de

$$\rho V = (2,7 \text{ g/cm}^3)(0,2 \text{ cm}^3) = 0,54 \text{ g}.$$

Pour trouver le nombre d'atomes N, nous pouvons établir une proportion en prenant pour base le fait qu'une mole d'aluminium (27 g) contient $6,02 \times 10^{23}$ atomes:

$$\frac{6,02 \times 10^{23} \text{ atomes}}{27 \text{ g}} = \frac{N}{0,54 \text{ g}}$$

$$N = \frac{(0,54 \text{ g})(6,02 \times 10^{23} \text{ atomes})}{27 \text{ g}}$$

$$= 1,2 \times 10^{22} \text{ atomes}$$

1.3 Analyse dimensionnelle

En physique, le mot *dimension* revêt une signification particulière. Il désigne en effet la nature qualitative d'une grandeur physique. Que l'on mesure une distance en mètres, en pieds ou en furlongs, il s'agit toujours d'une distance. Sa dimension est la *longueur*.

Les symboles que nous utiliserons pour représenter la longueur, la masse et le temps sont, L, M et T. Nous emploierons souvent des crochets [ ] pour désigner les dimensions d'une grandeur physique. Par exemple, dans cette notation, les dimensions de vitesse, v, s'écrivent $[v] = \text{L/T}$ et les dimensions d'aire, A, s'écrivent $[A] = \text{L}^2$. Les dimensions d'aire, de volume, de vitesse et d'accélération, de même que leurs unités, sont énumérées au tableau 1.6. Les dimensions d'autres grandeurs, telles la force et l'énergie, seront décrites lorsqu'elles seront introduites dans le texte.

Dans de nombreuses situations, vous devrez déduire ou vérifier une formule donnée. Or, il existe un procédé utile et efficace, l'*analyse dimensionnelle*, auquel vous pourrez recourir pour obtenir une relation ou pour vérifier votre résultat final. L'analyse dimensionnelle est fondée sur le fait que *les dimensions peuvent être traitées comme des grandeurs algébriques*.

Tableau 1.6 *Dimension d'aire, de volume, de vitesse et d'accélération*

Système	Aire (L^2)	Volume (L^3)	Vitesse (L/T)	Accélération (L/T^2)
SI	m^2	m^3	m/s	m/s^2

Afin d'illustrer ce procédé, supposons que vous vouliez obtenir une formule pour la distance x parcourue par une voiture en un temps t, la voiture ayant démarré et roulé avec une accélération constante a. Nous verrons au chapitre 3 que l'expression correcte de ce cas particulier est $x = \frac{1}{2}at^2$. Le procédé d'analyse dimensionnelle consiste à déterminer une expression ayant la forme

$$x \sim a^n t^m$$

dans laquelle n et m sont des exposants à déterminer et le symbole $\sim$ indique une proportionnalité. Pour être correcte, cette relation exige que les dimensions des deux côtés de l'expression soient les mêmes. La dimension de gauche étant une longueur, celle de droite doit aussi être une longueur. Soit,

$$[a^n t^m] = \text{L}$$

Puisque les dimensions de l'accélération sont L/T^2 et que la dimension du temps est T,

$$(\text{L/T}^2)^n \text{T}^m = \text{L}$$

ou

$$\text{L}^n \text{T}^{m-2n} = \text{L}$$

Comme les exposants de L et T doivent être les mêmes des deux côtés, nous voyons que $n = 1$ et $m = 2$. Nous pouvons donc conclure que

$$x \sim at^2$$

Ce résultat présente un écart d'un facteur 2 par rapport à l'expression correcte qui est $x = \frac{1}{2}at^2$.

Exemple 1.2

Démontrez que l'énoncé $v = v_0 + at$ est correct quant aux dimensions, si v et v_0 représentent des vitesses, a l'accélération et t l'intervalle de temps.

Solution: Puisque

$$[v] = [v_0] = \text{L/T}$$

et que les dimensions de l'accélération sont L/T², les dimensions de at sont

$$[at] = (\text{L/T}^2)(\text{T}) = \text{L/T}$$

et l'expression est correcte quant aux dimensions. Par ailleurs, si l'expression était $v = v_0 + at^2$, elle serait *incorrecte* quant aux dimensions. Faites-en la vérification.

Exemple 1.3

Supposons que l'accélération d'une particule, qui se déplace sur un cercle de rayon r à une vitesse uniforme v, soit proportionnelle à une puissance de r, soit r^n, et à une puissance de v, soit v^m. Comment pouvons-nous déterminer ces puissances?

Solution: Soit

$$a = kr^n v^m$$

k étant une constante sans dimension. Comme nous connaissons les dimensions de a, r et v, nous voyons que l'équation dimensionnelle doit être

$$\text{L/T}^2 = \text{L}^n(\text{L/T})^m = \text{L}^{n+m}/\text{T}^m$$

Cette équation dimensionnelle exige que

$$n + m = 1 \quad \text{et} \quad m = 2$$

Donc, $n = -1$ et nous pouvons écrire comme suit l'accélération:

$$a = kr^{-1}v^2 = k\frac{v^2}{r}$$

Nous verrons plus loin, lorsque nous discuterons du mouvement circulaire uniforme, que $k = 1$.

Q4. L'analyse dimensionnelle nous renseigne-t-elle sur les constantes de proportionnalité qui peuvent apparaître dans une expression algébrique? Expliquez.

1.4 Conversion en unités de base SI

Le gramme et le centimètre sont des sous-multiples d'unités de base SI, soit le kilogramme et le mètre respectivement. On doit être en mesure d'effectuer facilement les conversions.

Exemple 1.4

La masse d'un cube plein, dont l'arête mesure 5,35 cm, est de 856 g. Déterminez sa densité ρ, en unités de base SI.

Solution: Si 1 g $= 10^{-3}$ kg et 1 cm $= 10^{-2}$ m, alors la masse m et le volume V correspondent à

$$m = 856 \not{g} \times 10^{-3} \text{ kg}/\not{g} = 0{,}856 \text{ kg}$$

$$V = L^3 = (5{,}35 \not{cm} \times 10^{-2} \text{ m}/\not{cm})^3$$
$$= (5{,}35)^3 \times 10^{-6} \text{ m}^3 = 1{,}53 \times 10^{-4} \text{ m}^3$$

Donc,

$$\rho = \frac{m}{V} = \frac{0{,}856 \text{ kg}}{1{,}53 \times 10^{-4} \text{ m}^3} = 5{,}60 \times 10^3 \frac{\text{kg}}{\text{m}^3}$$

Q5. Soit deux grandeurs A et B de dimensions différentes. Déterminez laquelle des opérations arithmétiques suivantes *pourrait* être pertinente en physique: (a) $A + B$, (b) A/B, (c) $B - A$, (d) AB.

1.5 Calcul des ordres de grandeur

Même lorsqu'on dispose de peu d'information, il est souvent utile d'établir un résultat approximatif dans une situation physique donnée. On peut par la suite utiliser ce résultat pour juger s'il y a lieu d'effectuer des calculs plus précis. Ces approximations découlent généralement d'hypothèses que l'on devra modifier si une plus grande précision devient nécessaire. Nous ferons donc parfois référence à l'*ordre de grandeur* d'une grandeur donnée pour désigner la puissance de dix du nombre qui décrit cette grandeur. Généralement, lorsqu'on effectue un calcul d'ordre de grandeur, le résultat est censé être exact à un facteur de dix près. Si la valeur d'une grandeur augmente de trois ordres de grandeur, elle augmente donc d'un facteur de $10^3 = 1\ 000$.

Face à un problème, utilisez un raisonnement physique simple et tentez de deviner la solution. Avant d'entreprendre un calcul complet, faites une estimation du résultat grâce au calcul des ordres de grandeur[5].

Exemple 1.5

Estimez le nombre d'atomes dans 1 cm^3 d'un corps solide.

Solution: D'après le tableau 1.2, nous savons que le diamètre d'un atome est approximativement 10^{-10} m. Si nous supposons que les atomes du corps solide sont des sphères pleines dudit diamètre, le volume de chaque sphère est donc approximativement 10^{-30} m^3.

Donc, puisque $1\ cm^3 = 10^{-6}\ m^3$, le nombre d'atomes du corps solide est de l'ordre de $10^{-6}/10^{-30} = 10^{24}$ atomes.

Pour effectuer un calcul plus précis, il nous faudrait connaître la densité du corps solide et la masse de chaque atome. Néanmoins, notre approximation est en accord à un facteur de 10 près avec le calcul précis. (C'est l'approche que l'on devrait choisir pour l'exercice 17.)

Exemple 1.6

Estimez le nombre de litres d'essence utilisés chaque année par l'ensemble des voitures américaines.

Solution: Les États-Unis comptent environ 200 millions d'habitants. Le nombre de voitures au pays est évalué à 40 millions (en supposant une voiture et cinq personnes par famille). Nous devons également estimer que la distance moyenne parcourue par année est de 20 000 km. Si nous supposons une consommation d'essence moyenne de 10 l/100 km, chaque voiture consomme approximativement 2 000 l par année. Multipliez ce résultat par le nombre total de voitures aux États-Unis et vous obtiendrez une consommation totale de 8×10^{10} l, ce qui correspond à une dépense annuelle de plus de 40 milliards de dollars! Il s'agit sans doute d'une évaluation prudente puisque nous n'avons pas tenu compte de la consommation commerciale ni de facteurs tels que les familles qui possèdent deux voitures.

Q6. Quelle est la précision d'un calcul d'ordre de grandeur?

Q7. Appliquez le calcul d'ordre de grandeur à une situation quotidienne de votre choix. Par exemple, quelle distance parcourez-vous chaque jour à pied ou en voiture?

1.6 Chiffres significatifs

Toutes les mesures de grandeur présentent une certaine inexactitude. Lorsqu'on mesure une grandeur, la précision de la mesure est souvent aussi

5. E. Taylor et J.A. Wheeler, *Spacetime Physics*, San Francisco, W.H. Freeman, 1966, p. 60.

importante que la mesure elle-même. Par exemple, si l'observateur A détermine que la vitesse d'un objet est de 5,38 m/s avec une marge de précision de 1 %, on peut exprimer comme suit le résultat: (5,38 ± 0,05) m/s. La valeur réelle doit donc se situer entre 5,33 m/s et 5,43 m/s. Par contre, si un observateur B fait la même mesure avec une précision de 3 % seulement, il devra conclure à une valeur de (5,38 ± 0,16) m/s qu'il écrira (5,4 ± 0,2) m/s. Dans chaque cas, les trois chiffres de la valeur mesurée à 5,38 m/s sont significatifs. Cependant, le dernier chiffre présente un certain degré d'incertitude, qui dépend de plusieurs facteurs, dont la qualité des instruments utilisés et la technique d'expérimentation. On devrait donc suivre la règle suivante lorsqu'on fait état de l'exactitude d'une mesure: *Dans un nombre représentant une mesure, seul le dernier chiffre peut présenter un degré d'incertitude*.

Nous nous contenterons de citer quelques règles d'approximation relatives aux opérations arithmétiques. Si l'on doit multiplier ou diviser deux nombres, le résultat doit compter le même nombre de chiffres significatifs que le nombre le *moins précis* des deux. Par exemple, si nous multiplions 3,60 par 5,387, le résultat sera 19,4 et non 19,393 2, puisque le nombre 3,60 n'est constitué que de 3 chiffres significatifs.

Lorsqu'on additionne ou qu'on soustrait des nombres, la règle est différente. Ainsi, l'addition de 115 + 8,35 donne 123 et non 123,35. En effet, le dernier chiffre significatif du résultat occupe la même position par rapport à la virgule que le dernier chiffre significatif du nombre le moins précis à additionner ou à soustraire.

À moins d'avis contraire, toutes les données des exemples et problèmes de ce livre comptent trois chiffres significatifs et la marge d'erreur est de 1 %. Par exemple, une longueur de 6,85 m correspond à une valeur de (6,85 ± 0,07) m.

Exemple 1.7

La longueur (a) d'un plateau rectangulaire mesure (21,3 ± 0,2) cm et sa largeur (b) mesure (9,80 ± 0,1) cm. Déterminer l'aire du plateau et le degré d'incertitude du résultat.

Remarquez que les nombres de départ ne comptaient que trois chiffres significatifs, ce qui explique que notre résultat n'en compte pas davantage. Soulignons aussi que l'incertitude du produit (2 %) est approximativement égale à la somme des incertitudes de la longueur et de la largeur (chaque incertitude étant d'environ 1 %).

Solution:

$$\text{Aire} = ab = (21{,}3 \pm 0{,}2)\ \text{cm} \times (9{,}80 \pm 0{,}1)\ \text{cm}$$
$$\approx (21{,}3 \times 9{,}80 \pm 21{,}3 \times 0{,}1 \pm 9{,}80 \times 0{,}2)\ \text{cm}^2$$
$$\approx (209 \pm 4)\ \text{cm}^2$$

En règle générale, l'erreur relative d'un produit ou d'un quotient est égale à la *somme* des erreurs relatives des grandeurs en cause. Nous entendons par erreur relative le rapport entre l'erreur absolue et la grandeur en cause[6].

6. Cette règle est approximative, mais elle convient dans la plupart des cas. Néanmoins, le résultat correspond assez fidèlement au résultat d'une analyse en détail des processus d'erreur.

1.7 Notation mathématique

Dans ce livre, nous utiliserons de nombreux symboles mathématiques, dont certains vous sont sans doute familiers, comme le symbole = qui exprime l'égalité entre deux quantités.

Le symbole $\sim$ sert à exprimer une proportionnalité. Par exemple, $y \sim x^2$ signifie que y est proportionnel au carré de x.

Le symbole $<$ signifie *plus petit que* et le symbole $>$ signifie *plus grand que*. Par exemple, $x > y$ signifie que x est plus grand que y.

Le symbole $\ll$ signifie *beaucoup plus petit que* et le symbole $\gg$ signifie *beaucoup plus grand que*.

Le symbole $\approx$ sert à indiquer que deux grandeurs sont *approximativement* égales.

Le symbole $\equiv$ signifie *est défini par*. Cette affirmation est plus forte qu'un simple =.

Il est pratique d'utiliser un symbole pour indiquer un changement de grandeur. Par exemple, Δx (lire delta x) signifie le *changement de la quantité* x. (Cela ne symbolise pas le produit de Δ et de x.) Par exemple, si x_i est la position initiale d'une particule et x_f sa position finale, le *changement de position* s'écrit

$$\Delta x = x_\mathrm{f} - x_\mathrm{i}$$

Nous aurons parfois l'occasion de faire la somme de plusieurs grandeurs. La lettre grecque Σ (sigma majuscule) est un symbole utile pour représenter la sommation. Supposons que l'on doive faire la somme de cinq nombres représentés par x_1, x_2, x_3, x_4 et x_5. Dans la notation abrégée, voici comment nous écririons cette sommation

$$x_1 + x_2 + x_3 + x_4 + x_5 \equiv \sum_{i=1}^{5} x_i$$

où l'indice i d'un x en particulier représente tout nombre de l'ensemble. Par exemple, si un système comprend cinq masses, m_1, m_2, m_3, m_4 et m_5, la masse *totale* du système $M = m_1 + m_2 + m_3 + m_4 + m_5$ peut être exprimée ainsi

$$M = \sum_{i=1}^{5} m_i$$

Enfin, $|x|$ est simplement la valeur absolue de la quantité[7] x. La valeur absolue de x est *toujours positive*, indépendamment du signe de x. Par exemple, si $x = -5$, $|x| = 5$; si $x = 8$, $|x| = 8$.

L'annexe A contient une liste de ces symboles et de leur signification.

7. Ainsi, par définition $|x| = \begin{cases} x \text{ si } x \geqslant 0 \\ -x \text{ si } x < 0 \end{cases}$

1.8 Résumé

En mécanique, on peut exprimer toutes les quantités à l'aide de quantités fondamentales; la *masse*, la *longueur* et le *temps*, dont les unités sont respectivement le *kilogramme* (kg), le *mètre* (m) et la *seconde* (s). Il est parfois utile de recourir à la *méthode dimensionnelle* pour vérifier des équations et pour formuler des expressions.

La *densité ou masse volumique* d'une substance est définie comme sa *masse par unité de volume*. Les diverses substances ont des densités différentes, notamment à cause des différences de masse atomique et de structure cristalline.

Le nombre d'atomes dans une mole de tout élément ou composé s'appelle le *nombre d'Avogadro*, N_0, et sa valeur est de $6{,}02 \times 10^{23}$ atomes/mole.

Exercices

Section 1.2 Densité et masse atomique

1. Calculez la densité d'un cube plein dont chaque côté mesure 5 cm et dont la masse est de 350 g.

2. Pour fabriquer une sphère pleine, on utilise 475 g de cuivre, dont la densité est 8,9 g/cm^3. Quel est le rayon de cette sphère?

3. Un contenant cylindrique vide fait 800 cm de longueur et son rayon intérieur est de 30 cm. Si l'on remplit complètement ce cylindre d'eau, quelle est la masse de l'eau? Supposez que l'eau a une densité de 1,0 g/cm^3.

4. Calculez la masse d'un atome (a) d'hélium, (b) de fer et (c) de plomb. Exprimez vos réponses en u et en g. Les masses atomiques respectives de ces atomes sont 4, 56 et 207.

5. On examine au microscope une petite particule de fer de forme cubique. L'arête de ce cube mesure 5×10^{-6} cm. Déterminez (a) la masse du cube et (b) le nombre d'atomes de fer dans la particule. La masse atomique du fer est 56 et sa densité, 7,86 g/cm^3.

Section 1.3 Analyse dimensionnelle

6. Démontrez que l'expression $x = vt + \frac{1}{2} at^2$ est correcte quant aux dimensions si x est une coordonnée et comporte des unités de longueur, v est une vitesse, a une accélération et t le temps.

7. Le déplacement d'une particule dont l'accélération est uniforme est fonction du temps et de l'accélération. Supposons que nous énoncions ainsi ce déplacement: $s = ka^m t^n$, où k est une constante sans dimension. Démontrez par l'analyse dimensionnelle que cet énoncé est valable si $m = 1$ et $n = 2$. Cette analyse peut-elle donner la valeur de k?

8. Le carré de la vitesse d'un objet, dont l'accélération a est uniforme, est fonction de a et du déplacement s, selon l'expression $v^2 = ka^m s^n$, k étant une constante sans dimension. Démontrez par l'analyse dimensionnelle que cet énoncé est valable si $m = n = 1$.

9. Supposons que le déplacement d'une particule soit relié au temps selon l'énoncé qui

suit: $s = ct^3$. Quelles sont les dimensions de la constante c?

10. (a) Selon l'une des lois fondamentales du mouvement, l'accélération d'un objet est directement proportionnelle à la force résultante exercée sur lui et inversement proportionnelle à sa masse. Déterminez les dimensions de la force d'après cet énoncé. (b) Le newton (N) est l'unité SI de force. D'après vos résultats obtenus en (a), comment pouvez-vous exprimer un newton à l'aide des unités fondamentales SI de masse, de longueur et de temps?

Section 1.4 Conversion en unités de base SI

11. Un morceau de plomb a une masse de 23,94 g et un volume de 2,10 cm^3. Calculez la masse volumétrique du plomb en unités SI (kg/m^3) d'après ces données.

12. Évaluez l'âge de la Terre en années à partir du tableau 1.3 et des facteurs de conversion appropriés.

13. Le proton qui forme le noyau de l'atome d'hydrogène peut être représenté par une sphère dont le diamètre est 3×10^{-13} cm et la masse $1,67 \times 10^{-24}$ g. Déterminez, en unités SI, la densité du proton et comparez ce nombre avec la densité du plomb, qui est de $1,14 \times 10^4$ kg/m^3.

14. Sachant que la vitesse de la lumière en espace libre est d'environ $3,00 \times 10^8$ m/s, déterminez combien de kilomètres une impulsion de faisceau laser parcourra en une heure.

15. Les ondes radio sont électromagnétiques et voyagent en espace libre à une vitesse d'environ $3,0 \times 10^8$ m/s. À l'aide de cette donnée et du tableau 1.2, déterminez combien de temps il faudrait à une impulsion électromagnétique pour faire un aller et retour entre la Terre et l'étoile la plus proche, soit Alpha du Centaure.

16. Le rayon moyen de la Terre est $6,37 \times 10^6$ m et celui de la Lune $1,74 \times 10^8$ cm. D'après ces données, calculez (a) le rapport entre la surface de la Terre et celle de la Lune et (b) le rapport entre leurs volumes. La surface et le volume d'une sphère sont respectivement $4\pi r^2$ et $\frac{4}{3}\pi r^3$.

17. La masse d'un atome de cuivre est de $1,06 \times 10^{-22}$ et sa densité est de 8,9 g/cm^3. Déterminez le nombre d'atomes dans 1 cm^3 de cuivre et comparez ce résultat avec l'estimation faite à l'exemple 1.7.

18. L'aluminium est un métal extrêmement léger dont la densité est de 2,7 g/cm^3. Quelle est la masse en kilogrammes d'une sphère d'aluminium pleine d'un rayon de 50 cm? Le résultat vous surprendra peut-être.

Section 1.5 Calcul des ordres de grandeur

19. Estimez le nombre de battements de coeur au cours d'une vie humaine moyenne de 70 ans. (Voir les données au tableau 1.3.)

20. Estimez le nombre de balles de ping-pong qu'on pourrait entasser dans une pièce de grandeur moyenne (sans les écraser).

21. Les boissons gazeuses sont habituellement vendues dans des cannettes d'aluminium. Estimez le nombre de ces cannettes que les consommateurs canadiens jettent aux ordures chaque année. Combien de tonnes d'aluminium cela représente-t-il approximativement? (À noter: 1 tonne métrique $= 10^3$ kg.)

22. Faites une approximation du nombre de gouttes de pluie qui tombent sur un terrain de 4 km^2 au cours d'une averse de 2 cm.

23. Déterminez le nombre approximatif de briques nécessaires pour recouvrir les quatre côtés d'une maison de grandeur moyenne.

24. Estimez le nombre d'accordeurs de piano qui habitent la ville de Montréal.

Section 1.6 Chiffres significatifs

25. Si la longueur d'un plateau rectangulaire est de $(15,30 \pm 0,05)$ cm et sa largeur, de $(12,80 \pm 0,05)$ cm, déterminez l'aire du plateau et le degré d'incertitude du calcul de cette aire.

26. Le *rayon* d'une sphère pleine mesure (6,50 ± 0,20) cm et sa masse est de (1,85 ± 0,02) kg. Déterminez la densité de la sphère en kg/m^3 et l'incertitude relative à cette densité.

27. Calculez (a) la circonférence d'un cercle d'un rayon de 3,5 cm et (b) l'aire d'un cercle d'un rayon de 4,65 cm.

28. Donnez la valeur de A avec le nombre correct de chiffres significatifs si:

a) $A = 756 + 37{,}2 + 0{,}83$

b) $A = 3{,}2 \times 3{,}563$

c) $A = 5{,}6 \times \pi$

Chapitre **2**

Lloyd Black

Les vecteurs

Les ingénieurs et les scientifiques utilisent les mathématiques pour décrire le comportement des systèmes physiques. Les quantités physiques qui ont à la fois des propriétés numériques et des propriétés d'orientation sont représentées par des vecteurs. Ce chapitre est consacré essentiellement à l'algèbre vectorielle ainsi qu'à certaines propriétés générales des vecteurs. Nous y discuterons de l'addition et de la soustraction de vecteurs ainsi que de quelques applications courantes à des situations physiques. Nous n'aborderons le produit de vecteurs que lorsque cette opération sera nécessaire[1].

Nous utiliserons les vecteurs tout au long de ce livre et il est donc essentiel que vous en maîtrisiez les propriétés graphiques et algébriques.

2.1 Systèmes de coordonnées et cadres de référence

En physique, on doit souvent localiser des objets dans l'espace. Pour ce faire, on utilise des coordonnées. On peut situer un point sur une *ligne* à l'aide d'*une* coordonnée et un point dans un *plan* à l'aide de *deux* coordonnées, mais il faut *trois* coordonnées pour situer un point dans *l'espace*.

1. Le produit scalaire est discuté à la section 7.3 et le produit vectoriel est abordé à la section 11.1.

Un système de coordonnées utilisé pour définir des positions dans l'espace doit comprendre:

1. Un point de référence fixe O, appelé origine.

2. Un système d'axes orientés.

3. Des moyens de repérer la position d'un point dans l'espace par rapport à l'origine et aux axes.

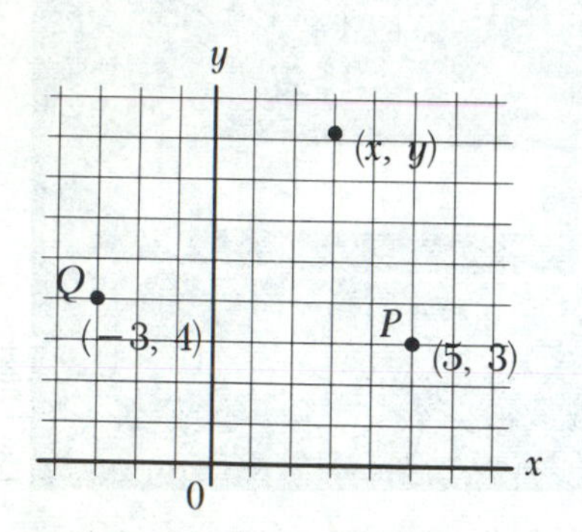

Figure 2.1 Points dans un système de coordonnées cartésiennes. Chaque point est caractérisé par ses coordonnées (x, y).

Nous aurons fréquemment recours à un système de coordonnées fort utile, le *système de coordonnées cartésiennes*, que certains nomment *système de coordonnées rectangulaires*. Les coordonnées (x, y) servent à désigner un point arbitraire du système. On peut par exemple trouver le point P, dont les coordonnées sont (5, 3), en comptant d'abord 5 unités dans la direction positive[2] de l'axe des x, puis 3 unités dans la direction positive de l'axe des y. De même, les coordonnées du point Q, $(-3, 4)$, correspondent à un déplacement de 3 unités dans la direction négative de l'axe des x et de 4 unités dans la direction positive de l'axe des y.

Il est parfois plus approprié de représenter un point dans un plan par ses *coordonnées polaires*, (r, θ), comme à la figure 2.2a. Dans ce système de coordonnées, r est la distance entre l'origine et le point dont les coordonnées cartésiennes sont (x, y), et θ représente l'angle entre OP et un axe fixe. Cet angle est généralement mesuré dans le sens trigonométrique (sens contraire des aiguilles d'une montre) à partir de la partie positive de l'axe des x. D'après le triangle rectangle à la figure 2.2b, nous voyons que $\sin \theta = y/r$ et $\cos \theta = x/r$. (Les fonctions trigonométriques sont révisées à l'annexe B.2.) Les coordonnées polaires nous permettent donc de déterminer les coordonnées cartésiennes grâce aux équations:

(a)

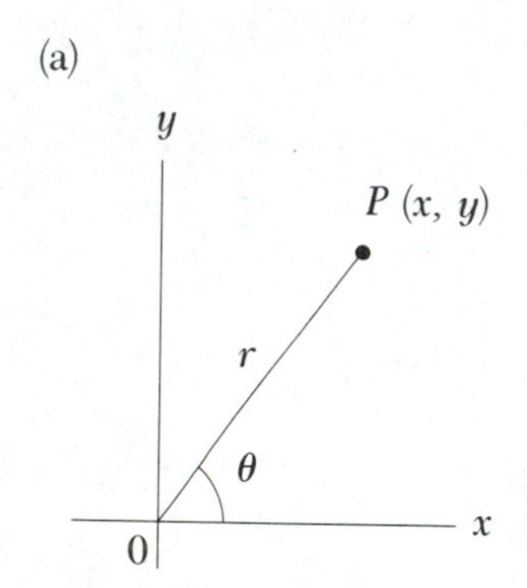

2.1 $$x = r \cos \theta$$

2.2 $$y = r \sin \theta$$

Il s'ensuit donc que

2.3 $$\tan \theta = y/x$$

et

2.4 $$r = \sqrt{x^2 + y^2}$$

(b)

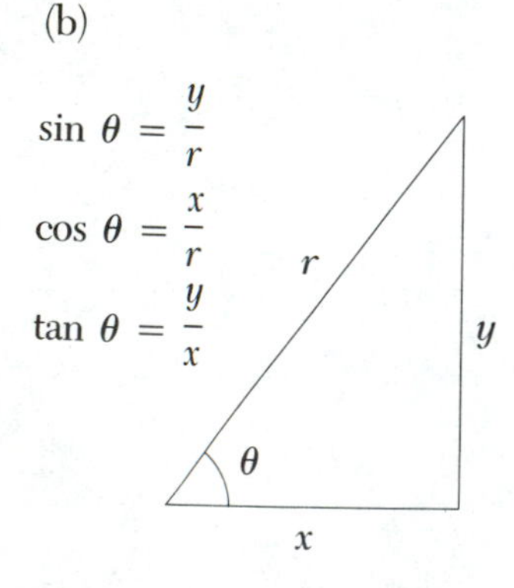

Figure 2.2 (a) Les coordonnées polaires d'un point sont représentées par la distance r et l'angle θ. (b) Le triangle rectangle sert à établir la relation entre (x, y) et (r, θ).

Notons que ces équations, qui établissent les relations entre les coordonnées (x, y) et les coordonnées (r, θ), ne s'appliquent que si θ est défini comme à l'illustration 2.2a, où θ est positif lorsqu'il est mesuré dans le sens *trigonométrique* à partir de la partie positive de l'axe des x. Si l'axe de

2. Les x positifs se trouvent habituellement à la droite de l'origine et les y positifs, en haut de l'origine, alors que les x négatifs sont à gauche et les y négatifs en bas.

référence choisi pour l'angle θ n'est pas la partie positive de l'axe des x, ou si θ croît dans un sens différent, les expressions correspondantes qui déterminent les relations entre les deux ensembles de coordonnées seront différentes.

Exemple 2.1

Les coordonnées cartésiennes d'un point sont $(x, y) = (-3{,}5,\ -2{,}5)$ unités, comme à la figure 2.3. Trouvez les coordonnées polaires de ce point.

Solution:

$$r = \sqrt{x^2 + y^2} = \sqrt{(-3{,}5)^2 + (-2{,}5)^2}$$
$$= 4{,}3 \text{ unités}$$

$$\tan\theta = \frac{y}{x} = \frac{-2{,}5}{-3{,}5} = 0{,}714$$

$$\theta = 216°$$

Ce sont les signes de x et de y qui permettent de situer le point dans le troisième quadrant du système de coordonnées. C'est pourquoi $\theta = 216°$ et non 36°.

2.2 Vecteurs et scalaires

Un vecteur est un être mathématique défini par son orientation[3] et sa grandeur. Les vecteurs sont essentiels en physique. Ils sont souvent utilisés pour représenter certaines quantités physiques. Par exemple, pour décrire entièrement la force exercée sur un objet, nous devons spécifier tant l'orientation de la force que le nombre indiquant sa grandeur. Lorsque nous décrivons le mouvement d'un objet, nous devons définir la grandeur de la vitesse à laquelle il se déplace ainsi que son orientation.

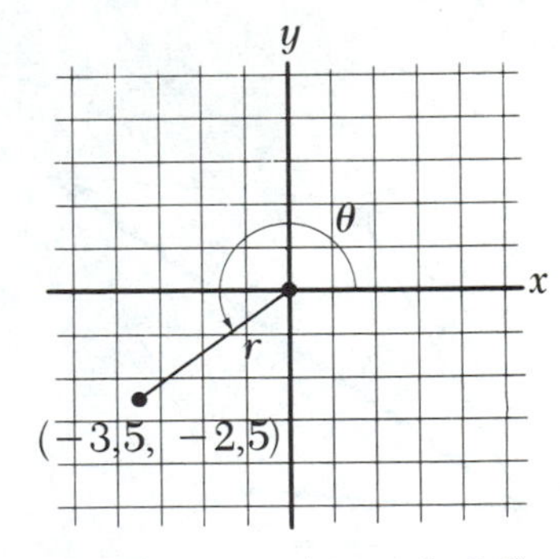

Figure 2.3 (Exemple 2.1).

Un exemple simple de quantité vectorielle est le *déplacement* d'une particule, défini comme le *changement de position* de cette particule. Supposons qu'une particule se déplace d'un point O à un point P selon une trajectoire droite, comme à la figure 2.4. Nous représentons ce déplacement en traçant une flèche de O à P: la pointe de la flèche indique l'orientation du déplacement; la longueur de la flèche en indique la grandeur. Si la particule suit une autre trajectoire de O à P, par exemple la ligne brisée de la figure 2.4, son déplacement demeure OP. Le déplacement vectoriel pour toute trajectoire indirecte de O à P est défini comme équivalent au déplacement en ligne droite de O à P. Donc, *le déplacement d'une particule est complètement connu si ses coordonnées initiales et finales sont connues.* Il n'est pas nécessaire de définir la trajectoire. *Le déplacement est indépendant de la trajectoire.*

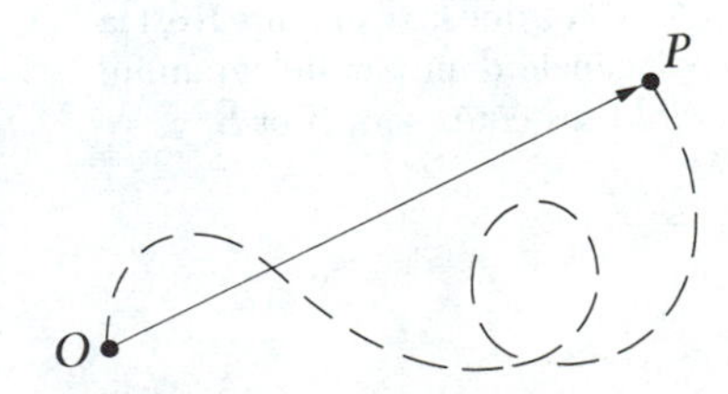

Figure 2.4 La flèche qui relie O à P est le vecteur déplacement d'une particule qui se déplace de O à P suivant la ligne courbe.

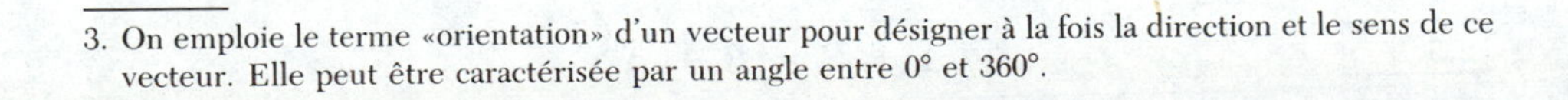
3. On emploie le terme «orientation» d'un vecteur pour désigner à la fois la direction et le sens de ce vecteur. Elle peut être caractérisée par un angle entre 0° et 360°.

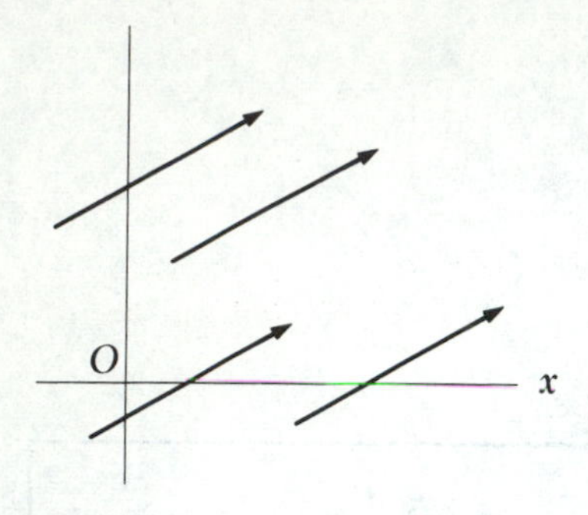

Figure 2.5 Représentation de vecteurs égaux.

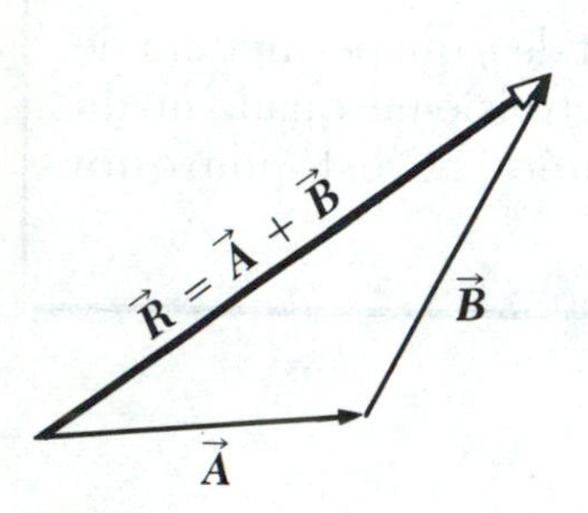

Figure 2.6 Lorsqu'on additionne le vecteur $\vec{A}$ au vecteur $\vec{B}$, la résultante $\vec{R}$ est le vecteur qui joint l'origine de $\vec{A}$ à la pointe de $\vec{B}$.

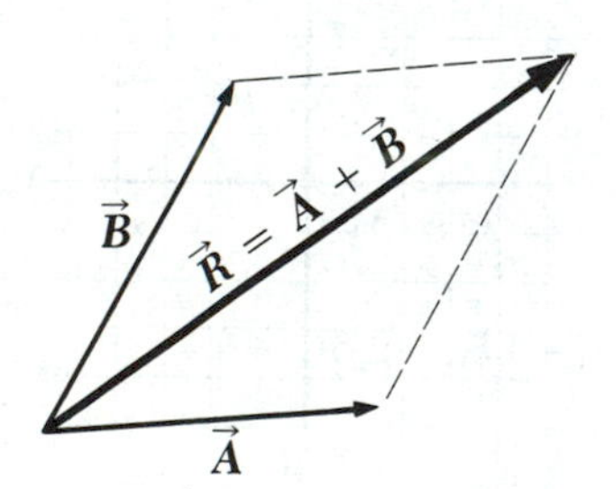

Figure 2.7 Cette construction indique que $\vec{A} + \vec{B} = \vec{B} + \vec{A}$. Notez que la résultante $\vec{R}$ est la diagonale d'un parallélogramme dont les côtés sont $\vec{A}$ et $\vec{B}$.

Outre le déplacement, plusieurs autres quantités physiques sont représentées par des vecteurs, notamment la vitesse, l'accélération, la force et la quantité de mouvement, qui seront tous définis dans les chapitres suivants.

Dans ce livre, nous utiliserons une méthode courante de notation des vecteurs qui consiste à placer une flèche au-dessus de la lettre symbolisant le vecteur. La grandeur du vecteur $\vec{A}$ s'écrit $|\vec{A}|$ ou plus simplement A. Comme nous l'avons vu au chapitre 1, on utilise des unités physiques pour décrire la grandeur d'un vecteur, par exemple, les centimètres (cm) pour le déplacement et les mètres par seconde (m/s) pour la vitesse. Les vecteurs se combinent selon des règles particulières que nous verrons dans des sections ultérieures.

Un *scalaire* est une grandeur complètement déterminée par une valeur algébrique et des unités appropriées. Cela signifie donc que le scalaire est simplement un nombre positif, négatif ou nul. La masse, la densité, la charge électrique, le volume, l'énergie, la température et les intervalles de temps sont autant d'exemples de grandeurs physiques scalaires. Les règles arithmétiques ordinaires s'appliquent aux scalaires.

2.3 Quelques propriétés des vecteurs

Égalité de deux vecteurs. Deux vecteurs $\vec{A}$ et $\vec{B}$ sont définis comme égaux s'ils ont la même grandeur et la même orientation. Cela signifie que $\vec{A} = \vec{B}$ seulement si $A = B$ *et* si leur orientation est la même. Par exemple, tous les vecteurs de la figure 2.5 sont égaux même si leurs origines sont différentes.

Addition. Lorsqu'on additionne deux vecteurs ou plus, *tous doivent* être exprimés à l'aide des mêmes unités. La somme d'un vecteur vitesse et d'un vecteur déplacement, par exemple, n'aurait aucun sens puisqu'il s'agit de quantités physiques différentes.

On peut additionner graphiquement deux ou plusieurs vecteurs et ceci permet d'illustrer les règles de l'addition vectorielle. Pour additionner le vecteur $\vec{B}$ au vecteur $\vec{A}$, on trace d'abord le vecteur $\vec{A}$, auquel on ajoute le vecteur $\vec{B}$, en le traçant de façon à ce que son origine touche la pointe de $\vec{A}$, comme à la figure 2.6. Le *vecteur résultant*, ou *résultante*, $\vec{R} = \vec{A} + \vec{B}$, est le vecteur tracé à partir de l'origine de $\vec{A}$ jusqu'à la pointe de $\vec{B}$. Cette méthode est appelée la *méthode du triangle*. La *méthode du parallélogramme*, présentée à la figure 2.7, constitue un procédé graphique équivalent utilisé pour additionner 2 vecteurs. Dans cette construction, les origines des deux vecteurs $\vec{A}$ et $\vec{B}$ sont réunies et la résultante $\vec{R}$ est la diagonale du parallélogramme dont les côtés sont $\vec{A}$ et $\vec{B}$.

Lorsqu'on additionne deux vecteurs, la somme est indépendante de l'ordre de l'opération. La construction géométrique de la figure 2.7 illustre cette propriété appelée la *commutativité de l'addition*.

Loi de la commutativité

$$\vec{A} + \vec{B} = \vec{B} + \vec{A} \tag{2.5}$$

Si l'on additionne trois vecteurs ou plus, leur somme est indépendante de l'ordre dans lequel les vecteurs sont additionnés. La figure 2.8 présente la preuve géométrique de cette propriété appelée l'*associativité de l'addition*.

2.6	$\vec{A} + (\vec{B} + \vec{C}) = (\vec{A} + \vec{B}) + \vec{C}$	**Loi de l'associativité**

Nous pouvons donc conclure qu'un vecteur est caractérisé par une grandeur et une orientation et qu'il obéit aux lois de l'addition, telles qu'elles sont illustrées aux figures 2.6 à 2.9.

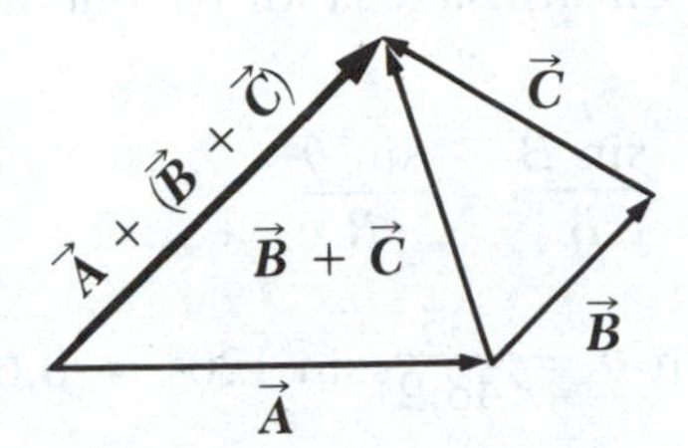

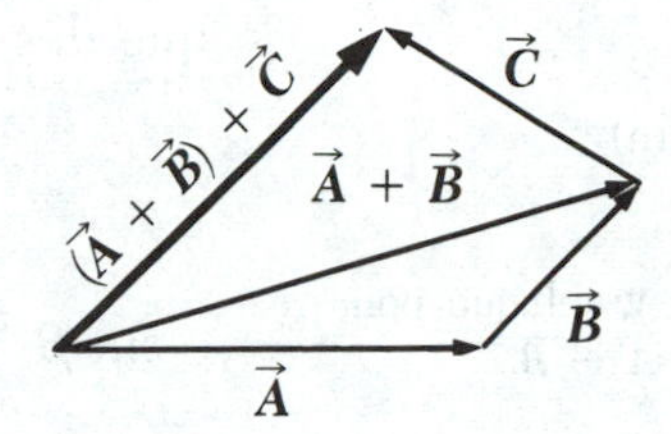

Figure 2.8 Constructions géométriques qui permettent de vérifier la loi d'associativité de l'addition.

On peut aussi utiliser des constructions géométriques pour additionner plus de trois vecteurs. La figure 2.9 illustre l'addition de quatre vecteurs. La résultante $\vec{R} = \vec{A} + \vec{B} + \vec{C} + \vec{D}$ est le *vecteur qui complète le polygone*: $\vec{R}$ est le *vecteur tracé de l'origine du premier vecteur à la pointe du dernier vecteur*. Encore une fois, l'ordre des vecteurs dans la somme n'a pas d'importance.

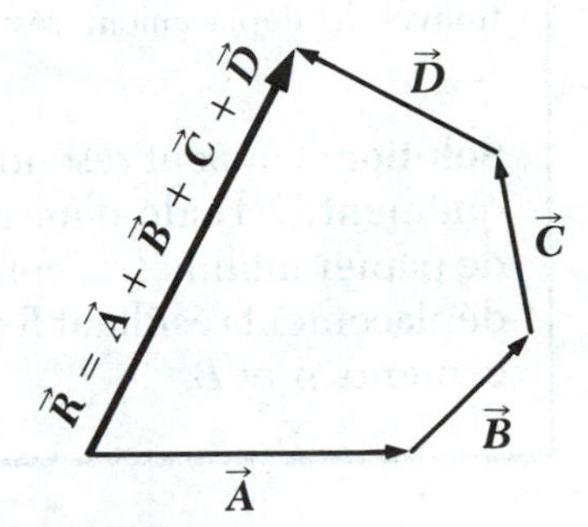

Figure 2.9 Construction géométrique illustrant la somme de quatre vecteurs. Le vecteur résultant $\vec{R}$ complète le polygone.

Opposé d'un vecteur. Le vecteur opposé d'un vecteur $\vec{A}$ est défini comme le vecteur qui, additionné à $\vec{A}$, donne zéro, c'est-à-dire $\vec{A} + (-\vec{A}) = 0$. Les vecteurs $\vec{A}$ et $-\vec{A}$ ont la même grandeur, mais des orientations opposées.

Soustraction de vecteurs. La soustraction de vecteurs est fondée sur la définition du vecteur opposé. On définit l'opération $\vec{A} - \vec{B}$ comme l'addition du vecteur $-\vec{B}$ au vecteur $\vec{A}$:

2.7	$\vec{A} - \vec{B} = \vec{A} + (-\vec{B})$

La figure 2.10 illustre la construction géométrique utilisée pour la soustraction de vecteurs.

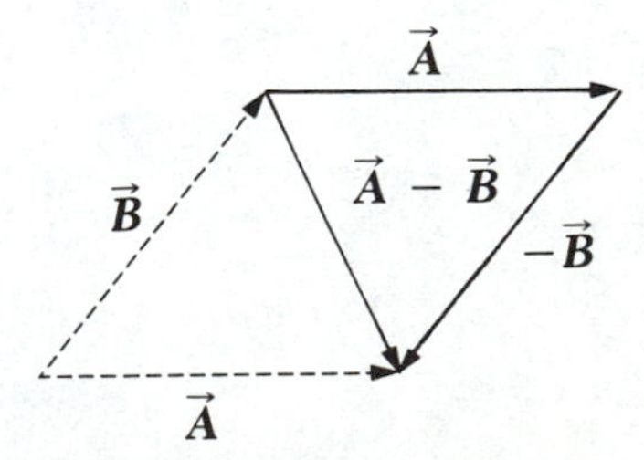

Figure 2.10 Cette construction illustre comment on soustrait le vecteur $\vec{B}$ du vecteur $\vec{A}$. Le vecteur $-\vec{B}$ est opposé au vecteur $\vec{B}$.

Multiplication d'un vecteur par un scalaire. Si un vecteur $\vec{A}$ est multiplié par une grandeur scalaire positive m, le produit $m\vec{A}$ est un vecteur de même orientation que $\vec{A}$ et de grandeur mA. Si m est une grandeur scalaire négative, le vecteur $m\vec{A}$ a une orientation opposée à celle de $\vec{A}$.

Exemple 2.2

Une voiture parcourt une distance de 20,0 km vers le nord, puis elle bifurque à 60° vers l'ouest et parcourt une distance de 35,0 km, comme l'indique la figure 2.11[4]. Trouvez la grandeur et la direction du déplacement résultant de cette voiture.

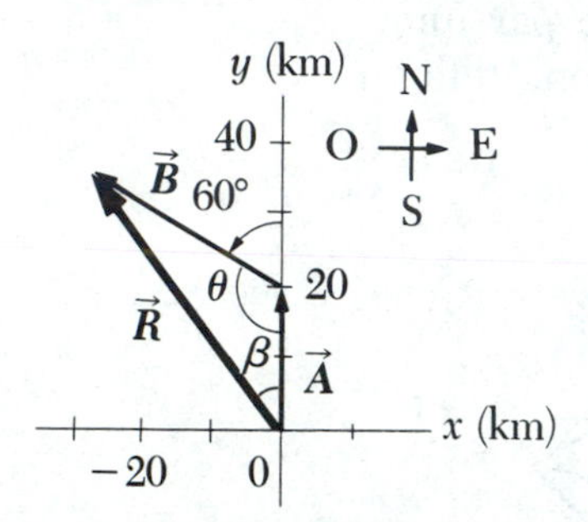

Figure 2.11 (Exemple 2.2) Méthode graphique pour trouver le déplacement résultant $\vec{R} = \vec{A} + \vec{B}$.

Solution: On peut résoudre ce problème graphiquement, à l'aide d'un rapporteur d'angles, et de papier millimétré, comme à la figure 2.11. Le déplacement résultant $\vec{R}$ est la somme des déplacements $\vec{A}$ et $\vec{B}$.

On peut également déterminer algébriquement la grandeur de $\vec{R}$ à l'aide de la loi trigonométrique des cosinus appliquée au triangle (annexe B.4). Puisque $\theta = 180° - 60° = 120°$ et $R^2 = A^2 + B^2 - 2AB\cos\theta$, nous obtenons

$$R = \sqrt{A^2 + B^2 - 2AB\cos\theta}$$
$$= \sqrt{(20)^2 + (35)^2 - 2(20)(35)\cos 120°} = 48{,}2 \text{ km}$$

On peut trouver la direction de $\vec{R}$ à partir de la direction nord, en utilisant la loi trigonométrique des sinus:

$$\frac{\sin\beta}{B} = \frac{\sin\theta}{R}$$

$$\sin\beta = \frac{B}{R}\sin\theta = \frac{35}{48{,}2}\sin 120° = 0{,}629$$

ou

$$\beta \approx 39°$$

Le déplacement résultant de la voiture est donc de 48,2 km et sa direction est de 39° à l'ouest du nord.

Q1. On déplace un livre le long du périmètre d'une table de 1 m × 2 m. Si l'on ramène le livre à son point de départ, quel est son déplacement? Quelle est la distance parcourue?

Q2. Si l'on additionne $\vec{B}$ à $\vec{A}$, à quelle condition la grandeur de la résultante est-elle égale à $A + B$? À quelle condition la résultante est-elle égale à zéro?

Q3. La grandeur du déplacement d'une particule peut-elle être supérieure à la distance parcourue? Expliquez.

Q4. Soit deux vecteurs $\vec{A}$ et $\vec{B}$ tels que $A = 5$ unités et $B = 2$ unités. Trouvez la valeur la plus grande et la valeur la plus petite possible de la grandeur de la résultante $\vec{R} = \vec{A} + \vec{B}$.

4. Notons que le nombre 20,0 compte trois chiffres significatifs (section 1.6 chap. 1). Dorénavant, pour simplifier, nous nous contenterons habituellement d'exprimer un nombre tel que 20,0 en écrivant 20. De plus, dans les calculs, nous supposerons qu'à moins d'avis contraire, tous les nombres comptent trois chiffres significatifs.

2.4 Composantes d'un vecteur et vecteurs unitaires

La méthode géométrique d'addition de vecteurs n'est pas recommandée dans des situations qui exigent une grande précision et son utilisation serait compliquée dans des problèmes à trois dimensions. Dans cette section, nous décrirons une méthode d'addition qui utilise les projections des vecteurs sur des axes perpendiculaires. Mais nous avons besoin pour cela de la notion de vecteur unitaire.

Un vecteur unitaire est un vecteur de longueur un, sans unité physique, mais ayant une orientation déterminée. Choisissons d'appeler $\vec{u}$ le vecteur unitaire de même orientation que le vecteur $\vec{A}$ de la figure 2.12. Le vecteur $\vec{A}$ dont la longueur est a fois celle de $\vec{u}$ peut s'écrire

$$\vec{A} = a\vec{u} \qquad \text{où} \qquad a > 0$$

Par contre, pour le vecteur $\vec{B}$ de sens opposé à celui de $\vec{u}$, on devra écrire

$$\vec{B} = b\vec{u} \qquad \text{où} \qquad b < 0$$

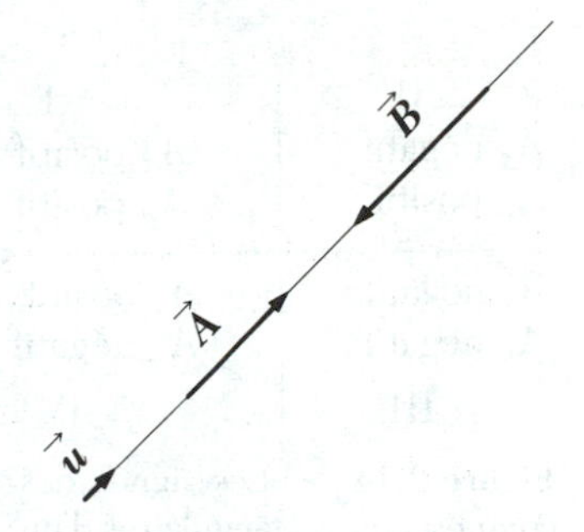

Figure 2.12 Tout vecteur ayant la même direction que le vecteur $\vec{u}$ peut être représenté à l'aide de celui-ci. Ci-dessus, $\vec{A} = a\vec{u}$ et $\vec{B} = b\vec{u}$. Dans ce dernier cas, b est négatif car $\vec{B}$ et $\vec{u}$ ne sont pas dans le même sens.

Lorsqu'un vecteur unitaire a été défini dans une direction donnée, on peut écrire tout vecteur dans cette direction sous la forme d'une valeur algébrique (positive ou négative) multipliée par le vecteur unitaire. La valeur absolue nous donne la longueur du vecteur et le signe nous renseigne sur le sens de ce vecteur. Avec cette convention $A = a$ et $B = -b$, pour les grandeurs des vecteurs $\vec{A}$ et $\vec{B}$ de la figure 2.12.

Lorsqu'on utilise dans un plan un système d'axes perpendiculaires, il est pratique de définir deux vecteurs unitaires portés par les axes Ox et Oy et dont les sens sont les sens positifs de ces deux axes. Soit $\vec{i}$ et $\vec{j}$ ces deux vecteurs. Ceci nous permet de représenter un vecteur quelconque situé dans un plan. En effet, on peut décomposer le vecteur $\vec{A}$, par exemple, et considérer qu'il est la somme de deux vecteurs situés sur les axes Ox et Oy, comme à la figure 2.13. Ces deux vecteurs sont les côtés du rectangle dont $\vec{A}$ est la diagonale. Ils sont appelés composantes vectorielles de $\vec{A}$.

Chacun de ces deux vecteurs peut être considéré comme le produit d'une valeur algébrique et du vecteur unitaire porté par le même axe. On peut alors écrire:

$$\vec{A} = A_x\vec{i} + A_y\vec{j}$$

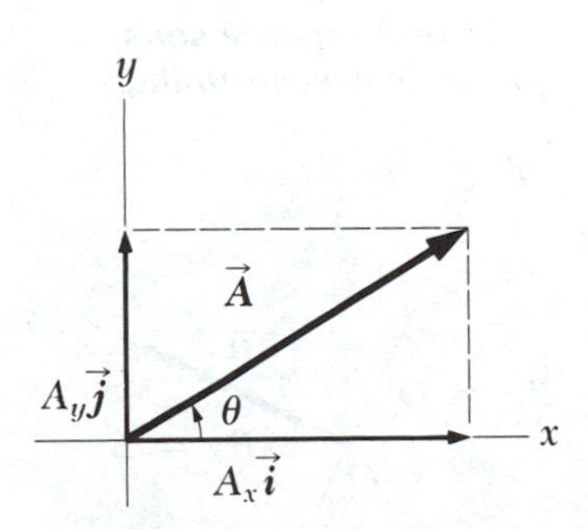

Figure 2.13 Tout vecteur $\vec{A}$ dans le plan xy peut être considéré comme la somme de ses composantes vectorielles: $\vec{A} = A_x\vec{i} + A_y\vec{j}$.

A_x et A_y sont appelés composantes scalaires ou composantes rectangulaires du vecteur $\vec{A}$. Une composante scalaire a une valeur positive si la projection du vecteur sur l'axe considéré est dans le même sens que le vecteur unitaire. Elle est négative dans le cas contraire.

On peut trouver les valeurs de A_x et de A_y en fonction de A et θ. En effet, d'après la figure 2.13 et la définition du sinus et du cosinus d'un angle, on peut écrire

Composantes du vecteur $\vec{A}$

2.8
$$A_x = A \cos \theta$$
$$A_y = A \sin \theta$$

Inversement, connaissant A_x et A_y on peut retrouver A et θ

Grandeur de $\vec{A}$

2.9
$$A = \sqrt{A_x^{\,2} + A_y^{\,2}}$$

et

Orientation de $\vec{A}$

2.10
$$\tan \theta = \frac{A_y}{A_x}$$

Pour trouver θ, nous pouvons inverser la dernière équation et écrire $\theta = \tan^{-1}(A_y/A_x)$, qui se lit: «$\theta$ est égal à l'angle dont la tangente est le rapport A_y/A_x.» *Notez que les signes des composantes rectangulaires A_x et A_y dépendent de l'angle θ.* Par exemple, si $\theta = 120°$, A_x est négatif et A_y est positif. Cependant, si $\theta = 225°$, A_x et A_y sont négatifs. La figure 2.14 résume les signes des composantes lorsque $\vec{A}$ se trouve dans l'un ou l'autre des quadrants.

II	I
A_x négatif, A_y positif	A_x positif, A_y positif
A_x négatif, A_y négatif	A_x positif, A_y négatif
III	IV

Figure 2.14 Les signes des composantes rectangulaires d'un vecteur $\vec{A}$ dépendent du quadrant dans lequel le vecteur se situe.

On peut exprimer les composantes d'un vecteur dans n'importe quel système d'axes. Ces axes sont normalement perpendiculaires l'un à l'autre, mais pas obligatoirement horizontal et vertical. Ainsi, dans certains cas, afin de simplifier les calculs, il peut être avantageux de choisir le système d'axes de façon à ce que le vecteur considéré repose le long d'un axe, comme dans la figure 2.15. Ainsi, une des composantes est nulle alors que la grandeur de l'autre est égale à la grandeur du vecteur.

$$B_{x'} = B$$
$$B_{y'} = O$$

En décomposant ainsi des vecteurs suivant deux axes choisis, on peut calculer plus facilement leur somme. Supposons que nous voulions additionner le vecteur $\vec{B}$ au vecteur $\vec{A}$, en utilisant les axes Ox et Oy. $\vec{A}$ et $\vec{B}$ s'écrivent respectivement

Vecteur $\vec{A}$ exprimé sous forme de vecteur unitaire

2.11
$$\vec{A} = A_x\vec{i} + A_y\vec{j}$$

et

$$\vec{B} = B_x\vec{i} + B_y\vec{j}$$

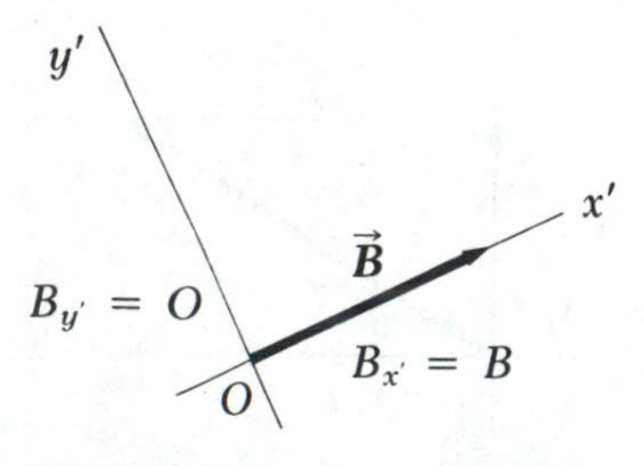

Figure 2.15 Les composantes d'un vecteur $\vec{B}$ dans un système d'axes incliné, choisi de façon à simplifier la description du vecteur.

On obtient la résultante $\vec{R} = \vec{A} + \vec{B}$ en procédant comme suit:

2.12
$$\vec{R} = (A_x + B_x)\vec{i} + (A_y + B_y)\vec{j}$$

Les composantes rectangulaires de la résultante sont:

2.13
$$R_x = A_x + B_x$$
$$R_y = A_y + B_y$$

À partir des composantes de $\vec{R}$, on peut déduire sa grandeur et l'angle qu'il forme avec l'axe des x en utilisant les relations suivantes:

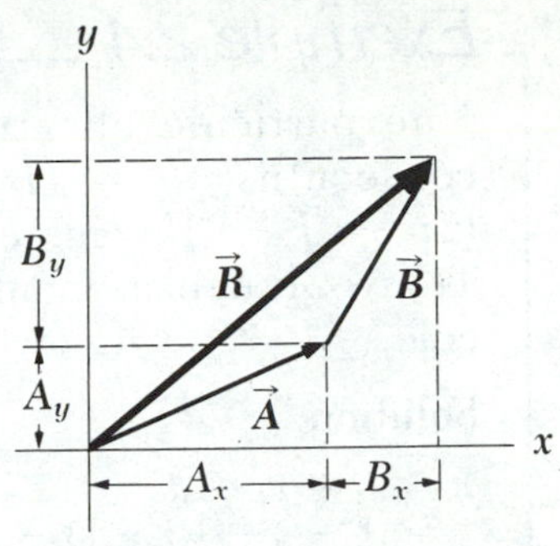

Figure 2.16 Construction géométrique illustrant la relation entre les composantes de $\vec{R}$, résultante de la somme des deux vecteurs, et les composantes de chacun de ces vecteurs.

2.14
$$R = \sqrt{R_x^2 + R_y^2} = \sqrt{(A_x + B_x)^2 + (A_y + B_y)^2}$$

et

2.15
$$\tan\theta = \frac{R_y}{R_x} = \frac{A_y + B_y}{A_x + B_x}$$

Ce procédé d'addition de deux vecteurs $\vec{A}$ et $\vec{B}$ par la méthode algébrique peut être vérifié grâce à une construction géométrique comme celle qui apparaît à la figure 2.16. Notons que chaque composante scalaire de la résultante est la somme *algébrique* des composantes scalaires sur le même axe.

Ces méthodes peuvent être transposées telles quelles aux vecteurs dans un espace à trois dimensions. On a alors besoin de trois vecteurs unitaires $\vec{i}$, $\vec{j}$, $\vec{k}$, suivant les trois axes Ox, Oy, Oz. Les vecteurs $\vec{A}$ et $\vec{B}$ peuvent alors être exprimés sous la forme suivante:

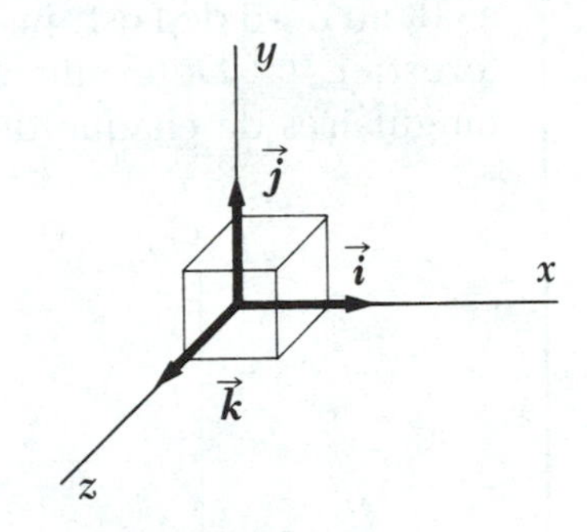

Figure 2.17 Dans un espace à trois dimensions, les vecteurs peuvent être décomposés à l'aide des trois vecteurs unitaires $\vec{i}$, $\vec{j}$ et $\vec{k}$.

2.16
$$\vec{A} = A_x\vec{i} + A_y\vec{j} + A_z\vec{k}$$

2.17
$$\vec{B} = B_x\vec{i} + B_y\vec{j} + B_z\vec{k}$$

On obtient la somme de $\vec{A}$ et $\vec{B}$ par

2.18
$$\vec{R} = \vec{A} + \vec{B} = (A_x + B_x)\vec{i} + (A_y + B_y)\vec{j} + (A_z + B_z)\vec{k}$$

La résultante a donc également une composante z obtenue par $R_z = A_z + B_z$. Le même procédé peut être appliqué à l'addition de trois vecteurs ou plus.

Exemple 2.3

Trouvez la somme de deux vecteurs $\vec{A}$ et $\vec{B}$ dans le plan xy, si

$$\vec{A} = 2\vec{i} + 2\vec{j} \quad \text{et} \quad \vec{B} = 2\vec{i} - 4\vec{j}$$

Solution: Notez que $A_x = 2$, $A_y = 2$, $B_x = 2$, et $B_y = -4$. On obtient donc la résultante $\vec{R}$:

$$\vec{R} = \vec{A} + \vec{B} = (2 + 2)\vec{i} + (2 - 4)\vec{j}$$
$$= 4\vec{i} - 2\vec{j}$$

ou

$$R_x = 4, \; R_y = -2$$

On obtient la grandeur de $\vec{R}$:

$$R = \sqrt{R_x^2 + R_y^2} = \sqrt{(4)^2 + (-2)^2}$$
$$= \sqrt{20} = 4{,}47$$

Vous devriez pouvoir vérifier que l'angle θ formé par $\vec{R}$ avec l'axe des x est 333°.

Exemple 2.4

Une particule effectue trois déplacements consécutifs; $\vec{d}_1 = (\vec{i} + 3\vec{j} - \vec{k})$ cm, $\vec{d}_2 = (2\vec{i} - \vec{j} - 3\vec{k})$ cm, et $\vec{d}_3 = (-\vec{i} + \vec{j})$ cm. Trouvez le déplacement résultant de cette particule.

Solution:

$$\begin{aligned}\vec{R} &= \vec{d}_1 + \vec{d}_2 + \vec{d}_3\\ &= (1 + 2 - 1)\vec{i} + (3 - 1 + 1)\vec{j} + (-1 - 3 + 0)\vec{k}\\ &= (2\vec{i} + 3\vec{j} - 4\vec{k}) \text{ cm}\end{aligned}$$

Les composantes du déplacement résultant sont donc $R_x = 2$ cm, $R_y = 3$ cm, et $R_z = -4$ cm. Sa grandeur est

$$R = \sqrt{R_x^2 + R_y^2 + R_z^2} = \sqrt{(2)^2 + (3)^2 + (-4)^2} = 5{,}39 \text{ cm}$$

Exemple 2.5

Une excursionniste quitte son campement et parcourt d'abord 25 km vers le sud-est. Le jour suivant, elle parcourt 40 km dans une direction à 60° au nord de l'est, jusqu'à une tour de garde forestier. (a) Déterminez les composantes rectangulaires de chaque déplacement quotidien.

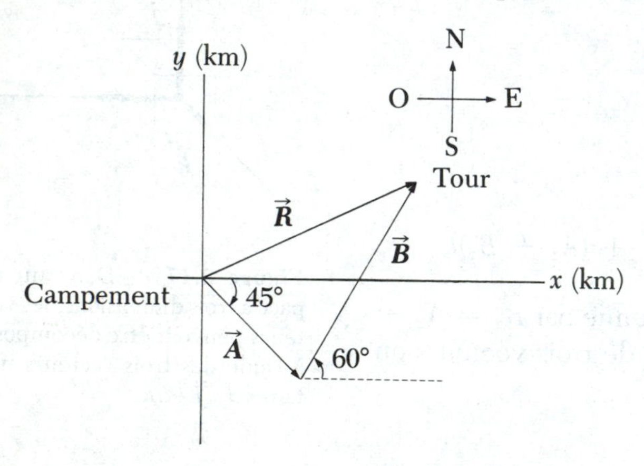

Figure 2.18 (Exemple 2.5) Le déplacement total de l'excursionniste est donné par le vecteur $\vec{R} = \vec{A} + \vec{B}$.

Appelons les vecteurs déplacement $\vec{A}$ et $\vec{B}$ et prenons le campement comme origine des coordonnées. Nous obtiendrons alors les vecteurs de la figure 2.18. Le déplacement $\vec{A}$ a une grandeur de 25,0 km et une direction de 45° vers le sud-est. Ses composantes rectangulaires sont

$$A_x = A\cos(-45°) = (25 \text{ km})(0{,}707) = 17{,}7 \text{ km}$$
$$A_y = A\sin(-45°) = -(25 \text{ km})(0{,}707) = -17{,}7 \text{ km}$$

La valeur négative de A_y indique que ce déplacement a entraîné une décroissance de la coordonnée y. Les signes de A_x et de A_y sont évidents d'après la figure 2.18. Le second déplacement, $\vec{B}$, a une grandeur de 40,0 km et une direction de 60° au nord de l'est. Ses composantes rectangulaires sont

$$B_x = B\cos 60° = (40 \text{ km})(0{,}50) = 20{,}0 \text{ km}$$
$$B_y = B\sin 60° = (40 \text{ km})(0{,}866) = 34{,}6 \text{ km}$$

(b) Déterminez les composantes rectangulaires du déplacement total de l'excursionniste.

On obtient les composantes du déplacement résultant $\vec{R} = \vec{A} + \vec{B}$ par

$$R_x = A_x + B_x = 17{,}7 \text{ km} + 20{,}0 \text{ km} = 37{,}7 \text{ km}$$
$$R_y = A_y + B_y = -17{,}7 \text{ km} + 34{,}6 \text{ km} = 16{,}9 \text{ km}$$

On peut aussi écrire ce déplacement total en utilisant les vecteurs unitaires: $\vec{R} = (37{,}7\vec{i} + 16{,}9\vec{j})$ km.

(c) Déterminez la grandeur et la direction du déplacement total.

On obtient la grandeur et la direction du déplacement total avec

$$R = \sqrt{R_x^2 + R_y^2} = \sqrt{(37{,}7)^2 + (16{,}9)^2} = 41{,}3 \text{ km}$$

et

$$\tan\theta = \frac{R_y}{R_x} = \frac{16{,}9}{37{,}7} = 0{,}448$$

de sorte que

$$\theta = \tan^{-1}(0{,}448) = 24{,}1°$$

La tour de garde forestier est donc située à 41,3 km et à 24,1° au nord-est du campement.

Q5. Soit un vecteur $\vec{A}$ dans le plan xy. Pour quelles orientations de $\vec{A}$ ses deux composantes rectangulaires seront-elles négatives? Pour quelles orientations auront-elles des signes opposés?

Q6. Un vecteur peut-il avoir une composante nulle sans que sa grandeur le soit? Expliquez.

Q7. Si l'une des composantes d'un vecteur n'est pas nulle, la grandeur du vecteur peut-elle l'être? Expliquez.

Q8. Si la composante d'un vecteur $\vec{A}$ dans la direction du vecteur $\vec{B}$ est nulle, que pouvez-vous conclure au sujet de ces deux vecteurs?

Q9. Si $\vec{A} = \vec{B}$, que pouvez-vous conclure quant aux composantes de $\vec{A}$ et de $\vec{B}$?

Q10. La grandeur d'un vecteur peut-elle avoir une valeur négative? Expliquez.

Q11. Si $\vec{A} + \vec{B} = 0$, que pouvez-vous dire des composantes de ces deux vecteurs?

2.5 Les forces

La notion de force est importante dans plusieurs domaines de la physique. Que vous tiriez ou poussiez un objet dans une direction donnée, vous exercez une force sur cet objet. La force de gravité exercée sur tous les corps terrestres (le poids des corps) est une force dont nous faisons tous l'expérience. Toute force exercée sur un corps est entièrement définie par sa grandeur, son orientation et son point d'application. Le chapitre 5 présentera une étude plus approfondie des forces. Dans cette section-ci, nous décrivons simplement le traitement algébrique des forces, notamment la méthode qui consiste à remplacer une force par ses composantes pour simplifier la description du comportement d'un système sous l'influence de forces extérieures. L'unité SI de force est le newton, N, (défini au chapitre 5).

Supposons une force $\vec{F}$ exercée sur un objet au point O à un angle θ par rapport à l'horizontale, comme à la figure 2.19a. Les composantes rectangulaires de $\vec{F}$ sont F_x et F_y, où $F_x = F \cos \theta$ et $F_y = F \sin \theta$. La somme des composantes vectorielles[5] $F_x\vec{i}$ et $F_y\vec{j}$ de la figure 2.19b est équivalente à la force initiale $\vec{F}$. Cela signifie *que toute force* $\vec{F}$ *peut être représentée par ses composantes rectangulaires*.

Prenons, à titre d'exemple, une force de 7 N exercée sur un objet et dirigée à 30° de l'horizontale, comme à la figure 2.20. Les composantes de cette force sont:

5. Parfois, pour alléger l'écriture (dans les schémas), on écrira $\vec{F}_x$ et $\vec{F}_y$ pour les composantes vectorielles: $\vec{F}_x = \vec{i}F_x$ et $\vec{F}_y = \vec{j}F_y$.

(a)

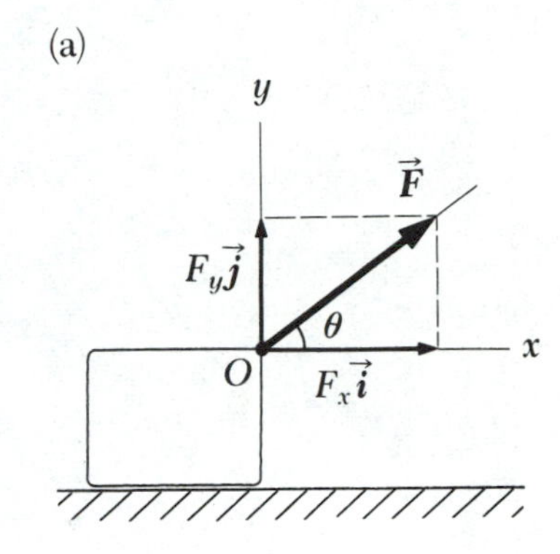

(b)

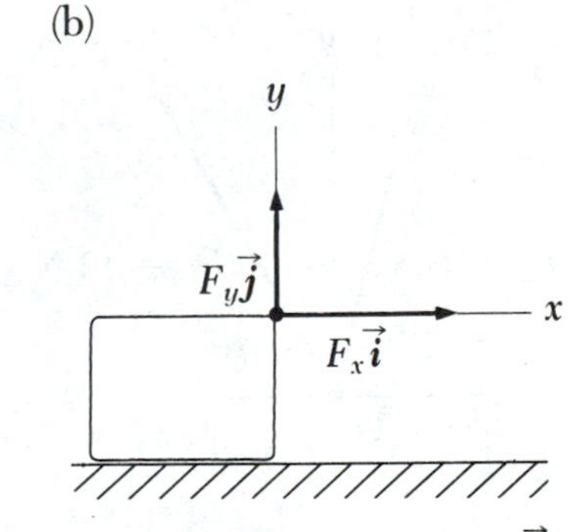

Figure 2.19 (a) La force $\vec{F}$ agit sur un objet dont les composantes sont F_x et F_y. (b) La somme vectorielle des forces $\vec{F}_x$ et $\vec{F}_y$ est équivalente à la force $\vec{F}$ illustrée en (a).

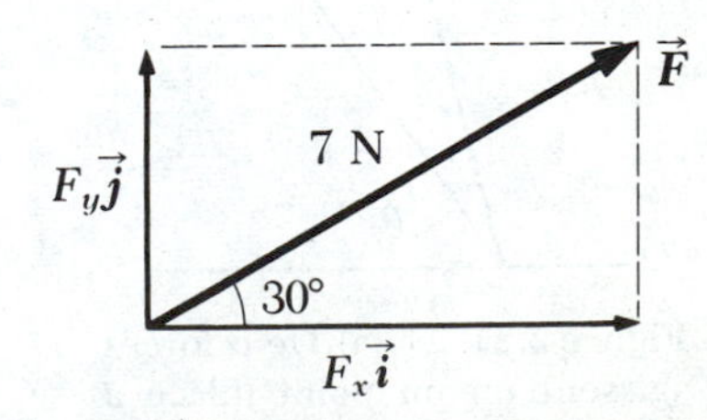

Figure 2.20 Les composantes rectangulaires de la force de 7 N sont F_x et F_y.

$$F_x = F\cos\theta = (7\text{ N})(\cos 30°) = 6{,}06\text{ N}$$
$$F_y = F\sin\theta = (7\text{ N})(\sin 30°) = 3{,}50\text{ N}$$

Nous pouvons donc exprimer $\vec{F}$ au moyen des vecteurs unitaires

$$\vec{F} = F_x\vec{i} + F_y\vec{j} = (6{,}06\vec{i} + 3{,}50\vec{j})\text{ N}$$

Considérons maintenant deux forces exercées sur un objet, comme à la figure 2.21a. On veut trouver la force résultante exercée sur cet objet, c'est-à-dire déterminer une seule force équivalente aux deux forces illustrées. On obtient les composantes x et y de la force de 12 N en procédant comme suit:

$$F_{1x} = F_1\cos 60° = (12\text{ N})(0{,}50) = 6{,}00\text{ N}$$
$$F_{1y} = F_1\sin 60° = (12\text{ N})(0{,}866) = 10{,}4\text{ N}$$

De même, les composantes de la force de 8 N sont

$$F_{2x} = F_2\cos(105°) = (8\text{ N})(-0{,}259) = -2{,}07\text{ N}$$
$$F_{2y} = F_2\sin 105° = (8\text{ N})(0{,}966) = 7{,}73\text{ N}$$

(a)

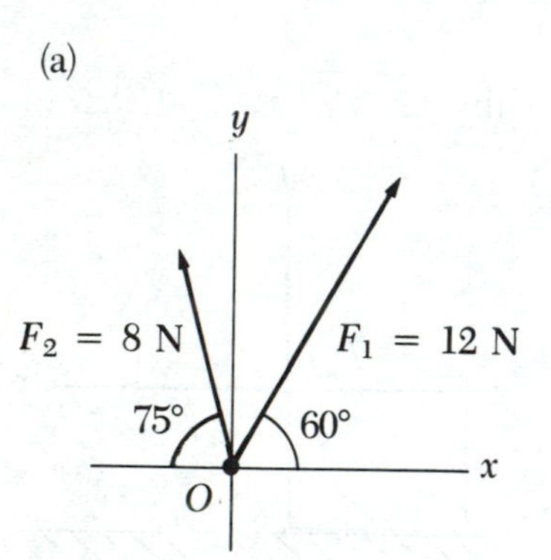

(b)

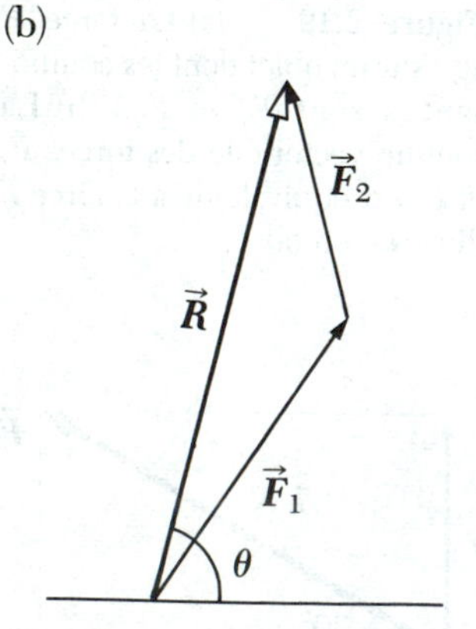

Figure 2.21 (a) Deux forces agissent en un point (placé à l'origine) d'un objet. (b) Méthode graphique pour obtenir la force résultante $\vec{R}$.

Notons que la composante F_{2x} est négative puisqu'elle est orientée vers les valeurs négatives de l'axe des x. Nous utilisons en effet les conventions de signes habituellement employées en géométrie analytique: les composantes x vers la droite sont positives et celles vers la gauche sont négatives. De même, les composantes y sont positives vers le haut et négatives vers le bas. La somme des composantes x et y nous donne les composantes de la force résultante $\vec{R} = \vec{F}_1 + \vec{F}_2$:

$$R_x = F_{1x} + F_{2x} = 6{,}00\text{ N} - 2{,}07\text{ N} = 3{,}93\text{ N}$$
$$R_y = F_{1y} + F_{2y} = 10{,}4\text{ N} + 7{,}73\text{ N} = 18{,}1\text{ N}$$

On peut exprimer $\vec{R}$ à l'aide des vecteurs unitaires comme suit:

$$\vec{R} = (3{,}93\vec{i} + 18{,}1\vec{j})\text{ N}$$

On obtient la grandeur et la direction de $\vec{R}$:

$$R = \sqrt{R_x^{\,2} + R_y^{\,2}} = \sqrt{(3{,}93\text{ N})^2 + (18{,}1\text{ N})^2} = 18{,}5\text{ N}$$

$$\theta = \tan^{-1}\frac{R_y}{R_x} = \tan^{-1}\left(\frac{18{,}1\text{ N}}{3{,}93\text{ N}}\right) = 77{,}7°$$

Vérifiez ces résultats en les comparant à la solution graphique de la figure 2.21b.

Pour éviter les erreurs, nous vous suggérons de dresser un tableau semblable à celui ci-dessous, qui résume les calculs précédents. Ce procédé est particulièrement pratique lorsqu'on travaille avec trois forces et plus.

Force	F_x (composante x)	F_y (composante y)
12 N	6,00 N	10,4 N
8 N	−2,07 N	7,73 N
Résultante R	$R_x = 3{,}93$ N	$R_y = 18{,}1$ N

Supposons enfin que vous vouliez déterminer la grandeur et l'orientation d'une nouvelle force $\vec{F}$ qui, ajoutée aux autres forces agissant sur un même corps, donne une force résultante nulle. On peut effectuer facilement ce calcul en trouvant d'abord la résultante $\vec{R}$ des forces initiales, puis en posant la condition $\vec{R} + \vec{F} = 0$, ou $\vec{F} = -\vec{R}$. Cela signifie que la grandeur de $\vec{F}$ doit être égale à la résultante des forces initiales et avoir une orientation opposée. Par exemple, la troisième force $\vec{F}$ qui doit être appliquée au corps de la figure 2.21 pour donner une force résultante nulle est

$$\vec{F} = -\vec{R} = (-3{,}93\vec{i} - 18{,}1\vec{j})\text{ N}$$

2.6 Résumé

Les *vecteurs* sont définis par une grandeur et une orientation alors que les *scalaires* n'ont qu'une grandeur et un signe, mais pas d'orientation.

Pour additionner deux vecteurs $\vec{A}$ et $\vec{B}$, on peut utiliser soit la méthode du triangle, soit celle du parallélogramme. Selon la méthode du triangle (figure 2.22a), le vecteur $\vec{C} = \vec{A} + \vec{B}$ commence à l'origine de $\vec{A}$ et se termine à la pointe de $\vec{B}$. Selon celle du parallélogramme, (figure 2.22b), $\vec{C}$ est la diagonale du parallélogramme dont les côtés sont $\vec{A}$ et $\vec{B}$.

La composante x du vecteur $\vec{A}$ est obtenue au moyen de sa projection sur l'axe des x, soit $A_x = A \cos \theta$, comme l'indique la figure 2.23. De même, la composante y de $\vec{A}$ est obtenue à partir de sa projection sur l'axe des y et $A_y = A \sin \theta$.

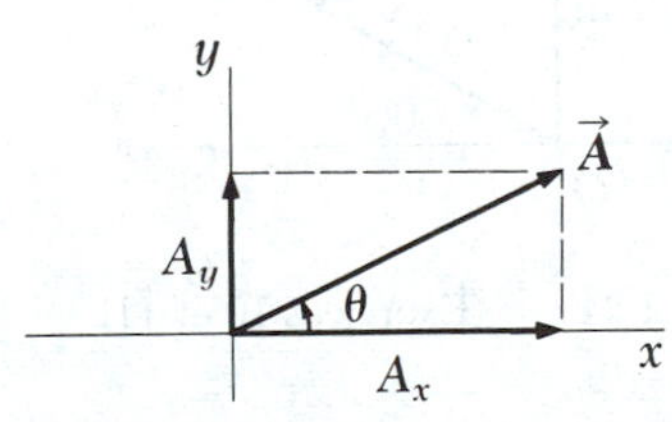

Figure 2.23 Les composantes A_x et A_y d'un vecteur $\vec{A}$.

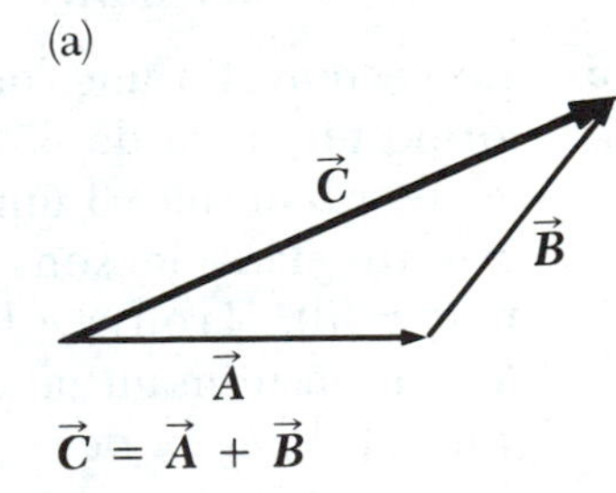

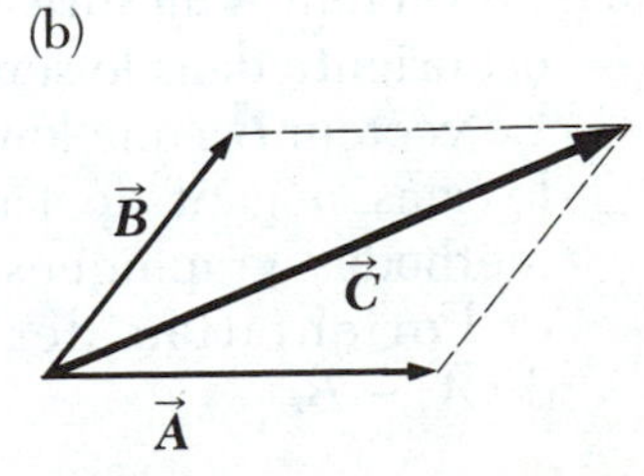

Figure 2.22 (a) Addition vectorielle par la méthode du triangle. (b) Addition vectorielle par la méthode du parallélogramme.

Si la composante x d'un vecteur $\vec{A}$ est égale à A_x, et sa composante y à A_y, on peut exprimer ce vecteur au moyen de vecteurs unitaires comme suit: $\vec{A} = A_x\vec{i} + A_y\vec{j}$. Suivant cette notation, $\vec{i}$ est un vecteur unitaire orienté dans le sens positif de l'axe des x et $\vec{j}$ est un vecteur unitaire orienté dans le sens positif de l'axe des y. Puisque $\vec{i}$ et $\vec{j}$ sont les vecteurs unitaires, $|\vec{i}| = |\vec{j}| = 1$.

Exercices

Section 2.1 Systèmes de coordonnées et cadres de référence

1. Soit deux points dans le plan xy ayant des coordonnées cartésiennes de (2,0 −4,0) et de (−3,0 3,0); les unités sont exprimées en mètres. Déterminez (a) la distance entre ces deux points et (b) leurs coordonnées polaires.

2. Les coordonnées cartésiennes d'un point dans le plan xy sont (−3,0 5,0) m. Quelles sont les coordonnées polaires de ce point?

3. Les coordonnées polaires d'un point sont r = 5,50 m et $\theta = 240°$. Quelles sont les coordonnées cartésiennes de ce point?

4. Soit deux points dans un plan ayant des coordonnées polaires de (2,50 m 30°) et de (3,80 m 120°). Déterminez (a) les coordonnées cartésiennes de ces points et (b) la distance qui les sépare.

Sections 2.2 et 2.3 Vecteurs et scalaires; quelques propriétés des vecteurs

5. Le vecteur $\vec{A}$ a une longueur de 6 unités et forme un angle de 45° avec l'axe des x. Le vecteur $\vec{B}$ mesure 3 unités de longueur et est orienté dans le sens positif de l'axe des x ($\theta = 0$). Trouvez le vecteur résultant $\vec{A} + \vec{B}$ en utilisant (a) des méthodes graphiques et (b) la loi des cosinus.

6. Le vecteur $\vec{A}$ mesure 3 unités de longueur et est orienté dans le sens positif de l'axe des x. Le vecteur $\vec{B}$ a une longueur de 4 unités dans le sens négatif de l'axe des y. À l'aide de méthodes graphiques, trouvez la grandeur et l'orientation des vecteurs (a) $\vec{A} + \vec{B}$ (b) $\vec{A} - \vec{B}$.

7. Un piéton parcourt 6,00 km vers l'est et 13,0 km vers le nord. Trouvez, à l'aide de la méthode graphique, la grandeur et l'orientation du vecteur déplacement résultant.

8. Une personne marche le long d'un sentier circulaire d'un rayon de 5 m et parcourt la moitié du cercle. (a) Trouvez la grandeur du vecteur déplacement. (b) Quelle distance la personne a-t-elle parcourue? (c) Quelle est la grandeur du déplacement si le cercle est parcouru en entier?

9. Une particule est soumise à trois déplacements consécutifs de sorte que le déplacement *total* est égal à zéro. Le premier déplacement est de 8 m vers l'ouest, le second est de 13 m vers le nord. Trouvez la grandeur et l'orientation du troisième déplacement à l'aide de la méthode graphique.

10. Les vecteurs $\vec{A}$ et $\vec{B}$, illustrés à la figure 2.24, mesurent chacun 3 m de longueur. Trouvez graphiquement (a) $\vec{A} + \vec{B}$, (b) $\vec{A} - \vec{B}$, (c) $\vec{B} - \vec{A}$, (d) $\vec{A} - 2\vec{B}$.

Section 2.4 Composantes d'un vecteur et vecteurs unitaires

11. Trouvez les composantes x et y des vecteurs $\vec{A}$ et $\vec{B}$ illustrés à la figure 2.24. Exprimez la résultante $\vec{A} + \vec{B}$ à l'aide des vecteurs unitaires.

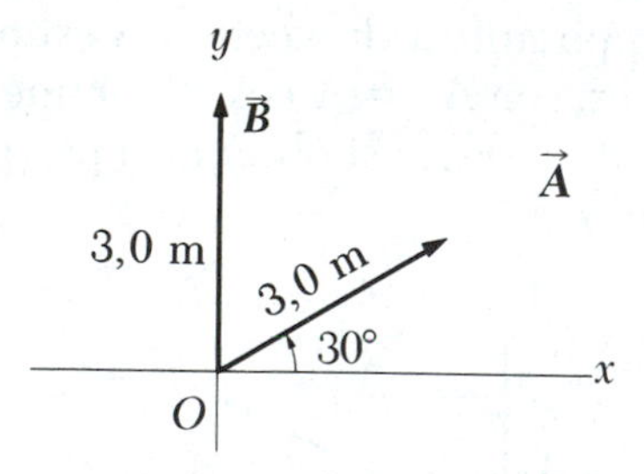

Figure 2.24 (Exercices 10 et 11).

12. Un vecteur déplacement $\vec{A}$ forme un angle θ avec la partie positive de l'axe des x, comme à la figure 2.13. Trouvez les composantes rectangulaires de $\vec{A}$ pour les valeurs suivantes de A et de θ: (a) A = 8 m, $\theta = 60°$; (b) A = 6 m, $\theta = 120°$; (c) A = 12 cm, $\theta = 225°$.

13. Soit un vecteur $\vec{A}$ dans le plan xy. Faites un tableau des signes des composantes x et y de $\vec{A}$ selon que le vecteur se trouve dans le premier, le deuxième, le troisième ou le quatrième quadrant.

14. Un vecteur déplacement dans le plan xy a une grandeur de 50 m et forme un angle de 120° avec la partie positive de l'axe des x. Quelles sont les composantes rectangulaires de ce vecteur?

15. La composante x d'un vecteur est de -25 unités et sa composante y, de 40 unités. Trouvez la grandeur et l'orientation de ce vecteur.

16. Une particule est soumise à deux déplacements. Le premier a une grandeur de 150 cm et forme un angle de 120° avec la partie positive de l'axe des x. Le déplacement *résultant* a une grandeur de 140 cm et forme un angle de 35° avec la partie positive de l'axe des x. Trouvez la grandeur et l'orientation du second déplacement.

17. Déterminez la grandeur et l'orientation du déplacement résultant de trois déplacements dont les composantes sont (3, 2) m, (−5, 3) m, et (6, 1) m.

18. Un vecteur $\vec{A}$ a une composante x positive de 4 unités et une composante y négative de 2 unités. Quel est le vecteur $\vec{B}$ qui, lorsqu'il est additionné à $\vec{A}$, produit une résultante ayant trois fois la grandeur de $\vec{A}$ et orientée dans le sens des y positifs?

19. Un vecteur $\vec{A}$ ayant une grandeur de 35 unités forme un angle de 37° avec la partie positive de l'axe des x. Décrivez (a) un vecteur $\vec{B}$ dont le sens est contraire à celui de $\vec{A}$ et qui mesure un cinquième de la grandeur de $\vec{A}$ et (b) un vecteur $\vec{C}$ qui, lorsqu'il est additionné à $\vec{A}$, donne un vecteur ayant deux fois la longueur de $\vec{A}$ et orienté dans le sens des y négatifs.

20. Un vecteur $\vec{A}$ a des composantes x et y de −8,7 cm et de 15 cm respectivement. Un vecteur $\vec{B}$ a des composantes x et y de 13,2 cm et de −6,6 cm respectivement. Si $\vec{A} - \vec{B} + 3\vec{C} = 0$, quelles sont les composantes de $\vec{C}$?

21. Une particule est soumise aux déplacements consécutifs suivants: 3,5 m vers le sud, 8,2 m vers le nord-est et 15,0 m vers l'ouest. Quel est le déplacement résultant?

22. Un quart-arrière saisit le ballon à la ligne de mêlée, recule de 10 m, puis se déplace de côté, parallèlement à la ligne de mêlée sur une distance de 15 m. Il lance alors le ballon sur 50 m devant lui, perpendiculairement à la ligne de mêlée. Quelle est la grandeur du déplacement résultant du ballon?

23. Un avion parcourt une distance de 800 km vers l'est, entre une ville A et une ville B. Il parcourt ensuite 600 km à 40° vers le nord, de la ville B à la ville C. Quel est le déplacement résultant de l'avion, de la ville A à la ville C?

24. Une particule est soumise à trois déplacements consécutifs. Le premier est orienté vers l'est et a une grandeur de 25 m. Le second, orienté vers le nord, mesure 42 m. Sachant que le déplacement résultant mesure 38 m et est orienté à un angle de 30° nord-est, déterminez la grandeur et l'orientation du troisième déplacement.

25. Soit deux vecteurs $\vec{A} = 3\vec{i} - 2\vec{j}$ et $\vec{B} = -\vec{i} - 4\vec{j}$. Calculez (a) $\vec{A} + \vec{B}$, (b) $\vec{A} - \vec{B}$, (c) $|\vec{A} + \vec{B}|$, (d) $|\vec{A} - \vec{B}|$ et (e) l'orientation de $\vec{A} + \vec{B}$ et de $\vec{A} - \vec{B}$.

26. Soit trois vecteurs $\vec{A} = \vec{i} + 3\vec{j}$, $\vec{B} = 2\vec{i} - \vec{j}$ et $\vec{C} = 3\vec{i} + 5\vec{j}$. Trouvez (a) la somme des trois vecteurs et (b) la grandeur et l'orientation du vecteur résultant.

27. Le vecteur $\vec{A}$ a des composantes x, y et z de 8, 12 et −4 unités respectivement. Exprimez à l'aide des vecteurs unitaires (a) le vecteur $\vec{A}$, (b) le vecteur $\vec{B}$, qui est quatre fois plus petit que $\vec{A}$ et a la même orientation, (c) le vecteur $\vec{C}$, qui est trois fois plus long que $\vec{A}$ et dont l'orientation est opposée à celle de $\vec{A}$.

28. Soit deux vecteurs $\vec{A} = 2\vec{i} + \vec{j} - 3\vec{k}$ et $\vec{B} = 5\vec{i} + 3\vec{j} - 2\vec{k}$. (a) Trouvez un troisième vecteur $\vec{C}$, tel que $3\vec{A} + 2\vec{B} - \vec{C} = 0$. (b) Quelle est la grandeur de $\vec{A}$, de $\vec{B}$ et de $\vec{C}$?

29. À l'aide des vecteurs unitaires, exprimez les vecteurs position dont les coordonnées polaires sont (a) 12,8 m, 150°; (b) 3,3 cm, 60° et (c) 22 cm, 215°.

30. Les vecteurs $\vec{A}$ et $\vec{B}$ ont des composantes $A_x = -5{,}0$ cm, $A_y = 1{,}1$ cm, $A_z = -3{,}5$ cm et

$B_x = 8{,}8$ cm, $B_y = -6{,}3$ cm, $B_z = 9{,}2$ cm. Déterminez les composantes des vecteurs (a) $\vec{A} + \vec{B}$, (b) $\vec{B} - \vec{A}$, (c) $3\vec{B} + 2\vec{A}$. (b) Exprimez le vecteur $\vec{B} - \vec{A}$ au moyen des vecteurs unitaires.

31. Un vecteur $\vec{A}$ a une composante x négative de 3 unités de longueur et une composante y positive de 2 unités. (a) Exprimez $\vec{A}$ au moyen des vecteurs unitaires. (b) Déterminez la grandeur et l'orientation de $\vec{A}$. (c) Quel est le vecteur $\vec{B}$ qui, lorsqu'il est additionné à $\vec{A}$, donne un vecteur résultant sans composante x et ayant une composante y négative de 4 unités de longueur?

32. Une particule se déplace dans le plan xy du point (3, 0) m au point (2, 2) m. (a) Formulez une expression vectorielle correspondant au déplacement résultant. (b) Déterminez la grandeur et l'orientation de ce nouveau vecteur déplacement.

Section 2.5 Les forces

33. Déterminez la grandeur et l'orientation d'une force dont les composantes x et y sont respectivement de -5 N et 3 N.

34. Une force de 40 N est appliquée à un angle de 30° au-dessus de l'horizontale. Quelles sont les composantes x et y de cette force?

35. Deux forces de 25 N sont appliquées à un objet, comme l'indique la figure 2.25. Trouvez la grandeur et l'orientation de la force résultante.

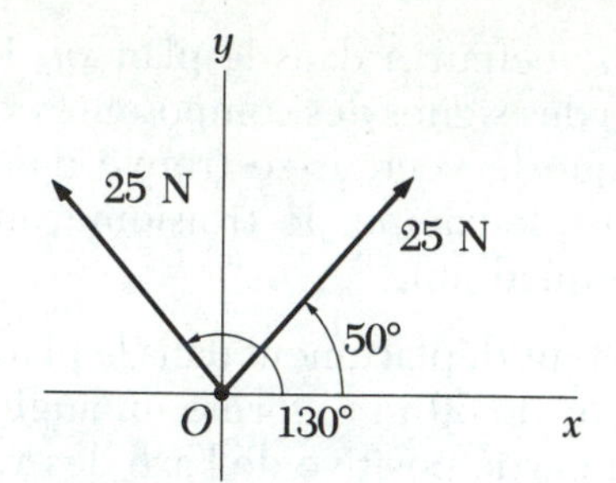

Figure 2.25 (Exercice 35).

36. Soit trois forces $\vec{F}_1 = 6\vec{i}$ N, $\vec{F}_2 = 9\vec{j}$ N et $\vec{F}_3 = (-3\vec{i} + 4\vec{j})$ N. (a) Trouvez la grandeur et l'orientation de la force résultante. (b) Quelle force doit-on additionner à ces trois forces pour obtenir une force résultante nulle?

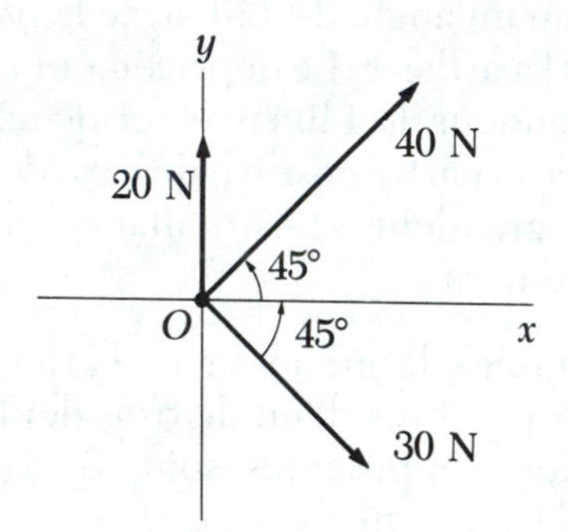

Figure 2.26 (Exercice 37).

37. Soit trois forces dont l'origine est le point O, comme à la figure 2.26. Trouvez (a) les composantes x et y de la force résultante et (b) la grandeur et l'orientation de la force résultante.

Problèmes

1. Si (x, y) sont les coordonnées d'un point P dans le système d'axes xy et (x', y') les coordonnées de ce même point dans le système d'axes $x'y'$ faisant un angle $\propto$ avec le système d'axes xy (fig. 2.27), montrez qu'on peut obtenir les coordonnées x' et y' en fonction des coordonnées x et y au moyen des équations suivantes:

$$x' = x \cos \propto + y \sin \propto \quad \text{et}$$
$$y' = -x \sin \propto + y \cos \propto$$

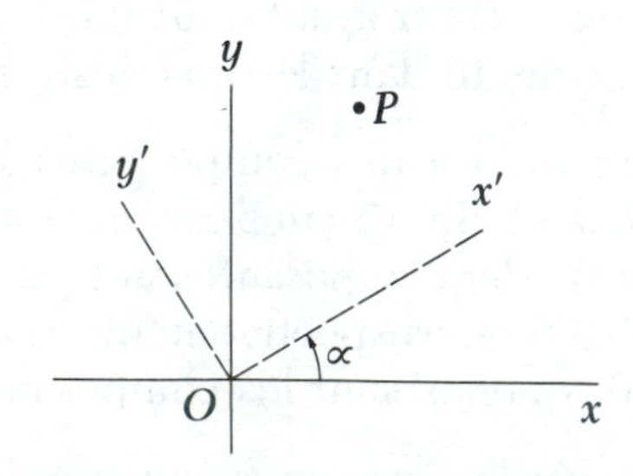

Figure 2.27 (Problème 1).

2. Les dimensions d'un parallélépipède rectangle sont a, b et c, comme à la figure 2.28. (a) Trouvez l'expression vectorielle du vecteur $\vec{R}_1$. Quelle est la grandeur de ce vecteur? (b) Trouvez l'expression du vecteur $\vec{R}_2$. Quelle est la grandeur de ce vecteur?

3. Dans un plan xy, une particule se déplace d'un point dont les coordonnées sont $(-3, -5)$ m à un point dont les coordonnées sont $(-1, 8)$ m. (a) Exprimez les vecteurs position de ces deux points sous forme de vecteurs unitaires. (b) Quel est le vecteur déplacement? (Pour la définition, voir le problème 2.)

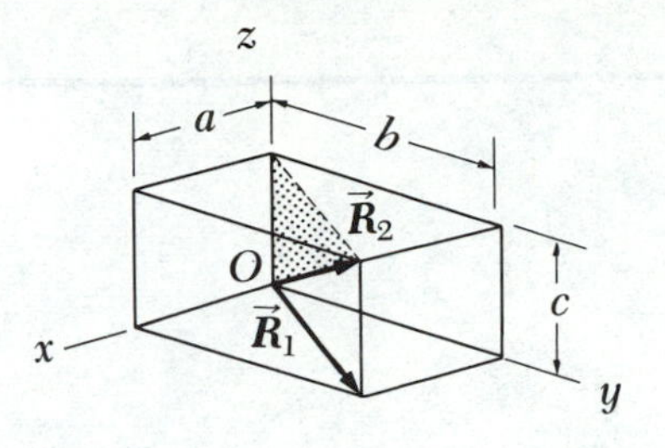

Figure 2.28 (Problème 2).

Chapitre 3

Mouvement rectiligne

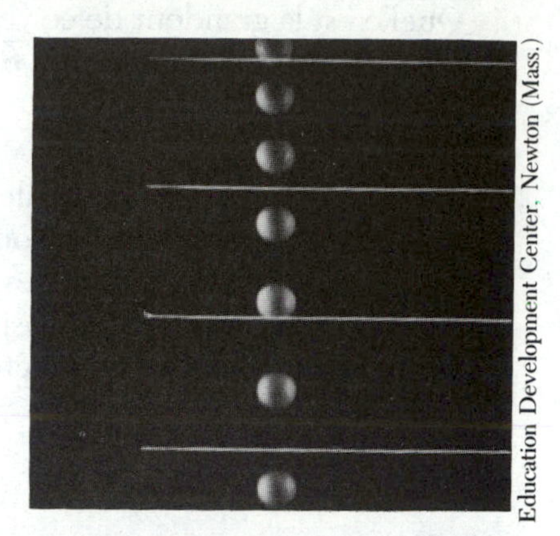

Education Development Center, Newton (Mass.)

La mécanique étudie le mouvement des corps et la relation entre ce mouvement et des notions physiques telles que la force et la masse. Nous étudierons d'abord le mouvement en fonction des concepts d'espace et de temps, en faisant abstraction de ses causes. Cette partie de la mécanique se nomme *cinématique*. Dans le présent chapitre, nous abordons le mouvement rectiligne, c'est-à-dire le mouvement dans une dimension. Au chapitre suivant, notre étude s'étendra au mouvement dans deux dimensions. Partant du concept de déplacement élaboré au chapitre précédent, nous définirons la vitesse et l'accélération et ces notions nous permettront d'aborder l'étude du mouvement d'objets ayant une accélération constante. Les chapitres 5 et 6 traiteront de la *dynamique*, qui étudie les relations entre le mouvement, les forces et les propriétés des objets en mouvement.

Un mouvement est le changement continu de position d'un objet et peut s'accompagner de rotation ou de vibration. Dans de nombreuses situations, on peut traiter l'objet comme s'il s'agissait d'une *particule*[1], en n'étudiant que son mouvement de translation dans l'espace. Par exemple, si nous voulons décrire le mouvement de la Terre autour du Soleil, nous pouvons considérer la Terre comme une particule et prédire son orbite avec une précision acceptable. Cette approximation est justifiée par le fait que le rayon de l'orbite terrestre est relativement plus grand que les dimensions de la Terre et du Soleil. Il nous serait toutefois impossible d'utiliser le concept de particule pour expliquer la structure interne de la Terre ou des phénomènes tels que les marées, les tremblements de terre ou l'activité volcanique. À une échelle plus réduite, il est possible d'expliquer la pression

1. C.-à-d. un objet ponctuel (sans dimension) pour lequel la notion de rotation sur lui-même n'a pas de signification.

exercée par un gaz sur les parois d'un contenant, en considérant les molécules de gaz comme des particules. Cependant, la description fondée sur le concept de particule ne peut pas généralement rendre compte des propriétés du gaz qui sont liées aux mouvements internes des molécules gazeuses, à savoir les rotations et les vibrations.

3.1 Vitesse moyenne

Pour décrire complètement le mouvement d'une particule, on doit connaître sa position dans l'espace en tout temps. Soit une particule qui se déplace sur l'axe des x, du point P au point Q. Posons qu'au point P, sa position est x_i, au temps t_i, et qu'au point Q sa position est x_f, au temps t_f. (Les indices i et f se rapportent aux valeurs initiales et finales.) La position de la particule varie dans le temps comme l'illustre la figure 3.1. On appelle souvent ce type de tracé *graphique position-temps*. Le déplacement est défini comme le changement de position de la particule. Dans l'intervalle $\Delta t = t_f - t_i$, le déplacement de la particule est $\Delta x = x_f - x_i$. Lorsque le déplacement suit l'axe Ox, on peut donner seulement sa valeur algébrique Δx. Ce Δx est alors égal à la différence entre la position finale x_f et la position initiale x_i.

La *vitesse moyenne* de la particule, $\overline{v}$, est définie comme le rapport entre le déplacement, Δx, et l'intervalle de temps, Δt, soit:

$$\overline{v} \equiv \frac{\Delta x}{\Delta t} = \frac{x_f - x_i}{t_f - t_i} \quad (3.1)$$

Vitesse moyenne

D'après cette définition, on constate que la vitesse moyenne a la dimension d'une longueur divisée par un intervalle de temps, soit L/T. La vitesse moyenne est indépendante du trajet réellement effectué sur l'axe des x, puisqu'elle est proportionnelle au déplacement, Δx, dont la valeur dépend uniquement des positions de départ et d'arrivée de la particule. Par conséquent, quelle que soit sa trajectoire, si une particule revient à son point de départ, sa vitesse moyenne au cours du trajet est nulle, puisque son déplacement est nul suivant cette trajectoire. Il ne faut pas confondre le déplacement avec la distance parcourue; il est en effet évident que pour tout mouvement, la distance parcourue ne peut être nulle. Ainsi, la vitesse moyenne ne nous renseigne pas sur le mouvement entre les points P et Q. (Nous discuterons de la façon d'évaluer la vitesse à un temps donné, dans la prochaine section.) Notons enfin que la vitesse moyenne peut être négative ou positive, selon le signe du déplacement. (L'intervalle de temps, Δt, est cependant toujours positif.) Si la valeur de x augmente en fonction du temps (c.-à-d., si $x_f > x_i$), Δx est positif et $\overline{v}$ est donc positif. Par contre, si x diminue en fonction du temps (c.-à-d., si $x_f < x_i$), Δx est négatif et $\overline{v}$ est donc négatif.

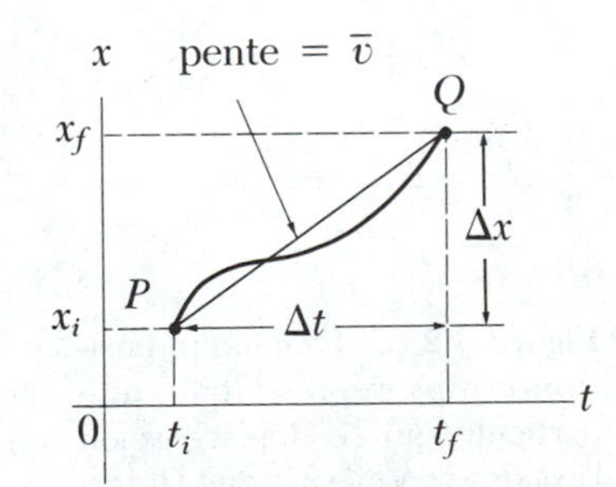

Figure 3.1 Graphique position-temps représentant une particule qui se déplace selon l'axe des x. Durant l'intervalle $\Delta t = t_f - t_i$, la vitesse moyenne $\overline{v}$ correspond à la pente de la droite qui relie les points P et Q.

La vitesse moyenne peut également être interprétée géométriquement, en reliant par une droite les points P et Q de la figure 3.1. Cette droite forme alors l'hypoténuse d'un triangle de hauteur Δx et de base Δt. La pente de cette ligne correspond au rapport $\Delta x/\Delta t$. Nous voyons donc que la vitesse *moyenne* de la particule, durant l'intervalle t_i à t_f, est égale à la pente de la droite qui joint les points de départ et d'arrivée sur le graphique position-temps. (Le terme *pente* sera fréquemment utilisé en référence aux graphiques. Quelle que soit la nature des quantités mises en graphique, le terme *pente* correspondra toujours au rapport entre le changement de quantité sur l'axe vertical et celui représenté sur l'axe horizontal.)

Exemple 3.1

La position d'une particule se déplaçant selon l'axe des x est définie comme suit: $x_i = 12$ m au temps $t_i = 1$ s et $x_f = 4$ m à $t_f = 3$ s. Déterminez son déplacement et sa vitesse moyenne durant cet intervalle de temps.

Solution: On obtient le déplacement par

$$\Delta x = x_f - x_i = 4\ \text{m} - 12\ \text{m} = -8\ \text{m}$$

Sa vitesse moyenne est

$$\bar{v} = \frac{\Delta x}{\Delta t} = \frac{x_f - x_i}{t_f - t_i} = \frac{4\ \text{m} - 12\ \text{m}}{3\ \text{s} - 1\ \text{s}} = -\frac{8\ \text{m}}{2\ \text{s}} = -4\ \text{m/s}$$

Comme le déplacement et la vitesse moyenne sont négatifs pour cet intervalle de temps, nous devons conclure que le mouvement de la particule s'est effectué vers la gauche, c'est-à-dire vers les valeurs décroissantes de x.

3.2 Vitesse instantanée

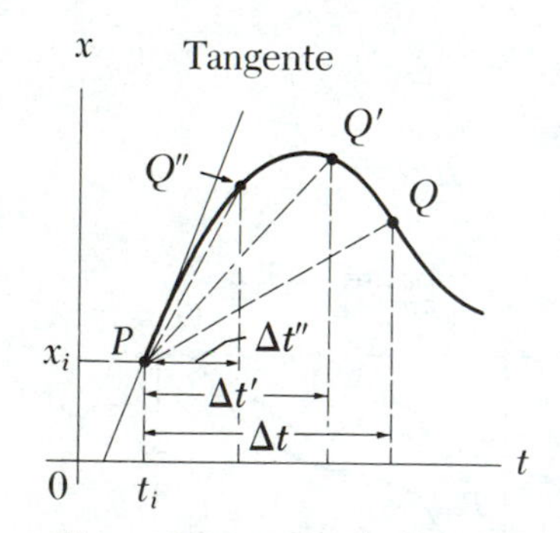

Figure 3.2 Graphique position-temps représentant une particule qui se déplace selon l'axe des x. À mesure que l'intervalle débutant à t_i devient de plus en plus petit, la vitesse moyenne correspondante tend vers la pente de la tangente au point P. La vitesse instantanée au point P correspond à la pente de la tangente au temps t_i.

La vitesse d'une particule, à un temps donné ou à un point particulier du graphique espace-temps, est sa *vitesse instantanée*. Ce concept est particulièrement important quand la vitesse moyenne pour divers intervalles de temps n'est *pas constante*.

Prenons le mouvement d'une particule entre les points P et Q du graphique illustré à la figure 3.2. À mesure que le point Q se rapproche du point P, les intervalles de temps (Δt, $\Delta t'$, $\Delta t''$, . . .) deviennent de plus en plus petits. Pour chaque intervalle de temps, la vitesse moyenne est indiquée par la pente de la ligne pointillée correspondante de la figure 3.2. À mesure que le point Q se rapproche du point P, l'intervalle tend vers zéro, alors que la pente de la ligne pointillée se rapproche de celle de la tangente à la courbe au point P. La pente de la tangente à la courbe au point P représente la *vitesse instantanée* au temps t_i. En d'autres termes, la vitesse instantanée, v, est égale à la valeur limite du rapport $\Delta x/\Delta t$, quand Δt tend vers zéro[2]:

2. Notons qu'à mesure que Δt se rapproche de zéro, le déplacement Δx tend aussi vers zéro. Cependant, alors que Δx et Δt deviennent de plus en plus petits, le rapport $\Delta x/\Delta t$ se rapproche d'une valeur déterminée égale à la pente de la tangente à la courbe de x en fonction de t.

3.2

$$v \equiv \lim_{\Delta t \to 0} \frac{\Delta x}{\Delta t}$$

Définition de la vitesse instantanée

En calcul différentiel, cette limite est appelée *dérivée* de x par rapport à t et s'écrit dx/dt:

3.3

$$v \equiv \lim_{\Delta t \to 0} \frac{\Delta x}{\Delta t} = \frac{dx}{dt}$$

Définition de la dérivée

La vitesse instantanée peut être positive, négative ou nulle.

Lorsque la pente du graphique espace-temps est positive, comme en P à la figure 3.3, v est positif. Au point R, v est négatif, puisque la pente est négative. Enfin, la vitesse instantanée est nulle au sommet Q (point de changement de direction), là où la pente est nulle. *À partir de maintenant, nous utiliserons généralement le mot* vitesse *pour désigner la vitesse instantanée.*

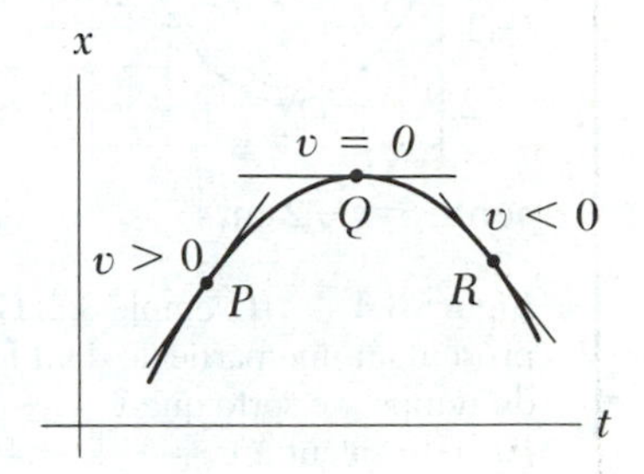

Figure 3.3 Dans le graphique position-temps présenté ci-dessus, la vitesse est positive en P, où la pente de la tangente est positive; la vitesse est nulle en Q, où la pente de la tangente est zéro; enfin la vitesse est négative en R, où la pente de la tangente est négative.

Lorsque nous aborderons le mouvement dans deux dimensions au chapitre suivant, nous redéfinirons la position, le déplacement, la vitesse et l'accélération de manière vectorielle. Ces définitions plus générales sont également applicables au cas particulier du mouvement rectiligne. Cependant, dans le cas du mouvement rectiligne, nous pouvons laisser tomber la notation vectorielle car tous les vecteurs sont dirigés selon l'axe du mouvement. Nous avons seulement à tenir compte de leur grandeur et de leur sens et nous pouvons les traiter comme des scalaires. Ainsi, un déplacement et une vitesse orientés dans le sens positif de l'axe auront un signe positif et un déplacement et une vitesse orientés dans le sens opposé à l'axe auront un signe négatif.

Exemple 3.2

Une particule se déplace selon l'axe des x. Sa coordonnée x varie en fonction du temps selon la formule $x = -4t + 2t^2$, x étant exprimé en mètres (m) et t, en secondes (s). Le graphique position-temps de ce mouvement est illustré à la figure 3.4. Notons que la particule se déplace d'abord vers les valeurs négatives de x, durant la première seconde de mouvement, s'arrête momentanément à $t = 1$ s, et revient ensuite vers les valeurs positives de x, pour $t > 1$ s. (a) Déterminez le déplacement de la particule durant les intervalles de temps $t = 0$ à $t = 1$ s et $t = 1$ s à $t = 3$ s.

Dans le cas du premier intervalle, nous prenons $t_i = 0$ et $t_f = 1$ s. Étant donné que $x = -4t + 2t^2$, nous obtenons pour le premier déplacement

$$\begin{aligned}\Delta x_{01} &= x_f - x_i \\ &= [-4(1) + 2(1)^2] - [-4(0) + 2(0)^2] \\ &= -2 \text{ m}\end{aligned}$$

De même, nous prenons pour le second intervalle, $t_i = 1$ s et $t_f = 3$ s. Donc, le déplacement durant cet intervalle est

$$\begin{aligned}\Delta x_{13} &= x_f - x_i \\ &= [-4(3) + 2(3)^2] - [-4(1) + 2(1)^2] \\ &= 8 \text{ m}\end{aligned}$$

Notons que ces déplacements peuvent également être lus directement sur le graphique position-temps (fig. 3.4).

(b) Calculez la vitesse moyenne durant les intervalles de temps $t = 0$ à $t = 1$ s et $t = 1$ s à $t = 3$ s.

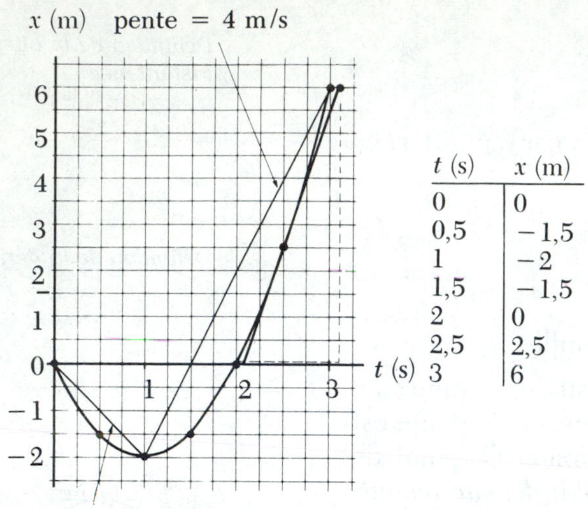

t (s)	x (m)
0	0
0,5	−1,5
1	−2
1,5	−1,5
2	0
2,5	2,5
3	6

Figure 3.4 (Exemple 3.2) Graphique position-temps représentant une particule dont la position x varie en fonction du temps, de sorte que $x = -4t + 2t^2$. Notons que $\overline{v}$ n'est *pas* équivalent à $v = -4 + 4t$.

Pour le premier intervalle, $\Delta t = t_f - t_i = 1$ s. Donc, en utilisant l'équation 3.1 et les résultats de (a), on obtient

$$\overline{v}_{01} = \frac{\Delta x_{01}}{\Delta t} = \frac{-2 \text{ m}}{1 \text{ s}} = -2 \text{ m/s}$$

De même, pour le second intervalle de temps, $\Delta t = 2$ s; donc

$$\overline{v}_{13} = \frac{\Delta x_{13}}{\Delta t} = \frac{8 \text{ m}}{2 \text{ s}} = 4 \text{ m/s}$$

Ces valeurs correspondent aux pentes des lignes qui relient ces points (figure 3.4).

(c) Trouvez la vitesse instantanée de la particule à $t = 2{,}5$ s.

En mesurant la pente du graphique position-temps à $t = 2{,}5$ s, on trouve $v = 6$ m/s. Voyez-vous une symétrie dans ce mouvement? Par exemple, y a-t-il, à un moment donné, répétition de la grandeur de vitesse? Quelle est la valeur de la vitesse à $t = 1$ s?

Nous pouvons nous servir des règles du calcul différentiel pour déterminer de manière plus précise la vitesse à partir du déplacement. Soit, $v = \frac{dx}{dt} = \frac{d}{dt}(-4t + 2t^2) = (-4 + 4t)$ m/s. Donc, à $t = 2{,}5$ s, $v = 4(-1 + 2{,}5) = 6$ m/s. L'annexe B présente un résumé des opérations de base du calcul différentiel. Calculez $v(1)$ de cette façon.

Exemple 3.3

Calcul de la vitesse instantanée à partir de la notion de limite: La position d'une particule se déplaçant sur l'axe des x varie en fonction du temps selon l'expression $x = 3t^2$, x étant exprimé en mètres (m) et t, en secondes (s). Déterminez la vitesse en fonction du temps.

Solution: Ce mouvement est mis en graphique position-temps à la figure 3.5. Nous pouvons calculer la vitesse pour tout temps t en utilisant la définition de la vitesse instantanée. Si la position initiale de la particule au temps t est de $x_i = 3t^2$, alors sa position à un temps ultérieur $t + \Delta t$ est

$$x_f = 3(t + \Delta t)^2 = 3[t^2 + 2t\,\Delta t + (\Delta t)^2]$$
$$= 3t^2 + 6t\,\Delta t + 3(\Delta t)^2$$

Donc, le déplacement durant l'intervalle de temps Δt est

$$\Delta x = x_f - x_i = 3t^2 + 6t\,\Delta t + 3(\Delta t)^2 - 3t^2$$
$$= 6t\,\Delta t + 3(\Delta t)^2$$

La vitesse moyenne durant cet intervalle de temps est

$$\overline{v} = \frac{\Delta x}{\Delta t} = 6t + 3\Delta t$$

Pour déterminer la vitesse instantanée, nous nous servons de la limite de cette expression, lorsque Δt tend vers zéro. Nous voyons que le terme $3\Delta t$ tend vers zéro, et par conséquent,

$$v = \lim_{\Delta t \to 0} \frac{\Delta x}{\Delta t} = 6t \text{ m/s}$$

Évidemment, nous aurions pu dériver immédiatement. Remarquons que cette expression nous fournit la vitesse pour *tout* temps t. Elle nous indique aussi que v croît linéairement en fonction du temps. Il est donc possible de détermi-

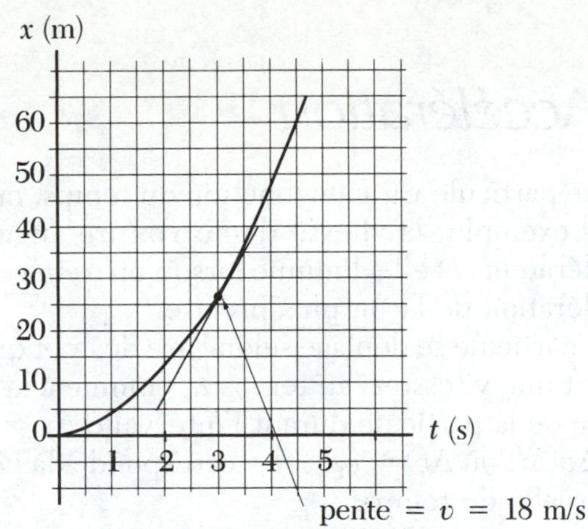

Figure 3.5 (Exemple 3.3) Graphique position-temps d'une particule dont la position x varie en fonction du temps, selon l'équation $x = 3t^2$. Notons que la vitesse instantanée à $t = 3$ s est égale à la pente de la tangente à la courbe en ce point.

ner la vitesse à un temps donné au moyen de l'expression $v = 6t$. Par exemple, à $t = 3$ s, la vitesse est $v = 6(3) = 18$ m/s. Ce résultat peut être vérifié à partir de la pente du graphique à $t = 3$ s.

Il est également possible d'obtenir numériquement cette limite. Par exemple, nous pouvons calculer le déplacement et la vitesse moyenne durant divers intervalles de temps à partir de $t = 3$ s, en utilisant les expressions correspondant à Δx et à $\overline{v}$. Les résultats de ces calculs sont présentés au tableau 3.1. On remarque qu'à mesure que les intervalles de temps diminuent, la vitesse moyenne tend de plus en plus vers la valeur de la vitesse instantanée à $t = 3$ s, c'est-à-dire 18 m/s.

Tableau 3.1 *Déplacement et vitesse moyenne pour différents intervalles de temps calculés à partir de la fonction $x = 3t^2$*

Δt (s)	Δx (m)	$\Delta x/\Delta t$ (m/s)
1,00	21	21
0,50	9,75	19,5
0,25	4,69	18,8
0,10	1,83	18,3
0,05	0,907 5	18,15
0,01	0,180 3	18,03
0,001	0,180 03	18,003

À noter: Les intervalles débutent à $t = 3$ s.

Q1. La vitesse moyenne et la vitesse instantanée sont généralement des grandeurs différentes. Peuvent-elles être égales dans le cas d'un type de mouvement particulier? Expliquez.

Q2. Si $\overline{v}$ n'est pas nul pour un intervalle Δt donné, cela implique-t-il que la vitesse instantanée n'est jamais nulle durant cet intervalle? Expliquez.

Q3. Si $\overline{v}$ est égal à 0 pour un intervalle Δt donné, et si $v(t)$ est une fonction continue, démontrez que la vitesse instantanée doit devenir nulle à un moment dans cet intervalle. (Pour cette démonstration, il peut être utile de faire un tracé des x en fonction des t.) Il s'agit ici d'un cas particulier du théorème de la moyenne, établi en mathématiques.

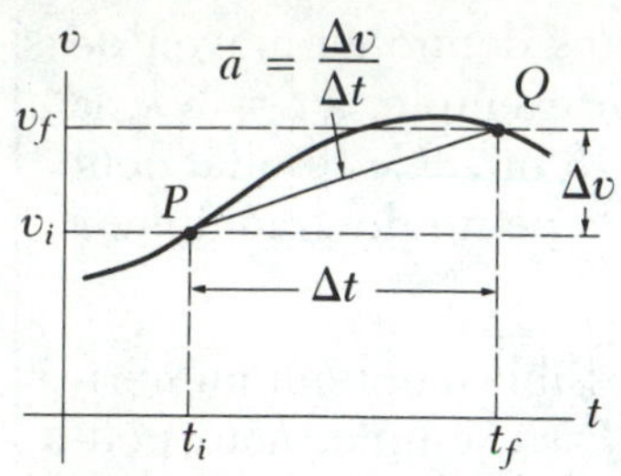

Figure 3.6 Graphique vitesse-temps représentant une particule qui se déplace en ligne droite. La pente de la droite qui relie les points P et Q représente la vitesse moyenne durant l'intervalle $\Delta t = t_f - t_i$.

3.3 Accélération

Lorsque la vitesse d'une particule varie en fonction du temps, on dit que la particule *accélère*. Par exemple, la vitesse d'une voiture augmente lorsqu'on appuie sur l'accélérateur, et elle diminue lorsqu'on freine. Il nous faut toutefois définir l'accélération de façon plus précise.

Supposons qu'une particule se déplace selon l'axe des x et qu'elle a une vitesse v_i au temps t_i, et une vitesse v_f au temps t_f, comme à la figure 3.6. L'*accélération moyenne* de la particule durant l'intervalle $\Delta t = t_f - t_i$ est définie par le rapport $\Delta v/\Delta t$, où $\Delta v = v_f - v_i$ correspond à la *variation* de vitesse durant cet intervalle de temps:

Définition de l'accélération moyenne

3.4

$$\bar{a} \equiv \frac{v_f - v_i}{t_f - t_i} = \frac{\Delta v}{\Delta t}$$

L'accélération a pour dimension une longueur divisée par le temps au carré, ou L/T^2. L'unité d'accélération dans le système international est donc le mètre par seconde carrée (m/s^2).

Dans certaines situations, il arrive que la valeur de l'accélération moyenne varie selon les intervalles de temps. Il est donc utile de définir l'*accélération instantanée* qui est la limite de l'accélération moyenne quand Δt tend vers zéro. Ce concept est analogue à la définition de la vitesse instantanée, présentée à la section précédente. Supposons que le point Q se rapproche de plus en plus du point P (figure 3.6) et que nous utilisions la limite du rapport $\Delta v/\Delta t$ lorsque Δt tend vers zéro, nous obtenons alors l'accélération instantanée:

Définition de l'accélération instantanée

3.5

$$a \equiv \lim_{\Delta t \to 0} \frac{\Delta v}{\Delta t} = \frac{dv}{dt}$$

(a)

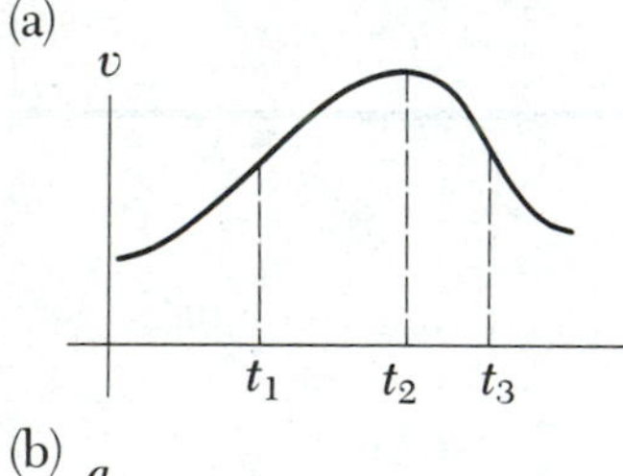

(b)

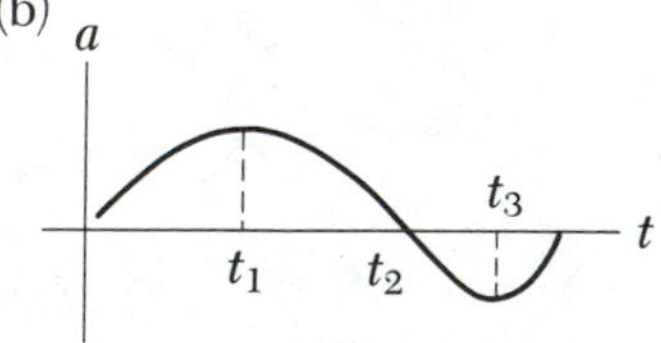

Figure 3.7 Le graphique vitesse-temps en (a) nous permet de déterminer l'accélération instantanée (dessinée ici en correspondance verticale). À chaque instant du graphique (b), représentant a en fonction de t, l'accélération est égale à la pente de la tangente à la courbe de v en fonction de t.

C'est donc dire que l'accélération instantanée est égale à la dérivée de la vitesse par rapport au temps, ce qui correspond par définition à la pente de la tangente du graphique vitesse-temps. *Dorénavant, nous utiliserons le mot* accélération *pour signifier l'accélération instantanée.* En physique, on utilise rarement la notion d'accélération moyenne.

Puisque $v = dx/dt$, on peut également écrire l'accélération comme suit:

3.6

$$a = \frac{dv}{dt} = \frac{d}{dt}\left(\frac{dx}{dt}\right) = \frac{d^2x}{dt^2}$$

C'est donc dire que l'accélération selon x est égale à la *dérivée seconde* de la position x par rapport au temps.

La figure 3.7 illustre comment on peut obtenir la courbe accélération-temps à partir de la courbe vitesse-temps. Dans ces représentations graphiques, l'accélération coïncide en tout temps avec la pente de la tangente du graphique vitesse-temps au temps correspondant. Les valeurs positives de l'accélération correspondent aux points auxquels la vitesse augmente. L'accélération atteint un maximum au temps t_1, soit le point auquel la pente du graphique vitesse-temps est maximum. Puis, l'accélération devient nulle à t_2, quand la vitesse est maximum (c'est-à-dire quand, momentanément, la vitesse ne change pas et que la pente du graphique v en fonction de t est zéro). Enfin, l'accélération est négative lorsque la vitesse diminue en fonction du temps.

Exemple 3.4

La vitesse d'une particule qui se déplace selon l'axe des x varie en fonction du temps selon l'expression $v = (40 - 5t^2)$ m/s, t étant exprimé en secondes. (a) Trouvez l'accélération moyenne dans l'intervalle de temps $t = 0$ à $t = 2$ s.

Le graphique vitesse-temps de cette fonction apparaît à la figure 3.8. On obtient la vitesse à $t_i = 0$ et la vitesse à $t_f = 2$ en substituant ces valeurs de t dans l'expression donnée pour la vitesse:

$$v_i = 40 - 5t_i^2 = 40 - 5(0)^2 = 40 \text{ m/s}$$

$$v_f = 40 - 5t_f^2 = 40 - 5(2)^2 = 20 \text{ m/s}$$

On obtient donc l'accélération moyenne durant l'intervalle de temps $\Delta t = t_f - t_i = 2$ s en procédant comme suit:

$$\bar{a} = \frac{v_f - v_i}{t_f - t_i} = \frac{(20 - 40) \text{ m/s}}{(2 - 0) \text{ s}} = -10 \text{ m/s}^2$$

Le signe négatif correspond au fait que la pente de la ligne qui joint les points initial et final du graphique vitesse-temps est négative.

(b) Déterminez l'accélération à $t = 2$ s. La vitesse au temps t est donnée par $v_i = (40 - 5t^2)$ m/s et la vitesse au temps $t + \Delta t$ s'obtient par

$$v_f = 40 - 5(t + \Delta t)^2 = 40 - 5t^2 - 10t\,\Delta t - 5(\Delta t)^2$$

La variation de vitesse durant l'intervalle de temps Δt est donc

$$\Delta v = v_f - v_i = [-10t\,\Delta t - 5(\Delta t)^2] \text{ m/s}$$

On obtient l'accélération à *tout* temps t en divisant cette expression par Δt et en prenant la limite du résultat, quand Δt tend vers zéro:

$$a = \lim_{\Delta t \to 0} \frac{\Delta v}{\Delta t} = \lim_{\Delta t \to 0} (-10t - 5\,\Delta t) = -10t \text{ m/s}^2$$

On trouve donc qu'à $t = 2$ s,

$$a = -10(2) = -20 \text{ m/s}^2$$

Plus directement, il suffit de dériver la vitesse $a = \frac{dv}{dt} = -10t$, et d'évaluer cette dérivée à $t = 2$ s, $a(2) = -20$ m/s^2.

On peut aussi obtenir ce résultat en mesurant la pente du graphique vitesse-temps à $t = 2$ s. On remarque que, dans cet exemple, l'accélération n'est pas constante. Nous traiterons des situations qui comportent une accélération constante dans la prochaine section.

Jusqu'à maintenant, nous avons souvent évalué de façon détaillée les dérivées d'une fonction à partir de la définition de cette fonction, à l'aide d'un calcul de limite. Ceux d'entre vous qui connaissent bien le calcul différentiel et intégral connaissent les règles précises permettant de déterminer plus rapidement les dérivées de fonctions usuelles. Ces règles sont énumérées à l'annexe B.

Soit x proportionnel à une puissance de t, de sorte que

$$x = At^n$$

A et n étant des constantes. (Il s'agit d'une forme de fonction très courante.) On obtient la dérivée de x par rapport à t au moyen de

$$\frac{dx}{dt} = nAt^{n-1}$$

On a appliqué cette règle à la fin des exemples 3.2, 3.3, 3.4. Notons que la dérivée de toute constante est zéro.

Q4. *Un mobile se déplace sur l'axe des* x:
(a) vers la droite de plus en plus vite;
(b) vers la droite en ralentissant;
(c) vers la gauche de plus en plus vite;
(d) vers la gauche en ralentissant.
Quels sont les signes de la vitesse et de l'accélération dans chaque situation?

Q5. Si la vitesse d'une particule n'est pas nulle, son accélération peut-elle l'être? Expliquez.

Q6. Si la vitesse d'une particule est nulle, son accélération peut-elle ne pas l'être? Expliquez.

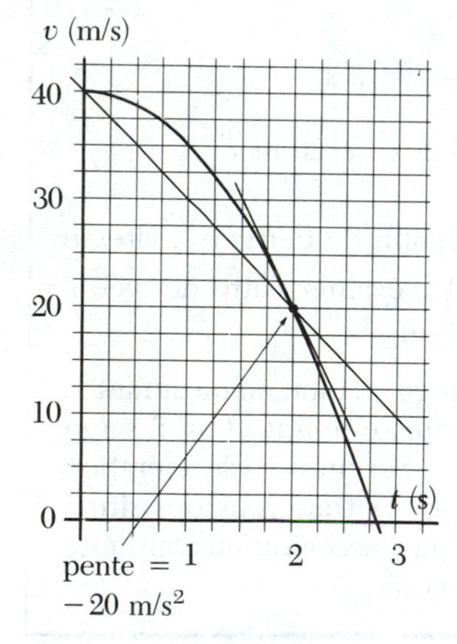

Figure 3.8 (Exemple 3.4) Graphique vitesse-temps représentant une particule qui se déplace selon l'axe des x suivant la relation $v = (40 - 5t^2)$ m/s. Notons que l'accélération à $t = 2$ s est égale à la pente de la tangente à cet instant.

3.4 Mouvement rectiligne à accélération constante

Si l'accélération d'une particule varie dans le temps, le mouvement peut être complexe et difficile à analyser (voir l'annexe D). Lorsque l'accélération est constante, ou uniforme, il s'ensuit un type de mouvement rectiligne simple et très courant (on traite ce thème de manière plus rapide au moyen du calcul différentiel et intégral à l'annexe mentionnée précédemment). Dans ce type de mouvement, l'accélération moyenne est égale à l'accélération instantanée. Par conséquent, la vitesse augmente ou diminue au même taux durant tout le mouvement.

Si l'on remplace $\bar{a}$ par a dans l'équation 3.4, on obtient

$$a = \frac{v_f - v_i}{t_f - t_i}$$

Pour simplifier, supposons que $t_i = 0$ et que t_f soit un temps t arbitraire. Supposons aussi que $v_i = v_0$ (la vitesse initiale à $t = 0$) et que $v_f = v$ (la vitesse à tout temps t arbitraire). Nous pouvons donc exprimer l'accélération comme suit:

$$a = \frac{v - v_0}{t}$$

Vitesse en fonction du temps **3.7**

$$v = v_0 + at$$

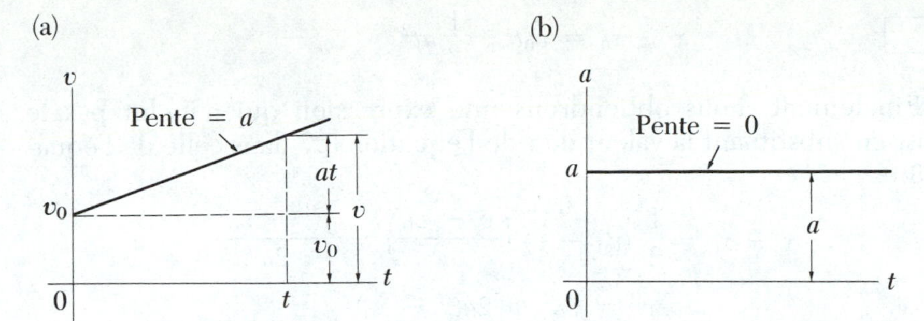

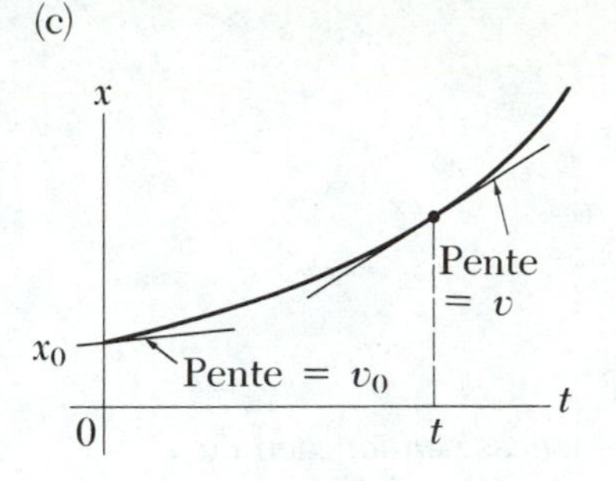

Figure 3.9 Une particule se déplace selon l'axe des x et a une accélération uniforme a; (a) graphique vitesse-temps; (b) graphique accélération-temps; (c) graphique position-temps.

Cette expression nous permet de prévoir la vitesse à *tout* temps t si nous connaissons la vitesse initiale, l'accélération et le temps écoulé. La figure 3.9a illustre le graphique vitesse-temps pour ce mouvement. Il s'agit d'une droite dont la pente est l'accélération a, ce qui correspond au fait que $a = dv/dt$ est une constante. Nous voyons, à partir de ce graphique et de l'équation 3.7, que la vitesse à tout temps t est la somme de la vitesse initiale, v_0, et de la variation de vitesse at. Le graphique accélération-temps (figure 3.9b) est une droite dont la pente est nulle, puisque l'accélération est constante. Notons que si l'accélération était négative, la pente de la figure 3.9a serait négative.

L'une des caractéristiques du mouvement rectiligne à accélération constante est qu'étant donné que la vitesse varie linéairement dans le temps selon l'équation 3.7, nous pouvons exprimer la vitesse moyenne durant tout intervalle de temps par la moyenne arithmétique de la vitesse initiale, v_0, et de la vitesse finale, v:

3.8 $$\bar{v} = \frac{v_0 + v}{2} \quad \text{(pour l'accélération constante } a\text{)}$$

Cette expression n'est valable que si l'accélération est constante, c'est-à-dire si la vitesse est une fonction linéaire du temps (voir l'annexe C).

Nous pouvons maintenant utiliser ce résultat et l'équation 3.1 pour déterminer le déplacement en fonction du temps. Supposons de nouveau un temps $t_i = 0$ auquel la position initiale est $x_i = x_0$. Nous obtenons

$$\Delta x = \bar{v}\,\Delta t = \left(\frac{v_0 + v}{2}\right)t$$

où

Déplacement en fonction du temps

3.9 $$x - x_0 = \frac{1}{2}(v + v_0)t$$

Nous obtenons une autre expression du déplacement en substituant l'équation 3.7 dans l'équation 3.9:

$$x - x_0 = \frac{1}{2}(v_0 + v_0 + at)t$$

$$x - x_0 = v_0 t + \frac{1}{2} a t^2 \qquad \text{(3.10)}$$

Finalement, nous obtiendrons une expression qui n'inclut pas le temps, en substituant la valeur de t de l'équation 3.7 dans celle de l'équation 3.9:

$$x - x_0 = \frac{1}{2}(v_0 + v)\left(\frac{v - v_0}{a}\right) = \frac{v^2 - v_0{}^2}{2a}$$

Vitesse en fonction du déplacement

$$v^2 = v_0{}^2 + 2a(x - x_0) \qquad \text{(3.11)}$$

La figure 3.9c présente le graphique position-temps d'un mouvement uniformément accéléré, dans lequel l'accélération a est positive. La courbe qui illustre l'équation 3.10 est une parabole. La pente de la tangente à cette courbe à $t = 0$ est égale à la vitesse initiale v_0 et la pente de la tangente en tout temps t donné est égale à la vitesse à ce moment.

Si l'accélération d'un mouvement est *nulle*, nous avons alors

$$\left.\begin{aligned} v &= v_0 \\ x - x_0 &= vt \end{aligned}\right\} \text{lorsque } a = 0$$

Cela signifie que, lorsque l'accélération est nulle, la vitesse est une constante et le déplacement est une fonction linéaire du temps.

Des cinq équations de la cinématique que nous venons de voir (de 3.7 à 3.11), seules les équations 3.7 et 3.10 sont vraiment nécessaires. Utilisées judicieusement, elles permettent de résoudre tous les problèmes de mouvement rectiligne à accélération constante. Il faut se rappeler que ces relations ont été établies à partir des définitions de la vitesse et de l'accélération, en tenant compte du fait que l'accélération est constante. Dans bien des cas, il est pratique d'utiliser la position initiale de la particule comme point d'origine du mouvement, de sorte que $x_0 = 0$ à $t = 0$. Cela permet d'exprimer simplement le déplacement par x.

Le tableau 3.2 présente les trois équations les plus couramment utilisées.

Pour déterminer la ou les équations qui conviennent le mieux à une situation donnée, il faut examiner les données dont on dispose. Il est parfois nécessaire d'utiliser deux de ces équations si la situation comporte deux inconnues, telles que le déplacement et la vitesse. Par exemple, supposons

Tableau 3.2 *Équations décrivant le mouvement rectiligne uniformément accéléré*

Équation	Données obtenues à partir de l'équation
$v = v_0 + at$	La vitesse en fonction du temps
$x - x_0 = v_0 t + \frac{1}{2} a t^2$	Le déplacement en fonction du temps
$v^2 = v_0{}^2 + 2a(x - x_0)$	La vitesse en fonction du déplacement

À noter: Le déplacement se fait selon l'axe des x. À $t = 0$, la position de la particule est x_0 et sa vitesse est v_0.

que la vitesse initiale, v_0, et que l'accélération a soient données. On peut alors déterminer: (1) la vitesse, après qu'un temps t se soit écoulé, en utilisant $v = v_0 + at$; (2) le déplacement, après qu'un temps t se soit écoulé, en utilisant $x - x_0 = v_0t + \frac{1}{2} at^2$. On doit se rappeler que les grandeurs qui varient au cours du mouvement sont la vitesse, la position et le temps. Si l'accélération est également une variable, alors les quatre équations citées plus haut ne sont d'aucune utilité et il faudra utiliser les méthodes plus générales du calcul différentiel et intégral (voir l'annexe D).

Bon nombre de problèmes et d'exercices vous permettront de vous familiariser davantage avec l'utilisation de ces équations.

Exemple 3.5

Un fabricant d'automobiles annonce que l'un de ses luxueux modèles de voiture de sport a une accélération uniforme qui lui permet de passer de 0 à 144 km/h en 8 s. (a) Déterminez l'accélération de la voiture.

Notons d'abord que $v_0 = 0$ et qu'après 8 s, la vitesse est de 144 km/h = 40 m/s. À partir de $v = v_0 + at$, nous pouvons déterminer l'accélération

$$a = \frac{v - v_0}{t} = \frac{40 \text{ (m/s)}}{8 \text{ (s)}} = 5 \text{ m/s}^2$$

(b) Déterminez la distance parcourue par la voiture au cours des 8 premières secondes. Posez que l'origine correspond à la position initiale de la voiture, de sorte que $x_0 = 0$. À partir de l'équation 3.10, nous avons

$$x = v_0t + \frac{1}{2} at^2 = 0 + \frac{5}{2}\left(\frac{\text{m}}{\text{s}^2}\right) \cdot (8 \text{ s})^2 = 160 \text{ m}$$

(c) Quelle vitesse la voiture a-t-elle atteinte après 10 s de mouvement, à supposer que son accélération se poursuive au taux de 5 m/s²?

Nous pouvons de nouveau utiliser $v = v_0 + at$, sachant que $v_0 = 0$, $t = 10$ s et $a = 5 \text{ m/s}^2$, nous obtenons

$$v = v_0 + at = 0 + (5 \text{ m/s}^2)(10 \text{ s}) = 50 \text{ m/s}$$

ce qui correspond à 180 km/h.

Exemple 3.6

Un électron, qui circule dans le tube à rayons cathodiques d'un téléviseur, entre dans une région où il accélère uniformément, passant d'une vitesse de 3×10^4 m/s à une vitesse de 5×10^6 m/s sur une distance de 2 cm. (a) Quelle est l'accélération de l'électron dans cette région?

Si on oriente l'axe des x selon le mouvement, on peut utiliser l'équation 3.11 pour déterminer a:

$$v^2 = v_0^2 + 2a(x - x_0)$$

$$(5 \times 10^6 \text{ m/s})^2 = (3 \times 10^4 \text{ m/s})^2 + 2a(2 \times 10^{-2} \text{ m})$$

$$a = 6{,}2 \times 10^{14} \text{ m/s}^2$$

(b) En combien de temps, l'électron parcourt-il cette région?

Nous pouvons utiliser $v = v_0 + at$ et les résultats dégagés en (a):

$$t = \frac{v - v_0}{a} = \frac{(5 \times 10^6 - 3 \times 10^4) \text{m/s}}{6{,}2 \times 10^{14} \text{ m/s}^2}$$

$$t = 8 \times 10^{-9} \text{ s}$$

Bien que dans ce cas-ci, a soit très considérable, l'accélération se produit dans un très petit intervalle de temps et constitue une valeur typique de l'accélération d'une particule chargée.

Q7. Les équations de cinématique (de 3.7 à 3.11) peuvent-elles être utilisées lorsque l'accélération varie dans le temps? Peut-on les utiliser lorsque l'accélération est nulle?

Galileo Galilei (dit Galilée) (1564-1642)

3.5 Corps en chute libre

Comme on le sait, tout corps qu'on laisse aller tombe vers la Terre et son mouvement est presque uniformément accéléré (si on néglige la résistance de l'air). La légende veut que Galilée ait fait cette découverte en constatant que deux corps de poids différents, jetés simultanément du haut de la Tour de Pise, arrivaient au sol à peu près au même moment. Bien qu'on ne soit pas absolument certain que cette expérience ait vraiment eu lieu, il est démontré que Galilée a effectivement mené de nombreuses expériences avec des corps sur des plans inclinés. Mesurant soigneusement les distances et les intervalles de temps, Galilée a pu démontrer que le déplacement d'un corps, initialement au repos, est proportionnel au carré du temps de son parcours. Cette observation est en accord avec l'une des équations du mouvement à accélération constante (équation 3.10). Les découvertes de Galilée, dans le domaine de la mécanique, ont ouvert la voie à Newton, qui allait établir les lois du mouvement.

Voici une expérience simple et facile à réaliser. Laissez tomber, en même temps et d'une même hauteur, une pièce de monnaie et une feuille de papier bien froissé; si l'effet de la résistance de l'air est négligeable, les deux objets auront un mouvement identique et toucheront le sol simultanément. En idéalisant cette situation, et abstraction faite de la résistance de l'air, un tel mouvement se nomme *chute libre*. Si l'on reprenait cette expérience dans un vide adéquat, où la résistance de l'air serait quasi-inexistante, la feuille de papier et la pièce de monnaie auraient la même accélération, quelle que soit la forme du papier. Le 2 août 1971, l'astronaute David Scott a réalisé une expérience analogue sur la Lune. Il laissa tomber simultanément un marteau de géologue et une plume de faucon, et les deux objets touchèrent la surface lunaire en même temps. Cette démonstration aurait sûrement ravi Galilée!

Accélération attribuable à la gravité g = **9,8 m/s²**

Nous utiliserons le symbole $\vec{g}$ pour désigner le vecteur accélération attribuable à la gravité, ou l'*accélération gravitationnelle*[3]. Nous verrons, au chapitre 6, que la grandeur de $\vec{g}$, (soit g), diminue à mesure que l'altitude augmente. De plus, on note de légères variations de g en fonction de la latitude. Le vecteur $\vec{g}$ est orienté vers le bas, vers le centre de la Terre. À la surface terrestre, g a une valeur approximative de 9,8 m/s^2, ou 980 cm/s^2. À moins d'avis contraire, nous utiliserons cette valeur de g dans nos calculs.

Définition de la chute libre

Lorsque nous parlons d'un *corps en chute libre*, nous ne désignons pas nécessairement un corps ayant amorcé sa chute à partir du repos. Un corps

3. $\vec{g}$ est aussi nommé le champ gravitationnel.

en chute libre est un corps qui se meut librement sous l'influence de la gravité, *quel que soit* son mouvement initial. Qu'il s'agisse d'un corps lancé vers le haut ou vers le bas, ou d'un objet ayant amorcé sa chute à partir du repos, ce sont tous des corps en chute libre dès l'instant où ils sont lâchés. En outre, il est important de se rendre compte que tout corps en chute libre subit une accélération *orientée vers le bas*, quel que soit son mouvement initial. *Un objet lancé vers le haut (ou vers le bas) subit la même accélération qu'un objet qu'on laisse tomber à partir du repos. Dès qu'ils sont en chute libre, tous les corps subissent une accélération vers le bas, qui est égale à l'accélération gravitationnelle.*

Si l'on fait abstraction de la résistance de l'air, et en supposant que l'accélération gravitationnelle ne varie pas de façon appréciable avec l'altitude, on peut alors affirmer que le mouvement d'un corps en chute libre se déplaçant à la verticale est un mouvement rectiligne à accélération constante. Par conséquent, nous pouvons appliquer nos équations de cinématique relatives à l'accélération constante. Nous poserons que la direction verticale correspond à l'axe des y et que le sens positif des y est vers le haut. Ce choix de coordonnées nous permet de remplacer x par y dans les équations 3.7, 3.9, 3.10 et 3.11. De plus, puisque le sens positif de y est vers le haut, l'accélération est négative (vers le bas), de sorte que $a = -g$. Le signe négatif indique simplement que l'accélération est orientée vers le bas. Cela ne veut pas dire que la vitesse de la particule augmente ou diminue[4]. À partir de ces substitutions, on obtient les expressions suivantes:

Équations des corps en chute libre

3.12 $$v = v_0 - gt$$

3.13 $$y - y_0 = \frac{1}{2}(v + v_0)t$$

3.14 $$y - y_0 = v_0 t - \frac{1}{2}gt^2$$

3.15 $$v^2 = v_0^2 - 2g(y - y_0)$$

Notons que le *signe négatif de l'accélération est déjà inclus dans ces expressions*. Par conséquent, lorsque vous utiliserez ces équations pour résoudre un problème de chute libre, il suffira de procéder à la substitution de $g = 9{,}8\ \text{m/s}^2$.

Analysons le cas d'une particule lancée verticalement vers le haut à partir de l'origine et animée d'une vitesse v_0. Dans ce cas-ci, v_0 est *positif* et $y_0 = 0$. La figure 3.10 présente des graphiques de la position (qui est ici égale au déplacement) et de la vitesse en fonction du temps. Notons que la vitesse initiale est positive, que la vitesse décroît dans le temps et devient nulle au sommet de la trajectoire. À partir de l'équation 3.12, on constate que cela se produit au temps $t_1 = v_0/g$.

4. On pourrait aussi choisir y positif vers le bas, on aurait alors $a = +g$. Les résultats obtenus sont identiques, quelle que soit la convention choisie.

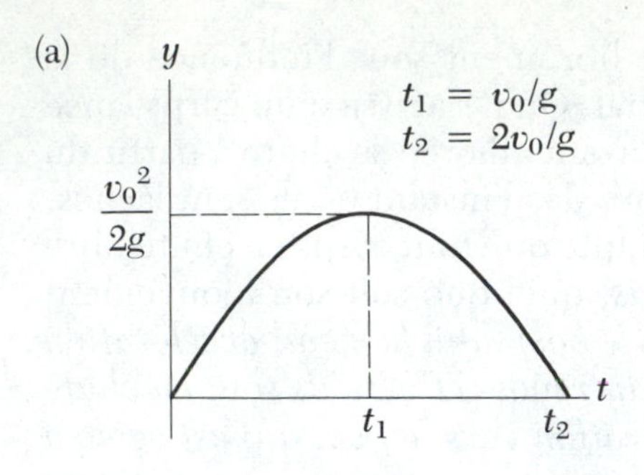

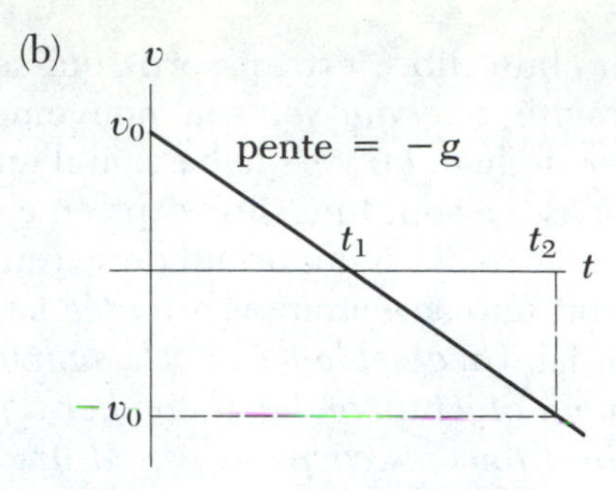

Figure 3.10 Représentation graphique d'une particule en chute libre (a) position en fonction du temps (b) vitesse en fonction du temps. La direction positive est vers le haut. Notons la symétrie des courbes par rapport à $t = t_1$.

À cet instant précis, le déplacement atteint sa valeur positive la plus grande, que l'on peut d'ailleurs calculer à partir de l'équation 3.14 et de $t = t_1 = v_0/g$. On obtient alors $y_{max} = v_0^2/2g$.

Au temps $t_2 = 2t_1 = 2v_0/g$, on constate, à partir de l'équation 3.14, que le déplacement est nul, c'est-à-dire que la particule est revenue à son point de départ. En outre, au temps t_2, la vitesse est $v = -v_0$. (Cela découle directement de l'équation 3.12.) Il y a donc une certaine symétrie du mouvement: durant l'intervalle $t = 0$ à $t = 2v_0/g$, la particule repasse, en descendant (avec une vitesse égale et opposée), par toutes les positions rencontrées en montant.

Dans les exemples qui suivent, nous allons supposer, pour simplifier, que $y_0 = 0$ au temps $t = 0$. Notons que cela ne modifie pas la solution du problème. Si y_0 n'est pas nul, alors le graphique de y en fonction de t (fig. 3.10a) est simplement décalé de y_0 vers le haut ou vers le bas, alors que le graphique de v en fonction de t (fig. 3.10b) demeure le même.

Exemple 3.7

On laisse tomber une balle de golf du haut d'un gratte-ciel. En faisant abstraction de la résistance de l'air, calculez la position et la vitesse de la balle après 1, 2 et 3 s.

Solution: Le point de départ de la balle est choisi comme point d'origine des coordonnées ($y_0 = 0$ à $t = 0$) et le sens positif de y est vers le haut. Puisque $v_0 = 0$, les équations 3.12 et 3.14 deviennent donc

$$v = -gt = -9{,}8t$$

$$y = -\frac{1}{2}gt^2 = -4{,}9t^2$$

où t est exprimé en secondes, v en mètres par seconde et y en mètres. À partir de ces expressions, on peut déterminer la vitesse et la position (ou le déplacement puisque la position initiale est nulle) à n'importe quel moment après que la balle ait été lâchée. Par conséquent, à $t = 1$ s, on a

$$v = -9{,}8(1) = -9{,}8 \text{ m/s}$$

$$y = -4{,}9(1)^2 = -4{,}9 \text{ m}$$

De même, à $t = 2$ s, on a $v = -19{,}6$ m/s et $y = -19{,}6$ m. Enfin, à $t = 3$ s, on a $v = -29{,}4$ m/s et $y = -44{,}1$ m. Le signe négatif de v indique que le vecteur vitesse est orienté vers le bas, et le signe négatif de y indique que les déplacements sont orientés dans le sens négatif de y (c.-à-d. qu'ils se font vers le bas).

Exemple 3.8

À partir du toit d'un édifice, on lance une pierre avec une vitesse initiale de 20 m/s vers le haut. L'édifice fait 50 m de hauteur et, en redescendant, la pierre passe tout près de la corniche du toit, comme l'indique la figure 3.11. (a) Déterminez la vitesse et la position de la pierre en fonction du temps.

De nouveau, il est pratique de faire correspondre l'origine des coordonnées avec le point de départ de la pierre; on a donc $y_0 = 0$. (Par conséquent, si l'on choisissait la base de l'édifice comme point d'origine, on aurait alors $y_0 = 50$.) Puisque $v_0 = 20$ m/s et $g = 9{,}8$ m/s^2, les équations 3.12 et 3.14 prennent la forme

$$(1) \quad v = 20 - 9{,}8t$$

$$(2) \quad y = 20t - 4{,}9t^2$$

où t est exprimé en secondes, v en mètres par seconde et y en mètres. Sur la figure 3.11, on indique les positions de la pierre à divers moments. Si l'on pose que t_1 représente le temps qu'il faut à la pierre pour atteindre sa hauteur maximale, et compte tenu que $v = 0$ à cette hauteur maximale, on a alors par (1)

$$20 - 9{,}8t_1 = 0$$

$$t_1 = \frac{20 \text{ m/s}}{9{,}8 \text{ m/s}^2} = 2{,}04 \text{ s}$$

En utilisant cette valeur de t en (2), on obtient la hauteur maximale y_{max}. On a donc, à $t = t_1$,

$$y_{max} = (20 - 4{,}9t_1)t_1 = [20 - 4{,}9(2{,}04)]2{,}04 = 20{,}4 \text{ m}$$

(b) Déterminez combien de temps il faut pour que la pierre passe tout près de son point de départ et sa vitesse à cet instant.

Lorsque la pierre est à son point de départ, sa coordonnée y est zéro. En utilisant (2) et $y = 0$, on obtient la formule suivante:

$$20t - 4{,}9t^2 = 0$$

Il s'agit d'une équation du second degré en t et elle comporte deux solutions. En décomposant l'équation, on obtient

$$t(20 - 4{,}9t) = 0$$

Il devient évident que l'une des solutions correspond à $t = 0$, c'est-à-dire au moment du départ de la pierre. L'autre solution est $t = 4{,}08$ s et constitue la solution que nous recherchons. À présent, si l'on substitue cette valeur de t en (1), on trouve que la pierre a une vitesse de -20 m/s lorsqu'elle repasse à la hauteur de son point de départ. La vitesse de la pierre, qui revient à son altitude initiale, a une valeur égale à sa vitesse initiale, mais un sens opposé. Cela illustre la symétrie du mouvement, dont nous avons parlé précédemment.

(c) Déterminez la vitesse et la position de la pierre 5 s après qu'elle a été lancée.

Puisque (1) et (2) permettent de déterminer la vitesse et la position *à tout temps t*, le résultat s'obtient en posant $t = 5$ s. On a alors

$$v = 20 - 9{,}8(5) = -29 \text{ m/s}$$

$$y = 20(5) - 4{,}9(5)^2 = -22{,}5 \text{ m}$$

(d) Déterminez la vitesse de la pierre juste avant qu'elle ne touche le sol.

Pour déterminer cette vitesse, on peut utiliser l'équation 3.15, en tenant compte du fait que la position de la pierre, à l'instant où elle va toucher le sol, est $y = -50$ m. On obtient

$$v^2 = v_0{}^2 - 2gy = (20 \text{ m/s})^2 - 2\left(9{,}8 \frac{\text{m}}{\text{s}^2}\right)(-50 \text{ m})$$

$$v^2 = 400 + 980 = 1\,380 \text{ m}^2/\text{s}^2$$

$$v = \pm 37 \text{ m/s}$$

Étant donné qu'à cet instant, le mouvement de la pierre est vers le bas, la solution physique acceptable est $v = -37$ m/s.

(e) Combien de temps en tout la pierre est-elle dans l'air?

À partir des résultats obtenus en (d) et en (1), et si l'on désigne le temps total par t_2, on a

$$v = -37 \text{ m/s} = (20 - 9{,}8t_2) \text{ m/s} \quad (\text{à } t = t_2)$$

$$t_2 = \frac{(20 + 37) \text{ m/s}}{9{,}8 \text{ m/s}^2} = 5{,}8 \text{ s}$$

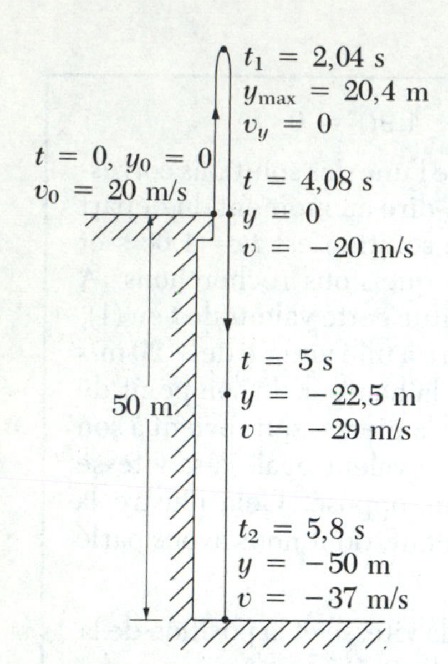

Figure 3.11 (Exemple 3.8) Position et vitesse en fonction du temps d'une particule en chute libre lancée vers le haut à une vitesse initiale de $v_0 = 20$ m/s.

Q8. On lance une balle à la verticale vers le haut. Déterminez sa vitesse et son accélération lorsqu'elle atteint son altitude maximale. Quelle est son accélération juste avant qu'elle ne touche le sol?

Q9. Si on lance une pierre en l'air du haut d'un édifice, son déplacement dépend-il de l'endroit où se situe le point d'origine du système de coordonnées? La vitesse de la pierre dépend-elle du point d'origine? (Supposez que le système de coordonnées est fixe par rapport à l'édifice.) Expliquez.

Q10. Un enfant lance une bille en l'air à une vitesse initiale v_0. Un autre enfant laisse tomber une balle au même instant. Comparez les accélérations des deux objets en mouvement.

3.6 Résumé

La *vitesse moyenne* d'une particule durant un intervalle de temps est égale au rapport entre son déplacement, Δx, et l'intervalle de temps, Δt:

Vitesse moyenne

3.1 $$\bar{v} \equiv \frac{\Delta x}{\Delta t}$$

La *vitesse instantanée* d'une particule est la limite du rapport $\Delta x/\Delta t$ lorsque Δt tend vers zéro. Par définition, elle est égale à la dérivée de la position par rapport au temps:

Vitesse instantanée

3.3 $$v \equiv \lim_{\Delta t \to 0} \frac{\Delta x}{\Delta t} = \frac{dx}{dt}$$

L'*accélération moyenne* d'une particule au cours d'un intervalle de temps correspond au rapport entre la variation de sa vitesse, Δv, et l'intervalle de temps, Δt:

Accélération moyenne

3.4 $$\bar{a} = \frac{\Delta v}{\Delta t}$$

L'*accélération instantanée* est égale à la limite du rapport $\Delta v/\Delta t$ lorsque $\Delta t \to 0$. Par définition, elle est égale à la dérivée de v par rapport à t:

Accélération instantanée

3.5 $$a \equiv \lim_{\Delta t \to 0} \frac{\Delta v}{\Delta t} = \frac{dv}{dt}$$

La pente de la tangente à la courbe de x en fonction de t est égale à la vitesse instantanée de la particule. La pente de la tangente à la courbe de v en fonction de t est égale à l'accélération instantanée de la particule. Pour tout intervalle de temps, la surface sous la courbe de v en fonction de t est égale au déplacement de la particule durant cet intervalle, et la surface sous la courbe de a en fonction de t est égale à la variation de la vitesse de la particule.

Les équations suivantes décrivent la vitesse et le déplacement d'une particule dont le mouvement s'effectue selon l'axe des x et dont l'accélération, a, est uniforme (de grandeur et d'orientation constantes):

Équations du mouvement uniformément accéléré

3.7 $$v = v_o + at$$

3.10 $$x - x_0 = v_0 t + \frac{1}{2} at^2$$

Corps en chute libre

Un corps en chute libre, soumis à la gravité terrestre, subit une accélération gravitationnelle orientée vers le centre de la Terre. En faisant abstraction de la résistance de l'air et si l'altitude du mouvement est faible par rapport au rayon de la Terre, on peut alors supposer que l'accélération attribuable à la gravité, soit $\vec{g}$, est constante tout au long du mouvement, et que g est égal à 9,8 m/s^2. À supposer que le sens positif de y soit vers le haut, on aurait alors une accélération de $-g$, et les équations de cinématique applicables à un corps en chute libre se déplaçant sur un axe vertical seraient les mêmes que celles qui figurent ci-dessus; il suffirait de remplacer x par y et a par $-g$.

Exercices

Section 3.1 Vitesse moyenne

1. Une particule se déplace selon l'axe des x et sa position initiale est $x_i = 2{,}0$ m. Après trois minutes, la particule est située à $x_f = -5{,}0$ m. Quelle est la vitesse moyenne de cette particule?

2. La figure 3.12 indique le déplacement d'une particule selon l'axe des x en fonction du temps. Déterminez la vitesse moyenne durant les intervalles de temps (a) de 0 à 1 s, (b) de 0 à 4 s, (c) de 1 s à 5 s, (d) de 0 à 5 s.

3. Un amateur de jogging court en ligne droite à une vitesse moyenne de 5 m/s durant 4 min, puis il réduit sa vitesse à 4 m/s durant 3 min. (a) Quel est son déplacement total? (b) Quelle est sa vitesse moyenne durant ce temps?

4. Une nageuse parcourt une longueur de piscine de 50 m en 20 s et elle met ensuite 22 s à revenir à son point de départ. Déterminez sa vitesse moyenne durant (a) la première lon-

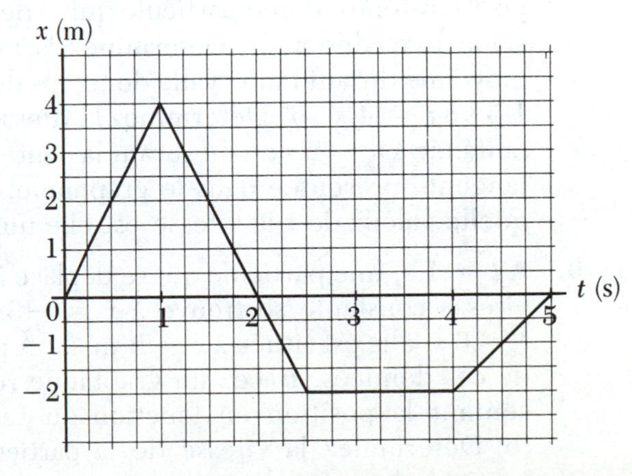

Figure 3.12 (Exercices 2 et 5).

gueur de piscine, (b) la deuxième longueur et (c) l'aller-retour.

Section 3.2 Vitesse instantanée

5. Déterminez la vitesse instantanée de la particule décrite à la figure 3.12 aux temps suivants: (a) $t = 0{,}5$ s, (b) $t = 2$ s, (c) $t = 3$ s, (d) $t = 4{,}5$ s.

6. La position d'une particule, qui se déplace suivant l'axe des x, varie dans le temps de façon linéaire selon l'expression $x = ct + b$, où c et b sont des constantes. (a) Quelles sont les dimensions de c et de b? (b) Faites la preuve mathématique et la preuve graphique de l'égalité entre la vitesse moyenne et la vitesse instantanée dans cette situation.

7. La figure 3.13 est la représentation graphique position-temps d'une particule qui se déplace selon l'axe des x. Déterminez si la vitesse est positive, négative ou nulle aux temps suivants: (a) t_1, (b) t_2, (c) t_3, (d) t_4.

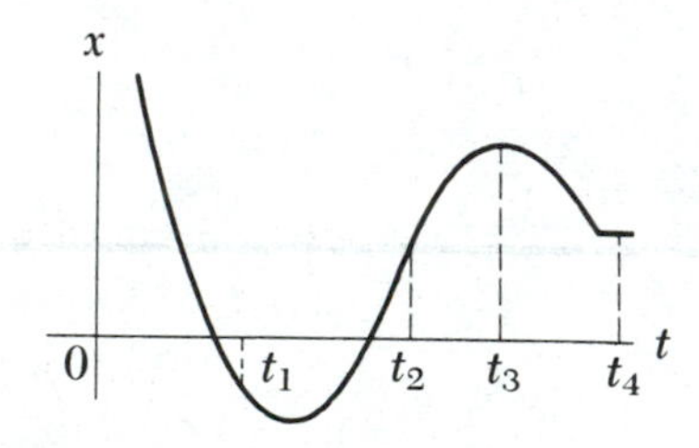

Figure 3.13 (Exercice 7).

8. La figure 3.14 est la représentation graphique position-temps d'une particule qui se déplace selon l'axe des x. (a) Déterminez la vitesse moyenne durant l'intervalle de temps de $t = 1{,}5$ s à $t = 4$ s. (b) Déterminez la vitesse instantanée à $t = 2$ s en mesurant la pente de la tangente présentée dans le graphique. (c) À quelle valeur de t la vitesse est-elle nulle?

9. À $t = 1$ s, une particule qui se déplace à une vitesse constante se trouve à $x = -3$ m; à $t = 6$ s, elle est située à $x = 5$ m. (a) À partir de ces données, tracez un graphique représentant la position en fonction du temps. (b) Déterminez la vitesse de la particule à partir de la pente du graphique.

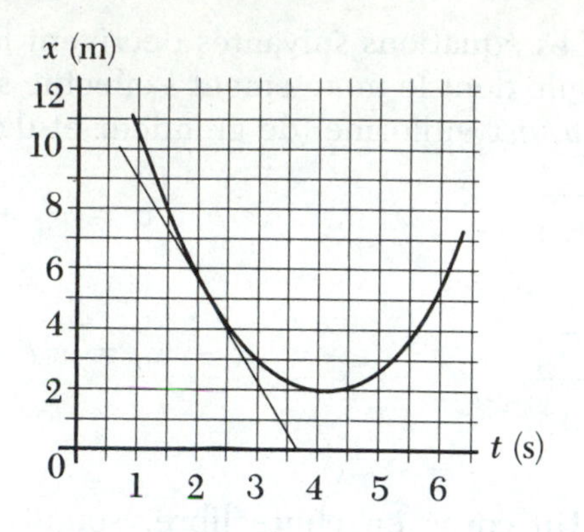

Figure 3.14 (Exercice 8).

Section 3.3 Accélération

10. Une particule se déplace selon l'axe des x suivant l'équation $x = 2t + 3t^2$, où x représente la position en mètres et t, le temps en secondes. Calculez la vitesse instantanée et l'accélération instantanée à $t = 3$ s.

11. À un instant donné, une automobile se déplace en ligne droite à une vitesse de 30 m/s. Deux secondes plus tard, sa vitesse est de 25 m/s. Quelle est son accélération moyenne durant cet intervalle de temps?

12. La position d'une particule, qui se déplace selon l'axe des y, est telle que $y = ct^3 - bt$, où c et b sont des constantes, y est exprimé en mètres et t, en secondes. (a) Quelles sont les dimensions de c et de b? (b) Déterminez les expressions correspondant à la vitesse et à l'accélération en fonction du temps.

13. Une particule qui se déplace en ligne droite a une vitesse de 5 m/s à $t = 0$. Sa vitesse est de 21 m/s à $t = 4$ s. (a) Quelle est son accélération moyenne durant cet intervalle de temps? (b) Peut-on déterminer la vitesse moyenne à partir de ces données? Expliquez.

14. La figure 3.15 est la représentation graphique vitesse-temps d'un objet qui se déplace selon l'axe des x. (a) Tracez un graphique représentant l'accélération en fonction du temps. (b) Déterminez l'accélération moyenne de l'objet durant les intervalles de temps $t = 5$ s à $t = 15$ s et de $t = 0$ à $t = 20$ s.

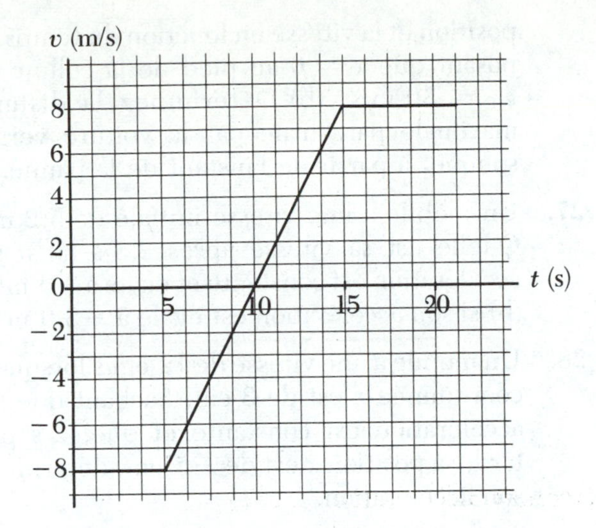

Figure 3.15 (Exercice 14).

15. La figure 3.16 représente la vitesse d'une particule en fonction du temps. Au temps $t = 0$, la particule est à $x = 0$. (a) Représentez graphiquement l'accélération en fonction du temps. (b) Déterminez l'accélération moyenne de la particule durant l'intervalle de $t = 1$ s à $t = 4$ s. (c) Déterminez l'accélération instantanée de la particule à $t = 2$ s.

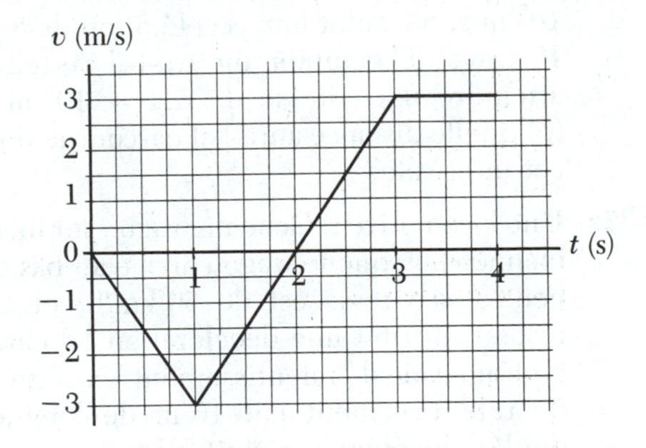

Figure 3.16 (Exercice 15).

16. La position d'une particule selon l'axe des x est donnée par l'équation $x = 2 + 3t - t^2$, où x est exprimé en mètres et t, en secondes. Déterminez, au temps $t = 3$ s (a) la position de la particule, (b) sa vitesse et (c) son accélération.

17. La vitesse d'une particule, qui se déplace selon l'axe des x, est donnée par la relation $v = (15 - 8t)$ m/s. Déterminez (a) l'accélération de la particule, (b) sa vitesse à $t = 3$ s et (c) sa vitesse moyenne durant l'intervalle de $t = 0$ à $t = 2$ s.

18. La figure 3.17 est la représentation graphique de la vitesse d'une particule en fonction du temps. (a) Faites le graphique de l'accélération en fonction du temps. (b) Existe-t-il un intervalle de temps où l'accélération de la particule est constante? Expliquez. (c) Faites une estimation de l'accélération de la particule à $t = 6$ s.

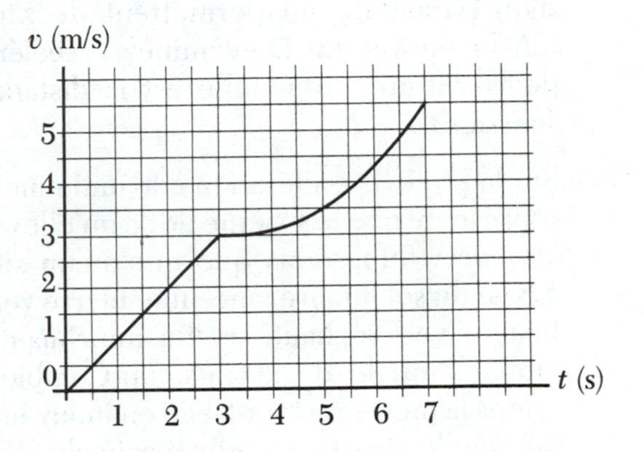

Figure 3.17 (Exercice 18).

Section 3.4 Mouvement rectiligne à accélération constante

19. Une particule se déplace dans le sens négatif de l'axe des x durant 10 s, à une vitesse constante de -80 m/s. Puis, durant les 5 s qui suivent, son accélération est constante et sa vitesse passe à -50 m/s. Déterminez (a) l'accélération moyenne de la particule au cours des 10 premières secondes, (b) son accélération moyenne durant l'intervalle de $t = 10$ s à $t = 15$ s, (c) le déplacement total de la particule de $t = 0$ à $t = 15$ s et (d) sa vitesse moyenne durant l'intervalle de $t = 10$ s à $t = 15$ s.

20. La position d'une particule, qui se déplace selon l'axe des x, varie dans le temps suivant l'équation $x = 2 + 8t - 2t^2$, où x est exprimé en mètres et t, en secondes. Déterminez (a) le déplacement de la particule au cours des 3 premières secondes de son mouvement, (b) son accélération, (c) sa vitesse initiale, (d) la position à laquelle la particule s'arrête momentanément et (e) sa vitesse moyenne durant les 3 premières secondes de son mouvement.

21. Sur une distance de 70 m, un bateau de course peut faire passer sa vitesse de 15 m/s à 27 m/s. Déterminez (a) la valeur de l'accélération et (b) le temps que met le bateau à franchir cette distance.

22. Une voiture de course atteint une vitesse de 50 m/s. À cet instant, elle freine uniformément; l'action de ses freins et le déploiement d'un parachute lui permettent de s'immobiliser en 5 s. (a) Déterminez l'accélération de la voiture. (b) Quelle est la distance de freinage?

23. Sur la Lune, l'accélération gravitationnelle ne représente que le sixième de ce qu'elle est sur la Terre. Supposons que quelqu'un situé à 1,5 m du sol lunaire lance une pierre verticalement vers le haut, en lui imprimant une vitesse initiale de 20 m/s. (a) Combien de temps la pierre restera-t-elle en mouvement? (b) Quelle sera la hauteur maximale atteinte par la pierre par rapport à la surface lunaire?

24. Initialement au repos au sommet d'un plan incliné, une particule glisse vers le bas et son accélération est constante. Le plan incliné mesure 2,0 m de longueur et la particule met 3 s à en atteindre la base. Déterminez (a) l'accélération de la particule, (b) sa vitesse lorsqu'elle atteint la base du plan incliné, (c) le temps qu'elle met à atteindre le milieu du plan et (d) sa vitesse lorsqu'elle se trouve au milieu.

25. Un kart parcourt la première moitié d'une piste de 100 m à une vitesse constante de 5 m/s. Dans la deuxième moitié de la piste, le moteur a des ratés et le véhicule a une décélération de 0,2 m/s^2. Combien de temps le kart mettra-t-il à faire son tour de piste?

26. Une voiture se déplace à une vitesse constante de 30 m/s, soudain son moteur tombe en panne au pied d'une colline; la voiture gravit la colline en subissant une accélération constante et opposée au mouvement de 2 m/s^2 tout au long de son ascension. (a) Formulez les équations permettant d'exprimer la position et la vitesse en fonction du temps, en posant que $x = 0$ au pied de la colline, où $v_0 = 30$ m/s. (b) Déterminez la distance maximale parcourue par la voiture vers le sommet à partir de l'instant de la panne.

27. Un mobile a une vitesse initiale de 5,2 m/s. Quelle est sa vitesse après 2,5 s (a) si son accélération est constante et égale à 3,0 m/s^2? (b) si son accélération est égale à $-3{,}0$ m/s^2?

28. Un mobile a une vitesse de 12 cm/s lorsque sa coordonnée x est de 3 cm. Sachant que son accélération est constante et que, 2 s plus tard, sa position x est de -5 cm, déterminez son accélération.

29. La vitesse initiale d'un corps qui se déplace selon l'axe des x est de $-6{,}0$ cm/s lorsqu'il se trouve à l'origine. S'il accélère uniformément à un taux de 8,0 cm/s^2, quelle est (a) sa position après 2 s? (b) sa vitesse après 3 s?

30. Un proton a une vitesse initiale de $2{,}5 \times 10^5$ m/s et subit un freinage constant de $5{,}0 \times 10^{10}$ m/s^2. Quelle est sa vitesse lorsqu'il a parcouru une distance de 10 cm?

31. Un électron a une vitesse initiale de $3{,}0 \times 10^5$ m/s. S'il subit une accélération de $8{,}0 \times 10^{14}$ m/s^2 (a) combien mettra-t-il de temps à atteindre une vitesse de $5{,}4 \times 10^5$ m/s et (b) quelle distance aura-t-il parcourue durant cet intervalle?

32. Une locomotive relâche un wagon sur un plan incliné. Lorsque le wagon arrive au bas de la pente, sa vitesse est de 50 km/h, et à cet instant, il subit une décélération en parcourant une voie de ralentissement. Si cette voie de ralentissement fait 10 m de longueur, quelle décélération doit-elle causer pour réussir à immobiliser le wagon?

33. À l'aide d'une arme à feu, on tire une balle à travers un madrier de 10 cm d'épaisseur, de sorte que la trajectoire de la balle est perpendiculaire à la face du madrier. Si la vitesse initiale de la balle est de 400 m/s, et qu'à sa sortie du madrier, sa vitesse n'est plus que de 300 m/s, déterminez (a) l'accélération moyenne de la balle lorsqu'elle traverse le madrier et (b) la durée totale de contact entre la balle et le madrier.

34. Initialement au repos, un électron subit une accélération constante de 8×10^{12} m/s^2 vers la droite. Il entre en collision avec une plaque située à 4 cm de son point de départ. (a) En faisant abstraction de la gravité, déterminez la vitesse finale de l'électron et la durée de sa trajectoire. (b) En considérant l'effet de la gravité comme une petite perturbation du mouvement de l'électron, déterminez quelle est la distance de chute de l'électron durant sa trajectoire. (Il faut donc considérer indépendamment le mouvement dans la direction des y et le mouvement dans la direction des x.)

35. Supposons qu'un joueur de hockey est immobile sur la surface d'un étang gelé, lorsqu'un joueur de l'équipe adverse, en possession de la rondelle, le double à une vitesse uniforme de 12 m/s. Au bout de 3 s, le premier joueur se décide à prendre l'adversaire en chasse. S'il accélère uniformément à 4 m/s^2 (a) combien mettra-t-il de temps à rejoindre le joueur en possession de la rondelle? (b) Quelle distance aura-t-il parcourue? (Supposez que le joueur en possession de la rondelle poursuit son mouvement à vitesse constante.)

36. Le 19 mars 1954, le colonel John P. Stapp de la U.S.A.F. atteignit la vitesse record de 1 011 km/h sur piste, à bord d'une luge propulsée par une fusée. Il ne mit que 1,4 s à immobiliser son bolide. Déterminez (a) l'accélération subie durant cet intervalle et (b) la distance parcourue pendant le freinage.

37. On rapporte qu'une femme fit une chute de 48 m, du haut du 17e étage d'un édifice, et qu'elle atterrit sur une bouche d'aération de métal qu'elle enfonça de 45 cm. Elle s'en est tirée avec quelques blessures superficielles. En faisant abstraction de la résistance de l'air, calculez (a) la vitesse de la femme juste avant qu'elle percute la bouche d'aération, (b) son accélération au moment de l'impact et (c) le temps qu'il a fallu pour enfoncer le métal.

Section 3.5 Corps en chute libre

38. Le *Livre des records Guinness* rapporte qu'un homme a survécu à une accélération de 200g, soit 1 960 m/s^2. Désirant battre ce record, une personne se jette en bas d'une falaise de 102 m de hauteur et atterrit sur une pile de matelas de 2 m d'épaisseur. (a) Quelle est la vitesse de cet aspirant «recordman» juste avant son contact avec les matelas? (b) Si les matelas s'enfoncent de 0,5 m sous l'impact, quelle est son accélération?

39. On lance un objet à la verticale, vers le haut, de sorte que sa vitesse est de 19,6 m/s lorsqu'il se trouve à mi-chemin de son altitude maximale. Déterminez (a) son altitude maximale, (b) sa vitesse, 1 s après son lancement et (c) son accélération lorsqu'il atteint son altitude maximale.

40. Une balle au sol est lancée à la verticale vers le haut à une vitesse initiale de 15 m/s. (a) Combien de temps faudra-t-il pour que la balle atteigne son altitude maximale? (b) Quelle est son altitude maximale? (c) Déterminez la vitesse et l'accélération de la balle à $t = 2$ s.

41. Une balle, lancée à la verticale vers le haut, est attrapée au bout de 3,5 s. Déterminez (a) la vitesse initiale de la balle et (b) la hauteur maximale qu'elle atteint.

42. À 160 km au-dessus de la Terre, un objet, qui se dirige vers la surface terrestre, pénètre l'atmosphère à une vitesse de 100 km/h. En faisant abstraction de la résistance de l'air et en supposant que la valeur de g est constante et égale à 9,8 m/s^2, déterminez la vitesse de l'objet juste avant qu'il percute la surface terrestre. (Croyez-vous que ce résultat soit plausible? Décrivez ce qui, selon vous, se produirait réellement dans une situation semblable.)

43. Effectuant une chute à 10 m/s, un parachutiste lâche son appareil-photo à une altitude de 50 m. (a) En combien de temps l'appareil touchera-t-il le sol? (b) Quelle est la vitesse de l'appareil-photo juste avant son contact avec le sol?

44. On lance une balle à la verticale vers le haut, en lui imprimant une vitesse initiale de 10 m/s. Une seconde plus tard, on lance une pierre à la verticale vers le haut à une vitesse initiale de 25 m/s. Déterminez (a) le temps qu'il faudra à la pierre pour atteindre la même hauteur que la balle, (b) la vitesse de la balle et de la pierre lorsqu'elles sont à la même hauteur et (c) le temps total que mettra chaque objet pour revenir à sa position initiale.

Problèmes

1. En 1974, le Ministère des Transports du Québec publiait à l'intention des apprentis-conducteurs, un petit fascicule intitulé «Guide de l'automobiliste». On y précise que la distance d'arrêt d'un véhicule dépend de plusieurs facteurs; le temps de perception, le temps de réaction, la vitesse initiale et, bien sûr, l'efficacité du freinage. Le temps de perception correspond au temps nécessaire pour constater un éventuel danger et pour prendre la décision qui s'impose. Le temps de réaction est le temps nécessaire pour réaliser la manoeuvre qui s'impose (lâcher l'accélérateur et appliquer les freins par exemple). Nous définissons le temps de réflexe comme le temps nécessaire pour percevoir un danger et réagir (perception et réaction). La distance parcourue pendant le temps de réflexe est appelée «distance de réflexe». Nous définissons aussi la distance de freinage comme «la distance parcourue par l'auto pendant que les freins sont actionnés». Enfin, la distance d'arrêt est la somme de ces deux distances: distance de réflexe et distance de freinage. Sachant qu'une voiture typique circulant à la vitesse de 65 km/h peut s'arrêter sur une distance de 25 m et que le temps de réflexe est de 0,75 s, complétez le tableau suivant:

Vitesse (km/h)	Distance de réflexe (m)	Distance de freinage (m)	Distance d'arrêt (m)
25	5,21		
50		14,8	
90			66,7
100		59,2	
115	24,0		

2. Un tramway de San Francisco met 10 s à s'immobiliser lorsqu'il se déplace à vitesse maximale. Un jour, le chauffeur du tramway voyant un chien sur le rail appliqua immédiatement les freins. Le tramway atteignit le chien 8 s plus tard, et celui-ci eut tout juste le temps de s'écarter de la voie. Si, avant de s'immobiliser, le tramway parcourut encore 4 m au-delà de la position du chien, à quelle distance ce dernier se trouvait-il du tramway lorsque le chauffeur l'aperçut?

3. On lance une fusée à la verticale vers le haut en lui imprimant une vitesse initiale de 80 m/s. Elle accélère à 4 m/s^2 jusqu'à ce qu'elle atteigne une altitude de 1 000 m. À cet instant précis, son moteur tombe en panne et la fusée entreprend un vol libre dont l'accélération est de $-9{,}8$ m/s^2. (a) Combien de temps la fusée sera-t-elle en mouvement? (b) Quelle altitude maximale atteindra-t-elle? (c) Quelle est sa vitesse juste avant qu'elle percute la surface terrestre? (Indice: Analysez séparément le mouvement pendant que le moteur fonctionne et le mouvement pendant le vol libre.)

4. La consommation d'essence d'une automobile dont le moteur tourne dépend de sa vitesse. Cette consommation, C, en litres par heure est donnée par

$$C = v/20 + 5$$

pour l'auto de Madeleine (v s'exprime en km/h). Chaque matin, avant de se rendre au travail, elle laisse tourner le moteur pendant 5 minutes pour le réchauffer. Elle accélère ensuite de 0 à 100 km/h en 15 s et maintient cette vitesse sur une distance de 10 km. Enfin, elle freine uniformément sur une distance de 100 cm. Pour le retour elle procède de la même manière. Sachant que Madeleine travaille cinq jours par semaine et que l'essence coûte 58,9 cents/litre, déterminez ses frais de transport hebdomadaires.

5. Voici la description du trajet d'un train en fonction du temps. Au cours de la première heure, il voyage à la vitesse v, puis sa vitesse passe à $3v$ durant la demi-heure suivante. Il se déplace ensuite à $v/2$ durant 90 min et à $v/3$ durant les 2 dernières heures de son trajet. (a) Tracez le graphique de la vitesse en fonction du temps. (b) Quelle distance le train parcourt-il au cours de ce trajet? (c) Quelle est sa vitesse moyenne durant l'ensemble du trajet?

6. D'une hauteur de 2 m, on laisse tomber une balle de caoutchouc dur au sol. À son premier bond, elle atteint une hauteur de 1,85 m et à cet instant quelqu'un l'attrape. Déterminez la vitesse de la balle (a) à l'instant où elle touche le sol et (b) à l'instant où elle quitte le sol pour rebondir vers le haut. (c) En faisant abstraction du temps durant lequel la balle est en contact avec le sol, déterminez la durée totale de son mouvement entre l'instant où elle est lâchée et l'instant où elle est attrapée.

7. La position d'une particule qui se déplace selon l'axe des x est telle que $x = t^3 - 9t^2 + 6t$, où x est exprimé en centimètres et t, en secondes. Déterminez (a) la vitesse instantanée de la particule en fonction du temps t, (b) les *temps* auxquels la vitesse instantanée est égale à zéro, (c) l'accélération instantanée de la particule aux temps déterminés en (b), et (d) le déplacement total de la particule durant l'intervalle entre le premier et le deuxième point de vitesse nulle.

8. Dans son inlassable poursuite du malin road runner, le coyote perd pied au sommet d'une falaise abrupte et fait une chute de 500 m. En chute libre depuis 5 s, il se souvient tout à coup qu'il portait sa fameuse fusée dorsale Acme et il la met en marche. (a) Grâce à cet astuce, le coyote fait un atterrissage tout en douceur (c'est-à-dire à une vitesse de zéro). Déterminez l'accélération du coyote, en supposant qu'elle ait été constante. (b) Malheureusement, le coyote est incapable de couper le contact de sa fusée lorsqu'il touche le sol et il est donc de nouveau propulsé dans l'air. Au bout de 5 s, sa fusée tombe en panne. Déterminez la hauteur maximale atteinte par le coyote et sa vitesse à l'instant où il touche le sol pour la seconde fois.

9. Une jeune fille nommée Julie Lacoursière s'achète une luxueuse voiture de sport, capable d'accélérer à un taux de 5 m/s^2. Elle décide de mettre sa voiture à l'épreuve en affrontant un autre bolide, appartenant à Yvan Lechasseur. Les deux voitures sont immobiles au départ, mais grâce à son expérience, Yvan réussit à démarrer 1 s avant Julie. Si la voiture d'Yvan a une accélération constante de 4 m/s^2 et si celle de Julie maintient une accélération de 5 m/s^2, déterminez (a) le temps qu'il faudra à Julie pour doubler Yvan, (b) la distance qu'elle devra parcourir avant de le rejoindre et (c) la vitesse des deux voitures à l'instant où Julie double Yvan.

10. Un joueur de hockey pratique son lancer frappé sur une rondelle immobile sur la glace. Sous l'impact du lancer, la rondelle glisse librement sur la glace sur une distance de 5 m, puis elle parcourt une surface de glace raboteuse qui lui fait subir un freinage de 10 m/s^2. Si la vitesse de la rondelle est de 20 m/s lorsqu'elle a parcouru 50 m à partir du point d'impact, (a) quelle est l'accélération moyenne imprimée à la rondelle à l'instant où elle est frappée par le bâton de hockey? (Supposons que la durée du contact est de 0,01 s.) (b) Quelle distance totale la rondelle parcourra-t-elle avant de s'immobiliser? (c) Quelle est la durée du mouvement de la rondelle, en faisant abstraction de la durée du contact?

11. Un étudiant, debout en bordure du toit d'un édifice ayant une hauteur de 35 m, lance une balle de baseball vers le haut en lui imprimant une certaine vitesse initiale. Durant son ascension, la balle dévie légèrement de sa trajectoire sous l'effet du vent et tombe au sol, en passant tout près de la bordure du toit. Si, à partir de l'instant où elle quitte la main de l'étudiant, la balle met 6 s à toucher le sol, déterminez (a) sa vitesse initiale, (b) sa vitesse finale lorsqu'elle touche le sol et (c) sa vitesse après 3 s.

12. Initialement au repos sur un grand lac gelé, une luge propulsée par une fusée accélère au taux de 12 m/s^2. Après un temps t_1, on coupe le contact de la fusée et la luge se déplace à une vitesse constante v durant un temps t_2. Si la distance totale parcourue par la luge est de 6 000 m et si la durée totale du mouvement est de 90 s, déterminez (a) les temps t_1 et t_2 et (b) la vitesse v. Si, à partir de la distance de 6 000 m, la luge commence à décélérer à un taux de 6 m/s^2, (c) quelle est sa position finale lorsqu'elle s'immobilise? et (d) combien lui faut-il de temps pour s'immobiliser?

13. Un observateur voit un éclair jaillir tout près d'un avion en plein vol au loin. Il entend ensuite le bruit du tonnerre, 5 s après avoir vu l'éclair, et constate que l'avion le survole 10 s après le coup de tonnerre. Sachant que la vitesse du son est de 340 m/s, (a) déterminez la distance qui sépare l'avion de l'observateur à l'instant où l'éclair jaillit. (Négligez le temps qu'il faut pour que la lumière de l'éclair atteigne l'oeil de l'observateur.) (b) À supposer que l'avion se déplaçait à vitesse constante en direction de l'observateur, déterminez quelle était sa vitesse. (c) En vous reportant à la vitesse de la lumière dans l'air, justifiez l'approximation formulée en (a).

14. Les relations suivantes représentent le déplacement x d'une particule en fonction du temps t. Tous les autres symboles sont des constantes. Déterminez la vitesse et l'accélération en fonction du temps à partir des dérivées appropriées, et déterminez les dimensions exactes des constantes A, b, B et a: (a) $x = Ae^{-bt}$, (b) $x = B \sin (at)$.

15. Une particule se déplace dans le sens positif de l'axe des x, de sorte que ses coordonnées varient en fonction du temps conformément à l'expression $x = 4 + 2t - 3t^2$, où x est exprimé en mètres et t, en secondes. (a) Tracez un graphique représentant x en fonction de t durant l'intervalle de $t = 0$ à $t = 2$ s. (b) Déterminez la position initiale et la vitesse initiale de la particule. (c) Déterminez à quel instant la particule atteint la valeur maximale de x. (d) Calculez la position, la vitesse et l'accélération à $t = 2$ s.

Chapitre 4

Mouvement dans deux dimensions

Education Development Center, Newton (Mass.)

Dans ce chapitre nous allons étudier la cinématique d'une particule qui se déplace dans un plan, c'est-à-dire le mouvement dans deux dimensions. Le mouvement des projectiles et des satellites et le mouvement de particules chargées dans un champ électrique uniforme sont autant d'exemples de mouvements dans un plan. Comme nous l'avons fait dans le cas du mouvement rectiligne, nous allons établir les équations cinématiques du mouvement dans deux dimensions à partir de définition (vectorielles cette fois) de la position, du déplacement, de la vitesse et de l'accélération. Comme cas-type du mouvement à deux dimensions, nous étudierons le mouvement à accélération constante et le mouvement circulaire uniforme dans un plan.

4.1 Vecteur position, vecteur déplacement, vecteur vitesse et vecteur accélération

Dans le chapitre précédent, nous avons vu que le mouvement rectiligne d'une particule est complètement déterminé si l'on connaît sa position en fonction du temps. À présent, élargissons cette notion afin d'englober le mouvement d'une particule dans un plan xy. Commençons par décrire la position d'une particule en nous servant d'un *vecteur position* $\vec{r}$, tracé à

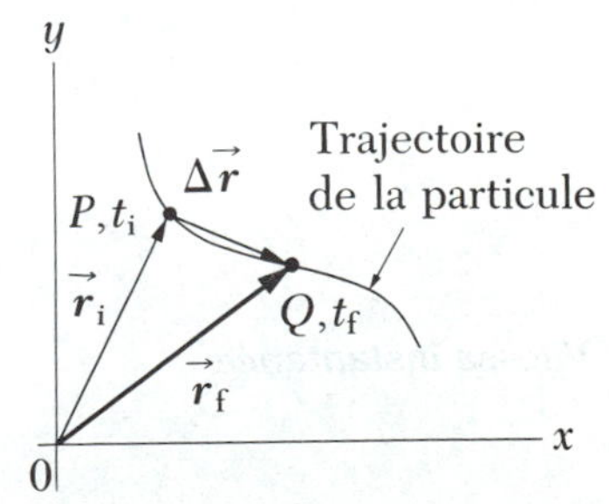

Figure 4.1 La position d'une particule se déplaçant dans le plan xy est donnée par le vecteur position $\vec{r}$ tracé à partir de l'origine jusqu'à la particule. Le déplacement de la particule du point P au point Q durant l'intervalle $\Delta t = t_f - t_i$ est égal au vecteur $\Delta\vec{r} = \vec{r}_f - \vec{r}_i$.

partir de l'origine d'un cadre de référence jusqu'à la particule située dans le plan xy, comme à la figure 4.1. Au temps t_i, la particule se trouve au point P et à un temps ultérieur t_f, elle est au point Q. Pendant que la particule se déplace du point P au point Q, soit durant l'intervalle de temps $(t_f - t_i)$, le vecteur position passe de $\vec{r}_i$ à $\vec{r}_f$, où les indices i et f désignent les valeurs initiale et finale. On obtient donc le *vecteur déplacement* de la particule:

Définition du vecteur déplacement

4.1
$$\Delta\vec{r} \equiv \vec{r}_f - \vec{r}_i$$

L'orientation de $\Delta\vec{r}$ est indiquée à la figure 4.1. Notons que le vecteur déplacement est égal à la différence entre le vecteur position finale et le vecteur position initiale. Tel que l'indique la figure 4.1, la grandeur du vecteur déplacement est moindre que la distance parcourue le long de la trajectoire courbe.

À présent, nous définissons la *vitesse moyenne* d'une particule, durant l'intervalle de temps Δt, comme le rapport entre son déplacement et l'intervalle de temps nécessaire à ce déplacement:

Vitesse moyenne

4.2
$$\bar{\vec{v}} \equiv \frac{\Delta\vec{r}}{\Delta t}$$

Puisque le déplacement est un vecteur et que l'intervalle de temps est un scalaire, nous pouvons conclure que la vitesse moyenne est une quantité vectorielle, dont l'orientation est celle de $\Delta\vec{r}$. Notons que la vitesse moyenne entre les points P et Q est indépendante de la trajectoire entre ces deux points, car elle est proportionnelle au déplacement qui ne dépend que des positions initiale et finale. Encore une fois, nous devons conclure que si le mouvement d'une particule la ramène à son point de départ, la vitesse moyenne est zéro puisque le déplacement est nul.

Considérons de nouveau le mouvement d'une particule entre deux points dans le plan xy, tel que cela est illustré à la figure 4.2. À mesure que les intervalles de temps deviennent de plus en plus petits, la grandeur des déplacements ($\Delta\vec{r}$, $\Delta\vec{r}'$, $\Delta\vec{r}''$,...) diminue progressivement et leur direction tend vers la tangente à la trajectoire au point P. On définit la *vitesse instantanée* comme la limite de la vitesse moyenne, $\Delta\vec{r}/\Delta t$, lorsque Δt tend vers zéro:

Vitesse instantanée

4.3
$$\vec{v} \equiv \lim_{\Delta t \to 0} \frac{\Delta\vec{r}}{\Delta t} = \frac{d\vec{r}}{dt}$$

Ainsi, la vitesse instantanée est égale à la dérivée par rapport au temps du vecteur position. La direction du vecteur vitesse est celle de la tangente à la trajectoire de la particule, orientée dans le sens du mouvement. La figure 4.3 en fournit l'illustration pour deux points de la trajectoire.

À mesure que la particule se déplace de P vers Q, suivant une trajectoire donnée, le vecteur vitesse instantanée passe de $\vec{v}_i$ au temps t_i à $\vec{v}_f$ au temps t_f (figure 4.3). L'*accélération moyenne* de la particule, qui se déplace de P vers Q, est définie comme le rapport entre la variation du vecteur vitesse instantanée, $\Delta\vec{v}$, et le temps écoulé, Δt:

4.4 $$\vec{a} \equiv \frac{\vec{v}_f - \vec{v}_i}{t_f - t_i} = \frac{\Delta\vec{v}}{\Delta t}$$

Accélération moyenne

Puisque l'accélération moyenne correspond au rapport entre un vecteur, $\Delta\vec{v}$, et un scalaire, Δt, nous pouvons conclure que $\bar{\vec{a}}$ est un vecteur de même orientation que $\Delta\vec{v}$. Comme l'indique la figure 4.3, on détermine l'orientation de $\Delta\vec{v}$ en additionnant le vecteur $-\vec{v}_i$ (soit l'opposé de $\vec{v}_i$) et le vecteur $\vec{v}_f$, puisque par définition $\Delta\vec{v} = \vec{v}_f - \vec{v}_i$.

L'*accélération instantanée* $\vec{a}$ est définie comme la valeur limite du rapport $\Delta\vec{v}/\Delta t$ lorsque Δt tend vers zéro:

4.5 $$\vec{a} \equiv \lim_{\Delta t \to 0} \frac{\Delta\vec{v}}{\Delta t} = \frac{d\vec{v}}{dt}$$

Accélération instantanée

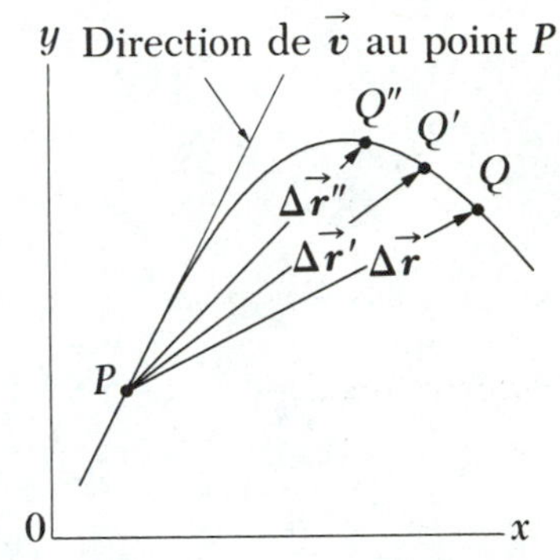

Figure 4.2 Lorsqu'une particule se déplace entre deux points, sa vitesse moyenne a la même direction que le vecteur déplacement $\Delta\vec{r}$. À mesure que le point Q se rapproche du point P, la direction de $\Delta\vec{r}$ tend vers la direction de la tangente à la courbe en P. Par définition, la vitesse instantanée au point P est dans la direction de cette tangente.

On peut donc dire que l'accélération instantanée est égale à la dérivée première du vecteur vitesse par rapport au temps.

Une particule accélère quand la grandeur du vecteur vitesse varie en fonction du temps, comme nous l'avons vu dans le cas du mouvement rectiligne. Mais une particule subit aussi une accélération lorsque la direction du vecteur vitesse change en fonction du temps (trajectoire courbe), même si la grandeur du vecteur vitesse est constante (c'est le cas dans la figure 4.3 où $v_f = v_i$ mais où $\vec{v}_f \neq \vec{v}_i$ et $\bar{\vec{a}} \neq 0$). Enfin, l'accélération peut être attribuable à une variation de grandeur et de direction du vecteur vitesse.

Toutes les expressions vectorielles que nous venons d'écrire peuvent être décomposées. Ainsi:

$$\vec{r} = x\vec{i} + y\vec{j}$$

$$\vec{v} = \frac{d\vec{r}}{dt} = \frac{dx}{dt}\vec{i} + \frac{dy}{dt}\vec{j}$$

$$\vec{v} = v_x\vec{i} + v_y\vec{j}$$

$$\vec{a} = \frac{d\vec{v}}{dt} = \frac{dv_x}{dt}\vec{i} + \frac{dv_y}{dt}\vec{j}$$

et, finalement,

$$\vec{a} = a_x\vec{i} + a_y\vec{j}$$

À partir de maintenant, afin d'alléger l'écriture, nous utiliserons les termes vitesse, pour désigner le vecteur vitesse instantanée, et grandeur de la vitesse, pour désigner la grandeur du vecteur vitesse instantanée.

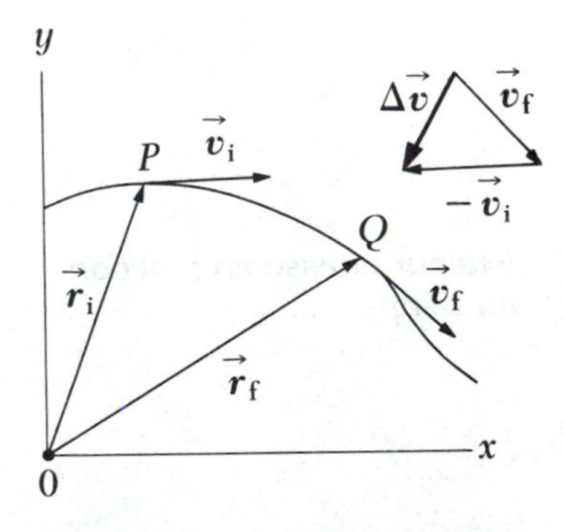

Figure 4.3 Le vecteur accélération moyenne, $\bar{\vec{a}}$, d'une particule se déplaçant du point P au point Q a la même orientation que le changement de vitesse, $\Delta\vec{v} = \vec{v}_f - \vec{v}_i$.

Q1. Si au cours d'un intervalle de temps donné, la vitesse moyenne d'une particule est zéro, que peut-on dire au sujet de son déplacement durant cet intervalle?

Q2. Si l'on connaît les vecteurs position d'une particule en deux points de sa trajectoire, de même que le temps qu'elle a mis à se déplacer d'un point à l'autre, peut-on déterminer sa vitesse instantanée et sa vitesse moyenne? Expliquez.

Q3. Décrivez une situation dans laquelle la vitesse d'une particule est perpendiculaire au vecteur position.

Q4. Une particule peut-elle accélérer si la grandeur de sa vitesse est constante? Peut-elle accélérer si son vecteur vitesse est constant? Expliquez.

Q5. Déterminez si les particules suivantes subissent une accélération et expliquez: (a) une particule qui se déplace en ligne droite et dont la vitesse a une grandeur constante et (b) une particule qui se déplace suivant une trajectoire courbe et dont la vitesse a une grandeur constante.

Q6. Corrigez l'énoncé suivant: «La voiture de course négocie le virage à une vitesse constante de 150 km/h.»

4.2 Mouvement dans deux dimensions et à accélération constante

Considérons d'abord le mouvement dans deux dimensions d'une particule dont l'accélération est *constante*. Nous supposons donc que la grandeur et la direction de l'accélération, $\vec{a}$, ne varient pas durant le mouvement.

Puisque $\vec{a}$ est constant, sa valeur moyenne est égale à sa valeur instantanée. Partant de la définition de $\bar{\vec{a}}$, donnée à l'équation 4.5, nous avons donc

$$\bar{\vec{a}} = \vec{a} = \frac{\Delta\vec{v}}{\Delta t}$$

Si on prend $\Delta t = t$ (c'est-à-dire, $t_0 = 0$) et compte tenu que la variation du vecteur vitesse est $\Delta\vec{v} = \vec{v} - \vec{v}_0$, l'expression peut être réduite à

Vecteur vitesse en fonction du temps

4.6
$$\vec{v} = \vec{v}_0 + \vec{a}t$$

Cette expression indique que la vitesse d'une particule au temps t est égale à la *somme vectorielle* de sa vitesse initiale $\vec{v}_0$ et de sa vitesse additionnelle $\vec{a}t$, acquise au temps t et attribuable à son accélération constante.

Pour obtenir le vecteur position, on procède de la même manière qu'au chapitre précédent. On isole $\Delta\vec{r}$ dans l'équation 4.2:

$$\Delta\vec{r} = \bar{\vec{v}}\,\Delta t$$

$$\vec{r} - \vec{r}_0 = \bar{\vec{v}}t \quad \text{(en prenant } t_f = t \text{ et } t_0 = 0\text{)}$$

Dans le cas du mouvement uniformément accéléré

$$\bar{\vec{v}} = \frac{\vec{v}_0 + \vec{v}}{2}$$

$$\bar{\vec{v}} = \frac{\vec{v}_0 + (\vec{v}_0 + \vec{a}t)}{2}$$

$$\bar{\vec{v}} = \vec{v}_0 + \frac{1}{2}\vec{a}t$$

En substituant $\bar{\vec{v}}$ dans $(\vec{r} - \vec{r}_0) = \bar{\vec{v}}t$, nous obtenons

$$\vec{r} - \vec{r}_0 = (\vec{v}_0 + \frac{1}{2}\vec{a}t)t, \text{ d'où}$$

Vecteur position en fonction du temps

4.7

$$\vec{r} = \vec{r}_0 + \vec{v}_0 t + \frac{1}{2}\vec{a}t^2$$

Remarquons qu'on aurait pu obtenir directement ces résultats, en intégrant le vecteur accélération (constant) pour obtenir la vitesse. En intégrant ensuite ce vecteur vitesse, on obtiendrait directement le vecteur position. Cette équation indique que le vecteur déplacement $\vec{r} - \vec{r}_0$ correspond à la somme vectorielle d'un déplacement $\vec{v}_0 t$, découlant de la vitesse initiale d'une particule, et d'un déplacement $\frac{1}{2}\vec{a}t^2$, attribuable à l'accélération uniforme de la particule. Les figures 4.4a et 4.4b donnent la représentation graphique des équations 4.6 et 4.7. Pour simplifier le tracé de la figure 4.4b, nous avons utilisé $\vec{r}_0 = 0$ (nous supposons que la particule se trouve à l'origine au point $t = 0$). On constate, à partir de la figure 4.4b, qu'en règle générale, $\vec{r}$ n'a pas la même orientation que $\vec{v}_0$ et $\vec{a}$, puisqu'il s'agit d'une addition vectorielle. Il en va de même pour la figure 4.4a dans laquelle on constate que $\vec{v}$ n'a généralement pas la même orientation que $\vec{v}_0$ et $\vec{a}$. Il est important aussi de noter que puisque les équations 4.6 et 4.7 sont des expressions *vectorielles* ayant une ou plusieurs composantes (en règle générale, on en compte trois), nous pouvons récrire ces expressions et leurs composantes suivant l'axe des x et des y comme suit:

4.8a, **4.8b**

$$\vec{v} = \vec{v}_0 + \vec{a}t \quad \begin{cases} v_x = v_{x0} + a_x t & \text{(4.8a)} \\ v_y = v_{y0} + a_y t & \text{(4.8b)} \end{cases}$$

4.9a, **4.9b**

$$\vec{r} = \vec{r}_0 + \vec{v}_0 t + \frac{1}{2}\vec{a}t^2 \quad \begin{cases} x = x_0 + v_{x0}t + \frac{1}{2}a_x t^2 & \text{(4.9a)} \\ y = y_0 + v_{y0}t + \frac{1}{2}a_y t^2 & \text{(4.9b)} \end{cases}$$

La figure 4.4 fournit l'illustration de ces composantes. Ainsi le mouvement à deux dimensions uniformément accéléré équivaut à deux mouvements indépendants, l'un suivant la direction des x et l'autre celle des y, et ayant respectivement une accélération constante a_x et a_y.

(a)

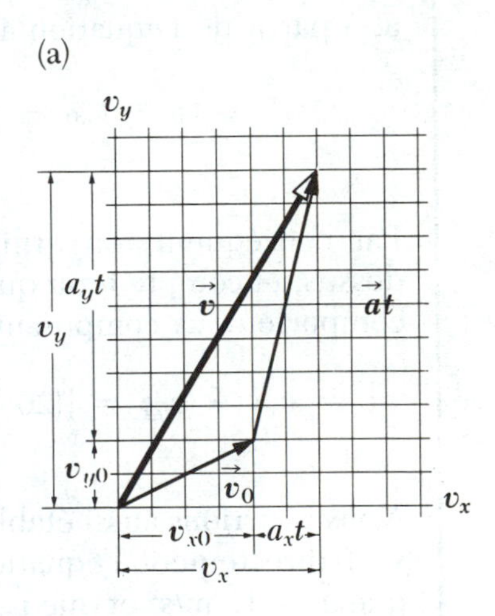

(b)

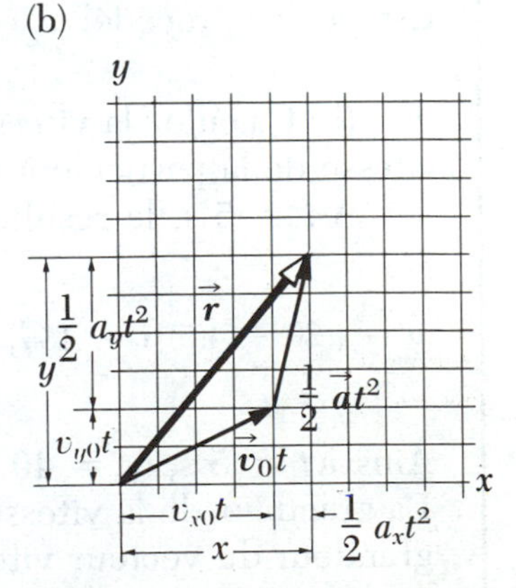

Figure 4.4 Représentation vectorielle et composantes rectangulaires (a) de la vitesse et (b) du déplacement d'une particule dont le mouvement est animé d'une accélération constante $\vec{a}$.

Exemple 4.1

Une particule se déplace dans un plan xy et ne comporte qu'une composante d'accélération, $a_x = 4 \text{ m/s}^2$. Le mouvement de la particule débute à l'origine à $t = 0$, et sa vitesse initiale a une composante x de 20 m/s et une composante y de -15 m/s. (a) Déterminez les composantes de la vitesse en fonction du temps et le vecteur vitesse.

Puisque $v_{x0} = 20 \text{ m/s}$ et $a_x = 4 \text{ m/s}^2$, on a, à partir de l'équation 4.8a

$$v_x = v_{x0} + a_x t = (20 + 4t) \text{ m/s}$$

En outre, puisque $v_{y0} = -15 \text{ m/s}$ et $a_y = 0$, on a, à partir de l'équation 4.8b

$$v_y = v_{y0} = -15 \text{ m/s}$$

Par conséquent, en utilisant les résultats ci-dessus, et compte tenu que le vecteur vitesse $\vec{v}$ comporte deux composantes, nous obtenons

$$\vec{v} = v_x\vec{i} + v_y\vec{j} = [(20 + 4t)\vec{i} - 15\vec{j}] \text{ m/s}$$

Nous pourrions aussi établir ce résultat en utilisant directement l'équation 4.6, compte tenu que $\vec{a} = 4\vec{i} \text{ m/s}^2$ et que $\vec{v}_0 = (20\vec{i} - 15\vec{j})$ m/s. Essayez ce procédé!

(b) Calculez la vitesse et la grandeur de la vitesse de la particule à $t = 5$ s.

À $t = 5$ s, le résultat de (a) nous donne

$$\vec{v} = \{[20 + 4(5)]\vec{i} - 15\vec{j}\} \text{ m/s} = (40\vec{i} - 15\vec{j}) \text{ m/s}$$

Ainsi à $t = 5$ s, $v_x = 40$ m/s et $v_y = -15$ m/s. La grandeur de la vitesse est définie comme la grandeur du vecteur vitesse $\vec{v}$, ou

$$v = |\vec{v}| = \sqrt{v_x^2 + v_y^2} = \sqrt{(40)^2 + (-15)^2} \text{ m/s}$$
$$= 42{,}7 \text{ m/s}$$

(Notons que v est plus grand que v_0. Expliquez pourquoi.)

On peut calculer l'angle θ que forme $\vec{v}$ avec l'axe des x, en utilisant le fait que $\tan\theta = v_y/v_x$, d'où

$$\theta = \tan^{-1}\left(\frac{v_y}{v_x}\right) = \tan^{-1}\left(\frac{-15}{40}\right) = -20{,}6°$$

(c) Déterminez les coordonnées x et y et le vecteur déplacement en fonction du temps, sachant qu'à $t = 0$, $x_0 = 0$ et $y_0 = 0$. Les expressions correspondant aux coordonnées x et y, soit les équations 4.9a et 4.9b, nous donnent

$$x = v_{x0}t + \frac{1}{2}a_x t^2 = (20t + 2t^2) \text{ m}$$

$$y = v_{y0}t = (-15t) \text{ m}$$

Par conséquent, on obtient le vecteur déplacement (qui est ici le vecteur position aussi) en fonction du temps

$$\vec{r} = x\vec{i} + y\vec{j} = [(20t + 2t^2)\vec{i} - 15t\vec{j}] \text{ m}$$

On pourrait aussi obtenir $\vec{r}$ en appliquant directement l'équation 4.7, partant de $\vec{v}_0 = (20\vec{i} - 15\vec{j})$ m/s et $\vec{a} = 4\vec{i} \text{ m/s}^2$. Faites-en l'essai!

Par exemple, à $t = 5$ s, $x = 150$ m et $y = -75$ m, ou $\vec{r} = (150\vec{i} - 75\vec{j})$ m. Il s'ensuit que la distance entre l'origine et ce point représente la grandeur du déplacement pour l'intervalle de temps (0 s 5 s):

$$|\vec{r}| = r = \sqrt{(150)^2 + (-75)^2} \text{ m} = 168 \text{ m}$$

Notons que cela ne représente *pas* la distance parcourue par la particule durant ce temps! Pouvez-vous déterminer la distance à partir des données disponibles?

4.3 Mouvement d'un projectile

Nous avons tous déjà eu l'occasion d'observer le mouvement d'un projectile, qu'il s'agisse d'une balle de baseball ou de tout autre objet lancé en l'air. À partir d'une vitesse initiale ayant une orientation quelconque, la balle suit une trajectoire courbe. Ce type de mouvement très courant est très simple à analyser si l'on fait les trois hypothèses suivantes: (1) l'accélération gravitationnelle, $\vec{g}$, est constante tout au long du mouvement et elle est dirigée vers le bas[1], (2) l'effet de la résistance de l'air est négligeable[2] et (3) la rotation de la Terre n'influence pas le mouvement. À partir de ces trois hypothèses, nous allons d'abord constater que le parcours du projectile, c'est-à-dire sa *trajectoire*, correspond *toujours* à une parabole. *Nous utiliserons ces hypothèses de base tout au long du chapitre.*

Hypothèses sur le mouvement d'un projectile

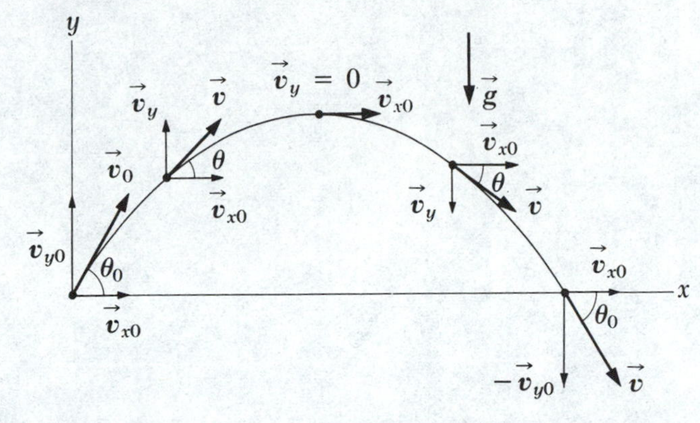

Figure 4.5 Trajectoire parabolique d'un projectile qui quitte l'origine à une vitesse $\vec{v}_0$. Notons que le vecteur vitesse $\vec{v}$ varie en fonction du temps. Toutefois, la composante x de la vitesse, soit v_{x0}, demeure constante dans le temps. De plus, $v_y = 0$ au sommet de la courbe.

Si nous choisissons un cadre de référence dans lequel la direction des y est verticale et positive vers le haut, nous avons alors $a_y = -g$ (comme dans le cas du mouvement rectiligne en chute libre) et $a_x = 0$ (puisqu'on fait abstraction de la résistance de l'air). En outre, supposons qu'à $t = 0$, le projectile quitte le point d'origine ($x_0 = y_0 = 0$) à une vitesse v_0, comme l'indique la figure 4.5. Si le vecteur $\vec{v}_0$ forme un angle θ_0 avec l'axe des x, comme dans la figure 4.5, on peut alors se servir des définitions du cosinus et du sinus

$$\cos\theta_0 = v_{x0}/v_0 \qquad \text{et} \qquad \sin\theta_0 = v_{y0}/v_0$$

pour obtenir les composantes initiales de la vitesse:

$$v_{x0} = v_0\cos\theta_0 \qquad \text{et} \qquad v_{y0} = v_0\sin\theta_0$$

1. Cette approximation est plausible dans la mesure où l'étendue du mouvement est petite comparativement au rayon de la Terre ($6{,}4 \times 10^6$ m).
2. En règle générale, cette approximation n'est *pas* justifiée surtout lorsqu'il s'agit de vitesses élevées. De plus, le mouvement de rotation du projectile sur lui-même, comme dans le cas d'une balle de baseball, peut donner lieu à des effets aérodynamiques très spéciaux (par exemple, la balle courbe du lanceur de baseball).

En substituant ces expressions dans les équations 4.8 et 4.9 et en posant $a_x = 0$ et $a_y = -g$, on obtient les composantes de la vitesse et les coordonnées du projectile en fonction du temps:

Composante horizontale de la vitesse

4.10 $$v_x = v_{x0} = v_0 \cos \theta_0 = \text{constante}$$

Composante verticale de la vitesse

4.11 $$v_y = v_{y0} - gt = v_0 \sin \theta_0 - gt$$

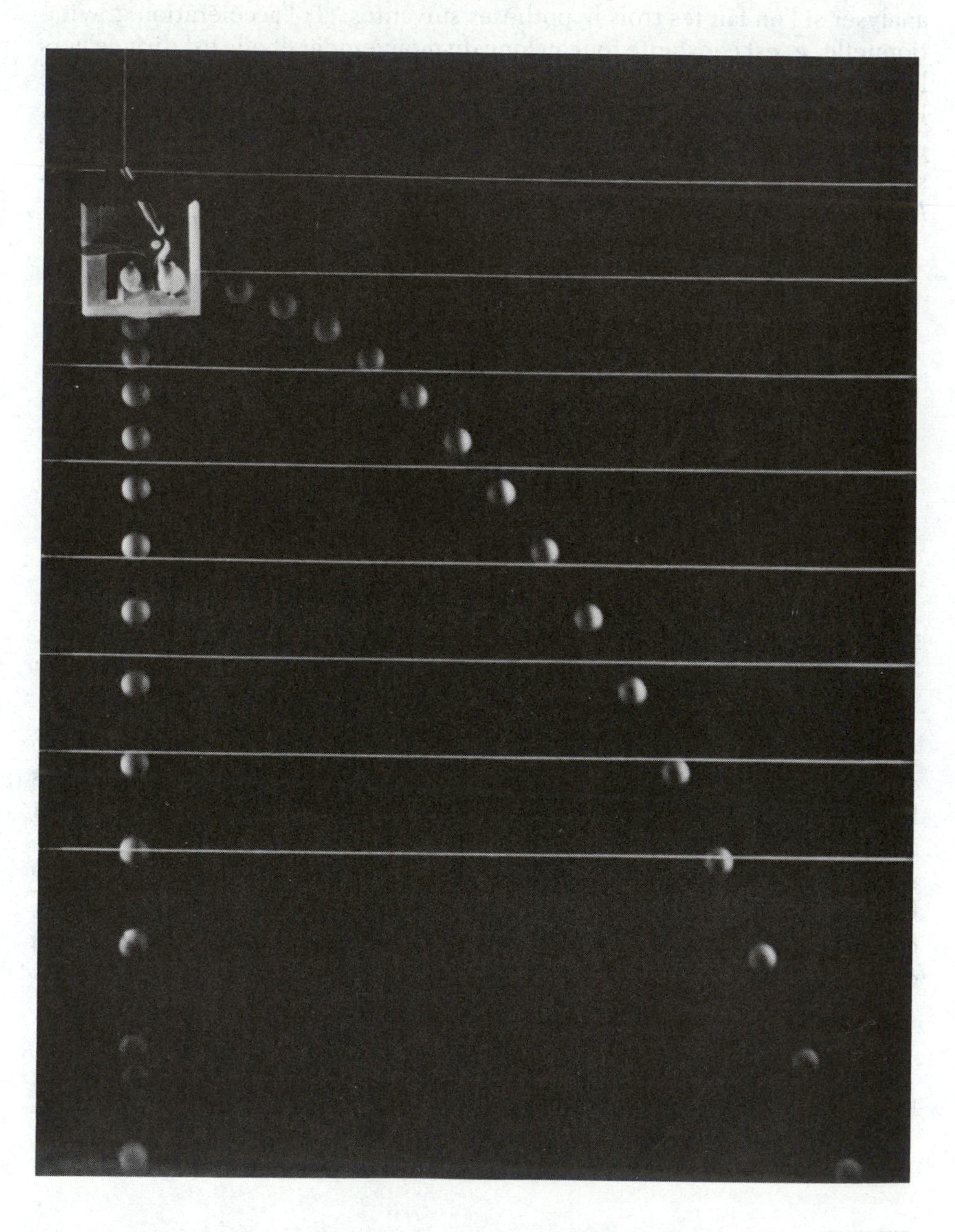

Dans cette photographie à images multiples les deux balles de golf ont été lâchées simultanément. La balle de droite a été propulsée à l'horizontale à une vitesse initiale de 2 m/s. La fréquence des éclairs lumineux était de $\frac{1}{30}$ s et les lignes blanches parallèles (qui, en réalité, sont des cordes tendues) ont été espacées de 15,25 cm les unes des autres. Pouvez-vous expliquer comment il se fait que les deux balles touchent le sol en même temps?

4.12 $$x = v_{x0}t = (v_0 \cos \theta_0)t$$ *Composante horizontale de la position*

4.13 $$y = v_{y0}t - \frac{1}{2}gt^2 = (v_0 \sin \theta_0)t - \frac{1}{2}gt^2$$ *Composante verticale de la position*

L'équation 4.10 nous indique que v_x demeure constant en fonction du temps et est égal à la composante initiale v_{x0} de la vitesse, étant donné qu'il n'y a pas de composante horizontale de l'accélération. En outre, on remarque que pour le mouvement vertical, les expressions servant à désigner v_y et y sont identiques à celles que nous avons utilisées pour décrire la chute libre à la verticale des corps (chapitre 3). En fait, *toutes* les équations cinématiques décrites au chapitre 3 sont applicables au mouvement d'un projectile.

Si l'on isole t de l'équation 4.12 et que l'expression obtenue est substituée au t de l'équation 4.13, on a

4.14 $$y = (\tan \theta_0)x - \left(\frac{g}{2{v_0}^2 \cos^2 \theta_0}\right)x^2$$ *Trajectoire d'un projectile*

qui est valable pour $0 < \theta_0 < \pi/2$. Cette équation a la forme $y = ax - bx^2$ et correspond à l'équation d'une parabole passant par l'origine. Nous avons donc fait la preuve que la trajectoire d'un projectile est une parabole. Notons que la trajectoire est *entièrement* déterminée si v_0 et θ_0 sont connus.

On peut déterminer la grandeur v de la vitesse d'un projectile en fonction du temps, compte tenu du fait que les équations 4.10 et 4.11 permettent de déterminer les composantes v_x et v_y de la vitesse en tout temps. Ainsi, la grandeur de $\vec{v}$ est donnée par:

4.15 $$v = \sqrt{{v_x}^2 + {v_y}^2}$$ *Grandeur de la vitesse*

Comme l'indique la figure 4.5, le vecteur vitesse est tangent à la trajectoire en tout temps. L'angle θ que forme $\vec{v}$ avec l'horizontale peut être déterminé à partir de v_x et v_y, grâce à

4.16 $$\tan \theta = \frac{v_y}{v_x}$$ *Angle de la trajectoire*

Partant de l'équation 4.7 et de $\vec{a} = \vec{g}$, on obtient directement l'expression du vecteur position du projectile en fonction du temps

$$\vec{r} = \vec{v}_0 t + \frac{1}{2}\vec{g}t^2$$

Cette expression est équivalente aux équations 4.12 et 4.13 et on trouve sa représentation graphique à la figure 4.6. Il est intéressant de noter que le mouvement peut être considéré comme la superposition du terme $\vec{v}_0 t$, qui correspond au déplacement en l'absence d'accélération, et du terme $\frac{1}{2}\vec{g}t^2$, qui découle de l'accélération gravitationnelle. En d'autres termes, s'il n'y avait pas d'accélération gravitationnelle, la particule continuerait de se déplacer suivant une trajectoire rectiligne ayant la même orientation que $\vec{v}_0$. Sous l'influence de la gravité, la particule effectue un déplacement supplémentaire vers le bas, correspondant à $\frac{1}{2}\vec{g}t^2$. Tout mouvement dans un plan peut être considéré comme la superposition de deux mouvements indépendants selon deux axes perpendiculaires. Dans le cas des projectiles, il convient de considérer un mouvement uniforme selon l'axe des x et un mouvement uniformément accéléré selon l'axe des y.

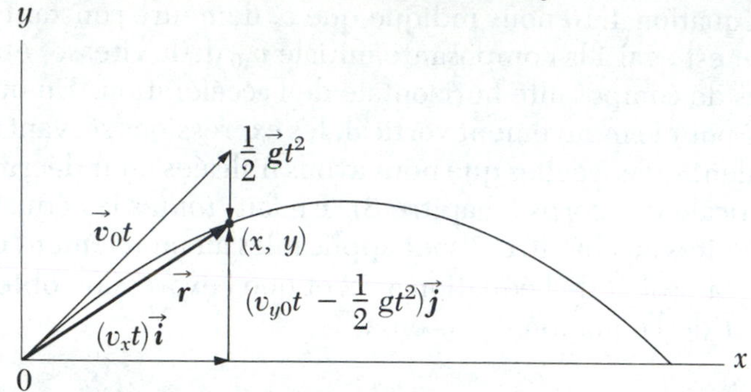

Figure 4.6 Vecteur déplacement $\vec{r}$ d'un projectile animé d'une vitesse initiale $\vec{v}_0$ à l'origine. Le vecteur $\vec{v}_0t$ représente ce que serait le déplacement du projectile en l'absence de gravité; le vecteur $\frac{1}{2}\vec{g}t^2$ représente le déplacement vertical du projectile attribuable à la gravité.

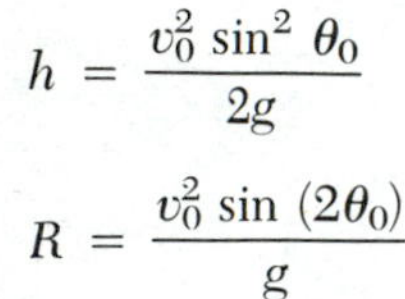

Cas particulier: la portée horizontale et la hauteur maximale d'un projectile. Soit un projectile tiré à partir de l'origine à $t = 0$ et ayant une composante v_{y0} positive, comme à la figure 4.7. Deux points sont particulièrement intéressants: le sommet de la courbe, dont les coordonnées cartésiennes sont données par $(\frac{R}{2}, h)$ et le point situé aux coordonnées $(R, 0)$. La distance R se nomme la *portée horizontale* du projectile et h est sa *hauteur maximale*. Déterminons à présent h et R en fonction de v_0, θ_0 et g.

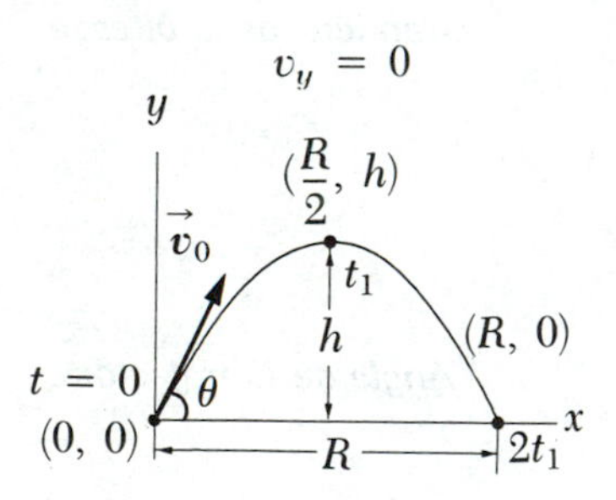

Figure 4.7 Projectile tiré à partir de l'origine au temps $t = 0$, à une vitesse initiale $\vec{v}_0$. La hauteur maximale du projectile est h et sa portée horizontale est R.

Nous pouvons déterminer la hauteur maximale, h, du projectile en notant qu'au sommet de la courbe, $v_y = 0$. Par conséquent, on peut utiliser l'équation 4.11 pour déterminer le temps t_1 qu'il faut au projectile pour atteindre le sommet:

$$t_1 = \frac{v_0 \sin \theta_0}{g}$$

En remplaçant t par l'expression de t_1 dans l'équation 4.13, on obtient h exprimé en fonction de v_0 et de θ_0:

$$h = (v_0 \sin \theta_0)\ \frac{v_0 \sin \theta_0}{g} - \frac{1}{2}g\ \left(\frac{v_0 \sin \theta_0}{g}\right)^2$$

Hauteur maximale d'un projectile

4.17
$$h = \frac{{v_0}^2 \sin^2 \theta_0}{2g}$$

La portée R représente la distance horizontale parcourue durant un temps deux fois plus grand que le temps nécessaire à atteindre le sommet, c'est-à-dire durant un temps de $2t_1$. (On vérifie ceci en posant $y = 0$ dans l'équation 4.13 et en trouvant les valeurs de t qui vérifient l'équation du second degré. La première valeur est $t = 0$ et la deuxième est $t = 2t_1$.) À partir de l'équation 4.12 et compte tenu que $x = R$ à $t = 2t_1$, nous obtenons

$$R = (v_0 \cos \theta_0)2t_1 = (v_0 \cos \theta_0) \frac{2v_0 \sin \theta_0}{g}$$

$$R = \frac{2v_0^2 \sin \theta_0 \cos \theta_0}{g}$$

Puisque $\sin 2\theta = 2 \sin \theta \cos \theta$, on peut écrire R sous la forme plus simple

$$R = \frac{v_0^2 \sin 2\theta_0}{g} \quad (4.18)$$

Portée d'un projectile

Notons que, suivant l'équation 4.18, la valeur maximale de R est $R_{max} = v_0^2/g$. Ce résultat découle du fait que la valeur maximale de $\sin 2\theta_0$ est l'unité, ce qui se produit lorsque $2\theta_0 = 90°$. Par conséquent, on constate que R est un maximum lorsque $\theta_0 = 45°$, comme il se doit si l'on fait abstraction de la résistance de l'air.

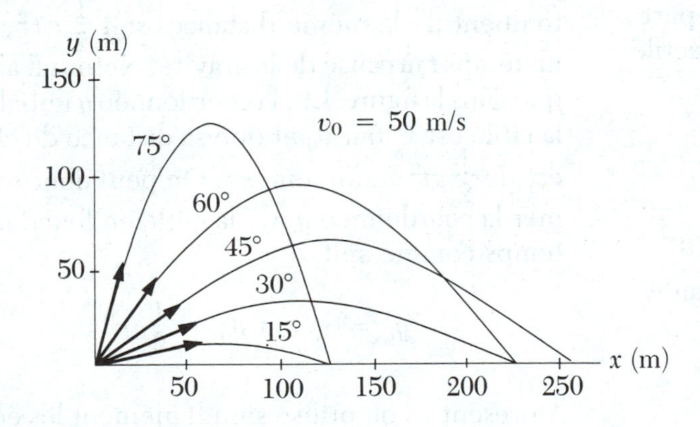

Figure 4.8 Projectile tiré à partir de l'origine à une vitesse initiale de 50 m/s, mais à différents angles de tir. Notons que le projectile atteint un même point sur l'axe des x chaque fois que les tirs correspondent à des valeurs complémentaires de l'angle θ_0.

La figure 4.8 illustre les trajectoires suivies par un projectile lancé à la vitesse v_0 sous des angles différents. Comme on le voit, la portée est un maximum pour $\theta_0 = 45°$. En outre, pour tout autre θ_0, le projectile peut atteindre un même point de coordonnées $(R, 0)$ à partir de deux valeurs complémentaires de θ_0, par exemple 75° et 15°. Évidemment, ces deux valeurs de θ_0 donneront des hauteurs maximales et des temps de chute différents.

Exemple 4.2

Un spécialiste du saut en longueur réalise un saut de 8,5 m, qui est tout près du record. À supposer que l'athlète quitte le sol à un angle de 20° par rapport à l'horizontale et que sa masse soit ponctuelle (ce qui constitue une approximation très grossière), (a) déterminez la vitesse à laquelle il quitte le sol.

La portée horizontale R et l'angle θ_0 étant donnés, nous pouvons utiliser l'équation 4.18 pour calculer v_0:

$$R = \frac{v_0^2 \sin 2\theta_0}{g} \quad \text{d'où} \quad v_0 = \sqrt{\frac{Rg}{\sin 2\theta_0}}$$

$$v_0 = \sqrt{\frac{(8{,}5 \text{ m})(9{,}8 \text{ m/s}^2)}{\sin 40°}} = 11 \text{ m/s}$$

on prend la racine positive car v_0 représente la grandeur du vecteur vitesse initiale et est nécessairement positive.

(b) Déterminez la hauteur maximale atteinte par l'athlète.

Pour déterminer h, nous pouvons utiliser l'équation 4.17 et le résultat obtenu en (a):

$$h = \frac{v_0^2 \sin^2 \theta_0}{2g} = \frac{(11 \text{ m/s})^2(\sin 20°)^2}{2(9{,}8 \text{ m/s}^2)} = 0{,}78 \text{ m}$$

Exemple 4.3

L'une des démonstrations courantes en physique consiste à tirer un projectile en direction d'une cible en chute libre, de telle sorte que la cible, d'abord au repos, entreprend sa chute libre à l'instant précis où le projectile quitte le fusil (figure 4.9). Démontrons que si, au départ, le fusil est pointé vers la cible, le projectile atteindra la cible[3].

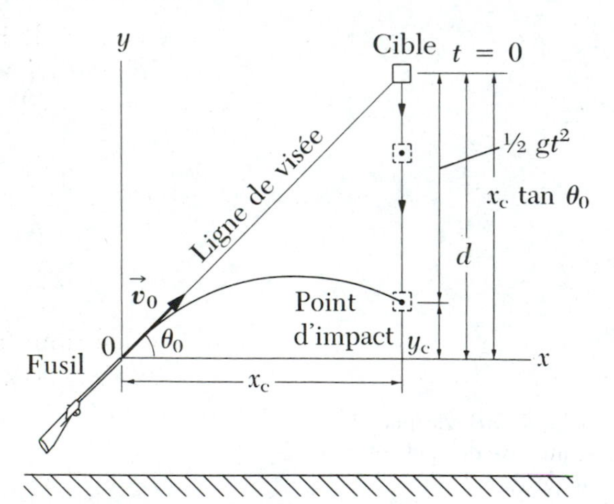

Figure 4.9 (Exemple 4.3) Représentation schématique de l'expérience du projectile et de la cible en chute libre. Si le fusil est pointé directement vers la cible et que l'on fait feu à l'instant même où la cible entreprend sa chute, celle-ci sera atteinte par le projectile. En effet, le projectile et la cible tombent de la même distance en un temps t, puisqu'ils sont tous deux soumis à la même accélération, soit $a_y = -g$.

Solution: Nous pouvons affirmer que dans ces conditions, une collision aura lieu puisque le projectile et la cible subissent la *même* accélération, soit $a_y = -g$, dès qu'ils amorcent leurs mouvements. Par conséquent, les deux corps tombent de la même distance, soit $\frac{1}{2}gt^2$, en un temps t, à cause de la gravité. Notons d'abord que dans la figure 4.9, la coordonnée y initiale de la cible est $x_c \tan \theta_0$ et que sa distance de chute est de $\frac{1}{2}gt^2$ en un temps t. On peut donc exprimer la coordonnée y_c de la cible en fonction du temps comme suit:

$$y_c = x_c \tan \theta_0 - \frac{1}{2}gt^2$$

À présent, si on utilise simultanément les équations 4.12 et 4.13, on obtient la coordonnée y_p du projectile en fonction du temps:

$$y_p = x_p \tan \theta_0 - \frac{1}{2}gt^2$$

Par conséquent, lorsque $x_p = x_c$, on constate en comparant les deux équations ci-dessus que $y_p = y_c$ et que la collision se produit.

Nous pouvons aussi arriver à ce résultat par la méthode des vecteurs, en utilisant les vecteurs position du projectile et de la cible.

3. L'une des variantes de cette expérience consiste à retenir la cible (boîte de conserve en métal) à l'aide d'un électro-aimant alimenté par une petite batterie. À l'instant où le projectile sort du fusil, un petit interrupteur, situé au bout du canon, est actionné par le mouvement du projectile, ouvrant ainsi le circuit de l'électro-aimant et causant la chute de la cible.

Notons aussi qu'il n'y a pas *toujours* collision. En effet, il y a possibilité de collision seulement si $v_0 \sin \theta \geqslant \sqrt{gd/2}$, où d représente l'élévation initiale de la cible au-dessus de la bouche du fusil, comme à la figure 4.9. Si $v_0 \sin \theta_0$ est plus petit que cette valeur, le projectile touchera le sol avant d'atteindre la cible.

Exemple 4.4

On lance une pierre du haut d'un édifice à un angle de 30° par rapport à l'horizontale, en lui imprimant une vitesse initiale de 20 m/s, comme l'indique la figure 4.10. Si l'édifice fait 45 m de hauteur, (a) après combien de temps la pierre atteindra-t-elle le sol?

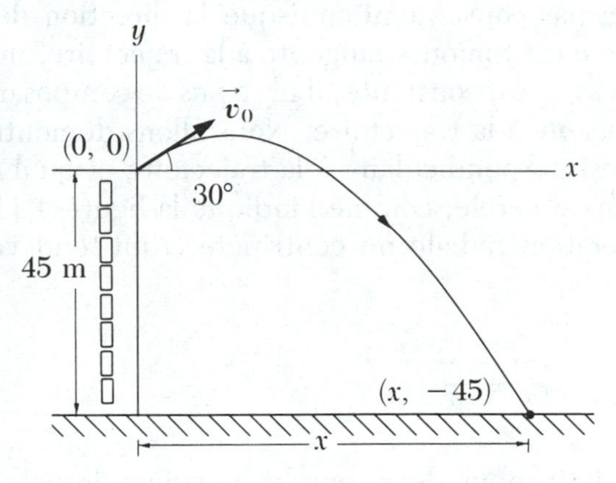

Figure 4.10 (Exercice 4.4)

Les composantes initiales x et y de la vitesse sont:

$$v_{x0} = v_0 \cos \theta_0 = (20 \text{ m/s})(\cos 30°) = 17{,}3 \text{ m/s}$$

$$v_{y0} = v_0 \sin \theta_0 = (20 \text{ m/s})(\sin 30°) = 10 \text{ m/s}$$

Pour déterminer t nous pouvons utiliser l'équation 4.13 en posant $y = -45$ m et $v_{y0} = 10$ m/s (nous avons choisi le toit de l'édifice comme point d'origine, comme l'indique la figure 4.10):

$$y = v_{y0}t - \frac{1}{2}gt^2$$

$$-45 = 10t - 4{,}9t^2$$

En résolvant l'équation du second degré par rapport à t, on obtient la racine positive $t = 4{,}22$ s. (Essayez d'imaginer une autre façon de déterminer t à partir des données disponibles.)

(b) À quelle distance de l'édifice la pierre touchera-t-elle le sol?

Nous connaissons la durée de chute et la composante x de la vitesse; à partir de l'équation 4.12 nous obtenons donc

$$x = v_{x0}t = (17{,}3 \text{ m/s})(4{,}22 \text{ s}) = 73 \text{ m}$$

(c) Quelle est la vitesse de la pierre juste avant qu'elle touche le sol?

On peut déterminer la composante y de la vitesse juste avant que la pierre touche le sol en utilisant l'équation 4.11 et en posant $t = 4{,}22$ s:

$$v_y = v_{y0} - gt = 10 \text{ m/s} - (9{,}8 \text{ m/s}^2)(4{,}22 \text{ s})$$
$$= -31{,}4 \text{ m/s}$$

Puisque $v_x = v_{x0} = 17{,}3$ m/s, on obtient la grandeur de la vitesse cherchée en procédant comme suit:

$$v = \sqrt{v_x^2 + v_y^2} = \sqrt{(17{,}3)^2 + (-31{,}4)^2} \text{ m/s}$$
$$= 35{,}9 \text{ m/s}$$

Q7. Déterminez lequel des mobiles suivants aurait une trajectoire approximativement parabolique: (a) une balle lancée dans une direction quelconque, (b) un avion à réaction, (c) une fusée quittant la rampe de lancement, (d) une fusée dont le moteur tombe en panne, (e) une pierre qui descend vers le fond de l'étang où elle a été lancée.

4.4 Mouvement circulaire uniforme

Dans cette section, nous décrivons le mouvement d'une particule qui se déplace suivant un cercle de rayon r, à une vitesse constante v, comme à la figure 4.11. Bien que la grandeur de sa vitesse soit constante, la *direction* de son vecteur vitesse $\vec{v}$ varie en fonction du temps; par conséquent, la particule accélère. Il faut éviter la confusion courante qui consiste à conclure que l'accélération de la particule est nulle parce que la grandeur de sa vitesse est constante. On doit se rappeler que $\vec{a}$ est proportionnel à la *variation du vecteur vitesse*; par conséquent, puisque la direction de $\vec{v}$ varie, $\vec{a} \neq 0$. La direction de $\vec{v}$ est toujours tangente à la trajectoire, mais puisque la grandeur de la vitesse v est constante, il n'y a *pas* de composante de l'accélération qui soit *tangente* à la trajectoire. Nous allons démontrer que le vecteur accélération est perpendiculaire à la trajectoire et qu'il est *toujours* dirigé vers le centre du cercle, comme l'indique la figure 4.11b. La grandeur de cette accélération radiale ou centripète («qui tend vers le centre») est

Accélération centripète

4.19
$$a_r = \frac{v^2}{r}$$

Pour établir l'équation 4.19, nous décrivons les positions initiale et finale de la particule par les vecteurs rayons $\vec{r}_i$ et $\vec{r}_f$, comme l'indique la figure 4.11. Les vitesses à ces deux points sont représentées par $\vec{v}_i$ et $\vec{v}_f$. Si Δt est le temps qu'il faut à la particule pour se déplacer du point P au point Q, alors son déplacement au cours de cet intervalle correspond à $\Delta\vec{r} \approx \vec{v}\Delta t$, comme on peut le voir à la figure 4.11a.

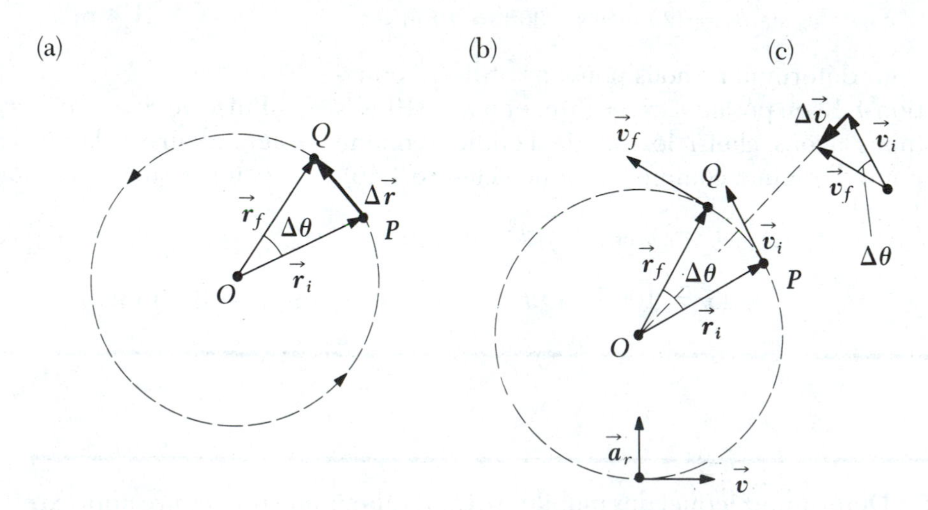

Figure 4.11 Mouvement circulaire d'une particule se déplaçant à une vitesse de grandeur constante v. Lorsque la particule se déplace de P à Q, la direction du vecteur vitesse varie de $\vec{v}_i$ à $\vec{v}_f$. Notons qu'en (c), le changement de vitesses $\Delta\vec{v}$ est orienté vers le centre du cercle, ce qui représente aussi l'orientation de $\vec{a}_r$. De plus, $\vec{v}$ est toujours tangent au cercle et perpendiculaire à $\vec{a}_r$.

Dans la figure 4.11b, nous décrivons le changement de direction du vecteur vitesse lorsque la particule se déplace d'un point à un autre sur le cercle. Le changement de vitesse lorsque la particule se déplace du point P au point Q est $\Delta\vec{v} = \vec{v}_f - \vec{v}_i$. L'accélération moyenne durant l'intervalle Δt est égale, par définition, à $\Delta\vec{v}/\Delta t$.

Nous pouvons maintenant tracer les vecteurs $\vec{v}_i$ et $\vec{v}_f$ de sorte qu'ils aient leur origine au même point, comme à la figure 4.11c. À partir de ce diagramme, nous voyons que lorsque Δt devient très petit Q se rapproche de P, $\Delta\theta$ devient très petit, et Δv tend à pointer vers le centre du cercle. Puisque $\vec{a}_r = \lim_{\Delta t \to 0} \frac{\Delta\vec{v}}{\Delta t}$, nous déduisons que le vecteur accélération est dirigé vers le centre du cercle.

Lorsque le vecteur rayon effectue la rotation correspondant à un petit angle $\Delta\theta$ en un temps Δt, l'angle qui sépare $\vec{v}_i$ et $\vec{v}_f$ est aussi $\Delta\theta$, comme l'indique la figure 4.11c. Par conséquent, le triangle OPQ est semblable au triangle formé par $\vec{v}_i$, $\vec{v}_f$ et $\Delta\vec{v}$. À partir de ces triangles semblables, nous pouvons écrire le rapport

$$\frac{|\Delta\vec{r}|}{r} = \frac{|\Delta\vec{v}|}{v}$$

Puisque $|\Delta\vec{r}| \approx v\Delta t$ et $|\Delta\vec{v}| \approx a_r\Delta t$, le rapport devient

$$\frac{v\Delta t}{r} \approx \frac{a_r\Delta t}{v}$$

À la limite, lorsque $\Delta t \to 0$, cette relation approximative devient exacte et l'on obtient l'équation 4.19:

$$a_r = \frac{v^2}{r}$$

Nous en déduisons donc que dans un mouvement circulaire, *l'accélération centripète est orientée vers le centre du cercle et sa grandeur correspond à* v^2/r. Vous devriez vérifier les dimensions de a_r et démontrer qu'étant donné qu'il s'agit d'une accélération, la condition nécessaire $[a_r] = L/T^2$ est remplie. Nous étudierons de nouveau le mouvement circulaire à la section 6.7.

Q8. Un étudiant soutient que puisqu'un satellite décrit une orbite circulaire autour de la Terre, il se déplace à une vitesse constante et ne subit donc aucune accélération. L'étudiant fait sans doute erreur: le satellite doit avoir une accélération centripète puisque son orbite est circulaire. Quelle est la faiblesse de l'argument énoncé par l'étudiant?

4.5 Accélération tangentielle et accélération radiale dans un mouvement curviligne

Considérons le mouvement d'une particule suivant une trajectoire curviligne au cours de laquelle la grandeur et la direction de sa vitesse varient, comme l'indique la figure 4.12. La vitesse de la particule est alors toujours tangente à la trajectoire; cependant, le vecteur accélération, $\vec{a}$, forme ici un certain angle avec la tangente à la trajectoire. À la figure 4.12, lorsque la particule se déplace, nous voyons que l'orientation du vecteur accélération $\vec{a}$ varie d'un point à un autre. Ce vecteur peut être décomposé en une composante radiale de l'accélération, soit $\vec{a}_r$, et une composante tangentielle de l'accélération, soit $\vec{a}_\theta$ (le vecteur accélération $\vec{a}$ peut s'écrire sous forme de somme vectorielle de ces composantes)

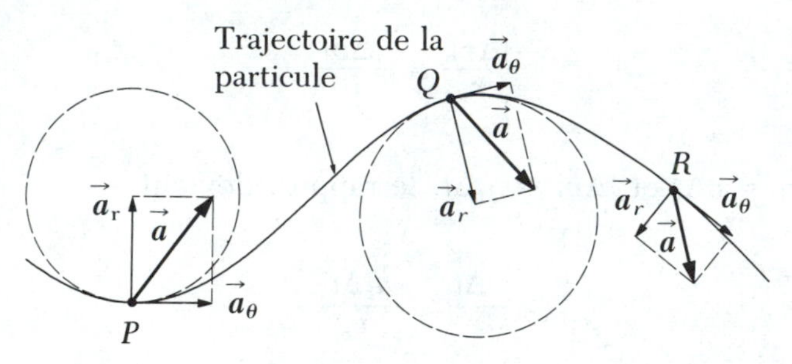

Figure 4.12 Mouvement d'une particule suivant une trajectoire curviligne arbitraire dans le plan xy. Si la grandeur et la direction du vecteur vitesse $\vec{v}$ (toujours tangent à la trajectoire) varient, les composantes vectorielles de l'accélération correspondent à un vecteur tangentiel, $\vec{a}_\theta$, et à un vecteur radial, $\vec{a}_r$.

Accélération résultante

4.20 $$\vec{a} = \vec{a}_r + \vec{a}_\theta$$

La composante tangentielle de l'accélération découle de la variation de grandeur de la vitesse de la particule, et sa grandeur est donnée par

Accélération tangentielle

4.21 $$a_\theta = \frac{dv}{dt}$$

La composante radiale de l'accélération est attribuable au changement de direction du vecteur vitesse, et sa grandeur est donnée par

Accélération centripète

4.22 $$a_r = \frac{v^2}{r}$$

où r représente le rayon de courbure de la trajectoire. Puisque $\vec{a}_r$ et $\vec{a}_\theta$ représentent les composantes rectangulaires de $\vec{a}$, il s'ensuit que $a = \sqrt{a_r^{\,2} + a_\theta^{\,2}}$. Comme dans le cas du mouvement circulaire uniforme, $\vec{a}_r$ est toujours orienté vers le centre de courbure, comme l'indique la figure 4.12. De même, pour une vitesse donnée, plus le rayon de courbure est petit, plus a_r est grand (comme aux points P et Q de la fig. 4.12) et, inversement, plus r est grand, plus a_r est petit (comme au point R). L'orientation de $\vec{a}_\theta$ peut être la même que celle de $\vec{v}$ (si v s'accroît) ou avoir une orientation opposée à celle de $\vec{v}$ (si v décroît).

Notons que pour un mouvement circulaire uniforme, où v est constant, $a_\theta = 0$ et l'accélération est toujours radiale, comme nous l'avons décrit à la section 4.4. En outre, si la direction de $\vec{v}$ ne varie pas, alors il n'y a pas d'accélération radiale et le mouvement est rectiligne ($a_r = 0$, $a_\theta \neq 0$).

Il est pratique d'exprimer l'accélération d'une particule ayant une trajectoire circulaire en se servant de vecteurs unitaires. Pour y arriver, on définit les vecteurs unitaires $\vec{u}_r$ et $\vec{u}_\theta$, où $\vec{u}_r$ est un *vecteur unitaire* orienté dans le sens d'accroissement de r, et $\vec{u}_\theta$ est un *vecteur unitaire tangent à la trajectoire circulaire*, orienté dans le sens d'accroissement de θ comme l'illustre la figure 4.13a. Notons que $\vec{u}_r$ aussi bien que $\vec{u}_\theta$ «changent de direction à mesure que la particule se déplace» et varient donc en fonction du temps par rapport à un observateur immobile. En utilisant cette notation, nous pouvons exprimer l'accélération résultante comme suit:

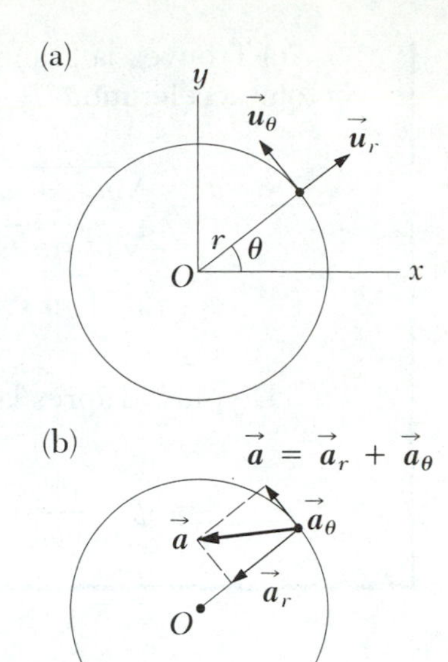

Figure 4.13 (a) Description des vecteurs unitaires $\vec{u}_r$ et $\vec{u}_\theta$. (b) L'accélération résultante $\vec{a}$ d'une particule ayant un déplacement circulaire comporte une composante radiale $\vec{a}_r$, dirigée vers le centre de la rotation, et une composante tangentielle, $\vec{a}_\theta$. La composante $\vec{a}_\theta$ est nulle si la grandeur de la vitesse est constante.

4.23 $$\vec{a} = \vec{a}_\theta + \vec{a}_r = \frac{dv}{dt}\vec{u}_\theta - \frac{v^2}{r}\vec{u}_r$$

Ces vecteurs sont décrits à la figure 4.13b. Le signe négatif dans l'expression de $\vec{a}_r$ indique qu'elle a toujours une orientation radiale vers l'intérieur, c'est-à-dire un sens *opposé* à celui de $\vec{u}_r$.

Exemple 4.5

Une automobile circulant vers le nord à une vitesse de 30 m/s négocie un virage vers l'ouest en freinant uniformément. La courbe a un rayon de 150 m et la vitesse de l'auto est réduite de 20 m/s en cinq secondes. (Voir figure 4.14.)

(a) Déterminez l'accélération tangentielle au début du virage (au point C).

Puisque l'accélération est uniforme, on a:

$$a_\theta = \frac{dv}{dt} = \frac{\Delta v}{\Delta t}$$

$$a_\theta = \frac{10\ (\text{m/s}) - 30\ (\text{m/s})}{5\ (\text{s})} = -4\ \text{m/s}^2$$

Le signe $-$ indique que l'accélération a une orientation opposée à celle de $\vec{v}$.

(b) Déterminez l'accélération radiale au même instant.

$$a_r = \frac{v^2}{r}$$

$$a_r = \frac{30^2\ (\text{m}^2/\text{s}^2)}{150\ (\text{m})} = 6\ \text{m/s}^2$$

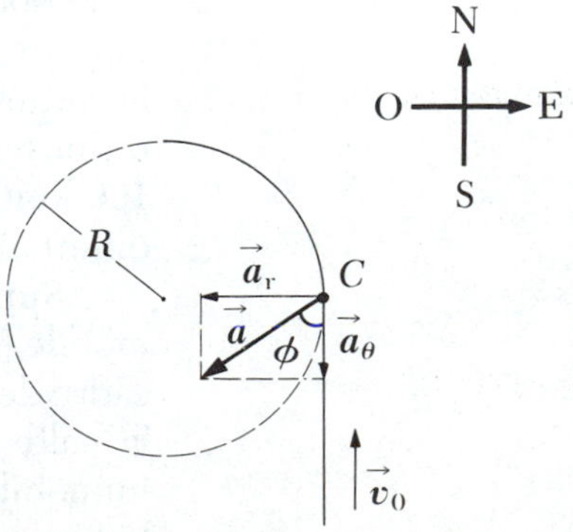

Figure 4.14 (Exemple 4.5) Une automobile qui aborde une courbe en freinant a une accélération tangentielle et une accélération radiale.

(c) Trouvez la grandeur et l'orientation du vecteur accélération.

$$a = \sqrt{a_r^2 + a_\theta^2}$$
$$a = \sqrt{6^2\ (m^2/s^4) + 4^2\ (m^2/s^4)}$$
$$a = 7{,}21\ m/s^2$$

De plus, d'après la figure 4.14 nous avons:

$$\tan \phi = \frac{|a_r|}{|a_\theta|}$$

$$\tan \phi = \frac{6\ (m/s^2)}{4\ (m/s^2)} = 1{,}5$$
$$\phi = \text{arc tan } 1{,}5 \approx 56{,}3°$$

Donc, l'orientation de l'accélération est de 56,3° S-O (sud-ouest).

(d) Donnez l'expression de l'accélération, au point C, à l'aide des vecteurs unitaires $\vec{u}_\theta$ et $\vec{u}_r$.

$$\vec{a} = a_\theta \vec{u}_\theta - a_r \vec{u}_r$$
$$\vec{a} = -4\vec{u}_\theta - 6\vec{u}_r$$

Q9. Quelle est la différence fondamentale entre les vecteurs unitaires $\vec{u}_r$ et $\vec{u}_\theta$ de la figure 4.13 et les vecteurs unitaires $\vec{i}$ et $\vec{j}$?

4.6 Vitesse relative et accélération relative

Dans cette section, nous allons décrire en quoi les observations faites à partir de cadres de référence différents sont liées les unes aux autres. Nous verrons que des observateurs situés dans des cadres de référence différents peuvent déterminer des mesures de déplacement, de vitesse et d'accélération différentes pour une même particule en mouvement. Ainsi, deux observateurs qui se déplacent l'un par rapport à l'autre ne s'accorderont généralement pas sur le résultat de leur mesure.

Prenons l'exemple de deux voitures qui se déplacent dans une même direction mais à des vitesses différentes, soit 80 km/h et 100 km/h par rapport au sol. Le passager de la voiture plus lente dira que la vitesse de la voiture plus rapide par rapport à la sienne est de 20 km/h. Évidemment, un observateur immobile au sol établira la vitesse de la voiture rapide à 100 km/h. Cet exemple simple démontre que les mesures de la vitesse diffèrent si elles sont établies dans des cadres de référence différents.

Supposons maintenant qu'une personne qui se déplace sur un chariot mobile (soit l'observateur A) lance une balle en l'air à la verticale selon son cadre de référence, comme l'indique la figure 4.15a. Selon l'observateur A, la balle aura une trajectoire verticale. Par contre, pour l'observateur B, immobile au sol, la trajectoire de la balle sera parabolique, comme l'indique la figure 4.15b.

Comme autre exemple simple, on peut imaginer qu'un colis est largué du haut d'un avion volant parallèlement à la Terre à vitesse constante. Un observateur à bord de l'avion décrirait le mouvement du colis comme une

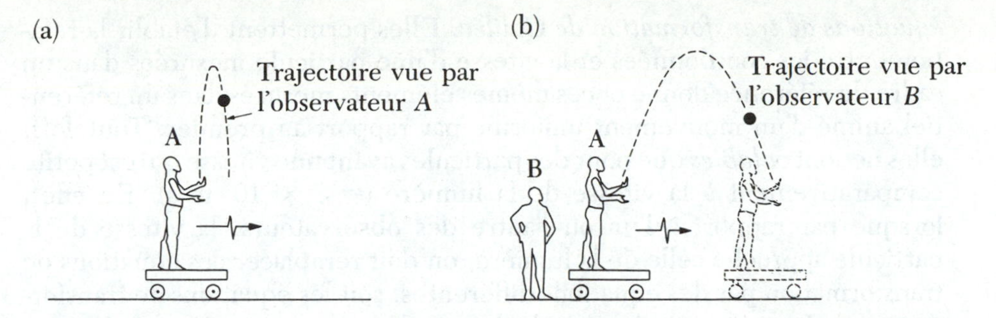

Figure 4.15 (a) L'observateur A, sur un chariot mobile, lance une balle vers le haut et voit la chute de la balle sous la forme d'une trajectoire rectiligne. (b) Un observateur immobile B voit la trajectoire de chute de cette balle sous la forme d'une parabole.

ligne droite en direction de la Terre. Par contre, un observateur au sol décrirait ce mouvement comme une trajectoire parabolique. Or, par rapport au sol, la vitesse du colis a une composante verticale (provenant de l'accélération gravitationnelle et égale à la vitesse mesurée par l'observateur à bord de l'avion) *de même* qu'une composante horizontale (imprimée par le mouvement de l'avion). Si l'avion continue de se déplacer à l'horizontale en maintenant sa vitesse, le colis touchera le sol directement au-dessous de l'avion (en faisant abstraction de la résistance de l'air)!

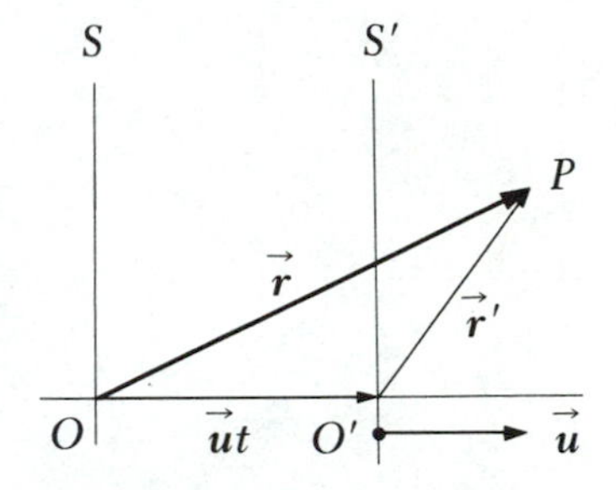

Figure 4.16 La position d'une particule située au point P est décrite par deux observateurs; l'un est situé dans un référentiel fixe S, et l'autre est dans un référentiel S' se déplaçant à une vitesse constante $\vec{u}$ vers la droite. Le vecteur $\vec{r}$ représente le vecteur position de la particule par rapport à S, et $\vec{r}'$ est son vecteur position par rapport à S'.

Considérons une situation plus générale dans laquelle une particule est située au point P dans la figure 4.16. Imaginons que la description du mouvement de cette particule soit faite par deux observateurs, dont l'un se situe dans un cadre de référence S (fixe par rapport à la Terre) et l'autre, dans un cadre de référence S', se déplaçant vers la droite par rapport à S à une vitesse constante $\vec{u}$. (Du point de vue de l'observateur en S', S se déplace vers la gauche à une vitesse $-\vec{u}$.)

Pour représenter la position de la particule au temps t par rapport au cadre S, nous utiliserons le vecteur position $\vec{r}$; sa position au temps t' par rapport au cadre S' sera représentée par le vecteur position $\vec{r}'$. Si $t' = t$ et si les origines des deux cadres de référence coïncident à $t' = t = 0$, alors la relation entre les vecteurs $\vec{r}$ et $\vec{r}'$ est

Équations de transformation de Galilée

4.24a
$$\vec{r}' = \vec{r} - \vec{u}t$$

4.24b
$$t' = t$$

Cela signifie qu'au cours d'un temps t, le cadre S' se déplace de $\vec{u}t$ vers la droite.

En prenant la dérivée de l'équation 4.24 par rapport au temps, et compte tenu que $\vec{u}$ est constant, on obtient

$$\frac{d\vec{r}'}{dt'} = \frac{d\vec{r}'}{dt} = \frac{d\vec{r}}{dt} - \vec{u}$$

4.25
$$\vec{v}' = \vec{v} - \vec{u}$$

où $\vec{v}'$ est la vitesse de la particule observée dans le cadre S' et $\vec{v}$ représente sa vitesse observée dans le cadre S[4]. Les équations 4.24 et 4.25 sont appelées

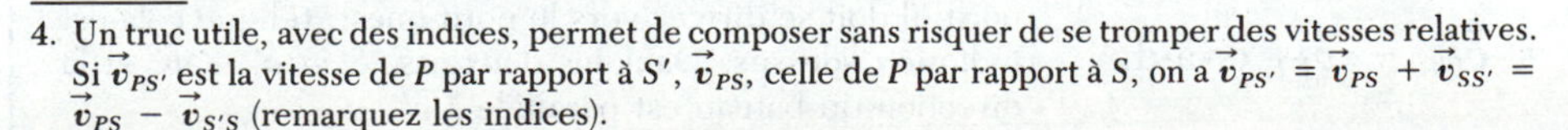
4. Un truc utile, avec des indices, permet de composer sans risquer de se tromper des vitesses relatives. Si $\vec{v}_{PS'}$ est la vitesse de P par rapport à S', $\vec{v}_{PS}$, celle de P par rapport à S, on a $\vec{v}_{PS'} = \vec{v}_{PS} + \vec{v}_{SS'} = \vec{v}_{PS} - \vec{v}_{S'S}$ (remarquez les indices).

équations de transformation de Galilée. Elles permettent d'établir la relation entre les coordonnées et la vitesse d'une particule mesurées dans un cadre de référence donné et ces mêmes éléments mesurés dans un référentiel animé d'un mouvement uniforme par rapport au premier. Toutefois, elles ne sont *valables* que pour des particules ayant une vitesse qui est petite comparativement à la vitesse de la lumière ($\approx 3 \times 10^8$ m/s). En effet, lorsque par rapport à l'un ou l'autre des observateurs, la vitesse de la particule approche celle de la lumière, on doit remplacer ces équations de transformation par des équations différentes, soit les équations de transformation de Lorentz utilisées dans la théorie de la relativité. On constate que les équations de transformation relativistes se réduisent aux équations galiléennes lorsque la vitesse de la particule est petite en comparaison de la vitesse de la lumière. Nous discuterons de cette question plus en détail au chapitre 9 du tome 3.

Bien que des observateurs situés dans des référentiels différents obtiennent des mesures différentes de la vitesse des particules, ils obtiennent par contre une *même mesure de l'accélération* lorsque $\vec{u}$ est constant. Cela peut être démontré en prenant la dérivée par rapport au temps de l'équation 4.25:

$$\frac{d\vec{v}'}{dt'} = \frac{d\vec{v}'}{dt} = \frac{d\vec{v}}{dt} - \frac{d\vec{u}}{dt}$$

Mais $d\vec{u}/dt = 0$, puisque $\vec{u}$ est constant. Par conséquent, nous pouvons conclure que $\vec{a}' = \vec{a}$ puisque $\vec{a}' = d\vec{v}'/dt'$ et $\vec{a} = d\vec{v}/dt$. *L'accélération d'une particule mesurée par un observateur est la même que celle qui est mesurée par tout autre observateur se déplaçant à une* vitesse constante *par rapport au premier*.

Exemple 4.6

Un bateau, se dirigeant vers le nord, doit traverser un large fleuve à une vitesse de 10 km/h par rapport à l'eau. Le fleuve coule vers l'est à une vitesse uniforme de 5 km/h. Déterminez la vitesse du bateau par rapport à un observateur immobile au sol.

Solution: Le cadre de référence en mouvement, S', est le fleuve et l'observateur se trouve dans un référentiel immobile, S, (soit la terre ferme). Les vecteurs $\vec{u}$, $\vec{v}$ et $\vec{v}'$ se définissent comme suit:

$\vec{u}$ = vitesse de l'eau par rapport à la terre = $\vec{v}_{ET}$
$\vec{v}$ = vitesse du bateau par rapport à la terre = $\vec{v}_{BT}$
$\vec{v}'$ = vitesse du bateau par rapport à l'eau = $\vec{v}_{BE}$

On a $\vec{v}_{BE} = \vec{v}_{BT} + \vec{v}_{TE} = \vec{v}_{BT} - \vec{v}_{ET}$ c.-à-d. $\vec{v}' = \vec{v} - \vec{u}$.

Dans cet exemple, $\vec{u}$ est orienté vers la droite, $\vec{v}'$ directement vers le haut et $\vec{v}$ forme un

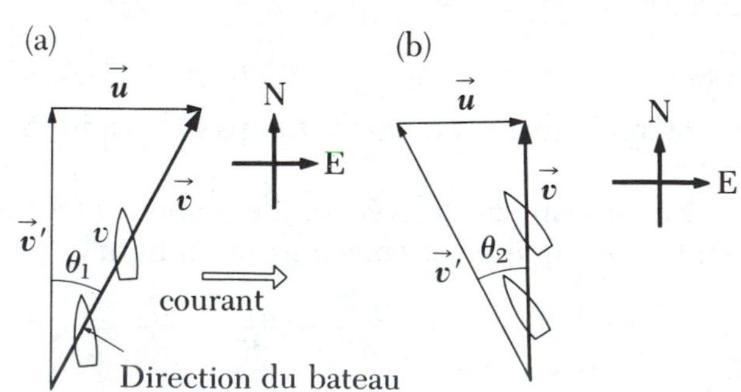

Figure 4.17 (Exemples 4.6 et 4.7) (a) Si le bateau se dirige vers le nord, son mouvement par rapport à la terre est orienté vers le nord-est suivant $\vec{v}$, lorsque le fleuve coule vers l'est. (b) Si le bateau veut garder le cap vers le nord, il doit se diriger vers le nord-ouest, tel que cela est indiqué ci-dessus. Dans les deux cas, $\vec{v} = \vec{v}' + \vec{u}$, et la direction du bateau est parallèle à $\vec{v}'$.

angle θ_1 par rapport à la verticale, comme l'indique la figure 4.17a. Puisque ces trois vecteurs forment un triangle rectangle, la vitesse du bateau par rapport à la terre est

$$v = \sqrt{(v')^2 + u^2} = \sqrt{(10)^2 + (5)^2}\ \text{km/h}$$
$$= 11{,}2\ \text{km/h}$$

et la direction de $\vec{v}$ est

$$\theta_1 = \tan^{-1}\left(\frac{u}{v'}\right) = \tan^{-1}\left(\frac{5}{10}\right) = 26{,}6°$$

Par conséquent, la direction du bateau sera de 63,4° nord-est par rapport à la terre.

Exemple 4.7

Si le bateau de l'exemple 4.6 se déplace à la même vitesse par rapport à l'eau, soit 10 km/h, et que le pilote désire poursuivre son trajet directement vers le nord, comme à la figure 4.17b, vers quelle direction devra-t-il mettre le cap?

Solution: Nous savons par intuition que le bateau doit mettre le cap vers l'amont. On a encore $\vec{v}_{BE} = \vec{v}_{BT} - \vec{v}_{ET}$ c.-à-d. $\vec{v}' = \vec{v} - \vec{u}$. Dans cet exemple-ci, les vecteurs $\vec{u}$, $\vec{v}$ et $\vec{v}'$ sont orientés comme l'indique la figure 4.17b, où $\vec{v}'$ est devenu l'hypoténuse du triangle rectangle. Par conséquent, la vitesse du bateau par rapport à la terre est

$$v = \sqrt{(v')^2 - u^2} = \sqrt{(10)^2 - (5)^2}\ \text{km/h}$$
$$= 8{,}66\ \text{km/h}$$

$$\theta_2 = \tan^{-1}\left(\frac{u}{v}\right) = \tan^{-1}\left(\frac{5}{8{,}66}\right) = 30°$$

où θ_2 est vers le nord-ouest.

4.7 Résumé

Si un mobile a une accélération constante $\vec{a}$, une vitesse $\vec{v}_0$ et une position $\vec{r}_0$ à $t = 0$, sa vitesse et sa position en fonction du temps sont

4.6 $$\vec{v} = \vec{v}_0 + \vec{a}t$$

Vecteur vitesse en fonction du temps

4.7 $$\vec{r} = \vec{r}_0 + \vec{v}_0 t + \frac{1}{2}\vec{a}t^2$$

Vecteur position en fonction du temps

Dans le cas d'un mouvement dans deux dimensions à accélération constante dans le plan xy, ces expressions vectorielles sont équivalentes aux expressions de deux composantes: l'expression du mouvement suivant l'axe des x, animé d'une accélération a_x et l'expression du mouvement suivant l'axe des y, animé d'une accélération a_y.

Le *mouvement d'un projectile* est un mouvement dans deux dimensions d'accélération constante, où $a_x = 0$ et $a_y = -g$. Dans ce cas, si $x_0 = y_0 = 0$, les composantes des équations 4.6 et 4.7 deviennent

Équations du mouvement d'un projectile

4.10 $$v_x = v_{x0} = \text{constante}$$

4.11 $$v_y = v_{y0} - gt$$

4.12 $$x = v_{x0}t$$

4.13 $$y = v_{y0}t - \frac{1}{2}gt^2$$

où $v_{x0} = v_0 \cos \theta_0$, $v_{y0} = v_0 \sin \theta_0$, v_0 étant la grandeur de la vitesse initiale du projectile et θ_0, l'angle formé par v_0 avec l'axe des x positifs. Notons que ces expressions fournissent les composantes de la vitesse (et, par conséquent, le vecteur vitesse) et les coordonnées (et, par conséquent, le vecteur position) en fonction du temps.

La *hauteur maximale* h et la *portée horizontale* R sont des *points particuliers* de la trajectoire d'un projectile:

Hauteur maximale d'un projectile

4.17 $$h = \frac{v_0^2 \sin^2 \theta_0}{2g}$$

Portée horizontale d'un projectile

4.18 $$R = \frac{v_0^2 \sin 2\theta_0}{g}$$

Comme on le voit à partir des équations 4.10 à 4.13, on peut concevoir le mouvement d'un projectile comme la superposition de deux mouvements: (1) un mouvement uniforme dans la direction des x, où v_x demeure constant et (2) un mouvement dans la direction verticale, soumis à une accélération constante vers le bas de grandeur $g = 9{,}8$ m/s^2. On peut donc analyser le mouvement au moyen des deux composantes distinctes de la vitesse, l'une horizontale et l'autre verticale (comme à la figure 4.18).

Une particule décrivant un cercle de rayon r à une vitesse constante v subit une accélération centripète (ou radiale) $\vec{a}_r$, car la direction de $\vec{v}$ varie en fonction du temps. La grandeur de $\vec{a}_r$ est

Accélération centripète

4.19 $$a_r = \frac{v^2}{r}$$

et $\vec{a}_r$ est toujours orienté vers le centre du cercle.

Si une particule se déplace suivant une trajectoire courbe de sorte que la direction de $\vec{v}$ varient en fonction du temps, et si la grandeur de $\vec{v}$ varie aussi, la particule a un vecteur accélération ayant deux composantes: (1) une composante radiale, $\vec{a}_r$, attribuable au changement de direction de $\vec{v}$ et (2) une composante tangentielle, $\vec{a}_\theta$, provenant du changement de grandeur de $\vec{v}$. La grandeur de $\vec{a}_r$ est v^2/r, est la grandeur de $\vec{a}_\theta$ est dv/dt.

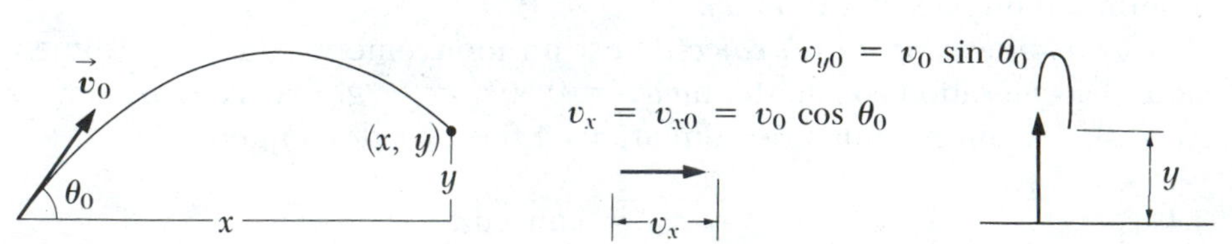

Figure 4.18 Analyse du mouvement au moyen des composantes verticale et horizontale de la vitesse.

Les relations entre la position $\vec{r}$ et la vitesse $\vec{v}$ d'une particule, mesurées dans un cadre de référence S, et la position $\vec{r}'$ et la vitesse $\vec{v}'$ de cette particule, mesurées dans un référentiel S' en mouvement par rapport à S, sont données par les transformations de Galilée:

Transformations galiléennes

$$t' = t \quad \text{(4.24a)}$$

$$\vec{r}' = \vec{r} - \vec{u}t \quad \text{(4.24b)}$$

$$\vec{v}' = \vec{v} - \vec{u} \quad \text{(4.25)}$$

où $\vec{v}$ représente la vitesse du référentiel S' mesurée par rapport à S. Ses transformations sont valables en autant que les vitesses demeurent beaucoup plus petites que celle de la lumière.

Exercices

Section 4.2 Mouvement à deux dimensions à accélération constante

1. Une particule au repos se trouve à l'origine au temps $t = 0$, puis elle se déplace dans le plan xy avec une accélération constante de $\vec{a} = (2\vec{i} + 4\vec{j})$ m/s^2. Après un temps t, déterminez (a) les composantes x et y de la vitesse, (b) les coordonnées de la particule et (c) la grandeur de la vitesse de la particule.
2. Une particule accélère uniformément dans le plan xy. À $t = 0$, $\vec{v}_0 = (3\vec{i} - 2\vec{j})$ m/s. Déterminez (a) l'accélération de la particule et (b) ses coordonnées en fonction du temps si à $t = 0$ la particule se trouve à l'origine.
3. Le vecteur position d'une particule varie en fonction du temps selon l'expression $\vec{r} = (3\vec{i} - 6t^2\vec{j})$ m. (a) Déterminez les expressions de la vitesse et de l'accélération en fonction du temps. (b) Déterminez la position de la particule et sa vitesse à $t = 1$ s.
4. Une particule, initialement située à l'origine, a une accélération $\vec{a} = 3\vec{j}$ m/s^2 et une vitesse initiale $\vec{v}_0 = 5\vec{i}$ m/s. Déterminez (a) le vecteur position et le vecteur vitesse en fonction du temps et (b) les coordonnées et la grandeur de la vitesse de la particule à $t = 2$ s.
5. À $t = 0$ une particule passe à l'origine avec une vitesse de 6 m/s orientée selon les y positifs. Son accélération est $\vec{a} = (2\vec{i} - 3\vec{j})$ m/s^2. Lorsque la particule atteint sa coordonnée y *maximale*, la composante y de sa vitesse est zéro. À cet instant, déterminez (a) la vitesse de la particule et (b) ses coordonnées x et y.

Section 4.3 Mouvement d'un projectile (dans tous ces exercices, faites abstraction de la résistance de l'air)

6. Un ballon de football, botté à un angle de 50° par rapport à l'horizontale, parcourt une distance horizontale de 20 m avant de toucher le sol. Déterminez (a) la vitesse initiale du ballon, (b) la durée de son vol et (c) la hauteur maximale qu'il atteint.
7. Une astronaute, de passage sur une planète étrange, découvre qu'elle peut effectuer des sauts dont la longueur maximale est de 30 m lorsque sa vitesse initiale est de 9 m/s. Quelle est l'accélération gravitationnelle sur cette planète?
8. On rapporte que, lorsqu'il était jeune, George Washington lança une pièce d'argent de un dollar sur le bord opposé d'une rivière. À supposer que la rivière faisait 300 m de largeur, (a) quelle vitesse *initiale minimale* fallait-il à la pièce de monnaie pour atteindre la rive opposée? (b) Combien de temps la pièce resta-t-elle en l'air?
9. On pointe une carabine à l'horizontale, vers le centre d'une grande cible située à 150 m de l'arme. On tire une balle à une vitesse initiale de 450 m/s. À quel endroit le projectile touchera-t-il la cible?

10. Du haut d'un édifice de 35 m, on lance une balle à l'horizontale. Elle touche le sol à une distance de 80 m de la base de l'édifice. Déterminez (a) la durée de chute de la balle, (b) sa vitesse initiale et (c) les composantes x et y de sa vitesse juste avant qu'elle touche le sol.

11. On tire un projectile de telle sorte que sa portée horizontale soit égale à trois fois sa hauteur maximale. Quel est l'angle de tir?

12. Démontrez que la portée horizontale d'un projectile ayant une vitesse initiale de grandeur fixe sera identique pour tous les angles complémentaires, tels que 30° et 60°.

13. Soit un boulet de canon animé d'une vitesse initiale de 200 m/s. S'il est tiré en direction d'une cible située à une distance horizontale de 2 km du canon, déterminez (a) les deux angles de tir qui permettront de toucher la cible et (b) la durée d'envol du boulet au cours des deux trajectoires déterminées en (a).

14. La distance horizontale maximale qu'un certain joueur de baseball peut atteindre en frappant la balle est de 150 m. À l'occasion d'un lancer donné, ce joueur frappe la balle en lui imprimant la même vitesse initiale que lorsqu'il la frappe à la distance maximale; cependant, la balle a été frappée à un angle de 20° par rapport à l'horizontale. Où la balle touchera-t-elle le sol par rapport au marbre?

15. Un étudiant peut lancer une balle à la verticale à une hauteur maximale de 40 m. Quelle est la distance maximale que son lancer peut atteindre en direction horizontale?

Section 4.4 Mouvement circulaire uniforme

16. Déterminez l'accélération d'une particule décrivant un cercle de 3 m de rayon à une vitesse constante de 6 m/s.

17. Une particule décrit une trajectoire circulaire de 0,4 m de rayon et sa vitesse est constante. Sachant qu'elle effectue cinq révolutions par seconde, déterminez (a) sa vitesse et (b) son accélération.

18. L'orbite que décrit la Lune autour de la Terre est approximativement circulaire et son rayon moyen est de $3{,}84 \times 10^8$ m. La Lune met 27,3 jours à parcourir complètement son orbite. Déterminez (a) la grandeur moyenne de sa vitesse durant son orbite et (b) son accélération centripète.

19. Un pneu de 0,5 m de rayon tourne à une fréquence constante de 200 tours par minute. Déterminez la vitesse et l'accélération d'une petite pierre logée dans la bande extérieure du pneu.

20. Un chasseur se sert d'une pierre retenue par une lanière (fronde) comme arme rudimentaire pour capturer un gibier qui *s'éloigne* de lui à vitesse constante. La pierre tourne au-dessus de sa tête en décrivant un mouvement circulaire horizontal de 1,6 m de diamètre, dont la fréquence est de 3 révolutions par seconde. (a) Quelle est l'accélération centripète de la pierre? (b) À quelle vitesse la pierre quittera-t-elle la fronde?

Section 4.5 Accélération tangentielle et accélération radiale dans le mouvement curviligne

21. Un étudiant imprime un mouvement circulaire vertical à une balle attachée à l'extrémité d'une corde de 0,5 m de longueur. La vitesse de la balle est de 4 m/s au point le plus élevé de sa trajectoire et de 6 m/s à son point le plus bas. Déterminez l'accélération centripète de la balle (a) au point le plus élevé et (b) au point le plus bas.

22. Un motocycliste aborde un virage, dont le rayon de courbure est de 100 m, à une vitesse de 50 km/h. Il négocie le virage en accélérant uniformément pendant 5 s (fig. 4.14). Sachant que la vitesse du véhicule est de 80 km/h à t = 5 s, déterminez: (a) l'accélération radiale au début du virage (point C sur la figure), (b) l'accélération tangentielle au début du virage et (c) la grandeur et la direction du vecteur accélération.

23. La figure 4.19 représente l'accélération à un instant donné du mouvement d'une particule décrivant un cercle d'un rayon de 3 m dans le sens horaire. À cet instant, déterminez (a) l'accélération centripète de la particule, (b) sa vitesse et (c) son accélération tangentielle.

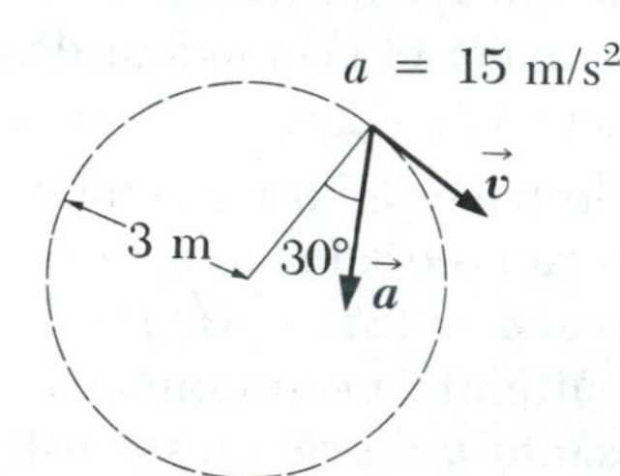

Figure 4.19 (Exercice 23)

24. À un instant donné, une particule décrivant un cercle d'un rayon de 2 m dans le sens anti-horaire a une vitesse de 8 m/s et son accélération est dirigée dans le sens indiqué à la figure 4.20. À cet instant, déterminez (a) l'accélération centripète de la particule, (b) son accélération tangentielle et (c) la grandeur de l'accélération résultante.

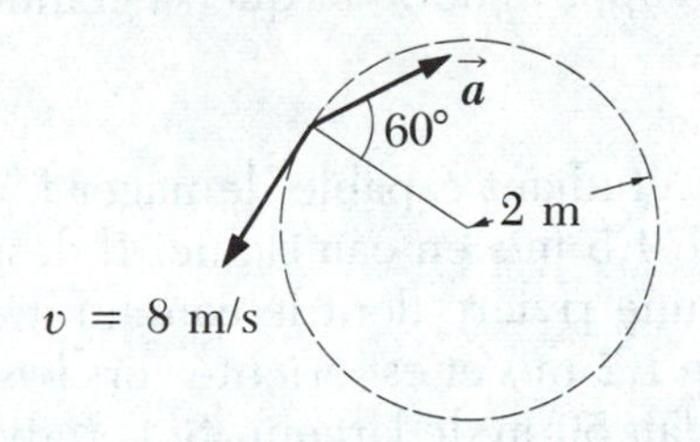

Figure 4.20 (Exercice 24)

25. La vitesse d'une particule animée d'un mouvement circulaire d'un rayon de 2 m augmente à un taux constant de 3 m/s^2. En un temps donné, la grandeur de l'accélération résultante est de 5 m/s^2. En ce temps, (a) quelle est l'accélération centripète de la particule? (b) quelle est sa vitesse?

Section 4.6 Vitesse relative et accélération relative

26. Une voiture se dirige vers le nord à une vitesse de 60 km/h sur une autoroute. Un camion se déplace en sens inverse à une vitesse de 50 km/h. (a) Quelle est la vitesse relative de la voiture par rapport au camion? (b) Quelle est la vitesse du camion par rapport à la voiture?

27. Le pilote d'un avion désire se diriger directement vers l'ouest par un vent qui souffle à 50 km/h vers le sud. Si, en l'absence de vent, la vitesse de l'appareil est de 200 km/h, (a) dans quelle direction le pilote devra-t-il orienter son appareil? (b) quelle sera alors sa vitesse par rapport au sol?

28. En examinant son compas, le pilote d'un avion remarque qu'il se dirige directement vers l'ouest. Par rapport à l'air, la vitesse relative de l'avion est de 150 km/h. Si le vent souffle vers le nord à 30 km/h, déterminez la vitesse de l'avion par rapport au sol.

29. La voiture *A* se déplace directement vers l'ouest à une vitesse de 40 km/h. La voiture *B* se dirige directement vers le nord à une vitesse de 60 km/h. Quelle est la vitesse de la voiture *B* du point de vue du conducteur de la voiture *A*?

30. Une voiture se dirige directement vers l'est à une vitesse de 50 km/h. La pluie tombe à la verticale par rapport au sol. Les traces de pluie sur les vitres latérales de la voiture forment un angle de 60° par rapport à la verticale. Déterminez la vitesse de la pluie (a) par rapport à la voiture et (b) par rapport au sol.

31. Soit une rivière qui coule à une vitesse constante de 0,5 m/s. Un étudiant nage à contre-courant sur une distance de 1 km et revient ensuite à son point de départ. Si l'étudiant est capable de nager à une vitesse de 1,2 m/s en eau calme, combien lui faut-il de temps pour faire son excursion à la nage? Comparez ce temps avec le temps qu'il aurait mis à faire le même trajet en eau calme.

Problèmes

1. Une fusée décolle à 53° de l'horizontale et sa vitesse initiale est de 100 m/s. Animée d'une accélération de 30 m/s^2, elle continue en ligne droite pendant 3 s, et à cet instant, son moteur tombe en panne et elle entreprend une chute libre. Déterminez (a) l'altitude maximale atteinte par la fusée, (b) la durée totale de son vol et (c) sa portée horizontale.

2. Une voiture est stationnée au sommet d'un escarpement donnant sur la mer dont la pente forme un angle de 37° par rapport à l'horizontale. Faisant preuve de négligence, le conducteur a quitté sa voiture en laissant la boîte de vitesse en position neutre, alors que les freins d'urgence font défaut. Soudain, la voiture se met à dévaler la pente et son accélération est de 4 m/s^2; elle parcourt ainsi 50 m jusqu'à la falaise qui borde la mer et qui s'élève à 30 m au-dessus du niveau de l'eau. Déterminez (a) la vitesse de la voiture lorsqu'elle atteint le bord de la falaise et le temps qu'il lui faut pour s'y rendre, (b) la vitesse de la voiture lorsqu'elle touche la surface de l'eau, (c) la durée totale du mouvement de la voiture et (d) le point de chute de la voiture dans la mer par rapport au pied de la falaise.

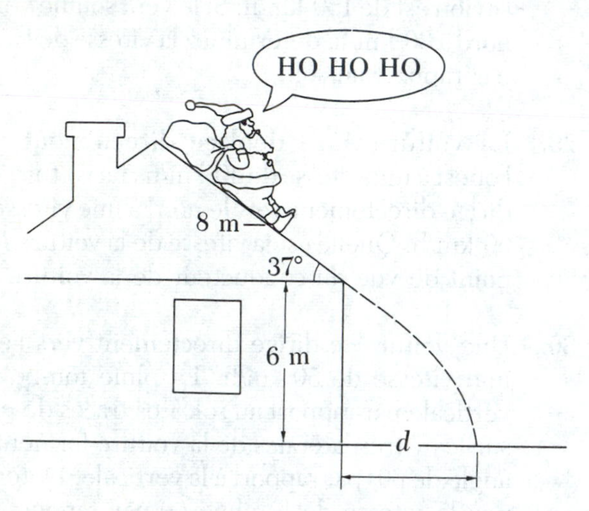

Figure 4.21 (Problème 3)

3. Après avoir livré ses jouets comme de coutume, le Père Noël décide de s'amuser à glisser en bas du toit, comme l'indique la figure 4.21. Partant au repos, du sommet du pignon ayant un côté de 8 m de longueur, il entreprend sa glissade en accélérant à un taux de 5 m/s^2. La bordure du toit se trouve à 6 m au-dessus d'une surface de neige molle, dans laquelle le Père Noël devrait atterrir. Déterminez (a) les composantes de la vitesse du Père Noël lorsqu'il atteint la surface de la neige, (b) la durée totale de son mouvement et (c) la distance qui sépare la maison de l'endroit où il atterrit.

4. Un cascadeur se fait propulser hors d'un canon à une vitesse initiale de 25 m/s et à un angle de 45° par rapport à l'horizontale. On a disposé un filet à une distance horizontale de 50 m du canon. À quelle hauteur au-dessus du canon doit-on placer le filet pour que le cascadeur y atterrisse?

5. La position d'une particule se déplaçant dans le plan xy varie en fonction du temps selon l'équation $\vec{r} = (3 \cos 2t)\vec{i} + (3 \sin 2t)\vec{j}$, où $\vec{r}$ est exprimé en mètres et t, en secondes. (a) Démontrez que la trajectoire de la particule décrit un cercle d'un rayon de 3 m centré à l'origine. (Indice: soit $\theta = 2t$.) (b) Calculez le vecteur vitesse et le vecteur accélération. (c) Démontrez que le vecteur accélération est toujours orienté vers l'origine (à l'opposé de $\vec{r}$) et que sa grandeur est de v^2/r.

6. Soit un étudiant capable de nager à une vitesse de 1,5 m/s en eau calme. Il désire traverser une rivière dont le courant a une vitesse de 1,2 m/s et est orienté vers le sud. La rivière fait 50 m de largeur. Si l'étudiant entreprend sa traversée à partir de la rive ouest, dans quelle direction devra-t-il s'orienter pour que son point d'arrivée sur la rive opposée soit exactement en face de son point de départ? Combien de temps durera sa traversée? (Notons que, dans ce cas-ci, l'étudiant parcourt plus de 50 m.)

7. Soit une rivière qui coule à une vitesse uniforme v. Une personne en bateau motorisé parcourt 1 km en amont et croise alors un tronc d'arbre flottant. Le navigateur poursuit pendant une heure son trajet en amont à la même vitesse, puis fait volte-face et redescend en aval à son point de départ, où il aperçoit de nouveau le même tronc flottant. Déterminez la vitesse du courant.

8. Un skieur quitte la rampe d'un saut à ski à une vitesse de 10 m/s et à un angle de 15° par rapport à l'horizontale, comme l'indique la figure 4.22. L'inclinaison de la pente est de 50° et la résistance de l'air est négligeable. Déterminez (a) la distance à laquelle le skieur atterrit sur la pente et (b) les composantes de sa vitesse juste avant son atterrissage. (Si l'on tenait compte de la résistance de l'air, en quoi, selon vous, cela influencerait-il les résultats? Notons que les spécialistes du saut à ski s'inclinent vers l'avant pour adopter le profil d'une aile et ainsi augmenter la distance parcourue. Comment se fait-il que cela soit efficace?)

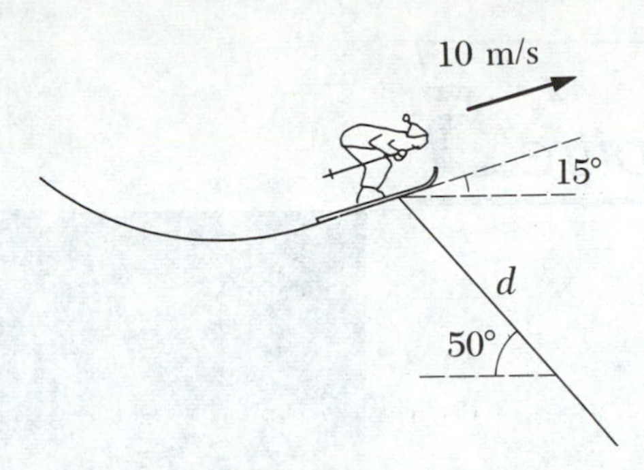

Figure 4.22 (Problème 8)

9. Un quart-arrière lance le ballon de football en direction d'un receveur en lui imprimant une vitesse initiale de 20 m/s à un angle de 30° par rapport à l'horizontale. À cet instant, le receveur se trouve à 20 m du quart-arrière. Dans quelle direction et à quelle vitesse le receveur devra-t-il courir s'il veut capter le ballon à la hauteur à laquelle il a été lancé?

10. L'indomptable coyote s'est encore une fois remis à la poursuite du road-runner futé. Le coyote s'est muni de patins à roulettes Acme propulsés par une fusée, qui lui procurent une accélération horizontale constante de 15 m/s^2 (fig. 4.23). Immobile au départ et situé à 70 m d'un précipice, le coyote entreprend sa poursuite dès l'instant où le road-runner passe en trombe en direction du précipice. (a) Si le road-runner se déplace à vitesse constante, déterminez la grandeur minimale de la vitesse qu'il doit maintenir pour atteindre la bordure du précipice avant le coyote. (b) Si le précipice a une profondeur de 100 m et donne sur un canyon, déterminez à quelle distance le coyote atterrit dans le canyon (à supposer que ses patins continuent de fonctionner durant sa chute). (c) Déterminez les composantes de la vitesse du coyote juste avant qu'il atterrisse dans le canyon. (Comme toujours, le road-runner s'en tire indemne en effectuant un brusque virage en bordure du précipice.)

11. Au cours d'un match de baseball, on frappe un coup de circuit de telle sorte que la balle franchit de justesse un mur d'une hauteur de 21 m, situé à 130 m du marbre. La balle est frappée à un angle de 35° par rapport à l'horizontale et la résistance de l'air est un facteur négligeable. Déterminez (a) la vitesse initiale de la balle, (b) le temps que la balle met à atteindre le sommet du mur et (c) les composantes et la grandeur de sa vitesse lorsqu'elle atteint le sommet du mur. (Supposez que la balle est frappée à une hauteur de 1 m par rapport au sol.)

Figure 4.23 (Problème 10)

Chapitre 5

Lois du mouvement

5.1 Introduction à la mécanique classique

Dans les deux précédents chapitres sur la cinématique, nous avons décrit le mouvement des particules en nous appuyant sur la définition du déplacement, de la vitesse et de l'accélération. Cependant, il nous faudrait pouvoir répondre à des questions telles que «quelle est la cause du mouvement?» et «comment se fait-il que certains corps accélèrent plus que d'autres?» Dans ce chapitre-ci, nous allons décrire les variations du mouvement d'une particule à partir des notions de force, de masse et de quantité de mouvement. Nous discuterons ensuite des trois lois fondamentales du mouvement, fondées sur l'observation et énoncées, il y a près de trois siècles, par Isaac Newton.

La mécanique classique vise à établir un rapport entre la variation de la vitesse d'un corps et les forces extérieures qui agissent sur lui. Il faut se rappeler que la mécanique classique s'applique à des corps de grandes dimensions (comparativement aux dimensions de l'atome, soit $\approx 10^{-10}$ m) et se déplaçant à des vitesses beaucoup moins grandes que la vitesse de la lumière (3×10^8 m/s).

Nous verrons qu'il est possible d'obtenir l'accélération d'un corps à partir de sa masse et de la force résultante qui agit sur lui. Cette force extérieure est le résultat de l'interaction entre le corps et son environnement. La masse d'un corps mesure son inertie, c'est-à-dire la difficulté qu'on rencontre à changer sa vitesse.

Nous verrons comment s'expriment les forces s'exerçant sur un corps dans diverses circonstances (forces de frottement, force gravitationnelle, force électrostatique, etc.). Même si elles sont parfois des expressions simplifiées et approximatives, elles permettront d'expliquer convenablement plusieurs phénomènes et observations. Ces expressions, combinées aux lois du mouvement, constituent la physique classique.

5.2 Notion de force

L'expérience quotidienne vous a sûrement permis de vous familiariser avec la notion de force. Lorsque vous poussez ou que vous tirez un objet, vous exercez une force sur lui. Il en est de même lorsque vous lancez ou que vous bottez un ballon. Dans ces exemples, le mot *force* renvoie au résultat d'une activité musculaire et d'un certain mouvement. Bien que les forces puissent causer le mouvement, il ne s'ensuit pas nécessairement que la force soit toujours liée au mouvement. Par exemple, pendant que vous êtes assis(e) et que vous lisez ce livre, la force gravitationnelle agit sur votre corps, et pourtant vous êtes immobile. Vous pouvez pousser sur un rocher sans qu'il ne bouge.

Quelle est la force (s'il en est une) qui cause le déplacement dans l'espace d'une étoile lointaine? Newton répondit à ce type de question en affirmant que le *changement* de mouvement d'un corps résulte de l'action d'une force. Si un corps se déplace de façon uniforme, à vitesse constante, son mouvement ne change pas; par conséquent, aucune force n'est nécessaire pour qu'il conserve son mouvement. Puisque seule l'action d'une force peut modifier le mouvement, nous pouvons considérer que la force est ce qui cause l'accélération d'un corps.

Un corps accélère lorsqu'il est soumis à une force extérieure

Examinons une situation dans laquelle plusieurs forces agissent simultanément sur un corps. Celui-ci n'accélérera que si le *résultat net* des forces n'est pas nul. Pour désigner ce résultat net nous parlerons de *force résultante. Si la force résultante est nulle, l'accélération est nulle et la vitesse de l'objet demeure constante. Lorsqu'un corps est animé d'une vitesse constante ou qu'il est au repos, on dira qu'il est en état d'équilibre*.

Définition de l'état d'équilibre

Sous l'effet d'une force extérieure, un corps peut soit changer de forme, soit changer de mouvement, ou les deux à la fois. Par exemple, si l'on tire sur un ressort, comme l'indique la figure 5.1a, sa forme s'allonge par rapport à ce qu'elle était au repos. Si le ressort est calibré, sa déformation (allongement) peut servir à définir une force. Par ailleurs, lorsqu'on tire une voiturette, comme à la figure 5.1b, on peut la mettre en mouvement. Enfin, lorsqu'on botte un ballon de football, comme à la figure 5.1c, celui-ci se déforme et est projeté. Tous ces exemples renvoient à une catégorie de force que l'on nomme les *forces de contact*, c'est-à-dire des forces qui résultent d'un contact physique entre le corps et son environnement. Ainsi, la force exercée par un gaz sur les parois d'un récipient (résultat des collisions entre

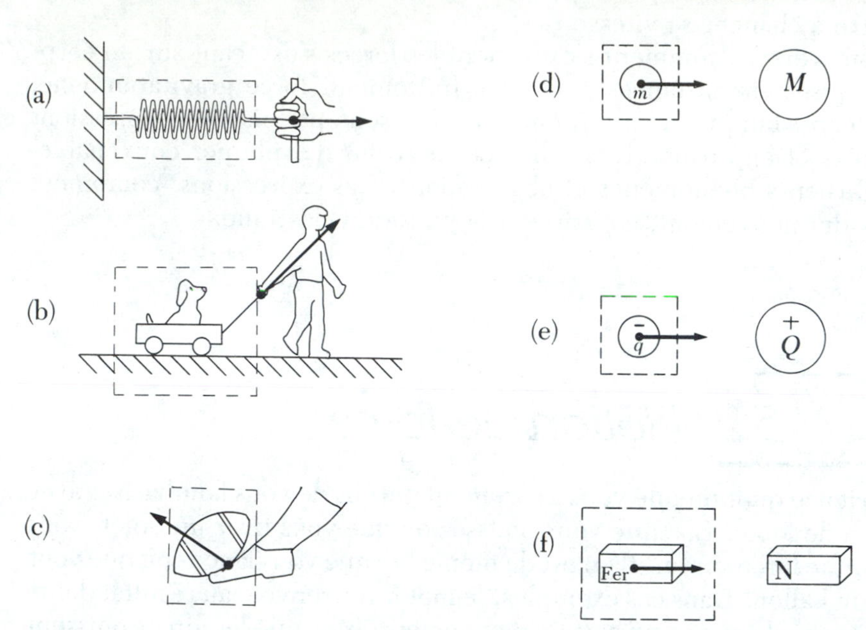

Figure 5.1 Quelques exemples de forces exercées sur divers objets. Dans chacune des situations illustrées, la force s'exerce sur la particule ou sur l'objet encadré d'une ligne pointillée. L'objet subit une force causée par un élément de son environnement, situé à l'extérieur du cadre pointillé.

les molécules et les parois) et la force de nos pieds sur le plancher sont également des exemples de forces de contact.

Les forces qui ne résultent pas d'un contact physique entre un corps et son environnement, mais qui s'exercent plutôt à distance, constituent une autre catégorie de forces que nous nommerons *forces d'interaction à distance* ou, plus simplement, *forces à distance*. Le meilleur exemple de ce type de force est la force d'attraction entre deux corps, que l'on désigne comme force gravitationnelle (fig. 5.1d). C'est cette force qui maintient les corps à la surface de la Terre et qui donne lieu à ce que nous appelons communément le poids (pesanteur) d'un objet. Les planètes de notre système solaire sont en interaction sous l'influence de la force gravitationnelle. La force électrique qu'exerce une charge sur une autre, comme à la figure 5.1e, représente aussi une force à distance, comme dans le cas du proton et de l'électron formant l'atome d'hydrogène. Enfin, la force qu'exerce un aimant sur un morceau de fer (fig. 5.1f) constitue également un bon exemple de force à distance. Les forces qui s'exercent entre les noyaux d'atomes sont aussi des forces à distance, mais elles s'exercent à courte portée. Elles représentent l'interaction dominante dans le cas de séparations de particules de l'ordre de 10^{-15} m.

En réalité, les forces de contact sont le résultat de forces électromagnétiques entre de grands nombres d'atomes dans un même environnement et représentent donc une description macroscopique de forces à distance. Néanmoins, il est utile de maintenir la distinction entre ces deux catégories de forces lorsqu'on établit des modèles des phénomènes macroscopiques. Dans la nature, les forces connues se répartissent toutefois en quatre

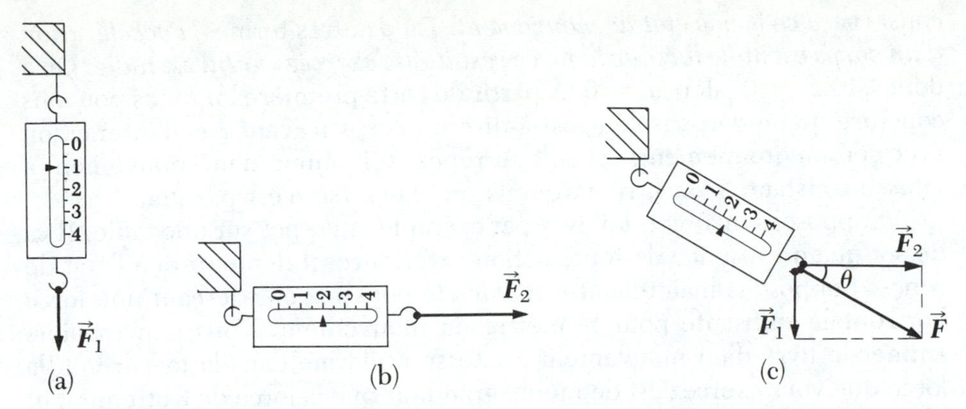

Figure 5.2 On vérifie la nature vectorielle d'une force à l'aide d'une balance à ressort. (a) La force verticale $\vec{F}_1$ étire le ressort de 1 unité. (b) La force horizontale $\vec{F}_2$ étire le ressort de 2 unités. (c) En combinant $\vec{F}_1$ et $\vec{F}_2$, on constate que le ressort s'allonge de $\sqrt{1^2 + 2^2} = \sqrt{5}$ unités.

Forces fondamentales de la nature

catégories *fondamentales*, soit: (1) l'attraction gravitationnelle entre les corps en fonction de l'interaction de leurs masses, (2) les forces électromagnétiques entre des charges au repos ou en mouvement, (3) les forces nucléaires d'interaction forte entre les particules subatomiques et (4) les forces nucléaires d'interaction faible qui surviennent dans certains processus de désintégration radioactive. En physique classique, nous ne traitons que des forces gravitationnelle et électromagnétique.

Un ressort, parce qu'il se déforme de façon élastique, est un instrument pratique pour définir la notion de force. Supposons qu'une force est exercée à la verticale sur un ressort dont l'extrémité supérieure est fixe, comme à la figure 5.2a. Nous pouvons calibrer le ressort en définissant une unité de force correspondant à la force de traction, $\vec{F}_1$, qui provoque un allongement de 1 cm. Si une force $\vec{F}_2$, exercée à l'horizontale comme à la figure 5.2b, provoque un allongement de 2 cm, on dira que la grandeur de $\vec{F}_2$ est de 2 unités. Si l'on exerce simultanément les deux forces, $\vec{F}_1$ et $\vec{F}_2$, (fig. 5.2c) on constate que l'allongement du ressort est de $\sqrt{5} = 2{,}24$ cm. La force unique $\vec{F}$ capable de provoquer cet allongement est la somme vectorielle de $\vec{F}_1$ et $\vec{F}_2$, comme l'indique la figure 5.2c. En d'autres termes, $F = \sqrt{F_1^2 + F_2^2} = \sqrt{5}$ unités, et sa direction est $\theta = \text{arc tan}\,(-0{,}5) = -26{,}6°$. *Puisque les forces sont des vecteurs, vous devez utiliser les règles d'addition des vecteurs pour déterminer la force résultante exercée sur un corps.* Les ressorts dont l'allongement est proportionnel à la force de traction obéissent à la *loi de Hooke*; ils peuvent être construits et calibrés pour servir à mesurer des forces.

5.3 Première loi de Newton et systèmes inertiels

Première loi de Newton

Selon la *première loi du mouvement* de Newton, *en l'absence de force résultante extérieure agissant sur lui, tout corps au repos conservera son état de repos ou tout corps animé d'un mouvement rectiligne uniforme*

Isaac Newton (1642-1727)

conservera ce même état de mouvement. En d'autres termes, *l'accélération d'un corps est nulle lorsque la force résultante exercée sur lui est nulle*. On a donc: si $\Sigma\vec{F} = 0$, alors $\vec{a} = 0$. À partir de cette première loi, nous pouvons conclure qu'un corps isolé (c'est-à-dire un corps n'ayant pas d'interaction avec son environnement) est soit au repos, soit animé d'un mouvement à vitesse constante. Mais, remarquons que l'inverse n'est pas vrai.

Supposons un objet, un livre par exemple, au repos sur une table. Il va de soi qu'en l'absence de toute action extérieure, il demeurera à l'état de repos. Supposons maintenant que vous le poussiez en exerçant une force horizontale suffisante pour le mettre en mouvement. Vous pouvez alors animer le livre d'un mouvement à vitesse uniforme dans la mesure où la force que vous exercez est de même grandeur que la force de frottement et d'orientation opposée. Si la force exercée est supérieure à la force de frottement, le livre subira une accélération. Si vous relâchez le livre, il retrouvera éventuellement son état de repos, puisque la force de frottement ralentit son mouvement (ou cause sa décélération). Imaginons à présent que l'effet de frottement devienne négligeable grâce à l'utilisation de lubrifiants très efficaces. Dans ce cas, le livre mis en mouvement et relâché devrait se déplacer à une vitesse approximativement constante (jusqu'à ce qu'il tombe de la table!).

Le mouvement d'un disque léger se déplaçant sur un coussin d'air (qui sert de lubrifiant), tel que le décrit la figure 5.3, est un meilleur exemple de mouvement uniforme sur une surface plane pratiquement sans frottement. Si l'on imprime une vitesse initiale au disque, il se déplacera sur une grande distance avant de s'immobiliser. C'est ce principe qui est à la base du jeu de hockey sur coussin d'air; le disque peut toucher la bande à plusieurs reprises avant de s'immobiliser.

Enfin, prenons le cas d'un vaisseau spatial se déplaçant dans l'espace, loin de toute planète ou de toute autre forme de matière. Il lui faudra un système de propulsion pour *changer* de vitesse. Cependant, si les astronautes arrêtent le système de propulsion quand le vaisseau a atteint la vitesse $\vec{v}$, leur appareil «flottera» dans l'espace à une vitesse uniforme, de sorte que les astronautes auront droit à une «promenade gratuite».

Système inertiel

La première loi de Newton est parfois appelée *loi de l'inertie*, car elle s'applique à des corps dans un système de référence inertiel. Un *système de référence inertiel*, ou *repère galiléen*, est un système dans lequel un corps se déplace à vitesse constante s'il ne subit aucune influence extérieure. Un système de référence qui est fixe ou animé d'une vitesse constante par rapport aux étoiles lointaines constitue la meilleure approximation d'un système inertiel. La Terre n'est pas un repère inertiel à cause de sa rotation autour de son axe et de son orbite autour du Soleil. En effet, pendant qu'elle décrit son orbite quasi circulaire autour du Soleil, la Terre subit une accélération centripète d'environ $5,9 \times 10^{-3}$ m/s^2 en direction du Soleil. En outre, puisqu'à toutes les 24 h, la Terre effectue une rotation complète sur son axe, un point situé à l'équateur subit une accélération centripète additionnelle de $3,37 \times 10^{-2}$ m/s^2 dirigée vers le centre de la Terre. Toutefois, il s'agit là de grandeurs négligeables comparativement à la grandeur de $\vec{g}$. Par conséquent, dans la plupart des cas *nous supposerons que la Terre constitue un système inertiel*.

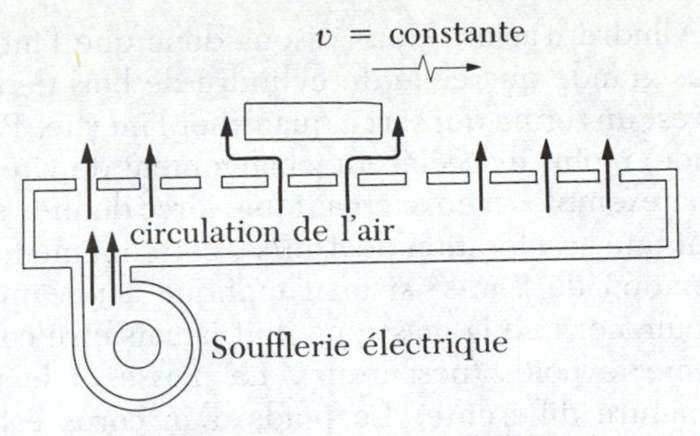

Figure 5.3 Un disque se déplaçant sur un coussin d'air constitue un bon exemple de mouvement uniforme ($\vec{a} = 0$).

Le comportement d'un pendule de Foucault montre bien que la Terre n'est pas un système de référence d'inertie. Ce comportement met en évidence le mouvement de rotation de la Terre sur elle-même sans qu'il soit nécessaire de regarder au loin vers les étoiles de la sphère céleste (la sphère des «étoiles fixes» que Newton utilisait comme repère inertiel). Un tel pendule est suspendu dans la cour intérieure du Collège de Maisonneuve. Son plan d'oscillation tourne au cours de la journée par rapport à son environnement immédiat. À Montréal, il effectue un tour complet en 34 h environ (aux pôles, il ferait un tour en 24 heures).

Si un objet est en mouvement uniforme ($\vec{v}$ = un vecteur constant), un observateur dans un système inertiel, considéré au repos par rapport à l'objet, comprendra que l'accélération et la force résultante sont nulles. Un observateur situé dans *tout autre* système inertiel établira également que l'accélération et la force résultante sont nulles. Selon la première loi du mouvement, un corps au repos et un corps animé d'une vitesse constante sont équivalents.

De façon générale, nous pouvons affirmer que *les lois du mouvement de Newton sont valables dans des systèmes inertiels.* À moins d'indication contraire, lorsque nous parlerons des lois du mouvement, nous supposerons que l'observateur est dans un système inertiel.

Q1. Si un corps est au repos, peut-on conclure qu'aucune force extérieure n'agit sur lui?

5.4 Masse inertielle

Lorsqu'on tente de modifier la vitesse d'un corps, celui-ci résiste au changement. *La résistance qu'un corps offre au changement de sa vitesse se nomme* l'inertie. Prenons, par exemple, deux grands cylindres pleins, de mêmes dimensions, dont l'un est fait de bois de balsa et l'autre d'acier. Si l'on devait déplacer ces cylindres sur une surface horizontale rugueuse, il faudrait mettre beaucoup plus d'effort à faire rouler le cylindre d'acier. De même, une fois les cylindres en mouvement, il serait beaucoup plus difficile d'im-

Inertie

mobiliser le cylindre d'acier. Nous disons donc que l'inertie du cylindre d'acier est plus grande que celle du cylindre de bois de balsa.

La *masse* est un terme qui sert à quantifier l'inertie. Plus la masse d'un corps est grande, moins il accélérera (changement de vitesse) sous l'action d'une force. Par exemple, si en exerçant une force donnée sur une masse de 3 kg on obtient une accélération de 4 m/s^2, cette même force n'entraînera qu'une accélération de 2 m/s^2 si on l'applique à une masse de 6 kg. Il convient de souligner que la masse ne doit jamais être confondue avec ce que l'on nomme le poids (pesanteur). La masse et le poids sont deux quantités de nature différente. Le poids d'un corps est égal à la force gravitationnelle qui agit sur lui et il varie d'un lieu à un autre. C'est ainsi qu'une personne ayant un poids de 900 N sur la Terre ne pèsera que 150 N environ sur la Lune. Par contre, la masse d'un corps est la même en tout lieu, et un objet ayant une masse de 2 kg sur Terre aura également une masse de 2 kg sur la Lune.

Masse et poids (pesanteur) sont des quantités différentes

On peut quantifier la masse en comparant les accélérations qu'imprime une même force à des corps différents. Supposons qu'en exerçant une force sur un corps de masse m_1, on obtient une accélération $\vec{a}_1$, et que *la même force* entraîne une accélération $\vec{a}_2$ lorsqu'on l'applique à un corps de masse m_2. Le rapport entre les deux masses est égal au rapport inverse des grandeurs des accélérations:

5.1
$$\frac{m_1}{m_2} \equiv \frac{a_2}{a_1}$$

Si l'une des deux masses est choisie arbitrairement comme unité standard, par exemple, s'il s'agit d'une masse de 1 kg (le kg est l'unité de masse du système SI), on peut déterminer la masse inconnue en mesurant les accélérations. Par exemple, si la masse standard de 1 kg subit une accélération de 3 m/s^2 sous l'influence d'une force donnée, une masse de 2 kg soumise à la même force subira une accélération de 1,5 m/s^2.

Nous avons donc associé la notion de masse à l'accélération causée par une force. Cependant, *la masse est une propriété inhérente d'un corps et ne dépend pas de l'environnement du corps ni de la méthode utilisée pour la mesurer*. L'expérimentation montre que *la masse est une quantité scalaire positive qui obéit aux règles de l'arithmétique conventionnelle*. Par exemple, si vous combinez une masse de 3 kg et une masse de 5 kg, vous obtenez une masse totale de 8 kg. Cela se vérifie expérimentalement en comparant l'accélération de chaque masse soumise à une force donnée et l'accélération du système de masses combinées soumis à la même force.

5.5 Deuxième loi de Newton

La deuxième loi de Newton concerne le mouvement d'un corps qui subit une accélération sous l'action d'une force résultante extérieure qui n'est pas nulle. Avant d'énoncer la loi sous sa forme la plus générale, nous devons d'abord définir la quantité de mouvement $\vec{p}$ d'une particule, qui est le produit de la masse, m, par le vecteur vitesse $\vec{v}$:

Définition de la quantité de mouvement

5.2
$$\vec{p} \equiv m\vec{v}$$

La quantité de mouvement est une quantité vectorielle orientée dans la direction de $\vec{v}$ et ayant les dimensions ML/T (exprimées en kg•m/s dans le SI).

Selon la deuxième loi du mouvement de Newton, *la dérivée par rapport au temps de la quantité de mouvement d'une particule est égale à la force résultante (somme des forces extérieures) qui agit sur cette particule:*

5.3 $$\Sigma\vec{F} = \frac{d\vec{p}}{dt} = \frac{d}{dt}(m\vec{v})$$ ***Deuxième loi de Newton***

Il s'agit là de la forme la plus générale de la deuxième loi de Newton, qui est valable dans tout système de référence inertiel. La notation $\Sigma\vec{F}$ représente la *somme vectorielle* de toutes les forces extérieures agissant sur la particule.

Si l'on considère m comme une constante, on peut alors exprimer l'équation 5.3 comme suit:

5.4 $$\Sigma\vec{F} = \frac{d}{dt}(m\vec{v}) = m\frac{d\vec{v}}{dt}$$

Puisque l'accélération est définie par $\vec{a} = d\vec{v}/dt$, on peut récrire l'équation 5.4 sous la forme

5.5 $$\Sigma\vec{F} = m\vec{a}$$ ***Deuxième loi de Newton***

Notons que l'équation 5.5 est une expression vectorielle et qu'elle équivaut donc aux trois équations scalaires avec les composantes:

5.6 $$\Sigma F_x = ma_x \qquad \Sigma F_y = ma_y \qquad \Sigma F_z = ma_z$$ ***Forme scalaire de la deuxième loi de Newton***

Par conséquent, nous pouvons conclure que la force résultante exercée sur une particule est égale à sa masse multipliée par son accélération si la masse est constante[1]. Notons que si la force résultante est nulle, alors $\vec{a} = 0$, ce qui correspond à l'état d'équilibre dans lequel $\vec{v}$ est soit constant ou nul. La première loi du mouvement est donc un cas particulier de la deuxième loi.

Unités de force et de masse[2]

L'unité de force du SI est le *newton*, qui est défini comme la grandeur de la force nécessaire pour imprimer une accélération de 1 m/s^2 à une masse de 1 kg

5.7 $$1\ \text{N} \equiv 1\ \text{kg} \cdot \text{m/s}^2$$ ***Définition du newton***

1. L'équation 5.5 n'est valable que si la grandeur de vitesse de la particule est beaucoup moins grande que la vitesse de la lumière. Au chapitre 9 du troisième tome, nous traiterons des situations faisant appel à la mécanique relativiste.
2. Lorsque quelqu'un dit qu'il va se mettre au régime pour perdre du poids, cela signifie en réalité qu'il veut perdre quelques kilogrammes, c'est-à-dire réduire sa masse. Lorsque ces quelques kilos auront été perdus, la force due à la pesanteur (en newtons) sur la masse réduite devient moins grande (puisque $\vec{P} = m\vec{g}$) et c'est ainsi qu'une personne peut «perdre du poids».

Exemple 5.1

On place un objet ayant une masse de 0,30 kg sur une surface horizontale, représentée par le plan (x, y), sans frottement. L'objet est soumis à deux forces, comme l'indique la figure 5.4. La force $\vec{F}_1$ a une grandeur de 5,0 N et la force $\vec{F}_2$, une grandeur de 8,0 N. Déterminez l'accélération de l'objet.

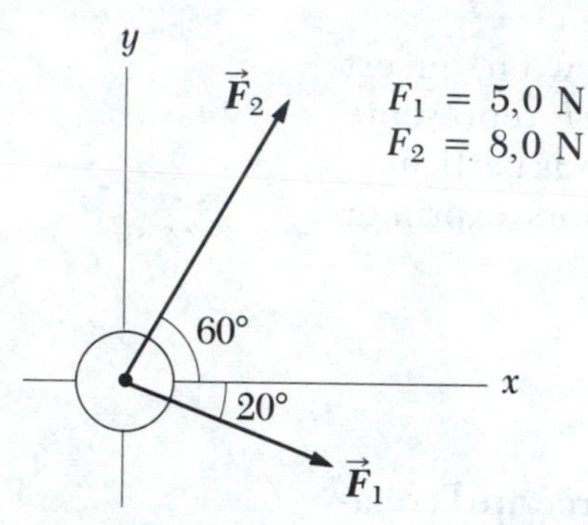

Figure 5.4 (Exemple 5.1) Un objet qui se déplace sur une surface sans frottement accélèrera dans la direction de la force *résultante*, $\vec{F}_1 + \vec{F}_2$.

Solution: La force résultante dans la direction des x est

$$\Sigma F_x = F_{1x} + F_{2x} = F_1 \cos 20° + F_2 \cos 60°$$
$$= 5(0{,}94) + 8(0{,}50) = 8{,}7 \text{ N}$$

La force résultante dans la direction des y est

$$\Sigma F_y = F_{1y} + F_{2y} = -F_1 \sin 20° + F_2 \sin 60°$$
$$= -5(0{,}34) + 8(0{,}87) = 5{,}2 \text{ N}$$

La force résultante est donc $\vec{F} = (8{,}7\vec{i} + 5{,}2\vec{j})$ N. Nous pouvons utiliser la forme scalaire de la deuxième loi de Newton pour déterminer les composantes x et y de l'accélération:

$$a_x = \frac{\Sigma F_x}{m} = \frac{8{,}7 \text{ N}}{0{,}3 \text{ kg}} = 29 \text{ m/s}^2$$

$$a_y = \frac{\Sigma F_y}{m} = \frac{5{,}2 \text{ N}}{0{,}3 \text{ kg}} = 17 \text{ m/s}^2$$

La grandeur de l'accélération est $a = \sqrt{(29)^2 + (17)^2}$ m/s^2 = 34 m/s^2, et sa direction est $\theta = \tan^{-1}(17/29) = 30{,}4°$ par rapport à l'axe des x.

Vous pouvez démontrer également que l'objet sera en état d'équilibre ($\vec{a} = 0$) si une troisième force, $\vec{F}_3 = (-8{,}7\vec{i} - 5{,}2\vec{j})$ N est exercée sur lui.

5.6 Poids

Nous savons tous que les corps sont attirés vers la Terre. La force qu'exerce la Terre sur un corps se nomme *le poids*, $\vec{P}$. Cette force est dirigée vers le centre de la Terre[3].

Nous avons vu qu'un corps en chute libre subit une accélération $\vec{g}$ dirigée vers le centre de la Terre. En appliquant la deuxième loi de Newton à un corps en chute libre, où $\vec{a} = \vec{g}$, nous avons

Poids (pesanteur)

$$\vec{P} = m\vec{g} \quad (5.8)$$

Puisque le poids dépend de $\vec{g}$, il varie en fonction du lieu géographique. Ainsi, les corps sont plus légers à haute altitude qu'au niveau de la mer, car $\vec{g}$ varie de façon inversement proportionnelle au carré de la distance au

3. Cette notion fait abstraction du fait que la répartition de la masse terrestre n'est pas parfaitement sphérique.

centre de la Terre. C'est pourquoi, contrairement à la masse, le poids n'est pas une propriété intrinsèque d'un corps. Il faut donc éviter toute confusion entre la masse et le poids d'un corps. Par exemple, si un corps a une masse de 70 kg, alors la grandeur de sa pesanteur en un lieu où g = 9,80 m/s^2 s'établit à mg = 686 N. Par contre, dans un avion à 14 km d'altitude où g = 9,76 m/s^2, son poids serait de 683 N. Cela représente une réduction de poids de 3 N. Par conséquent, si vous voulez perdre du poids sans vous mettre au régime, grimpez au sommet d'une montagne ou pesez-vous à bord d'un avion en vol. (Si vous grimpez au sommet d'une montagne vous perdrez même de la masse!)

Étant donné que $P = mg$, nous pouvons comparer les masses de deux corps en comparant leurs poids à l'aide d'une balance à fléau (comme celles qui sont utilisées en chimie) ou à l'aide d'un dynamomètre (balance à ressort gradué). Le rapport entre les poids de deux objets en un même lieu est égal au rapport entre leurs masses.

Q2. Déterminez votre masse en kilogrammes et votre poids en newtons.

Q3. Combien pèseriez-vous sur la Lune (l'accélération gravitationnelle ne représente qu'un sixième de ce qu'elle est sur la Terre)?

Q4. Quelle est le poids d'un astronaute lorsqu'il se trouve dans l'espace, loin de toute planète?

5.7 Troisième loi de Newton

Selon la troisième loi de Newton, s'il y a interaction entre deux corps, la force du corps 1 sur le corps 2 est égale et opposée à la force du corps 2 sur le corps 1, tel qu'indiqué à la figure 5.5a. On a donc

$$\vec{F}_{12} = -\vec{F}_{21} \tag{5.9}$$

Autrement dit, *les forces interviennent toujours par paire, une force unique isolée ne peut pas exister*. On utilise parfois le terme *force d'action* pour désigner la force qu'exerce le corps 1 sur le corps 2 et le terme *force de réaction* pour désigner la force du corps 2 sur le corps 1. Ces deux termes peuvent d'ailleurs être inversés. *La force d'action est de grandeur égale à la force de réaction, mais d'orientation opposée. Les forces d'action et de réaction agissent toujours sur des objets différents.*

Par exemple, la force qui s'exerce sur un projectile en chute libre est son poids, soit $\vec{P} = m\vec{g}$. Cela représente la force qu'exerce la Terre sur le projectile. La réaction à cette force est la force qu'exerce le projectile sur la Terre, soit $\vec{P}' = -\vec{P}$. La force de réaction $\vec{P}'$ doit accélérer la Terre vers le projectile, tout comme la force d'action $\vec{P}$ accélère le projectile vers la Terre.

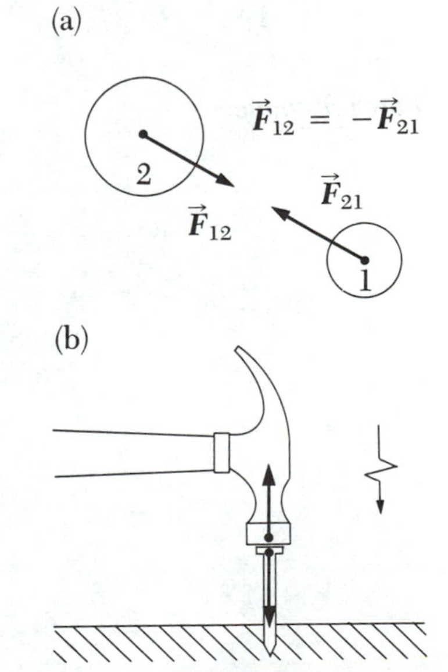

Figure 5.5 La troisième loi de Newton. (a) La force qu'exerce le corps 1 sur le corps 2 est égale et opposée à la force du corps 2 sur le corps 1. (b) La force du marteau sur le clou est égale et opposée à la force du clou sur le marteau.

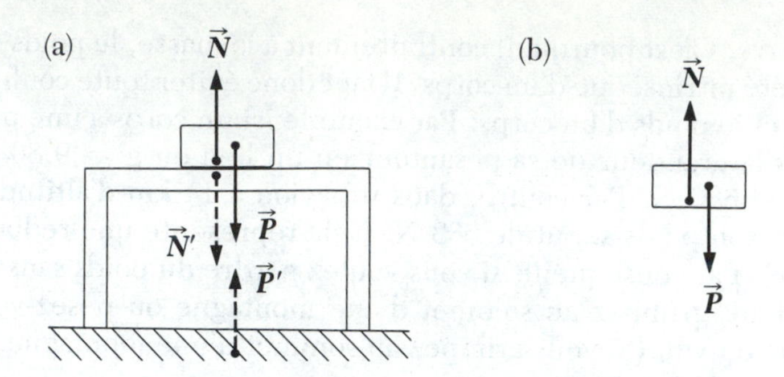

Figure 5.6 Lorsqu'un livre repose sur une table, il subit la force normale $\vec{N}$ et la force gravitationnelle $\vec{P}$, tel qu'illustré en (b). La réaction à $\vec{N}$ est la force exercée par le livre sur la table, soit $\vec{N}'$. La réaction à $\vec{P}$ est la force exercée par le livre sur la Terre, soit $\vec{P}'$.

Cependant, étant donné que la masse de la Terre est énorme, son accélération attribuable à cette force de réaction est négligeable. La figure 5.5b présente un autre exemple de cette notion. La force du marteau sur le clou est égale et opposée à la force du clou sur le marteau.

Pour expérimenter directement la troisième loi de Newton, il suffit de donner un coup de poing sur un mur ou de botter un ballon de football avec le pied nu. Cela devrait permettre d'identifier précisément les forces d'action et de réaction.

Nous avons défini le poids $\vec{P}$ d'un corps comme la force qu'exerce la Terre sur ce corps. Dans le cas d'un livre au repos sur une table (fig. 5.6a), la réaction à $\vec{P}$ est la force qu'exerce le livre sur la Terre, soit $\vec{P}'$. Le livre n'accélère pas puisqu'il est soutenu par la table. Par conséquent, la table exerce sur le livre une force d'action vers le haut, soit $\vec{N}$, que l'on nomme la *force normale*[4]. La force normale s'oppose au poids et procure l'état d'équilibre. La réaction à $\vec{N}$ est la force qu'exerce le livre sur la table, soit $\vec{N}'$. Ainsi, par la troisième loi de Newton,

Force normale

$$\vec{P} = -\vec{P}' \qquad \text{et} \qquad \vec{N} = -\vec{N}'$$

Notons que, comme l'indique la figure 5.6b, le livre est soumis à deux forces extérieures, soit $\vec{P}$ et $\vec{N}$. Ces forces nous intéresseront lorsqu'il s'agira de décrire le mouvement d'un corps. Selon la première loi, nous savons que si le livre est en état d'équilibre ($\vec{a} = 0$) il s'ensuit que $\vec{P} + \vec{N} = 0$ et donc que $P = N = mg$.

5.8 Quelques applications des lois de Newton

Dans cette section, nous allons présenter des exemples simples de l'application des lois de Newton à des corps en équilibre ($\vec{a} = 0$) ou en mouvement rectiligne sous l'influence de forces constantes. Nous supposerons que les

4. On utilise le mot *normal*, car la direction de $\vec{N}$ est toujours *perpendiculaire* à la surface.

corps se comportent comme des particules, de sorte que nous n'aurons pas à tenir compte des mouvements de rotation. Dans cette section, nous ferons également abstraction des effets du frottement. On dira que les surfaces sont *lisses*. Enfin, nous ne tiendrons généralement pas compte de la masse des cordes. Cette approximation nous permet d'affirmer que la grandeur de la force, soit la *tension*, est la même en tout point de la corde.

Tension

Lorsque nous appliquons les lois de Newton à un corps, nous considérons seulement les forces extérieures exercées *sur ce corps*. Par exemple, à la figure 5.6, $\vec{N}$ et $\vec{P}$ sont les deux seules forces qui agissent sur le livre. Les réactions à ces forces, soit $\vec{N}'$ et $\vec{P}'$, agissent respectivement sur la table et sur la Terre, et elles ne figurent donc pas dans l'application de la deuxième loi de Newton au cas du livre.

La force normale, c'est-à-dire la force de la table sur le livre, appartient à une catégorie générale de forces que l'on nomme les *forces de contrainte*. La force exercée sur un objet par une corde tendue est un autre exemple de force de contrainte. Les forces de contrainte représentent des conditions limitatives du mouvement. Dans l'exemple qui suit, le poids et la force normale jouent un rôle très important.

Soit un bloc que l'on tire vers la droite sur la surface lisse et horizontale d'une table, comme à la figure 5.7a. Supposons qu'on vous demande de déterminer l'accélération du bloc et la force qu'exerce la table sur le bloc. Notons d'abord que la force horizontale est transmise au bloc par la corde. Nous utiliserons $\vec{T}$ pour symboliser la force qu'exerce la corde sur le bloc. La grandeur de $\vec{T}$ se nomme la *tension* de la corde. Le cercle pointillé de la figure 5.7a indique qu'il faut isoler le bloc de son environnement. Puisque nous ne voulons considérer que le mouvement du bloc, nous devrons être en mesure d'*identifier toutes les forces extérieures qui agissent sur lui*. Ces forces sont présentées à la figure 5.7b. En plus de la force $\vec{T}$, le diagramme des forces comprend également le poids, $\vec{P}$, et la force normale $\vec{N}$. Comme dans les exemples précédents, $\vec{P}$ correspond à la force gravitationnelle, qui agit vers le bas sur le bloc, et $\vec{N}$ représente la force de la table sur le bloc, qui s'exerce vers le haut. Nous désignerons ce type de diagramme par le terme *diagramme des forces*. L'élaboration de ce diagramme constitue une étape importante dans l'application des lois de Newton. Les *forces de réaction*, soit la force du bloc sur la corde, la force du bloc sur la Terre et la force du bloc sur la table, ne figurent pas dans le diagramme des forces, car elles agissent sur d'*autres* corps que le bloc.

Importance des diagrammes des forces dans l'application des lois de Newton

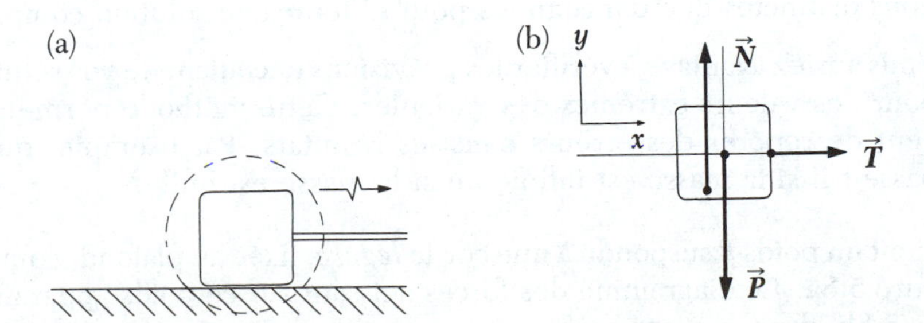

Figure 5.7 (a) Bloc que l'on tire vers la droite sur une surface lisse. (b) Diagramme des forces illustrant les forces extérieures qui s'exercent sur le bloc.

Nous pouvons appliquer au système la forme scalaire de la deuxième loi de Newton. La seule force exercée dans la direction des x est $\vec{T}$. En appliquant $\Sigma F_x = ma_x$ au mouvement horizontal, nous obtenons

$$\Sigma F_x = T = ma_x$$

$$a_x = \frac{T}{m}$$

Cette situation ne présente aucune accélération dans la direction des y. En appliquant $\Sigma F_y = ma_y$, où $a_y = 0$, nous obtenons

$$N - P = 0 \quad \text{ou} \quad N = P$$

La force normale est égale et opposée au poids.

Si $\vec{T}$ est une force connue et *constante*, alors l'accélération, $a_x = T/m$, est également constante. Nous pouvons donc utiliser les équations cinématiques du chapitre 3 pour déterminer le déplacement, Δx, et la vitesse, v, en fonction du temps.

Voici la marche à suivre pour appliquer les lois de Newton:

Marche à suivre pour appliquer les lois de Newton

1. Tracez un diagramme clair et simple du système.
2. Isolez le corps dont vous voulez étudier le mouvement. Tracez un diagramme des forces, soit un diagramme indiquant *toutes les forces extérieures agissant sur le corps.* Dans les sytèmes réunissant plusieurs corps, tracez des diagrammes *distincts* pour chaque corps. Ne représentez pas les forces que le corps exerce sur son environnement.
3. Dressez des axes de coordonnées appropriés pour chaque corps et déterminez les composantes des forces selon ces axes. Appliquez ensuite la deuxième loi de Newton, soit $\Sigma\vec{F} = m\vec{a}$, au moyen des *composantes.* Vérifiez les dimensions pour vous assurer que tous les termes ont des unités de force.
4. Résolvez les équations scalaires. Rappelez-vous qu'il faut autant d'équations distinctes que d'inconnues pour obtenir une solution complète.
5. Vous auriez avantage à vérifier les prévisions découlant de vos solutions pour des valeurs extrêmes des variables. Cette méthode permet souvent de repérer des erreurs dans les résultats. Par exemple, que se passe-t-il si la masse est infinie ou si la masse est nulle?

Soit un poids P suspendu à une corde *légère*, fixée au plafond, comme à la figure 5.8a. Le diagramme des forces agissant sur ce poids apparaît à la figure 5.8b; dans ce diagramme, les forces qui agissent sur le poids sont le poids $\vec{P}$, qui s'exerce vers le bas, et la force de la corde sur le poids, soit $\vec{T}$, qui agit vers le haut. La force $\vec{T}$ représente ici la force de contrainte. (En effet, si

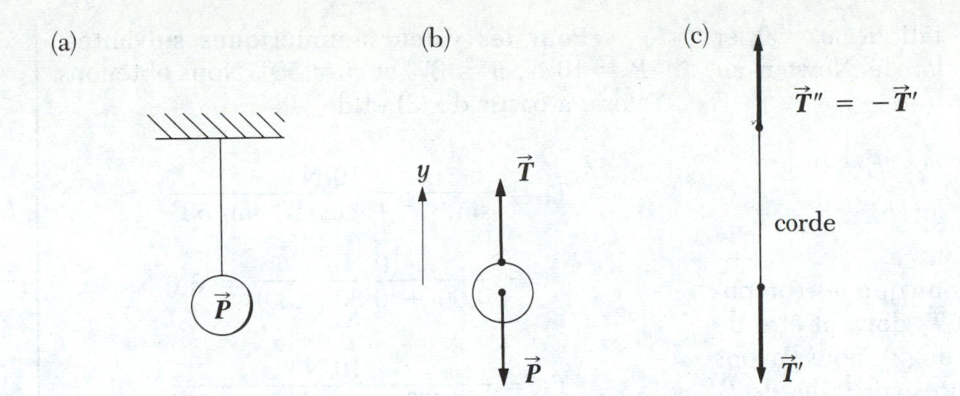

Figure 5.8 (a) On suspend un poids P à l'aide d'une corde légère. (b) Le poids subit la force gravitationnelle, $\vec{P}$, et la tension $\vec{T}$ de la corde. (c) Les forces qui s'exercent sur la corde. On peut dire que $\vec{T}'' = -\vec{T}'$ parce qu'on néglige la masse de la corde, et donc son poids.

l'on coupait la corde, on aurait $\vec{T} = 0$ et le corps tomberait en chute libre.) Notons que les cordes sont toujours sous tension et exercent toujours une force de *traction* sur les objets. Il serait en effet impossible de pousser un chariot à l'aide d'une corde car il faudrait alors la mettre sous compression.

En appliquant la première loi à l'exemple du poids, compte tenu que $\vec{a} = 0$, nous voyons que puisqu'il n'y a aucune force qui s'exerce dans la direction des x, l'équation $\Sigma F_x = 0$ ne nous procure aucune donnée pertinente. Par contre, si nous posons $\Sigma F_y = 0$, nous obtenons

$$\Sigma F_y = T - P = 0 \qquad \text{ou} \qquad T = P$$

Notons que $\vec{T}$ et $\vec{P}$ ne forment *pas* un couple action-réaction, car la force de réaction à $\vec{T}$ est $\vec{T}'$, soit la force qu'exerce le poids sur la corde, comme à la figure 5.8c. La force $\vec{T}'$ est *orientée vers le bas* et sa grandeur est égale à P. Puisque la corde est immobile le plafond exerce à l'autre extrémité une force égale et opposée, soit $\vec{T}'' = -\vec{T}'$, comme à la figure 5.8c.

Exemple 5.2 Un corps au repos

On suspend un poids P à une corde reliée à deux autres cordes, qui sont elles-mêmes fixées au plafond, comme à la figure 5.9a. Les cordes du haut forment des angles θ et ϕ par rapport à l'horizontale. Déterminez les tensions des trois cordes.

Solution: Traçons d'abord un diagramme des forces agissant sur le poids, comme à la figure 5.9b. La corde verticale supporte le poids, et nous avons donc $T_3 = P$. Élaborons maintenant un diagramme des forces sur le noeud, comme à la figure 5.9c. Il s'agit là d'un point stratégique, puisque *toutes les forces en cause agissent sur lui.* Dressons les axes de coordonnées tel qu'indiqué à la figure 5.9c et exprimons les forces à partir de leurs composantes x et y:

Force	composante x	composante y
$\vec{T}_1$	$-T_1 \cos\theta$	$T_1 \sin\theta$
$\vec{T}_2$	$T_2 \cos\phi$	$T_2 \sin\phi$
$\vec{T}_3$	0	$-P$

Puisque le système est statique, $\vec{a} = 0$, et en appliquant la deuxième loi de Newton au *noeud*, nous obtenons:

$$(1)\ \Sigma F_x = T_2 \cos \phi - T_1 \cos \theta = 0$$

$$(2)\ \Sigma F_y = T_1 \sin \theta + T_2 \sin \phi - P = 0$$

À partir de (1) nous constatons que les composantes horizontales de $\vec{T}_1$ et $\vec{T}_2$ doivent être de même grandeur et, à partir de (2), nous voyons que la somme des composantes verticales de $\vec{T}_1$ et $\vec{T}_2$ doit équilibrer le poids. Si nous résolvons (1) et (2) simultanément, nous avons

$$(3)\ T_1 = \frac{P}{\sin \theta + \cos \theta \tan \phi}$$

$$(4)\ T_2 = \frac{P}{\sin \phi + \cos \phi \tan \theta}$$

Pour les valeurs numériques suivantes: $P = 10$ N, $\theta = 37°$ et $\phi = 53°$. Nous obtenons alors, à partir de (3) et de (4):

$$T_1 = \frac{10 \text{ N}}{\sin 37° + \cos 37° \tan 53°}$$

$$= \frac{10 \text{ N}}{0{,}60 + 0{,}80\ (1{,}33)} = 6{,}0 \text{ N}$$

$$T_2 = \frac{10 \text{ N}}{\sin 53° + \cos 53° \tan 37°}$$

$$= \frac{10 \text{ N}}{0{,}80 + 0{,}60\ (0{,}75)} = 8{,}0 \text{ N}$$

Q5. Dans quelle situation aura-t-on $T_1 = T_2$?

Q6. Est-il possible de trouver une situation physique dans laquelle $\theta = \phi = 0°$?

(a)

(b)

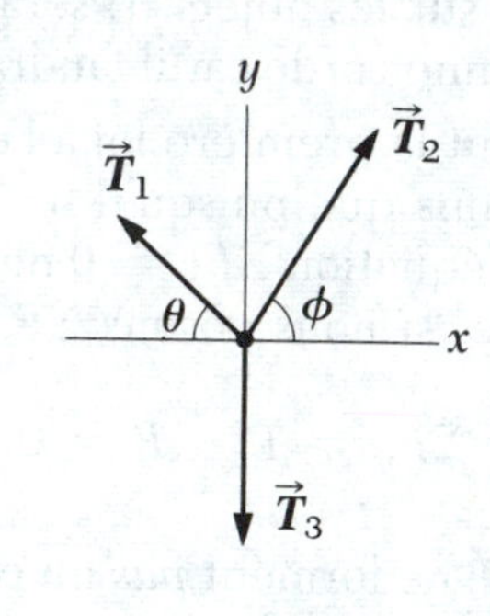

(c)

Figure 5.9 (Exemple 5.2) (a) Poids suspendu au plafond. (b) Diagramme des forces sur le poids. (c) Diagramme des forces sur le noeud.

Exemple 5.3 Un bloc sur un plan incliné à surface lisse

Soit un bloc de masse m, placé sur un plan incliné à surface lisse formant un angle θ, comme à la figure 5.10a. (a) Déterminez l'accélération du bloc lorsqu'il aura été relâché.

La figure 5.10b présente le diagramme des forces exercées sur le bloc, qui se limitent à la force normale $\vec{N}$, agissant perpendiculairement au plan, et au poids $\vec{P}$, agissant à la verticale vers le bas. *Il est pratique de faire coïncider l'axe des x avec le plan incliné et de dresser l'axe des y perpendiculairement au plan incliné.* Parce que le bloc, restant sur le plan, n'a pas de composante d'accélération perpendiculaire à ce plan, ainsi $\Sigma F_y = 0$. Puis, nous remplaçons le vecteur poids par deux composantes: l'une de grandeur $mg \sin \theta$ suivant l'axe *positif* des x et l'autre de grandeur $mg \cos \theta$ dans la direction *négative* des y. En appliquant la deuxième loi de Newton sous forme de composantes nous obtenons:

$$(1)\ \Sigma F_x = mg \sin \theta = ma_x$$

$$(2)\ \Sigma F_y = N - mg \cos \theta = 0$$

À partir de (1) on obtient:

$$(3)\ a_x = g \sin \theta$$

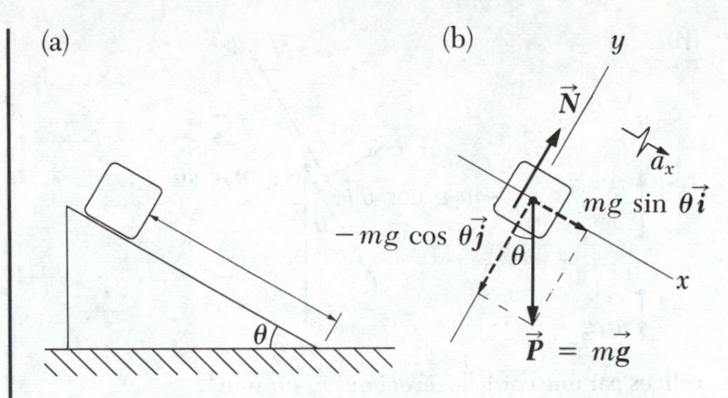

Figure 5.10 (Exemple 5.3) (a) Bloc glissant vers la base d'un plan incliné à surface lisse. (b) Diagramme des forces sur le bloc. Notez que son accélération correspond à g sin θ.

À partir de (2), nous pouvons conclure que la composante du poids perpendiculaire au plan incliné est *équilibrée* par la force normale, ou $N = mg \cos \theta$. L'accélération obtenue en (3) est *indépendante* de la masse du bloc! En effet, elle ne dépend que de l'angle d'inclinaison et de g!

Cas particuliers: Nous voyons que si $\theta = 90°$, alors $a = g$ et $N = 0$. Cela correspond à la situation de chute libre du bloc. De même, si $\theta = 0$, $a_x = 0$ et $N = mg$ (soit sa valeur maximale).

(b) Supposons que le bloc parte du repos au sommet du plan incliné, et que la distance qui le sépare de la base soit *d*. Combien de temps mettra-t-il à atteindre la base du plan incliné et quelle sera alors sa vitesse?

Puisque $a_x =$ constante, nous pouvons appliquer l'équation cinématique $x - x_0 = v_{x0}t + \frac{1}{2}a_xt^2$ au mouvement du bloc. Étant donné que $x - x_0 = d$ et que $v_{x0} = 0$, nous avons

$$d = \frac{1}{2}a_xt^2$$

ou

$$(4) \quad t = \sqrt{\frac{2d}{a_x}} = \sqrt{\frac{2d}{g \sin \theta}}$$

De même, puisque $v_x^2 = v_{x0}^2 + 2a_x(x - x_0)$ et que $v_{x0} = 0$, nous obtenons

$$v_x^2 = 2a_xd$$

$$(5) \quad v_x = \sqrt{2a_xd} = \sqrt{2gd \sin \theta}$$

Encore une fois, t et v_x sont *indépendants* de la masse du bloc. Ces résultats laissent entrevoir la possibilité d'utiliser une méthode simple pour mesurer g en se servant d'un plan incliné à coussin d'air ou un autre type de surface inclinée sans frottement. Il suffirait alors de mesurer l'angle d'inclinaison, la distance parcourue par le bloc et le temps qu'il met à atteindre la base. La valeur de g pourrait alors être calculée à partir de (4) et de (5).

Q7. En utilisant la méthode décrite ci-dessus dans des expériences types de mesure de g, on obtient des valeurs de g qui sont environ 5 % plus petites que sa valeur réelle. Comment pourrait-on expliquer cette différence?

Exemple 5.4

Soit deux masses inégales reliées par une corde légère montée sur une poulie sans frottement et de masse négligeable (figure 5.11a). Le bloc de masse m_2 repose sur une surface lisse et inclinée formant un angle θ. Déterminez l'accélération des deux masses et la tension de la corde.

Solution: Puisque les deux masses sont reliées par une corde (nous supposons qu'elle ne s'étire pas), la grandeur de leur accélération est la même. Les diagrammes des forces exercées sur les deux masses sont présentés aux figures 5.11b et 5.11c. En appliquant à m_1 la deuxième loi de Newton sous sa forme scalaire, tout en *supposant* que l'accélération $\vec{a}$ de cette masse est dirigée vers le haut, nous avons

Équations du mouvement de m_1:

$$(1) \quad \Sigma F_x = 0$$

$$(2) \quad \Sigma F_y = T - m_1g = m_1a$$

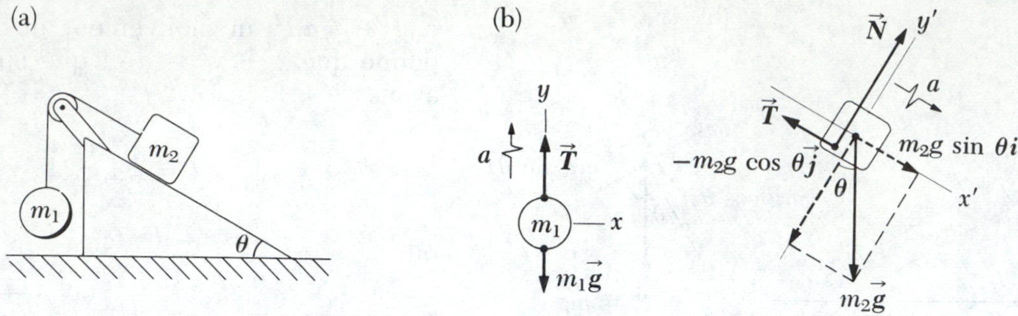

Figure 5.11 (Exemple 5.4) (a) Deux masses reliées par une corde légère montée sur une poulie sans frottement. (b) Diagramme des forces sur m_1. (c) Diagramme des forces sur m_2 (le plan incliné est lisse).

Pour que a soit positif, il faut que $T > m_1g$.

À présent, dans le cas de m_2 il convient de dresser l'axe des x le long du plan incliné, comme à la figure 5.11c. En appliquant la forme scalaire de la deuxième loi de Newton à m_2, nous avons

Équations du mouvement de m_2:

$$(3)\quad \Sigma F_{x'} = m_2g \sin \theta - T = m_2a$$

$$(4)\quad \Sigma F_{y'} = N - m_2g \cos \theta = 0$$

Les formules (1) et (4) ne fournissent aucune donnée sur l'accélération. Cependant, si nous résolvons (2) et (3) simultanément pour a et T, nous obtenons

$$(5)\quad a = \frac{m_2g \sin \theta - m_1g}{m_1 + m_2}$$

et

$$(6)\quad T = \frac{m_1m_2g\,(1 + \sin \theta)}{m_1 + m_2}$$

Notons que m_2 accélère en direction de la base seulement si $m_2 \sin \theta$ est plus grand que m_1 (c'est-à-dire si a est positif comme nous le supposons). Si m_1 est plus grand que $m_2 \sin \theta$, l'accélération de m_2 est dirigée vers le haut et celle de m_1, vers le bas. Remarquons également que le résultat de l'accélération, soit (5), peut être interprété comme la force résultante sur l'ensemble du système divisée par la masse totale du système.

Q8. Si nous posons $m_1 = 10$ kg, $m_2 = 5$ kg et $\theta = 45°$, nous obtenons $a = -4{,}2$ m/s^2. Comment expliquez-vous que le signe soit négatif? T peut-il être négatif?

Exemple 5.5 Machine d'Atwood

Deux masses suspendues à la verticale et reliées par une corde montée sur une poulie sans frottement (figure 5.12a) constituent ce que l'on nomme la *machine d'Atwood*[5]. Déterminez l'accélération des deux masses et la tension de la corde.

Solution: En supposant que m_1 monte (fig. 5.12) et en lui appliquant la deuxième loi de Newton, on a:

$$T - m_1g = m_1a$$

La même loi appliquée à m_2 donne:

$$m_2g - T = m_2a$$

ainsi

$$m_2g - m_1g = (m_1 + m_2)a$$

Notez que le membre gauche de l'équation représente la force résultante sur le système formé des deux masses. On obtient:

$$a = \left(\frac{m_2 - m_1}{m_2 + m_1}\right)g \quad \text{et} \quad T = \left(\frac{2m_1m_2}{m_1 + m_2}\right)g$$

Nous aurions pu aussi obtenir ces solutions en posant $\theta = 90°$ ($\sin 90° = 1$) dans les équations (5) et (6) de l'exemple 5.4.

5. Il se peut que vous ayez l'occasion d'utiliser la machine d'Atwood, en laboratoire, pour mesurer l'accélération gravitationnelle.

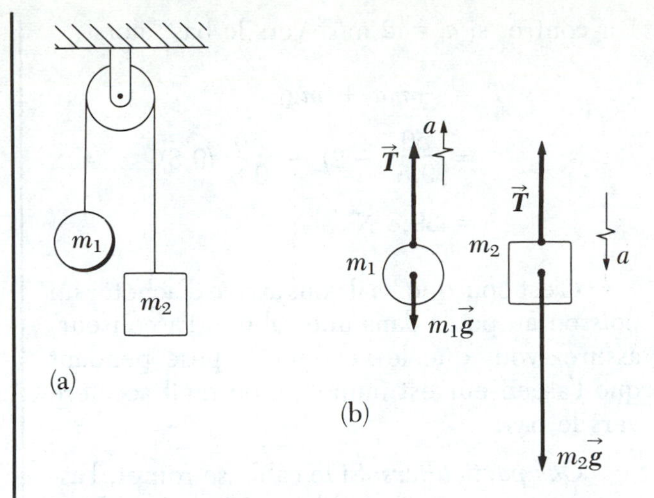

Figure 5.12 (Exemple 5.5) Machine d'Atwood. (a) Deux masses reliées par une corde légère montée sur une poulie sans frottement. (b) Diagramme des forces sur m_1 et m_2.

Par exemple, si $m_1 = 2{,}0$ kg et que $m_2 = 4{,}0$ kg, alors $a = g/3 = 3{,}3$ m/s² et $T = 26$ N.

Cas particuliers: Notons que si $m_1 = m_2$, alors $a = 0$ et $T = m_1g = m_2g$, tel que prévu dans le cas de l'état statique. De même, si $m_2 \gg m_1$, alors $a \approx g$ (un corps en chute libre) et $T \approx 2m_1g$.

Exemple 5.6

Pesée dans un ascenseur: Supposons qu'une personne pèse un poisson à l'aide d'une balance à ressort fixée au plafond d'un ascenseur (figure 5.13). Démontrez que si l'ascenseur accélère ou décélère, la balance à ressort n'indiquera pas le poids réel du poisson.

Solution: Les forces extérieures agissant sur le poisson sont les suivantes: $\vec{P}$, qui correspond au poids réel du poisson et $\vec{T}$, qui est la force de contrainte (dirigée vers le haut) de la balance sur le poisson. Selon la troisième loi de Newton, la grandeur T correspond également à la grandeur indiquée par la balance à ressort. Si l'ascenseur est au repos ou se déplace à vitesse constante, alors le poisson ne subit pas d'accélération et $T = P = mg$ (où $g = 9{,}8$ m/s²). Par contre, si l'ascenseur se déplace vers le haut en ayant une accélération $\vec{a}$ par rapport à un observateur se trouvant à l'extérieur, dans un système inertiel (fig. 5.13a), alors l'application de la deuxième loi de Newton au poisson donne:

(1) $T - P = ma$

$T = P + ma$

(si $\vec{a}$ est dirigé vers le haut)

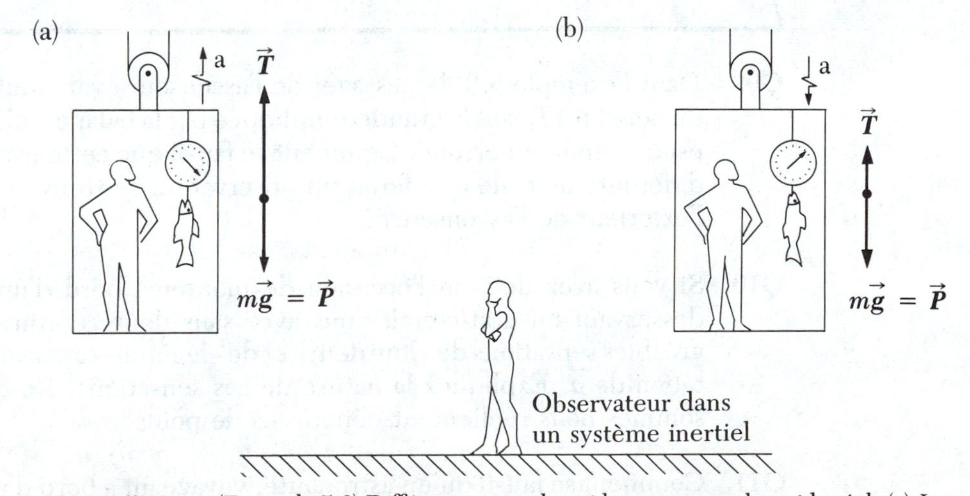

Figure 5.13 (Exemple 5.6) Différence entre le poids apparent et le poids réel. (a) Lorsque l'ascenseur accélère vers le *haut*, la balance à ressort indique une valeur *plus grande* que le poids réel. (b) Par contre, lorsqu'il accélère vers le *bas*, la balance indique une valeur *plus petite* que le poids réel. La balance à ressort indique le *poids apparent*. (La force résultante sur le ressort.)

De même, si l'ascenseur accélère vers le bas, comme à la figure 5.13b, la deuxième loi de Newton devient alors

$$(2)\quad P - T = ma$$

$$T = P - ma$$

(si $\vec{a}$ est dirigé vers le bas)

Nous pouvons donc conclure à partir de (1) que la grandeur T, indiquée par la balance, sera supérieure au poids réel P, si $\vec{a}$ est dirigé vers le haut. À partir de (2), nous voyons que T sera plus petit que P si $\vec{a}$ est dirigé vers le bas.

Par exemple, si le poids réel du poisson est de 50 N alors $m = \frac{P}{g} = \frac{50}{9,8}$ et si $a = 2\ \text{m/s}^2$ vers le haut, alors la balance indiquera

$$T = ma + mg$$

$$= \frac{50}{9,8}(2) + \frac{50}{9,8}(9,8)$$

$$= 60,2\ \text{N}$$

Par contre, si $a = 2\ \text{m/s}^2$ vers le bas, alors

$$T = -ma + mg$$

$$= \frac{50}{9,8}(-2) + \frac{50}{9,8}(9,8)$$

$$= 39,8\ \text{N}$$

C'est pourquoi, s'il vous arrive d'acheter un poisson au poids dans une cabine d'ascenseur, assurez-vous que le vendeur le pèse pendant que l'ascenseur est immobile ou qu'il accélère vers le bas...

Cas particuliers: Si le câble se rompt, l'ascenseur tombe en chute libre avec une accélération égale à g. Puisque $P = mg$, nous voyons, à partir de (2), que le poids apparent devient $T = 0$, et que par conséquent, le poisson semble en état d'*apesanteur*. Si pendant sa *chute*, l'ascenseur a une accélération vers le bas *supérieure* à g, alors le poisson (de même que les passagers) ira frapper le plafond de l'ascenseur, car son accélération demeurera celle d'un corps en chute libre par rapport à un observateur extérieur.

Q9. Dans l'exemple 5.6, le passager de l'ascenseur évaluerait le «poids» du poisson à T, soit la grandeur indiquée par la balance, alors que cela est évidemment erroné. Comment se fait-il que cette évaluation soit différente de celle que ferait un observateur se trouvant au repos à l'extérieur de l'ascenseur?

Q10. Si vous avez déjà eu l'occasion de monter à bord d'un ascenseur desservant un gratte-ciel, vous avez sans doute éprouvé les désagréables sensations de «lourdeur» et de «légèreté» associées à l'orientation de $\vec{a}$. Expliquez la nature de ces sensations. En chute libre, sommes-nous réellement dépourvus de poids?

Q11. Comment se fait-il qu'un astronaute, voyageant à bord d'une capsule en orbite autour de la Terre, éprouve une sensation d'apesanteur? Rappelons-nous qu'une particule qui décrit un mouvement sur une orbite circulaire subit une accélération centripète égale à v^2/r et que la *seule* force extérieure agissant sur l'astronaute est son poids.

5.9 *Forces de frottement*

Lorsqu'un corps se déplace sur une surface ou dans un fluide, tel que l'air ou l'eau, il se produit une résistance au mouvement attribuable à l'interaction entre le corps et son environnement que l'on nomme *force de frottement*. Des forces de ce genre jouent un rôle très important dans la vie courante. Par exemple, ce sont les forces de frottement qui nous permettent de marcher, de courir et de nous déplacer à l'aide de véhicules sur roues (automobile, motocyclette, bicyclette, etc.).

Soit un bloc posé sur une table horizontale (figure 5.14a). Si nous exerçons sur lui une force horizontale $\vec{F}$ dirigée vers la droite, le bloc demeurera immobile si $\vec{F}$ n'est pas très grande. La force qui empêche le bloc de se déplacer est la *force de frottement* f, qui s'exerce vers la gauche. Tant que le bloc est en état d'équilibre, $f = F$ et puisqu'il ne bouge pas, nous disons que cette force de frottement est une *force de frottement statique*, soit $\vec{f}_s$. L'expérience montre que cette force provient de la rugosité des surfaces de contact, qui ne se touchent qu'en quelques points, comme l'indique le «gros plan» des surfaces à la figure 5.14a. En fait, l'analyse microscopique des phénomènes de frottement est très complexe (elle exige la physique quantique), car à la limite il faut faire intervenir les forces électrostatiques entre les atomes ou les molécules des surfaces en contact.

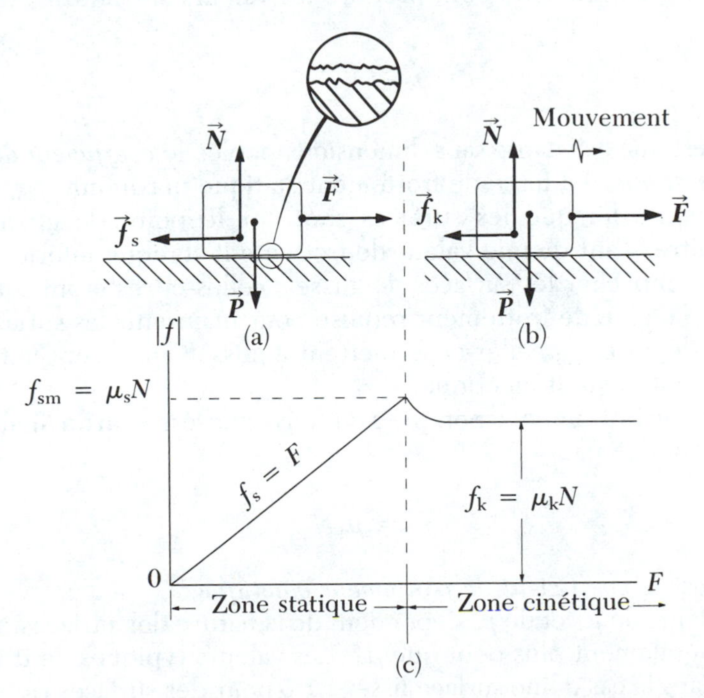

Figure 5.14 La force de frottement, $\vec{f}$, entre un bloc et une surface rugueuse est opposée à la force $\vec{F}$ exercée sur le bloc. (a) La force de frottement statique est égale à la force exercée. (b) Lorsque la force exercée est supérieure à la force de frottement cinétique, le bloc subit une accélération vers la droite. (c) Représentation graphique de la force exercée par rapport à la grandeur de la force de frottement. Notez que $f_{sm} > f_k$.

Si nous augmentons la grandeur de $\vec{F}$, comme à la figure 5.14b, le bloc commencera éventuellement à glisser. Lorsqu'il est sur le point de se mettre en mouvement, f_s atteint une valeur maximale f_{sm}. Lorsque $F > f_{sm}$, le bloc se déplace et accélère vers la droite. Pendant que le bloc se déplace, la force de frottement devient *inférieure* à f_{sm} (fig. 5.14c). Nous nommerons *force cinétique de frottement* soit f_k, la force qui ralentit le mouvement pendant que le bloc se déplace. La force résultante dans la direction des x, soit $F - f_k$, produit une accélération vers la droite. Si $F = f_k$, le bloc se déplace vers la droite à vitesse constante. Si la force cesse d'agir, alors la force de frottement exercée vers la gauche entraînera la décélération du bloc, qui reviendra éventuellement au repos.

En simplifiant les choses, nous pouvons considérer que la force de frottement cinétique est inférieure à f_{sm} à cause de la réduction de rugosité des deux surfaces durant le mouvement. En effet, lorsque le corps est immobile, on dit que les points de contact entre les surfaces sont *soudés à froid*. Par contre, lorsqu'il se déplace, ces petites soudures se brisent et la force de frottement diminue.

L'expérience montre que les deux types de forces de frottement, soit f_s et f_k, sont *proportionnelles à la force normale exercée sur le bloc* et qu'elles dépendent du degré de rugosité des surfaces en contact. On peut résumer les observations expérimentales de la façon suivante:

1. La force de frottement statique entre deux surfaces en contact agit sur chacune des surfaces de manière à les empêcher de glisser l'une sur l'autre et son intensité peut prendre les valeurs suivantes:

Force de frottement statique

5.10 $$f_s \leq \mu_s N$$

où μ_s est une constante sans dimension appelée le *coefficient de frottement statique*. La force de frottement statique maximum, $f_{sm} = \mu_s N$, est atteinte lorsque les surfaces sont sur le point de glisser l'une sur l'autre. Tant qu'une valeur de frottement statique inférieure à f_{sm} suffit à empêcher les surfaces de glisser, celles-ci resteront solidaires. Quand la force de frottement requise pour maintenir les surfaces solidaires dépasse f_{sm} celles-ci se mettent à glisser l'une sur l'autre et le frottement devient cinétique.

2. La force de frottement cinétique a un sens opposé à celui du mouvement et est donnée par

Force de frottement cinétique

5.11 $$f_k = \mu_k N$$

où μ_k est le *coefficient de frottement cinétique*.

3. Les valeurs de μ_k et de μ_s dépendent de la nature des surfaces, mais μ_k est généralement plus petit que μ_s. Les valeurs typiques de μ vont de 0,01, dans le cas d'une surface lisse, à 1,5 pour des surfaces rugueuses.

En outre, les coefficients de frottement sont pratiquement indépendants de la grandeur des surfaces en contact. Bien que le coefficient de frottement cinétique varie en fonction de la vitesse, nous ferons abstraction de ces variations.

Exemple 5.7

Détermination expérimentale de μ_s et de μ_k: Dans cet exemple, nous allons décrire une méthode simple pour mesurer les coefficients de frottement entre un corps et une surface rugueuse. Supposons que ce corps soit un petit bloc posé sur une surface inclinée, comme à la figure 5.15. On augmente l'angle d'inclinaison jusqu'à ce que le bloc se mette à glisser. En mesurant l'angle critique θ_c auquel le glissement se produit, nous pouvons déterminer la valeur de μ_s. Notons que les seules forces agissant sur le bloc sont la force normale $\vec{N}$, le poids $m\vec{g}$ du bloc et la force $\vec{f}$ du frottement statique. Si l'axe des x est parallèle au plan et que l'axe des y lui est perpendiculaire, l'application de la deuxième loi de Newton donne

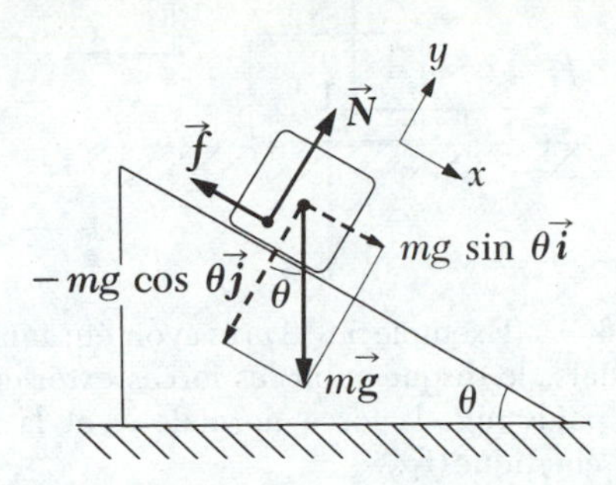

Figure 5.15 (Exemple 5.7) Les forces extérieures qui s'exercent sur un bloc posé sur un plan incliné à surface rugueuse comprennent: le poids $m\vec{g}$, la force normale $\vec{N}$ et la force de frottement $\vec{f}$. Notez que le vecteur poids comporte une composante suivant le plan incliné, soit $mg \sin \theta$, et une composante perpendiculaire au plan incliné, soit $mg \cos \theta$.

Cas statique:

$$(1)\ \Sigma F_x = mg \sin \theta - f_s = 0$$

$$(2)\ \Sigma F_y = N - mg \cos \theta = 0$$

Dans l'équation (1), nous pouvons éliminer mg en lui substituant $mg = N/\cos \theta$ de l'équation (2), ce qui donne

$$(3)\ f_s = mg \sin \theta = \left(\frac{N}{\cos \theta}\right) \sin \theta = N \tan \theta$$

Lorsque le plan incliné atteint l'angle critique θ_c, $f_s = f_{sm} = \mu_s N$, et nous pouvons donc dire qu'à cet angle, l'équation (3) devient

$$\mu_s N = N \tan \theta_c$$

$$\mu_s = \tan \theta_c$$

Par exemple, si nous déterminons que le glissement du bloc ne survient qu'à $\theta_c = 20°$, alors $\mu_s = \tan 20° = 0{,}364$. Dès que le bloc commence à glisser à $\theta \geq \theta_c$, il subit une accélération vers la base du plan incliné et la force de frottement est $f_k = \mu_k N$. Cependant, si nous réduisons l'angle θ à une grandeur inférieure à θ_c, nous sommes en mesure de déterminer un angle θ_c' tel que le bloc se déplace à vitesse constante ($a_x = 0$). Dans ce cas, en utilisant les équations (1) et (2) et en remplaçant f_s par f_k, nous avons

Cas cinétique: $\mu_k = \tan \theta_c'$

où $\theta_c' < \theta_c$.

Reproduisez cette expérience simple en remplaçant le bloc par une pièce de monnaie et en utilisant un cahier comme plan incliné. De même, répétez l'expérience en remplaçant la pièce de monnaie par deux pièces de monnaie assemblées à l'aide d'un ruban adhésif; cette expérience permet de démontrer que l'angle critique est le même indépendamment de la masse qui glisse.

Exemple 5.8 Mouvement d'une rondelle de hockey

Un joueur de hockey imprime une vitesse initiale v_0 à la rondelle grâce à un lancer-frappé exécuté sur la surface gelée d'une patinoire. Si la rondelle demeure sur la glace et se déplace en ligne droite sur une distance x avant de s'immobiliser, déterminez le coefficient de frottement cinétique entre la rondelle et la surface glacée.

Solution: La figure 5.16 indique les forces qui agissent sur la rondelle lorsqu'elle est en mouve-

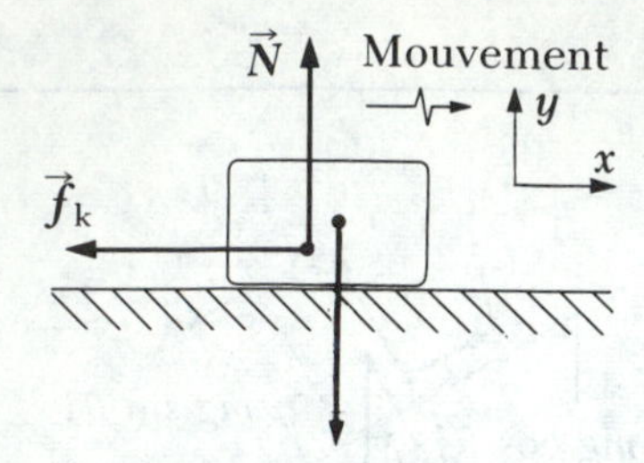

Figure 5.16 (Exemple 5.8) *Après* avoir été animé d'une vitesse initiale, le disque subit les forces extérieures suivantes: le poids $m\vec{g}$, la force normale $\vec{N}$ et la force de frottement cinétique $\vec{f}_k$.

ment. En supposant que la force de frottement $\vec{f}_k$ demeure constante, elle provoque une décélération uniforme de la rondelle. En utilisant la forme scalaire de la deuxième loi de Newton, nous obtenons

$$(1)\ \Sigma F_x = -f_k = ma$$

$$(2)\ \Sigma F_y = N - mg = 0 \quad (a_y = 0)$$

Mais $f_k = \mu_k N$, et à partir de (2) nous constatons que $N = mg$. Par conséquent, (1) devient

$$-\mu_k N = -\mu_k mg = ma$$

$$a = -\mu_k g$$

L'accélération est dirigée vers la gauche et freine la rondelle; de plus, elle est indépendante de la masse de la rondelle et elle est *constante* puisque nous supposons que μ_k demeure constant.

L'accélération étant constante, nous pouvons à présent utiliser l'équation de la cinématique $v^2 = v_0{}^2 + 2ax$ avec la vitesse finale $v = 0$. Nous obtenons

$$v_0{}^2 + 2ax = v_0{}^2 - 2\mu_k gx = 0$$

$$\mu_k = \frac{v_0{}^2}{2gx}$$

Dans notre exemple, si nous avons $v_0 = 20$ m/s et $x = 120$ m, nous obtenons

$$\mu_k = \frac{(20 \text{ m/s})^2}{2(9{,}80 \text{ m/s}^2)(120 \text{ m})} = \frac{400}{2{,}35 \times 10^3} = 0{,}170$$

Notons que μ_k n'a pas de dimension.

Exemple 5.9

Un bloc de masse m_1, posé sur une surface horizontale rugueuse, est relié à une deuxième masse, m_2, par une corde légère montée sur une poulie, comme l'indique la figure 5.17a. La masse m_1 subit une force de grandeur F dont l'action est telle qu'illustrée. Le coefficient de frottement cinétique entre m_1 et la surface est μ. Déterminez l'accélération des masses et la tension de la corde.

Solution: Traçons d'abord un diagramme des forces pour m_1 et pour m_2, comme dans les figures 5.16b et 5.17c. Notons que les composantes de la force $\vec{F}$ sont $F_x = F \cos\theta$ et $F_y = F \sin\theta$. Par conséquent, N *n'est pas* égal à $m_1 g$. En appliquant la deuxième loi de Newton aux deux masses de notre exemple, et en *supposant* que le mouvement de m_1 soit dirigé vers la droite, nous obtenons

Pour m_1:

$$\Sigma F_x = F\cos\theta - f_k - T = m_1 a$$

$$(1)\ \Sigma F_y = N + F\sin\theta - m_1 g = 0$$

Pour m_2:

$$\Sigma F_x = 0$$

$$(2)\ \Sigma F_y = T - m_2 g = m_2 a$$

Mais $f_k = \mu N$, et à partir de (1), nous avons $N = m_1 g - F\sin\theta$; par conséquent

$$(3)\ f_k = \mu(m_1 g - F\sin\theta)$$

La force de frottement est *réduite* à cause de la composante y positive de $\vec{F}$. En substituant (3) et la valeur de T de l'équation (2) dans l'équation (1), nous obtenons

$$F\cos\theta - \mu(m_1 g - F\sin\theta) - m_2(a + g) = m_1 a$$

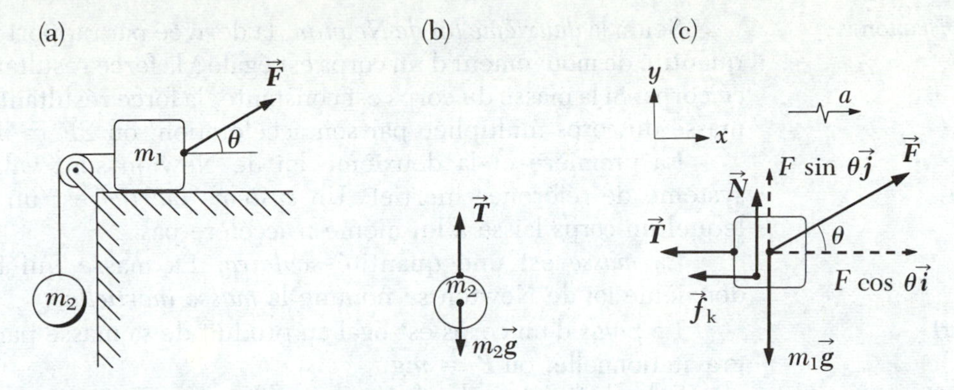

Figure 5.17 (Exemple 5.9) (a) Lorsque la force extérieure $\vec{F}$ est exercée comme à la figure (a), elle peut causer l'accélération de m_1 vers la droite. (b) et (c) Diagrammes des forces, à supposer que m_1 accélère vers la droite alors que m_2 accélère vers le haut. Notez que, dans ce cas, la force de frottement cinétique est donnée par $f_k = \mu_k N = \mu_k (m_1 g - F \sin \theta)$.

En isolant a, on a

$$(4) \quad a = \frac{F(\cos \theta + \mu \sin \theta) - g(m_2 + \mu m_1)}{m_1 + m_2}$$

Nous pouvons alors déterminer T en substituant cette valeur de a dans l'équation (2). Notons que l'accélération de m_1 pourrait s'effectuer vers la droite ou vers la gauche[6], selon que le signe du numérateur est positif ou négatif en (4). Si le mouvement de m_1 s'effectue vers la *gauche*, nous devons changer le signe de f_k, car la force de frottement s'exerce *toujours dans le sens opposé* du mouvement. La valeur de a reste la même qu'en (4), mais μ est alors remplacé par $-\mu$.

Q12. Bien que l'on puisse réduire la force de frottement entre deux surfaces en les rendant plus lisses, cette force *augmentera* de nouveau si les surfaces deviennent extrêmement lisses et planes. Comment expliquer ce phénomène? (Songez à la cause véritable du frottement.)

Q13. Comment se fait-il que la force de frottement soit moins considérable dans le cas d'un corps que l'on roule sur une surface que lorsqu'il s'agit d'un mouvement de glissement? (Songez au modèle des soudures à froid.)

5.10 Résumé

Première loi de Newton

Selon la *première loi de Newton*, en l'absence de force extérieure agissant sur lui, tout corps au repos demeure au repos et tout corps animé d'un mouvement rectiligne uniforme conserve ce mouvement.

6. Un examen attentif de l'équation (4) nous indique que lorsque $\mu m_1 > m_2$, il existe un domaine des valeurs de $\vec{F}$ pour lesquelles aucun mouvement ne se produit à un angle θ donné.

Deuxième loi de Newton

Selon la *deuxième loi de Newton*, la dérivée par rapport au temps de la quantité de mouvement d'un corps est égale à la force résultante qui agit sur ce corps. Si la masse du corps est constante, la force résultante est égale à la masse du corps multipliée par son accélération, ou $\Sigma\vec{F} = m\vec{a}$.

Système inertiel

La première et la deuxième loi de Newton sont valables dans un système de référence inertiel. Un *système inertiel* est un système dans lequel un corps laissé à lui-même n'accélère pas.

La *masse* est une quantité *scalaire*. La masse qui figure dans la deuxième loi de Newton se nomme la *masse inertielle*.

Poids (pesanteur)

Le *poids* d'un corps est égal au produit de sa masse par l'accélération gravitationnelle, ou $\vec{P} = m\vec{g}$.

Troisième loi de Newton

Selon la *troisième loi de Newton*, s'il y a interaction entre deux corps, la force qu'exerce le corps 1 sur le corps 2 est égale et opposée à la force exercée par le corps 2 sur le corps 1. Par conséquent, une force unique isolée ne peut pas exister dans la nature.

Forces de frottement

La *force maximale de frottement statique*, $\vec{f}_{sm}$, entre un corps et une surface rugueuse, est proportionnelle à la force normale que le corps exerce sur cette surface. Cette force maximale survient lorsque le corps est sur le point de glisser. $f_{sm} = \mu_s N$, où μ_s représente le *coefficient de frottement statique*. Lorsqu'un corps glisse sur une surface lisse, la *force de frottement cinétique*, $\vec{f}_k$, est opposée au mouvement et est également proportionnelle à la force normale. La grandeur de cette force est donnée par $f_k = \mu_k N$, où μ_k représente le coefficient de frottement cinétique. Habituellement, $\mu_k < \mu_s$.

Importance des diagrammes des forces

Comme nous l'avons vu au cours du chapitre, pour appliquer la deuxième loi de Newton à un système mécanique, il faut d'abord identifier toutes les forces qui s'exercent sur le système. Il faut donc être en mesure de dresser le diagramme des forces approprié à la situation. On ne saurait trop insister sur l'importance de bien construire le diagramme des forces. La figure 5.18 présente un certain nombre de systèmes mécaniques accompagnés de leurs représentations sous forme de diagrammes des forces. Examinez attentivement ces illustrations, puis procédez à la construction de diagrammes des forces correspondant à d'autres systèmes mécaniques décrits dans les exercices. Lorsqu'un système comporte plus d'un élément, il est important de construire un diagramme pour *chaque* élément.

Comme toujours, $\vec{F}$ représente la force qui s'exerce, $\vec{P} = m\vec{g}$ représente le poids, $\vec{N}$ symbolise la force normale, $\vec{f}$ est la force de frottement et $\vec{T}$ est la tension.

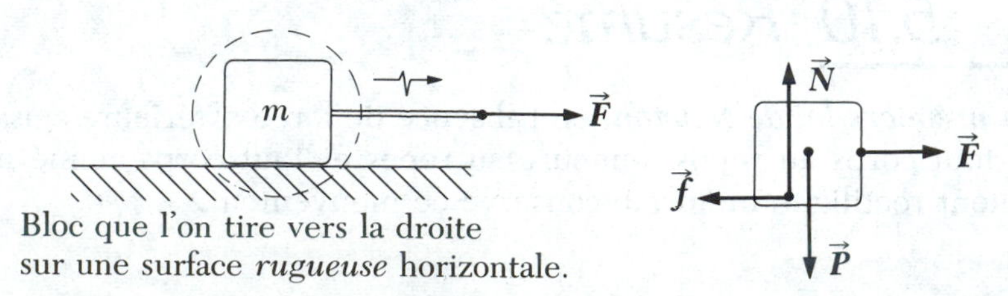

Figure 5.18 Diverses configurations mécaniques (à gauche) et leurs représentations sous forme de diagrammes des forces (à droite).

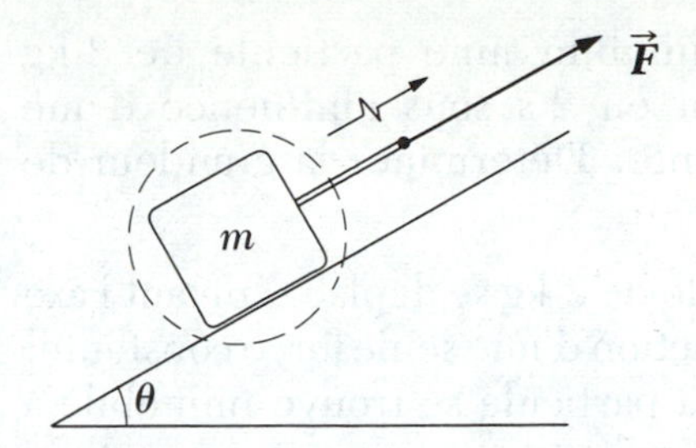

Bloc que l'on tire vers le sommet d'un plan incliné à surface *rugueuse*.

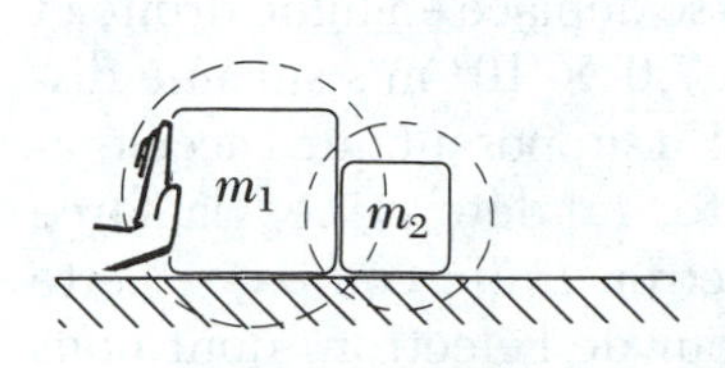

Deux blocs en contact, que l'on pousse vers la droite sur une surface lisse.

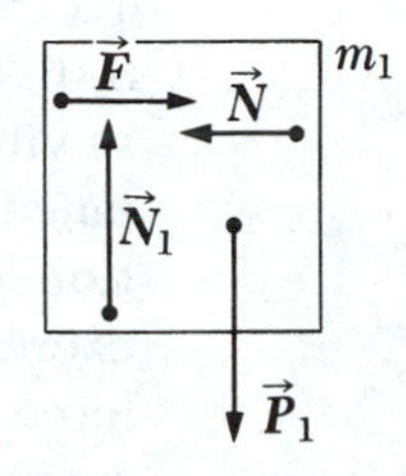

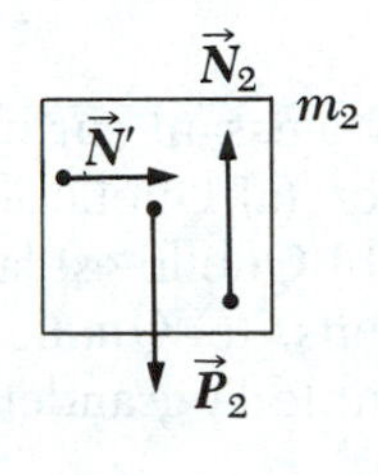

À noter: $\vec{N} = -\vec{N}'$ puisqu'ils constituent un couple action-réaction.

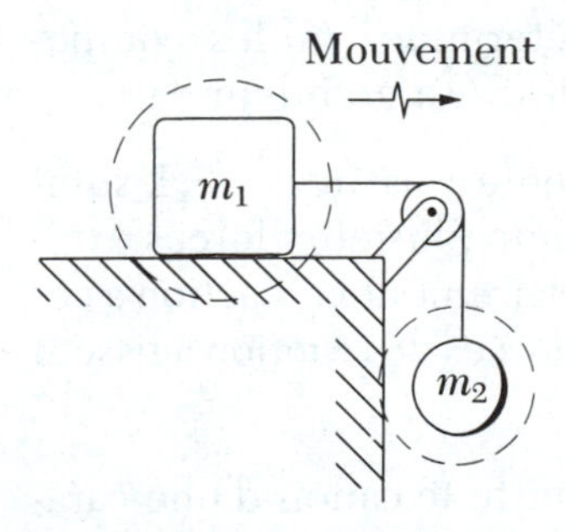

Deux blocs reliés par une corde légère. La surface est rugueuse et la poulie, sans frottement.

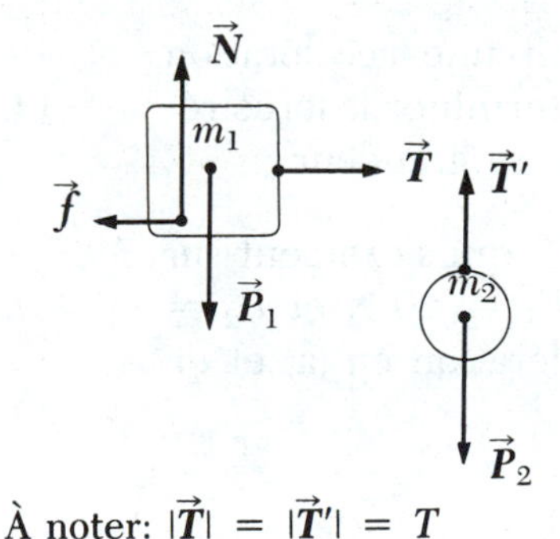

À noter: $|\vec{T}| = |\vec{T}'| = T$

Figure 5.18 (suite)

Exercices

Sections 5.1 à 5.7

1. Soit une force $\vec{F}$ qui s'exerce sur un objet de masse m_1 et lui imprime une accélération de 2 m/s^2. Si l'on applique cette même force à un autre objet, de masse m_2, on constate une accélération de 6 m/s^2. (a) Quelle est la valeur du rapport m_1/m_2? (b) Si m_1 et m_2 étaient reliés, quelle serait leur accélération sous l'influence de la force $\vec{F}$?

2. Soit un objet pesant 25 N au niveau de la mer, où g = 9,8 m/s^2. Combien cet objet pèserait-

il sur une planète X, où l'accélération gravitationnelle serait de 3,5 m/s^2?

3. Quel est le poids d'une personne dont la masse est de 127 kg? Cette personne est-elle beaucoup plus lourde que la moyenne?

4. Donnez en newtons l'ordre de grandeur du poids des objets suivants: une cigarette, un piano, une grue mécanique, un marteau et une plume d'oie.

5. Si un objet a une masse de 200 g, quel est son poids en newtons?

6. Soit une force de 10 N agissant sur un corps ayant une masse de 2 kg. (a) Quelle accélération le corps subit-il? (b) Quelle est la pesanteur du corps en newtons? (c) Quelle est son accélération si l'on double la grandeur de la force?

7. Un objet de 6 kg subit une accélération de 2 m/s^2. (a) Quelle est la grandeur de la force résultante qui s'exerce sur l'objet? (b) Si l'on appliquait cette force à un objet de 4 kg, quelle accélération obtiendrait-on?

8. Une masse de 3 kg subit une accélération $\vec{a} = (2\vec{i} + 5\vec{j})$ m/s^2. Déterminez la force résultante $\vec{F}$, de même que sa grandeur.

9. Soit deux forces, $\vec{F}_1$ et $\vec{F}_2$, qui s'exercent sur une masse de 5 kg. Si $F_1 = 20$ N et $F_2 = 15$ N, déterminez l'accélération en (a) et en (b) de la figure 5.19.

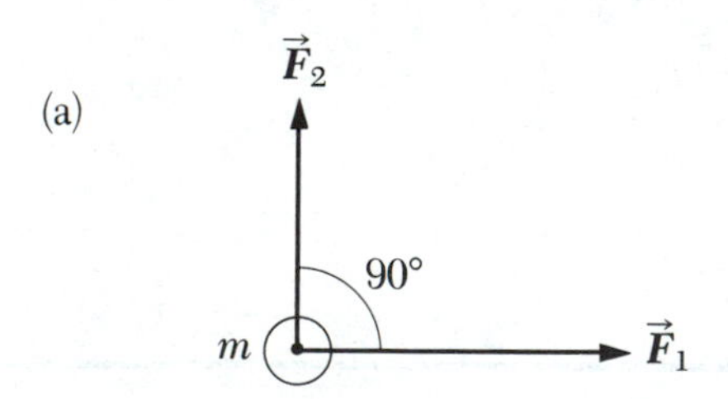

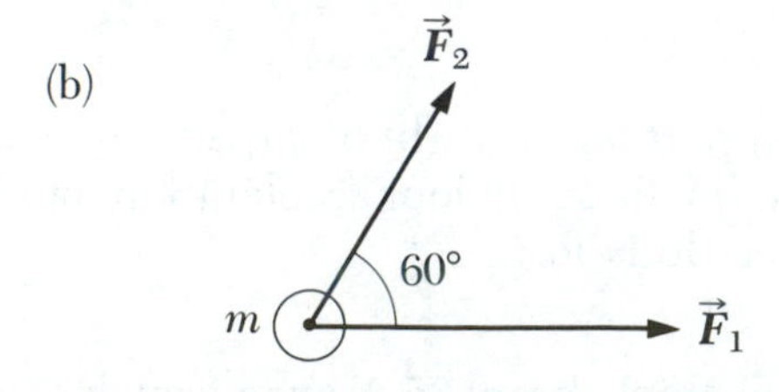

Figure 5.19 (Exercice 9).

10. D'abord immobile, une particule de 3 kg franchit 4 m en 2 s sous l'influence d'une force constante. Déterminez la grandeur de cette force.

11. Une particule de 2 kg se déplace suivant l'axe des x sous l'action d'une seule force constante. Si à $t = 0$ la particule se trouve immobile à l'origine et qu'à $t = 2$ s sa vitesse est de $-8{,}0\vec{i}$ m/s, quelle est la grandeur et l'orientation de la force?

12. Soit un électron ayant une masse de $9{,}1 \times 10^{-31}$ kg animé d'une vitesse initiale de $3{,}0 \times 10^5$ m/s. Il se déplace en ligne droite et sa vitesse passe à $7{,}0 \times 10^5$ m/s sur une distance de 5,0 cm. En supposant que l'accélération est constante, (a) déterminez la force exercée sur l'électron et (b) comparez cette force à la pesanteur de l'électron, dont nous avons fait abstraction.

13. Un objet de 4 kg a une vitesse de $3\vec{i}$ m/s à un instant donné. Huit secondes plus tard, sa vitesse est de $(8\vec{i} + 10\vec{j})$ m/s. À supposer que l'objet ait subi l'action d'une force résultante constante, déterminez (a) les composantes de la force et (b) sa grandeur.

14. Chaque objet présenté à la figure 5.1 subit l'influence d'une ou de plusieurs forces extérieures. Identifiez clairement la réaction à ces forces. (À noter: les forces de réaction agissent sur d'autres objets.)

15. Au moment où il quitte le canon d'une carabine, un projectile de 15 g est animé d'une vitesse de 800 m/s. Si le canon fait 75 cm de longueur, déterminez la force qui produit l'accélération du projectile, en supposant que cette accélération est constante. (À noter: la force réelle s'exerce en un laps de temps plus court et par conséquent sa grandeur est supérieure au résultat de notre estimation.)

16. Quelqu'un tient une balle dans sa main. (a) Identifiez toutes les forces extérieures auxquelles la balle est soumise, de même que les forces de réaction correspondantes. (b) Si on laisse tomber la balle, à quelle force est-elle soumise durant sa chute? Identifiez la force de réaction dans ce cas. (Faites abstraction de la résistance de l'air.)

17. Un camion de 3 tonnes imprime une accélération de 1 m/s^2 à une remorque de 10 tonnes. Si ce camion exerce la même traction sur une remorque de 15 tonnes, quelle accélération lui procurera-t-il? (1 tonne métrique = 1 000 kg)

18. Soit un bloc de 7 kg au repos sur le plancher. (a) Quelle force le plancher exerce-t-il sur le bloc? (b) Supposons que l'on attache le bloc à l'aide d'une corde montée sur une poulie et qu'on relie l'autre extrémité de la corde à une masse de 5 kg suspendue en l'air, quelle force le plancher exercerait-il alors sur le bloc de 7 kg? Si l'on remplace la masse de 5 kg décrite en (b) par une masse de 10 kg, quelle sera la force du plancher sur le bloc de 7 kg?

Section 5.8 Quelques applications des lois de Newton

19. Déterminez la tension de chaque corde dans les systèmes présentés à la figure 5.20. (Faites abstraction de la masse des cordes.)

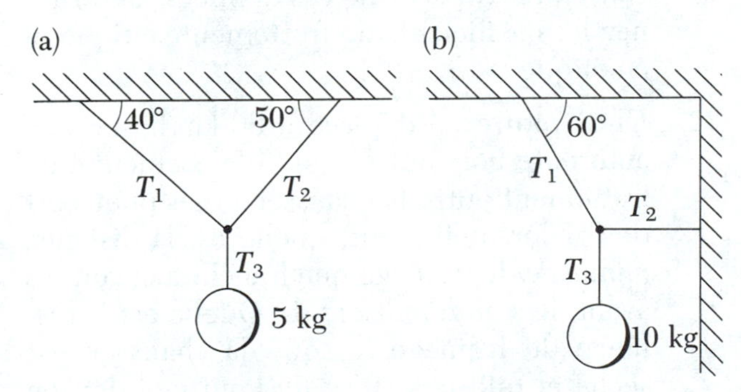

Figure 5.20 (Exercice 19).

20. Les systèmes présentés à la figure 5.21 sont en équilibre. Si les balances à ressort sont calibrées en newtons, qu'indiquent-elles dans chaque cas? (Faites abstraction de la masse des poulies et des cordes et supposez que la surface inclinée est lisse.)

21. Soit une masse de 100 kg attachée au centre d'une corde résistante; deux personnes se placent aux extrémités de la corde et tentent de soulever la masse en tirant dans des directions opposées, comme l'indique la figure 5.22. (a) Quelle force $\vec{F}$ chaque personne doit-elle exercer pour réussir à soulever la masse? (b) En tirant, peuvent-elles réussir à tendre la corde à l'horizontale? Expliquez.

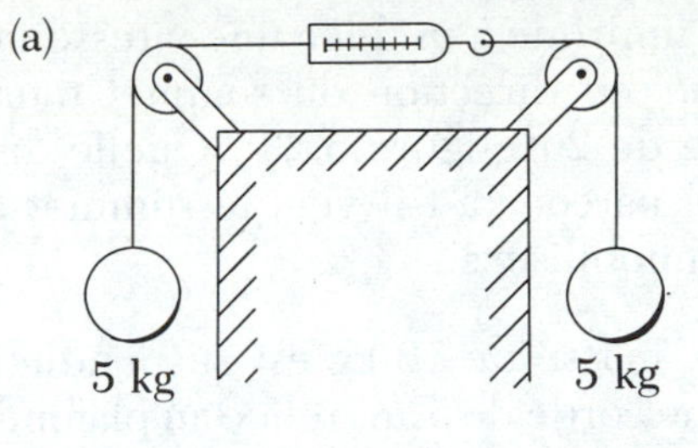

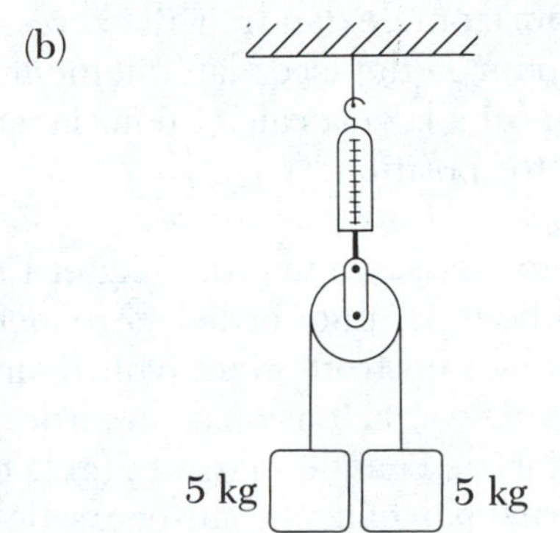

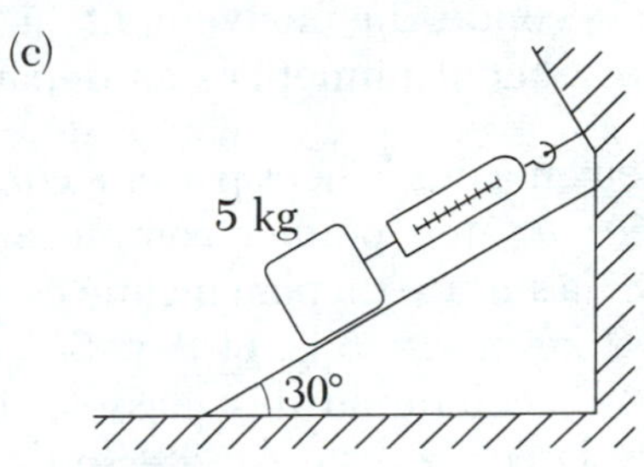

Figure 5.21 (Exercice 20).

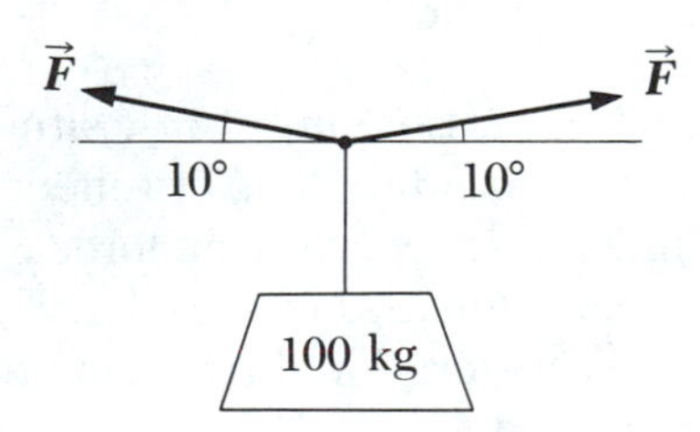

Figure 5.22 (Exercice 21).

22. Soit un bloc qui glisse sur une surface lisse ayant une inclinaison $\theta = 15°$ (figure 5.23). Si le bloc est immobile au départ au sommet du plan incliné et que ce plan fait 2 m de longueur, déterminez (a) l'accélération du bloc et (b) sa vitesse lorsqu'il atteint la base du plan incliné.

Figure 5.23 (Exercices 22 et 23).

23. On imprime à un bloc une vitesse initiale de 5 m/s en direction du sommet d'une pente lisse de 20° (figure 5.23). Quelle distance le bloc parcourra-t-il vers le sommet avant de s'immobiliser?

24. Une masse de 50 kg est suspendue au bout d'une corde de 5 m, reliée au plafond. Quelle force horizontale faudrait-il exercer sur la masse pour la déplacer latéralement de 1 m par rapport à la verticale et pour la maintenir dans cette position?

25. Soit deux masses, l'une de 3 kg et l'autre de 5 kg, reliées par une corde légère montée sur une poulie sans frottement (voir figure 5.12). Déterminez (a) la tension de la corde, (b) l'accélération de chaque masse et (c) la distance parcourue par chacune au cours de la première seconde du mouvement, à supposer qu'elles étaient immobiles au départ.

26. Soit deux masses reliées par une corde légère montée sur une poulie, comme à la figure 5.11. Si la surface du plan incliné est lisse et si $m_1 = 2$ kg, $m_2 = 6$ kg et $\theta = 55°$, déterminez (a) l'accélération des masses, (b) la tension de la corde et (c) la vitesse de chacune des masses, 2 s après qu'on a mis le système en mouvement.

27. Soit deux masses, m_1 et m_2, situées sur une surface horizontale lisse et reliées entre elles par une corde légère. Une force $\vec{F}$ agit vers la droite sur l'une des masses (fig. 5.24). Déterminez l'accélération du système et la tension T de la corde.

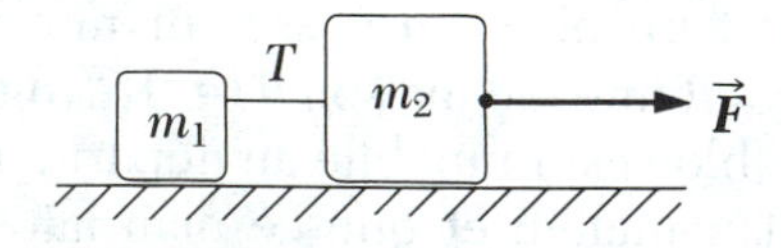

Figure 5.24 (Exercices 27 et 35).

28. Une voiture d'accélération pesant 8 820 N est munie d'un parachute qui s'ouvre au bout de la piste d'un demi-kilomètre, lorsque la voiture atteint 55 m/s. Quelle est la force totale de freinage du parachute requise pour immobiliser la voiture au bout de 1 000 m, en cas de panne de frein?

Section 5.9 Forces de frottement

29. Se déplaçant vers le sommet d'un plan incliné de 45°, un bloc est animé d'une vitesse constante sous l'action d'une force de 15 N qui s'exerce *parallèlement* à la pente. Si le coefficient de frottement cinétique est 0,3, déterminez (a) la pesanteur du bloc et (b) la force minimale nécessaire pour permettre au bloc de se déplacer *vers le bas* du plan incliné à vitesse constante.

30. Soit un coefficient de frottement statique de 0,3 entre un bloc de 4 kg et une surface horizontale. Quelle est la force horizontale *maximale* qui peut s'exercer sur le bloc sans qu'il se mette à glisser?

31. Soit un bloc de 20 kg d'abord immobile sur une surface horizontale rugueuse. Pour mettre le bloc en mouvement, il faut le soumettre à une force horizontale de 75 N. Puis, lorsqu'il est en mouvement, une force horizontale de 60 N suffira à maintenir sa vitesse constante. À partir de ces données, déterminez les coefficients de frottement statique et cinétique.

32. Une voiture se déplace à 80 km/h sur une autoroute horizontale. (a) Si le coefficient de frottement entre la chaussée et les pneus est de 0,1 lorsqu'il pleut, quelle est la distance *minimale* de freinage que franchira la voiture avant de s'immobiliser? (b) Quelle est la distance de freinage lorsque la chaussée est sèche et que $\mu = 0,6$? (c) Pourquoi doit-on éviter de bloquer les roues au freinage si l'on veut s'immobiliser sur la plus courte distance possible?

33. Une voiture de course met 8 s à passer de 0 à 130 km/h. La force extérieure qui permet l'accélération est la force de frottement entre les pneus et la chaussée. En supposant que les pneus ne dérapent pas, déterminez le coefficient de frottement *minimal* entre les pneus et la chaussée.

34. Si l'on imprime une vitesse initiale de 5 m/s à un disque de bois glissant sur une surface lisse et qu'il franchit 8 m avant de s'immobiliser, quel est le coefficient de frottement cinétique entre le disque et la surface?

35. Soit deux blocs reliés par une légère corde. Une force horizontale $\vec{F}$ s'exerce sur eux (fig. 5.24). Supposons que $F = 50$ N, $m_1 = 10$ kg et $m_2 = 20$ kg et que le coefficient de frottement cinétique entre chaque bloc et la surface soit de 0,1. (a) Tracez un diagramme des forces pour chacun des deux blocs. (b) Déterminez la tension, T, et l'accélération du système.

36. Soit un bloc glissant sur une pente *rugueuse*. Le coefficient de frottement cinétique entre le bloc et la surface est μ_k. (a) Si le bloc subit une accélération vers le *bas* de la pente, démontrez que cette accélération est donnée par $a = g(\sin\theta - \mu_k\cos\theta)$. (b) Si le bloc est propulsé vers le *haut* de la pente, démontrez que sa décélération est $a = g(\sin\theta + \mu_k\cos\theta)$.

37. D'abord immobile au sommet d'un plan incliné de 30°, un bloc de 3 kg met 1,5 s à glisser sur 2 m jusqu'au bas de la pente. Déterminez (a) l'accélération du bloc, (b) le coefficient de frottement cinétique, (c) la force de frottement agissant sur le bloc et (d) la vitesse du bloc lorsqu'il a parcouru 2 m.

38. Pour déterminer les coefficients de frottement entre le caoutchouc et divers types de surfaces, une étudiante utilise une gomme à effacer qu'elle fait glisser sur des plans inclinés. Au cours d'une expérience, elle a constaté que la gomme à effacer commençait à glisser lorsque l'angle d'inclinaison du plan atteignait 36°; puis, lorsque l'angle était ramené à 30°, la gomme poursuivait son déplacement à vitesse constante jusqu'au bas du plan incliné. À partir de ces données, déterminez les coefficients de frottement statique et cinétique correspondant à cette expérience.

39. Soit deux masses reliées par une corde légère montée sur une poulie sans frottement (fig. 5.11). La surface du plan incliné est rugueuse. Lorsque $m_1 = 3$ kg, $m_2 = 10$ kg et $\theta = 60°$, la masse de 10 kg accélère vers la base du plan à un taux de 2 m/s^2. Déterminez (a) la tension de la corde et (b) le coefficient de frottement cinétique entre la masse de 10 kg et la surface du plan incliné.

40. On dépose une boîte sur la plate-forme d'un camion-remorque. Le coefficient de frottement statique entre la boîte et la plate-forme est de 0,3. (a) Lorsque le camion accélère, quelle est la force qui permet l'accélération de la boîte? (b) Déterminez l'accélération *maximale* que le camion peut atteindre sans que la boîte ne glisse.

41. Glissant vers le bas d'un plan incliné à 30°, un bloc subit une accélération *constante*. D'abord immobile au sommet, il parcourt 18 m jusqu'à la base du plan, où sa vitesse est de 3 m/s. Déterminez (a) le coefficient de frottement cinétique entre le bloc et le plan incliné et (b) l'accélération du bloc.

Problèmes

1. Soit une masse de 2 kg et une autre de 7 kg reliées par une corde légère montée sur une poulie sans frottement (figure 5.25). La surface des plans inclinés est lisse. Déterminez (a) l'accélération de chacun des blocs et (b) la tension de la corde.

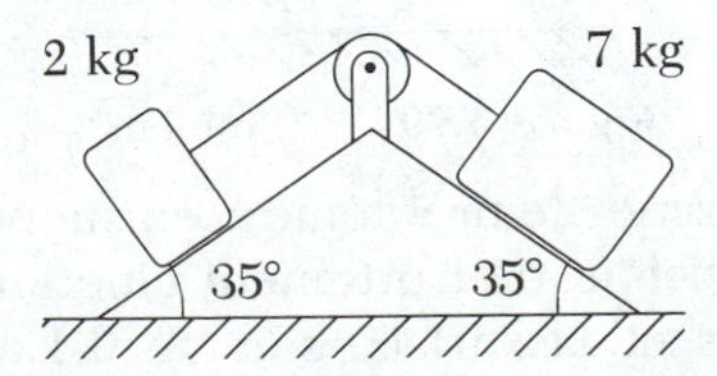

Figure 5.25 (Problèmes 1 et 2).

2. Supposons que le système décrit à la figure 5.25 ait une accélération de 1,5 m/s^2 lorsque les surfaces sont rugueuses. Supposons également que les coefficients de frottement cinétique entre les blocs et les surfaces soient identiques. Déterminez (a) le coefficient de frottement cinétique et (b) la tension de la corde.

3. Soit un bloc de 2 kg posé sur un bloc de 5 kg, comme à la figure 5.26. Le coefficient de frottement cinétique entre le bloc de 5 kg et la surface est de 0,2. On exerce une force

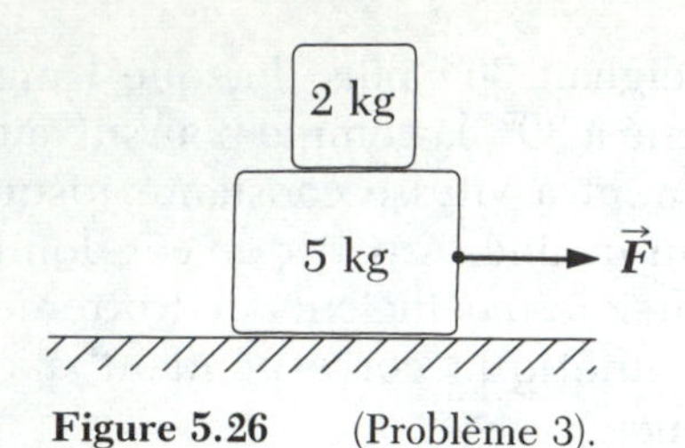

Figure 5.26 (Problème 3).

horizontale $\vec{F}$ sur le bloc de 5 kg. (a) Tracez un diagramme des forces pour chacun des deux blocs. Quelle est la force qui cause l'accélération du bloc de 2 kg? (b) Calculez la grandeur de la force capable d'imprimer une accélération de 3 m/s^2 vers la droite aux deux blocs. (c) À combien doit s'établir le coefficient de frottement statique minimal entre les deux blocs pour éviter que le bloc de 2 kg glisse lorsqu'il est soumis à une accélération de 3 m/s^2?

4. Une voiture se déplace à une vitesse v_0 sur une route en pente dont l'angle d'inclinaison est θ. Le coefficient de frottement entre les roues et la chaussée est μ. À un instant donné, le conducteur actionne les freins. En supposant que les pneus ne dérapent pas et que la force de frottement atteint sa valeur *maximale*, déterminez (a) la décélération que subit la voiture, (b) la distance qu'elle parcourra avant de s'immobiliser, à partir de l'instant où les freins sont actionnés et (c) la grandeur numérique de la décélération et de la distance de freinage, si $v_0 = 100$ km/h, $\theta = 10°$ et $\mu = 0{,}6$.

5. Dans la figure 5.27, le coefficient de frottement cinétique entre le bloc de 2 kg et celui de 3 kg est 0,3. La surface horizontale et les poulies ne comportent aucun frottement. (a) Tracez un diagramme des forces pour chacun des blocs du système. (b) Déterminez l'accélération de chaque bloc. (c) Déterminez la tension des cordes.

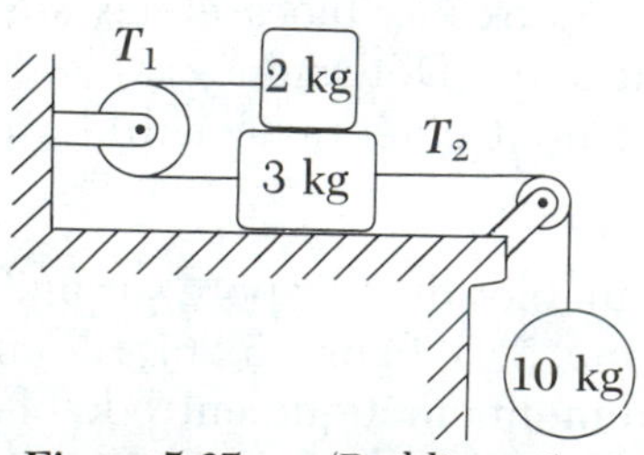

Figure 5.27 (Problème 5).

6. On exerce une force horizontale $\vec{F}$ sur une poulie sans frottement ayant une masse m_2, comme l'indique la figure 5.28. La surface horizontale est lisse. (a) Démontrez que l'accélération du bloc de masse m_1 est le *double* de l'accélération de la poulie. Déterminez (b) l'accélération de la poulie et du bloc et (c) la tension de la corde.

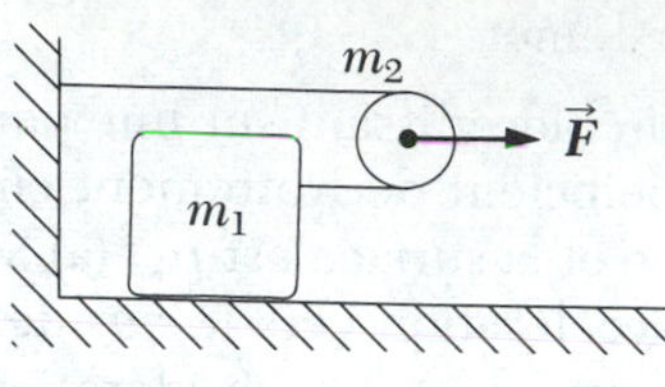

Figure 5.28 (Problème 6).

7. Supposons qu'à la figure 5.13, nous remplacions par une boule de bowling le poisson suspendu à la balance à ressort fixée au plafond de l'ascenseur. Lorsque l'ascenseur est immobile, la balance indique 7 kg. (a) Quelle masse la balance indiquera-t-elle si l'ascenseur se déplace vers le *haut* à un taux d'accélération de 3 m/s^2? (b) Quel poids indiquera-t-elle si l'ascenseur accélère vers le *bas* à un taux de 3 m/s^2? (c) Si la tension maximale de la corde est de 100 N, et abstraction faite de la pesanteur de la balance, quelle est l'accélération maximale que l'ascenseur peut atteindre sans que la corde se rompe? (d) Si la balance à ressort a une pesanteur de 2 kg, laquelle des cordes se rompra la première? Pourquoi?

8. Soit trois blocs qui se touchent et sont disposés côte à côte sur une surface lisse horizontale (fig. 5.29). On exerce une force horizontale $\vec{F}$ sur le bloc m_1. Sachant que $m_1 =$ 2 kg, $m_2 = 3$ kg, $m_3 = 4$ kg et $F = 18$ N, déterminez (a) l'accélération des blocs, (b) la force *résultante* sur chaque bloc et (c) la grandeur des forces de contact entre les blocs.

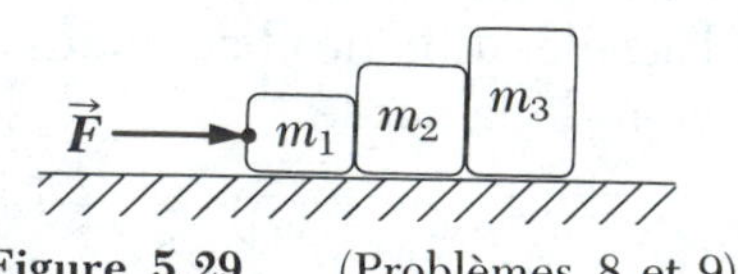

Figure 5.29 (Problèmes 8 et 9).

9. Reprenez le problème 8 en supposant que le coefficient de frottement cinétique entre les blocs et la surface soit de 0,1. Utilisez les données du problème 8.

10. On place un bloc de 5 kg sur un autre bloc, de 10 kg (fig. 5.30). Une force de 45 N s'exerce sur le bloc de 10 kg, alors que le bloc de 5 kg est fixé au mur à l'aide d'une corde. Le coefficient de frottement cinétique entre les surfaces en mouvement est de 0,2. (a) Tracez un diagramme des forces pour chacun des blocs et identifiez les forces d'action et de réaction entre les blocs. (b) Déterminez la tension de la corde et l'accélération du bloc de 10 kg.

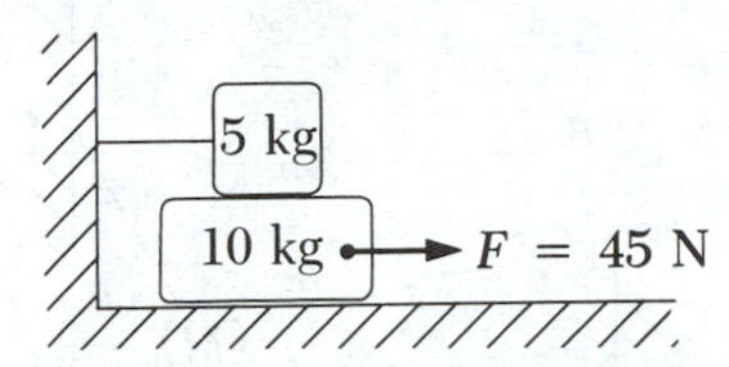

Figure 5.30 (Problème 10).

11. Un bloc de masse m est sur la surface rugueuse d'un plan incliné à un angle θ. (a) Quelle est la force *horizontale maximale* que l'on peut exercer sur le bloc sans qu'il glisse vers le *haut* du plan incliné? (b) Quelle est la force horizontale capable de produire une accélération $\vec{a}$ du bloc vers le *haut* du plan incliné? Représentez le coefficient de frottement statique par μ_s et le coefficient de frottement cinétique par μ_k.

12. Quelle force horizontale doit-on exercer sur le chariot de la figure 5.31 pour que les blocs demeurent *stationnaires* par rapport au chariot? Supposez que toutes les surfaces, les roues et la poulie sont exemptes de frottement. (Indice: Notez que la tension de la corde cause l'accélération de m_1.)

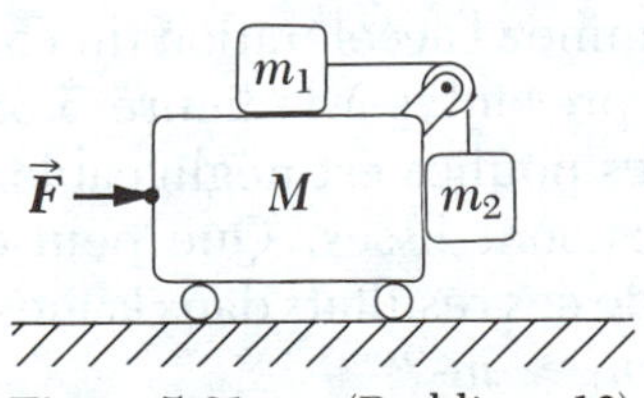

Figure 5.31 (Problème 12).

13. Les trois blocs de la figure 5.32 sont reliés par une corde légère montée sur des poulies sans frottement. Le système a une accélération de 2 m/s^2 et les surfaces sont rugueuses. Déterminez (a) les tensions des cordes et (b) le coefficient de frottement cinétique entre les blocs et les surfaces. (Supposez que μ est le même pour les deux blocs.)

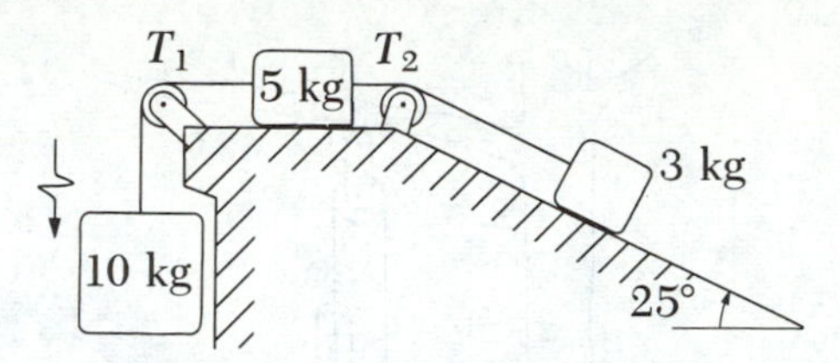

Figure 5.32 (Problème 13).

14. Soit deux blocs sur une surface rugueuse, reliés entre eux par une corde légère montée sur une poulie sans frottement, comme l'indique la figure 5.33. En supposant que $m_1 > m_2$ et que les deux blocs ont le même coefficient de frottement cinétique, soit μ, déterminez une façon d'exprimer (a) l'accélération des blocs et (b) la tension de la corde. (Supposez que le système est en mouvement.)

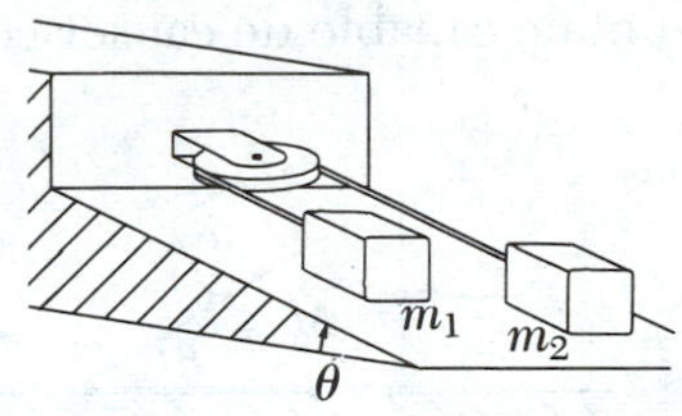

Figure 5.33 (Problème 14).

15. Nicolas est un jeune garçon ingénieux, qui veut aller cueillir une pomme dans un pommier sans être obligé d'y grimper. Assis sur une chaise reliée à l'une des extrémités d'une corde montée sur une poulie sans frottement (fig. 5.34), il tire sur l'autre extrémité de la corde en exerçant une force de 270 N, indiquée par la balance à ressort. Nicolas a une masse de 30 kg et la chaise, une masse de 15 kg. (a) Tracez des diagrammes des forces en considérant Nicolas et la chaise comme des systèmes distincts; puis, tracez un autre diagramme dans lequel Nicolas et la chaise font partie d'un même système. (b) Démontrez que l'accélération du système est dirigée vers le *haut* et déterminez sa grandeur. (c) Déterminez la force nette que Nicolas exerce sur la chaise.

16. Soit un bloc de masse m posé sur la face inclinée et rugueuse d'une cale de masse M, comme à la figure 5.35. La cale peut glisser librement sur une surface horizontale et lisse. On exerce une force horizontale $\vec{F}$ sur la cale, de sorte que le bloc est *sur le point* de glisser

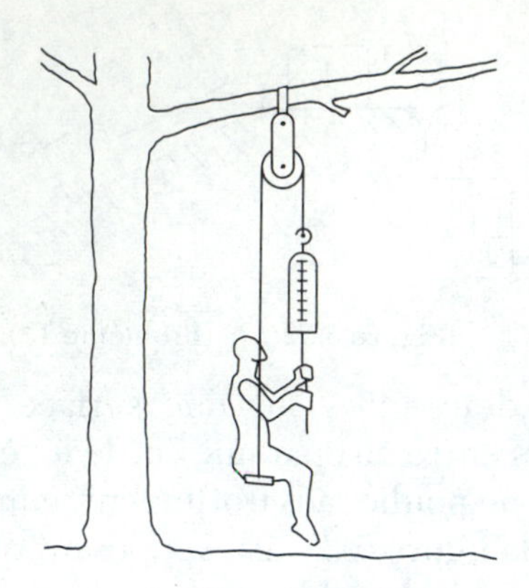

Figure 5.34 (Problème 15).

vers le *haut* du plan incliné. En supposant que le coefficient de frottement statique entre le bloc et la cale soit μ, déterminez (a) l'accélération du système et (b) la force horizontale capable de causer cette accélération.

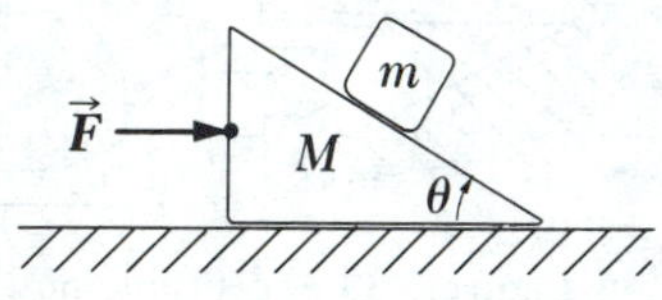

Figure 5.35 (Problème 16).

17. On suspend deux blocs au plafond d'un ascenseur, comme l'indique la figure 5.36. L'ascenseur accélère vers le haut à un taux de 4 m/s². Chacune des cordes a une masse de 1 kg. Déterminez la tension des cordes aux points A, B, C et D.

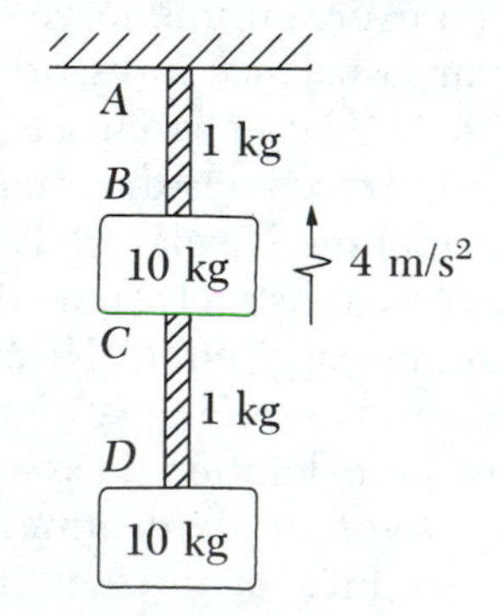

Figure 5.36 (Problème 17).

18. La force exercée sur une particule est donnée par la quantité de mouvement de la particule en fonction du temps. Dans chacun des cas suivants, déterminez la force exercée sur une particule lorsque la quantité de mouvement, exprimée en kg • m/s, varie en fonction du temps selon: (a) $\vec{p} = (4 + 3t)\vec{j}$, (b) $\vec{p} = 3t\vec{i} + 5t^2\vec{j}$, (c) $\vec{p} = 4e^{-2t}\vec{i}$. (d) En supposant que la particule a une masse de 2 kg, déterminez son accélération au temps $t = 1$ s en (a), (b) et (c).

19. Soit deux masses, m et M, reliées par des cordes, comme l'indique la figure 5.37. En supposant que le système est en équilibre, démontrez que $\tan \theta = 1 + \dfrac{2M}{m}$.

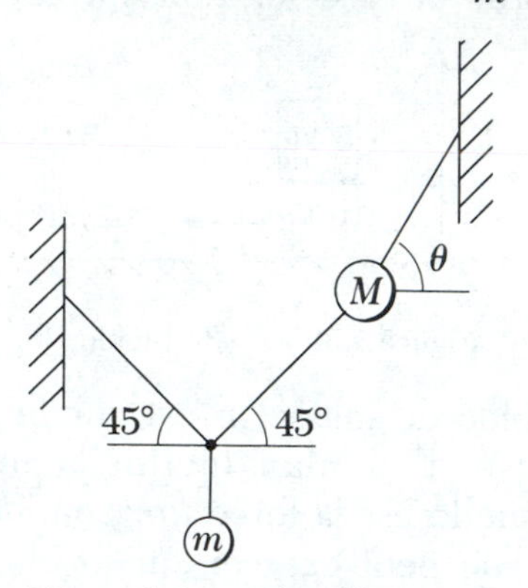

Figure 5.37 (Problème 19).

20. Soit un système constitué d'un traîneau tiré par un cheval. Selon la troisième loi de Newton, la force qu'exerce le cheval sur le traîneau est égale et opposée à la force qu'exerce le traîneau sur le cheval. Par conséquent, comment se fait-il que le système soit en mouvement? En utilisant des diagrammes complets des forces sur le traîneau et sur le cheval, expliquez que le mouvement du système ne contredit pas la troisième loi de Newton. Assurez-vous d'avoir bien identifié toutes les forces en cause.

21. Déterminez l'accélération du chariot et de la masse présentés à la figure 5.38. La pesanteur des poulies est négligeable et toutes les surfaces sont lisses. Que peut-on prévoir à partir de ces résultats dans la mesure où $m_2 \gg m_1$ et $m_1 \gg m_2$?

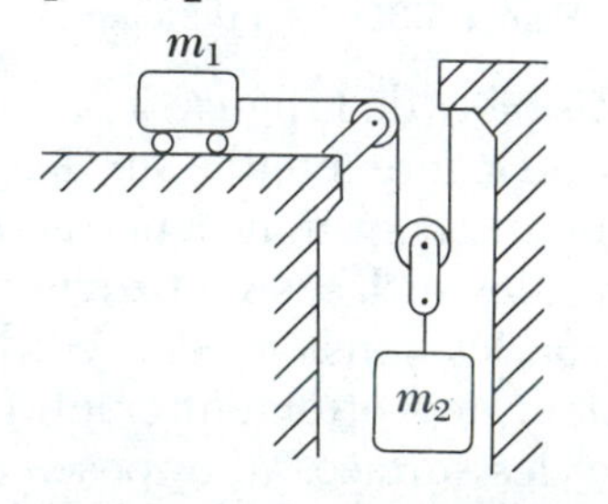

Figure 5.38 (Problème 21).

Chapitre **6**

Forces dans la nature et diverses applications des lois de Newton

Dans le chapitre précédent, nous avons présenté les lois du mouvement de Newton et leur application à des cas de mouvement rectiligne. Nous avons aussi formulé une expression empirique décrivant la force de frottement qui se manifeste lorsque deux surfaces glissent ou tentent de glisser l'une sur l'autre. Or, on peut attribuer toutes les forces observables à l'une ou à plusieurs des interactions fondamentales suivantes: (1) les forces gravitationnelles, (2) les forces électromagnétiques, (3) les forces nucléaires d'interaction forte et (4) les forces nucléaires d'interaction faible. Dans ce chapitre-ci, nous allons décrire brièvement les principales caractéristiques de chacune de ces forces fondamentales. Nous allons démontrer en quoi la combinaison de la loi de l'attraction universelle et des lois de Newton nous permet d'expliquer une grande variété de mouvements qui nous sont familiers, tels que le mouvement des satellites. En outre, nous appliquerons les lois de Newton à des situations faisant intervenir d'autres types de mouvement circulaire. Nous étudierons plus en détail les forces gravitationnelle et électromagnétique dans des chapitres ultérieurs. Dans les deux dernières sections du présent chapitre, nous discuterons du mouvement d'un corps observé à partir d'un référentiel accéléré (non inertiel), ainsi que du mouvement d'un corps dans un fluide visqueux.

6.1 Loi de l'attraction universelle de Newton

La légende veut que Newton ait reçu une pomme sur la tête pendant qu'il dormait au pied d'un pommier. Et l'on raconte que c'est à partir de cet incident qu'il imagina la possibilité que tous les corps de l'univers soient attirés les uns par les autres, comme la pomme est attirée par la Terre. Newton se mit donc à analyser les données astronomiques sur le mouvement de la Lune autour de la Terre. Au chapitre 14, nous présentons le détail de ses calculs et nous analysons le mouvement des planètes de manière plus approfondie. À partir de ses analyses, Newton énonça l'audacieux principe selon lequel la force qui entraîne le mouvement des astres obéit à la *même* loi mathématique que la force qui attire la pomme vers la Terre.

En 1687, Newton publia un ouvrage intitulé *Principia,* dans lequel il exposa ses travaux sur la loi de l'attraction universelle. Selon cette loi, *toutes les particules de l'univers s'attirent avec une force directement proportionnelle au produit de leurs masses et inversement proportionnelle au carré de la distance qui les sépare.* Si deux particules, de masse m_1 et m_2 sont séparées par une distance r, elles s'attirent avec une force

Loi de l'attraction universelle

6.1 $$F_g = G\frac{m_1 m_2}{r^2}$$

où G représente une constante universelle appelée *constante gravitationnelle,* que l'on a réussi à mesurer expérimentalement. Dans le système international,

6.2 $$G = (6{,}673 \pm 0{,}003) \times 10^{-11}\ \frac{\mathrm{N \cdot m^2}}{\mathrm{kg^2}}$$

La loi de la force gravitationnelle énoncée à l'équation 6.1 est souvent nommée *loi de l'inverse du carré,* étant donné que la force varie en raison inverse du carré de la distance qui sépare les particules. Nous pouvons exprimer cette force sous forme de vecteur en définissant un vecteur unitaire $\vec{u}_{r12}$ (fig. 6.1). Puisque ce vecteur unitaire a la même direction que le vecteur déplacement $\vec{r}_{12}$ qui va de m_1 à m_2, la force qu'exerce m_1 sur m_2 est donnée par

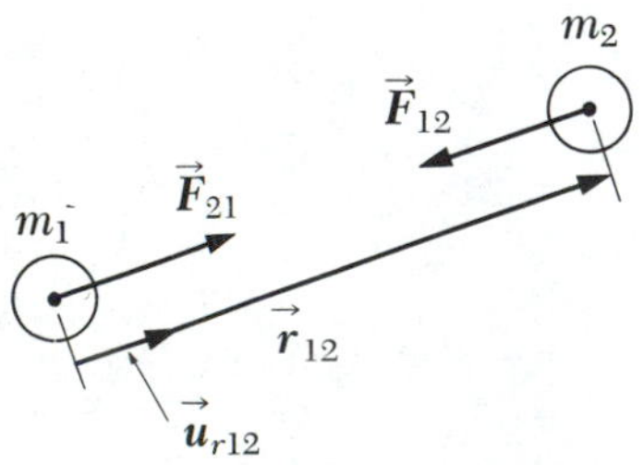

6.3 $$\vec{F}_{12} = -G\frac{m_1 m_2 \vec{u}_{r12}}{r_{12}^2}$$

Figure 6.1 La force gravitationnelle entre deux particules est une force d'attraction. Le vecteur unitaire $\vec{u}_{r12}$ est orienté de m_1 vers m_2. Notez que $-\vec{F}_{21} = \vec{F}_{12}$.

Le signe négatif de l'équation 6.3 indique que m_2 est attiré vers m_1, c'est-à-dire que la force doit être dirigée vers m_1. De même, à partir de la troisième loi de Newton, la force qu'exerce m_2 sur m_1, soit $\vec{F}_{21}$, est de même grandeur et de même direction que $\vec{F}_{12}$, mais de sens opposé. Ces forces constituent donc un couple action-réaction, et $-\vec{F}_{21} = \vec{F}_{12}$.

Nous devons souligner plusieurs caractéristiques de la loi de l'attraction universelle. La force gravitationnelle représente une force à distance qui existe toujours entre deux particules, quel que soit le milieu qui les sépare. Cette force varie en proportion inverse du carré de la distance entre les particules et elle diminue donc rapidement à mesure que la distance augmente. Comme nous le devinons intuitivement, la force gravitationnelle est proportionnelle à la masse des particules en cause.

Propriétés de la force gravitationnelle

Il est également important de noter que *la force gravitationnelle qu'exerce une masse finie de distribution sphérique et symétrique sur une particule à l'extérieur de sa sphère est la même que si toute la masse était concentrée au centre de la sphère.* (Pour démontrer cette propriété, nous devons utiliser le calcul intégral; c'est pourquoi nous reportons cette preuve au chapitre 14.) Par exemple, la grandeur de la force qui s'exerce sur une particule de masse m située près de la surface de la Terre est donnée par

$$F_g = G\,\frac{M_T m}{R_T^{\,2}}$$

où M_T représente la masse de la Terre et R_T, son rayon. Cette force s'exerce vers le centre de la Terre.

6.2 Mesure de la constante gravitationnelle

En 1798, Henry Cavendish effectua une importante expérience qui allait permettre de mesurer pour la première fois la constante gravitationnelle G. Cette expérience consiste à fixer deux petites masses m, de forme sphérique, aux extrémités d'une légère tige horizontale suspendue par une fibre légère de quartz ou par un mince fil métallique, comme à la figure 6.2. Puis, on place deux sphères plus grosses, ayant chacune une masse M, près des petites sphères m. La force d'attraction entre les petites sphères et les sphères plus grosses provoque une rotation de la tige et une torsion de la fibre. Lorsque le système est orienté comme à la figure 6.2, la tige tournera dans le sens des aiguilles d'une montre du point de vue de l'observateur situé au-dessus du système. L'angle de rotation de la tige est mesuré grâce à la déflexion d'un mince faisceau lumineux réfléchi par un miroir fixé à la fibre verticale. Le déplacement du point lumineux constitue une méthode efficace pour amplifier le mouvement. On répète soigneusement cette expérience en utilisant différentes masses et en faisant varier la distance qui les sépare. En plus de fournir une connaissance de la valeur de G, les résultats démontrent qu'il s'agit d'une force d'attraction proportionnelle au produit mM et inversement proportionnelle au carré de la distance r.

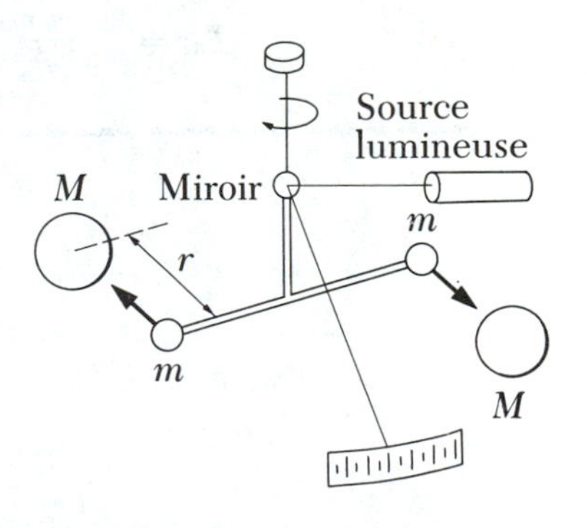

Figure 6.2 Représentation schématique du dispositif utilisé par Cavendish pour mesurer G. Les grosses sphères de masse M exercent une attraction sur les petites sphères de masse m et la tige décrit un léger mouvement de rotation qui se traduit par un petit angle de torsion de la fibre; cet angle est mesuré à l'aide d'un miroir qui est fixé à la fibre et qui réfléchit le faisceau de lumière provenant de la source lumineuse.

Exemple 6.1

Soit trois sphères uniformes, ayant des masses de 2 kg, 4 kg et 6 kg, placées aux trois sommets d'un triangle rectangle, comme à la figure 6.3; les coordonnées sont données en mètres. Calculez la force gravitationnelle résultante exercée sur la masse de 4 kg, en supposant que les sphères soient isolées du reste de l'univers.

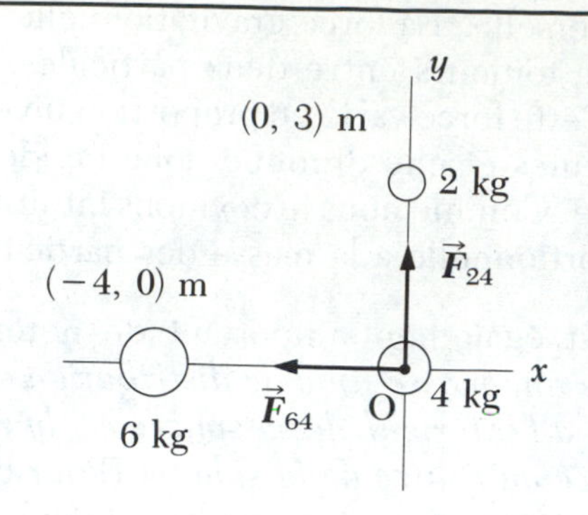

Figure 6.3 (Exemple 6.1) La force *résultante* agissant sur la masse de 4 kg correspond à la somme vectorielle $\vec{F}_{64} + \vec{F}_{24}$.

Solution: Nous devons d'abord calculer les forces qu'exercent séparément la masse de 2 kg et celle de 6 kg sur la masse de 4 kg; puis, à partir de la somme vectorielle, nous pouvons déterminer la force résultante qui s'exerce sur la masse de 4 kg.

La masse de 2 kg exerce une force vers le haut sur la masse de 4 kg et elle est donnée par

$$\vec{F}_{24} = G\frac{m_2m_4}{r_{24}^2}\vec{j} = \left(6{,}67 \times 10^{-11}\,\frac{\text{N}\cdot\text{m}^2}{\text{kg}^2}\right)\frac{(4\text{ kg})(2\text{ kg})}{(3\text{ m})^2}\vec{j}$$

$$= 5{,}93 \times 10^{-11}\,\vec{j}\text{ N}$$

La masse de 6 kg exerce une force vers la gauche sur la masse de 4 kg et elle est donnée par

$$\vec{F}_{64} = G\frac{m_6m_4}{r_{64}^2}(-\vec{i})$$

$$= \left(-6{,}67 \times 10^{-11}\,\frac{\text{N}\cdot\text{m}^2}{\text{kg}^2}\right)\frac{(4\text{ kg})(6\text{ kg})}{(4\text{ m})^2}\vec{i}$$

$$= -10{,}0 \times 10^{-11}\,\vec{i}\text{ N}$$

Par conséquent, la force résultante qui s'exerce sur la masse de 4 kg correspond à la somme vectorielle de $\vec{F}_{24}$ et de $\vec{F}_{64}$:

$$\vec{F}_4 = \vec{F}_{24} + \vec{F}_{64} = (-10{,}0\vec{i} + 5{,}93\vec{j}) \times 10^{-11}\text{ N}$$

La grandeur de cette force est très faible: seulement $11{,}6 \times 10^{-11}$ N. La force s'exerce à un angle de 149° par rapport à l'axe des x.

Q1. Faites une estimation de la force gravitationnelle qui s'exerce entre vous et une personne située à 2 m de vous.

6.3 Masse inertielle et masse gravitationnelle

Supposons que vous effectuez deux expériences sur un même objet: l'une porte sur un objet en mouvement en l'absence de gravité et l'autre sur un objet immobile en présence de gravité. Dans la première expérience, supposons que vous ayez la possibilité de mesurer la force s'exerçant sur un objet et son accélération quand il se déplace sur une surface horizontale sans frottement. Supposons aussi que vous disposiez d'une masse standard de 1 kg. Lorsqu'on applique à un objet une force horizontale $\vec{F}$ déterminée, on obtient une accélération $\vec{a}$. À partir de la deuxième loi de Newton, le rapport

F/a correspond à la masse de l'objet, et c'est ce que l'on nomme la *masse inertielle*, m_I:

Masse inertielle

$$m_I \equiv \frac{F}{a}$$

Imaginons à présent la seconde expérience au cours de laquelle vous placez le même objet sur une balance, au repos, afin de le peser pour déterminer la force gravitationnelle qui s'exerce sur lui. Celle-ci est donnée par

$$P = G\frac{m_G M_T}{R_T{}^2} = m_G g \text{ où } g = \frac{GM_T}{R_T{}^2}$$

À partir du résultat de cette mesure, vous pouvez déterminer la masse gravitationnelle grâce à l'équation suivante:

Masse gravitationnelle

$$m_G \equiv \frac{P}{g}$$

Notez que la notion d'inertie n'intervient pas ici, car il s'agit d'une expérience statique. Le poids, ou la force gravitationnelle, dépend *seulement* des propriétés de la masse gravitationnelle m_G et de la Terre. Nous disposons à présent de deux définitions pratiques de la masse: la masse inertielle, $m_I = F/a$, et la masse gravitationnelle, $m_G = P/g$.

Les expériences tendent à démontrer que la masse inertielle est équivalente à la masse gravitationnelle

Bon nombre d'expériences ont été menées en vue d'évaluer l'équivalence entre la masse inertielle et la masse gravitationnelle. Newton a analysé le mouvement de pendules et ses résultats ont démontré que le mouvement est indépendant de la masse et de la composition de l'objet suspendu. Il a donc conclu qu'à une partie sur 10^3 près, m_I et m_G sont égales. En 1901, Eötvös prouva cette identité avec une précision d'une partie sur 10^8; puis en 1964, Robert Dicke de l'Université de Princeton raffina l'expérience de Eötvös[1] et précisa l'équivalence à trois parties sur 10^{11}.

Ces résultats nous amènent à considérer que la masse inertielle est *exactement* équivalente à la masse gravitationnelle, quelle que soit la substance. Il s'agit sans doute de l'une des découvertes les plus étonnantes de la physique! Le *principe d'équivalence*, fondé sur des résultats expérimentaux, semble constituer une loi fondamentale de la nature. Dorénavant, nous supposerons que $m_I = m_G$ et nous utiliserons le symbole m pour désigner la masse.

L'équivalence entre la masse inertielle et la masse gravitationnelle constitue une extraordinaire coïncidence dans la nature. En effet, aucune expérience ne permet de distinguer l'accélération produite en laboratoire d'avec l'accélération attribuable à la force gravitationnelle. Enfin, il est intéressant de noter que ce principe d'équivalence a servi de point de départ à Einstein pour l'élaboration de sa théorie de la relativité générale.

1. Cette expérience est présentée en détail dans l'article de Robert Dicke «The Eötvös Experiment», *Scientific American*, décembre 1961.

6.4 Poids et force gravitationnelle

À présent, nous sommes en mesure d'élaborer une description plus fondamentale de g.

Accélération gravitationnelle

6.4 $$g = G\frac{M_T}{{R_T}^2}$$

où M_T représente la masse de la Terre et R_T, son rayon. Étant donné que $g = 9{,}8$ m/s^2 à la surface de la Terre et que le rayon terrestre mesure approximativement $6{,}38 \times 10^6$ m, nous déduisons à partir de l'équation 6.4 que $M_T = 5{,}98 \times 10^{24}$ kg. Ce résultat nous permet de calculer la densité (masse volumique) moyenne de la Terre:

$$\rho_T = \frac{M_T}{V_T} = \frac{M_T}{\frac{4}{3}\pi {R_T}^3} = \frac{5{,}98 \times 10^{24}\ \text{kg}}{\frac{4}{3}\pi(6{,}38 \times 10^6\ \text{m})^3} = 5{,}50 \times 10^3\ \frac{\text{kg}}{\text{m}^3}$$

Puisque cette valeur est environ deux fois plus grande que la densité de la plupart des roches qui se trouvent à la surface de la Terre, nous pouvons conclure que le noyau interne de la Terre a une densité supérieure à celle des corps à sa surface.

À présent, considérons un corps de masse m situé à une distance h au-dessus de la surface terrestre, soit une distance r du centre de la Terre, où $r = R_T + h$. La grandeur de la force agissant sur la masse est donnée par

$$F = G\frac{M_T m}{r^2} = G\frac{M_T m}{(R_T + h)^2}$$

Si le corps est en chute libre, $F = mg'$ et g', l'accélération gravitationnelle correspondant à l'altitude h, est donnée par

Variation de g en fonction de l'altitude

6.5 $$g' = \frac{GM_T}{r^2} = \frac{GM_T}{(R_T + h)^2}$$

Il s'ensuit donc qu'à mesure que *l'altitude augmente, g' diminue*. Puisque le poids d'un corps correspond à $m\vec{g}'$, nous voyons que lorsque $r \rightarrow \infty$, le poids tend vers zéro.

Tableau 6.1 *Accélération gravitationnelle g' à diverses altitudes*

Altitude h (km)[a]	g' (m/s^2)
1 000	7,33
2 000	5,68
3 000	4,53
4 000	3,70
5 000	3,08
6 000	2,60
7 000	2,23
8 000	1,93
9 000	1,69
10 000	1,49
50 000	0,13

[a] Les distances sont mesurées par rapport à la surface de la Terre.

Exemple 6.2 Valeur de g en fonction de l'altitude h

Déterminez la grandeur de l'accélération gravitationnelle à une altitude de 500 km. Quel est le pourcentage de réduction du poids d'un corps à cette altitude?

Solution: À partir de l'équation 6.5, et étant donné que $h = 500$ km, $R_T = 6{,}38 \times 10^6$ m et $M_T = 5{,}98 \times 10^{24}$ kg, nous avons

$$g' = \frac{GM_T}{(R_T + h)^2}$$

$$= \frac{(6{,}67 \times 10^{-11}\ \text{N}\cdot\text{m}^2/\text{kg}^2)(5{,}98 \times 10^{24}\ \text{kg})}{(6{,}38 \times 10^6 + 0{,}5 \times 10^6)^2\ \text{m}^2}$$

$$= 8{,}43\ \text{m/s}^2$$

Puisque $g'/g = 8{,}43/9{,}8 = 0{,}86$, nous pouvons conclure que le poids d'un corps diminue de 14 % à une altitude de 500 km. Le tableau 6.1 présente une liste des valeurs de g' à diverses altitudes.

Q2. Connaissant la masse et le rayon d'une planète X, comment procéderiez-vous pour calculer l'accélération gravitationnelle à la surface de cette planète?

Q3. Si l'on pouvait creuser un tunnel jusqu'au centre de la Terre, croyez-vous que la force agissant sur une masse m obéirait à l'équation 6.1 dans ce tunnel? Quelle serait selon vous la force exercée sur m au centre de la Terre? Nous y reviendrons au chapitre 14.

6.5 Forces électrostatiques

Deux particules ayant une charge électrique exercent l'une sur l'autre un autre type de force appelée *force électromagnétique*. Il est difficile de décrire cette force lorsque les charges sont en mouvement. Nous étudierons cette force plus en détail ultérieurement. Toutefois, si les charges sont immobiles, la force qui s'exerce entre elles se nomme la *force électrostatique*. La loi servant à calculer cette force se nomme la *loi de Coulomb* et certains désignent même cette force électrostatique du nom de force coulombienne. La force coulombienne varie en raison inverse du carré de la distance entre les charges et en cela, la loi de Coulomb est très similaire à la loi de l'attraction universelle. Soit q_1 et q_2 les charges électriques de deux particules et soit r la distance qui les sépare; la grandeur de la force électrostatique qui s'exerce entre les particules est donnée par

Force électrostatique

6.6
$$F_e = k\frac{q_1q_2}{r^2}$$

où k représente une constante, appelée constante de Coulomb. L'unité de charge dans le système international est le coulomb (C). Par expérimentation, on a établi la valeur de k dans le vide (ou dans l'air) à

6.7
$$k = 8{,}99 \times 10^9 \text{ N} \cdot \text{m}^2/\text{C}^2$$

La plus petite quantité de charge que l'on ait trouvée dans la nature est celle de l'électron ou du proton. Cette unité de charge fondamentale (charge élémentaire) a la valeur suivante:

Charge d'un électron ou d'un proton

6.8
$$e = 1{,}602 \times 10^{-19} \text{ C}$$

Une charge de un coulomb représente donc la charge de $\frac{1}{e} \approx 6{,}2 \times 10^{18}$ électrons ou protons.

Propriétés de la charge électrique

La charge électrique et les forces électrostatiques ont les propriétés suivantes:

1. Il existe deux types de charge électrique, que l'on distingue par les termes de charge positive et de charge négative. Des charges de même type se *repoussent*, alors que des charges de types différents *s'attirent* (fig. 6.4).

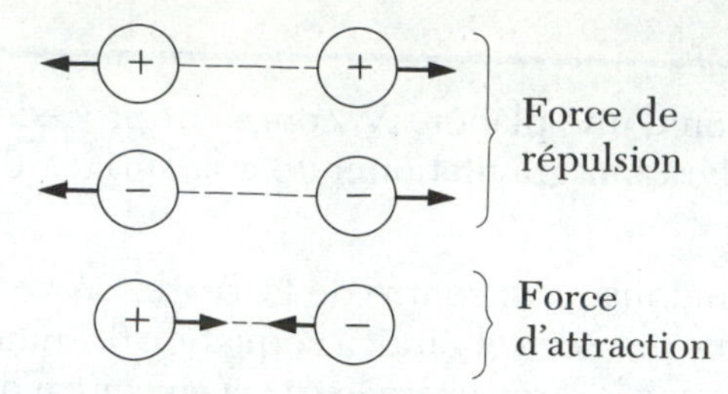

Figure 6.4 La force coulombienne entre des particules chargées est soit une force de répulsion, lorsque les charges sont de même signe, soit une force d'attraction, lorsque les charges sont de signes contraires.

2. Les charges sont des quantités scalaires et l'on peut donc additionner leurs valeurs. La charge nette de tout objet prend des valeurs discrètes: elle est *quantifiée*. En d'autres termes, e étant la charge élémentaire, la charge nette d'un objet est Ne, où N représente un entier. Les particules de charge élémentaire ont une charge $\pm e$. Par exemple, les électrons ont une charge $-e$ et les protons, une charge $+e$. Les neutrons n'ont pas de charge[2].
3. La charge électrique se conserve toujours, quelle que soit la nature du processus auquel elle est soumise: collisions, réactions chimiques, désintégrations nucléaires, etc. La charge totale d'un système isolé ne change pas.

Nous avons dit que la force électrique entre deux particules de charge élémentaire est beaucoup plus grande que la force gravitationnelle qui s'exerce entre elles. Faisons une estimation de l'intensité relative de ces deux interactions dans le cas de deux électrons. La masse de chaque électron est de $9{,}1 \times 10^{-31}$ kg, et ils ont chacun une marge de $-1{,}6 \times 10^{-19}$ C. Par conséquent, le rapport de la force électrique à la force gravitationnelle, *quelle que soit* la distance r, est

$$\frac{F_e}{F_g} = \frac{kq_1q_2/r^2}{Gm_1m_2/r^2} = \frac{kq_1q_2}{Gm_1m_2} \approx \frac{(8{,}99 \times 10^9)(1{,}6 \times 10^{-19})^2}{(6{,}67 \times 10^{-11})(9{,}1 \times 10^{-31})^2} = 4{,}2 \times 10^{42}$$

Les forces gravitationnelles sont donc négligeables au niveau atomique.

Au niveau macroscopique, les forces gravitationnelles représentent souvent une interaction plus forte que celle des forces électriques car, dans la plupart des cas, les objets macroscopiques ont une charge électrique neutre. En effet, la plupart des corps macroscopiques contiennent approximativement le même nombre de charges positives et négatives. Toutefois, on peut transférer des électrons d'un corps à un autre de sorte que les forces électriques peuvent devenir considérables. Par exemple, si l'on frotte une tige de caoutchouc sur de la fourrure, les électrons de la fourrure sont transférés sur la tige de caoutchouc. On peut alors constater l'électrisation de la tige par sa capacité d'attirer de petits morceaux de papier. On peut mener des expériences analogues en utilisant d'autres matériaux. Les charges typiques communiquées à des objets par frottement sont de l'ordre du microcoulomb ($1 \mu C = 10^{-6}$ C). Cependant, le nombre d'électrons par centimètre cube d'un solide étant d'environ 10^{24} (soit plus de 10^5 C), une

2. Dans le contexte de la mécanique quantique, selon le modèle des quarks, la plus petite charge (en valeur absolue) électrique possible serait ⅓ de e. Les protons et les neutrons seraient formés de trois quarks de charge appropriée (⅔ e, $-$⅓ e) pour rendre compte de leur charge respective.

charge de un μC ne représente qu'une *très* petite fraction du nombre total d'électrons. Néanmoins, la force d'interaction entre de telles charges peut être appréciable, comme en témoigne l'exemple qui suit.

Exemple 6.3

Soit deux particules de charge positive 1,0 μC, séparées par une distance de 3,0 cm. Quelle est la grandeur de la force de répulsion qui agit entre elles?

Solution: À partir de la loi de Coulomb, nous avons

$$F_e = k\frac{q_1 q_2}{r^2} = \frac{\left(9 \times 10^9 \frac{\text{N} \cdot \text{m}^2}{\text{C}^2}\right)(1 \times 10^{-6}\ \text{C})^2}{(3 \times 10^{-2}\ \text{m})^2}$$

$$\approx 10\ \text{N}$$

6.6 Forces nucléaires

Jusqu'ici nous n'avons traité que de deux forces fondamentales de la nature, soit la force gravitationnelle et la force électrostatique. Or, il existe deux autres forces fondamentales: la force nucléaire d'interaction forte et la force nucléaire d'interaction faible. La *force nucléaire d'interaction forte* est celle qui assure la stabilité et la cohésion du noyau. Le modèle simplifié de l'atome présente le noyau comme un groupe de protons de charge positive et de neutrons neutres. (Les protons et les neutrons constituent ce que l'on appelle les *nucléons*.) La force coulombienne de répulsion entre les protons a tendance à causer l'éclatement du noyau. Cependant, la nature est composée de noyaux stables, tels que celui de l'hélium (deux protons, deux neutrons) et du lithium (trois protons, quatre neutrons). De toute évidence, il doit y avoir une force d'attraction dans le noyau qui soit plus importante que la force intense de répulsion coulombienne. Comme nous l'avons vu dans la section précédente, les forces gravitationnelles sont négligeables en comparaison des forces électrostatiques. C'est la force nucléaire d'interaction forte qui assure la cohésion des nucléons. Cette interaction est indépendante de la charge, c'est-à-dire que sa grandeur est la même lorsqu'elle s'exerce entre une paire de protons, une paire de neutrons ou entre un proton et un neutron. Pour des distances de séparation d'environ 10^{-15} m (ce qui correspond à la dimension nucléaire typique), l'ordre de grandeur de l'interaction forte est de une à deux fois supérieur à la grandeur de l'interaction électrostatique. Toutefois, l'interaction forte diminue rapidement à mesure qu'augmente la distance et elle est négligeable pour des distances supérieures à 10^{-14} m environ.

La *force nucléaire d'interaction faible* est aussi une force à courte portée, mais qui tend à causer l'instabilité de certains noyaux. Par exemple, c'est elle qui provoque la désintégration de certains noyaux radioactifs, soit le processus de *désintégration bêta*, qui donne lieu à l'émission d'un électron. L'interaction faible est d'environ 12 ordres de grandeur plus faible que l'interaction électrostatique.

6.7 Application de la deuxième loi de Newton au mouvement circulaire uniforme

Soit une particule de masse m décrivant une orbite circulaire de rayon r, comme à la figure 6.5. Dans cette section, nous allons supposer que la particule se déplace à vitesse constante. Étant donné que le vecteur vitesse $\vec{v}$ change de direction au cours du mouvement, la particule est soumise à une *accélération centripète dirigée vers le centre du mouvement*, comme nous l'avons expliqué au chapitre 4. Cette composante centripète (ou composante radiale) de l'accélération est donnée par

Accélération centripète

$$\vec{a}_r = -\frac{v^2}{r}\vec{u}_r \tag{6.9}$$

où $\vec{u}_r$ représente un vecteur unitaire ayant une *orientation radiale vers l'extérieur* à partir du centre du mouvement. De plus, la grandeur v étant constante, la composante tangentielle de l'accélération est nulle, à savoir $\vec{a}_\theta = 0$, et donc $\vec{a} = \vec{a}_r + \vec{a}_\theta = \vec{a}_r$. En appliquant la deuxième loi de Newton au mouvement de la particule, nous obtenons

$$\Sigma\vec{F} \text{ (selon } \vec{u}_r) = m\vec{a}_r = -\frac{mv^2}{r}\vec{u}_r \tag{6.10}$$

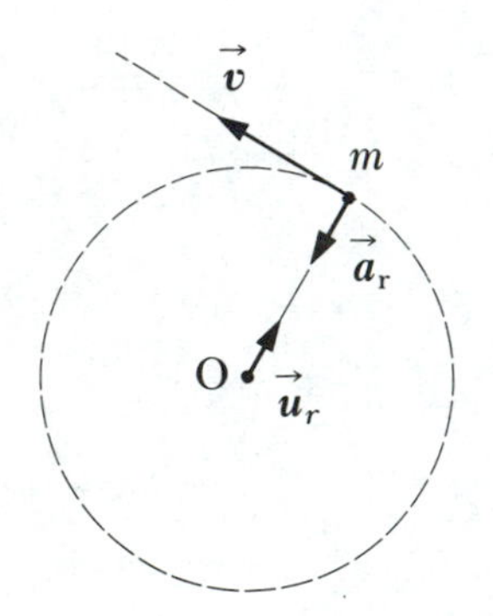

Figure 6.5 Une particule de masse m décrivant un cercle de rayon r à une vitesse constante v subit une accélération centripète $\vec{a}_r$ dirigée vers le centre de rotation.

Puisque le mouvement comporte une accélération centripète agissant vers le centre de rotation, il doit y avoir une force extérieure agissant sur la particule dans cette direction centripète. Si une telle force n'existait pas, la particule se déplacerait selon la ligne droite pointillée de la figure 6.5. Une telle force est dite centripète.

Le mouvement circulaire d'un corps peut être causé par des forces de frottement, par une tension (d'une corde ou d'un ressort), par une force normale, par une force gravitationnelle, ou même par une combinaison donnée de ces forces. Examinons quelques exemples courants de mouvements circulaires uniformes. Dans chacun des cas, nous devrons identifier clairement la *force extérieure* (ou les forces extérieures) qui contraint la particule à suivre une trajectoire circulaire (c.-à-d. la force centripète).

Exemple 6.4

Mouvement d'un satellite: Un satellite de masse m décrit une orbite circulaire autour de la Terre en se déplaçant à une vitesse constante v et à une altitude h au-dessus de la surface terrestre, comme l'indique la figure 6.6. (a) Déterminez la grandeur de sa vitesse en fonction de G, h, R_T (le rayon terrestre) et M_T (la masse de la Terre).

La force centripète exercée sur le satellite étant attribuable *uniquement* à la force gravitationnelle, soit GmM_T/r^2, qui agit vers le centre de rotation, nous concluons que

$$\Sigma\vec{F}_r = -G\frac{mM_T}{r^2}\vec{u}_r = -\frac{mv^2}{r}\vec{u}_r$$

$$\frac{GM_T}{r^2} = \frac{v^2}{r}$$

Puisque $r = R_T + h$, nous avons

6.11 $$v = \sqrt{\frac{GM_T}{r}} = \sqrt{\frac{GM_T}{R_T + h}}$$

Notez que v est indépendant de la masse du satellite!

(b) Déterminez la période de révolution T du satellite (soit le temps qu'il met à faire un tour complet de la Terre).

Étant donné que le satellite parcourt une distance de $2\pi r$ (soit la circonférence du cercle) en un temps T, nous obtenons à partir de l'équation 6.11

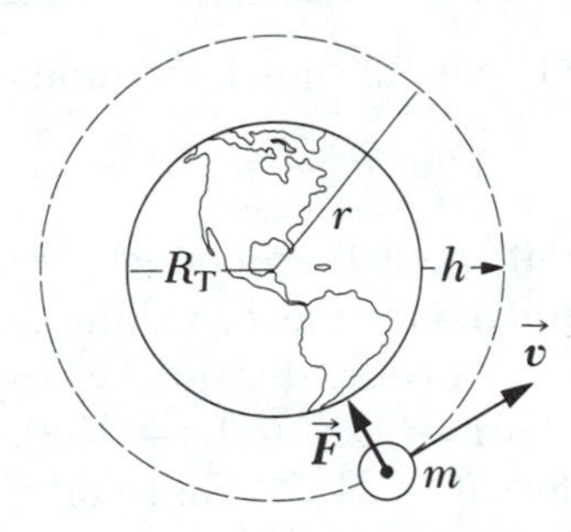

Figure 6.6 (Exemple 6.4) Un satellite de masse m gravite autour de la Terre sur une orbite circulaire de rayon r à une vitesse constante v. La force centripète provient de la force gravitationnelle entre le satellite et la Terre.

6.12 $$T = \frac{2\pi r}{v} = \frac{2\pi r}{\sqrt{GM_T/r}} = \left(\frac{2\pi}{\sqrt{GM_T}}\right) r^{3/2}$$

Par exemple, pour une altitude $h = 1\,000$ km, $r = R_T + h = 7{,}38 \times 10^6$ m, et partant de l'équation 6.11, nous calculons $v = 7{,}35 \times 10^3$ m/s $\approx 26\,460$ km/h. Partant de l'équation 6.12, nous calculons que $T = 6{,}31 \times 10^3$ s ≈ 105 min.

Les planètes gravitent autour du Soleil en décrivant des orbites approximativement circulaires. On peut calculer les rayons de ces orbites à partir de l'équation 6.12 dans laquelle M_T est remplacé par la masse du Soleil. Le fait que le carré de la période de révolution soit proportionnel au cube du rayon orbital a d'abord été établi comme une relation empirique fondée sur les données astronomiques. Nous reviendrons sur ce sujet au chapitre 14.

Q4. À partir des notions élaborées dans l'exemple 6.4, comment procéderiez-vous pour faire une estimation de la distance entre la Terre et la Lune?

Q5. Comment expliquez-vous que certaines planètes, telles que Saturne et Jupiter, ont une période beaucoup plus longue qu'une année?

Exemple 6.5

Le pendule conique: Soit un petit corps de masse m suspendu à une corde de longueur L. Le corps tourne sur une trajectoire circulaire horizontale de rayon r, à une vitesse constante v, comme l'indique la figure 6.7. Le nom de ce système, *pendule conique*, tient au fait que dans son déplacement, la corde décrit la forme d'un cône. Déterminez la vitesse du corps et sa période de révolution.

Solution: La figure 6.7 présente le diagramme des forces sur la masse m, dans lequel la tension $\vec{T}$ a été ramenée à une composante verticale, $T \cos \theta$, et à une composante horizontale, $T \sin \theta$, qui agit vers le centre de rotation. Puisque le corps ne subit aucune accélération dans le sens vertical, la composante verticale de la tension doit contrebalancer le poids. Par conséquent,

$$(1)\ T \cos \theta = mg$$

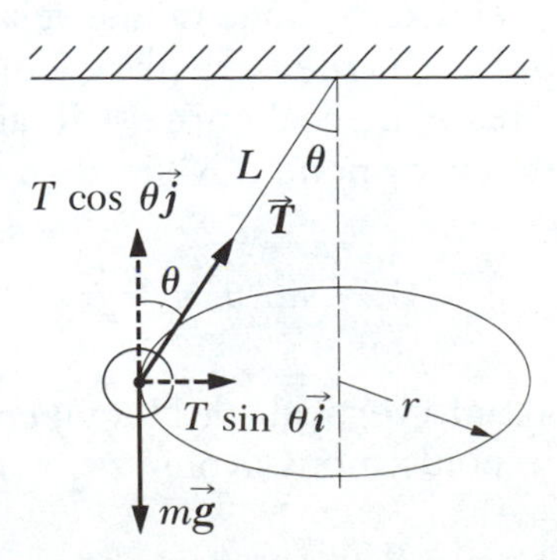

Figure 6.7 (Exemple 6.5) Représentation du pendule conique accompagnée du diagramme des forces.

La force centripète étant donnée ici par la composante $T \sin \theta$, nous obtenons à partir de la deuxième loi de Newton

$$(2)\ T \sin \theta = ma_r = \frac{mv^2}{r}$$

En divisant (2) par (1), nous éliminons T et obtenons

$$\tan \theta = \frac{v^2}{rg}$$

Mais la figure révèle que $r = L \sin \theta$, et par conséquent

$$v = \sqrt{rg \tan \theta} = \sqrt{Lg \sin \theta \tan \theta}$$

La période de révolution T_P (à ne pas confondre avec la tension $\vec{T}$) a donc pour expression

$$(3)\ T_P = \frac{2\pi r}{v} = \frac{2\pi r}{\sqrt{rg \tan \theta}} = 2\pi \sqrt{\frac{L \cos \theta}{g}}$$

Nous laissons au lecteur le soin de reconstituer les opérations algébriques intermédiaires utilisées pour obtenir (3). Notez que T_P ne dépend pas de m! Pour $L = 1{,}0$ m et $\theta = 20°$, nous obtenons à partir de (3)

$$T_P = 2\pi \sqrt{\frac{(1{,}0 \text{ m})(\cos 20°)}{9{,}8 \text{ m/s}^2}} = 1{,}95 \text{ s}$$

Q6. Un pendule conique avec $\theta = 90°$ est-il physiquement possible?

Exemple 6.6 Mouvement dans un virage relevé

Un ingénieur veut concevoir la courbe d'une route de manière à ce que le véhicule puisse prendre le virage sans déraper en l'absence de frottement. À quel angle le virage devra-t-il être relevé?

Solution: Sur une piste horizontale, c'est la force de frottement entre les pneus et la chaussée qui assure la force centripète. Toutefois, si la route est relevée à un angle θ, comme à la figure 6.8, la force normale $\vec{N}$ a une composante $N \sin \theta$ orientée vers le centre de rotation; cette composante peut donc assurer la force centripète. Dans le calcul qui suit, nous supposons que la composante $N \sin \theta$ est la seule cause de la force centripète. Par conséquent, l'angle de relèvement que nous allons calculer ne fera *pas* intervenir la force de frottement. Théoriquement, le véhicule qui se déplace à la vitesse appropriée pourra donc prendre le virage même si la surface est glacée. Si le véhicule se déplace à une vitesse v et que le rayon de courbure est R, alors la force centripète correspond à $N \sin \theta$:

$$(1)\ N \sin \theta = \frac{mv^2}{R}$$

La composante verticale de $\vec{N}$ étant contrebalancée par le poids, nous avons

$$(2)\ N \cos \theta = mg$$

En divisant (1) par (2), nous obtenons

$$\tan \theta = \frac{v^2}{Rg}$$

Par conséquent, pour bien concevoir le virage, l'ingénieur doit connaître la valeur de R et la vitesse prévue des véhicules qui s'y engageront. Par exemple, si $v = 50$ km/h $= 13{,}9$ m/s et si $R = 50$ m, alors $\theta = 21{,}5°$. En réalité, puisque les véhicules se déplacent à des vitesses différentes, il faut tout de même compter sur le frottement pour empêcher que ceux trop lents ne glissent au bas de la pente et pour éviter que ceux trop rapides ne dérapent vers le sommet de la pente.

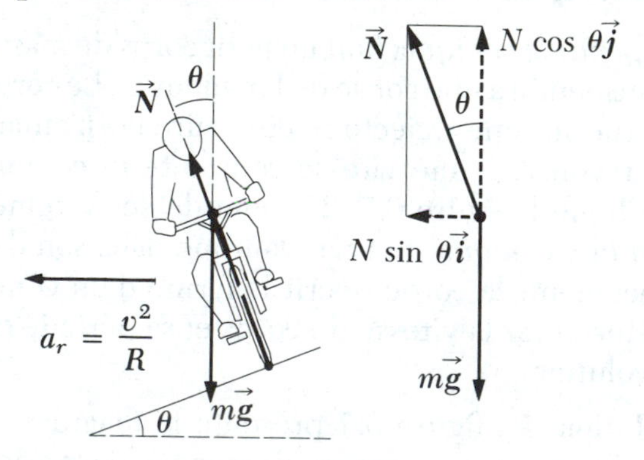

Figure 6.8 (Exemple 6.6) Cycliste vue de face en train de prendre un virage relevé à un angle θ par rapport à l'horizontale. Si on néglige le frottement, la force centripète est attribuable à la composante horizontale de la force normale.

Exemple 6.7 L'atome d'hydrogène

Dans le modèle de Bohr de l'atome d'hydrogène, on suppose que l'électron décrit une orbite circulaire de rayon r autour du proton. Puisque la masse du proton est beaucoup plus grande que celle de l'électron, cette supposition est valable. L'électron et le proton ont des charges opposées et leur interaction donne donc lieu à une force d'attraction coulombienne, donnée par l'équation 6.6. La force centripète qui maintient le mouvement circulaire de l'électron est cette force coulombienne. Déterminez la vitesse orbitale de l'électron, en supposant que sa masse est m_e.

Solution: Puisque $q_1 = -e$ et $q_2 = +e$, nous pouvons appliquer à l'électron l'équation 6.6 et la deuxième loi de Newton:

$$\vec{F} = -\frac{ke^2}{r^2}\vec{u}_r = -m_e\frac{v^2}{r}\vec{u}_r$$

$$v = \sqrt{\frac{ke^2}{m_e r}}$$

En prenant $k = 9 \times 10^9$ N • m²/C², $e = 1{,}6 \times 10^{-19}$ C, $m_e = 9{,}1 \times 10^{-31}$ kg, et $r = 0{,}53 \times 10^{-10}$ m (soit le rayon de la première orbite de Bohr), nous obtenons $v = 2{,}2 \times 10^6$ m/s.

6.8 Mouvement circulaire non uniforme

Dans le chapitre 4, nous avons vu que lorsqu'une particule décrit une trajectoire circulaire à une vitesse variable, son accélération possède, outre une composante centripète, une composante tangentielle dont la grandeur est donnée par dv/dt. Par conséquent, la force résultante sur la particule doit également posséder des composantes tangentielle et radiale. Puisque l'accélération totale est donnée par $\vec{a} = \vec{a}_r + \vec{a}_\theta$, la force totale est donnée par $\vec{F} = \vec{F}_r + \vec{F}_\theta$. L'exemple qui suit illustre ce type de mouvement.

Exemple 6.8

Soit une petite sphère de masse m, attachée à l'extrémité d'une corde de longueur R, qui tourne autour d'un point fixe O en décrivant un cercle *vertical*, comme l'indique la figure 6.9a. Déterminez la tension de la corde en fonction de la vitesse de la sphère v et de l'angle θ que forme la corde par rapport à la verticale.

Solution: Nous remarquons d'abord que la vitesse n'est *pas* uniforme puisque le poids de la sphère donne lieu à une accélération tangentielle. À partir du diagramme des forces de la figure 6.9a, nous constatons que le poids, $m\vec{g}$, et la tension $\vec{T}$ sont les seules forces qui s'exercent sur la sphère. À présent, nous exprimons $m\vec{g}$ au moyen d'une composante tangentielle $mg \sin \theta$ et d'une composante radiale $mg \cos \theta$. En appliquant la deuxième loi de Newton au mouvement tangentiel, nous obtenons

$$\Sigma F_\theta = mg \sin \theta = ma_\theta$$

$$(1)\ a_\theta = g \sin \theta$$

Cette composante entraîne une variation de v dans le temps, puisque $a_\theta = dv/dt$. En appliquant la deuxième loi de Newton à la direction radiale, nous obtenons

$$\Sigma F_r = T - mg \cos \theta = \frac{mv^2}{R}$$

$$(2)\ T = m\left(\frac{v^2}{R} + g \cos \theta\right)$$

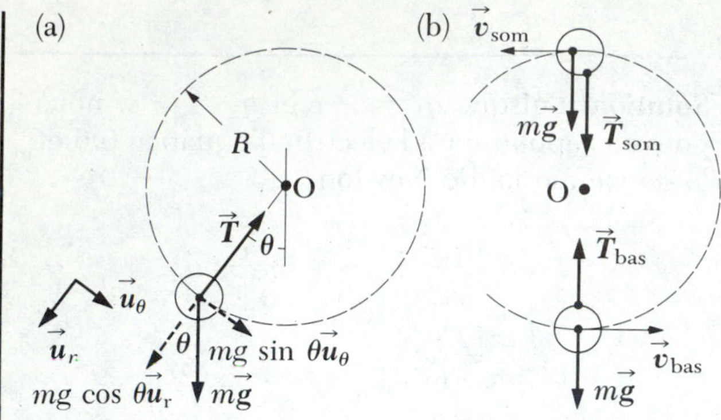

Figure 6.9 (Exemple 6.8) (a) Les forces qui agissent sur une masse m reliée à une corde de longueur R décrivant un cercle vertical de centre O. (b) Les forces qui agissent sur m lorsqu'elle se trouve au sommet et au bas de la trajectoire circulaire. Notez que la tension atteint son maximum au bas de la trajectoire et son minimum au sommet.

Cas limites: Au *sommet* de la trajectoire, où $\theta = 180°$,

$$T = m\left(\frac{v^2}{R} - g\right)$$

Il s'agit là de la valeur *minimale* de T. Notez qu'à ce point de la trajectoire, $\vec{a}_\theta = 0$, et l'accélération est donc radiale et dirigée vers le bas, comme à la figure 6.9b.

Au point le plus bas de la trajectoire, où $\theta = 0$,

$$T = m\left(\frac{v^2}{R} + g\right)$$

Il s'agit là de la valeur *maximale* de T. Pour ce point de la trajectoire également, $\vec{a}_\theta = 0$, et l'accélération est radiale et dirigée vers le haut.

Q7. À quelle condition et à quelle position la tension de la corde (exemple 6.8) pourrait-elle atteindre 0?

Q8. Pour quelle position de la masse la corde aurait-elle le plus tendance à se rompre?

6.9 Mouvement dans des référentiels accélérés

Lorsque nous avons introduit les lois du mouvement de Newton au chapitre 5, nous avons souligné que ces lois sont valables pour des observations faites dans un système de référence *inertiel*. Dans cette section-ci, nous allons analyser comment un observateur, situé dans un référentiel non inertiel (système accéléré), appliquerait la deuxième loi de Newton.

Si une particule en mouvement est animée d'une accélération $\vec{a}$ par rapport à un observateur situé dans un référentiel inertiel, alors l'observateur immobile peut utiliser la deuxième loi de Newton et affirmer que $\Sigma\vec{F} = m\vec{a}$. Par contre, si l'observateur qui se trouve dans un référentiel accéléré essaie d'appliquer la deuxième loi de Newton au mouvement de la particule, il devra faire intervenir des forces *fictives* pour que la loi de Newton fonctionne à l'intérieur du système. On désigne parfois ces forces fictives par le terme *forces d'inertie*. Ces «pseudo-forces inventées» par l'observateur *semblent* être de vraies forces dans le système non inertiel. Toutefois, nous devons souligner que ces forces fictives n'existent pas lorsqu'on observe le mouvement à partir d'un référentiel inertiel; bien qu'utilisées dans les systèmes non inertiels, elles ne représentent *pas* de «vraies» forces agissant sur le corps. (Par «vraies» forces nous entendons une interaction entre le corps et son environnement.[3]) La description du

Forces fictives ou d'inertie

3. Ce point de vue est discutable puisqu'on peut penser (principe de Mach) que l'inertie de la matière — et les forces inertielles dont il est ici question — résulte de l'interaction de l'objet avec la matière de tout l'Univers!

mouvement à l'intérieur du système non inertiel sera donc équivalente à la description faite par un observateur situé dans un système inertiel, pourvu que les forces fictives soient bien définies. En règle générale, on analyse les mouvements à partir de référentiels inertiels, mais dans certains cas il est plus pratique d'utiliser un référentiel non inertiel.

Le comportement du pendule de Foucault, mentionné au chapitre précédent (en 5.3), est un bel exemple faisant intervenir des forces inertielles. Dans son cas, la force responsable de la rotation de son plan d'oscillation se nomme la force de Coriolis — c'est une force qui vous «pousserait» de côté si vous marchiez sur une table tournante en allant vers le centre. Cette force «fictive» apparaît parce que la Terre est accélérée — puisqu'elle tourne sur elle-même et autour du Soleil — et n'est donc pas un référentiel inertiel.

Exemple 6.9

Accélération linéaire: Soit une petite sphère de masse m suspendue au plafond d'un wagon animé d'une accélération, comme à la figure 6.10. Du point de vue de l'observateur au repos dans un référentiel inertiel (fig. 6.10a), la sphère subit deux forces: la tension $\vec{T}$ et son poids. Cet observateur conclut que la sphère a la même accélération que le wagon et que cette accélération est donnée par la composante horizontale de $\vec{T}$. En outre, la composante verticale de $\vec{T}$ contrebalance le poids. L'observateur situé dans le système inertiel écrira donc la deuxième loi de Newton sous la forme $\vec{T} + m\vec{g} = m\vec{a}$ qui, exprimée au moyen des composantes scalaires, devient

$$\text{Référentiel inertiel} \begin{cases} (1)\ \Sigma F_x = T \sin\theta = ma \\ (2)\ \Sigma F_y = T\cos\theta - mg = 0 \end{cases}$$

La résolution de ce système d'équations permet d'obtenir l'accélération du wagon,

6.13 $$a = g \tan\theta$$

Puisque la déviation de la corde par rapport à la verticale permet de mesurer l'accélération du wagon, un *simple pendule peut servir d'accéléromètre*.

Par contre, du point de vue de l'observateur non inertiel à bord du wagon, présenté à la figure 6.10b, la sphère est au repos et l'accélération est nulle. Il doit donc faire intervenir une *force fictive*, $-m\vec{a}$, pour contrebalancer la composante horizontale de $\vec{T}$ et pour affirmer que la force nette sur la sphère est *nulle*! Dans ce référentiel non inertiel, on exprime la deuxième loi de Newton sous forme scalaire par

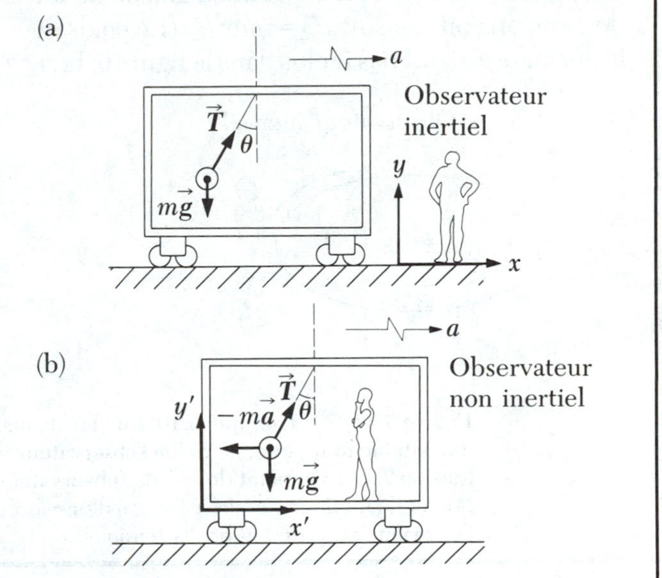

Figure 6.10 (Exemple 6.9) (a) Une balle suspendue au plafond d'un wagon accélérant vers la droite subit une déviation, comme l'indique la figure. L'observateur inertiel au repos à l'extérieur du wagon affirme que l'accélération de la balle est attribuable à la composante horizontale de $\vec{T}$. (b) Selon un observateur non inertiel à bord du wagon, la force nette agissant sur la balle est nulle et la déviation de la corde par rapport à la verticale est attribuable à une force fictive, soit $-m\vec{a}$, qui équilibre la composante horizontale de $\vec{T}$.

$$\text{Référentiel non inertiel} \begin{cases} \Sigma F_x' = T\sin\theta - ma = 0 \\ \Sigma F_y' = T\cos\theta - mg = 0 \end{cases}$$

Ces expressions sont équivalentes à (1) et (2); l'observateur non inertiel obtient donc le même résultat mathématique que l'observateur inertiel. Cependant, l'interprétation physique de la déviation de la corde est *différente* d'un référentiel à l'autre.

Exemple 6.10

Forces fictives dans un système en rotation: Un observateur qui se trouve dans un système en rotation constitue un autre exemple d'observateur non inertiel. Soit un bloc de masse m reposant sur une table horizontale. Le bloc est retenu par une corde, comme à la figure 6.11, et il n'y a pas de frottement entre le bloc et la table. Du point de vue de l'observateur inertiel, si le bloc tourne uniformément, il subit une accélération centripète v^2/r, où v représente la vitesse tangentielle. L'observateur inertiel conclut donc que cette accélération centripète est attribuable à la force $\vec{T}$, et il exprime la deuxième loi de Newton comme suit: $T = mv^2/r$. (Le poids et la normale ne sont pas inclus dans la figure 6.11.)

Du point de vue de l'observateur non inertiel, solidaire de la table, le bloc est au repos. Par conséquent, pour appliquer la deuxième loi de Newton, il doit introduire une force fictive *dirigée vers l'extérieur*, une *force centrifuge* de grandeur mv^2/r. Selon l'observateur non inertiel, cette force «centrifuge» contrebalance la tension et par conséquent, $T - mv^2/r = 0$.

Il faut être prudent lorsqu'on utilise des forces fictives pour décrire des phénomènes physiques. On doit se rappeler que les forces fictives, telles que la force centrifuge, sont utilisables *seulement* dans des référentiels non inertiels ou accélérés. Pour résoudre des problèmes, il est habituellement préférable d'utiliser un référentiel inertiel.

(a) Observateur inertiel

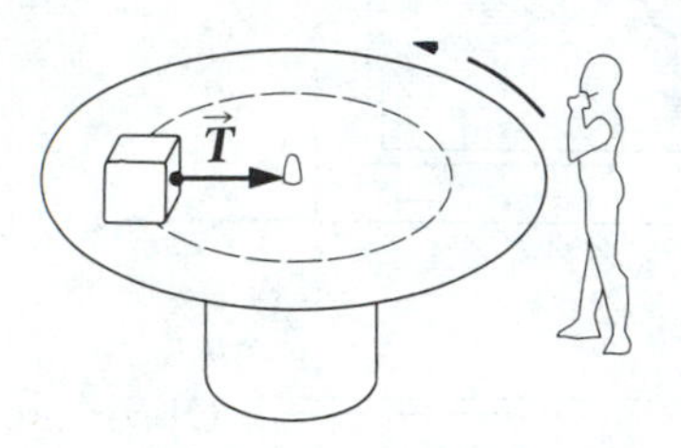

(b) Observateur non inertiel

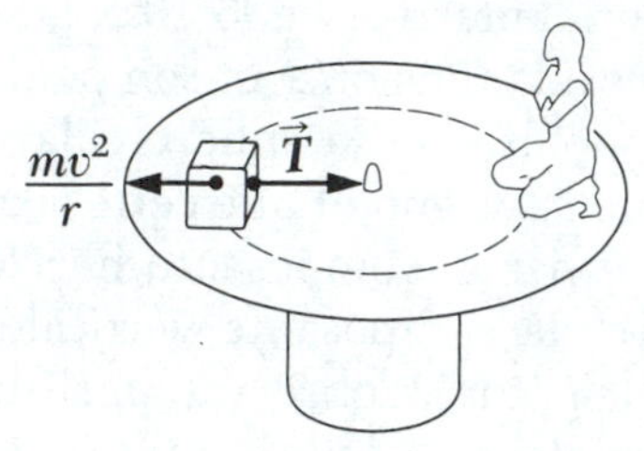

Figure 6.11 (Exemple 6.10) Un bloc de masse m est attaché à une corde reliée au centre d'une table tournante. (a) Selon l'observateur inertiel, la force centripète est attribuable à la tension $\vec{T}$. (b) Du point de vue de l'observateur non inertiel, le bloc ne subit pas d'accélération et il faut donc supposer l'action d'une force centrifuge fictive mv^2/r, qui est dirigée vers l'extérieur et qui équilibre la tension.

Q9. Puisque la Terre tourne sur son axe et qu'elle gravite autour du Soleil, elle constitue donc un référentiel non inertiel (non galiléen). En supposant que la Terre soit une sphère uniforme, comment peut-on expliquer qu'un objet ait un *poids apparent* plus grand à un pôle qu'à l'équateur?

Q10. Comment expliqueriez-vous que le passager d'une voiture soit déporté vers le côté lorsque le véhicule prend un virage?

Q11. Lorsqu'un pilote acrobate effectue un looping (boucle complète dans le plan vertical) à bord de son avion, à quel point de la trajectoire se sent-il le plus pesant? Quelle est la force de contrainte qui s'exerce sur le pilote?

Q12. Si l'on imprime un mouvement de rotation verticale à un seau contenant de l'eau, à quelle condition le liquide demeurera-t-il dans le récipient? Qu'est-ce qui empêche l'eau de renverser?

Q13. Comment divers observateurs terrestres aux pôles nord et sud, ainsi que sur l'équateur, décriraient-ils le comportement d'un pendule de Foucault installé en ces endroits? Déduisez — qualitativement — ce qui devrait se passer à des latitudes intermédiaires.

Le coût élevé des carburants a incité les propriétaires de camions à installer des déflecteurs d'air afin de réduire la résistance de l'air. (Photo de Lloyd Black)

6.10 Mouvement en présence de forces de frottement fluide

Dans le chapitre précédent, nous avons discuté de la force de frottement solide, à savoir la force s'exerçant sur un corps qui glisse sur une surface solide. Ce type de force est presque indépendant de la vitesse. Examinons à présent ce qui se produit lorsqu'un corps se déplace dans un liquide ou un gaz. En pareille situation, le milieu exerce une résistance $\vec{R}$ sur le mobile. La grandeur de cette force $\vec{R}$ dépend de la vitesse du mobile et son orientation est toujours opposée à celle de la vitesse du mobile. La grandeur de $\vec{R}$ augmente avec la vitesse du mobile. À titre d'exemple, citons la résistance de l'air sur les avions en vol et sur les voitures en mouvement, ainsi que la résistance exercée par un liquide sur les objets qui s'y déplacent.

En général, la force de frottement fluide n'est pas une fonction simple de la vitesse. Cependant, nous allons examiner deux situations relativement simples. Dans la première, nous allons supposer que la force est proportionnelle à la vitesse. C'est le cas par exemple des particules de poussière se déplaçant dans l'air. En second lieu, nous supposerons que la force de frottement est proportionnelle au carré de la vitesse de l'objet. Les objets de grandes dimensions, tels que les parachutistes en chute libre, sont soumis à ce type de résistance.

Frottement fluide proportionnel à la vitesse

Lorsqu'un objet se déplace à faible vitesse dans un fluide, il subit une résistance proportionnelle à sa vitesse. $\vec{R}$ a donc la forme suivante:

6.14
$$\vec{R} = -b\vec{v}$$

où $\vec{v}$ représente la vitesse de l'objet et b est une constante qui dépend des propriétés du fluide ainsi que de la forme et des dimensions de l'objet.

Soit une sphère de masse m initialement au repos et lâchée dans un fluide, comme à la figure 6.12a. Nous allons décrire ce mouvement en supposant que la résistance et le poids sont les deux seules forces qui s'exercent sur la sphère[4].

Appliquons la deuxième loi de Newton en considérant que l'axe vertical est orienté vers le bas. Nous obtenons

$$mg - bv = m\frac{dv}{dt}$$

(a)

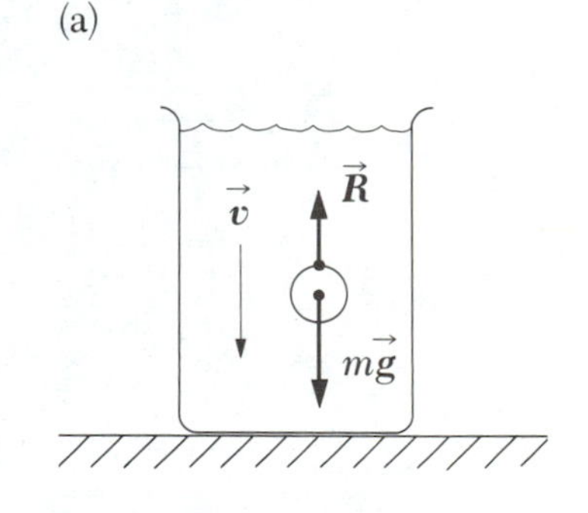

(b)

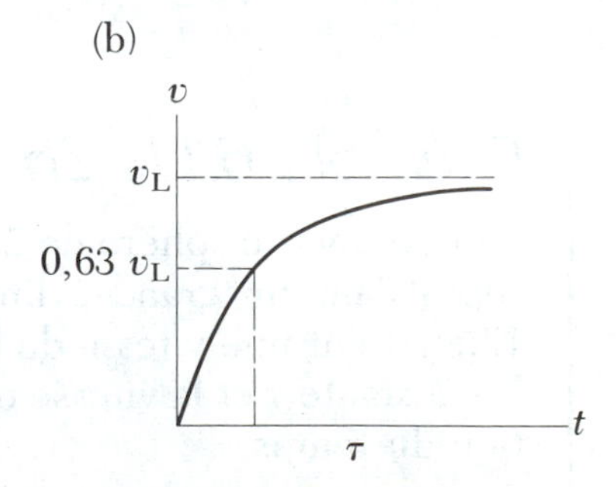

Figure 6.12 (a) Schéma des forces sur une petite sphère tombant dans un fluide. (b) Le graphique vitesse-temps d'un objet tombant dans un fluide. L'objet atteint une vitesse limite v_L et τ représente le temps que met l'objet à atteindre 0,63 v_L.

4. Notons qu'intervient également une *poussée*, qui est constante et égale au poids du fluide dont la sphère tient la place. Cette poussée n'entraîne qu'une modification du poids de la sphère selon un facteur constant.

où l'accélération est dirigée vers le bas. La simplification de l'expression ci-dessus nous donne

$$\frac{dv}{dt} = g - \frac{b}{m}v \quad (6.15)$$

L'équation 6.15 est appelée *équation différentielle* et il se peut que vous ne soyez pas encore capable d'en trouver la solution. Cependant, il convient de noter qu'au départ, lorsque $v = 0$, la résistance du frottement fluide est nulle et l'accélération dv/dt égale à g. À mesure que la vitesse augmente, la résistance augmente également et l'accélération *diminue*. L'accélération devient éventuellement nulle lorsque la résistance devient *égale* au poids. Dès cet instant, le corps poursuit son mouvement sans accélération ($\vec{a} = 0$) et il a atteint sa *vitesse limite* v_L. Nous pouvons déterminer la vitesse limite à partir de l'équation 6.15 en posant $a = dv/dt = 0$. Nous obtenons

$$mg - bv_L = 0 \quad \text{ou} \quad v_L = mg/b$$

Pour une vitesse initiale nulle, la solution de l'équation 6.15 est

$$v = \frac{mg}{b}(1 - e^{-bt/m}) = v_L(1 - e^{-t/\tau}) \quad (6.16)$$

où

$$\tau = \frac{m}{b}$$

Le graphique de cette fonction est présenté à la figure 6.12b. La constante τ représente un temps. Vous pouvez vérifier que pour $t = \tau$, la vitesse atteint 63 % de la vitesse limite.

Pour établir que la fonction $v(t)$ est une solution de l'équation différentielle, nous devons calculer sa dérivée

$$\frac{dv}{dt} = \frac{d}{dt}\left(\frac{mg}{b} - \frac{mg}{b}e^{-bt/m}\right) = -\frac{mg}{b}\frac{d}{dt}e^{-bt/m} = ge^{-bt/m}$$

Cette dérivée doit être identique au deuxième terme de l'équation différentielle 6.15.

Exemple 6.11 Chute d'une sphère dans l'huile

Soit une petite sphère de 2 g lâchée à partir du repos dans un grand cylindre rempli d'huile. Elle atteint une vitesse de 5 cm/s. Déterminez la constante τ et la vitesse de la sphère en fonction du temps.

Solution: La vitesse limite étant donnée par $v_L = mg/b$,

$$b = \frac{mg}{v_L} = \frac{(0{,}002\ \text{kg})(9{,}8\ \text{m/s}^2)}{(0{,}05\ \text{m/s})} = 0{,}392\ \text{kg/s}$$

Par conséquent,

$$\tau = \frac{m}{b} = \frac{0{,}002\ \text{kg}}{0{,}392\ \text{kg/s}} = 5{,}10 \times 10^{-3}\ \text{s}$$

Pour calculer la vitesse en fonction du temps, nous utilisons l'équation 6.16:

$$v(t) = v_L(1 - e^{-t/\tau})$$

Puisque $v_L = 0{,}05$ m/s et $1/\tau = 196\ \text{s}^{-1}$, nous avons

$$v(t) = 0{,}05\,(1 - e^{-196t})\ \text{m/s}$$

Résistance de l'air

Nous venons de voir que, dans le cas d'un petit objet se déplaçant à faible vitesse, la résistance est proportionnelle à la vitesse. Par contre, dans le cas d'objets se déplaçant dans l'air à grande vitesse, tels que les avions, les parachutistes en chute libre ou les balles de baseball, la résistance de l'air est approximativement proportionnelle au *carré* de la vitesse. En pareilles situations, la grandeur de la résistance peut être exprimée comme suit:

6.17 *Résistance de l'air*

$$R = \frac{1}{2} C\rho A v^2$$

où ρ représente la densité de l'air, A correspond à l'aire d'une section plane de l'objet en chute, mesurée perpendiculairement à sa vitesse, et C est une quantité empirique sans dimension appelée *coefficient de résistance*. La valeur de ce coefficient est d'environ 0,5 pour les objets de forme sphérique, mais il peut atteindre une valeur de 1 pour des objets de forme irrégulière.

Prenons l'exemple d'un avion en vol qui subit la résistance de l'air. Selon l'équation 6.17, cette force de frottement est proportionnelle à la densité de l'air. Or, sachant que la densité de l'air diminue à haute altitude, nous déduisons que pour un avion volant à une vitesse donnée la résistance de l'air diminue à mesure que l'appareil prend de l'altitude. En outre, si l'on double la vitesse de l'avion, la résistance de l'air est multipliée par 4. Par conséquent, pour maintenir la vitesse constante, la force de propulsion doit également être multipliée par 4 et la puissance requise (la force multipliée par la vitesse) doit être multipliée par 8.

Analysons à présent le mouvement d'une masse qui tombe, soumise à une résistance de l'air dirigée vers le haut, donnée par $R = \frac{1}{2}C\rho A v^2$. Supposons que la masse est initialement au repos à la position $y = 0$, comme à la figure 6.13. La masse subit deux forces extérieures: le poids, dirigé vers le bas, et la résistance de l'air, dirigée vers le haut. Par conséquent, la grandeur de la force résultante est donnée par

6.18

$$F_{\text{net}} = mg - \frac{1}{2}C\rho A v^2$$

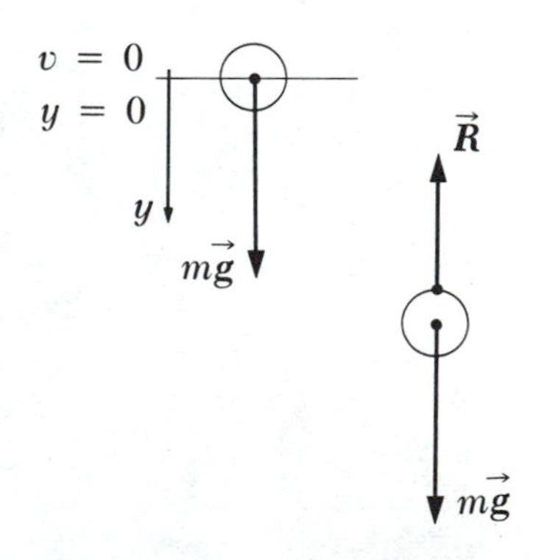

Figure 6.13 Un objet effectuant une chute dans l'air est soumis à une résistance $\vec{R}$ et à la force gravitationnelle $m\vec{g}$. L'objet atteint sa vitesse limite lorsque la force résultante est nulle, c'est-à-dire lorsque $\vec{R} = -m\vec{g}$. Avant d'atteindre cette vitesse, l'objet subit une accélération qui varie avec la vitesse, suivant l'équation 6.19.

En remplaçant F_{net} (force résultante) par son équivalent ma ($F_{\text{net}} = ma$) dans l'équation 6.18, nous constatons que l'accélération de la masse est dirigée vers le bas et que sa grandeur est donnée par

6.19

$$a = g - \left(\frac{C\rho A}{2m}\right) v^2$$

De nouveau, nous pouvons calculer la vitesse limite v_L atteinte lorsque le poids est contrebalancé par la force de résistance. La force résultante et l'accélération sont donc nulles. Si nous posons $a = 0$ dans l'équation 6.19, nous obtenons

$$g - \left(\frac{C\rho A}{2m}\right) v_L{}^2 = 0$$

Vitesse limite

6.20 $$v_L = \sqrt{\frac{2mg}{C\rho A}}$$

À partir de cette expression, nous pouvons déterminer comment la vitesse limite dépend des dimensions du mobile. Supposons que le mobile soit une sphère de rayon r. Dans ce cas, $A \sim r^2$ et $m \sim r^3$ (puisque la masse est proportionnelle au volume). Par conséquent, $v_L \sim \sqrt{r}$ et la vitesse limite augmente donc proportionnellement à la racine carrée du rayon.

Le tableau 6.2 présente une liste de vitesses limites de divers objets tombant dans l'air.

En allongeant et en écartant ses bras et ses jambes, ainsi qu'en maintenant son corps dans un plan parallèle au sol, ce parachutiste s'assure de la résistance maximale de l'air, ce qui lui permet d'atteindre une vitesse limite qui n'est pas trop élevée. (Photo de la U.S.A.F.)

Tableau 6.2 *Vitesse limite de divers objets en chute dans l'air*

Objet	Masse (kg)	Aire (m^2)	v_L (m/s)[a]
Parachutiste	75	0,7	60
Balle de baseball (3,66 cm de rayon)	0,145	$4{,}2 \times 10^{-3}$	33
Balle de golf (2,1 cm de rayon)	0,046	$1{,}4 \times 10^{-3}$	32
Grêlon (0,5 cm de rayon)	$4{,}8 \times 10^{-4}$	$7{,}9 \times 10^{-5}$	14
Goutte de pluie (0,2 cm de rayon)	$3{,}4 \times 10^{-5}$	$1{,}3 \times 10^{-5}$	9

[a] Dans chaque cas, nous supposons que le coefficient de résistance C s'établit à 0,5.

Q14. Un parachutiste tombant ouvre son parachute. Expliquez la réduction de sa vitesse limite en vous référant aux paramètres de l'équation 6.20.

6.11 Résumé

Selon la *loi de l'attraction universelle de Newton*, toutes les particules de l'univers s'attirent. La force d'attraction entre deux particules est directement proportionnelle au produit de leurs masses et inversement proportionnelle au carré de la distance qui les sépare:

Loi de l'attraction universelle

6.1 $$F_g = G\frac{m_1 m_2}{r^2}$$

où $G = 6{,}673 \times 10^{-11}\ \text{N} \cdot \text{m}^2/\text{kg}^2$.

Dans le cas d'un objet situé au-dessus de la surface terrestre, l'accélération gravitationnelle varie en raison inverse du carré de la distance qui sépare l'objet du centre de la Terre. À mesure que cette distance tend vers l'infini, l'accélération gravitationnelle tend vers zéro. À la surface terrestre, l'*accélération gravitationnelle* est donnée par

6.4 $$g = G\frac{M_T}{R_T^2}$$ *Accélération gravitationnelle*

où M_T et R_T représentent respectivement la masse et le rayon de la Terre.

La *force électrostatique* entre deux charges q_1 et q_2, séparées par une distance r, est donnée par *la loi de Coulomb*,

6.6 $$F_e = k\frac{q_1 q_2}{r^2}$$ *Force électrostatique*

où $k = 8{,}99 \times 10^9\ \mathrm{N \cdot m^2/C^2}$.

Les forces électrostatiques sont répulsives lorsque les charges en présence sont de même signe et elles sont attractives lorsque les charges ont des signes opposés. Les forces électrostatiques entre les particules élémentaires chargées sont beaucoup plus grandes que les forces gravitationnelles.

La *force nucléaire d'interaction forte* assure la cohésion entre les protons et les neutrons des noyaux atomiques. Pour des distances de 10^{-14} à 10^{-15} m, cette interaction est très fortement attractive et elle dépasse la répulsion coulombienne entre les protons. Par contre, elle est répulsive à très courte portée. La *force nucléaire d'interaction faible* est une interaction qui s'exerce à courte portée et provoque l'instabilité de certains noyaux.

Lorsqu'on applique la deuxième loi de Newton à une particule animée d'un mouvement circulaire uniforme, la force radiale résultante doit être égale au produit de la masse par l'accélération centripète:

6.10 $$\Sigma\vec{F} = m\vec{a}_r = -\frac{mv^2}{r}\vec{u}_r$$ *Mouvement circulaire uniforme*

L'accélération centripète peut être attribuable à des forces telles que la force gravitationnelle (dans le cas du mouvement d'un satellite), la force de frottement ou la force de tension (par exemple, dans le cas d'une corde). Une particule animée d'un mouvement circulaire non uniforme subit à la fois une accélération centripète (ou radiale) et une accélération tangentielle.

Forces fictives ou d'inertie

Un observateur situé dans un référentiel non inertiel (accéléré) doit faire intervenir des *forces fictives* (ou inertielles) lorsqu'il applique la deuxième loi de Newton au système dans lequel il se trouve. Si ces forces fictives sont définies de façon appropriée, la formulation mathématique des lois de Newton dans le système non inertiel sera équivalente à celle faite par un observateur situé dans un référentiel inertiel. Cependant, les deux observateurs situés dans des référentiels différents ne s'entendront pas sur les causes du mouvement.

Un corps qui se déplace en milieu liquide ou gazeux subit un *frottement fluide* qui est fonction de la vitesse. Cette résistance au mouvement augmente à mesure que la vitesse augmente et dépend de la forme du mobile et des propriétés du milieu fluide. Un corps qui tombe atteint une *vitesse limite* lorsque le frottement est égal au poids.

Vitesse limite

Exercices

Sections 6.1 à 6.4

1. Soit deux particules isolées et identiques, ayant chacune une masse de 2 kg, et séparées par une distance de 30 cm. Quelle est la grandeur de la force gravitationnelle qui s'exerce entre elles?

2. Soit une masse de 200 kg et une autre de 500 kg, séparées par une distance de 0,40 m. (a) Déterminez la force gravitationnelle nette attribuable à l'action de ces deux masses sur une troisième masse de 50 kg placée à mi-chemin entre les deux premières. (b) À quelle position (exception faite des distances infiniment grandes) la masse de 50 kg subirait-elle une force nette de zéro?

3. Soit trois masses de 5 kg chacune, situées aux sommets d'un triangle équilatéral de 0,25 m de côté. Déterminez la grandeur et la direction de la force gravitationnelle résultante que subit une masse sous l'action des deux autres.

4. Soit deux étoiles de masses m et $4m$, séparées par une distance d. À quelle distance de m la force nette exercée par les deux étoiles sur une troisième masse serait-elle nulle?

5. Soit quatre particules situées aux quatre coins d'un rectangle, comme à la figure 6.14. Déterminez les composantes x et y de la force résultante qui s'exerce sur la masse m.

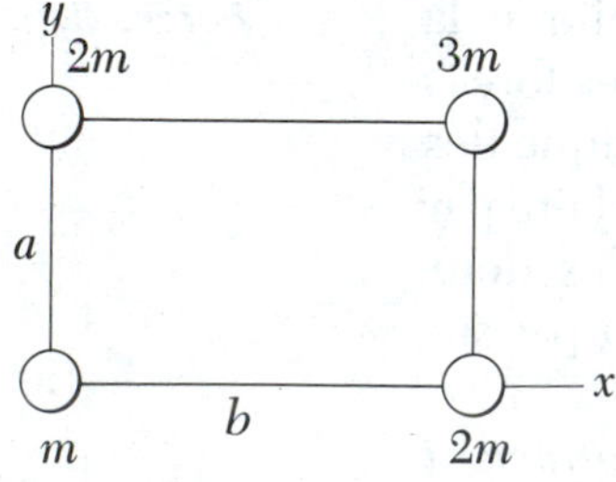

Figure 6.14 (Exercice 5).

6. Calculez l'accélération gravitationnelle en un point situé à une distance R_T au-dessus de la surface terrestre, R_T étant le rayon de la Terre.

7. À partir des données de la figure 6.3, déterminez l'expression vectorielle de la force résultante agissant sur la masse de 6 kg. Quelle est la grandeur de cette force?

Section 6.5 Forces électrostatiques

8. Soit deux électrons séparés par une distance de 2×10^{-5} m. Quelle est la grandeur et la direction de la force électrostatique qu'un électron exerce sur l'autre?

9. La distance moyenne qui sépare le proton et l'électron de l'atome d'hydrogène est de $0{,}53 \times 10^{-10}$ m. Quelle est la grandeur de la force d'attraction entre les deux particules?

10. Soit trois charges, q, $-q$ et $-2q$, situées respectivement à $x = -d$, $x = 0$ et $x = +d$ sur l'axe des x, où q est exprimé en coulombs (C) et d, en mètres (m). Déterminez la grandeur et la direction de la force électrostatique résultante agissant sur la charge q.

11. Soit quatre particules de même charge ($q = 8\ \mu$C), situées aux quatre coins d'un carré de 0,5 m de côté. Déterminez la force électrostatique résultante exercée sur l'une des charges par les trois autres.

12. Soit une charge $-q$, située à l'origine, et une deuxième charge, $3q$, située à $y = d$ sur l'axe des y. À quelle position la force résultante sur une troisième charge serait-elle nulle?

13. Soit deux sphères identiques non chargées et ayant chacune une masse de 50 kg. Quel est le nombre égal d'électrons qu'il faudrait transférer sur chaque sphère pour que la force électrostatique de répulsion contrebalance l'attraction gravitationnelle qui s'exerce entre elles?

14. Déterminez quelle distance doit séparer deux électrons pour que la force électrostatique qui s'exerce sur chacun soit égale au poids d'un électron sur la Terre. (La masse d'un électron est de $9{,}11 \times 10^{-31}$ kg.)

Section 6.6 Forces nucléaires

15. Lorsque deux protons sont à 10^{-15} m l'un de l'autre, la force nucléaire d'interaction forte est environ 10 fois plus grande que la force d'interaction électrostatique. Faites une estimation de la grandeur de la force nucléaire d'interaction forte qui s'exerce à cette distance.

Section 6.7 Application de la deuxième loi de Newton au mouvement circulaire uniforme

16. Soit une masse de 3 kg attachée à une légère corde qui décrit un mouvement circulaire sur la surface lisse d'une table. Le rayon de la trajectoire est de 0,8 m et la corde peut supporter sans rompre une masse maximale de 25 kg. Quelle vitesse la masse peut-elle atteindre sans que la corde se rompe?

17. On place un jeton à 20 cm du centre d'une table tournante horizontale. On remarque que le jeton se met à glisser lorsque sa vitesse atteint 50 cm/s. (a) À quoi peut-on attribuer la force centripète qui s'exerce lorsque le jeton ne glisse pas sur la table tournante? (b) Quel est le coefficient de frottement statique entre le jeton et la table tournante?

18. Quelle est la force centripète qui doit s'exercer pour maintenir une masse de 2 kg en mouvement circulaire de 0,4 m de rayon à une vitesse de 3 m/s?

19. Un satellite de 600 kg effectue une orbite circulaire autour de la Terre à une altitude égale au rayon terrestre. Déterminez (a) la vitesse orbitale du satellite, (b) sa période de révolution et (c) la force gravitationnelle qu'il subit.

20. Un virage d'autoroute a un rayon de 150 m et est conçu pour des véhicules se déplaçant à 65 km/h. (a) Si le virage n'est pas relevé, déterminez le coefficient de frottement minimal entre les pneus et la chaussée pour que les véhicules roulent sans déraper. (b) À quel angle devrait-on relever le virage si la force de frottement était nulle?

21. Dans le modèle de Bohr de l'atome d'hydrogène, déterminez (a) la force centripète agissant sur l'électron qui gravite en décrivant une orbite circulaire de $0{,}53 \times 10^{-10}$ m de rayon, (b) l'accélération centripète de l'électron et (c) le nombre de révolutions par seconde de l'électron.

Section 6.8 Mouvement circulaire non uniforme

22. On imprime à un seau d'eau un mouvement circulaire vertical de 1 m de rayon. Quelle est la vitesse minimale requise au sommet de sa trajectoire pour que l'eau ne renverse pas?

23. Un véhicule de montagnes russes a une masse de 500 kg lorsque le nombre maximum de passagers se trouvent à bord (fig. 6.15). (a) Si le véhicule est animé d'une vitesse de 20 m/s au point A, quelle force le rail exerce-t-il sur les roues en ce point donné de la trajectoire? (b) Quelle vitesse maximale le véhicule peut-il atteindre au point B sans quitter le rail?

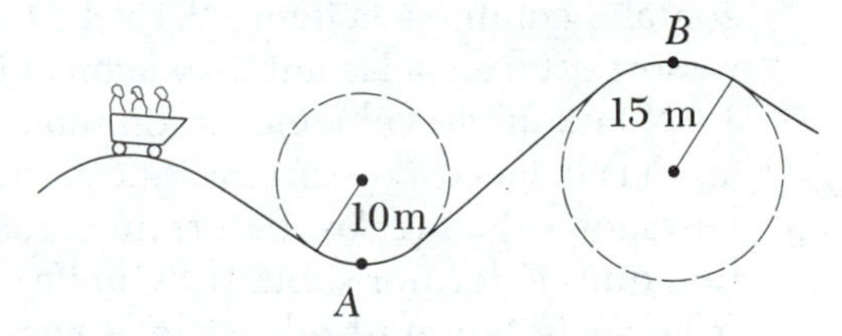

Figure 6.15 (Exercice 23).

24. Soit une balle attachée à l'extrémité d'une corde de 0,8 m de longueur et animée d'un mouvement circulaire vertical (fig. 6.9). Quelle vitesse minimale la balle doit-elle atteindre au sommet de sa trajectoire pour décrire une trajectoire circulaire?

25. Soit une masse de 5 kg attachée à l'extrémité d'une corde et animée d'un mouvement circulaire vertical dont le rayon est $R = 2$ m (fig. 6.9). Lorsque $\theta = 25°$, la vitesse de la masse est de 8 m/s. Pour cette position, déterminez (a) la tension de la corde, (b) les composantes tangentielle et radiale de l'accélération et (c) la grandeur de l'accélération totale.

26. Soit un enfant de 40 kg assis sur une balançoire de modèle classique, dont le siège est soutenu par deux chaînes de 3 m de longueur. Si l'enfant est animé d'une vitesse de 6 m/s au point le plus bas de sa trajectoire, déterminez (a) la tension de chaque chaîne en ce point et (b) la force qu'exerce le siège sur l'enfant en ce point de la trajectoire. (Faites abstraction de la pesanteur du siège.)

Section 6.9 Mouvement dans des référentiels accélérés

27. Soit une balle suspendue à l'aide d'une corde de 25 cm au plafond d'une voiture en mouvement. Un observateur à bord de la voiture constate que la balle subit une déviation de 6 cm vers l'arrière du véhicule. Quelle est l'accélération de la voiture?

28. Soit un objet de 5 kg suspendu au plafond d'un wagon en accélération, comme à la figure 6.10. Si $a = 3$ m/s^2, déterminez (a) l'angle de la corde par rapport à la verticale et (b) la tension de la corde.

29. Soit une masse de 5 kg reliée à une balance à ressort et reposant sur une surface lisse horizontale, comme à la figure 6.16. La balance à ressort est fixée à l'avant du wagon et indique 18 N lorsque le véhicule est en mouvement. (a) Si la balance à ressort indique zéro lorsque le wagon est au repos, déterminez l'accélération que ce dernier subit. (b) Quelle valeur la balance indiquera-t-elle si le wagon se déplace à vitesse constante? (c) Décrivez les forces subies par la masse du point de vue d'un observateur à bord du wagon et du point de vue d'un observateur situé à l'extérieur.

Figure 6.16 (Exercice 29).

30. On attache un bloc à une corde reliée à la cheville centrale d'une table tournante, comme à la figure 6.11. Si la surface de la table est *rugueuse*, décrivez les forces qui agissent sur le bloc du point de vue (a) d'un observateur assis sur la table et (b) d'un observateur au repos par rapport à la table. (c) Pour une vitesse donnée, si l'on rend la surface de la table plus lisse, la tension de la corde va-t-elle augmenter, diminuer ou rester telle quelle?

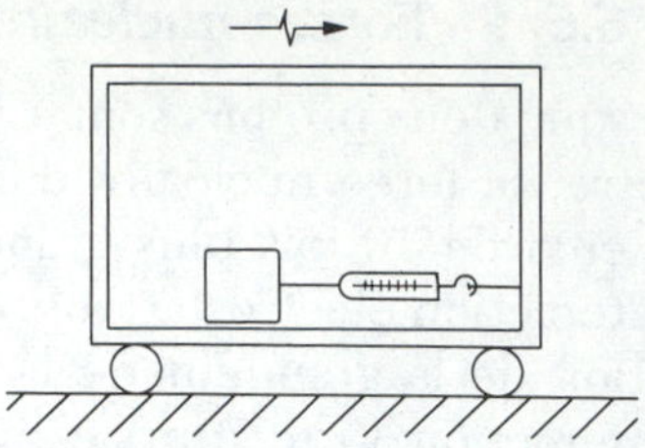

Section 6.10 Mouvement en présence de forces de frottement fluide

31. D'abord immobile, une bille sphérique de 3 g est lâchée à $t = 0$ dans une bouteille de shampoing. La bille atteint une vitesse limite de 2 cm/s. Déterminez (a) la valeur de la constante b dans l'équation 6.16, (b) le temps τ qu'il faut pour atteindre 0,63 v_L et (c) la valeur de la force de frottement lorsque la bille atteint sa vitesse limite.

32. Effectuant un saut en chute libre à partir d'un hélicoptère immobile, une parachutiste de 80 kg atteint une vitesse limite de 50 m/s. (a) Quelle accélération la parachutiste subit-elle lorsque sa vitesse est de 30 m/s? Quelle résistance subit-elle lorsque sa vitesse est de (b) 50 m/s et (c) 30 m/s?

Problèmes

1. Une petite tortue, surnommée «Titube», est placée à une distance de 20 cm du centre d'une table horizontale pivotante. Titube a une masse de 50 g et le coefficient de frottement statique entre ses pattes et la table est de 0,3. Déterminez (a) le nombre *maximal* de tours par seconde que la table peut effectuer sans que Titube glisse sur la table et (b) la vitesse et l'accélération radiale de Titube lorsqu'elle est sur le point de glisser.

2. Un pilote d'avion fait un looping vertical à vitesse constante. L'appareil se déplace à une vitesse de 500 km/h et le rayon du cercle vertical est de 400 m. (a) Quel est le poids apparent du pilote au point le plus bas de sa trajectoire, à supposer que sa masse soit de 80 kg? (b) Quel est son poids apparent au sommet de sa trajectoire? (c) Dans quelles circonstantes le pilote pourrait-il éprouver une sensation d'apesanteur? (Notez que le poids apparent est égal à la force qu'exerce le siège sur le corps du pilote.)

3. Soit une masse de 4 kg attachée à une tige *horizontale* à l'aide de deux cordes, comme l'indique la figure 6.17. Les cordes subissent une tension lorsque la tige tourne autour de son axe. Si la vitesse de la masse est constante et égale à 4 m/s, déterminez la tension de la corde lorsque la masse se trouve (a) au point le plus bas de sa trajectoire, (b) en position horizontale et (c) au sommet de sa trajectoire.

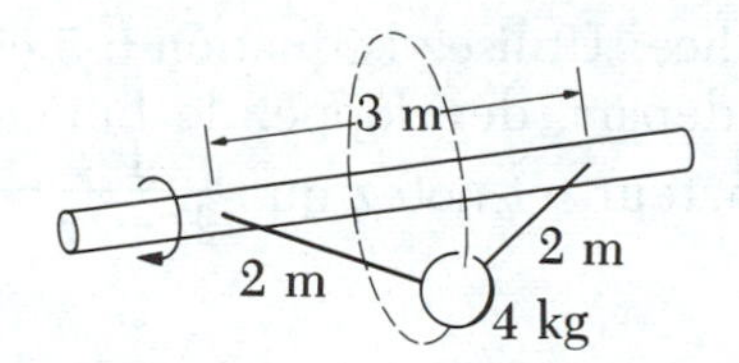

Figure 6.17 (Problèmes 3 et 4).

4. Supposons que dans le système illustré à la figure 6.17, la tige passe en position *verticale* et tourne sur son axe. Sachant que la masse décrit un mouvement circulaire horizontal à une vitesse constante de 6 m/s, déterminez la tension de la corde du haut et celle de la corde du bas.

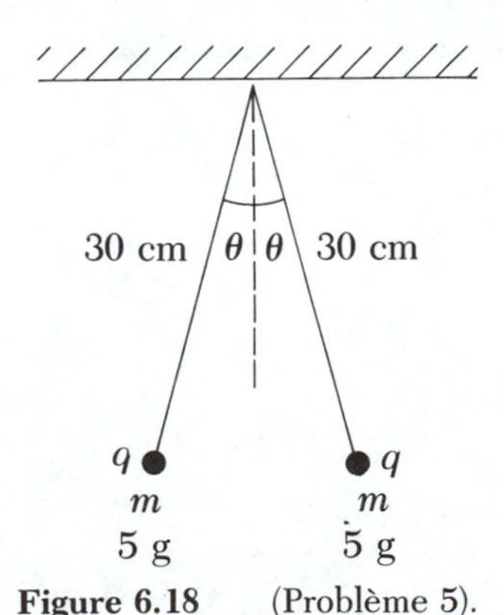

Figure 6.18 (Problème 5).

5. Soit deux petites sphères identiques ayant chacune une masse de 5 g; on les suspend au plafond à l'aide de deux fils de 30 cm (fig. 6.18). Les sphères ont la même charge électrique, soit q, et elles restent en équilibre lorsque les fils forment un angle $\theta = 15°$ par rapport à la verticale. (a) Quelle est la charge de chacune des sphères? (b) Quelle est la tension de chacun des fils?

6. Soit une petite sphère de masse m et de charge électrique q_1, suspendue à l'aide d'un mince fil. On place une deuxième sphère de charge q_2 juste au-dessous de la première, à une distance d (fig. 6.19). (a) Si les deux sphères ont une charge positive, déterminez la valeur de d lorsque la tension du fil devient nulle. (b) Si les sphères ont des charges contraires, déterminez la tension du fil et démontrez qu'elle ne peut jamais être nulle.

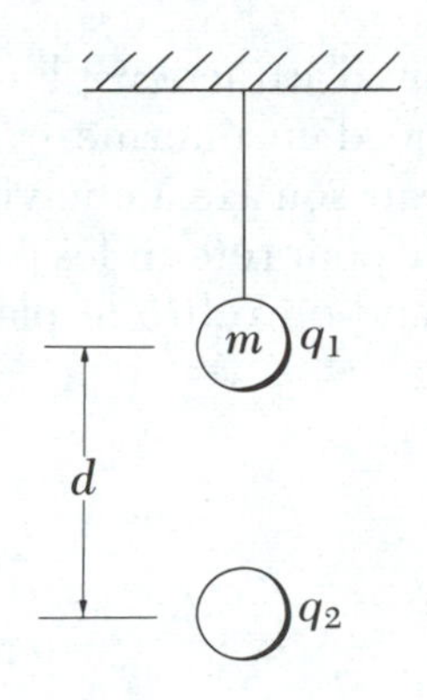

Figure 6.19 (Problème 6).

7. Une voiture prend un virage relevé, tel que cela est illustré à la figure 6.8. Le rayon de courbure du virage est R, l'angle de relèvement est θ et le coefficient de frottement statique, μ. (a) Déterminez les vitesses maximale et minimale pour lesquelles la voiture ne dérape ni vers le haut ni vers le bas du virage. (b) Quelle doit être la valeur minimale de μ pour que la voiture immobile ne glisse pas? (c) Répondez à la partie (a) de la question en prenant $R = 100$ m, $\theta = 10°$ et $\mu = 0{,}1$ (chaussée glissante).

8. Puisque la Terre tourne sur son axe, un point situé à l'équateur subit une accélération centripète de 0,034 m/s² alors qu'un point situé à l'un des pôles ne subit aucune accélération centripète. (a) Démontrez que le poids apparent d'un objet à l'équateur est plus petit que la force gravitationnelle qui s'exerce sur lui. (b) Quel est le poids apparent d'une personne de 75 kg à l'équateur et à l'un des pôles?

(Supposez que la Terre soit une sphère homogène et prenez $g = 9{,}800$ m/s^2.)

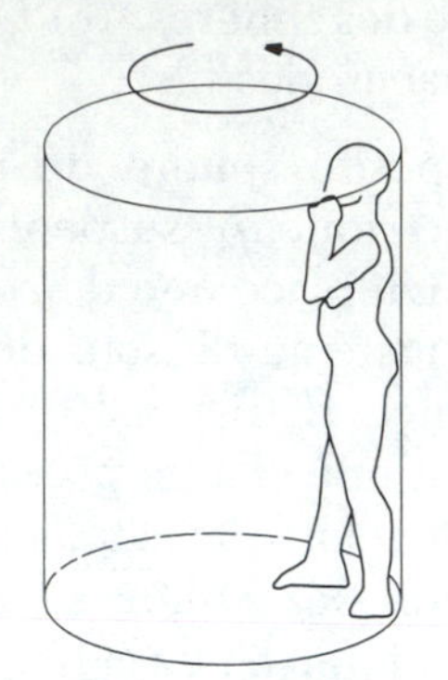

Figure 6.20 (Problème 9).

9. Dans un parc d'attractions, l'un des manèges est constitué d'un énorme cylindre vertical qui tourne sur son axe à une vitesse suffisamment grande pour retenir les passagers contre la paroi quand on retire le plancher de sous leurs pieds (fig. 6.20). Le coefficient de frottement statique entre les passagers et la paroi est μ_s, et le rayon du cylindre est R. (a) Démontrez que pour éviter la chute des passagers, la période de révolution *ne doit pas dépasser* $T = (4\pi^2 R\mu_s/g)^{1/2}$. (b) Déterminez la valeur maximale de T si $R = 4$ m et $\mu_s = 0{,}4$. Combien de révolutions par minute le cylindre effectue-t-il?

10. À une altitude h, l'accélération gravitationnelle est donnée par l'équation 6.5. Si $h \ll R_T$, démontrez que:

$$g' \approx g\left(1 - 2\frac{h}{R_T}\right)$$

(Indice: Utilisez l'équation 6.5 comme point de départ, développez le binôme du dénominateur, et notez que $\frac{1}{1+x} \simeq 1 - x$ si $x \ll 1$.)

Chapitre 7

Travail et énergie

7.1 Introduction

La notion d'énergie est sans doute l'une des plus importantes notions de la physique. Dans le langage courant, on utilise le terme énergie pour désigner la consommation d'essence des véhicules, la consommation d'électricité pour le chauffage et l'éclairage ainsi que la consommation de denrées alimentaires. Toutefois, cela ne nous renseigne nullement sur la nature de l'énergie. Nous savons simplement qu'il faut une certaine quantité de carburant pour produire un travail donné et que le carburant constitue donc une source d'*énergie*.

L'énergie se présente sous différentes formes: l'énergie mécanique, électromagnétique, chimique, thermique (chaleur) et nucléaire. Cependant, les diverses formes d'énergie partagent toutes une même caractéristique: lorsque l'énergie passe d'une forme à une autre, *elle est toujours conservée*. En effet, si un système isolé perd de l'énergie sous une forme quelconque, alors selon le principe de conservation de l'énergie, il acquiert une quantité égale d'énergie sous d'autres formes. C'est d'ailleurs ce qui rend la notion d'énergie si utile. Par exemple, lorsqu'on relie un moteur électrique à une batterie, l'énergie électrique est transformée en énergie mécanique. C'est cette capacité de l'énergie de se transformer qui sert de base à l'unification de la physique, de la chimie, de la biologie, de la géologie et de l'astronomie.

Dans ce chapitre, nous allons nous intéresser exclusivement aux formes mécaniques de l'énergie. Nous verrons qu'il est possible d'appliquer les notions de travail et d'énergie à la dynamique de systèmes mécaniques, sans recourir aux lois de Newton.

Cependant nous élaborerons ces notions de travail et d'énergie à partir des lois de Newton. Par conséquent, tous les problèmes que nous allons résoudre à l'aide de ces notions auraient pu être solutionnés avec les lois de Newton, mais pas nécessairement avec autant de facilité. Ajoutons que la notion d'énergie est universelle en physique et demeure valable là où les lois de Newton ne sont pas applicables, par exemple, en relativité et en mécanique quantique.

L'analyse du mouvement à l'aide des notions de travail et d'énergie est particulièrement utile dans le cas d'un corps soumis à une force qui n'est pas constante. En effet, l'accélération n'étant pas constante, nous ne pouvons pas appliquer les équations cinématiques simples que nous avons étudiées au chapitre 3. Dans la nature, il arrive souvent que la grandeur d'une force soit fonction de la position de la particule sur laquelle elle s'exerce. C'est le cas, entre autres, de la force gravitationnelle et de la force agissant sur un corps attaché à un ressort. Nous allons donc élaborer des méthodes permettant d'analyser ce genre de problème au moyen d'un outil très important, soit le *théorème de l'énergie cinétique* (théorème reliant le travail et l'énergie), que certains désignent encore sous le nom de théorème des forces vives. C'est d'ailleurs le thème central du présent chapitre. Nous allons d'abord définir le travail, notion qui permet d'établir le lien entre les concepts de force et d'énergie. Nous aurons l'occasion, au chapitre 8, de traiter du principe de la conservation de l'énergie et de l'appliquer à divers types de problèmes.

7.2 Travail effectué par une force constante

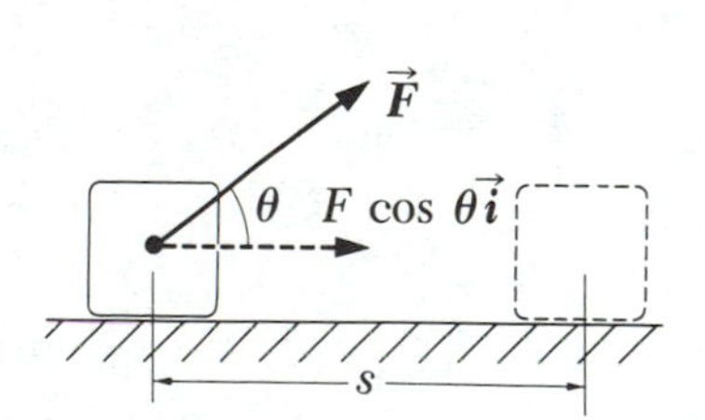

Figure 7.1 Si un objet subit un déplacement $\vec{s}$, le travail de la force $\vec{F}$ qui agit sur lui est donné par $(F \cos \theta)s$.

Travail effectué par une force constante

Soit un objet effectuant un déplacement $\vec{s}$ et sur lequel s'exerce une force constante $\vec{F}$, formant un angle θ par rapport à $\vec{s}$, comme l'indique la figure 7.1. *Le travail effectué par la force constante est égal au produit de sa composante orientée dans le sens du déplacement par la grandeur du déplacement.* La composante de $\vec{F}$ suivant la direction de $\vec{s}$ est $F \cos \theta$ et le travail W effectué par $\vec{F}$ est donné par

$$W \equiv (F \cos \theta)s \tag{7.1}$$

D'après cette définition, voici les conditions nécessaires pour que la force $\vec{F}$ fasse un travail sur un objet: (1) l'objet doit subir un déplacement et (2) la composante de $\vec{F}$ orientée dans le sens de $\vec{s}$ ne doit pas être nulle. Donc, si l'objet ne bouge pas ($s = 0$), la force n'effectue aucun travail sur cet objet. Par exemple, si une personne pousse sur un mur de brique, nous pouvons dire que le mur subit l'action d'une force, mais la personne n'effectue ou ne produit aucun travail puisque le mur demeure immobile. Cependant, les muscles de la personne se contractent lorsqu'elle pousse, entraînant une certaine consommation d'énergie *à l'intérieur* de l'organisme.

À partir de la deuxième condition, nous constatons que le travail effectué par une force perpendiculaire au déplacement est également nul, puisque $\theta = 90°$ et $\cos 90° = 0$. Par exemple, dans la figure 7.2, le travail effectué par la force normale et celui qu'effectue la force gravitationnelle sont tous deux nuls, puisque les deux forces sont perpendiculaires au déplacement et que leurs composantes dans la direction de $\vec{s}$ sont nulles.

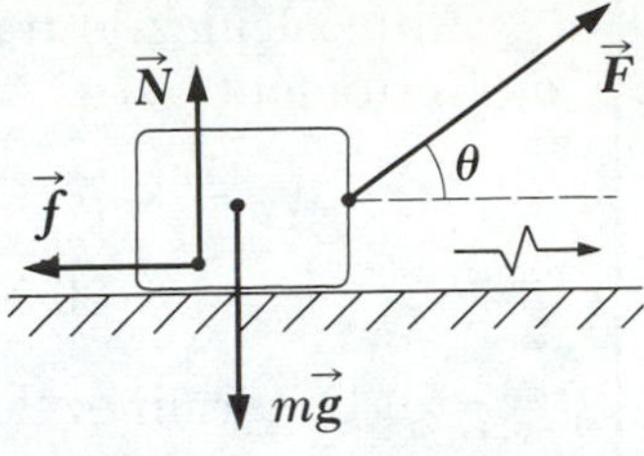

Figure 7.2 Lorsqu'un objet subit un déplacement horizontal sur une surface rugueuse, la force normale $\vec{N}$ et le poids $m\vec{g}$ n'accomplissent *aucun* travail. Le travail de $\vec{F}$ est donné par $(F \cos \theta)s$ et celui du frottement est $-fs$.

Le signe du travail dépend également de l'orientation de $\vec{F}$ par rapport à $\vec{s}$. Ainsi, le travail est positif lorsque la composante $F \cos \theta$ est dans le *même sens* que le déplacement. Par exemple, on fait un travail positif en soulevant un objet, car la force de soulèvement est dirigée vers le haut, soit dans le même sens que le déplacement. Par contre, lorsque la composante $F \cos \theta$ est dirigée dans le sens *contraire* du déplacement, le travail est *négatif*. L'exemple le plus courant d'un travail négatif est celui d'une force de frottement agissant sur un mobile qui glisse sur une surface rugueuse. Si $\vec{f}$ représente la force de frottement solide (glissement), et que le corps subit un déplacement rectiligne $\vec{s}$, le travail effectué par la force de frottement est

Travail effectué par un frottement solide (glissement)

$$W_f = -fs \tag{7.2}$$

le signe étant négatif parce que $\theta = 180°$ et $\cos 180° = -1$.

Enfin, si une force $\vec{F}$ est appliquée dans la même direction et le même sens que le déplacement, alors $\theta = 0$ et $\cos \theta = 1$. Dans ce cas, l'équation 7.1 devient

Travail effectué lorsque $\vec{F}$ est orienté dans le sens de $\vec{s}$

$$W = Fs \tag{7.3}$$

Le travail est une quantité scalaire

Le travail est une quantité scalaire dont les dimensions sont celles d'une force multipliée par une longueur. L'unité SI de travail est donc le newton-mètre (N • m), que l'on nomme le joule (J).

Le travail étant une quantité scalaire, nous pouvons additionner les travaux effectués par chaque force et ainsi obtenir le travail *total* ou travail *net*. Par exemple, le travail attribuable à l'action de trois forces est égal à la somme des trois termes correspondant au travail effectué par chacune des forces, comme l'illustre l'exemple qui suit.

Exemple 7.1

Soit une boîte que l'on tire sur un plancher rugueux en lui appliquant une force constante ayant une grandeur de 50 N. L'angle d'application de la force est de 37° par rapport à l'horizontale. Le mouvement est entravé par une force de frottement de 10 N et la boîte est déplacée sur une distance de 3 m vers la droite. (a) Calculez le travail effectué par la force de 50 N.

À partir de l'équation 7.1, et étant donné que $F = 50$ N, $\theta = 37°$ et $s = 3$ m,

$$W_F = (F \cos \theta)s = (50 \text{ N})(\cos 37°)(3 \text{ m})$$
$$= 120 \text{ N} \cdot \text{m} = 120 \text{ J}$$

Notons que la composante verticale de $\vec{F}$ ne produit aucun travail.

(b) Calculez le travail produit par la force de frottement.

$$W_f = -fs = (-10\ \text{N})(3\ \text{m})$$
$$= -30\ \text{N} \bullet \text{m} = -30\ \text{J}$$

(c) Déterminez le travail net des forces agissant sur la boîte.

La force normale $\vec{N}$ et la force gravitationnelle $m\vec{g}$ étant toutes deux perpendiculaires au déplacement, elles ne produisent pas de travail. Le travail net des forces sur la boîte est donc égal à la somme de (a) et (b):

$$W_{\text{net}} = W_F + W_f = 120\ \text{J} - 30\ \text{J} = 90\ \text{J}$$

Q1. Lorsqu'une particule décrit une trajectoire circulaire, elle subit une *force centripète* dirigée vers le centre de rotation. Comment se fait-il que cette force ne produise aucun travail sur la particule?

Q2. Expliquez pourquoi le travail fait par la force de frottement (glissement) est négatif lorsqu'un objet est déplacé sur une surface rugueuse.

7.3 Produit scalaire de deux vecteurs

Nous avons défini le travail comme une quantité *scalaire* égale à la grandeur du déplacement multipliée par la composante de la force dirigée dans le sens du déplacement. Il est pratique d'exprimer l'équation 7.1 sous la forme du *produit scalaire* des vecteurs $\vec{F}$ et $\vec{s}$. Nous écrirons le produit scalaire sous la forme $\vec{F} \bullet \vec{s}$. Ainsi exprimée sous forme de produit scalaire, l'équation 7.1 devient

Expression du travail sous forme de produit scalaire

$$W = \vec{F} \bullet \vec{s} = F\, s \cos\theta \tag{7.4}$$

En d'autres termes, $\vec{F} \bullet \vec{s}$ est l'expression abrégée de $F\, s \cos\theta$.

Plus généralement, on définit le produit scalaire de deux vecteurs, soit $\vec{A}$ *et* $\vec{B}$, *comme la quantité scalaire obtenue en multipliant les grandeurs des vecteurs par le cosinus du plus petit angle qu'ils forment entre eux.* Le produit scalaire de $\vec{A}$ et $\vec{B}$ est donc défini par la relation

Produit scalaire de deux vecteurs $\vec{A}$ et $\vec{B}$

$$\vec{A} \bullet \vec{B} \equiv AB \cos\theta \tag{7.5}$$

où θ représente le plus petit angle entre $\vec{A}$ et $\vec{B}$, comme l'indique la figure 7.3, A étant la grandeur de $\vec{A}$, et B étant la grandeur de $\vec{B}$. Notez que $\vec{A}$ et $\vec{B}$ n'ont pas nécessairement les mêmes unités.

La figure 7.3 indique également que $B \cos\theta$ est la projection de $\vec{B}$ sur $\vec{A}$. Par conséquent, la définition de $\vec{A} \bullet \vec{B}$, telle qu'elle apparaît dans l'équation 7.5, peut aussi être considérée comme le produit de la grandeur de $\vec{A}$

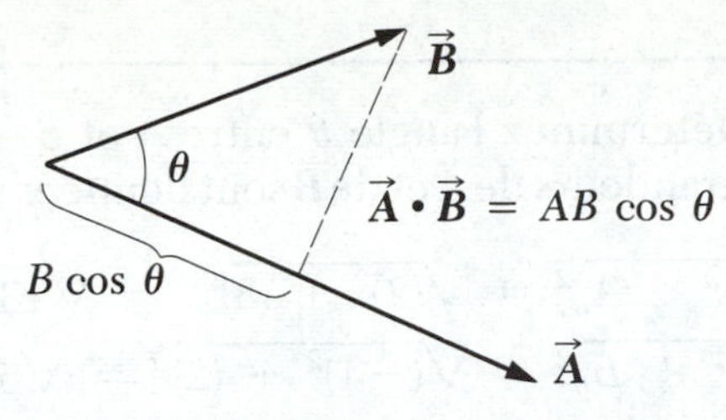

Figure 7.3 Le produit scalaire $\vec{A} \cdot \vec{B}$ est égal à la grandeur de $\vec{A}$ multipliée par la projection de $\vec{B}$ sur $\vec{A}$.

par la projection de $\vec{B}$ sur $\vec{A}$[1]. Notons également à partir de l'équation 7.5 que le produit scalaire est *commutatif*, de sorte que

On peut inverser l'ordre des termes d'un produit scalaire

7.6 $$\vec{A} \cdot \vec{B} = \vec{B} \cdot \vec{A}$$

Enfin, le produit scalaire obéit à la *loi de distributivité de la multiplication*, soit

7.7 $$\vec{A} \cdot (\vec{B} + \vec{C}) = \vec{A} \cdot \vec{B} + \vec{A} \cdot \vec{C}$$

À partir de l'équation 7.5, il est facile d'évaluer le produit scalaire dans les cas où $\vec{A}$ est soit perpendiculaire, soit parallèle à $\vec{B}$. Si $\vec{A}$ est perpendiculaire à $\vec{B}$ ($\theta = 90°$), alors $\vec{A} \cdot \vec{B} = 0$. Évidemment, si $\vec{A}$ ou $\vec{B}$ est nul, $\vec{A} \cdot \vec{B} = 0$. Si $\vec{A}$ et $\vec{B}$ ont la même orientation ($\theta = 0°$), alors $\vec{A} \cdot \vec{B} = AB$. Si $\vec{A}$ et $\vec{B}$ sont de sens contraires ($\theta = 180°$), alors $\vec{A} \cdot \vec{B} = -AB$. Notons que le produit scalaire est négatif lorsque $90° < \theta < 180°$.

Les vecteurs unitaires $\vec{i}$, $\vec{j}$ et $\vec{k}$, définis au chapitre 2, sont orientés respectivement dans le sens positif des x, des y et des z du système de référence[2]. Par conséquent, en appliquant la définition de $\vec{A} \cdot \vec{B}$, on déduit que les produits scalaires de ces vecteurs unitaires sont

Produits scalaires de vecteurs unitaires

7.8a $$\vec{i} \cdot \vec{i} = \vec{j} \cdot \vec{j} = \vec{k} \cdot \vec{k} = 1$$

7.8b $$\vec{i} \cdot \vec{j} = \vec{i} \cdot \vec{k} = \vec{j} \cdot \vec{k} = 0$$

Sachant que deux vecteurs $\vec{A}$ et $\vec{B}$ peuvent être exprimés comme suit:

$$\vec{A} = A_x\vec{i} + A_y\vec{j} + A_z\vec{k}$$
$$\vec{B} = B_x\vec{i} + B_y\vec{j} + B_z\vec{k}$$

nous pouvons, à partir des équations 7.8a et 7.8b, réduire le produit scalaire de $\vec{A}$ et $\vec{B}$ à l'expression

7.9 $$\vec{A} \cdot \vec{B} = A_xB_x + A_yB_y + A_zB_z$$

Dans le cas particulier où $\vec{A} = \vec{B}$, nous constatons que

$$\vec{A} \cdot \vec{A} = A_x^2 + A_y^2 + A_z^2 = A^2$$

1. On peut tout aussi bien dire que $\vec{A} \cdot \vec{B}$ est égal au produit de la grandeur de $\vec{B}$ par la projection de $\vec{A}$ sur $\vec{B}$.
2. Le produit vectoriel (noté x) abordé au chapitre 11 permettra d'orienter correctement un tel système de référence $Oxyz$ (dans le sens trigonométrique) au moyen de la règle de la main droite, de telle sorte que $\vec{i} \times \vec{j} = \vec{k}$.

Exemple 7.2

Les vecteurs $\vec{A}$ et $\vec{B}$ sont donnés par $\vec{A} = 2\vec{i} + 3\vec{j}$ et $\vec{B} = -\vec{i} + 2\vec{j}$. (a) Déterminez le produit scalaire $\vec{A} \cdot \vec{B}$.

$$\begin{aligned}\vec{A} \cdot \vec{B} &= (2\vec{i} + 3\vec{j}) \cdot (-\vec{i} + 2\vec{j}) \\ &= -2\vec{i} \cdot \vec{i} + 2\vec{i} \cdot 2\vec{j} - 3\vec{j} \cdot \vec{i} + 3\vec{j} \cdot 2\vec{j} \\ &= -2 + 6 = 4\end{aligned}$$

où nous avons utilisé le fait que $\vec{i} \cdot \vec{j} = \vec{j} \cdot \vec{i} = 0$. Nous obtenons le même résultat en utilisant directement l'équation 7.9, où $A_x = 2$, $A_y = 3$, $B_x = -1$ et $B_y = 2$.

(b) Déterminez l'angle θ entre $\vec{A}$ et $\vec{B}$.

Les grandeurs de $\vec{A}$ et de $\vec{B}$ sont données par

$$A = \sqrt{A_x^2 + A_y^2} = \sqrt{(2)^2 + (3)^2} = \sqrt{13}$$
$$B = \sqrt{B_x^2 + B_y^2} = \sqrt{(-1)^2 + (2)^2} = \sqrt{5}$$

En utilisant l'équation 7.5 et le résultat obtenu en (a), nous obtenons

$$\cos\theta = \frac{\vec{A} \cdot \vec{B}}{AB} = \frac{4}{\sqrt{13}\,\sqrt{5}} = \frac{4}{\sqrt{65}}$$

$$\theta = \cos^{-1}\frac{4}{8{,}06} = 60{,}3°$$

Exemple 7.3

Une particule en mouvement dans le plan xy effectue un déplacement $\vec{s} = (2\vec{i} + 3\vec{j})$ m sous l'action d'une force constante $\vec{F} = (5\vec{i} + 2\vec{j})$ N. (a) Calculez la grandeur du déplacement et de la force.

$$s = \sqrt{x^2 + y^2} = \sqrt{(2)^2 + (3)^2} = \sqrt{13}\ \text{m}$$
$$F = \sqrt{F_x^2 + F_y^2} = \sqrt{(5)^2 + (2)^2} = \sqrt{29}\ \text{N}$$

(b) Calculez le travail effectué par la force $\vec{F}$. En remplaçant $\vec{F}$ et $\vec{s}$ par leurs expressions équivalentes dans l'équation 7.4 et en utilisant l'équation 7.8, nous obtenons

$$\begin{aligned}W = \vec{F} \cdot \vec{s} &= (5\vec{i} + 2\vec{j}) \cdot (2\vec{i} + 3\vec{j})\ \text{N} \cdot \text{m} \\ &= 5\vec{i} \cdot 2\vec{i} + 2\vec{j} \cdot 3\vec{j} \\ &= 16\ \text{N} \cdot \text{m} = 16\ \text{J}\end{aligned}$$

(c) Calculez l'angle θ entre $\vec{F}$ et $\vec{s}$. En utilisant l'équation 7.5 et les résultats de (a) et de (b), nous obtenons

$$\theta = \cos^{-1}\frac{\vec{F} \cdot \vec{s}}{Fs} = \cos^{-1}\frac{16}{\sqrt{29}\,\sqrt{13}} = 34{,}5°$$

Q3. Le produit scalaire de deux vecteurs a-t-il une direction?

Q4. Le fait que le produit scalaire de deux vecteurs soit positif implique-t-il que les composantes de ces vecteurs le soient également?

7.4 Travail effectué par une force variable: situation dans une dimension

Étudions le déplacement d'un corps suivant l'axe des x sous l'action d'une force variable, comme à la figure 7.4. Le corps se déplace de

$x = x_i$ à $x = x_f$. Dans une telle situation, nous ne pouvons pas utiliser $W = (F \cos \theta)s$ pour calculer le travail effectué par la force, car cette relation n'est applicable que lorsque $\vec{F}$ a une grandeur et une orientation constantes. Toutefois, si nous imaginons que le corps effectue un très petit déplacement Δx, illustré à la figure 7.4a, alors la composante F_x de la force est approximativement constante dans cet intervalle et le travail effectué par la force sur la distance Δx est:

7.10
$$\Delta W = F_x \Delta x$$

Cela correspond à l'aire de la portion rectangulaire colorée de la figure 7.4a. À présent, imaginons que la courbe de F_x en fonction de x soit composée d'un grand nombre d'intervalles semblables, comme l'illustre la figure 7.4a; alors, le travail total effectué au cours du déplacement de x_i à x_f est approximativement égal à la somme d'un grand nombre de termes semblables à celui de l'équation 7.10:

$$W \approx \sum_{x_i}^{x_f} F_x \Delta x$$

Le travail accompli est égal à l'aire sous la courbe de F en fonction de x

Si l'on fait tendre les déplacements vers zéro, alors le nombre de termes de la somme augmente et tend vers l'infini, la courbe en escaliers se confond avec la courbe lisse et la valeur de la somme tend vers une valeur qui est égale à l'*aire* située sous la courbe délimitée par F_x et l'axe des x. Comme on le sait, en termes de calcul différentiel et intégral, cette limite de la somme s'appelle une *intégrale* et sa notation est

$$\lim_{\Delta x \to 0} \sum_{x_i}^{x_f} F_x \Delta x = \int_{x_i}^{x_f} F_x dx$$

Les limites de l'intégrale, soit $x = x_i$ et $x = x_f$, indiquent qu'il s'agit d'une *intégrale définie*. (Une *intégrale indéfinie* représente la limite d'une somme dans un intervalle à déterminer. L'annexe B.6 présente le calcul intégral de

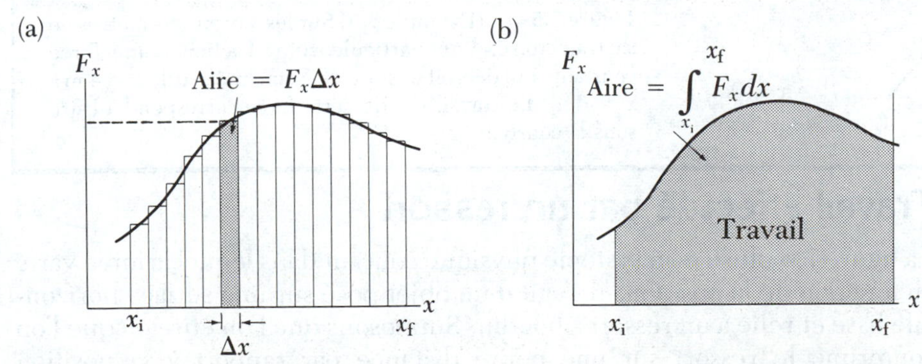

Figure 7.4 (a) Le travail accompli par la force F_x au cours du petit déplacement Δx est donné par $F_x \Delta x$ qui est égal à l'aire du rectangle ombré. Le travail total accompli au cours du déplacement allant de x_i à x_f est approximativement égal à la somme des aires de tous les rectangles. (b) Le travail de la force F_x lorsque la particule se déplace de x_i à x_f est *exactement* égal à l'aire située sous la courbe.

façon sommaire.) Numériquement, cette intégrale définie est égale à l'aire de la courbe de F_x en fonction de x dans l'intervalle de x_i à x_f. Le travail de F_x pour le déplacement d'un corps dans un intervalle allant de x_i à x_f peut donc être exprimé comme suit:

Travail accompli par une force

7.11

$$W = \int_{x_i}^{x_f} F_x dx$$

Notons que cette équation peut être réduite à l'équation 7.1 lorsque $F_x = F \cos \theta$ est constant.

Lorsque le corps subit l'action de plusieurs forces, le travail total correspond au travail fait par la force résultante. Puisque $\sum_{e=1}^{n} F_{ex}$ représente la force résultante dirigée dans le sens des x, alors le *travail net* effectué dans l'intervalle allant de x_i à x_f s'écrira

Travail net accompli par la force résultante

7.12

$$W_{\text{net}} = \int_{x_i}^{x_f} \left(\sum_{e=1}^{n} F_{ex}\right) dx = \sum_{e=1}^{n} \left(\int_{x_i}^{x_f} F_{ex} dx\right)$$

$$= \sum_{e=1}^{n} W_e$$

Nous venons de démontrer que le travail total (fait par la force résultante) est égal à la somme des travaux faits par chacune des forces.

Exemple 7.4

Soit une force agissant sur un objet et dont la composante F_x varie en fonction de x, comme à la figure 7.5. Calculez le travail fait par la force dans l'intervalle allant de $x = 0$ à $x = 6$ m.

Solution: Le travail fait par la force est égal à l'aire totale sous la courbe allant de $x = 0$ à $x = 6$ m. Cette aire est égale à celle que l'on obtient en additionnant l'aire d'une section rectangulaire tracée de $x = 0$ à $x = 4$ m et l'aire d'une section triangulaire tracée de $x = 4$ m à $x = 6$ m. L'aire du rectangle est de (4) (5) N • m = 20 J, et celle du triangle est de $\frac{1}{2}(2)(5)$ N • m = 5 J. Par conséquent, le travail total est de 25 J.

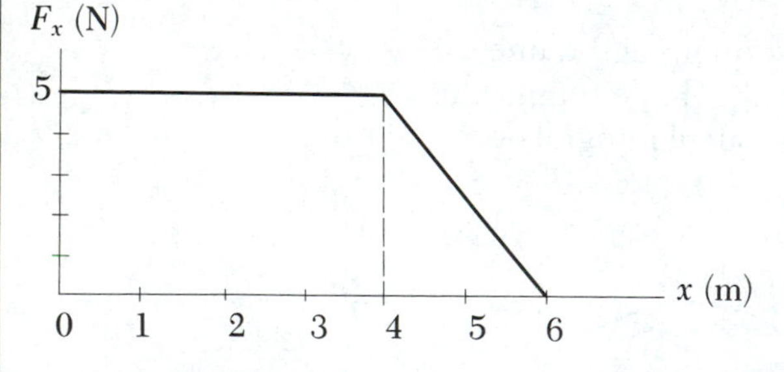

Figure 7.5 (Exemple 7.4) Sur les 4 premiers mètres de sa trajectoire, une particule subit l'action d'une force constante qui décroît ensuite de façon linéaire de $x = 4$ m à $x = 6$ m. Le travail net de cette force correspond à l'aire sous la courbe.

Travail effectué par un ressort

La figure 7.6 illustre un système physique courant dans lequel la force varie en fonction de la position. Il s'agit d'un objet posé sur une surface horizontale lisse et relié à un ressort à boudin. Supposons que l'on étire ou que l'on comprime le ressort sur une petite distance par rapport à sa position détendue (équilibre), puis qu'on le relâche; il exercera alors sur l'objet une force donnée par

Force d'un ressort (loi de Hooke)

7.13

$$F_r = -kx$$

où x représente le déplacement de l'objet à partir de la position détendue ($x = 0$) et k est une constante positive appelée la *constante de rappel* du ressort. Comme nous l'avons vu au chapitre 5, cette loi des ressorts se nomme la *loi de Hooke*. La valeur de k constitue une mesure de la rigidité du ressort: plus un ressort est rigide, plus la valeur de k est grande, et inversement.

Le signe négatif de l'équation 7.13 signifie que la force exercée par le ressort sur le corps auquel il est attaché est toujours dirigée dans le sens *opposé* au déplacement. Par exemple, lorsque $x > 0$, comme à la figure 7.6a, la force du ressort s'exerce vers la gauche et elle est donc négative. Lorsque $x < 0$ (fig. 7.6c), la force du ressort s'exerce vers la droite et est positive. Évidemment, lorsque $x = 0$ (fig. 7.6b), le ressort est détendu et $F_r = 0$. La force du ressort étant toujours dans le sens du retour à la position d'équilibre initial, on la nomme *force de rappel*. Aussitôt qu'on relâche la masse après l'avoir déplacée sur une distance x_m par rapport à la position d'équilibre initial, elle se déplace de $-x_m$ à $+x_m$ en passant par zéro (si on a comprimé le ressort). Nous verrons au chapitre 13 en quoi consiste le mouvement oscillatoire que cela provoque.

Supposons que le bloc soit poussé vers la gauche sur une distance x_m par rapport à la position d'équilibre et qu'il soit ensuite relâché (figure 7.6c). Calculons le *travail du ressort* lorsque le bloc passe de $x_i = -x_m$ à $x_f = 0$. À partir de l'équation 7.11, nous obtenons

7.14a $$W_r = \int_{x_i}^{x_f} F_r dx = \int_{-x_m}^{0} (-kx)\, dx = \frac{1}{2}kx_m{}^2$$

En d'autres termes, le travail du ressort est positif puisque la force du ressort s'exerce dans le même sens que le déplacement (les deux vers la droite). Toutefois, dans le cas du travail effectué par le ressort lorsque l'objet se

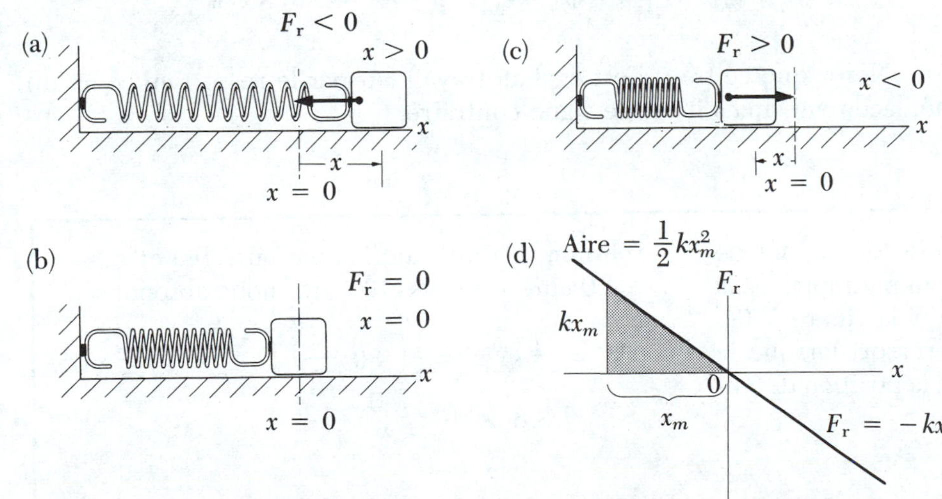

Figure 7.6 La force qu'exerce un ressort sur un bloc varie en fonction du déplacement par rapport à la position d'équilibre $x = 0$. (a) Lorsque x est positif (ressort étiré), la force du ressort s'exerce vers la gauche. (b) Lorsque $x = 0$, la force du ressort est nulle (position détendue du ressort). (c) Lorsque x est négatif (ressort comprimé), la force du ressort s'exerce vers la droite. (d) Représentation graphique de F_r en fonction de x pour le système décrit ci-dessus. Le travail accompli par la force du ressort lorsque le bloc se déplace de $-x_m$ à 0 correspond à l'aire du triangle ombré, soit $\frac{1}{2}kx_m{}^2$.

déplace de $x_i = 0$ à $x_f = x_m$, nous constatons que $W_r = -\frac{1}{2}kx_m{}^2$, car pour cette partie du mouvement, le déplacement s'effectue vers la droite alors que la force du ressort s'exerce vers la gauche. Par conséquent, le travail *net* du ressort est *nul* pour le déplacement qui va de $x_i = -x_m$ à $x_f = x_m$.

On obtient les mêmes résultats en traçant le graphique de F_r en fonction de x, comme à la figure 7.6d. Notons que le travail calculé à l'équation 7.14a est équivalent à l'aire du triangle coloré de la figure 7.6d, dont la base est x_m et la hauteur, kx_m. L'aire de ce triangle est de $\frac{1}{2}kx_m{}^2$, ce qui correspond au travail effectué par le ressort et calculé d'après l'équation 7.14a.

Si la masse subit un déplacement *arbitraire* de $x = x_i$ à $x = x_f$, alors le travail effectué par le ressort est donné par

Travail accompli par un ressort

7.14b $$W_r = \int_{x_i}^{x_f} (-kx)\,dx = \frac{1}{2}kx_i^2 - \frac{1}{2}kx_f^2$$

À partir de cette équation, nous constatons que le travail est nul pour tout mouvement qui se termine à son point d'origine ($x_i = x_f$). Cet important résultat nous servira à décrire plus en détail le mouvement de ce système au chapitre suivant.

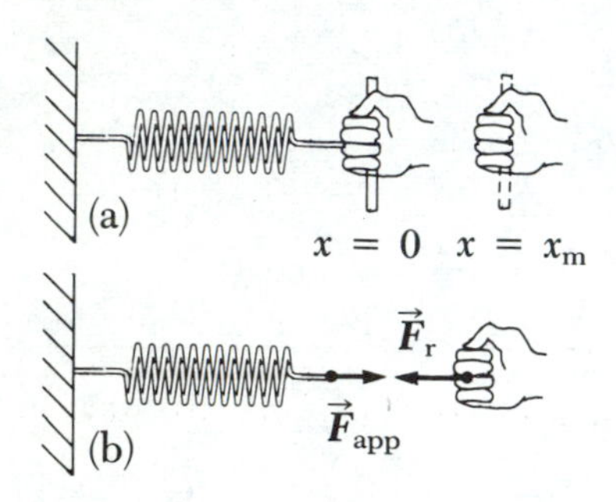

Figure 7.7 (a) Tiré vers la droite le ressort subit un allongement de $x = 0$ à $x = x_m$. (b) $\vec{F}_r$ est la réaction sur la main de la force appliquée par la main sur le ressort, $\vec{F}_{app}$. Donc $\vec{F}_{app} = -\vec{F}_r$.

Considérons maintenant le travail fait par un *agent extérieur* qui étirerait *à vitesse constante* le ressort de $x_i = 0$ à $x_f = x_m$, comme à la figure 7.7. Puisque la *force appliquée*, $\vec{F}_{app}$, est égale et opposée à la force du ressort $\vec{F}_r$, pour toute valeur du déplacement, nous avons $F_{app_x} = -(-kx) = kx$.

Par conséquent, le travail fait par la force appliquée par l'agent extérieur sur le ressort est donné par

$$W_{F_{app}} = \int_0^{x_m} F_{app_x}\,dx = \int_0^{x_m} kx\,dx = \frac{1}{2}kx_m{}^2$$

Notez que ce travail est égal au travail fait par le ressort au cours du déplacement, mais il est de signe contraire.

Exemple 7.5

Un ressort ayant une constante de rappel de 80 N/m est comprimé de 3,0 cm par rapport à la position d'équilibre, comme à la figure 7.6c. Calculez le travail fait par le ressort lorsque le bloc passe de $x_i = -3{,}0$ cm à la position détendue, soit $x_f = 0$.

Solution: En utilisant l'équation 7.14a et $x_m = -3{,}0 \text{ cm} = -3 \times 10^{-2}$ m, nous obtenons

$$W = \frac{1}{2}kx_m{}^2 = \frac{1}{2}\left(80\ \frac{\text{N}}{\text{m}}\right)(-3 \times 10^{-2}\ \text{m})^2$$
$$= 3{,}6 \times 10^{-2}\ \text{J}$$

Exemple 7.6 Mesure de la constante de rappel k d'un ressort

La figure 7.8 présente une méthode très répandue pour évaluer la constante de rappel d'un ressort. On suspend le ressort en position verticale, comme à la figure 7.8a. Puis, on attache un objet de masse m à la partie inférieure du ressort (fig. 7.8b). Sous l'action du poids, le ressort s'allonge d'une distance d par rapport à sa forme initiale. La force de rappel s'exerce vers le haut et elle doit équilibrer le poids $m\vec{g}$ dirigée vers le bas lorsque le système est au repos. Dans ce cas, nous pouvons appliquer la loi de Hooke pour obtenir $|\vec{F}_r| = kd = mg$ ou

$$k = mg/d$$

Par exemple, si un ressort s'étire de 2,0 cm sous l'action d'une masse de 0,55 kg, la constante de rappel du ressort est

$$k = \frac{mg}{d} = \frac{(0{,}55\ \text{kg})(9{,}8\ \text{m/s}^2)}{2{,}0 \times 10^{-2}\ \text{m}}$$

$$= 2{,}7 \times 10^2\ \text{N/m}$$

Q5. Lorsqu'on augmente la force de traction sur un ressort, on ne s'attend pas à ce que le tracé de F_r en fonction de x demeure toujours linéaire, comme c'est le cas à la figure 7.6d. Expliquez de façon qualitative à quoi ressemble, selon vous, le tracé de la fonction à mesure qu'augmente la force de traction.

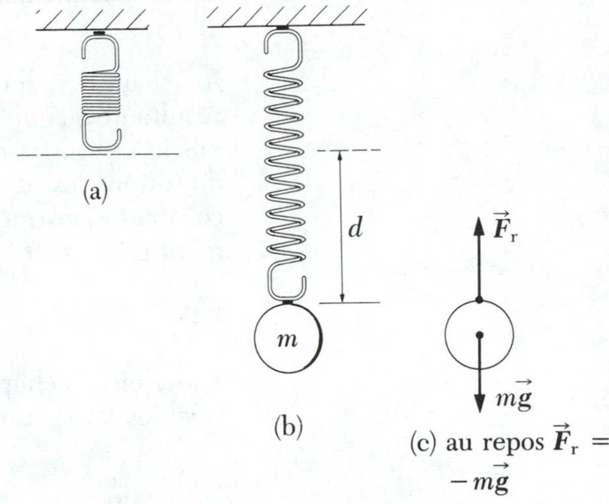

Figure 7.8 (Exemple 7.6) Détermination de la constante de rappel d'un ressort. Puisque la force de rappel du ressort s'exerce vers le haut et équilibre la pesanteur, il s'ensuit que $k = mg/d$.

Exemple 7.7

Une voiture jouet sur une surface horizontale subit la poussée d'une force horizontale qui varie en fonction de la position, comme l'indique le graphique de la figure 7.9. Déterminez la valeur approximative du travail total accompli lorsque la voiture se déplace de $x = 0$ à $x = 20$ m.

Solution: À l'aide du graphique, nous pouvons obtenir le résultat recherché en divisant le déplacement total en de nombreux petits déplacements. Pour simplifier notre exemple, nous avons divisé le déplacement total en dix déplacements successifs de 2 m chacun, comme l'indique la figure 7.9. Le travail accompli à l'occasion de chacun des petits déplacements est *approximativement* égal à l'aire du rectangle pointillé. Par exemple, le travail accompli à l'occasion du premier déplacement, soit de $x = 0$ à $x = 2$ m, correspond à l'aire du plus petit rectangle pointillé, (2 m) (4 N) = 8 J; le travail accompli à l'occasion du deuxième déplacement, de $x = 2$ m à $x = 4$ m, correspond à l'aire du deuxième rectangle, (2 m) (12 N) = 24 J. Toutes les aires indiquées à la figure 7.9 sont obtenues en procédant ainsi, et leur *somme* correspond au travail total accompli de $x = 0$ à $x = 20$ m. Ce résultat est

$$W_{\text{total}} \approx 433\ \text{J}$$

Évidemment, la précision de ce résultat augmente à mesure que l'on réduit la longueur des intervalles.

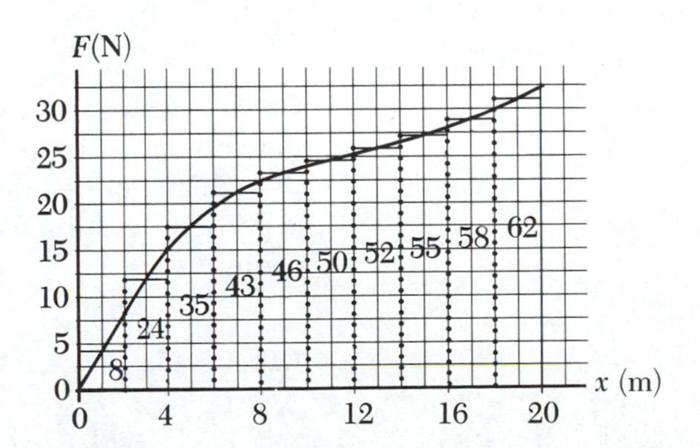

Figure 7.9 (Exemple 7.7) Représentation graphique de la force en fonction de la position d'une voiture se déplaçant selon l'axe des x. Les nombres inscrits dans les rectangles représentent le travail accompli (aire du rectangle) durant l'intervalle considéré.

7.5 Travail et énergie cinétique

Au chapitre 5, nous avons vu qu'une particule accélère lorsque la force résultante qu'elle subit n'est pas nulle. Étudions une situation dans laquelle une force constante F_x agit sur une particule de masse m se déplaçant dans la direction des x. Selon la deuxième loi de Newton, l'accélération est constante puisque la force est constante. Si la particule subit un déplacement de $x_i = 0$ à $x_f = s$, le travail effectué par la force F_x est

$$W = F_x s = (ma_x)s \quad (7.15)$$

Toutefois, au chapitre 3, nous avons établi que les relations suivantes sont valables lorsqu'une particule subit une accélération constante:

$$s = \frac{1}{2}(v_i + v_f)t; \; a_x = \frac{v_f - v_i}{t}$$

où v_i représente la vitesse à $t = 0$ et v_f, la vitesse au temps t. En introduisant ces expressions dans l'équation 7.15, nous obtenons

$$W = m\left(\frac{v_f - v_i}{t}\right)\frac{1}{2}(v_i + v_f)t$$

$$W = \frac{1}{2}mv_f^2 - \frac{1}{2}mv_i^2 \quad (7.16)$$

Par définition, *le produit de la moitié de la masse par le carré de la vitesse correspond à l'énergie cinétique d'une particule.* L'énergie cinétique K d'une particule de masse m et de vitesse v est donc:

L'énergie cinétique est associée au mouvement d'un corps

$$K \equiv \frac{1}{2}mv^2 \quad (7.17)$$

Cette expression n'est valable qu'à l'intérieur des limites de la mécanique newtonienne (non relativiste), c'est-à-dire lorsque $v \ll c$.

Étant donné que la grandeur de la quantité de mouvement linéaire de la particule est donnée par $p = mv$, l'énergie cinétique est parfois exprimée comme suit:

$$K = \frac{1}{2}mv^2 = \frac{(mv)^2}{2m} = \frac{p^2}{2m} \quad (7.18)$$

L'énergie cinétique est une quantité scalaire ayant les mêmes unités que le travail. Par exemple, une masse de 1 kg se déplaçant à une vitesse de 4,0 m/s a une énergie cinétique de 8,0 J. Nous pouvons concevoir l'énergie cinétique comme une énergie associée au mouvement d'un corps. Dans bien des cas, il est plus pratique d'exprimer l'équation 7.16 sous la forme

7.19 $$W = K_f - K_i = \Delta K$$

Théorème de l'énergie cinétique

Le travail fait par une force constante $\vec{F}$, seule active pendant le déplacement d'une particule, est égal à la variation de l'énergie cinétique de la particule. La variation signifie ici la différence entre la valeur finale et la valeur initiale de l'énergie cinétique.

Le travail accompli est égal à la variation de l'énergie cinétique

L'équation 7.19 constitue un important résultat que l'on nomme le *théorème de l'énergie cinétique*. Nous avons obtenu ce théorème en analysant une situation dans laquelle la force était constante, mais nous pouvons démontrer qu'il est également valable lorsque la force est variable. Si la force résultante qui agit sur le corps dans le sens des x est ΣF_x, alors selon la deuxième loi de Newton, $\Sigma F_x = ma_x$. Nous pouvons donc utiliser l'équation 7.12 et exprimer le travail net sous la forme suivante:

$$W_{net} = \int_{x_i}^{x_f} (\Sigma F_x)dx = \int_{x_i}^{x_f} ma_x dx$$

Étant donné que la force résultante varie en fonction de x, l'accélération et la vitesse en dépendent également, et nous pouvons utiliser la règle de dérivation en chaîne pour évaluer W_{net}:

$$a_x = \frac{dv_x}{dt} = \frac{dv_x}{dx}\frac{dx}{dt} = v_x \frac{dv_x}{dx}$$

En introduisant ce terme dans l'expression de W, nous obtenons

$$W_{net} = \int_{x_i}^{x_f} mv_x \frac{dv_x}{dx} dx = \int_{v_{ix}}^{v_{fx}} mv_x dv_x = \frac{1}{2}mv_{fx}^2 - \frac{1}{2}mv_{ix}^2$$

Notez que les limites de l'intégration ont été modifiées, car la variable x a été changée pour la variable v_x.

Le théorème de l'énergie cinétique donné par l'équation 7.19 est également applicable au cas plus général d'un système dans lequel l'orientation et la grandeur de la force varient à mesure que la particule décrit une trajectoire courbe quelconque dans trois dimensions. Dans ce cas, nous exprimons le travail par

7.20 $$W = \int_i^f \vec{F} \cdot d\vec{s}$$

Expression générale du travail effectué par une force $\vec{F}$

où les limites i et f représentent les coordonnées initiales et finales de la particule. L'intégrale donnée par l'équation 7.20 se nomme *intégrale curviligne* (intégrale de ligne). Étant donné que l'on peut exprimer le vecteur déplacement infinitésimal sous la forme $d\vec{s} = dx\vec{i} + dy\vec{j} + dz\vec{k}$ et que $\vec{F} = F_x\vec{i} + F_y\vec{j} + F_z\vec{k}$, l'équation 7.20 peut être réduite à

7.21 $$W = \int_{x_i}^{x_f} F_x dx + \int_{y_i}^{y_f} F_y dy + \int_{z_i}^{z_f} F_z dz$$

Cette expression générale[3] est celle que l'on utilise pour calculer le travail d'une force agissant sur une particule qui effectue un déplacement allant d'un point de coordonnées (x_i, y_i, z_i) au point de coordonnées (x_f, y_f, z_f).

Le travail peut être positif, négatif ou nul

Nous pouvons donc conclure que *le travail net fait par la force résultante agissant sur une particule est égal à la variation de l'énergie cinétique de la particule.* Le théorème permet également d'affirmer que la vitesse de la particule augmente ($K_f > K_i$) si le travail net est positif, et inversement, sa vitesse diminue ($K_f < K_i$) si le travail net est négatif. En d'autres termes, la vitesse et l'énergie cinétique d'une particule ne varient que s'il y a un travail accompli par les forces extérieures agissant sur la particule. Étant donné cette relation entre le travail et la variation de l'énergie cinétique, nous pouvons également concevoir l'énergie cinétique d'un corps comme la quantité de travail que le corps peut produire en revenant à l'état de repos.

Exemple 7.8

Un bloc de 6 kg initialement au repos est soumis à une force constante horizontale de 12 N vers la droite. Il glisse sur une surface lisse et horizontale, comme à la figure 7.10a. Déterminez la vitesse du bloc lorsqu'il aura parcouru une distance de 3 m.

(a)

$v_i = 0$ $\vec{N}$ v_f $\vec{F}$ s $m\vec{g}$

(b)

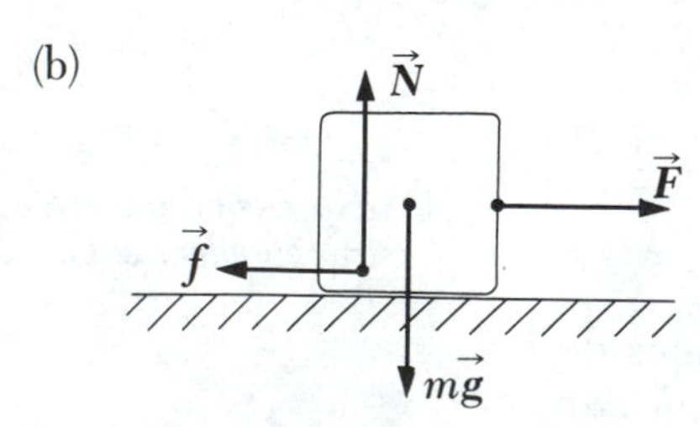

Figure 7.10 (a) Exemple 7.8. (b) Exemple 7.9.

Solution: Le poids est équilibré par la force normale et aucune de ces deux forces ne produit de travail puisque le déplacement est horizontal. Étant donné l'absence de frottement, la force extérieure résultante est la force de 12 N. Son travail est

$$W_F = Fs = (12\text{ N})(3\text{ m}) = 36\text{ N}\cdot\text{m} = 36\text{ J}$$

À partir du théorème de l'énergie cinétique et compte tenu que l'énergie cinétique initiale est nulle, nous obtenons

$$W_F = K_f - K_i = \frac{1}{2}mv_f^2 - 0$$

$$v_f^2 = \frac{2W_F}{m} = \frac{2(36\text{ J})}{6\text{ kg}} = 12\ \frac{\text{m}^2}{\text{s}^2}$$

$$v_f = 3{,}46\ \frac{\text{m}}{\text{s}}$$

Vous pouvez vérifier ce résultat en utilisant l'équation cinématique $v_f^2 = v_i^2 + 2as$ et en appliquant la deuxième loi de Newton pour calculer l'accélération $a = F/m = 2\text{ m/s}^2$.

3. Dans l'expression générale (équation 7.21), la composante F_x peut dépendre aussi bien de y et de z que de x; il en va de même pour F_y et F_z.

Exemple 7.9

Déterminez la vitesse finale du bloc décrit à l'exemple 7.8, en supposant que la surface soit rugueuse et que le coefficient de frottement cinétique soit de 0,15.

Solution: Dans ce cas, nous devons calculer le travail net effectué sur le bloc, qui est égal à la somme du travail fait par la force de 12 N et du travail fait par la force de frottement. Étant donné que la force de frottement s'oppose au déplacement, comme l'indique la figure 7.10b, son travail est *négatif*. La grandeur de la force de frottement est donnée par $f = \mu N = \mu mg$; par conséquent, son travail est égal au produit de cette force par le déplacement (voir équation 7.2):

$$W_f = -fs = -\mu mgs = (-0{,}15)(6)(9{,}8)(3)$$
$$= -26{,}5 \text{ J}$$

Le travail net fait sur le bloc est donc

$$W_{\text{net}} = W_F + W_f = 36{,}0 \text{ J} - 26{,}5 \text{ J} = 9{,}50 \text{ J}$$

En appliquant le théorème de l'énergie cinétique et compte tenu que $v_i = 0$, nous obtenons

$$W_{\text{net}} = \frac{1}{2} m v_f^2$$

$$v_f^2 = \frac{2W_{\text{net}}}{m} = \frac{19}{6} \frac{\text{m}^2}{\text{s}^2}$$

$$v_f = 1{,}78 \ \frac{\text{m}}{\text{s}}$$

On peut encore une fois vérifier ce résultat à partir de la deuxième loi de Newton et de la cinématique. Alors, $\Sigma F_x = F - f = 12 - 8{,}82 = 3{,}18$ N, donc $a = \Sigma F_x/m = 0{,}53 \text{ m/s}^2$.

Exemple 7.10

Soit un bloc ayant une masse de 1,6 kg et relié à un ressort ayant une constante de rappel de 10^3 N/m, comme à la figure 7.6. Supposons que l'on comprime le ressort sur 2,0 cm et que l'on relâche le bloc. (a) Calculez la vitesse du bloc lorsqu'il traverse le point d'équilibre $x = 0$, à supposer que la surface est lisse (frottement négligeable).

Nous savons (éq. 7.14b) que le travail fait par le ressort lorsqu'il passe de $x_m = -2{,}0$ cm à un étirement nul est:

$$W_r = \frac{1}{2} k x_m^2 = \frac{1}{2}\left(10^3 \ \frac{\text{N}}{\text{m}}\right)(-2 \times 10^{-2} \text{ m})^2 = 0{,}20 \text{ J}$$

À partir du théorème de l'énergie cinétique, et compte tenu que $v_i = 0$, nous obtenons

$$W_r = \frac{1}{2} m v_f^2 - \frac{1}{2} m v_i^2$$

$$0{,}20 \text{ J} = \frac{1}{2}(1{,}6 \text{ kg}) v_f^2 - 0$$

$$v_f^2 = \frac{0{,}4 \text{ J}}{1{,}6 \text{ kg}} = 0{,}25 \ \frac{\text{m}^2}{\text{s}^2}$$

$$v_f = 0{,}50 \ \frac{\text{m}}{\text{s}}$$

(b) Calculez la vitesse du bloc lorsqu'il traverse le point d'équilibre, en supposant que son mouvement soit entravé par une force de frottement constante de 4,0 N.

Le travail d'une force de frottement agissant sur une distance de 2×10^{-2} m est donné par

$$W_f = -fs = -(4 \text{ N})(2 \times 10^{-2} \text{ m}) = -0{,}08 \text{ J}$$

Le travail net effectué sur le bloc est égal à la somme du travail du ressort et du travail du frottement. Puisque $W_r = 0{,}20$ J,

$$W_{\text{net}} = W_r + W_f = 0{,}20 \text{ J} - 0{,}08 \text{ J} = 0{,}12 \text{ J}$$

En appliquant le théorème de l'énergie cinétique nous obtenons

$$\frac{1}{2} m v_f^2 = W_{\text{net}}$$

$$\frac{1}{2}(1{,}6 \text{ kg}) v_f^2 = 0{,}12 \text{ J}$$

$$v_f^2 = \frac{0{,}24 \text{ J}}{1{,}6 \text{ kg}} = 0{,}15 \text{ m}^2/\text{s}^2$$

$$v_f = 0{,}39 \text{ m/s}$$

Notez que cette valeur de v_f est plus petite que lorsqu'il n'y avait pas de frottement. Ce résultat vous semble-t-il plausible?

Exemple 7.11 Bloc tiré sur un plan incliné

Soit un bloc de masse m tiré vers le sommet d'un plan incliné rugueux sous l'action d'une force constante $\vec{F}$ s'exerçant parallèlement à la pente, comme à la figure 7.11a. Le bloc est déplacé sur une distance d en direction du sommet. (a) Calculez le travail fait par la force gravitationnelle au cours du déplacement.

La force gravitationnelle est dirigée vers le bas, mais elle comporte une composante *parallèle* au plan incliné égale à $-mg \sin \theta$, si l'on pose le sens positif des x vers le haut (fig. 7.11b). Par conséquent, le travail fait par la force gravitationnelle sur le bloc est

$$W_g = (-mg \sin \theta)d = -mgh$$

où $h = d \sin \theta$ représente la composante *verticale* du déplacement. En d'autres termes, le travail de la force gravitationnelle est égal à la force gravitationnelle multipliée par le *déplacement vertical.*

(b) Calculez le travail fait par la force $\vec{F}$.

Puisque $\vec{F}$ est orienté dans le même sens que le déplacement, nous avons

$$W_F = Fd$$

(c) Déterminez le travail fait par la force de frottement cinétique si le coefficient de frottement est μ.

La grandeur de la force de frottement est $f = \mu N = \mu mg \cos \theta$. Étant donné que cette force est orientée dans le sens *contraire* du déplacement, nous avons

$$W_f = -fd = -\mu mgd \cos \theta$$

(d) Déterminez le travail net fait sur le bloc au cours de ce déplacement.

À partir des résultats obtenus en (a), (b) et (c), nous avons

$$W_{net} = W_g + W_F + W_f$$
$$= -mgd \sin \theta + Fd - \mu mgd \cos \theta$$

ou

$$W_{net} = Fd - mgd(\sin \theta + \mu \cos \theta)$$

Par exemple, si nous posons $F = 15$ N, $d = 1{,}0$ m, $\theta = 25°$, $m = 1{,}5$ kg et $\mu = 0{,}30$, nous obtenons

$$W_g = -(mg \sin \theta)d$$
$$= -(1{,}5 \text{ kg})\left(9{,}8 \frac{\text{m}}{\text{s}^2}\right)(\sin 25°)(1{,}0 \text{ m})$$
$$= -6{,}2 \text{ J}$$
$$W_F = Fd = (15 \text{ N})(1 \text{ m}) = 15 \text{ J}$$
$$W_f = -\mu mgd \cos \theta$$
$$= -(0{,}30)(1{,}5 \text{ kg})\left(9{,}8 \frac{\text{m}}{\text{s}^2}\right)(1{,}0 \text{ m})(\cos 25°)$$
$$= -4{,}0 \text{ J}$$
$$W_{net} = W_g + W_F + W_f = 4{,}8 \text{ J}$$

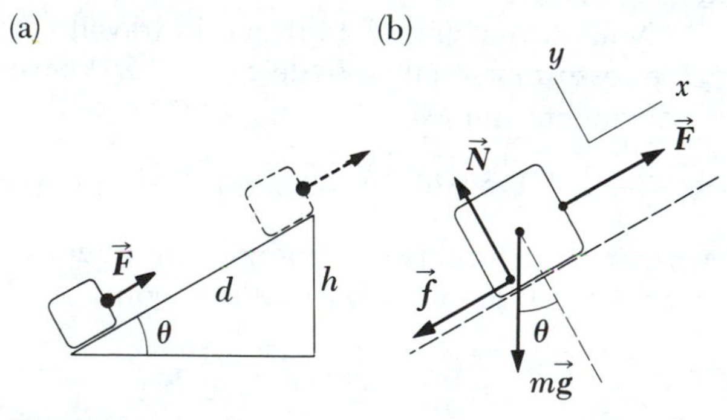

Figure 7.11 (Exemple 7.11) Le bloc est tiré vers le sommet de la pente sous l'action d'une force constante $\vec{F}$.

Exemple 7.12 Distance minimale de freinage

Pour s'immobiliser, une voiture qui se déplace à 48 km/h doit franchir une distance minimale de freinage de 40 m. Si cette voiture se déplace à 96 km/h, quelle est la distance minimale de freinage?

Solution: Nous supposerons qu'il n'y a pas de dérapage lorsque les freins sont actionnés. Pour déterminer la distance minimale d, nous considérons la force de frottement $\vec{f}$ entre les pneus et la chaussée comme étant *maximum.* Le travail de ce frottement $-fd$ doit être égal à la variation de l'énergie cinétique de la voiture. Étant donné que la valeur finale de l'énergie cinétique est nulle, et que sa valeur initiale est de $\frac{1}{2}mv^2$, nous obtenons

$$W_f = K_f - K_i$$
$$-fd = 0 - \frac{1}{2}mv^2$$
$$d = \frac{mv^2}{2f}$$

En supposant que f soit identique pour les deux vitesses initiales, nous pouvons considérer m et f comme des constantes. Par conséquent, la distance de freinage est proportionnelle au carré de la vitesse initiale et le rapport entre les distances de freinage est donné par

$$\frac{d_2}{d_1} = \left(\frac{v_2}{v_1}\right)^2$$

En posant $v_1 = 48$ km/h, $v_2 = 96$ km/h et $d_1 = 40$ m, nous avons

$$\frac{d_2}{d_1} = \left(\frac{96}{48}\right)^2 = 4$$
$$d_2 = 4d_1 = 4(40 \text{ m}) = 160 \text{ m}$$

Dans le cas où l'une des vitesses est deux fois plus grande que l'autre, comme dans notre exemple, la distance augmente d'un facteur 4.

Q6. L'énergie cinétique d'un corps peut-elle avoir une valeur négative?

Q7. Si l'on doublait la vitesse d'une particule, qu'adviendrait-il de son énergie cinétique?

Q8. Que peut-on dire de la vitesse d'un corps sur lequel on ne fait aucun travail?

Q9. Le frottement statique peut-il faire un travail? Dans quelles circonstances? Quel sera alors le signe du travail? Le frottement cinétique peut-il faire un travail positif? Dans quelles circonstances?

7.6 Puissance

Il est souvent intéressant de connaître, non seulement la quantité de travail produit, mais également la rapidité avec laquelle cela se fait.

Si l'on exerce une force sur un objet et que cette force accomplit un travail ΔW durant un intervalle de temps Δt, alors la *puissance moyenne* au cours de l'intervalle est définie comme *le rapport entre la quantité de travail accompli et la durée de l'intervalle de temps:*

7.22 $$\overline{P} = \frac{\Delta W}{\Delta t}$$ ***Puissance moyenne***

La *puissance instantanée* P est la limite de la puissance moyenne lorsque Δt tend vers zéro:

Puissance instantanée

$$P = \lim_{\Delta t \to 0} \frac{\Delta W}{\Delta t} = \frac{dW}{dt} \tag{7.23}$$

Le travail fait par une force $\vec{F}$ agissant sur un déplacement $\vec{ds}$ étant $dW = \vec{F} \cdot \vec{ds}$, la puissance instantanée peut s'écrire sous la forme

Puissance instantanée

$$P = \frac{dW}{dt} = \vec{F} \cdot \frac{\vec{ds}}{dt} = \vec{F} \cdot \vec{v} \tag{7.24}$$

où nous avons utilisé le fait que $\vec{v} = \vec{ds}/dt$.

L'unité de puissance du système SI est le J/s, que l'on nomme également le *watt* (W):

Le watt

$$1 \text{ W} = 1 \text{ J/s} = 1 \text{ kg} \cdot \text{m}^2/\text{s}^3$$

On exprime encore la puissance d'un moteur en «horse-power» (HP) ou en «cheval-vapeur» (ch). Ces unités «chevaleresques» étant malheureusement encore courantes, voici les conversions:

$$1 \text{ HP} = 745{,}7 \text{ watts}$$
$$1 \text{ ch} = 736 \text{ watts}$$

Notez qu'il s'agit d'unités tolérées dans le système SI et qu'elles doivent être converties pour tout calcul d'énergie.

Nous pouvons établir dès à présent une nouvelle unité d'énergie (ou de travail) à partir des unités de puissance. Un kilowatt-heure (kWh) représente la quantité d'énergie produite ou consommée en 1 h au taux constant de 1 kW. La valeur de 1 kWh, exprimée en joules, est:

$$1 \text{ kWh} = (10^3 \text{ W})(3\,600 \text{ s}) = 3{,}6 \times 10^6 \text{ J}$$

Il est important de noter qu'un kWh est une unité d'énergie et non une unité de puissance. Lorsque vous payez une facture d'électricité, vous acquittez un achat d'énergie et la consommation est habituellement exprimée sous forme de multiples du kWh. C'est ainsi qu'une ampoule électrique de 100 W «consomme» $3{,}6 \times 10^5$ J d'énergie en 1 h.

Bien que le W et le kWh soient surtout utilisés dans le secteur des appareils électriques, on peut également en faire usage dans d'autres domaines; on pourrait, par exemple, évaluer la puissance d'un moteur d'automobile en kW plutôt qu'en HP.

Exemple 7.13

Soit un ascenseur ayant une masse de 1 000 kg et une charge maximale admissible de 800 kg. Son mouvement vers le haut est freiné par un frottement constant de 4 000 N, comme l'indique la figure 7.12. (a) Quelle est la puissance minimale que doit fournir le moteur pour soulever l'ascenseur à une vitesse constante de 3 m/s?

Le moteur doit produire la force de traction $\vec{T}$ pour soulever l'ascenseur. À partir de la deuxième loi de Newton et sachant que $a = 0$ puisque v est constant, nous obtenons

$$T - f - Mg = 0$$

où M représente la masse *totale* (l'ascenseur plus sa charge) qui s'établit à 1 800 kg. Par conséquent,

$$\begin{aligned} T &= f + Mg \\ &= 4 \times 10^3 \text{ N} + (1{,}8 \times 10^3 \text{ kg})(9{,}8 \text{ m/s}^2) \\ &= 2{,}16 \times 10^4 \text{ N} \end{aligned}$$

En utilisant l'équation 7.24 et compte tenu que $\vec{T}$ est orienté dans le même sens que $\vec{v}$, nous avons

$$\begin{aligned} P &= \vec{T} \cdot \vec{v} = Tv \\ &= (2{,}16 \times 10^4 \text{ N})(3 \text{ m/s}) = 6{,}48 \times 10^4 \text{ W} \\ &= 64{,}8 \text{ kW} \end{aligned}$$

(b) Quelle puissance le moteur doit-il fournir s'il est conçu pour imprimer une accélération vers le haut de 1,0 m/s²?

En appliquant la deuxième loi de Newton nous obtenons

$$\begin{aligned} T - f - Mg &= Ma \\ T &= M(a + g) + f \\ &= (1{,}8 \times 10^3 \text{ kg})(1{,}0 + 9{,}8) \text{ m/s}^2 + 4 \times 10^3 \text{ N} \\ &= 2{,}34 \times 10^4 \text{ N} \end{aligned}$$

Par conséquent, nous pouvons déterminer la puissance requise en utilisant l'équation 7.24:

$$P = Tv = (2{,}34 \times 10^4\, v) \text{ W}$$

où v est la vitesse instantanée de l'ascenseur en m/s. Ainsi, nous voyons que la puissance requise augmente à mesure que la vitesse s'accroît.

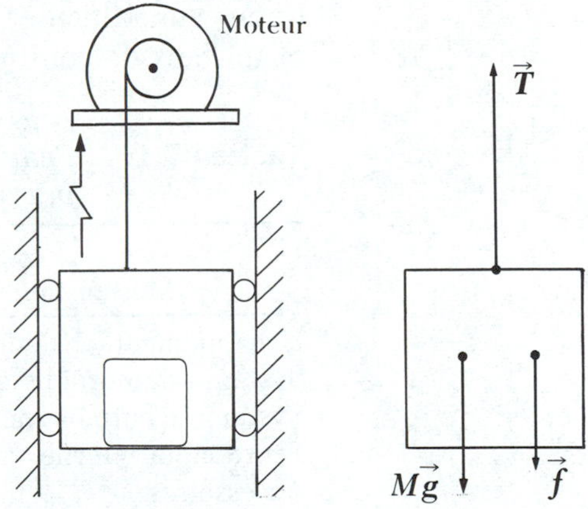

Figure 7.12 (Exemple 7.13) Le moteur exerce sur l'ascenseur une force $\vec{T}$ orientée vers le haut. Une force de frottement $\vec{f}$ et la pesanteur totale $M\vec{g}$ s'exercent vers le bas.

7.7 Énergie et véhicules automobiles

On s'accorde généralement pour dire que les automobiles sont des machines dont le rendement énergétique est faible. En effet, même dans des conditions idéales, le moteur utilise moins de 15 % du potentiel énergétique contenu dans le carburant qu'il consomme, et ce piètre rendement devient encore pire lorsque le véhicule circule en milieu urbain où il doit effectuer de nombreux arrêts et départs. Dans cette section, nous allons utiliser les notions d'énergie, de puissance et de frottement pour analyser certains facteurs qui influencent la consommation des véhicules automobiles.

Le gaspillage d'énergie est imputable à plusieurs mécanismes de l'automobile[4]. Le moteur est responsable du gaspillage d'environ les deux tiers du potentiel énergétique de l'essence. Une partie de l'énergie gaspillée est évacuée dans l'atmosphère par le système d'échappement et une autre partie est évacuée par le système de refroidissement. Environ 10 % du potentiel énergétique se perd dans le frottement des mécanismes d'entraînement, dont la transmission, l'arbre de transmission, les roues, le roulement à billes des essieux et le différentiel. Le frottement des autres pièces mobiles est responsable d'environ 6 % du gaspillage d'énergie et 4 % de l'énergie disponible sert au fonctionnement de la pompe à huile et de la pompe à essence ainsi que des accessoires tels que la servodirection, le servofrein, l'air climatisé et les accessoires électriques. Enfin, environ 14 % de l'énergie disponible sert à faire avancer le véhicule et surtout à vaincre le frottement de la chaussée et la résistance de l'air.

Le tableau 7.1 présente une liste des pertes de puissance d'une automobile munie d'un moteur de 136 kW de puissance. Ces données s'appliquent à un véhicule typiquement «énergivore» ayant une masse de 1 450 kg et un taux de consommation de 15,6 litres pour 100 km.

Tableau 7.1 *Pertes de puissance d'une voiture-type disposant d'une puissance totale de 136* kW

Mécanisme	Perte de puissance (kW)	Perte de puissance (%)
Échappement (chaleur)	46	33
Système de refroidissement	45	33
Système d'entraînement	13	10
Frottement interne	8	6
Accessoires	5	4
Propulsion du véhicule	19	14

Examinons plus en détail la puissance requise pour vaincre le frottement de la chaussée et la résistance de l'air. La principale cause du frottement de la chaussée vient du fléchissement des pneus. Le coefficient μ du frottement de roulement entre les pneus et la chaussée est d'environ 0,016. Dans le cas d'une voiture de 1 450 kg, le poids représente 14 200 N et la force du frottement de roulement est de $\mu N = \mu mg = 227$ N. À mesure que la vitesse augmente, la force normale subit une légère réduction sous l'effet d'un soulèvement aérien attribuable à la circulation d'air au-dessus du toit. Cela entraîne également une légère diminution de la force du frottement de roulement f_r à mesure que la vitesse augmente, comme cela est indiqué au tableau 7.2.

4. On trouve d'excellents passages sur ce sujet dans G. Waring, *Physical Teachers*, Vol. 18 (1980), p. 494. Les données des tableaux 7.1 et 7.2 sont tirées de cet ouvrage.

Tableau 7.2 *Forces de frottement et puissance requise pour une voiture-type*

v (km/h)	N (N)	f_r (N)	f_a (N)	f_t (N)	$P = f_t v$ (kW)
0	14 200	227	0	227	0
32	14 100	226	51	277	2,5
64	13 900	222	204	426	7,6
96,5	13 600	218	465	683	18,3
129	13 200	211	830	1 041	37,3
161	12 600	202	1 293	1 495	66,8

Dans ce tableau, N représente la force normale, f_r représente le frottement de la route, f_a est la résistance de l'air et f_t, le frottement total; P représente la puissance effective.

Examinons à présent l'effet de la résistance de l'air, c'est-à-dire le frottement fluide causé par la circulation de l'air sur les diverses surfaces du véhicule. Dans le cas d'objets de grandes dimensions ayant des vitesses relativement faibles, le frottement fluide de l'air est proportionnel au carré de la vitesse (en m/s) (section 6.10) et est donné par

7.25 $$f_a = \frac{1}{2}CA\rho v^2$$

où C est le coefficient de résistance (que certains appellent le facteur-forme), A est l'aire de la section plane la plus grande du mobile et ρ est la densité de l'air. Nous pouvons utiliser cette expression pour calculer les valeurs présentées au tableau 7.2: il suffit de poser $C = 0{,}5$ $\rho = 1{,}293$ kg/m^3 et $A \approx 2$ m^2.

La grandeur de la force totale de frottement f_t est donnée par la somme du frottement de roulement et du frottement fluide de l'air:

7.26 $$f_t = f_r + f_a \approx \text{constante} + \frac{1}{2}CA\rho v^2$$

À faible vitesse, le frottement de la chaussée et la résistance de l'air sont comparables, mais à grande vitesse la résistance de l'air devient la principale force de résistance au mouvement, comme l'indique le tableau 7.2. On peut réduire le frottement de la chaussée en réduisant le fléchissement des pneus (maintien d'une pression d'air légèrement plus élevée que la pression recommandée) et en utilisant des pneus radiaux. On peut également amoindrir la résistance de l'air en réduisant l'aire de la section plane et en améliorant l'aérodynamisme de la voiture. Le fait de circuler en voiture lorsque les vitres sont baissées entraîne une augmentation de la résistance de l'air qui se traduit par une diminution de 3 % du rendement énergétique; par contre, il ne faut pas oublier qu'une voiture dont toutes les vitres sont fermées et dont le climatiseur fonctionne subit une diminution de 12 % de son rendement.

La puissance totale requise pour maintenir une vitesse constante v est égale au produit $f_t v$, qui doit correspondre à la puissance effective. Par exemple, le tableau 7.2 nous indique qu'à $v = 96{,}5$ km/h $= 26{,}8$ m/s, la puissance requise est

$$P = f_t v = (683\text{ N})\left(26{,}8\ \frac{\text{m}}{\text{s}}\right) = 18{,}3\text{ kW}$$

Nous pouvons décomposer cette donnée en deux éléments: (1) la puissance requise pour vaincre le frottement de la chaussée $f_r v$ et (2) la puissance requise pour vaincre la résistance de l'air, $f_a v$. Lorsque $v = 26{,}8$ m/s,

$$P_r = f_r v = (218 \text{ N})\left(26{,}8 \ \frac{\text{m}}{\text{s}}\right) = 5{,}8 \text{ kW}$$

$$P_a = f_a v = (465 \text{ N})\left(26{,}8 \ \frac{\text{m}}{\text{s}}\right) = 12{,}5 \text{ kW}$$

Notez que $P = P_r + P_a$.

Par contre, lorsque $v = 161$ km/h $= 44{,}7$ m/s, nous constatons que $P_r = 9{,}0$ kW, $P_a = 57{,}8$ kW et $P = 66{,}8$ kW. Cela démontre bien l'importance de la résistance de l'air à grande vitesse.

Exemple 7.14 Consommation d'essence des voitures compactes

Soit une voiture compacte ayant une masse de 800 kg et un rendement énergétique de 14 %. (C'est-à-dire que 14 % du potentiel énergétique du carburant est transformé en puissance effective.) Calculez la quantité d'essence utilisée pour accélérer la voiture du repos à 100 km/h (28 m/s). L'équivalent énergétique d'un litre d'essence est de $3{,}6 \times 10^7$ J environ.

Solution: L'énergie requise pour accélérer la voiture de l'état de repos à une vitesse v correspond à son énergie cinétique, soit $\frac{1}{2}mv^2$. Dans ce cas-ci,

$$E = \frac{1}{2}mv^2 = \frac{1}{2}(800 \text{ kg})\left(28 \ \frac{\text{m}}{\text{s}}\right)^2 = 3{,}1 \times 10^5 \text{ J}$$

Si le moteur avait un rendement de 100 %, chaque litre d'essence fournirait une énergie de $3{,}6 \times 10^7$ J. Étant donné que son rendement n'est que de 14 %, chaque litre ne fournit que $(0{,}14)\ (3{,}6 \times 10^7 \text{ J}) = 5{,}04 \times 10^6$ J. Ainsi, le nombre de litres utilisés s'établit à

$$\text{Nombre de litres} = \frac{3{,}1 \times 10^5 \text{ J}}{5{,}04 \times 10^6 \text{ J}/l} = 0{,}062 \ l$$

À ce taux, la voiture aura consommé un litre d'essence après avoir effectué 16 accélérations comme celle-ci. Cela démontre bien la forte consommation d'énergie découlant de l'utilisation d'une voiture en ville.

Exemple 7.15 Puissance effective

Supposons que la voiture décrite à l'exemple 7.14 ait une consommation moyenne de 7 l/100 km lorsqu'elle se déplace à 100 km/h. Quelle est sa puissance effective?

Solution: À partir de ces données, nous voyons que la voiture consomme 7 l/h. Sachant qu'un litre équivaut à $3{,}6 \times 10^7$ J, nous constatons que la puissance totale utilisée est

$$P = \frac{(7 \ l)(3{,}6 \times 10^7 \text{ J}/l)}{1 \text{ h}}$$

$$= \frac{25{,}2 \times 10^7 \text{ J}}{3\,600 \text{ s}} = 70 \text{ kW}$$

Puisque seulement 14 % de la puissance disponible est transformée en force motrice, nous pouvons établir que la puissance effective est de $(0{,}14)(70 \text{ kW}) = 9{,}8$ kW. Cela représente environ la moitié de la valeur obtenue dans le cas de la grosse voiture de 1 450 kg, que nous avons traitée précédemment.

Exemple 7.16 Voiture accélérant vers le sommet d'une colline

Soit une voiture de masse m accélérant vers le sommet d'une colline, comme à la figure 7.13. Supposons que la grandeur du frottement fluide soit donnée par

$$|f| = (218 + 0{,}70v^2)\ \mathrm{N}$$

où v représente la vitesse exprimée en m/s. Calculez la puissance effective que doit produire le moteur.

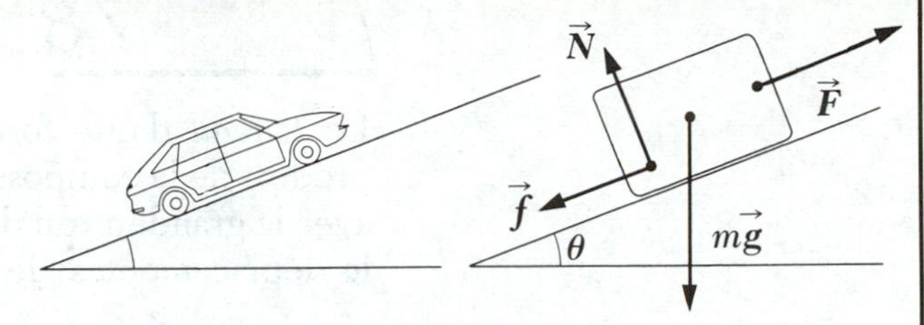

Figure 7.13 (Exemple 7.16).

Solution: La figure 7.13 indique les forces qui agissent sur la voiture, où $\vec{F}$ est la force motrice exercée par le sol sur les roues et toutes les autres forces ont leur signification habituelle. En appliquant la deuxième loi de Newton au mouvement nous obtenons

$$\Sigma F_x = F - |f| - mg \sin \theta = ma$$
$$F = ma + mg \sin \theta + |f|$$
$$= ma + mg \sin \theta + (218 + 0{,}70v^2)$$

Par conséquent, la voiture doit avoir une puissance motrice de

$$P = Fv = mva + mvg \sin \theta + 218v + 0{,}70v^3$$

Dans cette expression, le terme mva représente la puissance que doit produire le moteur pour accélérer la voiture. Si la voiture se déplace à vitesse constante, ce terme est nul et il faut moins de puissance. Le terme $mvg \sin \theta$ représente la puissance nécessaire pour vaincre la force gravitationnelle pendant que le véhicule gravit la pente. Ce terme serait nul s'il s'agissait d'un mouvement sur une surface horizontale.

Le terme $218v$ est la puissance requise pour vaincre le frottement de la chaussée. Enfin, le terme $0{,}70v^3$ représente la puissance qu'il faut pour vaincre la résistance de l'air.

Si nous posons $m = 1\,450$ kg, $v = 28$ m/s (= 100 km/h), $a = 1\ \mathrm{m/s^2}$ et $\theta = 10°$, les divers termes de P ont comme valeurs:

$$mva = (1\,450\ \mathrm{kg})\,(28\ \mathrm{m/s})\,(1\ \mathrm{m/s^2}) = 40{,}6\ \mathrm{kW}$$

$$mvg \sin \theta = (1\,450\ \mathrm{kg})\,(28\ \mathrm{m/s})\,(9{,}8\ \mathrm{m/s^2})\,(\sin 10°) = 69{,}1\ \mathrm{kW}$$

$$218v = 218(28) = 6{,}1\ \mathrm{kW}$$

$$0{,}70v^3 = 0{,}70(28)^3 = 15{,}4\ \mathrm{kW}$$

La puissance totale requise est donc de 131,2 kW. Notez que la puissance nécessaire pour se déplacer à vitesse *constante* sur une surface horizontale ne serait que de 21,5 kW (soit la somme des deux derniers termes). En outre, si l'on réduit la masse de moitié (comme dans le cas des voitures compactes), on réduit également la puissance nécessaire presque de moitié.

Q10. La puissance moyenne peut-elle être égale à la puissance instantanée? Expliquez.

Q11. Dans l'exemple 7.13, la puissance requise augmente-t-elle ou diminue-t-elle à mesure que la force de frottement diminue?

Q12. Un vendeur d'automobiles soutient que le «gros» moteur de 300 HP est un équipement indispensable pour une voiture compacte (plutôt que le moteur standard de 150 HP). À supposer que l'acheteur ait l'intention de conduire sa voiture en ne dépassant pas la limite de vitesse permise (≤ 100 km/h) et en circulant sur terrain plat, comment réfuteriez-vous l'argument du vendeur?

7.8 Résumé

Le *travail* d'une force constante agissant sur une particule est égal au produit de la composante de la force orientée dans le sens du déplacement avec la grandeur du déplacement. Si le vecteur force forme un angle θ avec le déplacement $\vec{s}$, le travail de la force $\vec{F}$ est donné par

Travail effectué par une force constante

$$W \equiv Fs \cos \theta \tag{7.1}$$

Le *produit scalaire* de deux vecteurs quelconques, soit $\vec{A}$ et $\vec{B}$, est défini par la relation

Produit scalaire

$$\vec{A} \cdot \vec{B} \equiv AB \cos \theta \tag{7.5}$$

dont le résultat est une quantité scalaire et où θ représente l'angle qui sépare les deux vecteurs. Le produit scalaire obéit aux lois de commutativité et de distributivité.

Le *travail* d'une force *variable* agissant sur une particule qui se déplace de x_i à x_f suivant l'axe des x est donné par

Travail effectué par une force variable

$$W \equiv \int_{x_i}^{x_f} F_x dx \tag{7.11}$$

où F_x représente la composante de la force orientée dans le sens des x. Si la particule est soumise à l'action de plusieurs forces, le travail net ou total accompli par toutes les forces correspond à la somme de chacun de leurs travaux.

L'*énergie cinétique* d'une particule de masse m se déplaçant à une vitesse $\vec{v}$ (où la grandeur de $\vec{v}$ est petite comparativement à la vitesse de la lumière) est définie par

Énergie cinétique

$$K \equiv \frac{1}{2}mv^2 \tag{7.17}$$

Selon le *théorème de l'énergie cinétique,* le travail net fait par les forces extérieures agissant sur une particule est égal à la variation de l'énergie cinétique de la particule:

Théorème de l'énergie cinétique

$$W = K_f - K_i = \frac{1}{2}mv_f^2 - \frac{1}{2}mv_i^2 \tag{7.19}$$

La *puissance instantanée* est le taux de variation du travail accompli par rapport au temps. Si un agent applique une force $\vec{F}$ à un objet qui se déplace à une vitesse $\vec{v}$, alors la puissance produite par cet agent est donnée par

Puissance instantanée

$$P = \frac{dW}{dt} = \vec{F} \cdot \vec{v} \tag{7.24}$$

Exercices

Section 7.2 *Travail effectué par une force constante*

1. Quelle quantité de travail est accompli par une personne qui remonte un seau d'eau de 20 kg à partir du fond d'un puits de 30 m de profondeur? Supposez que la vitesse de remontée est constante.

2. Un remorqueur exerce une force constante de 5 000 N sur un navire qui se déplace à vitesse constante dans les eaux d'un port. Combien de travail le remorqueur accomplit-il sur une distance de 3 km?

3. Soit un bloc de 15 kg traîné sur une surface horizontale rugueuse par une force constante de 70 N agissant à un angle de 25° par rapport à l'horizontale. Le bloc subit un déplacement de 5 m et le coefficient de frottement cinétique est 0,3. Déterminez le travail accompli par (a) la force de 70 N, (b) la force de frottement, (c) la force normale et (d) la force gravitationnelle. (e) Quel est le travail net fait sur le bloc?

4. On utilise une force horizontale de 150 N pour déplacer une boîte de 40 kg d'une distance de 6 m sur une surface horizontale rugueuse. Si la boîte est déplacée à vitesse constante, déterminez (a) le travail fait par la force de 150 N, (b) le travail fait par le frottement et (c) le coefficient de frottement cinétique.

5. Un traîneau de 100 kg tiré à vitesse constante par un attelage de chiens parcourt une distance de 2 km sur une surface horizontale. Si le coefficient de frottement entre le traîneau et la neige est de 0,15, déterminez le travail accompli (a) par l'attelage de chiens et (b) par la force de frottement.

6. Quel est le travail fait par la force gravitationnelle sur une personne de 70 kg qui monte un escalier d'une hauteur de 3 m?

Section 7.3 *Produit scalaire de deux vecteurs*

7. Soit deux vecteurs donnés par $\vec{A} = 3\vec{i} + 2\vec{j}$ et $\vec{B} = -\vec{i} + 3\vec{j}$. Déterminez (a) $\vec{A} \cdot \vec{B}$ et (b) l'angle entre $\vec{A}$ et $\vec{B}$.

8. Soit un vecteur donné par $\vec{A} = -2\vec{i} + 3\vec{j}$. Déterminez (a) la grandeur de $\vec{A}$ et (b) l'angle entre $\vec{A}$ et la partie positive de l'axe des y. (Pour résoudre (b), utilisez la définition du produit scalaire.)

9. Le vecteur $\vec{A}$ a une grandeur de 3 unités et $\vec{B}$ a une grandeur de 8 unités. Ces deux vecteurs forment un angle de 40°. Déterminez $\vec{A} \cdot \vec{B}$.

10. Soit une force $\vec{F} = (6\vec{i} - 2\vec{j})$ N agissant sur une particule qui subit un déplacement $\vec{s} = (3\vec{i} + \vec{j})$ m. Déterminez (a) le travail de la force sur la particule et (b) l'angle formé par $\vec{F}$ et $\vec{s}$.

11. Soit deux vecteurs quelconques $\vec{A}$ et $\vec{B}$. Démontrez que $\vec{A} \cdot \vec{B} = A_xB_x + A_yB_y + A_zB_z$. (Indice: Récrire les vecteurs $\vec{A}$ et $\vec{B}$ sous forme de vecteurs unitaires et utiliser l'équation 7.8.)

12. Un vecteur $\vec{A}$ a 2 unités de longueur et est orienté dans le sens positif des y. Le vecteur $\vec{B}$ a une composante x négative de 5 unités de longueur, une composante y positive de 3 unités de longueur et aucune composante z. Déterminez $\vec{A} \cdot \vec{B}$ et l'angle entre ces deux vecteurs.

13. À partir de la définition du produit scalaire, déterminez les angles formés entre les paires de vecteurs suivants: (a) $\vec{A} = 3\vec{i} - \vec{j}$ et $\vec{B} = 2\vec{i} + 2\vec{j}$, (b) $\vec{A} = -\vec{i} + 4\vec{j}$ et $\vec{B} = 2\vec{i} + \vec{j} + 2\vec{k}$, (c) $\vec{A} = 2\vec{i} + \vec{j} + 3\vec{k}$ et $\vec{B} = -2\vec{j} + 2\vec{k}$.

14. Le produit scalaire des vecteurs $\vec{A}$ et $\vec{B}$ est de 6 unités. Chaque vecteur a une grandeur de 4 unités. Déterminez l'angle entre ces vecteurs.

Section 7.4 Travail effectué par une force variable: situation à une dimension

15. Soit un corps soumis à une force $\vec{F}$ qui varie en fonction de la position, comme à la figure 7.14. Déterminez le travail accompli par la force lorsque le corps se déplace (a) de $x = 0$ à $x = 5$ m, (b) de $x = 5$ m à $x = 10$ m et (c) de $x = 10$ m à $x = 15$ m. (d) Quel est le travail total effectué par la force sur la distance de $x = 0$ à $x = 15$ m?

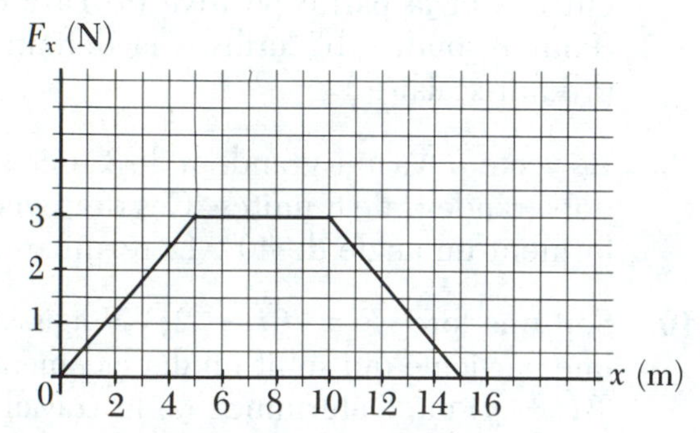

Figure 7.14 (Exercices 15 et 25).

16. Soit une particule soumise à l'action d'une force qui varie comme à la figure 7.15. Déterminez le travail accompli par la force lorsque la particule se déplace (a) de $x = 0$ à $x = 8$ m, (b) de $x = 8$ m à $x = 10$ m et (c) de $x = 0$ à $x = 10$ m.

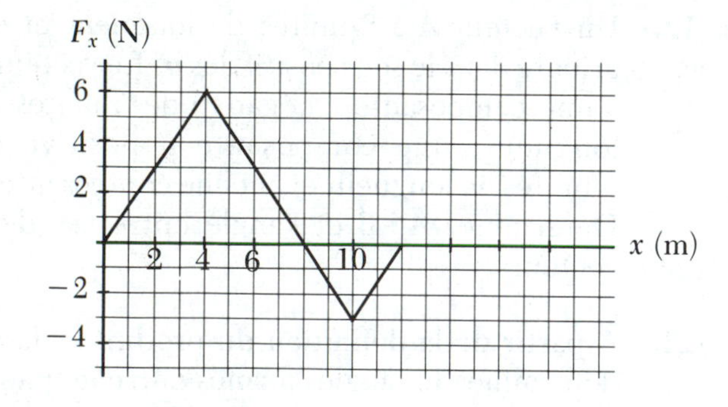

Figure 7.15 (Exercices 16 et 26).

17. La force agissant sur une particule est donnée par $F_x = (8x - 16)$ N, où x est exprimé en mètres. (a) Tracez le graphique de cette force en fonction de x sur une distance allant de $x = 0$ à $x = 3$ m. (b) À partir du graphique, déterminez le travail net accompli par cette force lorsque la particule passe de $x = 0$ à $x = 3$ m.

18. Lorsqu'on attache une masse de 3 kg à un léger ressort vertical qui obéit à la loi de Hooke, on constate que le ressort s'allonge de 1,5 cm. Si l'on détache la masse de 3 kg, (a) quel sera l'allongement du ressort si on remplace la masse de 3 kg par une masse de 1 kg et (b) quelle quantité de travail un agent extérieur devra-t-il accomplir pour allonger ce ressort de 4,0 cm à partir de sa position détendue (c'est-à-dire lorsque le ressort n'est ni comprimé ni allongé)?

Section 7.5 Travail et énergie cinétique

19. Une balle de 0,2 kg est animée d'une vitesse de 15 m/s. (a) Quelle est son énergie cinétique? (b) Si l'on double sa vitesse, quelle sera son énergie cinétique?

20. Calculez l'énergie cinétique d'un satellite de 1 000 kg gravitant autour de la Terre à une vitesse de 7×10^3 m/s.

21. Soit une masse de 3 kg animée d'une vitesse initiale $\vec{v}_0 = (5\vec{i} - 3\vec{j})$ m/s. (a) Quelle est son énergie cinétique à cet instant? (b) Déterminez la *variation* de son énergie cinétique lorsque sa *vitesse passe* à $(8\vec{i} + 4\vec{j})$ m/s. (Indice: $v^2 = \vec{v} \cdot \vec{v}$.)

22. Soit une particule de 0,6 kg animée d'une vitesse de 3 m/s au point A et d'une vitesse de 5 m/s au point B. Quelle est son énergie cinétique (a) au point A et (b) au point B? (c) Quel est le travail net effectué sur la particule au cours du trajet de A à B?

23. Un mécanicien pousse une voiture de 2 000 kg en lui appliquant une force horizontale constante qui fait passer le véhicule du repos à une vitesse de 3 m/s. Au cours de cette manoeuvre, la voiture parcourt une distance de 30 m. En faisant abstraction du frottement entre les pneus et la chaussée, déterminez (a) le travail accompli par le mécanicien et (b) la force horizontale exercée sur la voiture.

24. Une boîte de 40 kg initialement au repos subit une poussée constante de 130 N qui lui fait parcourir une distance de 5 m sur un plancher horizontal et rugueux. Si le coefficient de frottement entre la boîte et le plancher est de 0,3, déterminez (a) le travail accompli par la force, (b) le travail du frottement, (c) la variation de l'énergie cinétique de la boîte et (d) la vitesse finale de la boîte.

25. Une particule de 4 kg est soumise à une force qui varie en fonction de la position, comme à la figure 7.14. La particule est immobile à $x = 0$. Quelle est sa vitesse à (a) $x = 5$ m, (b) $x = 10$ m, (c) $x = 15$ m?

26. Comme l'indique la figure 7.15, la force qui agit sur une particule de 6 kg varie en fonction de la position. Si à $x = 0$ la vitesse de la particule est de 2 m/s, déterminez sa vitesse et son énergie cinétique à (a) $x = 4$ m, (b) $x = 8$ m, (c) $x = 10$ m.

27. Une luge de masse m repose sur un étang gelé. Supposons qu'en lui donnant un coup de pied, on lui imprime une vitesse initiale v_0. Le coefficient de frottement cinétique entre la luge et la glace est μ_k. (a) Utilisez le théorème de l'énergie cinétique pour exprimer la distance parcourue par la luge avant de s'immobiliser. (b) Calculez cette distance si $v_0 = 5$ m/s et $\mu_k = 0{,}1$.

28. Soit une masse de 6 kg soulevée à la verticale sur une distance de 5 m à l'aide d'une corde légère soumise à une tension de 80 N. Déterminez (a) le travail accompli par la force de tension, (b) le travail fait par la force gravitationnelle et (c) la vitesse finale de la masse si elle était immobile au départ.

29. Un bloc de 2 kg est relié à un ressort de masse négligeable ayant une constante de rappel de 500 N/m, comme à la figure 7.6. Supposons que l'on tire le bloc sur 5 cm vers la droite, à partir du point d'équilibre, puis qu'on le relâche. Déterminez la vitesse du bloc lorsqu'il traverse le point d'équilibre si (a) les frottements sont négligeables et (b) si le coefficient de frottement entre le bloc et la surface est de 0,35.

30. Un bloc de 4 kg est animé d'une vitesse initiale de 8 m/s à la base d'un plan incliné de 20°. La force de frottement est de 15 N. (a) Si le mouvement du bloc est orienté vers le *sommet* du plan incliné, quelle distance franchira-t-il avant de s'immobiliser? (b) Se remettra-t-il alors à glisser vers la base de la pente?

31. Soumis à une force *horizontale* constante de 40 N, un bloc de 3 kg gravit une pente de 37°. Le coefficient de frottement cinétique est de 0,1 et le bloc franchit une distance de 2 m vers le sommet. Calculez (a) le travail accompli par la force de 40 N, (b) le travail fait par la force gravitationnelle, (c) le travail du frottement et (d) la *variation* de l'énergie cinétique du bloc. (Notez que la force exercée n'est *pas* parallèle à la pente.)

32. Relié à une corde de 2 m de longueur, un bloc de 4 kg décrit un mouvement circulaire sur une surface horizontale. (a) Si le frottement est négligeable, identifiez toutes les forces agissant sur le bloc et démontrez que le travail accompli par chacune est nul pour tout déplacement du bloc. (b) Sachant que le coefficient de frottement entre le bloc et la surface est de 0,25, déterminez le travail fait par le frottement au cours de chaque révolution du bloc.

Section 7.6 Puissance

33. Supposons que le moteur d'une voiture produise $2{,}24 \times 10^4$ W de puissance effective à une vitesse constante de 27 m/s. Quelle est la force de frottement qui agit sur la voiture à cette vitesse?

34. Pour se déplacer à la vitesse constante de 15 m/s, un bateau hors-bord doit être propulsé par un moteur de 130 HP. Calculez le frottement fluide de l'eau à cette vitesse.

35. Une étudiante de 50 kg grimpe au sommet d'une corde de 5 m de longueur et s'y immobilise. (a) Quelle doit être sa vitesse d'ascension moyenne pour égaler la puissance produite par une ampoule de 200 W? (b) Combien de travail a-t-elle accompli?

36. Une machine met 8 s à soulever une caisse de 300 kg à une hauteur de 5 m. Calculez la puissance de cette machine.

37. Un moteur exerce une traction sur une caisse de 200 kg qu'il traîne sur une surface plane. Le coefficient de frottement entre la caisse et la surface est de 0,4. (a) Quelle puissance le moteur doit-il produire pour déplacer la caisse à la vitesse constante de 5 m/s? (b) Quelle quantité de travail le moteur accomplit-il en 3 min?

38. Une particule de masse m subit l'action d'une seule force constante $\vec{F}$. La particule est immobile au départ à $t = 0$. (a) Démontrez que la puissance instantanée de la force en fonction du temps t est égale à $\frac{F^2}{m}t$. (b) Si $F = 20$ N et $m = 5$ kg, quelle est la puissance produite à $t = 3$ s?

39. Immobile au départ, une automobile de 1 500 kg subit une accélération uniforme qui lui imprime une vitesse de 10 m/s en 3 s. Déterminez (a) le travail fait sur la voiture durant cet intervalle de temps, (b) la puissance moyenne du moteur au cours des trois premières secondes et (c) la puissance instantanée du moteur à $t = 2$ s.

40. Un athlète de 65 kg franchit à la course une distance de 600 m vers le sommet d'une montagne dont la pente est de 20° par rapport à l'horizontale. Il réalise ce parcours en 80 s. En supposant que la résistance de l'air soit un facteur négligeable, (a) quelle quantité de travail accomplit-il et (b) quelle puissance produit-il durant sa course?

Section 7.7 Énergie et véhicules automobiles

41. La voiture dont il est question au tableau 7.2 se déplace à une vitesse constante de 129 km/h. À cette vitesse (a) quelle est la puissance requise pour vaincre la résistance de l'air? (b) Quelle est la puissance totale effective?

42. Soit une voiture qui transporte deux personnes et dont la consommation est de 10 *l*/100 km. Elle parcourt 5 000 km. Un avion transportant 150 passagers franchit cette distance en consommant 250 *l*/100 km. Comparez la consommation par passager de ces deux modes de transport.

Problèmes

1. La direction d'un vecteur arbitraire $\vec{A}$ peut être complètement définie à partir des angles α, β et γ que forme ce vecteur avec l'axe des x, des y et des z respectivement. Si $\vec{A} = A_x\vec{i} + A_y\vec{j} + A_z\vec{k}$, (a) déterminez les expressions correspondant à $\cos\alpha$, $\cos\beta$, et $\cos\gamma$ (que l'on nomme *cosinus directeurs*) et (b) démontrez que ces angles satisfont à la relation $\cos^2\alpha + \cos^2\beta + \cos^2\gamma = 1$. Voir figure 7.16.

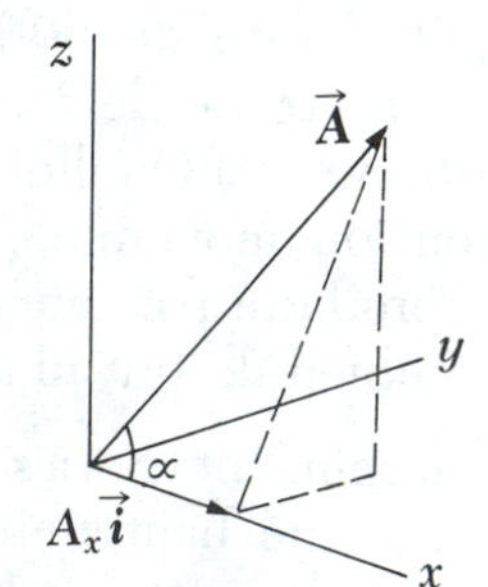

Figure 7.16 (Problème 1).

2. Soit un triangle formé de trois vecteurs qui obéissent à la relation $\vec{C} = \vec{A} - \vec{B}$ (fig. 7.17). Utilisez cette donnée et la définition du produit scalaire pour obtenir la loi du cosinus.

$$C^2 = A^2 + B^2 - 2AB\cos\theta.$$

(Indice: Effectuez le produit scalaire $\vec{C} \cdot \vec{C}$.)

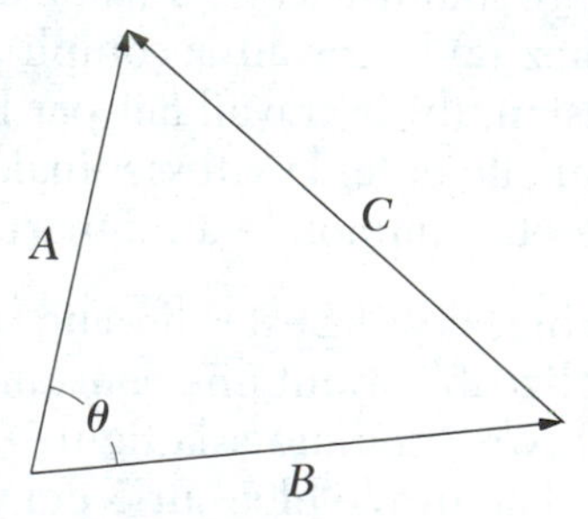

Figure 7.17 (Problème 2).

3. Un petit bloc de masse m est relié à un léger ressort de constante k, comme à la figure 7.6. On comprime le ressort sur une distance d à partir de sa position détendue, puis on le relâche. (a) Si le bloc s'immobilise dès qu'il atteint la position d'équilibre (ressort détendu), quel est le coefficient de frottement entre le bloc et la surface? (b) Si le bloc s'immobilise pour la première fois lorsque le ressort est *allongé* d'une distance $d/2$ par rapport à sa position d'équilibre, quelle est la valeur du coefficient de frottement?

4. Démontrez la validité du théorème de l'énergie cinétique, soit $W = \Delta K$, dans son application au cas général d'un déplacement tridimensionnel. (Notez que $\vec{F} = m\, d\vec{v}/dt$ et que $d\vec{s} = \vec{v}\, dt$.)

5. Une particule de 2 kg se déplace selon l'axe des x sous l'action d'une force résultante donnée par $F_x = 3x^2 - 4x + 5$, où x est exprimé en mètres et F_x, en newtons. (a) Déterminez le travail net accompli sur la particule lorsqu'elle se déplace de $x = 1$ m à $x = 3$ m. (b) Si à $x = 1$ m la particule est animée d'une vitesse de 5 m/s, quelle est sa vitesse à $x = 3$ m?

6. Une particule de 4 kg se déplace selon l'axe des x. Sa position varie en fonction du temps selon l'expression $x = t + 2t^3$, où x est exprimé en mètres et t, en secondes. Déterminez au temps t (a) l'énergie cinétique, (b) l'accélération de la particule et la force qu'elle subit, (c) la puissance produite par la force et (d) le travail fait sur la particule durant l'intervalle de temps allant de $t = 0$ à $t = 2$ s.

7. Soit une particule de 0,4 kg glissant sur une piste circulaire horizontale de 1,5 m de rayon. On lui a imprimé une vitesse initiale de 8 m/s. Après une révolution, sa vitesse est réduite à 6 m/s sous l'effet du frottement. (a) Déterminez le travail fait par le frottement au cours d'une révolution. (b) Calculez le coefficient de frottement cinétique. (c) Après combien de révolutions la particule s'immobilise-t-elle?

8. Une petite sphère de masse m est suspendue à une corde de longueur L, comme à la figure 7.18. Sous l'action d'une force horizontale variable $\vec{F}$, la masse s'éloigne lentement de la position verticale, la corde formant un angle θ par rapport à la verticale. En supposant que la sphère soit toujours en équilibre, (a) démontrez que $F = mg \tan \theta$. (b) Utilisez l'équation 7.20 pour démontrer que le travail fait par la force $\vec{F}$ est égal à $mgL\,(1 - \cos \theta)$. (Indice: Sachant que $s = L\theta$, on a donc $ds = L d\theta$.)

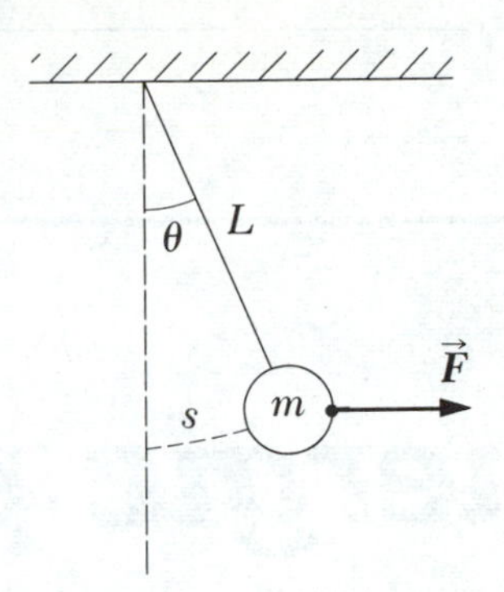

Figure 7.18 (Problème 8).

9. Voyageant sur une route horizontale, une voiture de masse m parcourt une distance d à une vitesse constante v. Le résultat de tests indique que la force du frottement fluide est d'*environ* $\vec{f} = -Km\vec{v}$, où $K = 0{,}018\ \text{s}^{-1}$. (a) Démontrez que pour vaincre le frottement fluide, le moteur doit accomplir un travail donné par $Kmvd$. (b) Démontrez que pour maintenir cette vitesse, le moteur doit produire une puissance effective égale à Kmv^2. (c) Calculez le travail accompli et la puissance produite en posant $m = 1\,500$ kg, $v = 27$ m/s et $d = 100$ km. (d) Si la voiture a une consommation de 20 l/100 km, quel est le rendement du moteur? (Dans ce cas-ci, nous définissons le rendement comme le quotient du travail divisé par l'énergie consommée.)

10. Une voiture animée d'une vitesse v a une section efficace A. L'air exerce une pression égale à $\frac{\rho v^2}{2}$ sur la voiture. Démontrez que la perte de puissance causée par la résistance de l'air est de $\frac{1}{2}\rho A v^3$ et que le frottement fluide est de $\frac{1}{2}\rho A v^2$, où ρ représente la densité de l'air. (N.B. $P = F/A$)

11. Une voiture de 1 500 kg accélère de 0 à 97 km/h en 10 s. (a) Déterminez l'accélération de la voiture. (b) Démontrez que le coefficient de frottement entre les roues motrices et la chaussée est d'au moins 0,55. (c) Déterminez la force de frottement permettant le mouvement de la voiture. (d) Quelle puissance le moteur transmet-il aux roues? (Supposez que la force normale sur chaque pneu est de $\frac{1}{4}mg$.)

Chapitre 8

Énergie potentielle et conservation de l'énergie

Photo offerte par Six Flags Great Adventure.

Au chapitre 7, nous avons introduit la notion d'énergie cinétique, qui est liée au mouvement d'un objet. Nous avons établi que l'énergie cinétique d'un objet ne varie que si un travail est effectué sur l'objet. Dans le présent chapitre, nous introduisons une autre forme d'énergie mécanique, liée à la position de l'objet, soit l'*énergie potentielle*. Nous établirons que l'énergie potentielle d'un système peut être conçue comme la quantité d'énergie contenue dans le système et transformable en énergie cinétique. Cette notion n'est applicable qu'à une catégorie de forces particulières, que l'on nomme les *forces conservatives*. Lorsqu'un système n'est soumis qu'à des forces conservatives, telles que la force gravitationnelle ou la force de rappel d'un ressort, l'augmentation (ou la diminution) de son énergie cinétique est attribuable au changement des positions relatives de ses éléments et est équilibrée par une perte (ou une augmentation) égale de son énergie potentielle. C'est ce que l'on nomme le *principe de conservation de l'énergie mécanique*. Il existe une formulation plus générale de ce principe qui s'applique à un système isolé dont on considère toutes les formes et toutes les transformations d'énergie.

8.1 Forces conservatives et forces non conservatives

Forces conservatives

Nous démontrerons dans la section 8.4 que le travail fait par la force gravitationnelle agissant sur une particule est égal au poids de la particule multiplié par son déplacement vertical, si on suppose que g est constant tout au long du déplacement. Ainsi si une particule de masse m se déplace entre deux points d'altitude y_i et y_f, le travail fait par la force gravitationnelle est donné par $W_g = -mg\,(y_f - y_i)$. Le travail fait par la force gravitationnelle ne dépend donc que des positions initiale et finale; il est indépendant de la trajectoire entre ces deux points. Lorsqu'une force présente de telles propriétés, on dit qu'elle est une *force conservative*. La force électrostatique et la force de rappel d'un ressort sont d'autres exemples de forces conservatives. En règle générale, *on dira d'une force qu'elle est conservative si le travail qu'elle accomplit sur une particule se déplaçant entre deux points est indépendant de la trajectoire de la particule entre ces deux points.* Le travail d'une telle force dépend uniquement de la position initiale et de la position finale de la particule. En nous reportant aux trajectoires *arbitraires* présentées à la figure 8.1a, nous pouvons exprimer cette condition sous la forme suivante:

Travail de la force gravitationnelle

$$W_{PQ}\ \text{(selon la trajectoire 1)} = W_{PQ}\ \text{(selon la trajectoire 2)}$$

Propriété d'une force conservative

Une force conservative a aussi une autre propriété, qui découle de la condition énoncée ci-dessus. Supposons que la particule se déplace de P à Q selon la trajectoire 1 et qu'elle se déplace ensuite de Q à P selon la trajectoire 2, comme à la figure 8.1b. Le travail accompli par la force conservative au cours de la trajectoire inverse (trajectoire 2), qui va de Q à P, est égal en valeur absolue mais de *signe opposé* au travail accompli de P à Q selon la trajectoire 2. Par conséquent, nous pouvons récrire la propriété fondamentale d'une force conservative sous la forme

$$W_{PQ}\ \text{(selon la trajectoire 1)} = -W_{QP}\ \text{(selon la trajectoire 2)}$$

$$W_{PQ}\ \text{(selon la trajectoire 1)} + W_{QP}\ \text{(selon la trajectoire 2)} = 0$$

Nous pouvons donc énoncer cette propriété comme suit: *le travail total accompli sur une particule par une force conservative est nul lorsque la particule décrit une trajectoire fermée qui la ramène à son point de départ.*

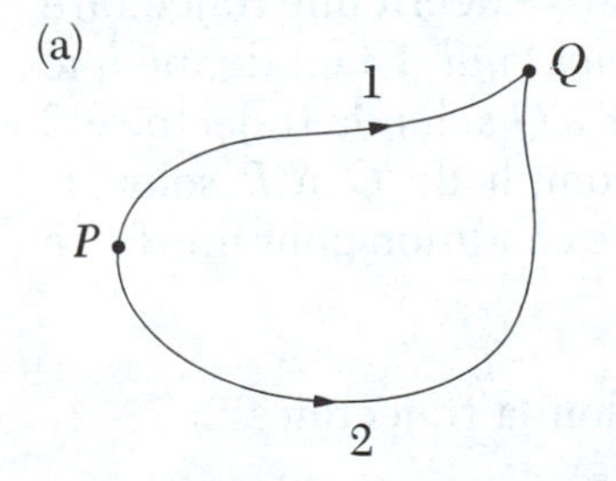

Figure 8.1 (a) Une particule se déplaçant de P à Q suivant deux trajectoires différentes. Le travail d'une force conservative agissant sur la particule est le même pour les deux trajectoires. Si la force est non conservative, le travail fait par cette force varie d'une trajectoire à une autre.

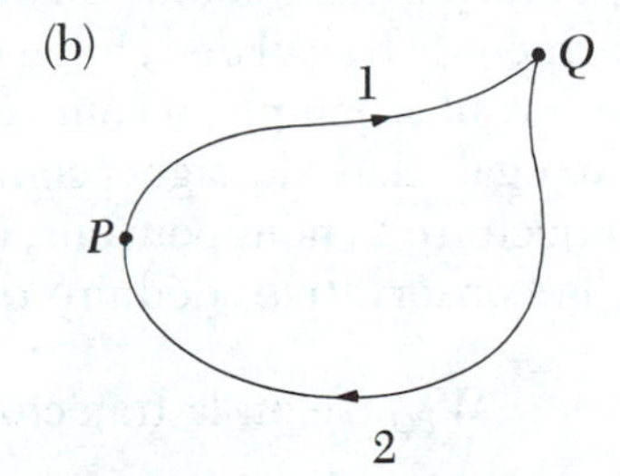

Figure 8.1 (b) Une particule se déplace de P à Q, puis de Q à P, décrivant ainsi une trajectoire fermée.

Voici comment nous pouvons interpréter cette propriété de la force conservative. Selon le théorème de l'énergie cinétique, le travail net auquel est soumis une particule se déplaçant entre deux points est égal à la variation de l'énergie cinétique de la particule. Par conséquent, si toutes les forces agissant sur la particule sont conservatives, alors $W = 0$ pour toute trajectoire ramenant la particule à son point de départ. Cela signifie que la particule a la même énergie cinétique lorsqu'elle revient à son point de départ que lorsqu'elle l'a quitté pour entreprendre son mouvement.

Outre la force gravitationnelle, la force de rappel d'un ressort constitue un autre exemple de force conservative. Soit un bloc relié à un ressort dont la force de rappel est donnée par $F_r = -kx$. Comme nous l'avons vu dans le chapitre précédent, le travail accompli par le ressort est

Travail d'un ressort

$$W_r = \frac{1}{2}kx_i^2 - \frac{1}{2}kx_f^2$$

où la position initiale et la position finale du bloc sont mesurées par rapport à la position d'équilibre du bloc, soit $x = 0$. Nous voyons que W_r ne dépend que des positions initiale et finale selon l'axe des x. En outre, $W_r = 0$ lorsque le bloc revient à son point de départ, où $x_f = x_i$.

Forces non conservatives

Une force est dite non conservative si le travail qu'elle accomplit sur une particule se déplaçant entre deux points dépend de la trajectoire de la particule. Dans la figure 8.1a, le travail de la force non conservative sur la particule se déplaçant de P à Q ne sera pas le même pour la trajectoire 1 et pour la trajectoire 2. Voici comment nous exprimons cette propriété:

Propriété d'une force non conservative

$$W_{PQ} \text{ (selon la trajectoire 1)} \neq W_{PQ} \text{ (selon la trajectoire 2)}$$

De plus, partant de cette condition, nous pouvons démontrer que, lorsqu'une particule soumise à une force non conservative décrit une trajectoire fermée, le travail de la force n'est *pas nécessairement nul*. Étant donné que le travail accompli au cours du déplacement de P à Q selon la trajectoire 2 est égal mais de signe contraire au travail accompli de Q à P selon la trajectoire 2, nous pouvons, à partir de la première condition pour une force non conservative, déduire que

Propriété d'une force non conservative

$$W_{PQ} \text{ (selon la trajectoire 1)} \neq -W_{QP} \text{ (selon la trajectoire 2)}$$

$$W_{PQ} \text{ (selon la trajectoire 1)} + W_{QP} \text{ (selon la trajectoire 2)} \neq 0$$

La force de frottement solide (glissement) est un bon exemple de force non conservative. Si l'on déplace un objet sur une surface horizontale rugueuse, en lui faisant décrire différentes trajectoires entre deux points, il est certain que le travail fait par la force de frottement dépendra de la trajectoire suivie. Ainsi, le travail négatif accompli par le frottement selon une trajectoire donnée entre deux points sera égal au frottement multiplié par la longueur de la trajectoire; par conséquent, pour des trajectoires différentes, on aura des quantités différentes de travail. Ainsi, la plus petite valeur absolue du travail accompli par la force de frottement correspondra à la trajectoire en ligne droite reliant les deux points. De plus, dans le cas d'une trajectoire fermée, on constate que le travail total du frottement n'est pas nul puisque la force du frottement s'oppose au mouvement tout au long de la trajectoire.

Illustrons ceci à l'aide d'un exemple. Supposons que vous deviez déplacer un livre entre deux points sur la surface horizontale et rugueuse d'une table. Si le déplacement du livre s'effectue en ligne droite entre les deux points, le travail du frottement correspond simplement à $-fd$, où d représente la distance qui sépare les deux points. Cependant, si le déplacement suit *toute autre* trajectoire entre les deux points (par exemple, une trajectoire semi-circulaire), le travail du frottement sera *plus grand* (en valeur absolue) que fd. Enfin, si le livre est déplacé suivant une trajectoire fermée (par exemple, un cercle), le travail du frottement ne sera évidemment pas nul, puisque la force de frottement s'oppose au mouvement.

Dans l'exemple de la balle lancée en l'air à la verticale, des mesures précises nous révéleraient que la vitesse à laquelle elle retombe est inférieure à celle à laquelle elle a été lancée à cause de la résistance de l'air. Par conséquent, l'énergie cinétique finale est inférieure à l'énergie cinétique initiale, car la présence d'une force non conservative a réduit l'énergie du système, donc sa capacité d'accomplir un travail.

8.2 Énergie potentielle

Dans la section précédente, nous avons vu que le travail effectué par une force conservative ne dépend ni de la trajectoire ni de la vitesse de la particule. Le travail accompli est donc uniquement fonction de la position initiale et de la position finale de la particule. C'est pourquoi, nous pouvons définir une fonction appelée énergie potentielle (U) telle que le travail de la force conservative soit égal à la diminution de l'énergie potentielle. Le travail accompli par une force conservative $\vec{F}$ lorsque la particule se déplace selon l'axe des x est[1]

8.1 $$W_c = \int_{x_i}^{x_f} F_x dx = U_i - U_f = -\Delta U$$

En d'autres termes, *le travail effectué par une force conservative est égal, mais de signe contraire, à la variation d'énergie potentielle attribuable à cette force.* En exprimant la variation d'énergie potentielle sous la forme $\Delta U = U_f - U_i$, nous pouvons récrire l'équation 8.1 comme suit:

1. Dans le cas d'un déplacement dans un espace à deux ou à trois dimensions, le travail accompli est aussi égal à $U_i - U_f$, où $U = U(x, y, z)$; l'expression formelle est alors:

$$W = \int_i^f \vec{F} \cdot d\vec{s} = U_i - U_f \text{ ou } W = \int_{x_i}^{x_f} F_x dx + \int_{y_i}^{y_f} F_y dy + \int_{z_i}^{z_f} F_z dz = U_i - U_f.$$

Variation d'énergie potentielle

8.2
$$\Delta U = U_f - U_i = -\int_{x_i}^{x_f} F_x dx$$

où F_x est la composante de $\vec{F}$ dans la direction du déplacement.

Dans bien des cas, il s'avère pratique de choisir x_i comme point de repère et de mesurer ensuite toute variation de l'énergie potentielle par rapport à ce point. Nous pouvons alors définir la fonction énergie potentielle sous la forme suivante:

8.3
$$U(x) = -\int_{x_i}^{x} F_x dx + U_i$$

De plus, on pose habituellement que la valeur de $U(x_i) = U_i$ est zéro en un certain point de repère arbitraire. En fait, la valeur assignée à U_i n'a pas d'importance puisque cela ne fait qu'ajouter une valeur constante à $U(x)$ et que sur le plan physique, c'est seulement la *variation* de l'énergie potentielle qui nous intéresse. Si la force conservative est définie comme une fonction de la position, nous pouvons alors utiliser l'équation 8.3 pour calculer la variation d'énergie potentielle d'un corps se déplaçant de x_i à x_f. (Notons que $U(x_f) = U_f$.) Il est intéressant de souligner que dans le cas des mouvements rectilignes, la force est *toujours* conservative si elle n'est fonction que de la position, alors que ce n'est généralement pas le cas lorsqu'il s'agit de mouvements dans l'espace à deux ou à trois dimensions.

Le travail accompli par une force non conservative dépend effectivement de la trajectoire de la particule entre deux points et peut même dépendre de la vitesse de la particule ou d'autres quantités physiques. Par conséquent, le travail accompli n'est pas simplement une fonction des positions initiale et finale de la particule. Nous concluons donc que l'action d'une force non conservative ne peut pas s'exprimer au moyen d'une fonction énergie potentielle.

8.3 Conservation de l'énergie mécanique

Supposons qu'une particule se déplace selon l'axe des x sous l'action d'une *seule* force conservative. La particule n'étant soumise qu'à une seule force, le théorème de l'énergie cinétique nous dit que le travail de cette force est égal à la variation de l'énergie cinétique de la particule:

$$W_c = \Delta K$$

Puisque la force est conservative, nous pouvons, à partir de l'équation 8.1, écrire $W_c = -\Delta U$. Nous avons donc,

$$\Delta K = -\Delta U$$

8.4
$$\Delta K + \Delta U = \Delta(K + U) = 0$$

C'est ce que l'on nomme le *principe de la conservation de l'énergie mécanique*, que l'on peut également écrire sous la forme

8.5 $$K_i + U_i = K_f + U_f$$

Conservation de l'énergie mécanique

À présent, si nous définissons l'énergie mécanique totale du système, soit E, comme la somme de l'énergie cinétique et de l'énergie potentielle, nous pouvons exprimer la conservation de l'énergie mécanique sous la forme

8.6a $$E_i = E_f$$

où

8.6b $$E \equiv K + U$$

Énergie mécanique totale

Selon le principe de la conservation de l'énergie mécanique, *l'énergie mécanique totale d'un système demeure constante si le seul travail accompli résulte de l'action d'une force conservative.* Cet énoncé est équivalent à celui selon lequel l'accroissement (ou la diminution) de l'énergie cinétique d'un système conservatif entraîne une diminution (ou un accroissement) égale de l'énergie potentielle.

Si le système est soumis à l'action de plusieurs forces conservatives, alors *chacune* des forces est associée à une fonction énergie potentielle et le principe de conservation prend la forme suivante:

8.7 $$K_i + \Sigma U_i = K_f + \Sigma U_f$$

Conservation de l'énergie mécanique

où le nombre de termes de la somme est égal au nombre de forces conservatives en présence.

8.4 Énergie potentielle gravitationnelle près de la surface de la Terre

Lorsqu'un corps se déplace dans le champ gravitationnel terrestre, il subit le travail de la force gravitationnelle. Ce travail est fonction du déplacement *vertical* du corps et ne dépend pas du déplacement horizontal.

Soit une particule se déplaçant de P à Q suivant diverses trajectoires et en présence d'une force gravitationnelle constante[2] (fig. 8.2). On peut décomposer en deux segments le travail accompli selon la trajectoire PAQ. D'une part, le travail accompli selon PA est donné par $-mgh$ (puisque $m\vec{g}$

2. L'hypothèse d'une force gravitationnelle constante est valable dans la mesure où le déplacement vertical est petit par rapport au rayon de la Terre.

est opposé à ce déplacement); d'autre part, le travail accompli selon AQ est nul (puisque $m\vec{g}$ est perpendiculaire à cette trajectoire). Ainsi, $W_{PAQ} = -mgh$. De même, le travail selon PBQ est aussi donné par $-mgh$, où $W_{PB} = 0$ et $W_{BQ} = -mgh$. Considérons à présent la trajectoire générale illustrée par une ligne continue allant de P à Q. La courbe a été décomposée en une série de déplacements horizontaux et verticaux. Dans le cas des déplacements horizontaux, le travail de la force gravitationnelle est nul puisque $m\vec{g}$ est perpendiculaire à ces éléments de déplacement. En fait, la force gravitationnelle n'effectue du travail que sur les déplacements verticaux et le travail accompli au cours du n-ième déplacement vertical est donné par $-mg\Delta y_n$. Le travail total de la force gravitationnelle, lorsque la particule se déplace vers le haut sur une distance h, est donc égal à la somme de tous les travaux accomplis au cours des différents déplacements verticaux. Si l'on additionne tous ces termes, on obtient

$$W_g = -mg\sum_n \Delta y_n = -mgh$$

Puisque $h = y_f - y_i$, nous pouvons exprimer W_g sous la forme suivante:

8.8 $$W_g = mgy_i - mgy_f$$

Nous déduisons que, puisque le travail de la force gravitationnelle est indépendant de la trajectoire, il s'agit d'une force conservative.

Étant donné que la force gravitationnelle est conservative, nous pouvons définir *la fonction U_g, soit l'énergie potentielle gravitationnelle:*

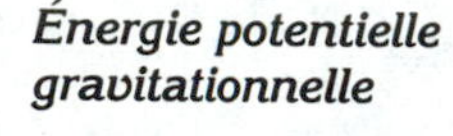
Énergie potentielle gravitationnelle

8.9 $$U_g = mgy$$

où nous avons posé que $U_g = 0$ à $y = 0$. Notons que cette fonction dépend du choix de l'origine et n'est valable que lorsque le déplacement vertical de la particule est petit en comparaison du rayon terrestre. Au chapitre 14, nous aurons l'occasion d'établir une expression générale de l'énergie potentielle gravitationnelle.

En introduisant la définition de U_g (équation 8.9) dans l'expression du travail de la force gravitationnelle (équation 8.8), nous obtenons

8.10 $$W_g = U_i - U_f = -\Delta U_g$$

C'est donc dire que *le travail effectué par la force gravitationnelle est égal à la différence entre la valeur initiale et la valeur finale de l'énergie potentielle.* Partant de l'équation 8.10, nous concluons que lorsque le déplacement s'effectue vers le haut, $y_f > y_i$ et que par conséquent, $U_i < U_f$: le travail de la force gravitationnelle est négatif. Cela correspond au cas où la force gravitationnelle s'exerce dans le sens *opposé* au déplacement. Lorsque la particule est déplacée vers le bas, $y_f < y_i$, et donc $U_i > U_f$: le travail de la force gravitationnelle est positif. Dans ce cas, $m\vec{g}$ a la *même* orientation que le déplacement.

Le terme *énergie potentielle* signifie que la particule a le potentiel, ou le pouvoir, d'acquérir de l'énergie cinétique lorsqu'elle quitte une certaine position sous l'influence de la force gravitationnelle. Le choix de la position

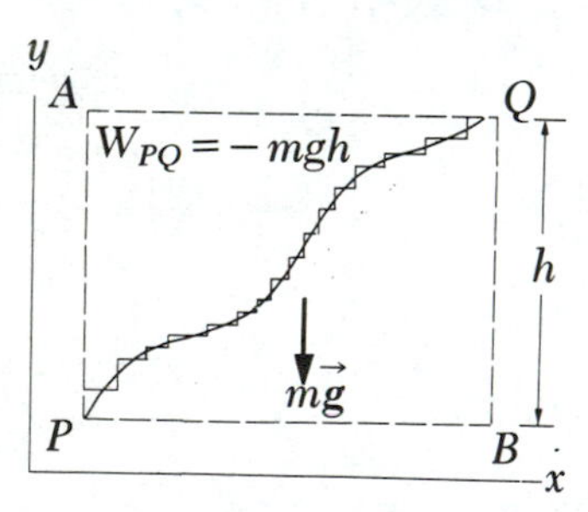

Figure 8.2 Le déplacement d'une particule de P à Q sous l'action de la force gravitationnelle peut être visualisé comme composé d'une série de déplacements horizontaux et verticaux. Le travail de la force gravitationnelle est nul pour chaque élément horizontal du déplacement, et son travail net est égal à la somme des travaux accomplis selon le déplacement vertical.

d'origine par rapport à laquelle on mesure U_g est un choix tout à fait arbitraire, puisqu'on ne peut calculer que des variations d'énergie potentielle. Cependant, il est habituellement utile de choisir le niveau du sol comme position de référence $y_i = 0$.

Si la force gravitationnelle est la *seule* force agissant sur un corps donné, alors on peut dire que l'énergie mécanique de ce corps est conservée (équation 8.5). Par conséquent, on peut écrire le principe de la conservation de l'énergie mécanique sous la forme

Conservation de l'énergie mécanique d'un corps en chute libre

$$\frac{1}{2}mv_i^2 + mgy_i = \frac{1}{2}mv_f^2 + mgy_f \tag{8.11}$$

Exemple 8.1 Chute libre d'une balle

Soit une balle de masse m qu'on laisse tomber d'une hauteur h par rapport au niveau du sol, comme à la figure 8.3. (a) Déterminez la vitesse de la balle lorsqu'elle se trouve à une hauteur y par rapport au sol, en faisant abstraction de la résistance de l'air.

Puisque la balle est en chute libre, la seule force qu'elle subit est la force gravitationnelle. Par conséquent, nous pouvons utiliser le principe de conservation de l'énergie mécanique. Lorsque la balle, immobile au départ, est lâchée d'une hauteur h par rapport au sol, son énergie cinétique est $K_i = 0$ et son énergie potentielle est $U_i = mgh$, où la position y est mesurée à partir du niveau du sol. Lorsque la balle se trouve à une distance y du sol, son énergie cinétique est $K_f = \frac{1}{2}mv_f^2$ et son énergie potentielle par rapport au sol est $U_f = mgy$. En appliquant l'équation 8.11 nous obtenons

$$K_i + U_i = K_f + U_f$$

$$0 + mgh = \frac{1}{2}mv_f^2 + mgy$$

$$v_f^2 = 2g(h - y)$$

(b) Déterminez la vitesse de la balle à y si à son altitude initiale h, elle avait été animée d'une vitesse initiale v_i.

Dans ce cas-ci, l'énergie initiale comporte une énergie cinétique égale à $\frac{1}{2}mv_i^2$ et, à partir de l'équation 8.11, nous obtenons

$$\frac{1}{2}mv_i^2 + mgh = \frac{1}{2}mv_f^2 + mgy$$

$$v_f^2 = v_i^2 + 2g(h - y)$$

Notez que ce résultat est conforme à l'une des expressions de cinématique, soit $v_y^2 = v_{y0}^2 - 2g(y - y_0)$, où $y_0 = h$. De plus, il est valable même dans le cas où la vitesse initiale forme un angle par rapport à l'horizontale (le cas d'un projectile).

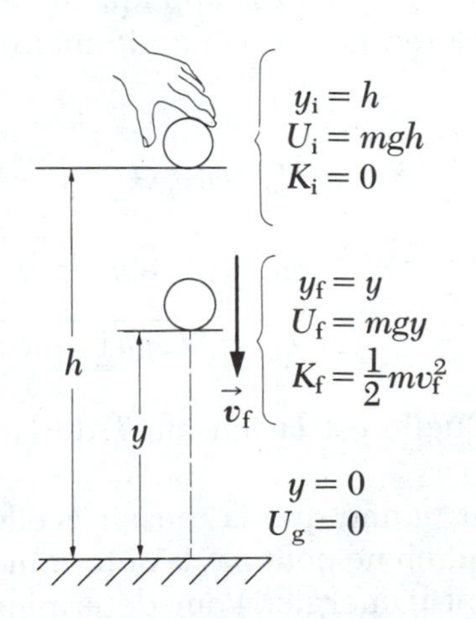

Figure 8.3 (Exemple 8.1) On laisse tomber une balle à partir d'une hauteur h par rapport au plancher. Au départ, son énergie totale est égale à son énergie potentielle, soit mgh, par rapport au plancher. À la hauteur y, son énergie totale correspond à la somme de son énergie cinétique et potentielle.

Exemple 8.2 Le pendule

Soit un pendule constitué d'une sphère de masse m reliée à l'extrémité d'une corde de longueur l, comme à la figure 8.4. La sphère au repos est lâchée lorsque la corde forme un angle θ_0 par rapport à la verticale. On suppose qu'il n'y a pas de frottement. (a) Déterminez la vitesse de la sphère lorsqu'elle se trouve au point le plus bas de sa trajectoire, soit b.

La masse m ne subit le travail que d'une seule force, soit la force gravitationnelle; en effet, la force de tension est toujours perpendiculaire au déplacement et n'accomplit donc aucun travail. La force gravitationnelle étant une force conservative, l'énergie mécanique totale du système est conservée et, pendant que le pendule est en mouvement, il y a un transfert continuel entre l'énergie potentielle et l'énergie cinétique. Au moment où le pendule est lâché, l'énergie est entièrement potentielle. Au point b, le pendule a acquis de l'énergie cinétique mais a perdu une partie de son énergie potentielle. Au point c, le pendule a acquis de nouveau son énergie potentielle initiale et son énergie cinétique est redevenue nulle. Si l'on mesure les coordonnées y à partir du point le plus bas atteint par la masse, on a $y_a = l - l\cos\theta_0 = l(1 - \cos\theta_0)$ et $y_b = 0$. Par conséquent, $U_a = mgl(1 - \cos\theta_0)$ et $U_b = 0$. En appliquant le principe de la conservation de l'énergie mécanique, on obtient

$$K_a + U_a = K_b + U_b$$

$$0 + mgl(1 - \cos\theta_0) = \frac{1}{2}mv_b^2 - 0$$

$$(1)\quad v_b = \sqrt{2gl(1 - \cos\theta_0)}$$

(b) Quelle est la tension $\vec{T}$ de la corde au point b?

Étant donné que la tension n'effectue aucun travail, on ne peut pas la déterminer à l'aide du concept d'énergie. Pour déterminer T_b, on peut appliquer la deuxième loi de Newton à la direction radiale. Il faut d'abord se rappeler que l'accélération centripète d'une particule animée d'un mouvement circulaire est égale à v^2/r et qu'elle est dirigée vers le centre de la rotation. Puisque $r = l$ dans notre exemple, nous obtenons

$$(2)\quad \Sigma F_r = T_b - mg = ma_r = mv_b^2/l$$

En introduisant (1) dans (2), la tension au point b est donnée par

$$(3)\quad T_b = mg + 2mg(1 - \cos\theta_0) = mg(3 - 2\cos\theta_0)$$

Par exemple, si $l = 2{,}0$ m, $\theta_0 = 30°$ et $m = 0{,}50$ kg, nous obtenons à partir de (1) et (3)

$$v_b = \sqrt{2gl(1 - \cos\theta_0)} = \sqrt{2\left(9{,}8\ \frac{\text{m}}{\text{s}^2}\right)(2{,}0\ \text{m})(1 - \cos 30°)} = 2{,}3\ \text{m/s}$$

$$T_b = mg(3 - 2\cos\theta_0) = (0{,}50\ \text{kg})\left(9{,}8\ \frac{\text{m}}{\text{s}^2}\right)(3 - 2\cos 30°) = 6{,}2\ \text{N}$$

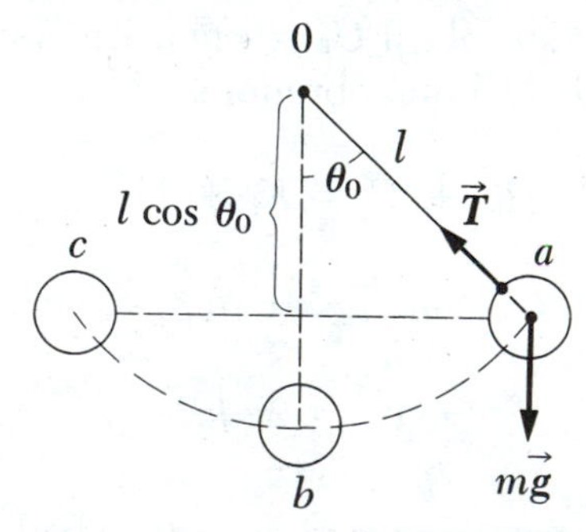

Figure 8.4 (Exemple 8.2) Si le pendule est immobile au départ et si on le met en mouvement à un angle θ_0, l'amplitude de son mouvement ne dépassera jamais cette position. À la position initiale de son mouvement, soit la position a, son énergie est entièrement potentielle et se transforme en énergie cinétique au point le plus bas de la trajectoire, soit la position b.

Q1. Une boule de bowling est suspendue au plafond d'une salle de cours à l'aide d'une corde. Le professeur prend la boule, la déplace latéralement jusqu'à ce qu'elle atteigne la hauteur de son nez, la corde restant tendue. À ce moment, il la lâche. Expliquez comment il se fait que la boule, dans son mouvement de retour vers sa position initiale, n'atteigne pas le nez du professeur. La situation serait-elle la même si celui-ci donnait une poussée initiale à la boule?

Q2. Expliquez pourquoi l'énergie potentielle gravitationnelle peut prendre une valeur négative.

Q3. Une personne laisse tomber une balle du haut d'un édifice, pendant qu'une autre personne, au sol, observe le mouvement. Ces deux personnes vont-elles être nécessairement d'accord sur la valeur de l'énergie potentielle de la balle? sur la *variation* de l'énergie potentielle de la balle? sur l'énergie cinétique de la balle?

Q4. Lorsqu'un coureur se déplace à vitesse constante sur une piste, peut-on considérer qu'un travail est accompli? (Notez que malgré la vitesse constante du coureur, ses bras et ses jambes subissent des accélérations.) Quel est le rôle de la résistance de l'air dans ce cas?

Q5. Les muscles de notre corps exercent des forces lorsque nous poussons ou soulevons un objet, quand nous courons, nous sautons, etc. Ces forces sont-elles conservatives?

Q6. Lorsqu'un système est soumis à l'action de forces conservatives, son énergie mécanique totale demeure-t-elle constante?

8.5 Forces non conservatives et théorème de l'énergie cinétique

Les systèmes physiques réels sont habituellement soumis à des forces non conservatives, telles que le frottement, et leur énergie mécanique totale n'est donc pas constante. Toutefois, nous pouvons utiliser le théorème de l'énergie cinétique en tenant compte de la présence de forces non conservatives. Si nous posons que W_{nc} représente le travail accompli par toutes les forces non conservatives et que W_c est le travail de toutes les forces conservatives, nous pouvons récrire le théorème de l'énergie cinétique sous la forme

$$W_{nc} + W_c = \Delta K$$

Étant donné que $W_c = -\Delta U$ (équation 8.1), nous pouvons ramener l'équation ci-dessus à la forme

$$W_{nc} = \Delta K + \Delta U = (K_f - K_i) + (U_f - U_i) \quad (8.12)$$

Le travail accompli par toutes les forces non conservatives est donc égal à la variation de l'énergie cinétique plus la variation de l'énergie potentielle. Puisque l'énergie mécanique totale est donnée par $E = K + U$, nous pouvons également récrire l'équation 8.12 sous la forme

Travail de forces non conservatives

8.13
$$W_{nc} = (K_f + U_f) - (K_i + U_i) = E_f - E_i$$
$$W_{nc} = \Delta E$$

Ce qui signifie que *le travail accompli par toutes les forces non conservatives est égal à la variation de l'énergie mécanique totale du système.* Évidemment, si aucune force non conservative n'agit sur le système, il s'ensuit que $W_{nc} = 0$ et $E_i = E_f$; c'est-à-dire que l'énergie mécanique totale est conservée.

Exemple 8.3 Mouvement d'un bloc sur un plan incliné

Soit un bloc de 3 kg glissant vers le bas d'un plan incliné de 1 m de longueur, comme à la figure 8.5. D'abord immobile au sommet, le bloc entreprend son mouvement et est soumis à l'action d'une force de frottement constante de 5 N; l'angle d'inclinaison est de 30°. (a) Calculez la vitesse du bloc lorsqu'il atteint la base du plan incliné.

Puisque $v_i = 0$, l'énergie cinétique initiale est nulle. Si l'on mesure la position y par rapport à la base du plan incliné, alors $y_i = 0{,}50$ m. Par conséquent, l'énergie mécanique totale du bloc au sommet est une énergie potentielle donnée par

$$E_i = U_i = mgy_i = (3 \text{ kg})\left(9{,}8 \frac{\text{m}}{\text{s}^2}\right)(0{,}50 \text{ m}) = 14{,}7 \text{ J}$$

Lorsque le bloc atteint la base du plan incliné, son énergie cinétique est $\frac{1}{2}mv_f^2$, mais son énergie potentielle est nulle puisque son altitude est $y_f = 0$. Par conséquent, l'énergie mécanique totale à la base est $E_f = \frac{1}{2}mv_f^2$. Cependant, nous ne pouvons pas affirmer que $E_i = E_f$ dans ce cas-ci. Étant donné que le bloc est soumis au travail W_{nc} d'une force non conservative, soit la force de frottement, nous avons $W_{nc} = -fs$, où s représente le déplacement suivant le plan incliné. (Il faut se rappeler que les forces normales par rapport au plan n'accomplissent aucun travail sur le bloc puisqu'elles sont perpendiculaires au déplacement.) Étant donné que $f = 5$ N et $s = 1$ m,

$$W_{nc} = -fs = (-5 \text{ N})(1 \text{ m}) = -5 \text{ J}$$

Une certaine quantité d'énergie cinétique est donc perdue à cause d'une force qui ralentit le mouvement. En appliquant le théorème de l'énergie cinétique sous la forme donnée à l'équation 8.13, nous obtenons

$$W_{nc} = E_f - E_i$$
$$-fs = \frac{1}{2}mv_f^2 - mgy_i$$
$$\frac{1}{2}mv_f^2 = 14{,}7 \text{ J} - 5 \text{ J} = 9{,}7 \text{ J}$$
$$v_f^2 = \frac{19{,}4 \text{ J}}{3 \text{ kg}} = \frac{6{,}47 \text{ kg}}{\text{kg}} \frac{\text{m}^2}{\text{s}^2}$$
$$v_f = 2{,}54 \text{ m/s}$$

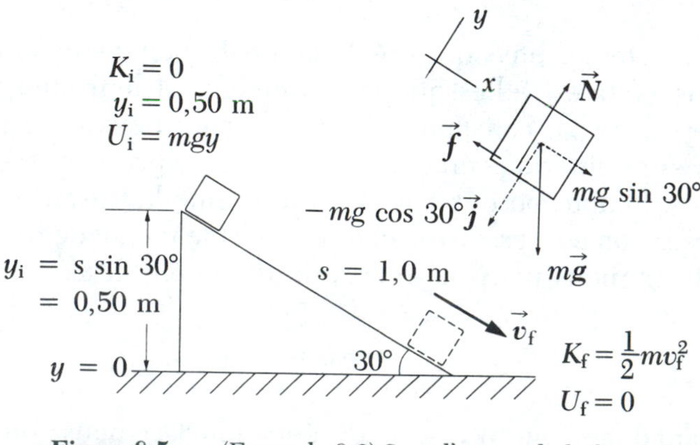

Figure 8.5 (Exemple 8.3) Sous l'action de la force gravitationnelle, un bloc glisse vers la base d'un plan incliné à surface rugueuse. Son énergie potentielle diminue alors que son énergie cinétique s'accroît.

(b) Vérifiez le résultat obtenu en (a) en vous servant de la deuxième loi de Newton et en déterminant d'abord l'accélération.

Si l'on additionne les forces qui s'exercent parallèlement au plan incliné, on obtient

$$mg \sin 30° - f = ma$$

$$a = g \sin 30° - \frac{f}{m} = 9{,}8(0{,}5) - \frac{5}{3} = 3{,}23 \ \frac{\text{m}}{\text{s}^2}$$

L'accélération étant constante, nous pouvons appliquer l'expression $v_f^2 = v_i^2 + 2as$, où $v_i = 0$;

$$v_f^2 = 2as = 2(3{,}23 \text{ m/s}^2)(1 \text{ m}) = 6{,}46 \text{ m}^2/\text{s}^2$$

$$v_f = 2{,}54 \text{ m/s}$$

Notons que s'il n'y avait pas de frottement, $W_{nc} = 0$ et nous aurions $v_f = 3{,}13$ m/s et $a = 4{,}9$ m/s^2.

Exemple 8.4 Mouvement suivant une trajectoire courbe

Une fillette de masse m effectue une descente sur une glissoire de hauteur h comportant des courbes irrégulières, comme à la figure 8.6. Au départ, l'enfant est immobile au sommet. (a) Déterminez sa vitesse lorsqu'elle atteint la base de la glissoire, à supposer qu'il n'y ait aucun frottement.

Il faut d'abord noter que la force normale $\vec{N}$ n'effectue aucun travail sur l'enfant puisqu'elle s'exerce toujours perpendiculairement à chaque élément du déplacement. De plus, étant donné qu'il n'y a pas de frottement, $W_{nc} = 0$ et nous pouvons appliquer le principe de la conservation de l'énergie mécanique. Si la coordonnée y est mesurée à partir de la base de la glissoire, alors $y_i = h$, $y_f = 0$ et nous obtenons

$$K_i + U_i = K_f + U_f$$

$$0 + mgh = \frac{1}{2}mv_f^2 + 0$$

$$v_f = \sqrt{2gh}$$

Notons que ce résultat serait le même si l'enfant avait effectué une chute verticale sur une distance h! Par exemple, si $h = 6$ m, alors

$$v_f = \sqrt{2gh} = \sqrt{2\left(9{,}8 \ \frac{\text{m}}{\text{s}^2}\right)(6 \text{ m})} = 10{,}8 \text{ m/s}$$

(b) Si la fillette subissait l'action d'une force de frottement, quel serait le travail accompli par cette force?

Dans ce cas, $W_{nc} \neq 0$ et l'énergie mécanique n'est *pas* conservée. Nous pouvons utiliser l'équation 8.13 pour déterminer le travail accompli par le frottement, en supposant que la vitesse finale à la base de la glissoire soit connue:

$$W_{nc} = E_f - E_i = \frac{1}{2}mv_f^2 - mgh$$

Par exemple, si $v_f = 8{,}0$ m/s, $m = 20$ kg et $h = 6$ m, nous obtenons

$$W_{nc} = \frac{1}{2}(20 \text{ kg})(8{,}0 \text{ m/s})^2 - (20 \text{ kg})\left(9{,}8 \ \frac{\text{m}}{\text{s}^2}\right)(6 \text{ m})$$

$$= -536 \text{ J}$$

Encore une fois, W_{nc} est négatif puisque *le travail accompli par le frottement solide (glissement) est négatif*. Notons cependant qu'à cause des courbes de la glissoire, la grandeur et la direction de la force normale varient au cours du mouvement. Par conséquent, la force de frottement, proportionnelle à N, varie également au cours du mouvement. Croyez-vous qu'il serait possible de déterminer μ à partir de ces données?

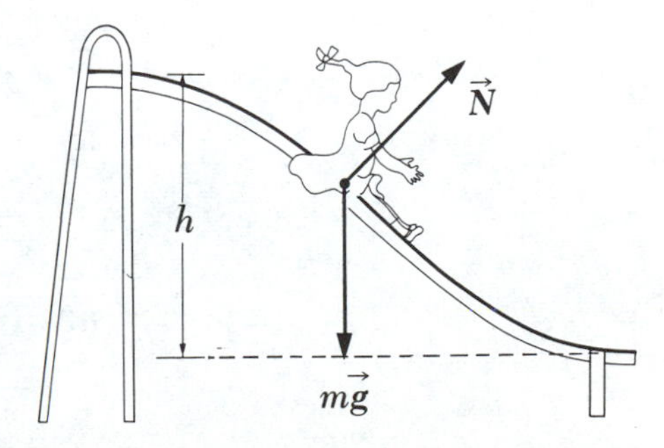

Figure 8.6 (Exemple 8.4) Si la glissoire est exempte de frottement, la vitesse de la fillette, lorsqu'elle atteint la base, ne dépend que de la hauteur de la glissoire, quelle qu'en soit la forme.

8.6 Énergie potentielle d'un ressort

Considérons à présent un autre système mécanique facile à décrire à partir de la notion d'énergie potentielle. Soit un bloc de masse m glissant à vitesse constante v_i sur une surface horizontale lisse; il entre en collision avec un léger ressort à boudin, comme à la figure 8.7. Notre description est grandement simplifiée en supposant que le ressort est très léger et que, par conséquent, son énergie cinétique est négligeable. Le ressort comprimé exerce une force vers la gauche sur le bloc qui finit par s'immobiliser (fig. 8.7c). L'énergie initiale du système (bloc + ressort) est l'énergie cinétique du bloc. Or, lorsque le bloc s'immobilise momentanément, après avoir heurté le ressort, l'énergie cinétique du système est nulle; mais sachant que la force du ressort est conservative et que le système n'est soumis au travail d'aucune force extérieure, nous savons que l'énergie mécanique totale du système doit demeurer constante. Il y a donc un transfert d'énergie entre l'énergie cinétique du bloc et l'énergie potentielle du ressort. Éventuellement, le bloc effectuera un déplacement en sens inverse et acquerra de nouveau toute son énergie cinétique initiale, comme l'indique la figure 8.7d.

Pour définir l'énergie potentielle du ressort, il suffit de se rappeler que le travail du ressort sur le bloc, lorsque celui-ci se déplace de $x = x_i$ à $x = x_f$, est donné par

$$W_r = \frac{1}{2}kx_i^2 - \frac{1}{2}kx_f^2$$

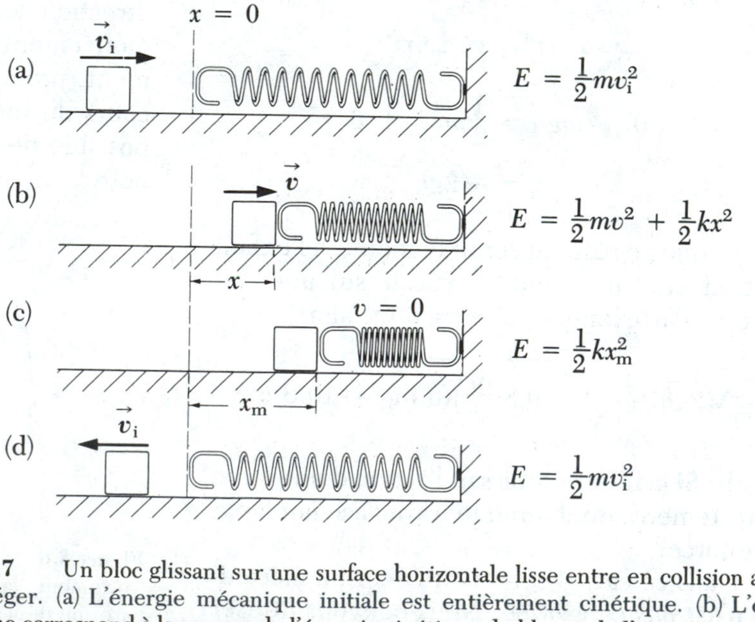

Figure 8.7 Un bloc glissant sur une surface horizontale lisse entre en collision avec un ressort léger. (a) L'énergie mécanique initiale est entièrement cinétique. (b) L'énergie mécanique correspond à la somme de l'énergie cinétique du bloc et de l'énergie potentielle élastique du ressort. (c) L'énergie est entièrement potentielle. (d) L'énergie est transformée de nouveau en énergie cinétique du bloc. Notons que l'énergie totale demeure constante.

La quantité $\frac{1}{2}kx^2$ est définie comme *l'énergie potentielle élastique* du ressort, symbolisée par U_r:

Énergie potentielle élastique d'un ressort

$$U_r = \frac{1}{2}kx^2 \tag{8.14}$$

Notons que l'énergie potentielle élastique est nulle lorsque le ressort est détendu, c'est-à-dire lorsqu'il n'est pas déformé ($x = 0$). En outre, U_r atteint sa *valeur maximale* lorsque le ressort est comprimé ou étiré au maximum (fig. 8.7c). Enfin, U_r est *toujours* positif puisqu'il est proportionnel à x^2.

L'énergie mécanique totale du système (bloc + ressort) peut s'écrire sous la forme

$$E = \frac{1}{2}mv_i^2 + \frac{1}{2}kx_i^2 = \frac{1}{2}mv_f^2 + \frac{1}{2}kx_f^2 \tag{8.15}$$

En appliquant cette expression au système décrit à la figure 8.7, et compte tenu que $x_i = 0$, nous obtenons

$$E = \frac{1}{2}mv_i^2 = \frac{1}{2}mv_f^2 + \frac{1}{2}kx_f^2 \tag{8.16}$$

Selon cette expression, pour tout déplacement x_f, lorsque la vitesse du bloc est v_f, la somme des énergies cinétique et potentielle est égale à une *constante E*, qui correspond à l'énergie mécanique totale. Dans ce cas-ci, l'énergie mécanique totale est l'énergie cinétique initiale du bloc.

À présent, supposons que le système (bloc + ressort) soit soumis à l'action de forces non conservatives. Dans ce cas, nous pouvons appliquer le théorème de l'énergie cinétique sous la forme de l'équation 8.13, et nous obtenons

$$W_{nc} = \left(\frac{1}{2}mv_f^2 + \frac{1}{2}kx_f^2\right) - \left(\frac{1}{2}mv_i^2 + \frac{1}{2}kx_i^2\right) \tag{8.17}$$

Cela signifie que l'énergie mécanique totale n'est pas constante lorsque le système est soumis à des forces non conservatives. Soulignons de nouveau que si W_{nc} est attribuable à l'action d'une force de frottement, alors W_{nc} est *négatif* et l'énergie finale est moins grande que l'énergie initiale.

Exemple 8.5 Collision entre une masse et un ressort

Soit une masse de 0,80 kg animée d'une vitesse initiale $v_i = 1{,}2$ m/s vers la droite. Elle entre en collision avec un ressort léger ayant une constante de rappel $k = 50$ N/m, comme à la figure 8.7. (a) En supposant que la surface est lisse, calculez la compression initiale maximale du ressort après la collision.

Étant donné que $W_{nc} = 0$, l'énergie mécanique totale est conservée. En appliquant l'équation 8.15 à ce système, et compte tenu que $v_f = 0$, nous obtenons

$$\frac{1}{2}mv_i^2 + 0 = 0 + \frac{1}{2}kx_f^2$$

$$x_f = \sqrt{\frac{m}{k}}v_i = \sqrt{\frac{0{,}8 \text{ kg}}{50 \text{ N/m}}}(1{,}2 \text{ m/s}) = 0{,}15 \text{ m}$$

(b) Si le coefficient de frottement cinétique entre la surface et le bloc est $\mu_K = 0{,}5$, et si la vitesse du bloc au moment de sa collision avec le ressort est $v_i = 1{,}2$ m/s, quelle est la compression maximale du ressort?

L'énergie mécanique du système n'est *pas* conservée puisque la force de frottement est non conservative. La grandeur de la force de frottement est

$$f = \mu_k N = \mu_K mg = 0{,}5(0{,}80 \text{ kg})\left(9{,}8 \ \frac{\text{m}}{\text{s}^2}\right) = 3{,}9 \text{ N}$$

Par conséquent, le travail fait par la force de frottement lorsque le bloc passe de $x_i = 0$ à $x_f = x$ est donné par

$$W_{nc} = -fx = (-3{,}9x) \text{ J}$$

En introduisant ceci dans l'équation 8.17, nous obtenons

$$W_{nc} = \left(0 + \frac{1}{2}kx^2\right) - \left(\frac{1}{2}mv_i^2 + 0\right)$$

$$-3{,}9x = \frac{50}{2}x^2 - \frac{1}{2}(0{,}80)(1{,}2)^2$$

$$25x^2 + 3{,}9x - 0{,}58 = 0$$

En résolvant l'équation du deuxième degré par rapport à x, nous obtenons $x = 0{,}093$ m et $x = -0{,}25$ m. La solution acceptable sur le plan physique est $x = 0{,}093 \text{ m} = 9{,}3$ cm. La solution négative n'est pas acceptable puisque le bloc doit être déplacé vers la droite de l'origine après s'être immobilisé. Notons que la distance de 9,3 cm est *inférieure* à la distance obtenue dans le cas du mouvement sans frottement en (a). Cette différence était prévisible, puisque le frottement ralentit le mouvement du système.

Exemple 8.6

Soit deux blocs reliés entre eux par une corde légère montée sur une poulie sans frottement, comme à la figure 8.8. Le bloc de masse m repose sur une surface rugueuse et il est relié à un ressort ayant une constante de rappel k. Le système quitte l'état de repos lorsque le ressort est en position détendue. Si m_2 effectue une chute sur une distance h avant de s'immobiliser, calculez le coefficient de frottement cinétique entre m_1 et la surface.

Solution: Dans cet exemple, il faut considérer deux formes d'énergie potentielle: l'énergie potentielle gravitationnelle de la masse et l'énergie potentielle élastique du ressort. Nous pouvons écrire le théorème de l'énergie cinétique sous la forme suivante:

$$(1) \quad W_{nc} = \Delta K + \Delta U_g + \Delta U_r$$

où ΔU_g représente la *variation* de l'énergie potentielle gravitationnelle, et ΔU_r est la *variation* de l'énergie potentielle élastique du système. Dans cette situation, $\Delta K = 0$ car les vitesses initiale et finale du système sont nulles. De même, W_{nc} représente le travail fait par la force de frottement donné par

$$(2) \quad W_{nc} = -fh = -\mu_K m_1 gh$$

Seule la masse m_2 intervient dans la variation de l'énergie potentielle gravitationnelle puisque la position verticale de m_1 ne varie pas. Par conséquent, nous avons

$$(3) \quad \Delta U_g = U_f - U_i = -m_2 gh$$

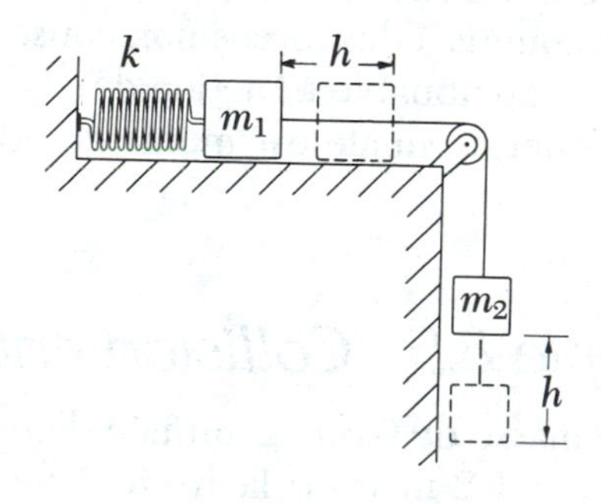

Figure 8.8 (Exemple 8.6) Lorsque m_2 passe de sa position élevée à sa position plus basse, le système perd de l'énergie potentielle gravitationnelle, mais son énergie potentielle élastique, contenue dans le ressort, augmente du même coup. Il se perd une certaine quantité d'énergie mécanique à cause de l'action d'une force de frottement non conservative entre m_1 et la surface.

où les coordonnées ont été mesurées à partir de la position la plus basse de m_2. La variation de l'énergie potentielle élastique du ressort est donnée par

$$(4)\quad \Delta U_r = U_f - U_i = \frac{1}{2}kh^2 - 0$$

En introduisant (2), (3) et (4) dans (1), nous obtenons,

$$-\mu_K m_1 gh = -m_2 gh + \frac{1}{2}kh^2$$

$$\mu_K = \frac{m_2 g - \frac{1}{2}kh}{m_1 g}$$

La démarche ci-dessus constitue l'une des méthodes permettant de mesurer le coefficient de frottement cinétique. Par exemple, si $m_1 = 0{,}50$ kg, $m_2 = 0{,}30$ kg, $k = 50$ N/m et $h = 5{,}0 \times 10^{-2}$ m, nous obtenons

$$\mu_K = \frac{(0{,}30\ \text{kg})\left(9{,}8\ \frac{\text{m}}{\text{s}^2}\right) - \frac{1}{2}\left(50\ \frac{\text{N}}{\text{m}}\right)(5{,}0 \times 10^{-2}\ \text{m})}{(0{,}50\ \text{kg})\left(9{,}8\ \frac{\text{m}}{\text{s}^2}\right)} = 0{,}34$$

Q7. Si un système donné est soumis à l'action de trois forces conservatives distinctes et d'une force non conservative, combien de types d'énergie potentielle figureront dans le théorème de l'énergie cinétique?

Q8. Soit un bloc relié à un ressort suspendu au plafond. Si le bloc est mis en mouvement et si la résistance de l'air est négligeable, l'énergie totale du système sera-t-elle conservée? Combien de types d'énergie potentielle y a-t-il dans cet exemple?

8.7 Relation entre les forces conservatives et l'énergie potentielle

Dans les sections précédentes, nous avons vu que la notion d'énergie potentielle est liée à la configuration, ou aux positions relatives des éléments d'un système. À partir de quelques exemples, nous avons démontré qu'une certaine connaissance de la force conservative permettait de déduire l'énergie potentielle en cause. (Il faut se rappeler qu'une fonction énergie potentielle ne peut être liée qu'à une force conservative.)

Selon l'équation 8.1, la variation d'énergie potentielle d'une particule soumise à une force conservative est égale et de signe opposé au travail accompli par la force sur la particule. Si le système subit un déplacement infinitésimal, soit dx, nous pouvons exprimer la variation d'énergie potentielle dU sous la forme

$$dU = -F_x dx$$

Par conséquent, la force conservative est liée à la fonction énergie potentielle par la relation

Relation entre force et énergie potentielle

8.18 $$F_x = -\frac{dU}{dx}$$

La force conservative est donc égale en grandeur et de signe opposé à la dérivée de l'énergie potentielle par rapport à x.[3]

Vérifions cette relation en l'appliquant à deux exemples que nous avons déjà vus. Dans le cas du ressort déformé, $U_r = \frac{1}{2}kx^2$ et

$$F_r = -\frac{dU_r}{dx} = -\frac{d}{dx}\left(\frac{1}{2}kx^2\right) = -kx$$

ce qui correspond à la force de rappel du ressort. Étant donné que la fonction énergie potentielle gravitationnelle est donnée par $U_g = mgy$, nous pouvons déduire à partir de l'équation 8.18 que $F_g = -mg$.

Nous constatons ainsi l'importance de la fonction U, puisqu'elle nous permet d'obtenir la force conservative dont elle tire son origine. De plus, l'équation 8.18 montre clairement que le fait d'ajouter une constante à l'énergie potentielle est sans conséquence car cela ne change pas la force appliquée sur la particule.

8.8 Diagrammes d'énergie et stabilité de l'état d'équilibre

Pour comprendre le comportement qualitatif du mouvement d'un système, il convient, dans bien des cas, d'analyser la courbe de son énergie potentielle. Considérons la fonction énergie potentielle du système masse-ressort, donnée par $U_r = \frac{1}{2}kx^2$. La figure 8.9a représente le graphique de cette fonction. Puisque

$$F_r = -\frac{dU_r}{dx} = -kx$$

la force est égale et de signe opposé à la *pente* de la tangente à la courbe de U en fonction de x. Lorsque la masse est placée au repos en position d'équilibre ($x = 0$), où $F = 0$, elle y demeure tant qu'aucune force extérieure n'agit sur elle. Si l'on allonge le ressort à partir de sa position d'équilibre, x est positif et la pente dU/dx est positive; par conséquent, F_r est alors négatif et la masse subit une accélération qui la ramène vers $x = 0$. Par contre, si l'on comprime le ressort, x est négatif et la pente également; F_r est alors positif et la masse subit encore une accélération qui la ramène vers $x = 0$.

3. Dans un problème tridimensionnel où U dépend de x, y, z, la force est liée à U par la relation $\vec{F} = -\partial U/\partial x\ \vec{i} - \partial U/\partial y\ \vec{j} - \partial U/\partial z\ \vec{k}$, où $\partial/\partial x$, $\partial/\partial y$, $\partial/\partial z$ sont des dérivées partielles. Dans le langage du calcul vectoriel, on dira que $\vec{F}$ est égal et de signe opposé au gradient de la quantité scalaire $U(x, y, z)$.

Équilibre stable

À partir de cette analyse, nous concluons que la position $x = 0$ est une position d'*équilibre stable*, c'est-à-dire que tout mouvement d'éloignement par rapport à cette position entraîne une force de retour vers $x = 0$. De façon générale, *les positions d'équilibre stable correspondent aux points où $U(x)$ atteint une valeur minimale.*

Nous voyons, à partir de la figure 8.9, que si la masse subit un déplacement initial x_m, et qu'elle quitte ensuite l'état de repos, son énergie totale initiale correspond à l'énergie potentielle élastique du ressort, donnée par $\frac{1}{2}kx_m^2$. Lorsque s'amorce le mouvement, le système commence à acquérir de l'énergie cinétique en perdant une quantité égale d'énergie potentielle. Puisque l'énergie totale doit demeurer constante, la masse oscille entre les deux points $x = \pm x_m$, que l'on nomme les *bornes*. Étant donné que l'énergie totale du système ne peut dépasser $\frac{1}{2}kx_m^2$, la masse doit s'arrêter à ces points et, sous l'action du ressort, elle subit une accélération la ramenant vers $x = 0$.

Le cas d'une balle roulant au fond d'un bol sphérique constitue un autre exemple de système mécanique simple doté d'une position d'équilibre stable. Si l'on déplace la balle en l'éloignant de sa position la plus basse, elle aura toujours tendance à reprendre sa position initiale lorsqu'elle aura été relâchée.

Équilibre instable

Examinons à présent un exemple dans lequel la courbe U en fonction de x se présente comme à la figure 8.10. Dans ce cas, $F_x = 0$ à $x = 0$ et la particule se trouve en équilibre à ce point. Toutefois, il s'agit là d'un *équilibre instable* pour les raisons suivantes. Supposons qu'on déplace la particule vers la *droite* ($x > 0$); la pente étant négative pour $x > 0$, il s'ensuit que $F_x = -dU/dx$ est positif et que la particule accélérera en s'éloignant de $x = 0$. Supposons à présent que la particule soit déplacée vers la *gauche* ($x < 0$). La force est alors *négative* puisque la pente est positive pour $x < 0$. Par conséquent, la particule accélérera de nouveau en s'éloignant de la position d'équilibre. En pareille situation, la position $x = 0$ est donc appelée position d'*équilibre instable* puisque tout déplacement

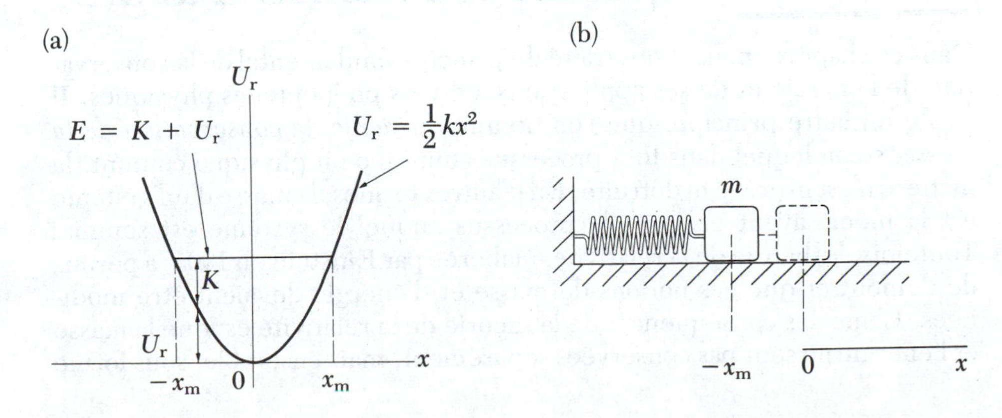

Figure 8.9 (a) Représentation graphique de l'énergie potentielle en fonction de x pour le système décrit en (b). Le bloc oscille entre les bornes, situées à $x = \pm x_m$. Notons que la force de rappel du ressort agit toujours vers $x = 0$, soit la position d'équilibre.

éloignant la particule de sa position d'équilibre entraîne une force qui l'éloigne encore davantage de sa position initiale. En fait, la force déplace la particule vers une position où l'énergie potentielle est moins grande. Ainsi, une balle placée au sommet d'un bol sphérique posé à l'envers sur une table se trouve évidemment en position d'équilibre instable. En effet, le moindre déplacement de la balle par rapport au sommet la fera rouler vers le bas. De façon générale, les positions d'équilibre instable correspondent aux points où $U(x)$ atteint une valeur maximale[4].

Équilibre indifférent

Enfin, dans certaines situations U peut être constant dans une région donnée et donc $F = 0$. C'est ce que l'on nomme une position d'*équilibre indifférent*. Dans ce cas, de petits déplacements par rapport à la position initiale n'entraînent aucune force de rappel, ni de force tendant à éloigner davantage la particule de sa position d'équilibre.

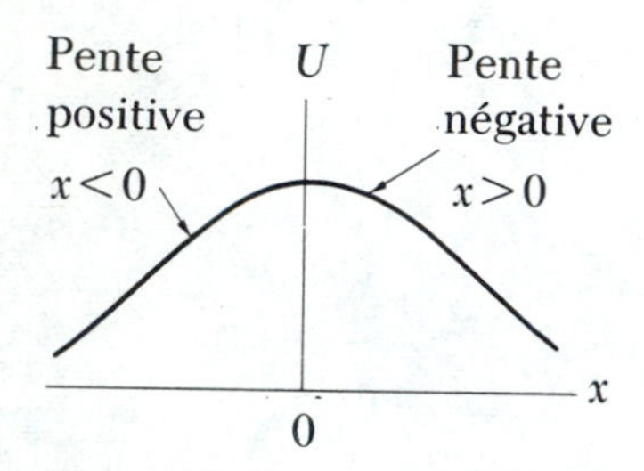

Figure 8.10 Représentation graphique de U en fonction de x pour un système ayant une position d'équilibre instable à $x = 0$. Dans ce cas-ci, la force associée à U tend à éloigner le système de $x = 0$, dans le voisinage de $x = 0$.

Q9. Une balle est fixée à l'une des extrémités d'une tige rigide; l'autre extrémité de la tige est fixée à un axe horizontal permettant à la tige de décrire une rotation verticale. Quelles sont les positions d'équilibre stable et d'équilibre instable?

Q10. Soit une balle roulant sur une surface horizontale. Son état d'équilibre est-il stable, instable ou indifférent?

Q11. Pourquoi une situation dans laquelle $E - U < 0$ est-elle physiquement impossible?

Q12. Quel aspect la courbe de U en fonction de x aurait-elle dans le cas d'une particule se trouvant dans une région d'équilibre indifférent?

8.9 Équivalence masse-énergie

Dans ce chapitre, nous avons traité du principe fondamental de la conservation de l'énergie et de ses applications à divers phénomènes physiques. Il existe un autre principe, que l'on nomme *principe de conservation de la masse*, selon lequel dans tout processus chimique ou physique courant, la matière n'est ni créée ni détruite. En d'autres termes, la masse d'un système est la même avant et après le processus auquel le système est soumis. Toutefois, la théorie de la relativité, élaborée par Einstein en 1905, a permis de démontrer que ces notions de masse et d'énergie devaient être modifiées. L'une des conséquences de la théorie de la relativité est que la masse et l'énergie ne sont pas conservées séparément, mais ensemble, sous forme

4. Sur le plan mathématique, on peut vérifier si une valeur extrême de U est stable en déterminant le signe de $\frac{d^2U}{dx^2}$ (la dérivée seconde).

d'une entité unique nommée *masse-énergie*. *La masse et l'énergie sont donc considérées comme des notions équivalentes.* Poursuivons dans cette voie en énumérant certains résultats de la théorie de la relativité[5].

Équivalence masse-énergie

Comme nous l'avons souligné précédemment, les lois de la mécanique newtonienne ne sont valables que pour des vitesses faibles comparativement à la vitesse de la lumière c ($\approx 3 \times 10^8$ m/s). Lorsqu'une particule atteint des vitesses comparables à c, on doit remplacer les équations de la mécanique newtonienne par les équations plus générales de la relativité restreinte. Parmi les conséquences de la théorie de la relativité, notons que l'énergie cinétique d'une particule de masse m se déplaçant à une vitesse v n'est plus donnée par $\frac{1}{2}mv^2$, mais plutôt par

Énergie cinétique relativiste

8.19
$$K = \frac{mc^2}{\sqrt{1 - \frac{v^2}{c^2}}} - mc^2$$

Selon cette expression, des vitesses supérieures à c sont interdites puisque K deviendrait alors imaginaire. De plus, lorsque $v \to c$, $K \to \infty$. Cela est d'ailleurs confirmé par les résultats d'expériences démontrant qu'aucune particule de matière ne se déplace à la vitesse de la lumière (c'est-à-dire que c constitue une vitesse-limite).

Selon le théorème de l'énergie cinétique, v ne peut que tendre vers c, puisqu'il faudrait une quantité infinie de travail pour atteindre la vitesse $v = c$.

Il est intéressant d'examiner des situations pour lesquelles v est faible par rapport à c. Dans ce cas, la valeur de K devrait revenir au résultat newtonien, soit $\frac{1}{2}mv^2$. Cela se vérifie par un développement du binôme (voir le tableau B.3 de l'annexe B).

Si $|x| < 1$, on a
$$(1 - x)^n = 1 - nx + n(n - 1)\frac{x^2}{2!} - \dots$$

Si nous posons $x = \frac{v^2}{c^2}$ et $n = -\frac{1}{2}$, on a

$$\left(1 - \frac{v^2}{c^2}\right)^{-1/2} = 1 + \frac{1}{2}\frac{v^2}{c^2} + \frac{3}{8}\frac{v^4}{c^4} + \dots$$

En utilisant ce développement dans l'équation 8.19, nous obtenons

$$K = mc^2\left(1 + \frac{v^2}{2c^2} + \frac{3}{8}\frac{v^4}{c^4} + \dots\right) - mc^2$$

$$= \frac{mv^2}{2} + \frac{3}{8}m\frac{v^4}{c^2} + \dots$$

$$\approx \frac{1}{2}mv^2 \quad \text{pour } \frac{v}{c} \ll 1$$

Ainsi, nous constatons que l'expression relativiste de l'énergie cinétique donne les mêmes résultats que l'expression newtonienne pour des vitesses faibles en comparaison de c.

5. Nous aurons l'occasion d'exposer en détail la théorie de la relativité restreinte au chapitre 9 du tome 3.

Il est pratique d'exprimer l'équation 8.19 sous la forme

Énergie de masse $= mc^2$

$$K = E - mc^2$$

où le terme constant mc^2 représente l'énergie intrinsèque de la particule, soit son énergie au repos que l'on nomme *énergie de masse*; E correspond à l'*énergie totale* de la particule, donnée par

Énergie totale

$$E = \frac{mc^2}{\sqrt{1 - \frac{v^2}{c^2}}} \qquad \boxed{8.20}$$

Ainsi, nous pouvons exprimer l'équation 8.19 sous la forme $E = K + mc^2$. *L'énergie totale est égale à la somme de l'énergie cinétique et de l'énergie de masse.*

Dans le cadre de cette théorie, nous voyons que l'énergie totale est conservée à la condition que toute variation de l'énergie de masse mc^2 (que l'on peut considérer comme une énergie potentielle interne) s'accompagne d'une variation correspondante de l'énergie cinétique.

En outre, si la masse subit une diminution quelconque, cette variation peut être transformée en énergie capable de produire un travail. Selon la conclusion d'Einstein, «si un corps produit de l'énergie E sous forme de radiation, sa masse diminue de E/c^2. . . Cela nous amène à la conclusion plus générale selon laquelle la masse d'un corps est une mesure de son contenu énergétique; si l'énergie varie de E, la masse varie dans le même sens de $E/(9 \times 10^{20})$, l'énergie étant mesurée en ergs et la masse, en grammes.» Plus loin, dans ce même texte, Einstein prédit la possibilité de transformer de la matière en énergie par désintégration de substances telles que les sels de radium.

Conservation de la masse-énergie

Puisque la masse peut être transformée en énergie et vice-versa, *le principe de conservation qui régit tous ces processus établit que l'entité masse-énergie d'un système demeure constante.* Dans les expériences courantes, si une forme d'énergie (cinétique, potentielle ou thermique) est transmise à un corps, la variation de masse de ce corps serait de $\Delta m = \Delta E/c^2$. Toutefois, étant donné que c^2 est très grand, les variations de masse au cours d'expériences mécaniques (ou chimiques) courantes sont trop petites pour qu'on puisse les détecter. Par contre, cet échange entre la masse et l'énergie constitue un élément important dans les processus nucléaires, où l'on peut observer des variations fractionnaires de la masse de l'ordre de un millième (10^{-3}).

L'énergie de masse d'une petite quantité de matière est énorme. L'énergie de masse de 1 kg de toute substance est

$$E_{\text{mas}} = mc^2 = (1\text{ kg})\left(3 \times 10^8 \frac{\text{m}}{\text{s}}\right)^2 = 9 \times 10^{16}\text{ J}$$

Cela équivaut au contenu énergétique d'environ 15 millions de barils de pétrole (soit environ la quantité d'énergie consommée en une journée à travers les États-Unis)! Si nous arrivions à transformer facilement cette énergie en travail utile, nos ressources énergétiques seraient pratiquement illimitées.

En réalité, la matière ne se transforme pas facilement en énergie. Toutefois, dans certaines conditions, il est possible de transformer une importante fraction de l'énergie de masse en travail. Par exemple, une énorme quantité d'énergie est libérée par la fission du noyau d'uranium 235 en fragments plus petits, car la masse du noyau ^{235}U est supérieure à la somme des masses des produits de fission. Il suffit d'imaginer l'explosion d'une arme nucléaire pour se rendre compte de la quantité terrifiante d'énergie libérée au cours de telles réactions.

L'énergie peut également être transformée en matière. Par exemple, il existe un procédé nommé *production de paires* par lequel une radiation de haute énergie, nommée *émission gamma*, peut soudainement disparaître (dans des conditions appropriées) pour former un électron et un positron (soit un électron de charge positive). Le procédé inverse existe également, soit l'*annihilation de paires*, par lequel un électron et un positron se combinent et disparaissent au moment de la formation d'une émission gamma de haute énergie. L'énergie de cette émission est exactement égale à la somme des énergies de masse et de l'énergie cinétique des deux particules qui se combinent.

Exemple 8.7 Fission de ^{235}U

Lorsque se produit la fission de $^{235}_{92}U$, l'une des réactions est

$$n + {}^{235}_{92}U \xrightarrow[\text{fission}]{} {}^{144}_{56}Ba + {}^{89}_{36}Kr + 3n$$

où n indique un neutron qui provoque le phénomène de fission. La masse totale des constituants de gauche de l'équation est légèrement supérieure à la masse des constituants de droite. Lorsque cette différence de masse est multipliée par c^2, l'équivalent énergétique par fission (énergie libérée) est d'environ $3{,}8 \times 10^{-11}$ J. À partir de ce nombre, calculez la quantité d'énergie que libérerait 1 kg de ^{235}U, en supposant que la fission soit complète.

Solution: Déterminez d'abord le nombre de noyaux ^{235}U contenus dans 1 kg. Étant donné qu'une mole de ^{235}U contient $6{,}02 \times 10^{23}$ atomes, et que la masse atomique de ^{235}U est de 235 g/mole, 1 kg (= 1 000 g) contient le nombre suivant de noyaux:

$$\left(\frac{1\,000 \text{ g}}{235 \text{ g/mole}}\right)\left(6{,}02 \times 10^{23} \frac{\text{noyaux}}{\text{mole}}\right)$$
$$= 2{,}56 \times 10^{24} \text{ noyaux}$$

Par conséquent, l'énergie totale libérée si tous les noyaux subissent la fission est

$$U = (2{,}56 \times 10^{24})(3{,}8 \times 10^{-11} \text{ J})$$
$$= 9{,}7 \times 10^{13} \text{ J}$$

Cela équivaut au contenu énergétique d'environ 33 000 barils de pétrole. Si nous comparons ce résultat à la quantité *totale* de masse-énergie contenue dans 1 kg de matière (9×10^{16} J), nous constatons que le processus de fission ne libère qu'environ un millième de la masse-énergie. Toutefois, cette forme de production d'énergie est beaucoup plus efficace (si on néglige les petits effets secondaires comme Tchernobyl!) que la combustion d'un carburant chimique, dont on ne tire qu'environ 10^{-10} de la masse-énergie.

8.10 Conservation de l'énergie en général

Nous avons vu que l'énergie mécanique totale d'un système est conservée lorsque le système n'est soumis qu'à des forces conservatives. En outre, nous avons appris à relier une énergie potentielle à chacune des forces conservatives. Nous savons également qu'il se produit une perte d'énergie mécanique lorsque des forces non conservatives, telles que le frottement, agissent sur un système.

Nous pouvons généraliser le principe de la conservation de l'énergie en l'étendant à toutes les forces agissant sur un système, qu'elles soient conservatives ou non. L'énergie mécanique peut être transformée en énergie thermique. Par exemple, lorsqu'un bloc glisse sur une surface rugueuse, l'énergie mécanique perdue est transformée en énergie thermique (chaleur) accumulée dans le bloc et dans la surface, comme en témoigne l'augmentation quantifiable de la température du bloc. À l'échelle ultramicroscopique, l'énergie thermique interne d'un solide est liée aux vibrations des constituants atomiques autour de leur position d'équilibre. Étant donné que ce mouvement atomique interne comporte de l'énergie cinétique et de l'énergie potentielle, on peut dire que les forces de frottement sont les manifestations macroscopiques d'un très grand nombre de forces atomiques conservatives[6]. Par conséquent, si dans notre énoncé du théorème de l'énergie cinétique nous incluons cette augmentation d'énergie interne du système, l'énergie totale est conservée.

Conservation de l'énergie totale

Il s'agit là d'un exemple parmi tant d'autres illustrant que l'énergie totale d'un système isolé ne varie pas, dans la mesure où l'on tient compte de toutes les formes d'énergie en présence. *L'énergie ne peut donc jamais être créée ni détruite. L'énergie peut passer d'une forme à une autre, mais l'énergie totale d'un système isolé est toujours constante.* Sur le plan universel, nous pouvons affirmer que *l'énergie totale de l'univers est constante*. Par conséquent, si un élément de l'univers acquiert de l'énergie sous une forme donnée, il faut qu'un autre élément de l'univers en perde une quantité égale. À ce jour, on n'a relevé aucune exception à ce principe.

Comme exemples de transformation de l'énergie, citons entre autres l'énergie des ondes sonores provoquées par la collision de deux objets, l'énergie émise sous forme d'ondes électromagnétiques (antenne-radio) par l'accélération d'une particule chargée, et enfin, la série complexe de transformations énergétiques au cours d'une réaction thermonucléaire.

Dans les chapitres suivants, nous verrons que les notions d'énergie et de transformation d'énergie permettent d'unifier les différentes branches de la physique. En effet, on ne peut pas vraiment isoler les domaines traités

6. Lorsqu'on classe le frottement comme une force non conservative, cela permet de limiter le système étudié. En fait, nous avons évité le problème complexe qui consisterait à décrire la dynamique de 10^{23} molécules et de leurs interactions.

en mécanique, en thermodynamique et en électromagnétique. C'est ainsi que pratiquement tous les dispositifs mécaniques et électroniques font intervenir la transformation de l'énergie sous une forme ou sous une autre.

Q13. Expliquez les transformations d'énergie qui se produisent dans les différentes disciplines d'athlétisme suivantes: (a) le saut à la perche, (b) le lancer du poids, (c) le saut en hauteur. Quelle est la source d'énergie dans chacune de ces disciplines?

Q14. Discutez de toutes les transformations d'énergie auxquelles donne lieu le fonctionnement d'une automobile.

8.11 Énergie des marées

La corrélation entre les marées et la position de la Lune est connue depuis des milliers d'années. Newton fut le premier à énoncer la théorie selon laquelle le phénomène des deux marées hautes quotidiennes est attribuable à l'action de la Lune qui exerce une attraction plus forte sur la portion terrestre la plus rapprochée. En effet, la force d'attraction de la Lune a un effet plus prononcé sur la partie fluide de la surface terrestre qui peut facilement se déformer, ce qui provoque un bombement dans les zones les plus rapprochées et les plus éloignées de la Lune: il se produit donc simultanément une marée haute du côté rapproché et du côté éloigné (figure 8.11). Le Soleil exerce également une force sur les océans, modifiant la durée et la hauteur des marées. (L'influence du Soleil sur les marées est plus faible que celle de la Lune.) Les plus fortes amplitudes des marées (marées très hautes et très basses) se produisent lorsque la Terre, la Lune et le Soleil sont alignés, de telle sorte que la force d'attraction solaire se conjugue avec celle de la Lune; c'est ce que l'on nomme les *grandes marées*. Par contre, lorsque les positions relatives du Soleil et de la Lune forment un angle droit par rapport à la Terre, leurs attractions ne se conjuguent pas, ce qui provoque les *faibles marées*.

Dans certaines régions du globe, les variations d'amplitude des marées atteignent jusqu'à 16 m, surtout à cause de la nature physique des bassins contenant l'eau (et non pas à cause d'une plus forte influence de la Lune!).

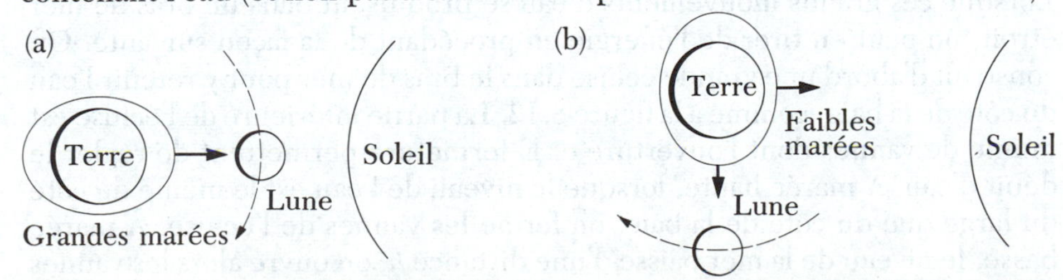

Figure 8.11 Représentation schématique du phénomène des marées. (a) Les grandes marées se produisent lorsque la Terre, la Lune et le Soleil sont alignés. (b) Les faibles marées se produisent lorsque la Lune et le Soleil forment entre eux un angle droit par rapport à la Terre. (Les figures n'ont pas été tracées à l'échelle et les bombements des marées ont été exagérés.)

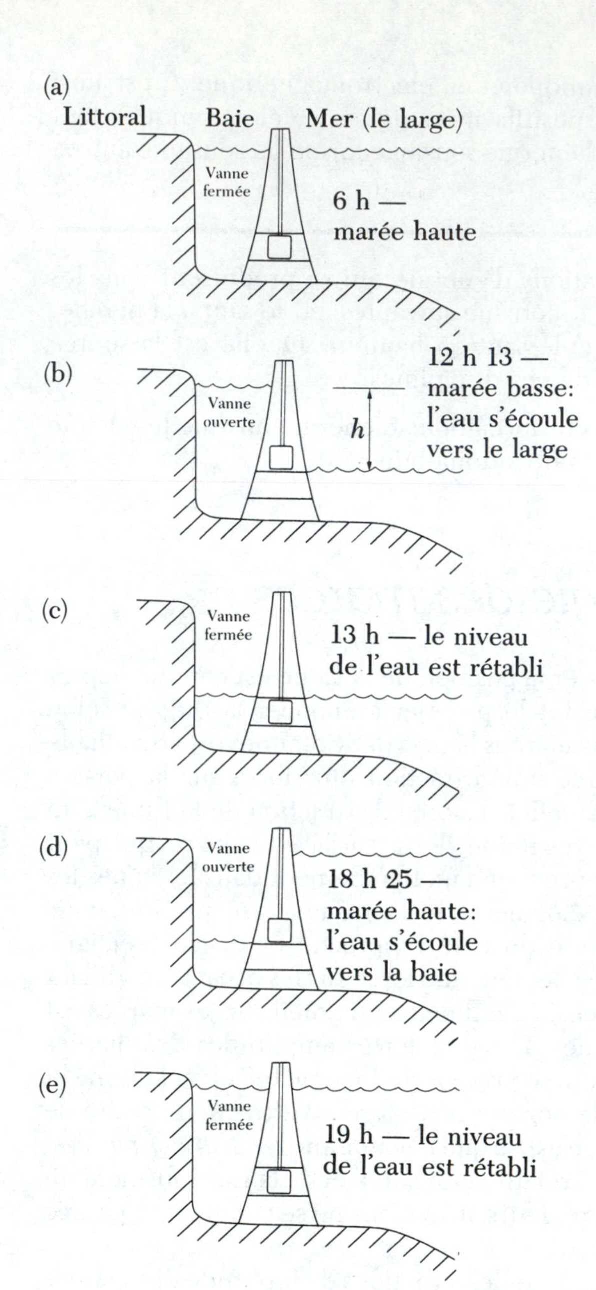

Figure 8.12 Coupes transversales de l'écluse utilisée pour retenir l'eau dans une baie à marée haute et à marée basse. Lorsque la vanne est ouverte, l'eau s'y écoule et génère de l'énergie électrique.

Lorsque ces grands mouvements d'eau se produisent dans un bras de mer étroit, on peut en tirer de l'énergie en procédant de la façon suivante. On construit d'abord une grande écluse dans le bras de mer pour y retenir l'eau du côté de la baie, comme à la figure 8.12. La partie inférieure de l'écluse est munie de vannes dont l'ouverture et la fermeture permettent de régler le débit d'eau. À marée haute, lorsque le niveau de l'eau est le même du côté du large que du côté de la baie, on ferme les vannes de l'écluse. À marée basse, le niveau de la mer baisse d'une distance h; on ouvre alors les vannes pour permettre à l'eau, retenue du côté de la baie, de s'écouler vers le large et d'actionner des turbines génératrices d'électricité. Puis, lorsque le niveau de l'eau est rétabli des deux côtés de l'écluse, on referme les vannes. À la marée haute suivante, on rouvre les vannes pour permettre à l'eau d'entrer vers la baie en actionnant de nouveau les turbines. Puis, lorsque le niveau est rétabli, on referme les vannes et l'on reprend le cycle depuis le début, de sorte que l'eau circule quatre fois par jour à travers l'écluse.

Nous pouvons faire une estimation de la quantité de puissance ainsi générée en utilisant un modèle simple. Supposons que l'aire de la baie est A et que la variation entre la marée haute et la marée basse est h, comme à la figure 8.13. Le centre de masse de ce volume d'eau doit donc s'abaisser de $h/2$; l'énergie potentielle du volume d'eau retenu à l'intérieur de l'écluse est donc

$$U = mg\frac{h}{2}$$

La masse de l'eau retenue à l'intérieur est $m = \rho V = \rho A h$, où ρ représente la densité de l'eau; par conséquent

$$U = \frac{1}{2}\rho A g h^2$$

Puisque l'eau circule à travers l'écluse quatre fois par jour, l'énergie quotidienne fournie par les marées correspond à quatre fois cette valeur, et la puissance disponible est

$$P_{\max} = 4\frac{U}{T} = \frac{2\rho A g h^2}{T}$$

où T représente une journée.

Par exemple, si nous posons $A = 5 \times 10^7\ \text{m}^2$ et $h = 2$ m, nous obtenons

$$P_{\max} = \frac{2\left(1\,000\ \frac{\text{kg}}{\text{m}^3}\right)(5 \times 10^7\ \text{m}^2)\left(9{,}8\ \frac{\text{m}}{\text{s}^2}\right)(2\ \text{m})^2}{(24\ \text{h})\left(3\,600\ \frac{\text{s}}{\text{h}}\right)}$$

$$= 45 \times 10^6\ \text{W} = 45\ \text{MW}$$

À cause du faible rendement des installations électromotrices et de certains autres facteurs restrictifs, la puissance réellement produite n'atteint que de 10 à 25 % de cette valeur, soit de 4,5 à 11 MW.

C'est en France que l'on trouve la centrale marémotrice qui utilise le plus efficacement cette forme d'énergie hydraulique; l'installation permet d'exploiter les eaux du fleuve Rance où les marées atteignent une amplitude de 15 m. Ce site a un potentiel énergétique de 240 MW, mais en moyenne, on n'en tire qu'environ 62 MW. De toute évidence, la puissance des marées ne peut être utile que dans les régions où l'amplitude est très forte et où l'on trouve des baies dotées d'un relief approprié. Parmi les sites exploitables, on compte Cook Inlet en Alaska, le golfe de San José en Argentine et la baie de Passamaquoddy, entre le Maine et le Canada.

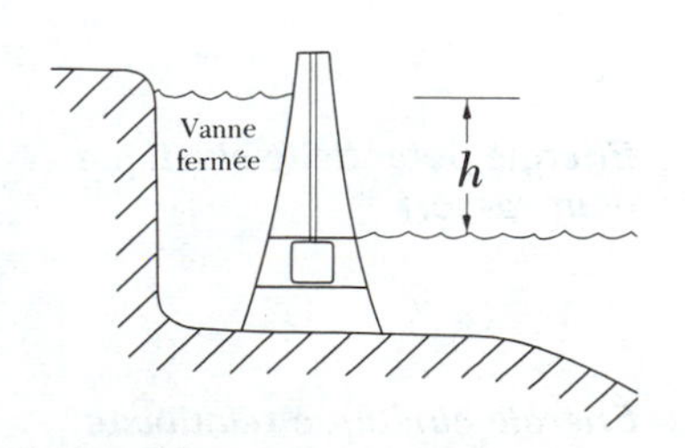

Figure 8.13 À marée basse, le centre de gravité de l'eau retenue du côté de la baie doit s'abaisser sur une distance $h/2$ avant que le niveau soit rétabli.

8.12 Résumé

Une force est dite *conservative* lorsque le travail qu'elle accomplit ne dépend pas de la trajectoire suivie entre deux points par la particule sur laquelle elle agit. Par ailleurs, une force est également considérée comme conservative si son travail est nul lorsque la particule décrit une trajectoire arbitraire fermée et revient à sa position initiale. Toute force qui ne répond pas à ces critères est dite *non conservative*.

Une fonction *énergie potentielle* U ne peut être associée qu'à une force conservative. Si une force conservative $\vec{F}$ agit sur une particule se déplaçant de x_i à x_f selon l'axe des x, alors *la variation de l'énergie potentielle est égale et opposée au travail accompli par cette force*:

Variation de l'énergie potentielle

8.2 $$U_f - U_i = -\int_{x_i}^{x_f} F_x dx$$

Selon le *principe de la conservation de l'énergie mécanique*, lorsqu'un système mécanique n'est soumis qu'à des forces conservatives, son énergie mécanique totale est conservée. Il y a autant de termes dans la somme des énergies potentielles qu'il y a de forces conservatives impliquées.

Conservation de l'énergie mécanique

8.5 $$K_i + \Sigma U_i = K_f + \Sigma U_f$$

L'énergie mécanique totale d'un système est définie comme la somme de l'énergie cinétique et des énergies potentielles:

Énergie mécanique totale

8.6b $$E \equiv K + \Sigma U$$

L'énergie potentielle gravitationnelle d'une particule de masse m se trouvant à une distance y au-dessus du niveau de référence choisi est donnée par

Énergie potentielle gravitationnelle

8.9 $$U_g = mgy$$

Selon le *théorème de l'énergie cinétique*, le travail accompli par toutes les forces non conservatives agissant sur un système est égal à la variation de l'énergie mécanique totale du système:

Travail des forces non conservatives

8.13 $$W_{nc} = \Delta E = E_f - E_i$$

L'énergie potentielle élastique d'un ressort ayant une constante de rappel k, étiré ou comprimé d'une longueur x est

Énergie potentielle élastique d'un ressort

8.14 $$U_r = \frac{1}{2}kx^2$$

Si une particule de masse m se déplace à une vitesse non négligeable par rapport à la vitesse de la lumière, son énergie cinétique est donnée par

Énergie cinétique relativiste

8.19 $$K = \frac{mc^2}{\sqrt{1 - v^2/c^2}} - mc^2$$

L'énergie totale d'une particule animée d'une vitesse relativiste est

Énergie totale

8.20 $$E = \frac{mc^2}{\sqrt{1 - v^2/c^2}}$$

Exercices

Section 8.1 Forces conservatives et forces non conservatives

1. Sous l'action de la force gravitationnelle orientée selon l'axe négatif des y, une particule de 3 kg passe de l'origine à la position donnée par les coordonnées $x = 5$ m et $y = 5$ m (figure 8.14). Calculez le travail fait par la force gravitationnelle de O à C suivant les trajectoires suivantes: (a) OAC, (b) OBC, (c) OC. Vos résultats devraient tous être identiques. Pourquoi?

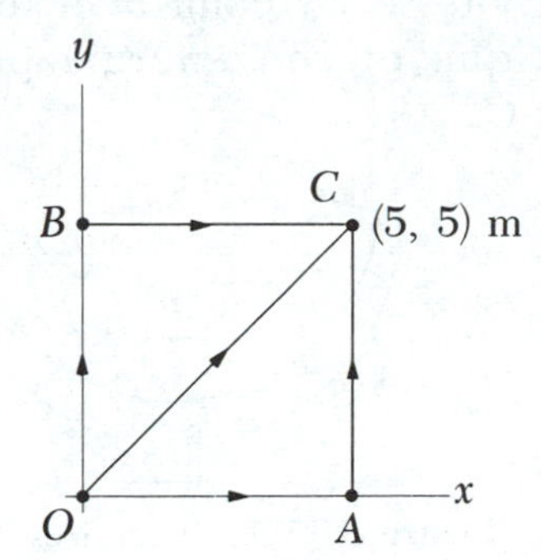

Figure 8.14 (Exercice 1 et problème 5).

2. (a) En utilisant la définition du travail donnée par l'équation 7.20, démontrez que *toute force constante* est conservative. (b) Comme cas particulier, supposons qu'une particule de masse m subit l'action d'une force $\vec{F} = (2\vec{i} + 5\vec{j})$ N et se déplace de O à C comme à la figure 8.14. Calculez le travail fait par $\vec{F}$ suivant les trois trajectoires OAC, OBC et OC et vérifiez qu'elles correspondent à un travail identique.

3. Soit une particule se déplaçant dans le plan xy de la figure 8.14 et soumise à une force de frottement opposée au déplacement. Si le frottement a une grandeur de 3 N, calculez le travail total fait par le frottement le long des trajectoires *fermées* suivantes: (a) la trajectoire OA suivie de la trajectoire de retour AO, (b) la trajectoire OA, suivie de AC, puis de la trajectoire de retour CO et (c) la trajectoire OC suivie de la trajectoire de retour CO. (d) Pour chacune de ces trajectoires fermées, vous devriez obtenir des résultats différents et non nuls. Qu'est-ce que cela signifie?

Section 8.3 Conservation de l'énergie mécanique

4. Soit une particule soumise à une seule force conservative. Si l'énergie potentielle correspondant à cette force augmente de 50 J, déterminez (a) la variation de l'énergie cinétique de la particule, (b) la variation de son énergie totale et (c) le travail accompli sur la particule.

5. Soit une particule de 3 kg se déplaçant selon l'axe des x sous l'action d'une seule force conservative. Si la particule subit un travail de 70 J lorsqu'elle se déplace de $x = 2$ m à $x = 5$ m, déterminez (a) la variation de l'énergie cinétique de la particule, (b) la variation de son énergie potentielle et (c) sa vitesse à $x = 5$ m, à supposer qu'elle était immobile au départ à $x = 2$ m.

6. Soit un bloc de 5 kg soumis à une seule force conservative $\vec{F}_x = (3x + 5)\vec{i}$ N, où x est exprimé en mètres. À supposer que le bloc subisse un déplacement selon l'axe des x allant de $x = 1$ m à $x = 4$ m. Calculez (a) le travail accompli par la force, (b) la variation de l'énergie potentielle du bloc et (c) son énergie cinétique à $x = 4$ m, à supposer que sa vitesse à $x = 1$ m est de 3 m/s.

7. Au temps t_i, l'énergie cinétique d'une particule est de 20 J et son énergie potentielle est de 10 J. À un temps ultérieur t_f, son énergie cinétique est de 15 J. (a) Si la particule n'est soumise qu'à des forces conservatives, quelle est son énergie potentielle à t_f? Quelle est son énergie totale? (b) Si à t_f l'énergie potentielle est de 5 J, la particule est-elle soumise à des forces non conservatives? Expliquez.

8. Une particule de 4 kg subit l'action d'une seule force conservative $\vec{F} = (3\vec{i} + 5\vec{j})$ N. (a) Calculez le travail fait par cette force dans le cas où la particule se déplace de l'origine à un point de position vectorielle $\vec{r} = (2\vec{i} - 3\vec{j})$ m. Ce résultat dépend-il de la trajectoire? Expliquez. (b) Quelle est la vitesse de la particule à $\vec{r}$ si sa vitesse à l'origine était de

4 m/s? (c) Quelle est la variation de l'énergie potentielle de la particule?

Section 8.4 Énergie potentielle gravitationnelle près de la surface de la Terre

9. Soit une balle de 2 kg reliée à l'extrémité d'une corde de 1 m suspendue au plafond d'une pièce de 3 m de hauteur. Quelle est l'énergie potentielle gravitationnelle de la balle par rapport: (a) au plafond, (b) au plancher et (c) à un point situé à la même hauteur que la balle?

10. Une fusée est lancée à un angle de 37° par rapport à l'horizontale à partir d'une altitude h et elle est animée d'une vitesse v_0. (a) Utilisez les méthodes étudiées dans ce chapitre pour déterminer la vitesse de la fusée lorsqu'elle atteint une altitude $h/2$. (b) Déterminez les composantes x et y de la vitesse lorsque la fusée a atteint l'altitude $h/2$, compte tenu que $v_x = v_{x0}$ = constante (puisque $a_x = 0$) et en utilisant les résultats obtenus en (a).

11. Supposons que pour fabriquer un pendule (fig. 8.4) on utilise une masse de 3 kg reliée à une corde légère de 1,5 m. À partir de sa position la plus basse, la masse est mise en mouvement avec une vitesse initiale de 4 m/s. Lorsque la corde forme un angle de 30° par rapport à la verticale, déterminez (a) la *variation* de l'énergie potentielle de la masse, (b) la vitesse de la masse et (c) la tension de la corde. (d) Quelle est la hauteur maximale atteinte par la masse par rapport à sa position la plus basse?

12. Soit une balle de 0,4 kg lancée à la verticale vers le haut à une vitesse initiale de 15 m/s. En supposant que son énergie potentielle initiale soit nulle, déterminez son énergie cinétique, son énergie potentielle et son énergie mécanique totale correspondant (a) à sa position initiale, (b) au moment où son altitude est de 3 m et (c) au moment où elle atteint son altitude maximale. (d) Déterminez son altitude maximale en utilisant le principe de la conservation de l'énergie.

13. Une balle de masse m = 0,3 kg lancée en l'air atteint une altitude maximale de 50 m. En posant qu'à sa position initiale son énergie potentielle est nulle, déterminez (a) sa vitesse initiale, (b) son énergie mécanique totale et (c) le rapport entre son énergie cinétique et son énergie potentielle lorsqu'elle atteint 10 m d'altitude.

14. Une particule de 200 g quitte l'état de repos au point A et se déplace suivant la surface lisse du diamètre intérieur d'un bol hémisphérique de rayon R = 30 cm (fig. 8.15). Calculez (a) l'énergie potentielle gravitationnelle de la particule au point A par rapport au point B, (b) son énergie cinétique au point B, (c) sa vitesse au point B et (d) son énergie cinétique et son énergie potentielle au point C.

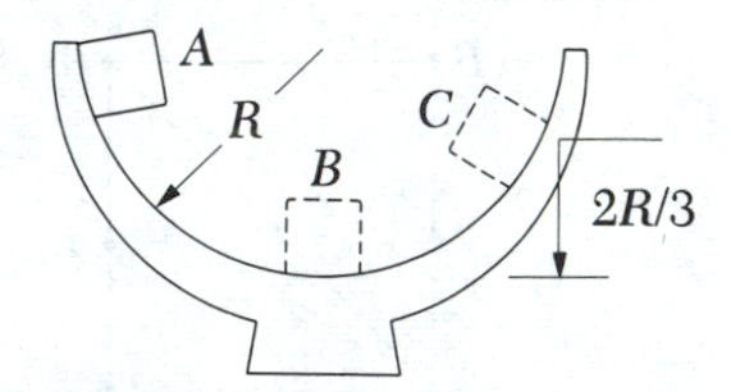

Figure 8.15 (Exercices 14 et 15).

Section 8.5 Forces non conservatives et théorème de l'énergie cinétique

15. Supposons que la particule décrite à l'exercice 14 (fig. 8.15) quitte l'état de repos au point A. Sa vitesse au point B est de 1,5 m/s. (a) Quelle est son énergie cinétique au point B? (b) Combien d'énergie se perd à cause du frottement lorsque la particule se déplace de A à B? (c) Peut-on déterminer facilement μ_k à partir de ces résultats? Expliquez.

16. Soit un bloc de 2 kg projeté vers le sommet d'une pente (fig. 8.5) et animé d'une vitesse initiale de 3 m/s au bas de la pente. Le coefficient de frottement entre le bloc et la pente est de 0,7. Déterminez (a) la distance que franchira le bloc vers le sommet avant de s'immobiliser, (b) le travail total du frottement au cours du mouvement du bloc et (c) la variation d'énergie cinétique et d'énergie potentielle lorsque le bloc a parcouru 0,3 m vers le sommet.

17. Supposons que l'énergie totale initiale d'une particule se déplaçant selon l'axe des x est de 80 J. La particule ne subit qu'*une seule* force, soit un frottement de 6 N. Lorsque l'énergie totale est de 30 J, déterminez (a) la distance parcourue par la particule, (b) la variation de son énergie cinétique et (c) la variation de son énergie potentielle.

18. Au cours d'un déplacement donné, l'énergie cinétique d'une particule *diminue* de 25 J alors que son énergie potentielle augmente de 10 J. La particule subit-elle l'action de forces non conservatives? Si oui, quelle quantité de travail accomplissent-elles?

19. Immobile au sommet d'une glissoire de h = 4 m, une fillette décide d'y glisser (fig. 8.6). (a) Quelle est sa vitesse lorsqu'elle atteint la base de la glissoire, à supposer que le frottement soit négligeable? (b) Si elle atteint la base à une vitesse de 6 m/s, quel pourcentage de son énergie totale a-t-elle perdu sous l'action du frottement?

20. Une particule de 3 kg se déplaçant selon l'axe des x est animée d'une vitesse de $6\vec{i}$ m/s lorsque sa coordonnée x est de 3 m. Elle ne subit qu'une seule force, soit une force constante de frottement de $-12\vec{i}$ N. (a) Déterminez sa position lorsqu'elle s'immobilise. (b) Combien de travail le frottement accomplit-il au cours du déplacement de l'origine au point d'immobilisation? (c) Quelle est la variation de l'énergie cinétique lorsque la particule passe de l'origine à x = 3 m?

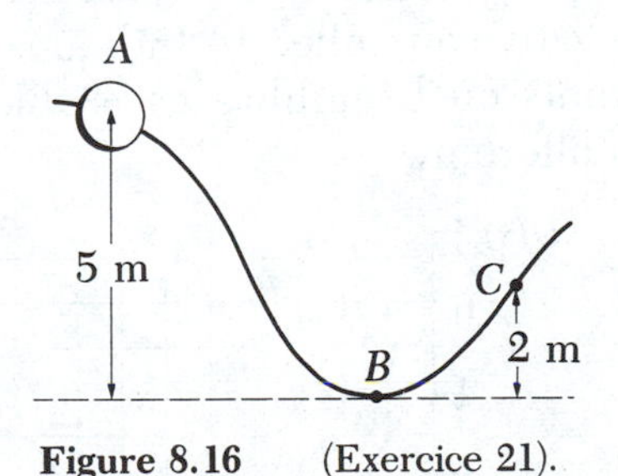

Figure 8.16 (Exercice 21).

21. Immobile au départ en A, une bille percée de 0,4 kg glisse sur un fil courbe, comme à la figure 8.16. Suppopons que le segment qui va de A à B est lisse, alors que le fil devient rugueux de B à C. (a) Déterminez la vitesse de la bille en B. (b) Si la bille s'immobilise au point C, déterminez le travail total fait par la force de frottement de B à C. (c) Quel est le travail net des forces non conservatives au cours du déplacement de A à C?

22. Un enfant de 25 kg est assis sur une balançoire de 2 m de longueur. Il quitte l'état de repos lorsque les chaînes supportant le siège forment un angle de 30° par rapport à la verticale. (a) En faisant abstraction des forces de frottement, déterminez la vitesse de l'enfant lorsqu'il atteint le point le plus bas de sa trajectoire. (b) Si sa vitesse au point le plus bas est de 2 m/s, quelle est la perte d'énergie attribuable au frottement?

Section 8.6 Énergie potentielle d'un ressort

23. Soit un ressort ayant une constante de rappel de 400 N/m. Combien de travail le ressort doit-il subir pour s'allonger (a) de 3 cm à partir de sa position d'équilibre et (b) de x = 2 cm à x = 3 cm, où x = 0 représente la position d'équilibre? (Lorsque le ressort est détendu, son énergie potentielle est considérée nulle.)

24. Soit un ressort ayant une constante de rappel de 500 N/m. Quelle est son énergie potentielle élastique lorsque (a) il subit un allongement de 4 cm par rapport à l'état d'équilibre, (b) il est comprimé sur une distance de 3 cm par rapport à l'état d'équilibre et (c) il se trouve en position détendue?

25. Un bloc de masse m quitte l'état de repos et glisse vers la base d'une pente lisse de hauteur h par rapport à la surface d'une table (fig. 8.17). À la base de la pente, sur la surface horizontale de la table, le bloc heurte un res-

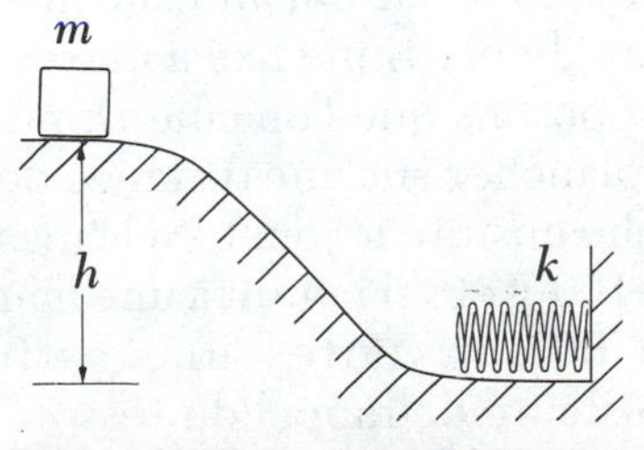

Figure 8.17 (Exercice 25).

sort léger auquel il reste accroché. (a) Déterminez la distance maximale de compression du ressort. (b) Établissez la valeur numérique de cette distance, sachant que $m = 0{,}2$ kg, $h = 1$ m et $k = 490$ N/m.

26. Un bloc de 8 kg parcourt une surface rugueuse horizontale et entre en collision avec un ressort, comme à la figure 8.7. La vitesse du bloc *juste avant* la collision est de 4 m/s. Subissant la poussée de détente du ressort, il rebondit vers la gauche et, lorsqu'il se sépare du ressort, sa vitesse est de 3 m/s. Si le coefficient de frottement cinétique entre le bloc et la surface est de 0,4, déterminez (a) le travail accompli par la force de frottement pendant que le bloc est en contact avec le ressort et (b) la distance maximale de compression du ressort.

27. On attache une masse de 3 kg à un ressort léger monté sur une poulie (fig. 8.18). La poulie est exempte de frottement et la masse quitte l'état de repos lorsque le ressort est détendu. Si la masse tombe sur une distance de 10 cm avant de s'immobiliser, déterminez (a) la constante de rappel du ressort et (b) la vitesse de la masse lorsqu'elle se trouve à 5 cm plus bas que sa position initiale.

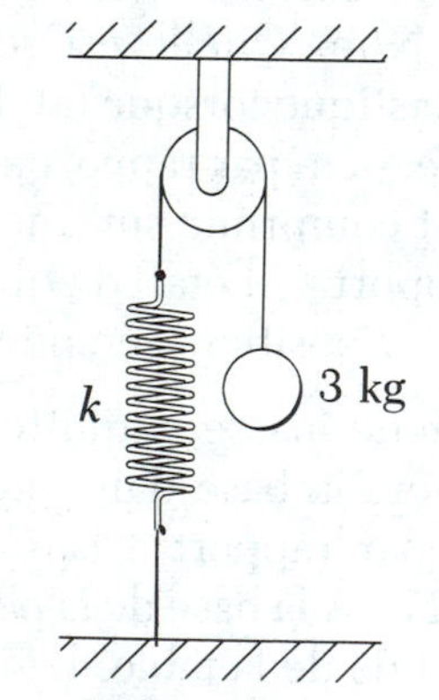

Figure 8.18 (Exercice 27).

28. Un jouet pour enfant est constitué d'un morceau de plastique fixé à un ressort (fig. 8.19). Supposons que l'on comprime le ressort vers le plancher sur une distance de 2 cm et qu'on lâche ensuite le jouet. Si la masse du jouet est de 100 g et s'il bondit à une hauteur maximale de 60 cm, faites une estimation de la constante de rappel du ressort et de la valeur maximale de la vitesse atteinte par le jouet.

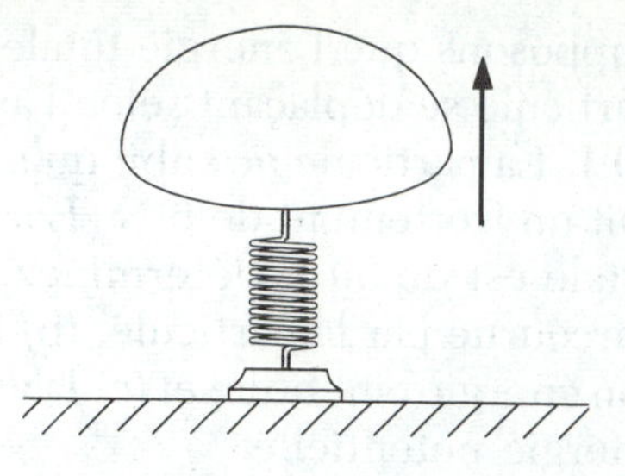

Figure 8.19 (Exercice 28).

Section 8.7 Relation entre les forces conservatives et l'énergie potentielle

29. Soit un système constitué de deux particules séparées par une distance $\vec{r}$; l'énergie potentielle du système est donnée par $U(r) = A/r$, où A est une constante. (a) Déterminez la force radiale $\vec{F}_r$. (b) Quelles sont les deux interactions étudiées au chapitre 6 pouvant être décrites à partir d'une telle fonction énergie potentielle? Quels signes A prend-il dans chaque cas?

30. L'énergie potentielle d'un système est donnée par $U = ax^2 - bx$, où a et b sont constants. (a) Déterminez la force F_x associée à cette fonction énergie potentielle. (b) À quelle valeur de x la force est-elle nulle?

Section 8.8 Diagrammes d'énergie et stabilité de l'état d'équilibre

31. Examinez la courbe $U(x)$ de l'énergie potentielle en fonction de x apparaissant à la figure 8.20. (a) Pour chacun des points indiqués au graphique, déterminez si la force est positive, négative ou nulle. (b) Indiquez quels sont les points où l'équilibre est stable, instable ou indifférent.

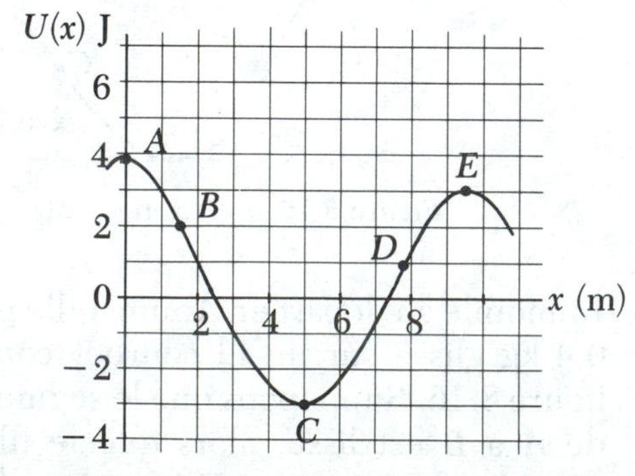

Figure 8.20 (Exercices 31 et 32).

32. En vous reportant à la courbe d'énergie potentielle de la figure 8.20, faites une représentation graphique approximative de la courbe de F_x en fonction de x, partant de $x = 0$ à $x = 8$ m.

33. Un cône circulaire à angle droit peut être mis en équilibre de trois façons sur une surface horizontale. Esquissez un dessin de ces trois configurations d'équilibre et identifiez: la position d'équilibre stable; la position d'équilibre instable; la position d'équilibre indifférent.

Section 8.9 Équivalence masse-énergie

34. Un électron de masse $9{,}1 \times 10^{-31}$ kg se déplace à une vitesse de $0{,}98c$, où $c = 3 \times 10^8$ m/s. Déterminez (a) son énergie de masse, (b) son énergie totale et (c) son énergie cinétique.

35. Calculez l'énergie cinétique relativiste d'un proton (masse $= 1{,}67 \times 10^{-27}$ kg; vitesse $= 1{,}6 \times 10^8$ m/s). Comparez votre résultat avec le résultat obtenu en utilisant l'expression newtonienne de l'énergie cinétique.

36. Dans un puissant accélérateur de particule, un proton a une énergie cinétique de 2×10^{-8} J. (a) Déterminez l'énergie totale du proton. (b) Déterminez sa vitesse.

37. Calculez la quantité d'énergie libérée par chaque fission de la réaction décrite à l'exemple 8.7. Utilisez les données suivantes: la masse d'un neutron est de 1,008 665 u, la masse de $^{235}_{92}U$ est de 235,043 915 u. La masse de $^{89}_{36}Kr$ est de 88,916 600 u et celle de $^{144}_{56}Ba$ est de 143,999 923 u.

38. La masse du deutéron (soit le noyau d'hydrogène lourd) est de 2,013 60 u, et ses constituants, proton et neutron, ont des masses respectives de 1,007 31 u et 1,008 67 u. Utilisez ces données pour calculer l'énergie de liaison du deutéron, c'est-à-dire la quantité minimale d'énergie requise pour la fission du deutéron.

Section 8.11 Énergie des marées

39. Dans la baie de Fundy, au Canada, on enregistre des marées de 8 m d'amplitude sur une aire de 13 000 km^2. Quelle puissance moyenne peut-on tirer de ce site à supposer que l'on atteigne un rendement global de 25 %?

Problèmes

1. Le javelot, le disque et le poids ont des masses respectives de 0,8 kg, 2,0 kg et 7,2 kg. Les records de lancer dans chacune de ces disciplines sont les suivants: lancer du javelot, 89 m; lancer du disque, 69 m; lancer du poids, 21 m. En faisant abstraction de la résistance de l'air, (a) calculez la quantité minimale d'énergie cinétique initiale capable d'assurer de telles distances de lancer et (b) faites une estimation de la force moyenne exercée sur chacun de ces objets au moment du lancer, en supposant que la force agit sur une distance de 2 m. (c) Vos résultats semblent-ils indiquer que la résistance de l'air constitue un facteur important?

2. Soit une particule soumise à une seule force conservative qui varie selon $\vec{F} = (-Ax + Bx^2)\vec{i}$ N, où A et B sont constants et x est exprimé en mètres. (a) Calculez l'énergie potentielle associée à cette force, en posant que $U = 0$ à $x = 0$. (b) Déterminez les variations d'énergie potentielle et d'énergie cinétique lorsque la particule passe de $x = 2$ m à $x = 3$ m.

3. Démontrez que les forces ci-dessous sont conservatives et déterminez la variation de l'énergie potentielle correspondant à ces forces, en posant $x_i = 0$ et $x_f = x$: (a) $F_x = ax + bx^2$, (b) $F_x = Ae^{\alpha x}$. (a, b, A et α sont tous constants.)

4. Déterminez les forces correspondant aux fonctions énergie potentielle suivantes: (a) K/y, (b) bx^3, (c) e^{-ar}/r. (K, b et a sont tous constants.)

5. Une particule se déplace dans le plan xy sous l'action d'une force donnée par $\vec{F} = (2y\vec{i} + x^2\vec{j})$ N, où x et y sont exprimés en mètres. La particule se déplace de l'origine à une position finale dont les coordonnées sont $x = 5$ m et $y = 5$ m, comme à la figure 8.14. Calculez le travail de $\vec{F}$ au cours des trajectoires suivantes: (a) OAC, (b) OBC, (c) OC. (d) $\vec{F}$ représente-t-il une force conservative? Expliquez.

6. Soit un système dont la fonction énergie potentielle est donnée par $U(x) = 3x + 4x^2 - x^3$. (a) Déterminez la force F_x en fonction de x. (b) Pour quelles valeurs de x la force est-elle nulle? (c) Représentez $U(x)$ en fonction de x et F_x en fonction de x par un graphique et indiquez les points d'équilibre stable et d'équilibre instable.

7. Un bloc sur une pente rugueuse est relié à un ressort léger dont la constante de rappel est de 100 N/m (fig. 8.21). Lorsque le bloc quitte l'état de repos, le ressort est détendu; la poulie est exempte de frottement. Le bloc parcourt 20 cm vers le bas de la pente avant de s'immobiliser. Déterminez le coefficient de frottement entre le bloc et la surface de la pente.

8. Supposons que dans le problème 7, la surface de la pente soit lisse (fig. 8.21). Lorsque le bloc quitte l'état de repos, le ressort est en position détendue. (a) Quelle distance va-t-il parcourir vers le bas de la pente avant de s'immobiliser? (b) Quelle est l'accélération du bloc lorsqu'il atteint sa position la plus basse? L'accélération est-elle constante? (c) Décrivez les transformations d'énergie qui se produisent au cours de la descente du bloc.

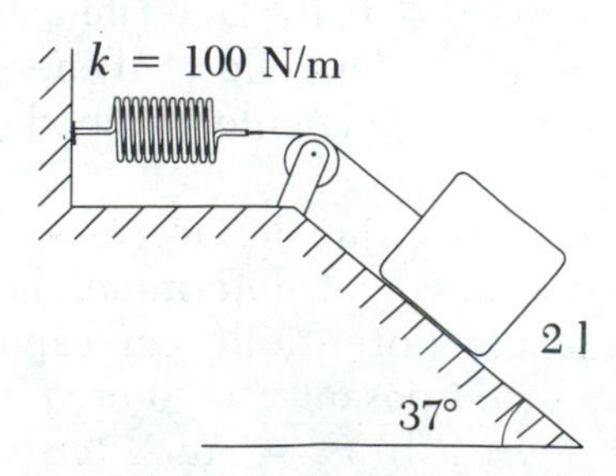

Figure 8.21 (Problèmes 7 et 8).

9. Un bloc de 25 kg est relié à un autre bloc de 30 kg par une corde légère montée sur une poulie sans frottement. Le bloc de 30 kg est relié à un ressort léger ayant une constante de rappel de 200 N/m, comme à la figure 8.22. Lorsque le système se trouve dans l'état décrit dans la figure, le ressort est détendu; la surface du plan incliné est lisse ($\mu = 0$). Le bloc de 25 kg est tiré sur une distance de 20 cm vers la base du plan incliné (de sorte que le bloc de 30 kg se trouve à 40 cm audessus du plancher) et on le lâche à partir de cette position. Déterminez la vitesse de chacun des blocs lorsque le bloc de 30 kg se trouve à 20 cm du plancher (c'est-à-dire lorsque le ressort est détendu).

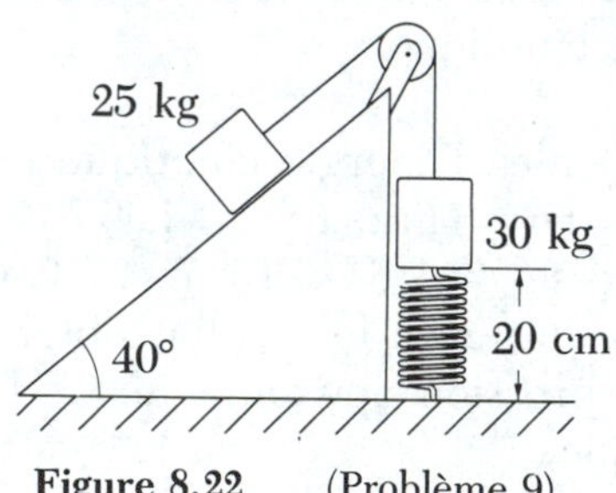

Figure 8.22 (Problème 9).

10. Un athlète olympique de 2 m de taille, spécialiste du saut en hauteur, réussit un saut record en franchissant la barre horizontale à 2,3 m. Faites une estimation de la vitesse à laquelle il doit quitter le sol pour réussir cet exploit. (Indice: Faites une estimation de son centre de gravité avant qu'il effectue son saut et supposez qu'il se trouve en position horizontale lorsqu'il atteint le sommet de sa trajectoire.)

11. Une corde uniforme de longueur L repose sur la surface lisse ($\mu = 0$) et horizontale d'une table. Une partie de la corde, de longueur d, pend au bout de la table (fig. 8.23); supposons qu'on lâche la corde à l'état de repos. Déterminez (a) la vitesse de la corde au moment où elle a entièrement quitté la surface de la table et (b) le temps qu'il faut pour que cela se produise. (Indice: Notez le mouvement du centre de gravité de la corde.)

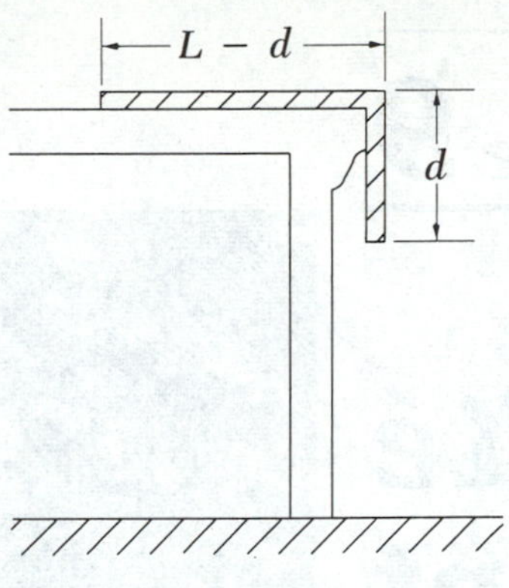

Figure 8.23 (Problème 11).

12. Immobile au sommet d'une grosse colline en forme d'hémisphère (fig. 8.24), un skieur en entreprend ensuite la descente. En faisant abstraction du frottement, démontrez qu'il quittera la surface de la pente et «s'envolera» lorsqu'il aura franchi une distance $h = R/3$ à partir du sommet. (Indice: au moment où il prend son «envol», la force normale tend vers zéro.)

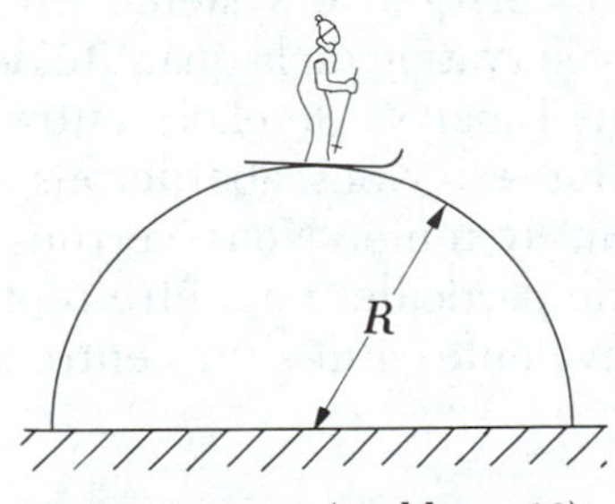

Figure 8.24 (Problème 12).

13. Reliée à l'extrémité d'une corde, une balle tournoie en décrivant des cercles verticaux. Si son énergie totale demeure constante, démontrez que la tension de la corde est plus grande lorsque la balle est au bas plutôt qu'au sommet de sa trajectoire, et que cette différence de tension est égale à six fois le poids de la balle.

14. Un pendule de longueur L effectue son mouvement dans un plan vertical. Supposons que la corde heurte une tige située à une distance d sous le point de suspension (fig. 8.25). (a) Démontrez que si le pendule entreprend son mouvement à une hauteur *inférieure* à celle de la tige, il reviendra à cette hauteur après avoir heurté la tige. (b) Démontrez que si le pendule entreprend son mouvement en position horizontale ($\theta = 90°$) et qu'en heurtant la tige, la corde s'y enroule d'un tour complet en décrivant un cercle ayant la tige comme centre, alors la valeur minimale de d doit être de $3L/5$.

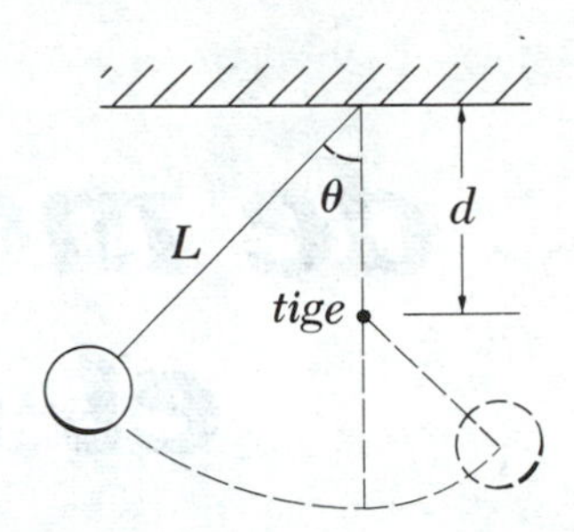

Figure 8.25 (Problème 14).

15. Soit un bloc de masse m qu'on laisse tomber d'une hauteur h directement au-dessus d'un ressort vertical ayant une constante de rappel k. Déterminez la distance de compression *maximale* du ressort.

16. Soit un wagon de montagnes russes exempt de frottement et animé d'une vitesse initiale v_0 à une hauteur h, comme à la figure 8.26. Au point A, la voie ferrée a un rayon de courbure R. (a) Déterminez la valeur *maximale* de v_0 permettant au wagon de ne *pas* quitter la voie ferrée au point A. (b) En utilisant la valeur de v_0 calculée en (a), déterminez la valeur de h' permettant au wagon de gravir la pente jusqu'au point B.

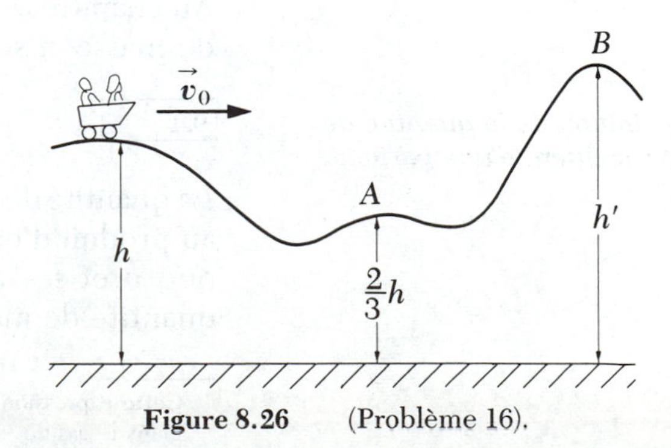

Figure 8.26 (Problème 16).

Chapitre 9

Quantité de mouvement et collisions

Dans ce chapitre, nous allons analyser le mouvement d'un système constitué de plusieurs particules. Nous introduirons la notion de quantité de mouvement d'un système de particules et nous démontrerons que la quantité de mouvement est conservée lorsque le système est isolé de son environnement. Le principe de conservation de la quantité de mouvement s'avère particulièrement utile dans l'analyse de chocs entre particules et pour décrire la propulsion des fusées. Nous aborderons également le concept du centre de masse d'un système. Nous verrons comment le mouvement global d'un système de particules peut être représenté par le mouvement d'une particule équivalente située au centre de masse du système.

9.1 Quantité de mouvement et impulsion

Au chapitre 5, nous avons défini la *quantité de mouvement* d'une particule de masse m se déplaçant à la vitesse $\vec{v}$ comme étant[1]

Définition de la quantité de mouvement d'une particule

$$\vec{p} \equiv m\vec{v} \qquad (9.1)$$

La quantité de mouvement est une quantité vectorielle puisqu'elle est égale au produit d'un scalaire, m, par un vecteur, $\vec{v}$. Elle a la même orientation que $\vec{v}$ et ses dimensions sont ML/T. Dans le système international, la quantité de mouvement s'exprime en kg • m/s.

1. Cette expression n'est pas applicable à la mécanique relativiste et n'est valable que lorsque $v \ll c$. Dans le cas de vitesses relativistes, $\vec{p} = m\vec{v}/(1 - v^2/c^2)^{1/2}$.

Si le mouvement d'une particule a une orientation quelconque, $\vec{p}$ peut être décomposé et l'équation 9.1 est équivalente aux équations scalaires suivantes.

9.2 $$p_x = mv_x \qquad p_y = mv_y \qquad p_z = mv_z$$

Le lien entre la variation de la quantité de mouvement d'une particule et la force résultante agissant sur celle-ci est donnée par la deuxième loi de Newton: *La dérivée par rapport au temps de la quantité de mouvement d'une particule est égale à la force résultante agissant sur la particule:*

9.3 $$\vec{F} = \frac{d\vec{p}}{dt}$$

Deuxième loi de Newton appliquée au cas d'une particule

La deuxième loi de Newton implique que la quantité de mouvement de la particule doit être constante si la force résultante est nulle. Évidemment, si la particule est *isolée* (c'est-à-dire si elle n'a pas d'interaction avec son environnement), $\vec{F} = 0$ et $\vec{p}$ ne varie pas. Le même résultat est obtenu en appliquant la deuxième loi de Newton sous sa forme $\vec{F} = m\, d\vec{v}/dt$: lorsque la force est nulle, l'accélération de la particule est nulle et la vitesse demeure constante.

L'équation 9.3 peut s'écrire

9.4 $$d\vec{p} = \vec{F}\, dt$$

Nous pouvons intégrer cette expression pour déterminer la variation de la quantité de mouvement d'une particule. Supposons que la quantité de mouvement d'une particule passe de $\vec{p}_i$ au temps t_i à $\vec{p}_f$ au temps t_f; alors l'intégration de l'équation 9.4 nous donne

9.5 $$\Delta\vec{p} = \vec{p}_f - \vec{p}_i = \int_{t_i}^{t_f} \vec{F}\, dt$$

La quantité inscrite à la droite de l'équation se nomme l'*impulsion* de la force $\vec{F}$ pour l'intervalle de temps $\Delta t = t_f - t_i$. L'impulsion est un vecteur défini par

9.6 $$\vec{I} \equiv \int_{t_i}^{t_f} \vec{F}\, dt$$

Impulsion d'une force

Par conséquent, *l'impulsion de la force $\vec{F}$ est égale à la variation de la quantité de mouvement de la particule. Cette équation* (9.5) *reliant l'impulsion et la quantité de mouvement* est équivalente à la deuxième loi de Newton. D'ailleurs, dans son célèbre ouvrage intitulé *Principia*, Newton donna cette forme intégrale à sa deuxième loi. L'orientation du vecteur impulsion est la même que celle de la variation de la quantité de mouvement. L'impulsion a les mêmes dimensions que la quantité de mouvement, soit ML/T. Notez que l'impulsion n'est *pas* une propriété de la particule; c'est plutôt une quantité servant à évaluer dans quelle mesure l'action d'une

Théorème reliant l'impulsion à la quantité de mouvement

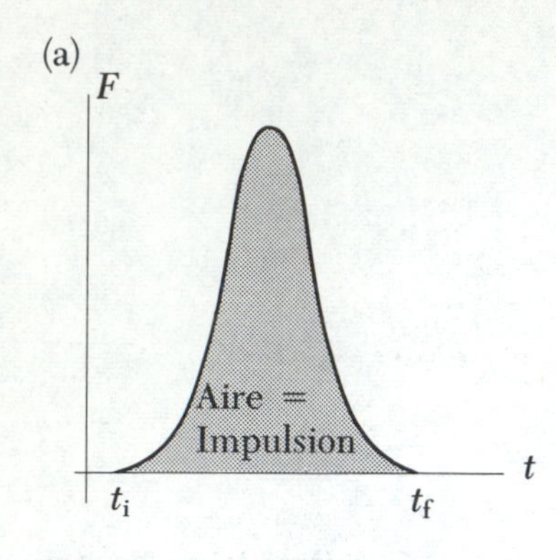

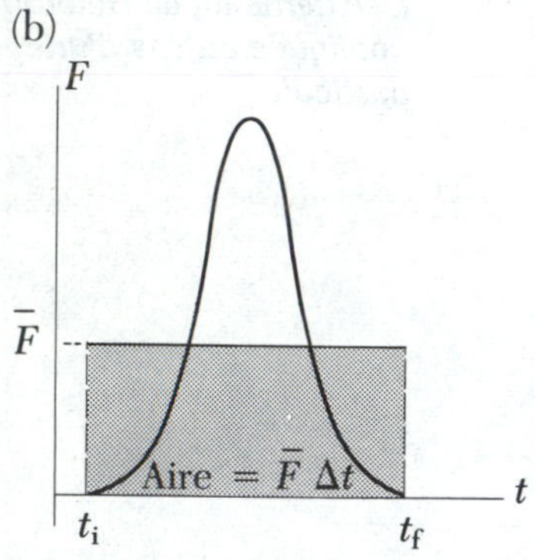

Figure 9.1 (a) Une force agissant sur une particule peut varier en fonction du temps. L'impulsion est égale à l'aire située sous la courbe de la force en fonction du temps. (b) Au cours de l'intervalle Δt, la force moyenne (ligne horizontale) imprimerait à la particule la même impulsion que la force réelle variant en fonction du temps et décrite en (a).

force extérieure modifie la quantité de mouvement de la particule. Par conséquent, lorsque nous disons qu'une particule reçoit ou subit une impulsion, cela sous-entend qu'une quantité de mouvement lui est communiquée par un agent extérieur.

Étant donné qu'en règle générale la force varie en fonction du temps, il est utile de définir une force moyenne $\overline{\vec{F}}$:

9.7
$$\overline{\vec{F}} = \frac{1}{\Delta t}\int_{t_i}^{t_f} \vec{F}\, dt$$

où $\Delta t = t_f - t_i$. Nous pouvons donc exprimer l'équation 9.6 sous la forme

9.8
$$\vec{I} = \Delta\vec{p} = \overline{\vec{F}}\,\Delta t$$

Cette force moyenne peut être considérée comme la force constante qui, durant l'intervalle Δt, communiquerait à la particule la même impulsion que la force réelle (variant en fonction du temps) au cours de ce même intervalle de temps.

Quand (et seulement quand) la direction de la force agissant sur la particule ne change pas pendant la durée de l'impulsion, l'intégrale vectorielle de l'équation 9.6 peut être réduite à une intégrale scalaire. Alors

$$I = \int_{t_i}^{t_f} F\, dt \quad , \vec{F} \text{ avec une orientation constante}$$

I représente alors l'aire située sous la courbe de la force en fonction du temps, comme l'indique la figure 9.1a. L'expression pour la force moyenne devient alors:

$$\overline{F} = \frac{1}{\Delta t}\int_{t_i}^{t_f} F\, dt$$

et, tel qu'illustré à la figure 9.1b, l'aire sous le rectangle défini par la force moyenne doit être identique à l'aire sous la courbe de la figure 9.1a.

En principe, sachant que $\vec{F}$ est une fonction du temps, on peut calculer l'impulsion en utilisant l'équation 9.6. Le calcul est d'autant plus simple si la force agissant sur la particule est constante. Dans ce cas, $\overline{\vec{F}} = \vec{F}$ et l'équation 9.8 s'écrit

Impulsion lorsque F = constante

9.9
$$\vec{I} = \Delta\vec{p} = \vec{F}\,\Delta t$$

Approximation relative à l'impulsion

La notion d'impulsion présente un intérêt particulier dans l'analyse des explosions et des collisions. En effet, pendant l'interaction que subit une particule en collision, donc pendant un intervalle de temps très court, *l'une des forces est beaucoup plus importante que toutes les autres.* On peut alors faire l'approximation qu'elle est la seule force appliquée sur la particule. Par exemple, lorsque le bâton frappe la balle de baseball, la durée du choc est d'environ 0,01 s, et la force moyenne exercée sur la balle durant cet intervalle de temps est généralement de l'ordre de plusieurs milliers de newtons. Cet ordre de grandeur est beaucoup plus grand que celui de la force gravitationnelle, ce qui justifie cette approximation. Il faut alors se rappeler que $\vec{p}_i$ et $\vec{p}_f$ représentent la quantité de mouvement *juste* avant et *juste* après la collision. Notons que, pendant cet intervalle de temps très court, le déplacement de la particule est négligeable.

Exemple 9.1 Coup frappé sur une balle de golf

Une balle de golf de 50 g est frappée (fig. 9.2). La balle subit une force dont la grandeur passe de zéro, au moment du contact initial avec le bâton, à une valeur maximale (moment où la balle est déformée) pour ensuite revenir à zéro lorsque la balle quitte le bâton. Ainsi, la courbe de la force en fonction du temps correspond qualitativement à la courbe illustrée à la figure 9.1. En supposant que la balle franchit une distance de 200 m, (a) faites une estimation de l'impulsion subie par la balle.

Cette distance de 200 m représente la portée de la balle. Au chapitre 4, nous avons obtenu l'expression de la portée d'un projectile (en négligeant la résistance de l'air):

$$R = \frac{v_0{}^2}{g} \sin 2\theta_0$$

Si nous supposons que l'angle de tir est de 45°, angle pour lequel la portée est maximale, cette relation nous permet de calculer la vitesse initiale de la balle en procédant comme suit:

$$v_0 = \sqrt{Rg} = \sqrt{(200)(9{,}8)} = 44 \text{ m/s}$$

Puisque $v_i = 0$ et $v_f = v_0$, la grandeur de l'impulsion transmise à la balle est

$$I = \Delta p = mv_0 = (50 \times 10^{-3} \text{ kg})\left(44 \frac{\text{m}}{\text{s}}\right)$$
$$= 2{,}2 \text{ kg} \cdot \text{m/s}$$

(b) Faites une estimation de la durée du choc et de la force moyenne agissant sur la balle.

Figure 9.2 Balle de golf subissant le choc du bâton.

À partir de photos stroboscopiques, on peut estimer que la distance parcourue par la balle pendant qu'elle est en contact avec le bâton est égale au rayon de la balle, soit environ 2 cm. Le temps que met le bâton à parcourir cette distance (durée de contact) est donc approximativement

$$\Delta t \approx \frac{\Delta x}{v_0/2} = \frac{2 \times 2 \times 10^{-2} \text{ m}}{44 \text{ m/s}} = 9{,}0 \times 10^{-4} \text{ s}$$

On peut alors faire une estimation de la grandeur de la force moyenne en procédant comme suit:

$$\bar{F} \approx \frac{I}{\Delta t} = \frac{2{,}2 \text{ kg} \cdot \text{m/s}}{9{,}0 \times 10^{-4} \text{ s}} = 2{,}4 \times 10^3 \text{ N}$$

Notons que cette force est beaucoup plus grande que le poids de la balle (force gravitationnelle), qui ne représente que 0,49 N.

Exemple 9.2 Rebond d'une balle

Soit une balle de 100 g qu'on laisse tomber d'une hauteur $h = 2$ m par rapport au plancher (fig. 9.3). Après avoir frappé le plancher, elle rebondit à la verticale à une hauteur $h' = 1{,}5$ m. (a) Déterminez la quantité de mouvement de la balle juste avant et juste après sa collision avec le plancher.

Le principe de conservation de l'énergie nous permet de déterminer v_i, la vitesse de la balle juste avant la collision:

$$\frac{1}{2}mv_i{}^2 = mgh$$

De même, on obtient v_f, la vitesse de la balle juste après la collision, à partir de

$$\frac{1}{2}mv_f{}^2 = mgh'$$

En introduisant les valeurs $h = 2{,}0$ m et $h' = 1{,}5$ m dans ces expressions, nous obtenons

$$v_i = \sqrt{2gh} = \sqrt{(2)(9{,}8)(2)} \text{ m/s} = 6{,}3 \text{ m/s}$$
$$v_f = \sqrt{2gh'} = \sqrt{(2)(9{,}8)(1{,}5)} \text{ m/s} = 5{,}4 \text{ m/s}$$

Puisque $m = 0,1$ kg, les expressions vectorielles des quantités de mouvement initiale et finale sont données par

$$\vec{p}_i = m\vec{v}_i = -0,63\vec{j} \text{ kg} \cdot \text{m/s}$$
$$\vec{p}_f = m\vec{v}_f = 0,54\vec{j} \text{ kg} \cdot \text{m/s}$$

(b) Déterminez la force moyenne qu'exerce le plancher sur la balle, en supposant que la durée du choc est de 10^{-2} s (valeur typique).

En utilisant l'équation 9.5 et la définition de $\bar{\vec{F}}$, nous obtenons

$$\Delta\vec{p} = \vec{p}_f - \vec{p}_i = \bar{\vec{F}}\,\Delta t$$

$$\bar{\vec{F}} = \frac{[0,54\vec{j} - (-0,63\vec{j})] \text{ kg} \cdot \text{m/s}}{10^{-2} \text{ s}}$$
$$= 1,2 \times 10^2\vec{j} \text{ N}$$

Notons que cette force moyenne est beaucoup plus grande que la force gravitationnelle ($mg \approx 1,0$ N). Au cours de ce choc, la balle et le plancher sont déformés et l'énergie perdue par la balle est finalement transformée en chaleur et en énergie sonore. À la section 9.3 nous définirons ce genre de collision comme étant inélastique.

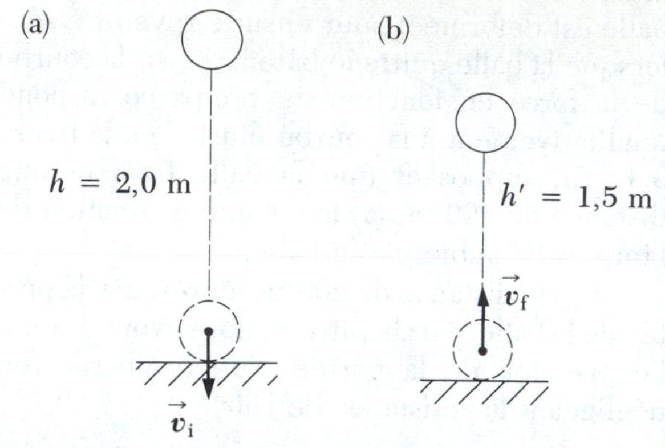

Figure 9.3 (Exemple 9.2) (a) On laisse tomber la balle d'une hauteur h et elle atteint le plancher à une vitesse v_i. (b) La balle rebondit du plancher à une vitesse v_f et atteint une hauteur h'.

Q1. Si l'énergie cinétique d'une particule est nulle, quelle est sa quantité de mouvement? Si l'énergie totale d'une particule est nulle, sa quantité de mouvement l'est-elle également? Expliquez.

Q2. Si l'on double la vitesse d'une particule, par quel facteur sa quantité de mouvement varie-t-elle? Qu'advient-il de son énergie cinétique?

Q3. Si deux particules ont la même énergie cinétique, leurs quantités de mouvement sont-elles nécessairement égales? Expliquez.

Q4. L'impulsion reçue par un corps est-elle toujours proportionnelle à la grandeur de la force qui agit sur lui? Expliquez.

9.2 Conservation de la quantité de mouvement d'un système composé de deux particules

Considérons deux particules physiquement isolées de leur environnement, mais capables d'interactions (fig. 9.4), c'est-à-dire qu'elles exercent une

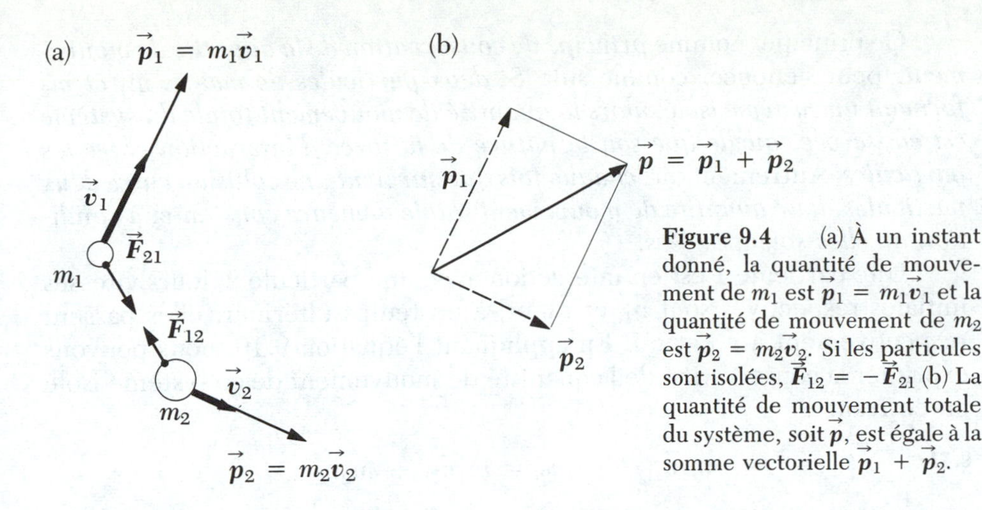

Figure 9.4 (a) À un instant donné, la quantité de mouvement de m_1 est $\vec{p}_1 = m_1\vec{v}_1$ et la quantité de mouvement de m_2 est $\vec{p}_2 = m_2\vec{v}_2$. Si les particules sont isolées, $\vec{F}_{12} = -\vec{F}_{21}$ (b) La quantité de mouvement totale du système, soit $\vec{p}$, est égale à la somme vectorielle $\vec{p}_1 + \vec{p}_2$.

force l'une sur l'autre, mais ne subissent aucune force extérieure[2]. Supposons qu'à un temps t, la quantité de mouvement de la particule 1 est $\vec{p}_1$ et celle de la particule 2 est $\vec{p}_2$. Nous pouvons appliquer la deuxième loi de Newton à chacune des particules et écrire

$$\vec{F}_{21} = \frac{d\vec{p}_1}{dt} \quad \text{et} \quad \vec{F}_{12} = \frac{d\vec{p}_2}{dt}$$

où $\vec{F}_{21}$ représente la force exercée par la particule 2 sur la particule 1 et $\vec{F}_{12}$ est la force de la particule 1 sur la particule 2. Il peut s'agir entre autres, de forces gravitationnelles, électromagnétiques ou électrostatiques. En fait, la nature des forces en présence a peu d'importance. Cependant, d'après la troisième loi de Newton $\vec{F}_{12}$ et $\vec{F}_{21}$ ont des grandeurs égales et des orientations opposées. Elles forment donc une paire action-réaction et $\vec{F}_{12} = -\vec{F}_{21}$. Nous pouvons également exprimer cette condition en écrivant

$$\vec{F}_{12} + \vec{F}_{21} = 0$$

ou

$$\frac{d\vec{p}_1}{dt} + \frac{d\vec{p}_2}{dt} = \frac{d}{dt}(\vec{p}_1 + \vec{p}_2) = 0$$

Puisque la dérivée par rapport au temps de la quantité de mouvement totale $\vec{p} = \vec{p}_1 + \vec{p}_2$ est *nulle*, nous concluons que la quantité de mouvement *totale* $\vec{p}$ doit demeurer constante, c'est-à-dire que

La quantité de mouvement totale d'une paire de particules isolées est constante

9.10 $$\vec{p} = \vec{p}_1 + \vec{p}_2 = \text{vecteur constant}$$

Cette équation vectorielle est équivalente à trois équations scalaires. En effet, en exprimant l'équation 9.10 à l'aide des composantes scalaires, on constate que les quantités de mouvement totales selon x, selon y et selon z sont toutes conservées séparément, d'où

$$p_{ix} = p_{fx};\ p_{iy} = p_{fy};\ p_{iz} = p_{fz}$$

2. On ne peut pas reproduire en laboratoire les conditions d'un système vraiment isolé, puisqu'on ne peut éliminer la force gravitationnelle et le frottement. Par contre, on peut créer des situations où la force résultante, attribuable aux forces externes, est pratiquement nulle.

Ce principe, nommé *principe de conservation de la quantité de mouvement*, peut s'énoncer comme suit: *Si deux particules de masses m_1 et m_2 forment un système isolé, alors la quantité de mouvement totale du système est conservée, quelle que soit la nature de la force d'interaction entre les particules.* Autrement dit, *chaque fois que survient une collision entre deux particules, leur quantité de mouvement totale demeure constante, à condition qu'elles soient isolées.*

Une particule 1 est en interaction avec une particule 2; leurs vitesses initiales respectives sont $\vec{v}_{1i}$ et $\vec{v}_{2i}$ et, à un temps ultérieur, elles passent respectivement à $\vec{v}_{1f}$ et $\vec{v}_{2f}$. En appliquant l'équation 9.10, nous pouvons exprimer la conservation de la quantité de mouvement de ce système isolé en écrivant

9.11
$$m_1\vec{v}_{1i} + m_2\vec{v}_{2i} = m_1\vec{v}_{1f} + m_2\vec{v}_{2f}$$

Conservation de la quantité de mouvement

9.12
$$\vec{p}_{1i} + \vec{p}_{2i} = \vec{p}_{1f} + \vec{p}_{2f}$$

En tout temps, la quantité de mouvement totale du système isolé est égale à sa quantité de mouvement totale initiale. Nous avons déduit la conservation de la quantité de mouvement d'un système isolé à partir des deuxième et troisième lois de Newton. Dans le cadre de la mécanique classique on peut dire que ce principe de conservation est implicitement contenu dans les lois de Newton. Cependant, comme pour l'énergie, le concept de quantité de mouvement et le principe de conservation qui l'accompagne ont une portée beaucoup plus vaste que les lois de Newton et ils demeurent valables, là où la mécanique newtonienne n'est plus applicable, en relativité et au niveau atomique.

La conservation de la quantité de mouvement est un principe plus fondamental que la conservation de l'énergie mécanique et l'on considère que c'est le principe le plus important de la mécanique. En effet, l'énergie mécanique d'un système n'est conservée que lorsque le système est soumis à des forces conservatives, alors que la quantité de mouvement d'un système isolé est toujours conservée, *quelle que soit* la nature des forces internes du système. D'ailleurs, à la section 9.7, nous aurons l'occasion de démontrer que le principe de conservation de la quantité de mouvement s'applique également aux systèmes isolés constitués de n particules.

Exemple 9.3 Tir d'un canon

Soit un canon de 3 000 kg au repos sur la surface d'un étang gelé (fig. 9.5). On y charge un boulet de 30 kg et l'on effectue un tir à l'horizontale. Si le canon subit un recul vers la droite à une vitesse de 1,8 m/s, quelle est la vitesse du boulet quand il sort de la bouche du canon?

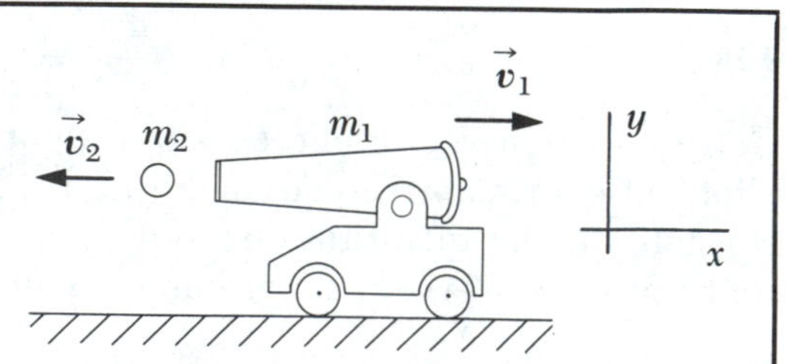

Figure 9.5 (Exemple 9.3) Au moment du tir, le canon subit un recul vers la droite.

Solution: Dans cet exemple, le système est constitué du canon et du boulet. Il ne s'agit pas d'un système réellement isolé, étant donné la présence de la force gravitationnelle. Cependant, cette force a une orientation verticale alors que le système est animé d'un mouvement horizontal. Par conséquent, la quantité de mouvement est conservée selon x puisque aucune force extérieure n'agit dans cette direction (en supposant que la surface est exempte de frottement).

La quantité de mouvement totale du système est nulle avant le tir. Elle doit donc être également nulle après le tir d'où

$$m_1 v_{1x} + m_2 v_{2x} = 0$$

Sachant que $m_1 = 3\,000$ kg, $v_1 = 1{,}8$ m/s et $m_2 = 30$ kg, la valeur de v_{2x}, soit la vitesse du boulet, est donnée par

$$v_{2x} = -\frac{m_1}{m_2} v_{1x} = -\left(\frac{3\,000 \text{ kg}}{30 \text{ kg}}\right) 1{,}8 \text{ m/s}$$
$$= -180 \text{ m/s}$$

Le signe négatif de v_{2x} indique que le boulet se déplace vers la gauche après le tir, soit dans le sens contraire de l'axe des x.

Q5. Soit un système isolé initialement au repos. Est-il possible que certains éléments du système soient en mouvement à un temps ultérieur? Si oui, expliquez cette possibilité.

9.3 Collisions

Dans cette section nous nous servirons du principe de conservation de la quantité de mouvement pour décrire ce qui se produit lors d'une collision entre deux particules. Au cours d'une *collision*, les particules sont soumises à des *forces d'interaction beaucoup plus grandes que les forces extérieures.*

D'un point de vue macroscopique, on peut considérer qu'à l'occasion d'un choc, il y a contact physique entre deux objets, comme l'illustre la figure 9.6a et qu'une force normale de contact est exercée par l'un sur l'autre. Il s'agit là d'une observation du phénomène courant de la collision entre deux corps macroscopiques, comme deux boules de billard, ou une balle et un bâton de baseball. Nous devons toutefois généraliser le sens que nous accordons au mot «collision», car sur le plan microscopique, la notion de «contact» entre particules n'est pas pertinente. Il serait plus précis de dire que des forces d'interaction découlent de l'interaction électromagnétique des électrons situés en périphérie des atomes des deux corps en présence.

Pour avoir une vue plus fondamentale de ce phénomène, examinons ce qui se produit à l'échelle atomique (fig. 9.6b) lorsque, par exemple, il y a collision entre un proton et une particule alpha (noyau de l'atome d'hélium). Étant donné que les deux particules ont des charges positives, elles se repoussent à cause de la grande force électrique qu'elles exercent l'une sur l'autre à faible distance. Il s'agit là d'un *processus de diffusion.*

Lorsque les deux particules de masses m_1 et m_2 entrent en collision (fig. 9.6), les forces d'interaction peuvent varier en fonction du temps de façon très complexe, comme l'indique la figure 9.7. Si $\vec{F}_{21}$ représente la force que m_2 exerce sur m_1, alors la variation de la quantité de mouvement de m_1 attribuable au choc est donnée par

(a)

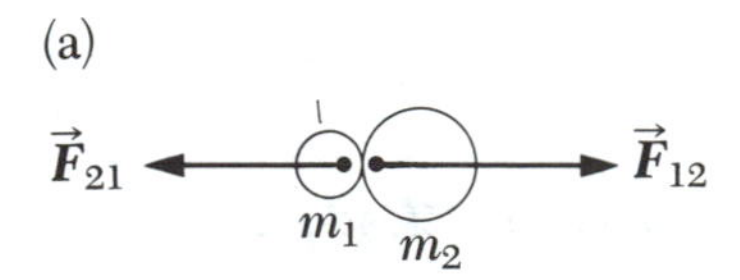

(b)

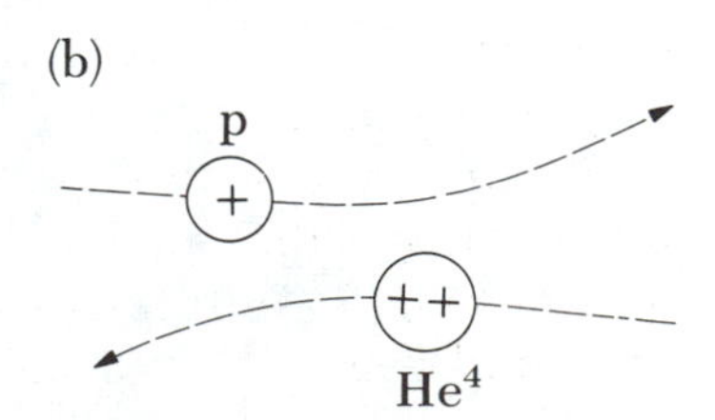

Figure 9.6 (a) Collision entre deux objets découlant d'un contact direct. (b) Collision entre deux particules chargées.

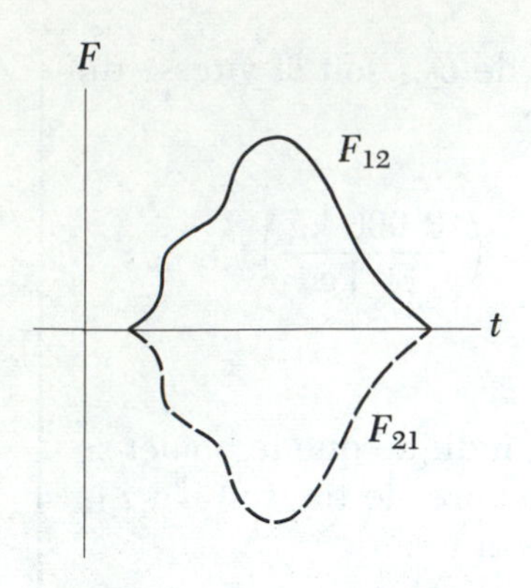

Figure 9.7 La force en fonction du temps dans le cas de la collision entre les deux particules décrites à la figure 9.6. Notez que $\vec{F}_{12} = -\vec{F}_{21}$.

$$\Delta\vec{p}_1 = \int_{t_i}^{t_f} \vec{F}_{21}\, dt$$

De même, si $\vec{F}_{12}$ représente la force que m_1 exerce sur m_2, alors la variation de la quantité de mouvement de m_2 est donnée par

$$\Delta\vec{p}_2 = \int_{t_i}^{t_f} \vec{F}_{12}\, dt$$

Toutefois, selon la troisième loi de Newton, la force qu'exerce m_2 sur m_1 est égale et opposée à la force que m_1 exerce sur m_2, soit $\vec{F}_{12} = -\vec{F}_{21}$ (dont la représentation graphique apparaît à la figure 9.7). Nous pouvons donc conclure que

$$\Delta\vec{p}_1 = -\Delta\vec{p}_2$$
$$\Delta\vec{p}_1 + \Delta\vec{p}_2 = 0$$

Puisque la quantité de mouvement totale du système est $\vec{p} = \vec{p}_1 + \vec{p}_2$, nous en déduisons que la *variation* de la quantité de mouvement du système lors de la collision est nulle, c'est-à-dire que

$$\vec{p} = \vec{p}_1 + \vec{p}_2 = \text{vecteur constant}$$

Dans toute collision, la quantité de mouvement est conservée

C'est d'ailleurs précisément ce à quoi nous devions nous attendre puisque aucune force extérieure n'agit sur le système (section 9.2). Nous pouvons conclure que *pour tout type de collision, la quantité de mouvement totale du système juste avant le choc est égale à la quantité de mouvement totale du système juste après le choc.*

Toutes les fois que survient une collision entre deux corps, qui sont isolés ou que l'on peut considérer comme tel, *la quantité de mouvement totale est conservée.* Cependant, en règle générale l'énergie cinétique n'est *pas* conservée lorsque les corps sont déformés durant la collision, car une partie de l'énergie cinétique est transformée en chaleur.

Collision inélastique

Nous définissons la *collision inélastique* comme une *collision au cours de laquelle l'énergie cinétique du système n'est pas conservée. Seule la quantité de mouvement est conservée au cours d'une collision inélastique.* Ainsi, la collision entre une balle de caoutchouc et une surface dure est inélastique puisqu'une partie de l'énergie cinétique de la balle est transformée en chaleur. Lorsque deux objets demeurent en contact après s'être heurtés, on dira du choc qu'il est *parfaitement inélastique* car c'est dans ces conditions qu'il y a la plus grande perte d'énergie cinétique. Par exemple, si deux morceaux de pâte à modeler entrent en collision, ils demeurent en contact et se déplacent ensemble à une certaine vitesse après le choc. Si un météorite entre en collision avec la Terre, il s'enfouit dans la croûte terrestre et le choc est considéré comme parfaitement inélastique. Toutefois, même dans le cas d'un choc parfaitement inélastique, il n'y a pas nécessairement perte totale de l'énergie cinétique.

Collision élastique

Une *collision élastique* est définie comme *une collision au cours de laquelle la quantité de mouvement et l'énergie cinétique sont toutes deux conservées.* Les collisions entre des boules de billard et le choc des molécules d'air sur les parois d'un récipient à température normale sont de bons exemples de chocs très élastiques. En fait, les chocs entre des corps macroscopiques ne peuvent être qu'approximativement élastiques, alors qu'à l'échelle atomique et à l'échelle nucléaire, il se produit des chocs élastiques véritables.

Résumons les divers types de collisions de la façon suivante:

Propriétés des collisions inélastiques et des collisions élastiques

1. Une *collision inélastique* est une collision au cours de laquelle seule la quantité de mouvement est conservée; l'énergie cinétique n'est pas conservée.
2. Une *collision parfaitement inélastique* entre deux corps est une collision inélastique à la suite de laquelle les corps demeurent accrochés ensemble.
3. Une *collision élastique* est une collision au cours de laquelle la quantité de mouvement et l'énergie cinétique sont toutes deux conservées.

9.4 Collisions le long d'un axe

Dans cette section, nous allons traiter des collisions dans une dimension et considérer deux cas limites: (1) le cas d'une collision parfaitement inélastique et (2) le cas d'une collision élastique. Dans ces deux types de collisions, *la quantité de mouvement est conservée, mais l'énergie cinétique n'est conservée que dans le cas de la collision élastique.*

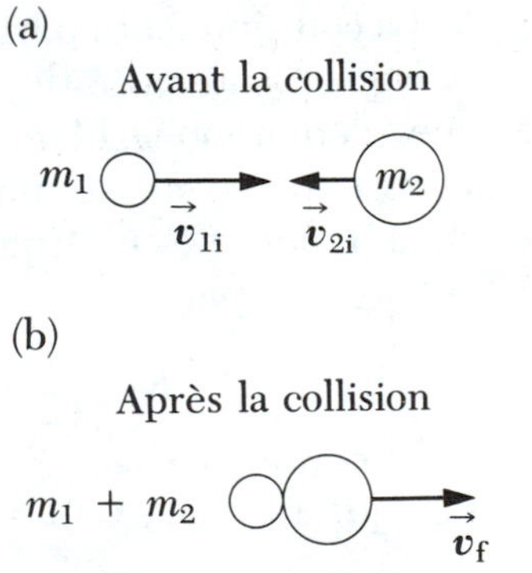

(a)

Avant la collision

m_1 $\vec{v}_{1i}$ $\vec{v}_{2i}$ m_2

(b)

Après la collision

$m_1 + m_2$ $\vec{v}_f$

Figure 9.8 Représentation schématique d'une collision frontale parfaitement inélastique entre deux particules: (a) avant le choc, (b) après le choc.

Collisions parfaitement inélastiques

Soit deux particules de masses m_1 et m_2 animées de vitesses initiales $\vec{v}_{1i}$ et $\vec{v}_{2i}$ et se déplaçant sur une ligne droite, comme à la figure 9.8. La collision ayant lieu dans une dimension, on suppose que les particules restent sur un axe, de sorte qu'après la collision, elles continueront à se déplacer suivant le même axe. Si les deux particules restent accrochées après le choc et se déplacent ensemble à une vitesse commune $\vec{v}_f$, alors seule la quantité de mouvement totale du système est conservée, c'est-à-dire que

Collision frontale parfaitement inélastique

$$m_1 v_{1i} + m_2 v_{2i} = (m_1 + m_2) v_f \quad (9.13)$$

$$v_f = \frac{m_1 v_{1i} + m_2 v_{2i}}{m_1 + m_2} \quad (9.14)$$

Exemple 9.4

Soit deux particules qui se heurtent de front de façon parfaitement inélastique, comme à la figure 9.8. Supposons que $m_1 = 0,5$ kg, $m_2 = 0,25$ kg, $v_{1i} = 4,0$ m/s et $v_{2i} = 3,0$ m/s. (a) Déterminez la vitesse de l'ensemble après la collision.

Comme $m_1 v_{1i} + m_2 v_{2i} = (m_1 + m_2)v_f$, nous obtenons

$$v_f = \frac{m_1 v_{1i} + m_2 v_{2i}}{m_1 + m_2}$$

$$= \frac{(0,50 \text{ kg})(4,0 \text{ m/s}) + (0,25 \text{ kg})(-3,0 \text{ m/s})}{(0,50 + 0,25) \text{ kg}}$$

$$= 1,7 \text{ m/s}$$

(b) Quelle est la quantité d'énergie cinétique perdue au cours de la collision?

Avant le choc, l'énergie cinétique est

$$K_i = \frac{1}{2}m_1 v_{1i}{}^2 + \frac{1}{2}m_2 v_{2i}{}^2$$

$$= \frac{1}{2}(0,50 \text{ kg})(4,0 \text{ m/s})^2 + \frac{1}{2}(0,25 \text{ kg})(-3,0 \text{ m/s})^2$$

$$= 5,1 \text{ J}$$

Après la collision, l'énergie cinétique est

$$K_f = \frac{1}{2}(m_1 + m_2)v_f^2 = \frac{1}{2}(0,75 \text{ kg})(1,7 \text{ m/s})^2 = 1,0 \text{ J}$$

La *perte* d'énergie cinétique est donc

$$K_i - K_f = 4,1 \text{ J}$$

Exemple 9.5

Le pendule balistique: Le pendule balistique (fig. 9.9) est un dispositif permettant de mesurer la vitesse d'un projectile rapide, telle une balle de carabine. Le projectile est tiré dans un gros bloc de bois suspendu à de légers fils. La balle termine sa trajectoire dans le bloc et le système se déplace latéralement et monte d'une hauteur h. La collision étant parfaitement inélastique, et puisque la quantité de mouvement est conservée, l'équation 9.14 permet de déterminer la vitesse du système *immédiatement* après le choc. L'énergie cinétique juste après la collision est donnée par

$$(1) \quad K = \frac{1}{2}(m_1 + m_2)v_f^2$$

Puisque $v_{2i} = 0$, on a $m_1 v_{1i} = (m_1 + m_2)v_f$

$$v_f = \frac{m_1 v_{1i}}{m_1 + m_2}$$

En introduisant la valeur de v_f dans (1), nous obtenons

$$K = \frac{m_1{}^2 v_{1i}{}^2}{2(m_1 + m_2)}.$$

où v_{1i} est la vitesse initiale de la balle. Notons que cette énergie cinétique est *plus petite* que l'énergie cinétique de la balle.

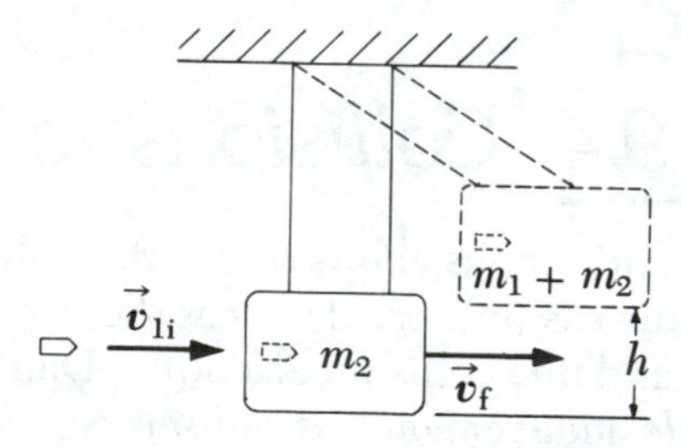

Figure 9.9 (Exemple 9.5) Diagramme d'un pendule balistique. Notez que $\vec{v}_f$ est la vitesse du système juste après la collision parfaitement inélastique.

Cependant, *après* la collision, l'énergie est conservée et l'énergie cinétique se transforme en énergie potentielle de la balle et du bloc situés à la hauteur h:

$$\frac{m_1{}^2 v_{1i}{}^2}{2(m_1 + m_2)} = (m_1 + m_2)gh$$

$$v_{1i} = \left(\frac{m_1 + m_2}{m_1}\right)\sqrt{2gh}$$

Il est donc possible d'obtenir la vitesse initiale de la balle en mesurant h et les deux masses. Par exemple, si $h = 5$ cm, $m_1 = 5$ g et $m_2 = 1$ kg, nous obtenons $v_{1i} \approx 200$ m/s. L'étudiant peut s'exercer à calculer la quantité d'énergie perdue au cours de cette expérience.

Collisions élastiques

Considérons à présent deux particules qui entrent en collision élastique le long d'un axe (fig. 9.10). Dans ce cas, la quantité de mouvement et l'énergie cinétique sont toutes deux conservées. Nous pouvons donc écrire ces conditions de la façon suivante:

$$m_1 v_{1i} + m_2 v_{2i} = m_1 v_{1f} + m_2 v_{2f}$$

$$\frac{1}{2} m_1 v_{1i}^2 + \frac{1}{2} m_2 v_{2i}^2 = \frac{1}{2} m_1 v_{1f}^2 + \frac{1}{2} m_2 v_{2f}^2$$

Supposons que les masses et les vitesses initiales des deux particules soient connues. Il est donc possible de résoudre ces deux équations et d'obtenir les vitesses finales, puisqu'on dispose de deux équations et de deux inconnues:

Collision élastique: relations entre les vitesses finale et initiale

9.15a $$v_{1f} = \left(\frac{m_1 - m_2}{m_1 + m_2}\right) v_{1i} + \left(\frac{2m_2}{m_1 + m_2}\right) v_{2i}$$

9.15b $$v_{2f} = \left(\frac{2m_1}{m_1 + m_2}\right) v_{1i} + \left(\frac{m_2 - m_1}{m_1 + m_2}\right) v_{2i}$$

La démonstration de ces deux équations est laissée à titre d'exercice de calcul. Notons que les signes appropriés de v_{1i} et de v_{2i} doivent figurer dans les équations 9.15a et 9.15b, car il s'agit de composantes de vecteurs. Par exemple, si le mouvement initial de m_2 s'effectue vers la gauche, comme à la figure 9.10, alors v_{2i} est négatif.

Considérons des cas particuliers: Si $m_1 = m_2$, alors $v_{1f} = v_{2i}$ et $v_{2f} = v_{1i}$. En d'autres termes, si les particules ont des masses égales, elles s'échangent leurs vitesses. Ce phénomène est observable dans le cas des boules de billard qui s'entrechoquent de front (de plein fouet).

Si m_2 est initialement au repos, $v_{2i} = 0$ et les équations 9.15a et 9.15b deviennent

9.16a $$v_{1f} = \left(\frac{m_1 - m_2}{m_1 + m_2}\right) v_{1i}$$

9.16b $$v_{2f} = \left(\frac{2m_1}{m_1 + m_2}\right) v_{1i}$$

Si m_1 est très grand en comparaison de m_2, nous constatons, à partir des équations 9.16a et 9.16b, que $v_{1f} \approx v_{1i}$ et que $v_{2f} \approx 2v_{1i}$. Cela signifie que lorsqu'une particule très lourde heurte une particule très légère initialement au repos, la particule lourde poursuit son mouvement sans que celui-ci ne soit modifié par la collision, alors que la particule légère rebondit à une vitesse environ deux fois plus grande que la vitesse initiale de la particule lourde. Citons comme exemple le choc entre un atome lourd en mouvement, tel que l'atome d'uranium, et un atome léger, tel que l'atome d'hydrogène.

Dans le cas où m_2 est initialement au repos et beaucoup plus grand que m_1, on remarque, à partir des équations 9.16a et 9.16b, que $v_{1f} \approx -v_{1i}$ et que $v_{2f} \approx 0$. Ainsi, lorsqu'une particule très légère heurte une particule très

(a)

Avant la collision

m_1 $\vec{v}_{1i}$ $\vec{v}_{2i}$ m_2

(b)

Après la collision

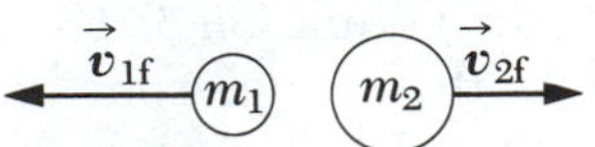

Figure 9.10 Représentation schématique de deux particules se heurtant de front dans une collision élastique: (a) avant le choc, (b) après le choc.

lourde initialement au repos, la vitesse de la particule légère sera inversée par le choc, alors que la particule lourde demeurera approximativement immobile. Par exemple, imaginez ce qui se produit lorsqu'on lance une bille contre une boule de bowling immobile.

Exemple 9.6 Ralentissement des neutrons sous l'effet des collisions

Dans un réacteur nucléaire, la fission de $^{235}_{92}U$ donne lieu à une émission de neutrons qui se déplacent à grande vitesse (de l'ordre de 10^7 m/s) et qui doivent être ralentis à environ 10^3 m/s pour être susceptibles de provoquer d'autres fissions et ainsi assurer une réaction en chaîne soutenue. Pour ralentir ces neutrons, on les fait passer à travers un matériau solide ou un liquide que l'on nomme *modérateur*. Le ralentissement des neutrons est produit par des chocs élastiques. Nous allons démontrer qu'un neutron peut perdre presque toute son énergie cinétique s'il entre en collision élastique avec un modérateur contenant des noyaux légers, tel que le deutérium ou le carbone. C'est pourquoi on utilise habituellement l'eau lourde (D_2O) ou le graphite (qui contient des noyaux de carbone) comme matériau modérateur.

Solution: Supposons que le noyau modérateur de masse m_2 soit initialement au repos et que le neutron de masse m_1 ait une vitesse initiale v_{1i}. La quantité de mouvement et l'énergie étant conservées, nous pouvons appliquer les équations 9.16a et 9.16b à la collision frontale d'un neutron et d'un noyau modérateur. L'énergie cinétique initiale du neutron est

$$K_i = \frac{1}{2}m_1{v_{1i}}^2$$

Après le choc, le neutron a une énergie cinétique donnée par $\frac{1}{2}m_1v_{1f}^2$, où v_{1f} s'obtient à partir de l'équation 9.16a. Nous pouvons exprimer cette énergie sous la forme

$$K_1 = \frac{1}{2}m_1{v_{1f}}^2 = \frac{m_1}{2}\left(\frac{m_1 - m_2}{m_1 + m_2}\right)^2{v_{1i}}^2$$

Par conséquent, la *fraction* de l'énergie cinétique totale du neutron *après* le choc est donnée par

$$(1)\ f_1 = \frac{K_1}{K_i} = \left(\frac{m_1 - m_2}{m_1 + m_2}\right)^2$$

Nous voyons que l'énergie cinétique finale du neutron est faible lorsque m_2 s'approche de m_1 et qu'elle est nulle lorsque $m_1 = m_2$.

Nous pouvons calculer l'énergie cinétique du noyau modérateur après le choc en utilisant l'équation 9.16b:

$$K_2 = \frac{1}{2}m_2{v_{2f}}^2 = \frac{2{m_1}^2m_2}{(m_1 + m_2)^2}{v_{1i}}^2$$

Donc, la fraction d'énergie cinétique totale communiquée au noyau modérateur est donnée par

$$(2)\ f_2 = \frac{K_2}{K_i} = \frac{4m_1m_2}{(m_1 + m_2)^2}$$

Notons que puisque l'énergie totale est conservée, on peut également obtenir (2) à partir de (1), en remarquant que $f_1 + f_2 = 1$, de sorte que $f_2 = 1 - f_1$.

Supposons qu'on utilise l'eau lourde comme modérateur. Les chocs entre les neutrons et les noyaux de deutérium contenus dans D_2O ($m_2 = 2m_1$) nous permettent de prévoir que $f_1 = 1/9$ et que $f_2 = 8/9$. Alors, 89 p. cent de l'énergie cinétique des neutrons est communiquée aux noyaux de deutérium. En pratique cependant, l'efficacité du modérateur est moindre, car les collisions frontales sont peu probables. En quoi ce résultat différerait-il si l'on utilisait le graphite comme modérateur?

Q6. Si un corps frappe un autre corps initialement au repos, est-il possible que les deux soient immobiles après le choc? Est-il possible que l'un des deux soit immobile après le choc? Expliquez.

Q7. La quantité de mouvement est-elle conservée lorsqu'une balle rebondit sur le sol? Expliquez.

Q8. Est-il possible que toute l'énergie cinétique soit perdue au cours d'une collision? Si oui, citez un exemple.

Q9. Deux particules entrent en collision parfaitement élastique. Conservent-elles la même énergie cinétique après le choc? Expliquez.

Q10. Lorsqu'une balle roule vers le bas d'un plan incliné, sa quantité de mouvement augmente. Peut-on en conclure que la quantité de mouvement n'est pas conservée? Expliquez.

Q11. Soit un choc inélastique entre une voiture et un gros camion. Lequel des deux véhicules perd le plus d'énergie cinétique à cause du choc?

9.5 Collisions dans un plan

Dans la section 9.2, nous avons démontré que la quantité de mouvement totale d'un système de deux particules est conservée lorsqu'il s'agit d'un système isolé. Dans le cas général d'une collision entre deux particules, cela implique que la quantité de mouvement totale dans *chacune* des directions, soit x, y et z, est conservée (équation 9.12). Donc, dans un espace à trois dimensions, nous aurions trois équations scalaires pour exprimer la conservation de la quantité de mouvement.

Quand on considère le cas d'une collision dans deux dimensions, il peut être utile de définir le paramètre d'impact b: c'est la distance du centre de force, à laquelle passerait la particule incidente si elle n'était pas déviée (fig. 9.11a). La situation d'une collision dans une dimension considérée dans la section précédente correspond au cas où le paramètre d'impact $b = 0$. Dans ce cas on dit que la collision est frontale ou de plein fouet. Dans les cas où $b \neq 0$ — sans être trop grand, afin qu'il y ait interaction! — la particule incidente est, en général, déviée et la particule frappée (qu'on suppose immobile) part dans une certaine direction par rapport à celle de la particule incidente.

(a)

Avant la collision

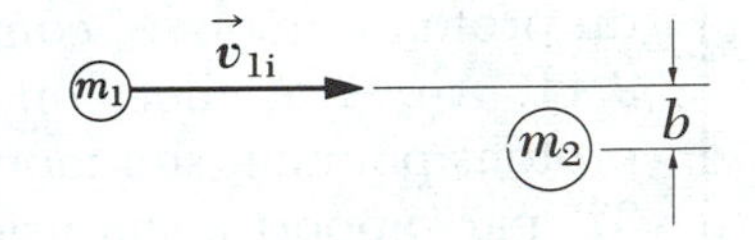

(b)

Après la collision

$v_{1f}\sin\theta\vec{j}$ · $\vec{v}_{1f}$ · m_1 · θ · y · $v_{1f}\cos\theta\vec{i}$ · θ · x · ϕ · m_2 · $v_{2f}\cos\phi\vec{i}$ · ϕ · $-v_{2f}\sin\phi\vec{j}$ · $\vec{v}_{2f}$

Figure 9.11 Représentation schématique d'une collision élastique non frontale entre deux particules: (a) avant la collision, (b) après la collision. Notez que le paramètre d'impact b doit être plus grand que zéro dans le cas d'une collision non frontale.

Les considérations précédentes s'appliquent, quelle que soit la nature de l'interaction: qu'on ait une situation submicroscopique où les particules interagissent à distance sans entrer en contact (forces électromagnétiques, nucléaires, par exemple) ou qu'on ait une situation macroscopique (collision entre boules de billard, par exemple) dans laquelle des forces de contact s'établissent pendant un temps très court entre les deux objets en collision. Après le choc, m_1 se déplace à un angle θ par rapport à l'horizontale et m_2, à un angle ϕ par rapport à l'horizontale (fig. 9.11b). En appliquant le principe de conservation de la quantité de mouvement sous forme de composantes, $p_{xi} = p_{xf}$ et $p_{yi} = p_{yf}$, et puisque $p_{yi} = 0$, nous obtenons

9.17a $$m_1 v_{1i} = m_1 v_{1f}\cos\theta + m_2 v_{2f}\cos\phi$$ ***Composante x***

Composante y — 9.17b

$$0 = m_1 v_{1f} \sin\theta - m_2 v_{2f} \sin\phi$$

Supposons à présent que le choc est élastique; nous pouvons alors écrire le principe de conservation de l'énergie cinétique sous la forme d'une troisième équation:

Conservation de l'énergie — 9.18

$$\frac{1}{2}m_1 v_{1i}^2 = \frac{1}{2}m_1 v_{1f}^2 + \frac{1}{2}m_2 v_{2f}^2$$

Si la vitesse initiale v_{1i} et les masses sont connues, notre système comporte quatre inconnues. Or, étant donné que nous ne disposons que de trois équations, l'une des quatre inconnues (v_{1f}, v_{2f}, θ ou ϕ) doit être donnée pour que nous puissions déterminer le mouvement après le choc en utilisant uniquement les principes de conservation.

Exemple 9.7 Collision entre deux protons

Soit un proton qui entre en collision non frontale parfaitement élastique avec un autre proton initialement au repos. Le proton en mouvement est animé d'une vitesse initiale de $3{,}5 \times 10^5$ m/s et entre dans le champ de répulsion électrique du proton immobile, comme l'indique la figure 9.11. Après le choc, on observe que l'un des protons poursuit son mouvement à un angle de 37° par rapport à son orientation initiale, alors que le second proton dévie d'un angle ϕ par rapport à cette même orientation. Déterminez les vitesses finales des protons et l'angle ϕ.

Solution: Étant donné que $m_1 = m_2$, $\theta = 37°$ et $v_{1i} = 3{,}5 \times 10^5$ m/s, les équations 9.17 et 9.18 deviennent

$$v_{1f} \cos 37° + v_{2f} \cos\phi = 3{,}5 \times 10^5$$

$$v_{1f} \sin 37° - v_{2f} \sin\phi = 0$$

$$v_{1f}^2 + v_{2f}^2 = (3{,}5 \times 10^5)^2$$

La solution de ces trois équations permet de trouver les trois inconnues:

$$v_{1f} = 2{,}8 \times 10^5 \text{ m/s},\ v_{2f} = 2{,}1 \times 10^5 \text{ m/s},\ \phi = 53°.$$

Il est intéressant de noter que $\theta + \phi = 90°$. Ce résultat n'est *pas* accidentel. *Lorsque deux masses égales entrent en collision élastique non frontale, l'une des masses étant initialement au repos, leurs vitesses finales sont toujours orientées à angle droit l'une par rapport à l'autre.*

Exemple 9.8

Collision entre boules de billard: Soit un joueur de billard qui veut faire entrer la boule visée dans le trou de coin, comme à la figure 9.12. Si le trou de coin se trouve à un angle de 35°, quel est l'angle θ de déviation de la boule blanche après le choc? Faites abstraction du frottement et du mouvement de rotation («effet») et supposez que le choc est élastique.

Solution: Étant donné que la boule visée est initialement au repos, $v_{2i} = 0$, le principe de conservation de l'énergie cinétique nous donne

$$\frac{1}{2}m_1 v_{1i}^2 = \frac{1}{2}m_1 v_{1f}^2 + \frac{1}{2}m_2 v_{2f}^2$$

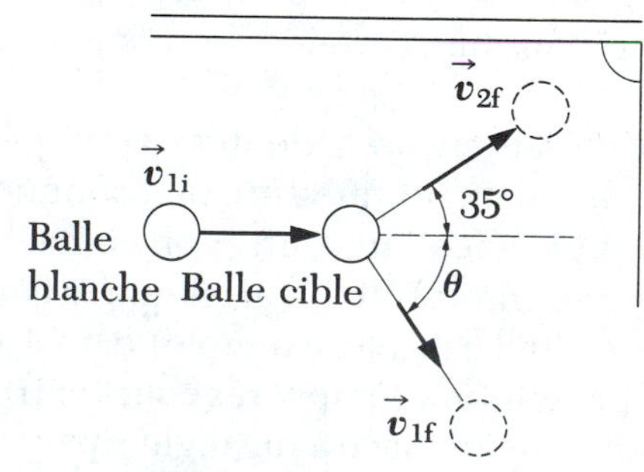

Figure 9.12 (Exemple 9.8).

Mais $m_1 = m_2$, de sorte que

$$(1)\quad v_{1i}^2 = v_{1f}^2 + v_{2f}^2$$

En appliquant le principe de conservation de la quantité de mouvement à la collision dans le plan, nous obtenons

$$(2)\ \vec{v}_{1i} = \vec{v}_{1f} + \vec{v}_{2f}$$

En élevant au carré les deux termes de l'équation (2), nous obtenons

$$v_{1i}^2 = (\vec{v}_{1f} + \vec{v}_{2f}) \cdot (\vec{v}_{1f} + \vec{v}_{2f})$$
$$= v_{1f}^2 + v_{2f}^2 + 2\vec{v}_{1f} \cdot \vec{v}_{2f}$$

Or,

$\vec{v}_{1f} \cdot \vec{v}_{2f} = v_{2f}v_{2f} \cos(\theta + 35°)$, et par conséquent

$$(3)\ v_{1i}^2 = v_{1f}^2 + v_{2f}^2 + 2v_{1f}v_{2f} \cos(\theta + 35°)$$

En soustrayant (1) de (3) nous obtenons

$$2v_{1f}v_{2f} \cos(\theta + 35°) = 0$$
$$\cos(\theta + 35°) = 0$$
$$\theta + 35° = 90° \text{ ou } \theta = 55°$$

Cela démontre de nouveau que lorsque deux masses égales entrent en collision élastique non frontale, l'une d'entre elles étant initialement au repos, elles se déplaceront à angle droit après le choc.

9.6 Centre de masse

Dans cette section, nous allons décrire le mouvement global d'un système mécanique au moyen d'un point bien particulier, le *centre de masse* du système. Le système mécanique peut être constitué soit de particules en interaction, soit d'un seul corps étendu. Nous verrons qu'il se déplace comme si toute sa masse était concentrée en son centre de masse. En outre, on montrera que si le système a une masse totale M et s'il est soumis à une force résultante $\vec{F}$, alors le centre de masse est animé d'une accélération donnée par $\vec{a} = \vec{F}/M$. En d'autres termes, le centre de masse du système se déplace comme si la force résultante n'agissait que sur une masse ponctuelle M, située au centre de masse. Dans les chapitres précédents, nous avons supposé ce résultat de façon implicite puisque la majorité des exemples portaient sur le mouvement de corps étendus, qui étaient cependant considérés comme ponctuels.

Ce chapitre-ci, concerné par le mouvement de translation du centre de masse d'un système de particules, une fois complété par le suivant, traitant du mouvement de rotation d'un corps rigide, va nous permettre d'étudier le mouvement général d'un corps rigide car la description de ce mouvement pourra être séparée en un mouvement de translation du centre de masse d'une part et un mouvement de rotation autour de celui-ci d'autre part.

Considérons un système mécanique constitué d'une paire de particules reliées par une tige légère et rigide (fig. 9.13). Le centre de masse est situé quelque part sur la ligne qui joint les deux particules; il est plus proche de la grosse masse que de la petite. Soumis à une seule force dont le point d'application se situe sur la tige, plus proche de la petite masse que de la grosse, le système décrira une rotation dans le sens des aiguilles d'une montre (fig. 9.13a). Par contre, si le point d'application de la force est plus près de la grosse masse que de la petite, la rotation du système s'effectuera dans le sens anti-horaire (fig. 9.13b). Si le point d'application coïncide avec le centre de masse, le système ne décrira pas de rotation et la tige se déplacera parallèlement à elle-même (fig. 9.13c). Il est donc facile de localiser le centre de masse.

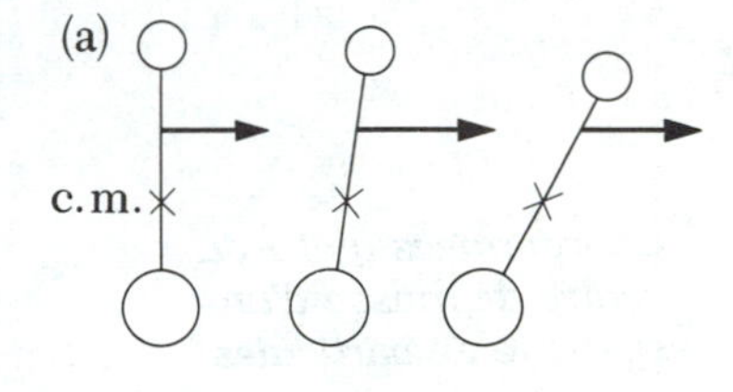

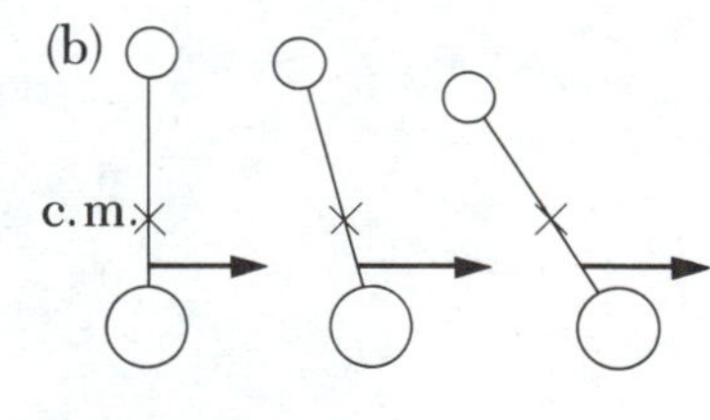

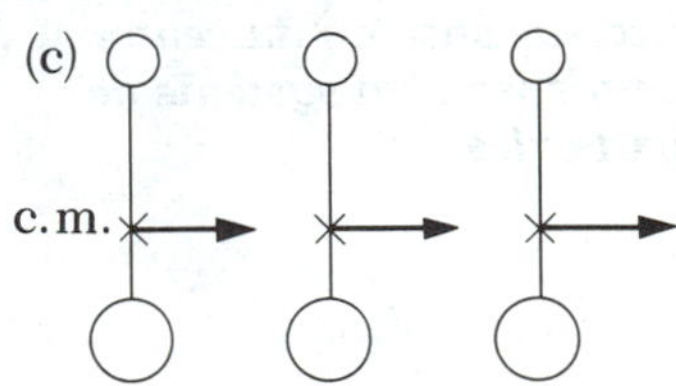

Figure 9.13 Deux masses inégales sont reliées par une tige légère et rigide. (a) Le système décrit une rotation dans le sens des aiguilles d'une montre lorsque la force est appliquée au-dessus du centre de masse. (b) Le système décrit une rotation dans le sens anti-horaire lorsque la force est appliquée au-dessous du centre de masse. (c) Le système se déplace parallèlement à la tige lorsque le point d'application de la force coïncide avec le centre de masse.

Le centre de masse du système présenté à la figure 9.14 (paire de particules) est situé sur l'axe des x, quelque part entre les deux particules. Dans ce cas, la coordonnée x_c du centre de masse est définie par

9.19
$$x_c \equiv \frac{m_1x_1 + m_2x_2}{m_1 + m_2}$$

Par exemple, si $x_1 = 0$, $x_2 = d$ et $m_2 = 2m_1$, nous obtenons $x_c = \frac{2}{3}d$. Le centre de masse est donc plus proche de la grosse masse. Si les deux masses sont égales, le centre de masse se trouve à mi-chemin entre les deux particules.

Nous pouvons étendre la notion de centre de masse à un système à trois dimensions constitué de plusieurs particules distribuées dans l'espace. La coordonnée x_c du centre de masse de n particules est définie par:

Coordonnée x du centre de masse d'un système de particules

9.20
$$x_c = \frac{m_1x_1 + m_2x_2 + m_3x_3 + \ldots + m_nx_n}{m_1 + m_2 + m_3 + \ldots + m_n} = \frac{\Sigma m_ix_i}{\Sigma m_i}$$

où x_i représente la coordonnée x de la i-ième particule et Σm_i est la *masse totale* du système. Pour simplifier, nous allons exprimer la masse totale sous la forme $M = \Sigma m_i$. De même, les coordonnées y_c et z_c du centre de masse sont données par les équations

Coordonnées y et z du centre de masse d'un système de particules

9.21
$$y_c = \frac{\Sigma m_iy_i}{M} \quad \text{et} \quad z_c = \frac{\Sigma m_iz_i}{M}$$

Le centre de masse peut également être localisé à l'aide de son vecteur position $\vec{r}_c$. Les coordonnées rectangulaires de ce vecteur sont x_c, y_c et z_c. Par conséquent

9.22
$$\vec{r}_c = x_c\vec{i} + y_c\vec{j} + z_c\vec{k} = \frac{\Sigma m_ix_i\vec{i} + \Sigma m_iy_i\vec{j} + \Sigma m_iz_i\vec{k}}{M}$$

Vecteur position du centre de masse d'un système de particules

9.23
$$\vec{r}_c = \frac{\Sigma m_i\vec{r}_i}{M}$$

où $\vec{r}_i$ représente le vecteur position de la i-ième particule:

$$\vec{r}_i = x_i\vec{i} + y_i\vec{j} + z_i\vec{k}$$

Pour localiser le centre de masse d'un solide on utilise les définitions précédentes adaptées à la situation considérée. Nous pouvons concevoir le solide comme un système constitué d'un grand nombre de particules (fig. 9.15). La distance entre les particules est très faible et l'on considère donc que la masse du corps est distribuée de façon continue. En subdivisant le corps en éléments de masse Δm_i, de coordonnées x_i, y_i et z_i, nous constatons que la coordonnée x du centre de masse est approximativement

$$x_c \approx \frac{\Sigma x_i\Delta m_i}{M}$$

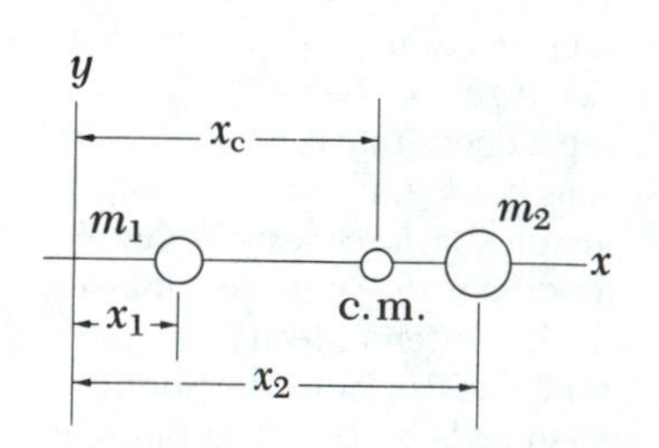

Figure 9.14 Le centre de masse de deux particules situées sur l'axe des x se trouve à x_c, soit un point situé entre les deux particules, mais plus rapproché de la grosse masse.

et l'on utilise des expressions similaires pour y_c et z_c. Si l'on fait tendre le nombre n d'éléments vers l'infini, la limite tend vers x_c et la détermination de x_c devient exacte. Dans ce cas, le symbole de sommation (Σ) est remplacé par celui de l'intégrale ($\int$) et Δm_i par l'élément différentiel dm, de sorte que:

$$\boxed{9.24} \qquad x_c = \lim_{\Delta m_i \to 0} \frac{\Sigma x_i \Delta m_i}{M} = \frac{1}{M} \int x\, dm$$

Nous procédons de même pour y_c et z_c

$$\boxed{9.25} \qquad y_c = \frac{1}{M} \int y\, dm \quad \text{et} \quad z_c = \frac{1}{M} \int z\, dm$$

Donc, le vecteur position du centre de masse d'un solide peut être exprimé sous la forme

Vecteur position du centre de masse d'un solide

$$\boxed{9.26} \qquad \vec{r}_c = \frac{1}{M} \int \vec{r}\, dm$$

ce qui équivaut aux trois expressions scalaires des équations 9.24 et 9.25.

Au chapitre suivant, nous traiterons en détails de l'autre aspect du mouvement d'un corps rigide, c.-à-d. de sa rotation. Au moyen de la notion de moment de force, nous serons alors plus en mesure de comprendre cet aspect qui vient compléter celui du mouvement de translation du centre de masse, abordé dans ce chapitre-ci. Pour le moment, contentons-nous de quelques considérations qualitatives et intuitives, à propos de la localisation du centre de masse.

Le centre de masse de divers corps symétriques et homogènes doit se situer sur un axe de symétrie. Par exemple, le centre de masse d'une tige homogène se situe sur la tige, à mi-chemin entre ses deux extrémités. Le centre de masse d'une sphère ou d'un cube homogènes se trouve à leur centre géometrique. On peut déterminer expérimentalement le centre de masse d'un corps plan de forme irrégulière en le suspendant successivement par deux points différents (fig. 9.16). On le suspend d'abord par le point A, et l'on trace la verticale AB lorsque le corps est en équilibre. Puis, on le suspend par le point C et l'on trace la verticale CD. Le centre de masse coïncide alors avec l'intersection des deux droites tracées. En fait, toute droite verticale tracée à partir d'un point de suspension, quel qu'il soit, doit nécessairement passer par le centre de masse.

Étant donné qu'un solide est une masse distribuée de façon continue, chaque portion du corps est soumise à la force gravitationnelle. La résultante de toutes ces forces est équivalente à l'action d'une seule force $M\vec{g}$ s'exerçant sur un point particulier, nommé le *centre de gravité.* Si $\vec{g}$ est constant sur l'ensemble de la masse distribuée, alors le centre de gravité coïncide avec le centre de masse. Lorsqu'un corps rigide pivote autour d'un axe passant par son centre de gravité, il est en équilibre quelle que soit son orientation dans le champ de force gravitationnelle.

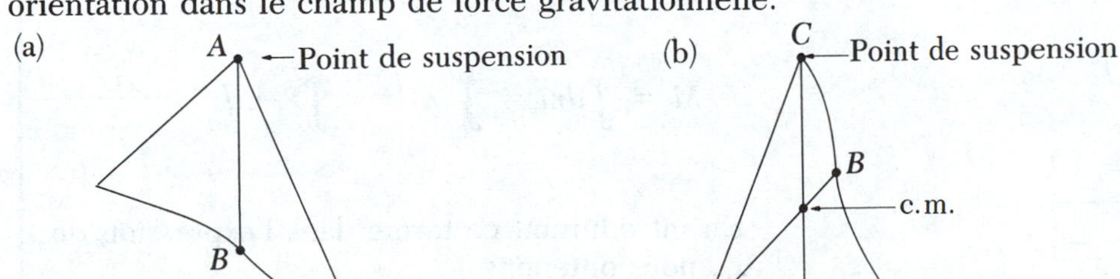

Figure 9.16 Procédé expérimental de détermination du centre de masse d'un corps plan de forme irrégulière. L'objet est suspendu librement et successivement par deux points différents, soit A et C. Le centre de masse se trouve à l'intersection des segments verticaux AB et CD.

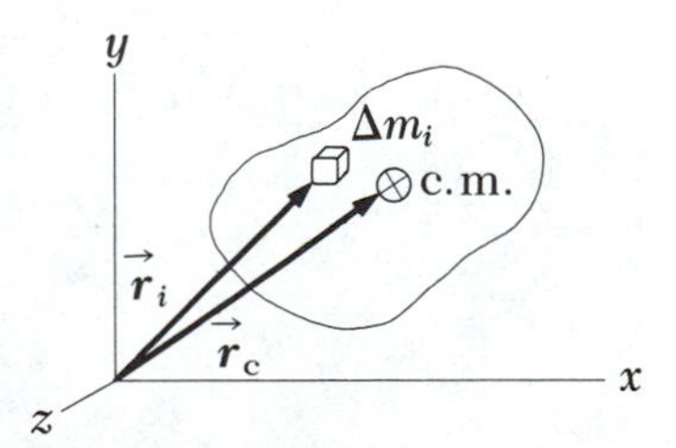

Figure 9.15 On peut considérer que la masse d'un corps rigide est distribuée en de nombreux petits éléments de masse Δm_i. Le centre de masse est situé au vecteur position $\vec{r}_c$, dont les coordonnées sont x_c, y_c et z_c.

Exemple 9.9

Soit un système constitué de trois particules situées aux sommets d'un triangle rectangle comme à la figure 9.17. Déterminez la position du centre de masse.

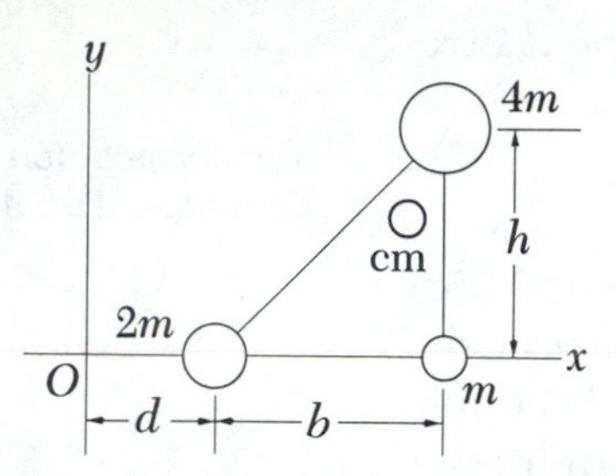

Figure 9.17 (Exemple 9.9) Le centre de masse des trois particules est situé à l'intérieur du triangle.

Solution: En utilisant les équations 9.20 et 9.21, comme $z_c = 0$, nous obtenons:

$$x_c = \frac{\Sigma m_i x_i}{M} = \frac{2md + m(d + b) + 4m(d + b)}{7m}$$

$$= d + \frac{5}{7}b$$

$$y_c = \frac{\Sigma m_i y_i}{M} = \frac{2m(0) + m(0) + 4mh}{7m} = \frac{4}{7}h$$

Par conséquent, nous pouvons exprimer le vecteur position du centre de masse par

$$\vec{r}_c = x_c\vec{i} + y_c\vec{j} = (d + \frac{5}{7}b)\vec{i} + \frac{4}{7}h\vec{j}$$

Exemple 9.10

(a) Démontrez que le centre de masse d'une tige uniforme de masse M et de longueur L se trouve à mi-chemin entre ses extrémités (fig. 9.18).

La tige étant placée le long de l'axe des x, $y_c = z_c = 0$. De plus, si nous utilisons λ pour désigner la masse par unité de longueur (soit la densité linéaire), alors $\lambda = M/L$ dans le cas d'une tige uniforme. Si nous subdivisons la tige en éléments de longueur dx, situés à une distance x de l'origine, alors la masse de chaque élément est donnée par $dm = \lambda dx$ et l'équation 9.24 nous donne

$$x_c = \frac{1}{M}\int_0^L x\,dm = \frac{1}{M}\int_0^L x\lambda\,dx$$

$$= \frac{\lambda}{M}\left.\frac{x^2}{2}\right]_0^L = \frac{\lambda L^2}{2M}$$

Puisque $\lambda = M/L$, nous pouvons simplifier

$$x_c = \frac{L^2}{2M}\left(\frac{M}{L}\right) = \frac{L}{2}$$

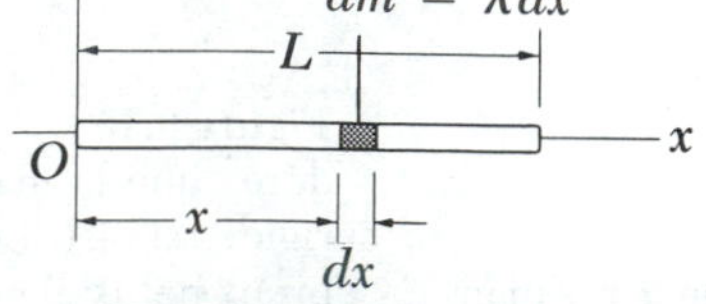

Figure 9.18 (Exemple 9.10) Le centre de masse d'une tige uniforme de longueur L est situé à $x_c = L/2$.

(b) Supposons que la tige ne soit *pas uniforme* et que la masse par unité de longueur varie de façon linéaire par rapport à x selon l'expression $\gamma = \alpha x$ où α est constant. Déterminez la coordonnée x du centre de masse en fonction de L.

Dans ce cas-ci, nous remplaçons dm par $\lambda\ dx$, où λ n'est pas constant. Par conséquent, x_c est donné par

$$x_c = \frac{1}{M}\int_0^L x\,dm = \frac{1}{M}\int_0^L x\lambda\,dx$$

$$= \frac{\alpha}{M}\int_0^L x^2\,dx = \frac{\alpha L^3}{3M}$$

Nous pouvons également éliminer α compte tenu de la relation entre la masse totale de la tige et α, relation donnée par

$$M = \int dm = \int_0^L \lambda\,dx = \int_0^L \alpha x\,dx = \frac{\alpha L^2}{2}$$

En introduisant ce terme dans l'expression de x_c, nous obtenons

$$x_c = \frac{\alpha L^3}{3\alpha L^2/2} = \frac{2}{3}L$$

Q12. Le centre de masse d'un corps peut-il être situé à l'extrémité du corps? Si oui donnez un exemple.

9.7 Mouvement d'un système de particules

Pour bien comprendre la signification physique et l'utilité du concept de centre de masse, considérons la dérivée par rapport au temps du vecteur position du centre de masse, soit $\vec{r}_c$, donnée par l'équation 9.23. En supposant que M demeure constant, c'est-à-dire qu'aucune particule n'entre ou ne sort du système, nous obtenons l'expression suivante de la *vitesse du centre de masse:*

Vitesse du centre de masse

$$\vec{v}_c = \frac{d\vec{r}_c}{dt} = \frac{1}{M}\Sigma m_i \frac{d\vec{r}_i}{dt} = \frac{\Sigma m_i \vec{v}_i}{M} \tag{9.27}$$

où $\vec{v}_i$ est la vitesse de la i-ième particule. Nous pouvons ramener l'équation 9.27 à la forme

Quantité de mouvement totale d'un système de particules

$$M\vec{v}_c = \Sigma m_i \vec{v}_i = \Sigma \vec{p}_i = \vec{p} \tag{9.28}$$

Le membre droit de l'équation 9.28 est égal à la quantité de mouvement totale du système. Par conséquent, nous concluons que *la quantité de mouvement totale du système est égale à la masse totale multipliée par la vitesse du centre de masse*. En d'autres termes, la quantité de mouvement totale du système est égale à la quantité de mouvement totale d'une seule particule de masse M animée d'une vitesse $\vec{v}_c$.

À présent, en dérivant l'équation 9.27 par rapport au temps, nous obtenons l'*accélération du centre de masse*:

Accélération du centre de masse

$$\vec{a}_c = \frac{d\vec{v}_c}{dt} = \frac{1}{M}\Sigma m_i \frac{d\vec{v}_i}{dt} = \frac{1}{M}\Sigma m_i \vec{a}_i \tag{9.29}$$

Partant de cette expression et en utilisant la deuxième loi de Newton, nous obtenons

$$M\vec{a}_c = \Sigma m_i \vec{a}_i = \Sigma \vec{F}_i \tag{9.30}$$

où $\vec{F}_i$ est la force agissant sur la particule i.

Toute particule du système peut être soumise à des forces externes et internes. Toutefois, selon la troisième loi de Newton, la force qu'exerce, par exemple, la particule 1 sur la particule 2, est égale et opposée à la force de la particule 2 sur la particule 1. Par conséquent, lorsqu'on additionne toutes les forces internes dans l'équation 9.30, elles s'annulent deux à deux et la force résultante agissant sur le système ne découle que de l'action des forces externes. Nous pouvons donc récrire l'équation 9.30 sous la forme

Deuxième loi de Newton appliquée à un système de particules

$$\boxed{9.31} \qquad \Sigma\vec{F}_{ext} = M\vec{a}_c = \frac{d\vec{p}}{dt}$$

Cela signifie que la force résultante externe agissant sur le système de particules est égale à la masse totale du système multipliée par l'accélération du centre de masse. Si l'on compare ce résultat à la deuxième loi de Newton appliquée au cas d'une particule unique, on constate que *le centre de masse se déplace comme une particule imaginaire de masse M sous l'action de la force résultante externe.*

Enfin, on constate que si la force résultante externe est nulle, il s'ensuit à partir de l'équation 9.31 que

$$\frac{d\vec{p}}{dt} = M\vec{a}_c = 0$$

de sorte que

$$\text{9.32} \qquad \vec{p} = M\vec{v}_c = \text{vecteur constant (lorsque } \Sigma\vec{F}_{ext} = 0)$$

Ainsi, *la quantité de mouvement totale d'un système de particules est conservée si le système n'est pas soumis à l'action de forces externes.* Il s'ensuit donc que, dans le cas d'un système *isolé*, la quantité de mouvement totale et la vitesse du centre de masse sont toutes deux constantes dans le temps. Il s'agit donc d'une généralisation du principe de conservation de la quantité de mouvement (établi à la section 9.2 dans le cas d'un système à deux particules) au cas d'un système constitué de plusieurs particules.

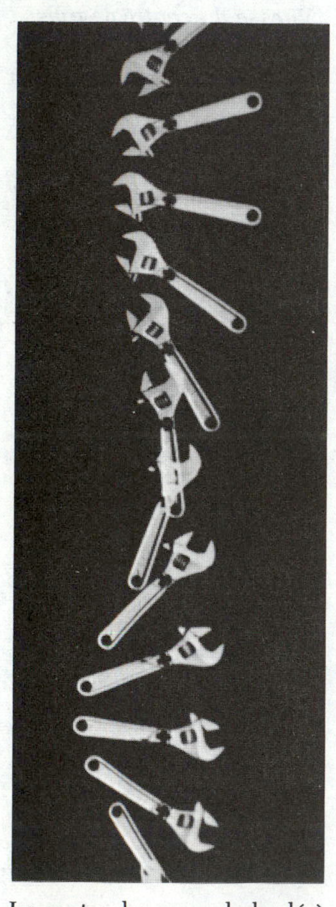

Le centre de masse de la clé à molette se déplace en ligne droite tandis que l'outil décrit une rotation autour de ce point. (Education Development Center, Newton, Mass.)

Supposons qu'un système isolé constitué de deux éléments ou plus soit au repos. Le centre de masse de ce système demeurera au repos jusqu'à ce qu'il subisse l'action d'une force extérieure. Par exemple, la somme des forces externes agissant sur le canon de l'exemple 9.3 est nulle. Avant de tirer, le système, et donc le centre de masse, sont au repos. Pendant le tir seules des forces internes interviennent et le centre de masse demeure donc au repos entre le canon qui recule et l'obus qui part vers l'avant.

Comme autre exemple, supposons qu'un atome instable initialement au repos se désintègre soudain en deux fragments de masses M_1 et M_2, animés de vitesses $\vec{v}_1$ et $\vec{v}_2$. La désintégration radioactive du noyau d'uranium 238 constitue un bon exemple de ce processus: il se décompose en une particule alpha (noyau d'hélium) et un noyau de thorium 234. Étant donné qu'avant le processus de désintégration, la quantité de mouvement totale du système est nulle, elle doit également être nulle après la désintégration. Par conséquent, nous voyons que $M_1\vec{v}_1 + M_2\vec{v}_2 = 0$. Si l'on connaît la vitesse de l'un des fragments après la désintégration, la vitesse de recul de l'autre fragment peut être calculée. Comment expliquez-vous l'origine de l'énergie cinétique des fragments?

Exemple 9.11 Explosion d'un projectile

Supposons qu'un projectile, tiré en l'air, explose soudain en plusieurs éclats (fig. 9.19). Que peut-on dire du mouvement des éclats après l'explosion?

Solution: La seule force externe agissant sur le projectile est la force gravitationnelle. Par conséquent, le projectile décrit une trajectoire parabolique, et s'il n'avait pas explosé, il aurait poursuivi cette trajectoire, indiquée en pointillés à la figure 9.19. Or, étant donné que les forces découlant de l'explosion sont internes, elles ne modifient pas le mouvement du centre de masse. Par conséquent, après l'explosion, le centre de masse des éclats poursuit la *même* trajectoire parabolique que celle qu'aurait décrite le projectile s'il n'avait pas explosé.

Figure 9.19 (Exemple 9.11) Lorsqu'un projectile explose en plusieurs fragments, le centre de masse des fragments conserve la même trajectoire parabolique que celle qu'aurait décrite le projectile en l'absence d'explosion.

Exemple 9.12

On lance une fusée à la verticale vers le haut. Elle atteint une altitude de 1 000 m et une vitesse de 300 m/s. À cet instant, la fusée explose en trois fragments égaux. Juste après l'explosion, l'un des fragments poursuit son mouvement ascensionnel à une vitesse de 450 m/s, alors que le second fragment est animé d'une vitesse de 240 m/s et se déplace vers l'est. (a) Quelle est la vitesse du troisième fragment juste après l'explosion?

Désignons la masse totale de la fusée par M; ainsi, la masse de chaque fragment est $M/3$. La quantité de mouvement totale juste avant l'explosion doit être égale à la quantité de mouvement totale des fragments juste après l'explosion, car les forces de l'explosion sont intérieures au système et ne peuvent donc pas modifier sa quantité de mouvement totale.

Avant l'explosion:

$$\vec{p}_i = M\vec{v}_0 = 300M\vec{j}$$

Après l'explosion:

$$\vec{p}_f = 240\left(\frac{M}{3}\right)\vec{i} + 450\left(\frac{M}{3}\right)\vec{j} + \frac{M}{3}\vec{v}$$

où $\vec{v}$ représente la vitesse inconnue du troisième fragment. Puisque $\vec{p}_i = \vec{p}_f$, nous avons:

$$M\frac{\vec{v}}{3} + 80M\vec{i} + 150M\vec{j} = 300M\vec{j}$$

$$\vec{v} = (-240\vec{i} + 450\vec{j}) \text{ m/s}$$

(b) Quelle est la position du centre de masse par rapport au sol 3 s après l'explosion? (Supposez que le moteur de la fusée ne fonctionne plus après l'explosion.)

Le centre de masse des fragments se déplace comme un corps en chute libre puisque l'explosion ne modifie pas son mouvement (exemple 9.11). Si $t = 0$ représente l'instant de l'explosion, alors nous pouvons dire du centre de masse que $y_0 = 1\,000$ m et que $v_0 = 300$ m/s. Nous obtenons la coordonnée y du centre de masse comme suit:

$$y_c = y_0 + v_0 t - \frac{1}{2}gt^2 = 1\,000 + 300t - 4{,}9t^2$$

Donc, à $t = 3$ s,

$$y_c = [1\,000 + 300\,(3) - 4{,}9(3)^2] \text{ m} \approx 1\,856 \text{ m}$$

Puisqu'il n'existe aucune force externe horizontale, la coordonnée x du centre de masse ne varie pas: le second fragment se déplace vers la droite sur la même distance que le troisième fragment vers la gauche.

Q13. Un garçon se tient debout à une extrémité d'un radeau immobile par rapport au rivage. Puis, le garçon se déplace à l'autre extrémité du radeau, c'est-à-dire l'extrémité la plus éloignée du rivage. Qu'advient-il du centre de masse du système (garçon + radeau)? Le radeau se déplace-t-il? Expliquez.

Q14. On lance simultanément trois balles en l'air. Quelle est l'accélération du centre de masse de ces balles pendant qu'elles sont en mouvement?

Q15. Deux particules isolées se heurtent de front. Quelle est l'accélération du centre de masse après le choc?

Q16. Soit une règle d'un mètre maintenue en équilibre horizontal sur les index de la main gauche et de la main droite. Si l'on rapproche les deux doigts l'un de l'autre tout en maintenant la règle en équilibre, ils se touchent au trait indiquant les 50 cm, quelles que soient leurs positions initiales. Faites-en l'essai et expliquez cette observation.

Q17. Deux personnes placées initialement aux extrémités d'un radeau se dirigent l'une vers l'autre et se rejoignent au centre. Que peut-on dire de leurs masses si le radeau ne s'est pas déplacé? et s'il s'est déplacé?

(a)

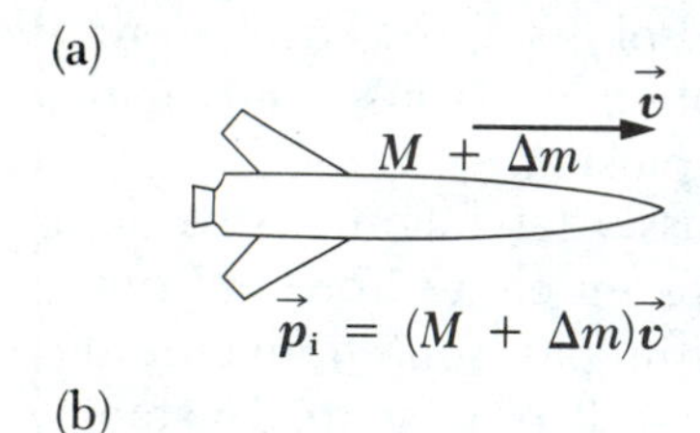

(b)

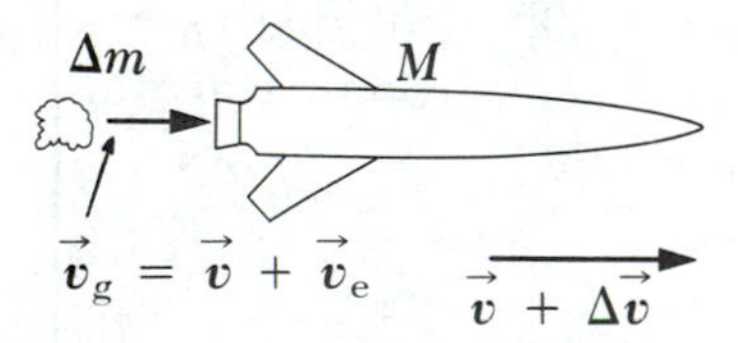

Figure 9.20 Propulsion d'une fusée. (a) La masse initiale de la fusée est $M + \Delta m$ au temps t, et sa vitesse est $\vec{v}$. (b) À un temps $t + \Delta t$, la masse de la fusée a diminué à M, et une quantité Δm de gaz a été expulsée par l'échappement. La vitesse de la fusée augmente d'une quantité $\Delta\vec{v}$. (Notons que $\vec{v}_g = \vec{v} + \vec{v}_e$, mais que $v_g = v - v_e$, où $\vec{v}_g$ représente la vitesse du gaz expulsé par rapport à un système de référence fixe.)

9.8 Propulsion d'une fusée

La plupart des véhicules, tels que l'automobile, le bateau et le train, se meuvent grâce aux frottements. Ainsi, la force qui assure le mouvement d'une automobile est le frottement entre les roues et la chaussée. Toutefois, dans le cas d'une fusée se déplaçant dans l'espace, il n'y a ni air ni voie ferrée ni eau pour assurer la poussée. La source de propulsion d'une fusée doit donc être de nature différente. *Le fonctionnement d'une fusée est lié au principe de conservation de la quantité de mouvement, tel qu'il s'applique à un système de particules; dans ce cas, le système est constitué de la fusée et de ses gaz d'échappement.*

Pour comprendre la propulsion d'une fusée, comparons-la au système mécanique constitué d'une mitrailleuse montée sur un chariot mobile. Chaque projectile tiré par la mitrailleuse est animé d'une quantité de mouvement $m\vec{v}$ orientée vers l'avant. Pour chaque projectile tiré, la mitrailleuse et le chariot doivent être animés d'une quantité de mouvement compensatoire en sens contraire (comme dans l'exemple 9.3). Ainsi, la force de réaction du projectile sur la mitrailleuse provoque une accélération du chariot et de la mitrailleuse.

De façon similaire, lorsqu'une fusée se déplace dans l'espace, *sa quantité de mouvement varie à mesure qu'une partie de sa masse est libérée sous forme de gaz d'échappement* (fig. 9.20). *Étant donné que les gaz d'échappe-*

ment acquièrent une certaine quantité de mouvement vers l'arrière, la fusée acquiert la même quantité de mouvement dans le sens opposé. Par conséquent, *la fusée subit une accélération sous la «poussée» des gaz d'échappement.* Dans le vide spatial, le centre de masse de tout le système se déplace uniformément et ne dépend pas du processus de propulsion.

Mise à feu de la navette spatiale Columbia. Les moteurs alimentés par du carburant liquide assurent une poussée considérable et sont assistés de deux moteurs auxiliaires à carburant solide. (NASA)

Supposons qu'à un temps t, la quantité de mouvement de la fusée et de son carburant est $(M + \Delta m)v$ (fig. 9.20a). Quelques instants plus tard, soit au temps $t + \Delta t$, la fusée a laissé échapper une quantité de carburant de masse Δm et sa vitesse est alors $v + \Delta v$ (fig. 9.20b). Si l'échappement du carburant s'effectue à une vitesse v_e *par rapport à la fusée*, alors la vitesse du carburant par rapport à un référentiel immobile est $v - v_e$. Par conséquent, comme la *quantité de mouvement avant l'échappement* doit être la même que la *quantité de mouvement totale après*, nous avons

$$(M + \Delta m)v = M(v + \Delta v) + \Delta m(v - v_e)$$

En simplifiant cette expression, nous obtenons

$$M\,\Delta v = v_e \Delta m$$

Nous aurions pu obtenir également ce résultat en utilisant le centre de masse comme référentiel du système. Dans ce référentiel, la quantité de mouvement totale est nulle; par conséquent, si la fusée accroît sa quantité de mouvement de $M\,\Delta v$ en laissant échapper une partie de son carburant, alors les gaz d'échappement acquièrent une quantité de mouvement $v_e\,\Delta m$ orientée dans le *sens contraire* du mouvement de la fusée, et donc $M\,\Delta v - v_e\,\Delta m = 0$. Lorsque Δt tend vers zéro, Δt devient dt, Δv devient dv et Δm devient dm. De plus, l'augmentation de la masse des gaz d'échappement, soit dm, correspond à une diminution égale de la masse de la fusée, de sorte que $dm = -dM$. Notons que $dM < 0$. À partir de cette donnée, nous obtenons

9.33
$$M\,dv = -v_e\,dM$$

En intégrant cette équation, en supposant que la masse initiale du système (fusée + carburant) est M_i et que sa masse finale (fusée + carburant en réserve) est M_f, nous obtenons

$$\int_{v_i}^{v_f} dv = -v_e \int_{M_i}^{M_f} \frac{dM}{M}$$

9.34
$$v_f - v_i = v_e \ln\left(\frac{M_i}{M_f}\right)$$

Propulsion d'une fusée

D'une part, l'expression nous indique que l'accroissement de la vitesse de la fusée est proportionnel à la vitesse d'échappement v_e. Par conséquent, la vitesse d'échappement doit être très grande. D'autre part, l'accroissement de la vitesse est proportionnel au logarithme du rapport M_i/M_f. Il faut donc que ce rapport soit le plus grand possible, ce qui signifie que la fusée doit transporter le plus de carburant possible.

La *«poussée»* sur la fusée est la force qu'elle subit sous l'action de l'échappement des gaz. À partir de l'équation 9.33, nous pouvons formuler une expression permettant de décrire cette poussée:

9.35
$$\text{Poussée} = M\frac{dv}{dt} = \left| v_e \frac{dM}{dt} \right|$$

Nous voyons que la poussée augmente elle aussi à mesure que la vitesse d'échappement augmente et à mesure que le taux de variation de la masse (taux de combustion) s'accroît.

Exemple 9.13

Une fusée se déplaçant dans le vide spatial est animée d'une vitesse de 3×10^3 m/s. On met alors ses moteurs en marche et une certaine quantité de carburant est éjectée dans le sens contraire du mouvement de la fusée; cet échappement se produit à la vitesse de 5×10^3 m/s par rapport à la fusée. (a) Quelle est la vitesse de la fusée au moment où sa masse ne représente plus que la moitié de ce qu'elle était avant la mise à feu?

En appliquant l'équation 9.34, nous obtenons

$$v_f = v_i + v_e \ln\left(\frac{M_i}{M_f}\right)$$

$$= 3 \times 10^3 + 5 \times 10^3 \ln\left(\frac{M_i}{0{,}5M_i}\right)$$

$$= 6{,}5 \times 10^3 \text{ m/s}$$

(b) Quelle poussée la fusée subit-elle si son taux de combustion de carburant s'établit à 50 kg/s?

$$\text{Poussée} = \left| v_e \frac{dM}{dt} \right| = \left(5 \times 10^3 \frac{\text{m}}{\text{s}}\right)\left(50 \frac{\text{kg}}{\text{s}}\right)$$

$$= 2{,}5 \times 10^5 \text{ N}$$

Q18. Expliquez en quoi consiste la manoeuvre de décélération d'un engin spatial. Quelles sont les autres manoeuvres possibles?

Q19. En effectuant une «marche dans l'espace», un astronaute rompt par mégarde le câble de sécurité qui le reliait au vaisseau spatial. Quel type d'équipement lui faudrait-il pour être en mesure de regagner le vaisseau?

Q20. Dans le vide de l'espace, le centre de masse d'une fusée accélère-t-il? Expliquez.

Q21. La vitesse d'une fusée peut-elle être supérieure à la vitesse d'échappement des gaz? Expliquez.

9.9 Résumé

La *quantité de mouvement* d'une particule de masse m se déplaçant à une vitesse $\vec{v}$ est définie par

Quantité de mouvement

9.1
$$\vec{p} \equiv m\vec{v}$$

L'*impulsion d'une force* $\vec{F}$ agissant sur une particule est égale à la variation de la quantité de mouvement de la particule. Elle est donnée par

9.6 $$\vec{I} = \Delta\vec{p} = \int_{t_i}^{t_f} \vec{F}\,dt$$

Impulsion

Lors de collisions ou d'explosions, les forces d'interaction sont très grandes en comparaison des autres forces agissant sur le système, et leur action est généralement de courte durée.

Selon le *principe de conservation de la quantité de mouvement,* lorsque deux particules en interaction forment un système isolé, leur quantité de mouvement totale est conservée, quelle que soit la nature de la force qui s'exerce entre elles. Par conséquent, en tout temps, la quantité de mouvement totale du système est égale à sa quantité de mouvement totale initiale, d'où

9.12 $$\vec{p}_{1i} + \vec{p}_{2i} = \vec{p}_{1f} + \vec{p}_{2f}$$

Conservation de la quantité de mouvement

Lorsque deux particules entrent en collision, la quantité de mouvement totale du système est la même avant et après la collision, quelle que soit la nature de la collision. Au cours d'une *collision inélastique,* l'énergie mécanique du système n'est pas conservée, alors que sa quantité de mouvement est conservée. On dira d'une collision qu'elle est parfaitement inélastique lorsque les corps demeurent en contact après le choc. Dans une *collision élastique,* la quantité de mouvement et l'énergie sont toutes deux conservées.

Collision élastique et collision inélastique

Dans le cas de collisions dans deux ou trois dimensions, la quantité de mouvement dans chacune des trois directions (x, y, z) est conservée indépendamment.

Le *vecteur position du centre de masse d'un système de particules* est défini par

9.23 $$\vec{r}_c \equiv \frac{\Sigma m_i \vec{r}_i}{M}$$

Centre de masse d'un système de particules

où $M = \Sigma m_i$ représente la masse totale du système et $\vec{r}_i$ est le vecteur position de la i-ième particule.

Le *vecteur position du centre de masse d'un solide* s'obtient à partir de l'intégrale

9.26 $$\vec{r}_c = \frac{1}{M}\int \vec{r}\,dm$$

Centre de masse d'un solide

La *vitesse du centre de masse d'un système de particules* est donnée par

9.27 $$\vec{v}_c = \frac{\Sigma m_i \vec{v}_i}{M}$$

Vitesse du centre de masse

La quantité de mouvement totale d'un système de particules est égale à la masse totale multipliée par la vitesse du centre de masse, c'est-à-dire $\vec{p} = M\vec{v}_c$.

L'application de la deuxième loi de Newton à un système de particules donne

Deuxième loi de Newton appliquée à un système de particules

$$\Sigma\vec{F}_{ext} = M\vec{a}_c = \frac{d\vec{p}}{dt} \qquad (9.31)$$

où $\vec{a}_c$ est l'accélération du centre de masse et où la somme inclut toutes les forces externes. Le centre de masse se déplace comme s'il s'agissait d'une particule imaginaire de masse M soumise à l'action de la force résultante extérieure au système. La quantité de mouvement totale du système est conservée s'il n'est soumis à l'action d'aucune force externe.

Exercices

Section 9.1 Quantité de mouvement et impulsion

1. Soit une particule de 3 kg animée d'une vitesse de $(2\vec{i} - 4\vec{j})$ m/s. Déterminez les composantes x et y de sa quantité de mouvement et la grandeur de sa quantité de mouvement totale.

2. La quantité de mouvement d'une voiture de 1 500 kg est égale à la quantité de mouvement d'un camion de 5 000 kg se déplaçant à 50 km/h. Quelle est la vitesse de la voiture?

3. Une voiture de 1 500 kg se déplace vers l'est à une vitesse de 8 m/s. Puis, elle met 3 s à effectuer un virage de 90° vers le nord et poursuit sa route à la même vitesse. Déterminez (a) l'impulsion que reçoit la voiture sous l'effet du virage et (b) la force moyenne agissant sur la voiture durant le virage.

4. Une balle de 0,3 kg se déplaçant en ligne droite est animée d'une vitesse de $5\vec{i}$ m/s. Elle heurte un mur et rebondit à une vitesse de $-3\vec{i}$ m/s. Déterminez (a) la variation de sa quantité de mouvement et (b) la force moyenne exercée sur le mur si la balle est en contact avec celui-ci durant 5×10^{-3} s.

5. La force F_x agissant sur une particule de 2 kg varie en fonction du temps, comme l'indique la figure 9.21. Déterminez (a) l'impulsion communiquée à la particule, (b) la vitesse finale de la particule si elle se trouvait initialement au repos et (c) la vitesse finale de la particule si elle se déplaçait initialement selon l'axe des x à une vitesse de -2 m/s.

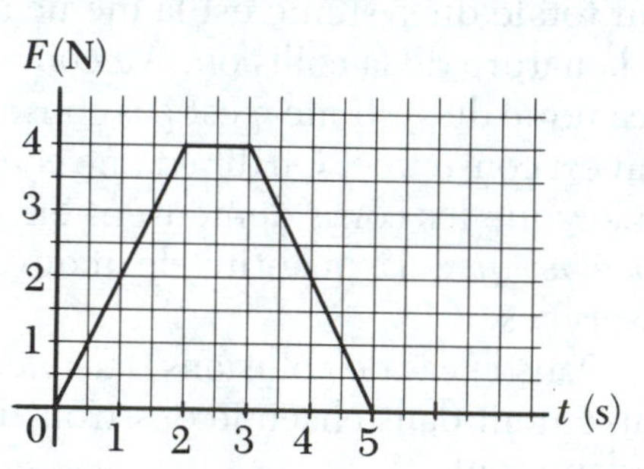

Figure 9.21 (Exercices 5 et 6).

6. Déterminez la force moyenne agissant sur la particule décrite à la figure 9.21 durant l'intervalle de temps de $t_i = 0$ à $t_f = 5$ s.

7. La figure 9.22 présente la courbe approximative de la force en fonction du temps dans le cas d'une balle de baseball frappée par un bâton. À partir de cette courbe, déterminez (a) l'impulsion que reçoit la balle, (b) la force moyenne à laquelle elle est soumise et (c) la valeur maximale de la force exercée sur la balle.

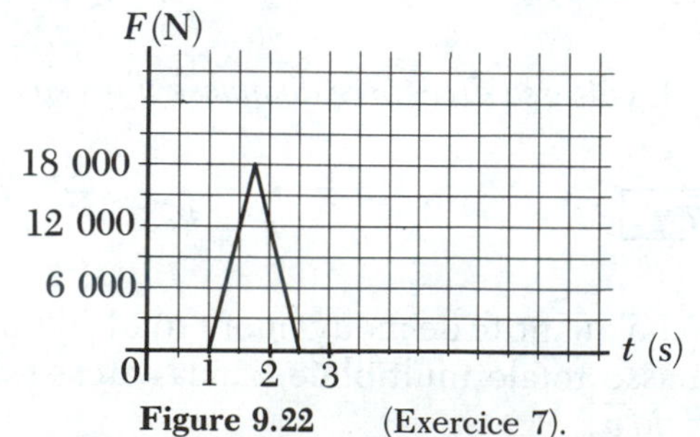

Figure 9.22 (Exercice 7).

8. Calculez la grandeur de la quantité de mouvement dans les cas suivants: (a) un proton de masse $1{,}67 \times 10^{-27}$ kg se déplaçant à une vitesse de 5×10^6 m/s; (b) un projectile de 15 g animé d'une vitesse de 500 m/s; (c) un sprinter de 75 kg se déplaçant à une vitesse de 12 m/s et (d) la Terre ($5{,}98 \times 10^{24}$ kg) animée d'une vitesse orbitale de $2{,}98 \times 10^4$ m/s.

9. (a) Si l'on double la grandeur de la quantité de mouvement d'un objet, qu'advient-il de son énergie cinétique? (b) Si l'on triple l'énergie cinétique d'un objet, qu'advient-il de sa quantité de mouvement?

10. Une particule de 3 kg se déplaçant selon l'axe des y est animée d'une vitesse de 5 m/s. Après 5 s, son déplacement s'effectue selon l'axe des x et sa vitesse est de 3 m/s. Déterminez (a) l'impulsion reçue par la particule et (b) la force moyenne subie par la particule au cours de l'intervalle de 5 s.

11. Un ballon de football de 1,5 kg est lancé à une vitesse de 15 m/s. Un receveur immobile capte le ballon et l'immobilise en 0,02 s. (a) Quelle impulsion le ballon reçoit-il? (b) Quelle est la force moyenne agissant sur le receveur?

12. Soumise à une seule force constante de 80 N, un objet de 5 kg subit une accélération qui fait passer sa vitesse de 2 m/s à 8 m/s. Déterminez (a) l'impulsion reçue par l'objet durant cet intervalle et (b) l'intervalle de temps durant lequel l'impulsion est transmise.

13. Soit une balle de baseball de 160 g lancée à une vitesse de 47 m/s. Elle est frappée directement vers le lanceur à une vitesse de 60 m/s. (a) Quelle impulsion la balle reçoit-elle? (b) Déterminez la force moyenne exercée par le bâton sur la balle s'ils restent en contact durant 2×10^{-3} s. Comparez ce résultat au poids de la balle et vérifiez si l'approximation qui consiste à négliger les forces externes est applicable à ce cas.

Section 9.2 Conservation de la quantité de mouvement d'un système composé de deux particules

14. Un enfant de 40 kg debout sur un étang gelé lance une pierre dc 2 kg vers l'est en lui imprimant une vitesse de 5 m/s. En faisant abstraction du frottement entre l'enfant et la surface gelée, déterminez la vitesse de recul de l'enfant.

15. Soit deux blocs de masses M et $3M$ placés sur une surface horizontale sans frottement. L'un des blocs est relié à un ressort léger; on pousse les deux blocs l'un vers l'autre et ils sont séparés par le ressort (fig. 9.23). Puis, on relie les deux blocs à l'aide d'une corde que l'on brûle ensuite. Dès que la corde est rompue, le bloc de masse $3M$ se déplace vers la droite à une vitesse de 2 m/s. Quelle est la vitesse du bloc de masse M? (Supposez que les blocs sont initialement au repos.)

(a)

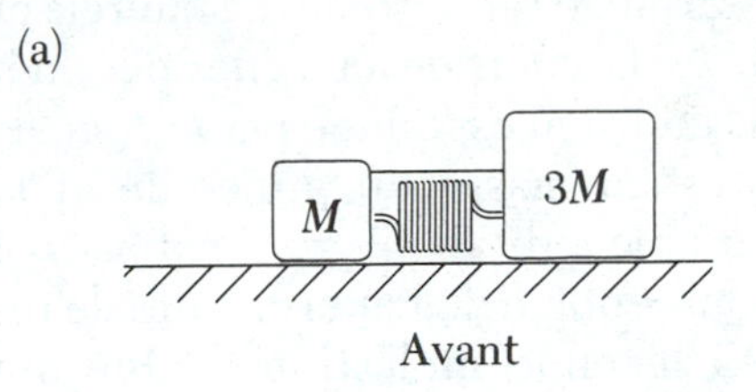

Avant

(b)

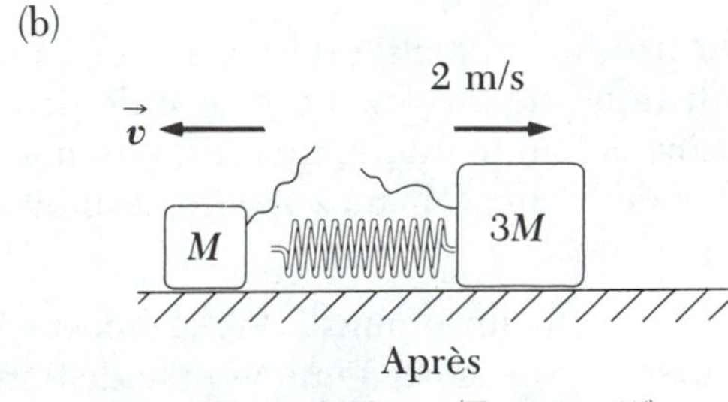

Après

Figure 9.23 (Exercice 15).

16. Considérons le canon décrit à l'exemple 9.3 et à la fig. 9.5. (a) Si l'on double la masse du canon, quelle est la vitesse du boulet après le tir? (b) Si l'on fixe le canon au sol à l'aide de boulons, au moment du tir le boulet est animé d'une certaine vitesse, mais il semble bien que le canon demeure immobile. Est-ce que cela signifie que la quantité de mouvement n'est pas conservée? Expliquez.

17. Un garçon de 65 kg et une fille de 40 kg, tous deux chaussés de patins, se trouvent face à face au repos. Le garçon donne une poussée à la fille et lui imprime une vitesse de 4 m/s en direction de l'est. Décrivez le mouvement subséquent du garçon. (Faites abstraction du frottement.)

Section 9.3 Collisions et Section 9.4 Collisions le long d'un axe

18. Une masse de 3 kg, animée d'une vitesse initiale de 8 m/s, entre en collision frontale parfaitement inélastique avec une masse de 5 kg initialement au repos. (a) Déterminez la vitesse finale de l'ensemble. (b) Quelle quantité d'énergie se perd au cours de la collision?

19. Une météorite de 2 000 kg est animée d'une vitesse de 80 m/s juste avant d'entrer en collision frontale avec la Terre. Déterminez la vitesse de recul de la Terre ($5{,}98 \times 10^{24}$ kg).

20. Considérez le pendule balistique décrit dans l'exemple 9.5 et illustré à la figure 9.9. (a) Démontrez que le rapport entre l'énergie cinétique après la collision et l'énergie cinétique avant la collision est donné par $m_1/(m_1 + m_2)$, où m_1 est la masse du projectile et m_2, la masse du bloc. (b) Si $m_1 = 8$ g et $m_2 = 2$ kg, quel pourcentage de l'énergie initiale reste-t-il après le choc inélastique? Que devient l'énergie perdue?

21. On tire un projectile de 8 g sur un pendule balistique de 2,5 kg. Le projectile demeure incorporé au pendule, qui s'élève d'une hauteur de 6 cm. Calculez la vitesse initiale du projectile.

22. Au football, un demi de 90 kg effectue une course vers le nord à une vitesse de 9 m/s et est plaqué par un adversaire de 120 kg qui se déplaçait vers le sud à une vitesse de 3 m/s. Si l'on suppose que la collision frontale est parfaitement inélastique, (a) calculez la vitesse des joueurs juste après le plaqué et (b) déterminez l'énergie perdue à cause de la collision. Pouvez-vous rendre compte de l'énergie perdue?

23. Soit une sphère de 3 kg qui entre en collision parfaitement inélastique avec une deuxième sphère initialement au repos. Le système composé se déplace à une vitesse égale au tiers de la vitesse originale de la sphère de 3 kg. Quelle est la masse de la deuxième sphère?

24. Une voiture de 1 200 kg animée d'une vitesse initiale de 27 m/s en direction de l'est heurte l'arrière d'un camion de 9 000 kg se déplaçant dans la même direction à une vitesse de 22 m/s (fig. 9.24). Juste après l'accident, la vitesse de la voiture est de 20 m/s vers l'est. (a) Quelle est la vitesse du camion juste après la collision? (b) Quelle quantité d'énergie mécanique se perd au cours de la collision? À quoi attribuez-vous cette perte d'énergie?

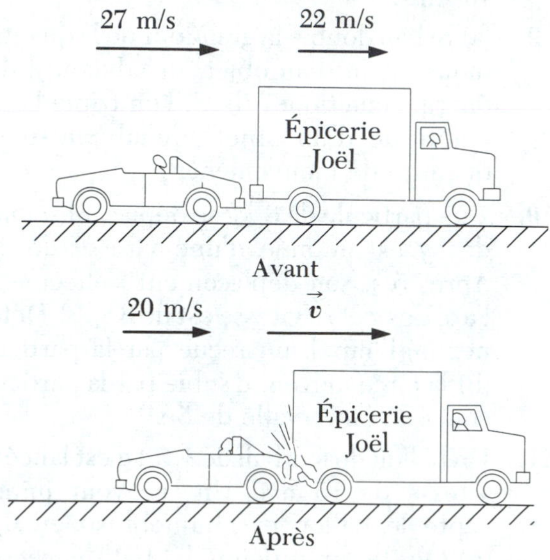

Figure 9.24 (Exercice 24).

25. Un wagon de 2×10^4 kg, animé d'une vitesse de 5 m/s, heurte un convoi de trois autres wagons identiques se déplaçant dans la même direction à une vitesse initiale de 2 m/s. Cette collision permet au wagon de s'accoupler au convoi. (a) Quelle est la vitesse des quatre wagons après la collision? (b) Quelle quantité d'énergie se perd au cours de la collision?

26. Vérifiez les équations 9.15a et 9.15b dans le cas d'une collision frontale parfaitement élastique.

27. Un neutron circulant dans un réacteur entre en collision frontale élastique avec le noyau d'un atome de carbone initialement au repos. (a) Quelle fraction de son énergie cinétique le neutron communique-t-il au noyau de carbone? (b) Si l'énergie cinétique initiale du neutron est de $1 \text{ MeV} = 1{,}6 \times 10^{-13}$ J, déterminez son énergie cinétique finale et l'énergie cinétique du noyau de carbone après la collision. (La masse du noyau de carbone est environ 12 fois plus grande que la masse du neutron.)

28. Une masse de 3 kg, animée d'une vitesse de $8\vec{i}$ m/s, entre en collision frontale élastique avec une masse de 5 kg initialement au repos. Déterminez (a) la vitesse finale de chaque masse et (b) l'énergie cinétique finale de chacune.

29. Une particule de 5 g se déplace vers la droite à une vitesse de 20 cm/s et entre en collision frontale élastique avec une particule de 10 g initialement au repos. Déterminez (a) la vitesse finale de chaque particule et (b) la fraction d'énergie totale communiquée à la particule de 10 g.

30. Un neutron se déplaçant à une vitesse de $2 \times 10^6\vec{i}$ m/s entre en collision frontale élastique avec un noyau d'hélium stationnaire (la masse de He est de 4 u). Déterminez (a) la vitesse finale des deux particules et (b) la fraction de l'énergie cinétique initiale communiquée au noyau d'hélium.

31. Deux particules de même masse m se heurtent de front, comme à la figure 9.10. Parmi les situations de collision données ci-dessous, déterminez celles qui représenteraient un choc parfaitement élastique entre les particules: (a) $v_{1i} = 3$ m/s, $v_{2i} = 0$, $v_{1f} = 0$, $v_{2f} = 2$ m/s; (b) $v_{1i} = 0$, $v_{2i} = -5$ m/s, $v_{1f} = -5$ m/s, $v_{2f} = 0$; (c) $v_{1i} = 4$ m/s, $v_{2i} = -2$ m/s, $v_{1f} = -2$ m/s, $v_{2f} = 4$ m/s.

32. Deux boules de billard sont animées de vitesses de 1,5 m/s et de $-0{,}4$ m/s avant d'entrer en collision frontale élastique. Quelles sont leurs vitesses finales?

Section 9.5 Collisions dans un plan

33. Soit un mobile de 200 g se déplaçant sur une surface horizontale lisse à une vitesse constante de 30 cm/s. On laisse tomber à la verticale un morceau d'argile de 50 g sur le mobile. (a) Si l'argile reste collée au mobile, déterminez la vitesse finale du système. (b) Après la collision, l'argile n'a aucune quantité de mouvement dans le sens vertical. Cela contredit-il le principe de conservation de la quantité de mouvement?

34. Une rondelle de 0,3 kg, initialement au repos sur une surface horizontale lisse, est frappée par une rondelle de 0,2 kg se déplaçant initialement selon l'axe des x à une vitesse de 2 m/s. Après la collision, la rondelle de 0,2 kg a une vitesse de 1 m/s et se déplace à un angle $\theta = 53°$ par rapport à l'axe des x (fig. 9.11). (a) Déterminez la vitesse de la rondelle de 0,3 kg après la collision. (b) Déterminez la fraction d'énergie cinétique perdue au cours de la collision.

35. Une masse de 2 kg animée d'une vitesse initiale de $5\vec{i}$ m/s heurte une masse de 3 kg animée d'une vitesse initiale de $-3\vec{j}$ m/s et y demeure collée. Déterminez la vitesse finale de l'ensemble.

36. Une bombe, initialement au repos, explose en trois fragments égaux. Deux des fragments sont animés des vitesses suivantes: $(3\vec{i} + 2\vec{j})$ m/s et $(-\vec{i} - 3\vec{j})$ m/s. Déterminez la vitesse du troisième fragment.

37. Un noyau instable de masse 17×10^{-27} kg initialement au repos se désintègre en trois particules. L'une a une masse de $5{,}0 \times 10^{-27}$ kg et se déplace selon l'axe des y à une vitesse de 6×10^6 m/s. La seconde particule a une masse de $8{,}4 \times 10^{-27}$ kg et se déplace selon l'axe des x à une vitesse de 4×10^6 m/s. Déterminez (a) la vitesse de la troisième particule et (b) l'énergie totale libérée au cours du processus de désintégration.

38. Un proton se déplace à une vitesse $v_0\vec{i}$ et entre en collision élastique avec un autre proton initialement au repos. Si après la collision les deux protons sont animés de la même vitesse, déterminez (a) la vitesse des protons après la collision en fonction de v_0 et (b) l'orientation du vecteur vitesse des protons après la collision.

Section 9.6 Centre de masse

39. La masse de la Lune est d'environ 0,012 3 fois celle de la Terre. La distance qui sépare les centres de ces deux planètes est d'environ $3{,}84 \times 10^8$ m. Situez le centre de masse du système (Terre + Lune) par rapport au centre de la Terre.

40. Soit deux particules situées sur l'axe des x: l'une a une masse de 3 kg et est située à $x =$

4 m; l'autre a une masse de 5 kg et est située à $x = 2$ m. Déterminez la position du centre de masse.

41. Voici les coordonnées de trois masses situées dans le plan xy: une masse de 2 kg située à (3, −2) m; une masse de 3 kg située à (−2, 4) m; une masse de 1 kg située à (2, 2) m. Déterminez les coordonnées du centre de masse.

42. La distance qui sépare les atomes d'hydrogène et de chlore d'une molécule de HCl est d'environ $1{,}30 \times 10^{-10}$ m. Situez le centre de masse de la molécule par rapport à l'atome d'hydrogène. (La masse du chlore est 35 fois plus grande que celle de l'hydrogène.)

Section 9.7 Mouvement d'un système de particules

43. Une particule de 2 kg a une vitesse de $(2\vec{i} - \vec{j})$ m/s. Une autre particule de 3 kg est animée d'une vitesse de $(\vec{i} + 6\vec{j})$ m/s. Déterminez (a) la vitesse du centre de masse et (b) la quantité de mouvement totale du système.

44. Soit une particule de 5 kg se déplaçant selon l'axe des x à une vitesse de 3 m/s. Une autre particule de 3 kg se déplace également selon l'axe des x à une vitesse de −2 m/s. Déterminez (a) la vitesse du centre de masse et (b) la quantité de mouvement totale du système.

45. Une particule de masse M est soumise à une accélération de 3 m/s^2 dans la direction des x. Une autre particule de masse $2M$ a une accélération de 3 m/s^2 dans la direction des y. Déterminez l'accélération du centre de masse.

46. Une particule de 2 kg a une vitesse $\vec{v}_1 = -10t\vec{j}$ m/s, où t est exprimé en secondes. Une particule de 3 kg est animée d'une vitesse constante $\vec{v}_2 = 4\vec{i}$ m/s. À $t = 0{,}5$ s, déterminez (a) la vitesse du centre de masse, (b) l'accélération du centre de masse et (c) la quantité de mouvement totale du système.

Section 9.8 Propulsion d'une fusée

47. Une fusée consomme 75 kg de carburant par seconde. Si la vitesse d'échappement est de 4×10^3 m/s, calculez la poussée exercée sur la fusée.

48. Au départ, la fusée Saturne V a un taux de combustion de $1{,}5 \times 10^4$ kg/s et la vitesse d'échappement est de $2{,}6 \times 10^3$ m/s. (Il s'agit de données approximatives.) (a) Calculez la poussée exercée par les moteurs. (b) Si la masse initiale de la fusée est de 3×10^6 kg, déterminez son accélération *initiale* sur la rampe de lancement. Pour résoudre (b), vous devez tenir compte de la force gravitationnelle.

49. Une fusée dont les moteurs sont arrêtés se déplace dans le vide spatial à une vitesse de 5×10^3 m/s. On met ensuite les moteurs en marche et à un temps ultérieur, lorsque la fusée a perdu 10 % de sa masse initiale, sa vitesse est de $6{,}5 \times 10^3$ m/s. Déterminez la vitesse d'échappement du carburant en supposant un taux de combustion constant.

Problèmes

1. Deux enfants de 50 kg chacun sont à bord d'une embarcation de 90 kg et dérivent vers le sud à une vitesse constante de 1,5 m/s. Quelle est la vitesse de l'embarcation *immédiatement* après que (a) l'un des enfants *tombe* à la verticale par-dessus bord à l'arrière de l'embarcation, (b) l'un des enfants plonge vers le nord à partir de l'arrière à une vitesse de 2 m/s par rapport à un observateur immobile au sol et (c) l'un des enfants plonge vers l'est (perpendiculairement à l'embarcation) à une vitesse de 3 m/s?

2. Un projectile de 5 g animé d'une vitesse initiale de 400 m/s traverse un bloc de 1 kg, comme à la figure 9.25. Le bloc, initialement au repos sur une surface horizontale lisse, est relié à un ressort ayant une constante de rappel de 900 N/m. Si le bloc se déplace de 5 cm vers la droite après l'impact, déterminez (a) la vitesse à laquelle le projectile sort du bloc et (b) l'énergie perdue au cours de la collision.

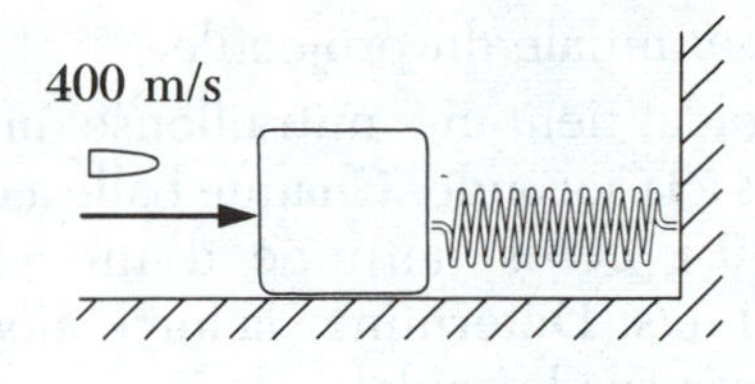

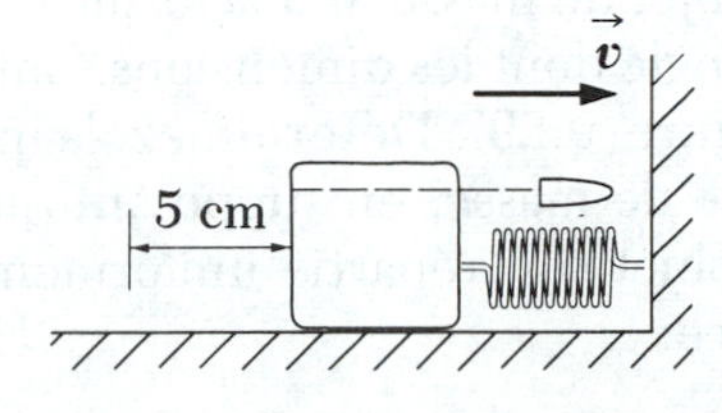

Figure 9.25 (Problème 2).

3. On tire un projectile de 6 g dans un bloc de 2 kg, initialement au repos sur le bord d'une table de 1 m de hauteur (fig. 9.26). Le projectile demeure à l'intérieur du bloc qui, après la collision, tombe à 2 m de la base de la table. Déterminez la vitesse initiale du projectile.

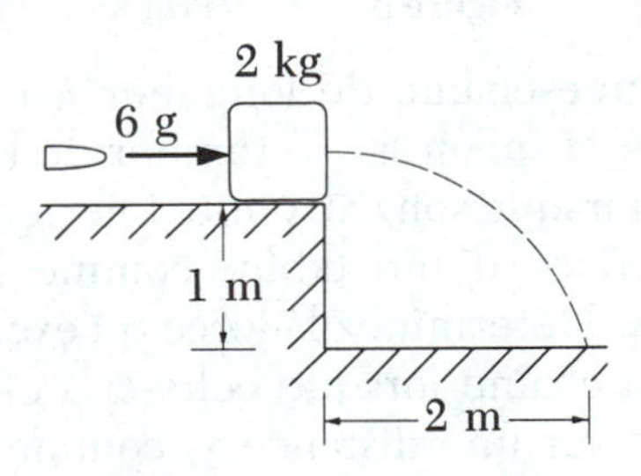

Figure 9.26 (Problème 3).

4. Le vecteur position d'une particule de 1 g se déplaçant dans le plan xy varie en fonction du temps selon $\vec{r}_1 = (3\vec{i} + 3\vec{j})t + 2\vec{j}t^2$. Simultanément, le vecteur position d'une particule de 2 g se déplaçant dans le plan xy varie selon $\vec{r}_2 = 3\vec{i} - 2\vec{i}t^2 - 6\vec{j}t$, où t est exprimé en secondes et $\vec{r}$, en centimètres. À $t = 2$ s, déterminez (a) le vecteur position du centre de masse, (b) la quantité de mouvement du système, (c) la vitesse du centre de masse et (d) l'accélération du centre de masse.

5. Soit deux particules ayant une masse de 0,5 kg chacune et se déplaçant dans le plan xy. À un instant donné, leurs positions et les composantes de leurs vitesses et de leurs accélérations sont telles que les présente le tableau ci-dessous. Pour cet instant, déterminez (a) le vecteur position du centre de masse, (b) la vitesse du centre de masse et (c) l'accélération du centre de masse.

	x(m)	y(m)	v_x(m/s)	v_y(m/s)	a_x(m/s^2)	a_y(m/s^2)
Particule 1	2	3	5	−4	4	0
Particule 2	−2	3	3	8	2	−2

6. Une balle de 0,2 kg est attachée à l'extrémité d'une corde de 1,5 m pour ainsi former un pendule; la balle est mise en mouvement lorsque la corde est en position horizontale. Au bas de sa trajectoire, la balle entre en collision avec un bloc de 0,3 kg initialement au repos sur une surface lisse (fig. 9.27). (a) S'il s'agit d'un choc élastique, calculez la vitesse de la balle et du bloc juste après la collision. (b) Si le choc est complètement inélastique (les deux corps demeurent en contact), déterminez la hauteur qu'atteindra le centre de masse après la collision.

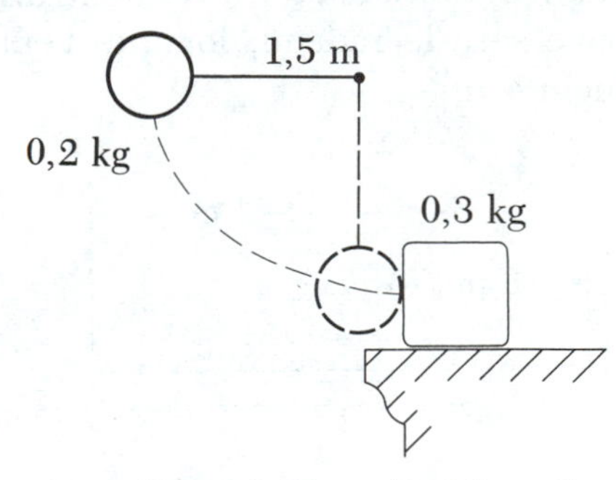

Figure 9.27 (Problème 6).

7. Soit un pompier de 60 kg glissant le long d'un poteau; son mouvement vers le bas est ralenti par un frottement constant de 300 N. À la base du poteau se trouve une plate-forme horizontale de 20 kg soutenue par un ressort pour amortir la chute du pompier, qui entreprend sa descente à 5 m au-dessus de la plate-forme. Le ressort a une constante de rappel de 2 500 N/m. Déterminez (a) la vitesse du pompier juste avant de heurter la plate-forme et (b) la distance maximale de compression du ressort. (Supposez que le frottement agit tout au long du mouvement.)

8. Considérez le cas où une particule de masse m_1 est en mouvement et entre en collision frontale élastique avec une particule de masse m_2 initialement au repos (exemple 9.6). Élaborez une représentation graphique de f_2, soit la fraction d'énergie transmise à m_2, en fonction du rapport m_2/m_1, et démontrez que f_2 atteint sa valeur maximale lorsque $m_1 = m_2$.

9. Une masse de 1 kg animée d'une vitesse initiale de 5 m/s entre en collision avec une masse de 6 kg, initialement au repos, et y demeure accrochée. Puis, l'ensemble entre à son tour en collision avec une masse de 2 kg, initialement au repos, et y demeure également accrochée. Si toutes ces collisions s'effectuent de front, déterminez (a) la vitesse finale du système et (b) la perte d'énergie cinétique.

10. Un enfant de 40 kg rampe sur un radeau de 70 kg pour atteindre une tortue (fig. 9.28). Le radeau est initialement à 3 m de la rive. En faisant abstraction du frottement entre le radeau et l'eau (a) décrivez les mouvements de l'enfant et du radeau. (b) À quelle distance de la rive sera le radeau, lorsque l'enfant aura franchi 4 m?

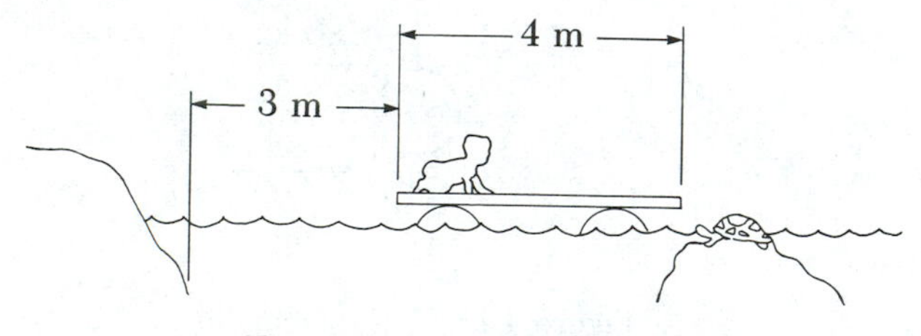

Figure 9.28 (Problème 10).

11. Un bloc de masse M est animé d'une vitesse initiale v_0 sur une surface horizontale rugueuse. Après avoir parcouru une distance d, le bloc entre en collision frontale élastique avec un bloc de masse $2M$. Quelle distance le deuxième bloc parcourra-t-il avant de s'immobiliser? (Supposez que le coefficient de frottement est le même pour les deux blocs.)

12. On tire un projectile de 7 g dans un pendule balistique de 1,5 kg, comme à la figure 9.9. Après la collision, le projectile sort du bloc à une vitesse de 200 m/s et le bloc s'élève à une hauteur maximale de 12 cm. Déterminez la vitesse initiale du projectile.

13. Un soldat tient une mitrailleuse qui tire trois balles à la seconde. Chaque balle a une masse de 30 g et est animée d'une vitesse de 1 200 m/s. Déterminez la force moyenne qui s'exerce sur le soldat.

14. Un objet de masse M a la forme d'un triangle rectangle dont les dimensions sont données à la figure 9.29. Déterminez la position du centre de masse, en supposant que la masse de l'objet soit répartie uniformément sur sa surface.

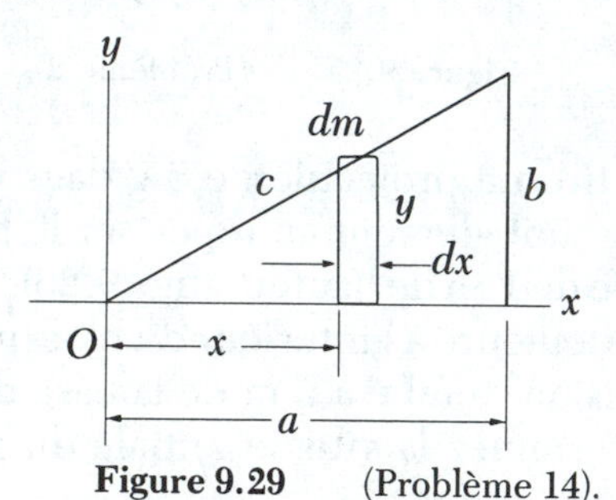

Figure 9.29 (Problème 14).

15. Soit une chaîne de longueur L et de masse totale M qu'on laisse tomber de l'état de repos, lorsque son extrémité inférieure effleure la surface d'une table, comme à la figure 9.30a. Déterminez la force qu'exerce la table sur la chaîne lorsque celle-ci a effectué une chute sur une distance x, comme à la figure 9.30b. (Supposez que chaque maillon s'immobilise dès qu'il touche la surface de la table.)

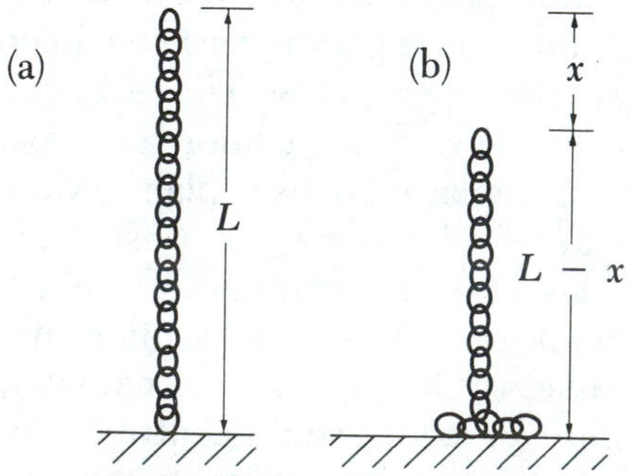

Figure 9.30 (Problème 15).

Chapitre 10

Rotation d'un corps rigide autour d'un axe fixe

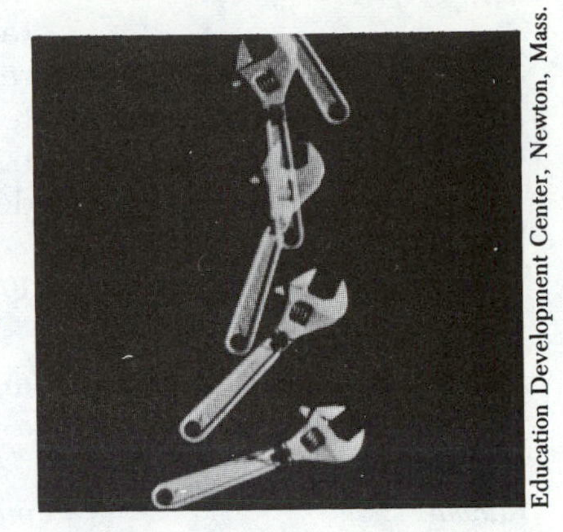
Education Development Center, Newton, Mass.

La rotation de la plupart des objets autour d'un axe, d'une roue par exemple, ne peut pas être analysée comme le mouvement d'une particule, car les vitesses et les accélérations des divers éléments du corps sont différentes si les dimensions de celui-ci ne sont pas négligeables. C'est pourquoi, il convient de considérer ce corps comme un ensemble constitué d'un grand nombre de particules, dont chacune est animée de sa propre vitesse et de sa propre accélération.

Solide

Un corps rigide est un corps pour lequel la distance entre deux points quelconques est invariable. L'analyse du mouvement d'un tel objet, indéformable, est relativement simple. Évidemment, tous les corps réels sont plus ou moins déformables; toutefois, notre modèle de corps rigide est utile dans de nombreuses situations où la déformation est négligeable. Dans ce chapitre, nous allons traiter de la rotation d'un corps rigide autour d'un axe fixe, c'est-à-dire du *mouvement de rotation pure*.

Au chapitre 11, nous aurons l'occasion de traiter en détail de la nature vectorielle des quantités angulaires, des rotations dans l'espace et du moment cinétique.

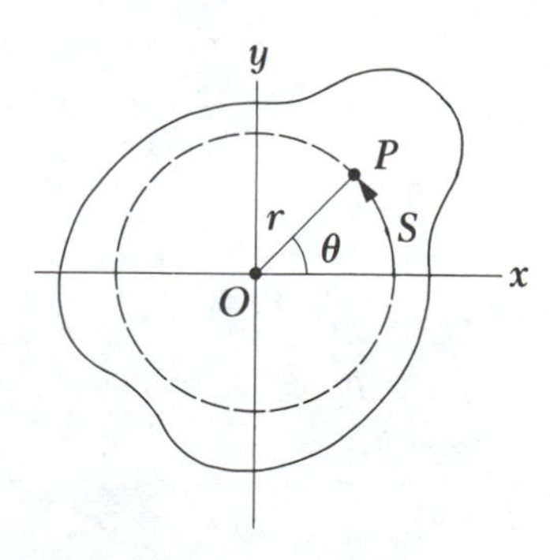

Figure 10.1 Rotation d'un solide autour d'un axe fixe passant par O et perpendiculaire au plan de la figure (soit l'axe des z). Notons qu'une particule située au point P décrit un cercle de rayon r et de centre O.

10.1 Vitesse angulaire et accélération angulaire

La figure 10.1 illustre un corps rigide de surface plane et de forme arbitraire tournant, dans le plan xy, autour d'un axe fixe passant par O et perpendiculaire au plan de la page. Un point de ce corps, P, situé à une distance fixe de l'origine, décrit une trajectoire circulaire de rayon r autour de O. Pour représenter la position de ce point, il convient d'utiliser les coordonnées polaires (r, θ). Dans ce cas-ci, la seule coordonnée qui varie en fonction du temps est l'angle θ, car r demeure constant. (Dans le cas de coordonnées rectangulaires, les coordonnées x et y varient toutes deux en fonction du temps.) Le point effectue son mouvement circulaire dans le sens trigonométrique positif (anti-horaire), mesuré à partir de l'axe Ox positif ($\theta = 0$) et décrit un arc de cercle, relié à la position angulaire θ par la relation

10.1a

$$s = r\theta$$

Position angulaire

10.1b

$$\theta = s/r$$

Radian

En réalité, la dernière relation (10.1b) est une définition, soit celle de la *mesure d'un angle en radian. Le radian* (rad) *correspond à l'angle au centre qui intercepte un arc de longueur égale à celle du rayon du cercle considéré.*

Plus généralement, l'équation 10.1b devrait être écrite comme suit:

$$\theta = \frac{k\,s}{r}$$

où la valeur de k dépend de l'unité angulaire choisie. Si l'unité choisie est le radian, en appliquant la définition du radian nous trouvons:

$$k = \frac{r\,\theta}{s} = \frac{r}{r} \bullet (1 \text{ rad}) = 1 \text{ rad}$$

Dans l'équation 10.1b, l'unité d'angle, le radian, est donc sous-entendue. La relation est différente si nous utilisons le degré comme unité d'angle, car la valeur de k n'est plus la même. *Le degré* (°) *correspond à l'angle au centre qui intercepte un arc d'une longueur égale à 1/360 de la circonférence.* Ainsi,

$$k^\circ = \frac{r\,\theta^\circ}{s} = \frac{r \bullet (1^\circ)}{(1/360)\,2\pi r} \approx 57{,}3^\circ$$

et

$$\theta^\circ \approx \frac{57{,}3\,s}{r}$$

La conversion des radians en degrés, ou vice-versa, est immédiate:

$$\frac{\theta^\circ}{\theta_r} \approx 57{,}3$$

soit

$$\theta^\circ \approx 57{,}3\;\theta_r$$

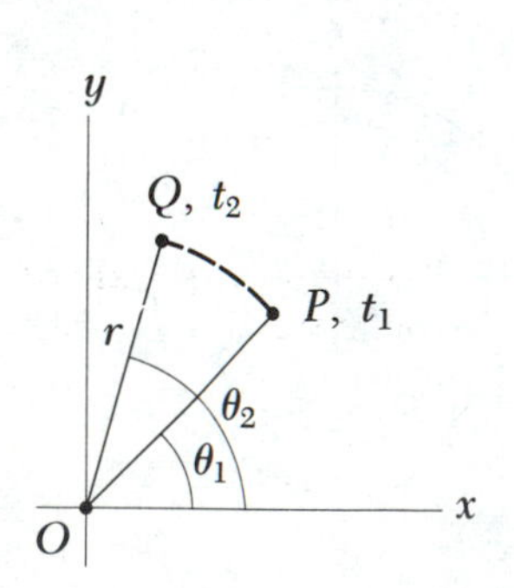

Figure 10.2 Un point d'un solide en rotation décrit un arc de cercle en se déplaçant de P à Q. Au cours de l'intervalle de temps $\Delta t = t_2 - t_1$, le vecteur rayon balaie un angle $\Delta\theta = \theta_2 - \theta_1$.

Cette relation de conversion est plus exacte si nous exprimons $k°$ en fonction de π:

$$\theta° = \frac{180\ \theta_r}{\pi}$$

ou

$$\theta_r = \frac{\pi\theta°}{180}$$

Par exemple, un angle de 60° est égal à $\pi/3$ rad, et un angle de 45° est égal à $\pi/4$ rad.

Dans la figure 10.2, la particule se déplace de P à Q en un temps Δt et le vecteur rayon décrit un angle $\Delta\theta = \theta_2 - \theta_1$, qui représente le *déplacement angulaire*. Nous définissons la *vitesse angulaire moyenne* $\bar{\omega}$ (oméga) comme le rapport entre le déplacement angulaire et l'intervalle de temps Δt:

Vitesse angulaire moyenne

$$\bar{\omega} \equiv \frac{\theta_2 - \theta_1}{t_2 - t_1} = \frac{\Delta\theta}{\Delta t} \qquad (10.2)$$

De façon analogue avec le cas de la vitesse linéaire, la *vitesse angulaire instantanée* ω est définie comme la limite du rapport exprimé à l'équation 10.2 lorsque Δt tend vers zéro:

Vitesse angulaire instantanée

$$\omega \equiv \lim_{\Delta t \to 0} \frac{\Delta\theta}{\Delta t} = \frac{d\theta}{dt} \qquad (10.3)$$

La vitesse angulaire s'exprime en rad/s (ou rad • s^{-1}). Si par convention l'axe fixe de rotation d'un corps rigide est l'axe z, comme à la figure 10.1, alors ω est positif lorsque θ augmente (mouvement dans le sens trigonométrique positif ou anti-horaire) et négatif lorsque θ diminue (mouvement dans le sens négatif ou horaire).

Si la vitesse angulaire instantanée du corps varie de ω_1 à ω_2 au cours de l'intervalle Δt, le corps a une accélération angulaire. Par définition, l'*accélération angulaire moyenne* $\bar{\alpha}$ (alpha) d'un corps en rotation correspond au *rapport de la variation de la vitesse angulaire et de l'intervalle de temps* Δt:

Accélération angulaire moyenne

$$\bar{\alpha} \equiv \frac{\omega_2 - \omega_1}{t_2 - t_1} = \frac{\Delta\omega}{\Delta t} \qquad (10.4)$$

De façon analogue avec le cas de l'accélération linéaire, l'*accélération angulaire instantanée* est définie comme la limite du rapport $\Delta\omega/\Delta t$, lorsque Δt tend vers zéro:

Accélération angulaire instantanée

$$\alpha \equiv \lim_{\Delta t \to 0} \frac{\Delta\omega}{\Delta t} = \frac{d\omega}{dt} \qquad (10.5)$$

L'accélération angulaire s'exprime en rad/s^2 (ou rad • s^{-2}). Notons que α est positif lorsque ω augmente en fonction du temps; par contre, α est négatif lorsque ω diminue en fonction du temps.

Lorsqu'un corps rigide tourne autour d'un axe fixe, tous ses points sont animés d'une même vitesse angulaire et d'une même accélération angulaire. Ainsi, les quantités ω et α étant les mêmes pour tous les points d'un corps rigide ceci nous permet de simplifier grandement l'analyse de sa rotation. Notons que la position angulaire (θ), la vitesse angulaire (ω) et l'accélération angulaire (α) sont les analogues respectifs de la position linéaire (x), de la vitesse linéaire (v) et de l'accélération linéaire (a) du mouvement rectiligne traité au chapitre 3.

À date, nous avons donné des définitions scalaires de la vitesse angulaire et de l'accélération angulaire, le signe, positif ou négatif, indiquant le sens de la vitesse ou de l'accélération, anti-horaire ou horaire. Le plan de rotation, défini par la direction de l'axe de rotation, doit alors être spécifié séparément. Le fait que l'on doive spécifier une direction et un sens quand on parle de vitesse et d'accélération angulaires indique que ces quantités sont en fait de nature vectorielle et qu'on devrait les représenter par des vecteurs, $\vec{\omega}$ et $\vec{\alpha}$.[1]

La direction du vecteur $\vec{\omega}$, ainsi que du vecteur $\vec{\alpha}$ dans le cas où le corps tourne autour d'un axe fixe, est celle de l'axe de rotation du corps. Leur sens est déterminé par le sens de rotation du corps selon la règle de la main droite, illustrée à la figure 10.3a pour $\vec{\omega}$. Les quatre doigts de la main droite s'enroulent autour de l'axe dans le sens de la rotation et le pouce tendu pointe dans la direction de $\vec{\omega}$. La figure 10.3b indique que $\vec{\omega}$ pointe également dans le sens de la progression d'une vis filetée à droite, animée d'une rotation similaire. Enfin, par définition, le sens de $\vec{\alpha}$ est donné par $d\vec{\omega}/dt$. Lorsque ω augmente en fonction du temps, la direction de $\vec{\alpha}$ est la même que celle de $\vec{\omega}$; par contre, lorsque ω diminue en fonction du temps, $\vec{\omega}$ et $\vec{\alpha}$ ont des sens contraires. Ainsi, pour un corps qui tourne dans le plan x, y (figure 10.1) les vecteurs $\vec{\omega}$ et $\vec{\alpha}$ sont dirigés selon l'axe z, perpendiculaire à la page. $\vec{\omega}$ sort de la page si le corps tourne dans le sens anti-horaire et entre dans la page si le corps tourne dans le sens horaire.

Notez que dans le cas d'un corps qui tourne autour d'un axe fixe, la notation vectorielle que nous venons de décrire n'est pas essentielle. Elle le devient pour la description des mouvements plus compliqués que nous aborderons au prochain chapitre, où l'axe de rotation change de direction.

Figure 10.3 (a) La règle de la main droite permet de déterminer l'orientation de la vitesse angulaire. (b) $\vec{\omega}$ est orienté selon la progression d'une vis filetée à droite (c.-à-d. qui s'enfonce quand on la tourne dans le sens horaire).

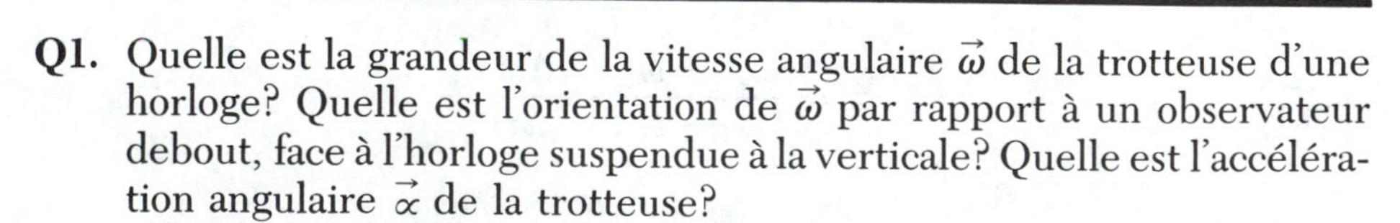

Q1. Quelle est la grandeur de la vitesse angulaire $\vec{\omega}$ de la trotteuse d'une horloge? Quelle est l'orientation de $\vec{\omega}$ par rapport à un observateur debout, face à l'horloge suspendue à la verticale? Quelle est l'accélération angulaire $\vec{\alpha}$ de la trotteuse?

Q2. Soit une roue tournant dans le sens trigonométrique dans le plan xy. Quelle est l'orientation de $\vec{\omega}$? Quelle est celle de $\vec{\alpha}$ si la vitesse angulaire décroît en fonction du temps?

---

1. Bien que nous ne le démontrions pas ici, la vitesse angulaire instantanée et l'accélération instantanée sont des quantités vectorielles, mais leurs valeurs moyennes correspondantes ne le sont pas. Cela tient au fait que, dans le cas de rotations finies, le déplacement angulaire n'est pas une quantité vectorielle.

10.2 Cinématique de rotation: mouvement de rotation à accélération angulaire constante

Lors de l'étude du mouvement rectiligne, nous avons constaté que le mouvement accéléré le plus simple à analyser est le mouvement rectiligne à accélération constante (chapitre 3). En rotation, le mouvement à accélération angulaire constante autour d'un axe fixe est également le plus simple à analyser. Nous allons commencer par établir les relations cinématiques décrivant la rotation à accélération angulaire constante. En écrivant l'équation 10.5 sous la forme $d\omega = \alpha \, dt$ et en posant $\omega = \omega_0$ à $t_0 = 0$, nous pouvons intégrer directement cette expression et obtenir:

Équations cinématiques de rotation

10.6 $$\omega = \omega_0 + \alpha t \qquad (\alpha = \text{constante})$$

De même, en introduisant l'équation 10.6 dans l'équation 10.3 et en intégrant de nouveau (où $\theta = \theta_0$ à $t_0 = 0$), nous obtenons

10.7 $$\theta = \theta_0 + \omega_0 t + \frac{1}{2}\alpha t^2$$

L'élimination de t dans les équations 10.6 et 10.7 nous donne

Équations cinématiques de rotation

10.8 $$\omega^2 = \omega_0{}^2 + 2\alpha(\theta - \theta_0)$$

Notons que ces expressions cinématiques du mouvement de rotation uniformément accéléré ont la *même forme* que les expressions cinématiques du mouvement rectiligne uniformément accéléré; pour les comparer, il suffit d'effectuer les substitutions suivantes: $x \rightarrow \theta$, $v \rightarrow \omega$ et $a \rightarrow \alpha$. Le tableau 10.1 permet de comparer les équations cinématiques du mouvement rectiligne et du mouvement de rotation. En outre, ces expressions sont applicables tant à la rotation des solides qu'au mouvement d'une particule autour d'un axe *fixe*.

Tableau 10.1 *Comparaison des équations cinématiques relatives au mouvement de rotation et au mouvement linéaire uniformément accélérés*

Mouvement de rotation autour d'un axe fixe: α = constante; t, θ et ω = variables	Mouvement linéaire: a = constante; t, x et v = variables
$\omega = \omega_0 + \alpha t$	$v = v_0 + at$
$\theta = \theta_0 + \omega_0 t + \frac{1}{2}\alpha t^2$	$x = x_0 + v_0 t + \frac{1}{2}at^2$
$\omega^2 = \omega_0{}^2 + 2\alpha(\theta - \theta_0)$	$v^2 = v_0{}^2 + 2a(x - x_0)$

Exemple 10.1 Rotation d'une roue

Soit une roue uniformément accélérée au taux de 3,5 rad/s^2. Si la vitesse angulaire de la roue est de 2,0 rad/s à $t_0 = 0$, (a) quel angle la roue a-t-elle décrit après 2 s de rotation?

$$\theta - \theta_0 = \omega_0 t + \frac{1}{2}\alpha t^2$$

$$= \left(2{,}0\ \frac{\text{rad}}{\text{s}}\right)(2\ \text{s}) + \frac{1}{2}\left(3{,}5\ \frac{\text{rad}}{\text{s}^2}\right)(2\ \text{s})^2$$

$$= 11\ \text{rad} = 630° = 1{,}76\ \text{tr}$$

(b) Quelle est la vitesse angulaire à $t = 2$ s?

$$\omega = \omega_0 + \alpha t = 2{,}0\ \text{rad/s} + \left(3{,}5\ \frac{\text{rad}}{\text{s}^2}\right)(2\ \text{s})$$

$$= 9{,}0\ \text{rad/s}$$

Nous pourrions également obtenir ce résultat à partir de l'équation 10.8 et des résultats obtenus en (a). Faites-en l'essai!

Q3. Les expressions cinématiques de θ, ω et α sont-elles valables lorsque le déplacement angulaire est exprimé en degrés plutôt qu'en radians?

Q4. Le plateau d'un tourne-disque a un mouvement constant de 45 tr/min. Quelle est la grandeur de sa vitesse angulaire exprimée en rad/s? Quelle est son accélération angulaire?

10.3 Relations entre les quantités angulaires et les quantités linéaires

Dans cette section, nous allons établir des relations fort utiles entre d'une part, la vitesse et l'accélération angulaires d'un solide (corps rigide) en rotation et, d'autre part, la vitesse et l'accélération linéaires d'un point quelconque du solide. À cette fin, nous ne devons pas perdre de vue le fait que *toutes* les particules d'un solide en rotation autour d'un axe fixe se déplacent en décrivant un cercle dont le centre est l'axe de rotation (fig. 10.4).

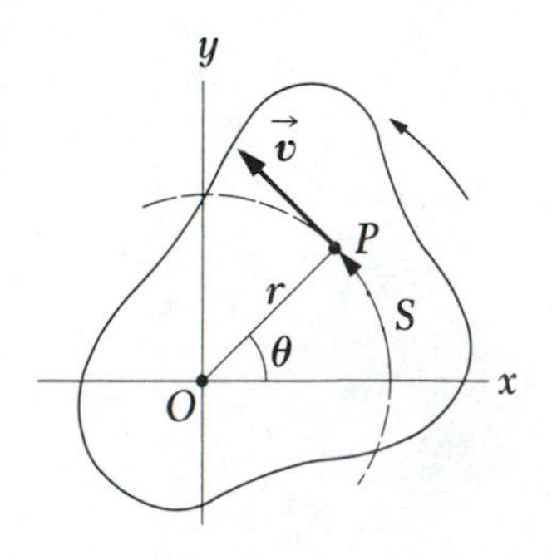

Figure 10.4 Au cours de la rotation d'un solide autour d'un axe fixe passant par O, le point P est animé d'une vitesse $\vec{v}$, qui est toujours tangente à la trajectoire circulaire de rayon r.

Nous pouvons d'abord établir un lien entre la vitesse angulaire du solide en rotation et la vitesse tangentielle v d'un point P du solide. Le point P se déplace en décrivant un cercle et le vecteur vitesse est toujours tangent à la trajectoire circulaire, d'où l'expression de *vitesse tangentielle*. Par définition, la grandeur de la vitesse tangentielle du point P est donnée par ds/dt, où s représente la distance parcourue par ce point selon la trajectoire circulaire. Compte tenu que $s = r\theta$ et que r est constant, nous obtenons

$$v = \frac{ds}{dt} = r\frac{d\theta}{dt}$$

Relation entre la vitesse linéaire et la vitesse angulaire

10.9 $$v = r\omega$$

La vitesse tangentielle d'un point sur un solide en rotation est égale à la distance qui sépare ce point de l'axe de rotation multipliée par la vitesse angulaire. Par conséquent, bien que tous les points d'un solide soient animés d'une même vitesse *angulaire*, ils n'ont pas tous la même vitesse *linéaire*. En effet, l'équation 10.9 démontre que la vitesse linéaire d'un point situé sur le solide en rotation augmente à mesure que l'on s'éloigne du centre de rotation (vers la périphérie), comme on s'en doute intuitivement.

Nous pouvons établir un lien entre l'accélération angulaire du solide et la composante tangentielle de l'accélération du point P à partir de la dérivée de v par rapport au temps:

Relation entre l'accélération linéaire et l'accélération angulaire

$$a_\theta = \frac{dv}{dt} = \frac{dr\omega}{dt} = r\,\frac{d\omega}{dt}$$

10.10 $$a_\theta = r\alpha$$

La composante tangentielle de l'accélération d'un point sur un solide en rotation est égale à la distance qui sépare ce point du centre de rotation multipliée par l'accélération angulaire.

Dans le chapitre 4, nous avons vu qu'un point qui décrit une trajectoire circulaire subit une accélération radiale (ou centripète) de grandeur v^2/r, dirigée vers le centre de rotation (fig. 10.5). Sachant que la vitesse d'un point P sur un solide en rotation est égale à $r\omega$, nous pouvons exprimer la composante radiale de l'accélération sous la forme

Accélération radiale ou centripète

10.11 $$a_r = \frac{v^2}{r} = r\omega^2$$

Par conséquent, la grandeur de l'*accélération totale* du point P sur le solide est donnée par

Grandeur de l'accélération totale

10.12 $$a = \sqrt{a_\theta{}^2 + a_r{}^2} = \sqrt{r^2\alpha^2 + r^2\omega^4} = r\sqrt{\alpha^2 + \omega^4}$$

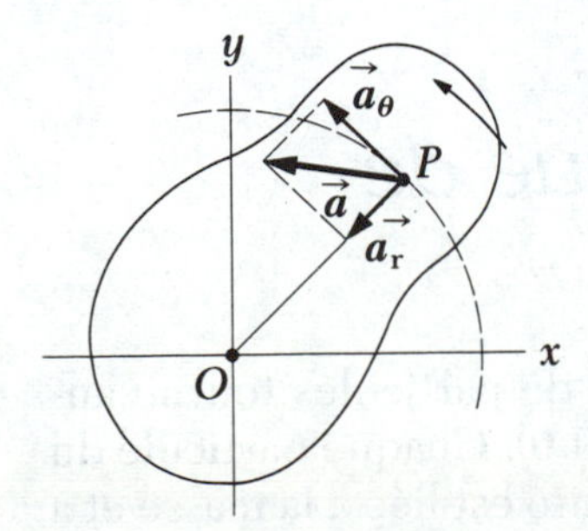

Figure 10.5 Au cours de la rotation d'un solide autour d'un axe fixe passant par O, le point P a une accélération tangentielle, $\vec{a}_\theta$, et une accélération radiale, $\vec{a}_r$. L'accélération totale du point P est donnée par: $\vec{a} = \vec{a}_\theta + \vec{a}_r$.

Exemple 10.2

Le plateau d'un tourne-disque a une vitesse de rotation initiale de 33 tours/min et il met 20 s à s'immobiliser. (a) Quelle est l'accélération angulaire du plateau, si celle-ci est uniforme?

Compte tenu que 1 tour (tr) = 2π rad, nous constatons que la vitesse angulaire initiale est donnée par

$$\omega_0 = \left(33\,\frac{\text{tr}}{\text{min}}\right)\left(2\pi\,\frac{\text{rad}}{\text{tr}}\right)\left(\frac{1}{60}\,\frac{\text{min}}{\text{s}}\right) = 3{,}46\,\frac{\text{rad}}{\text{s}}$$

Sachant que $\omega = \omega_0 + \alpha t$ et que $\omega = 0$ à $t = 20$ s, nous obtenons

$$\alpha = -\frac{\omega_0}{t} = -\frac{3{,}46\ \text{rad/s}}{20\ \text{s}} = -0{,}173\,\frac{\text{rad}}{\text{s}^2}$$

où le signe négatif indique une accélération angulaire négative (ω décroît).

(b) Combien de tours le plateau effectue-t-il avant de s'immobiliser?

En utilisant l'équation 10.7, nous pouvons déterminer qu'au cours des 20 s, le déplacement angulaire est

$$\Delta\theta = \theta - \theta_0 = \omega_0 t + \frac{1}{2}\alpha t^2$$

$$= \left[3{,}46(20) + \frac{1}{2}(-0{,}173)(20)^2\right]\text{rad} = 34{,}6\ \text{rad}$$

Cela représente $34{,}6/2\pi$ tr, ou 5,51 tr.

(c) Si le rayon du plateau est de 14 cm, quelle est la vitesse linéaire initiale d'un point situé sur la circonférence du plateau?

En utilisant la relation $v = r\omega$ et la valeur $\omega_0 = 3{,}46\,\frac{\text{rad}}{\text{s}}$, nous obtenons

$$v_0 = r\omega_0 = (14\ \text{cm})\left(3{,}46\,\frac{\text{rad}}{\text{s}}\right) = 48{,}4\ \text{cm/s}$$

(d) Déterminez la grandeur des composantes radiale et tangentielle de l'accélération d'un point situé sur la circonférence du plateau au temps $t = 0$.

Nous pouvons utiliser $a_\theta = r\alpha$ et $a_r = r\omega^2$, ce qui nous donne

$$a_\theta = r\alpha = (14\ \text{cm})\left(-0{,}173\,\frac{\text{rad}}{\text{s}^2}\right)$$
$$= -2{,}42\ \text{cm/s}^2 = -2{,}42 \times 10^{-2}\ \text{m/s}^2$$

$$a_r = r\omega_0^2 = (14\ \text{cm})\left(3{,}46\,\frac{\text{rad}}{\text{s}}\right)^2$$
$$= 168\ \text{cm/s}^2 = 1{,}68\ \text{m/s}^2$$

Q5. Lorsqu'une roue de rayon R tourne autour d'un axe fixe, sa vitesse angulaire est-elle la même en tout point? Sa vitesse linéaire est-elle la même en tout point? Si la vitesse angulaire est constante et égale à ω_0, décrivez les vitesses linéaires et les accélérations linéaires des points situés à $r = 0$, $r = R/2$ et $r = R$.

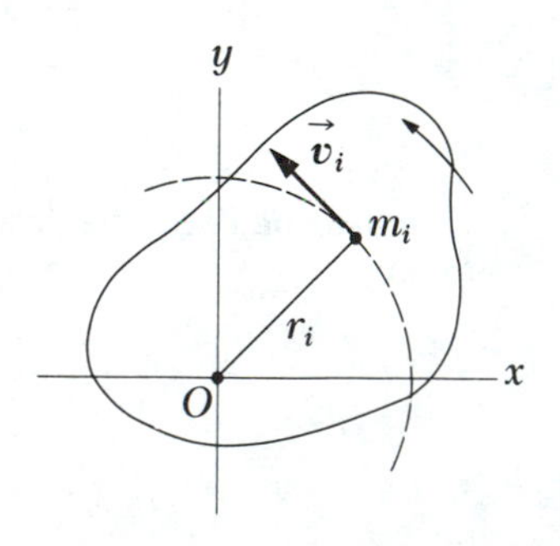

Figure 10.6 Solide en rotation autour de l'axe des z et animé d'une vitesse angulaire ω. L'énergie cinétique de la particule de masse m_i est $\frac{1}{2}m_i v_i^2$. L'énergie cinétique totale du solide est $\frac{1}{2}I\omega^2$.

10.4 Énergie cinétique de rotation

Supposons qu'un solide constitué d'un ensemble de particules tourne autour de l'axe fixe z à une vitesse angulaire ω (fig. 10.6). Chaque particule du solide est dotée d'énergie cinétique, dont la quantité est liée à la masse et à la vitesse. Si la masse de la i-ième particule est m_i et sa vitesse v_i, son énergie cinétique est

$$K_i = \frac{1}{2}m_i v_i^2$$

En outre, nous devons nous rappeler que même si toutes les particules du solide ont la même vitesse angulaire, soit ω, elles ont des vitesses linéaires qui diffèrent selon la distance r_i qui les sépare de l'axe de rotation, suivant l'expression $v_i = r_i\omega$ (équation 10.9). L'énergie cinétique totale du solide en rotation est égale à la somme des énergies cinétiques de ses différentes particules:

$$K = \Sigma K_i = \Sigma\frac{1}{2}m_i v_i^2 = \frac{1}{2}\Sigma m_i r_i^2\omega^2$$

$$K = \frac{1}{2}(\Sigma m_i r_i^2)\omega^2 \qquad (10.13)$$

où nous avons isolé le facteur ω^2 de la somme, puisqu'il est commun à toutes les particules. La quantité entre parenthèses constitue une caractéristique du corps solide que l'on nomme *moment d'inertie* (I):

$$I = \Sigma m_i r_i^2 \qquad \boxed{10.14}$$

Moment d'inertie

À l'aide de cette notation, nous pouvons exprimer l'énergie cinétique d'un solide en rotation (équation 10.13) sous la forme

$$K = \frac{1}{2}I\omega^2 \qquad \boxed{10.15}$$

Énergie cinétique d'un solide en rotation

À partir de la définition du moment d'inertie, nous voyons que ses dimensions sont ML^2 ($kg \cdot m^2$ dans le système d'unités SI). Bien que nous utilisions habituellement le terme *énergie cinétique de rotation* pour désigner la quantité $\frac{1}{2}I\omega^2$, il faut bien se rendre compte qu'il ne s'agit pas d'une nouvelle forme d'énergie. En effet, c'est une énergie cinétique ordinaire, car elle s'obtient par la somme des énergies cinétiques des différentes particules contenues dans le corps solide. Cependant, cette façon d'écrire l'énergie cinétique (équation 10.15) est fort utile pour l'analyse de la rotation de corps rigides, en autant que l'on soit en mesure de déterminer I. Il importe de souligner l'analogie entre l'énergie cinétique du mouvement linéaire, soit $\frac{1}{2}mv^2$, et l'énergie cinétique de rotation $\frac{1}{2}I\omega^2$. Les quantités I et ω du mouvement de rotation sont les analogues respectifs de m et de v dans le mouvement linéaire. Dans la prochaine section, nous allons expliquer comment procéder pour calculer les moments d'inertie des solides. Les exemples suivants portent sur la façon de calculer les moments d'inertie et l'énergie cinétique de rotation d'un ensemble de particules.

Exemple 10.3 La molécule d'oxygène

Considérons une molécule diatomique d'oxygène, O_2, en rotation dans le plan xy autour de l'axe z passant par le centre de masse de la molécule. À température ambiante, la distance «moyenne» entre deux atomes d'oxygène est de $1{,}21 \times 10^{-10}$ m (où nous considérons les atomes comme des masses ponctuelles). (a) Calculez le moment d'inertie de la molécule autour de l'axe z.

Sachant que la masse atomique de l'oxygène est de $2{,}66 \times 10^{-26}$ kg, le moment d'inertie autour de l'axe z est donné par

$$I = \Sigma m_i r_i^2 = m\left(\frac{d}{2}\right)^2 + m\left(\frac{d}{2}\right)^2 = \frac{md^2}{2}$$

$$= \left(\frac{2{,}66 \times 10^{-26}}{2}\ \text{kg}\right)(1{,}21 \times 10^{-10}\ \text{m})^2$$

$$= 1{,}95 \times 10^{-46}\ \text{kg} \cdot \text{m}^2$$

(b) Si la vitesse angulaire autour de l'axe z est de $2{,}0 \times 10^{12}$ rad/s, quelle est l'énergie cinétique de rotation de la molécule?

$$K = \frac{1}{2} I\omega^2$$

$$= \frac{1}{2}(1{,}95 \times 10^{-46}\ \text{kg} \cdot \text{m}^2)\left(2{,}0 \times 10^{12} \frac{\text{rad}}{\text{s}}\right)^2$$

$$= 3{,}9 \times 10^{-22}\ \text{J}$$

Cela représente environ un ordre de grandeur de moins que l'énergie cinétique moyenne associée au mouvement de translation de la molécule à température ambiante ($6{,}2 \times 10^{-21}$ J).

Exemple 10.4

Soit quatre masses ponctuelles reliées aux quatre coins d'un cadre de masse négligeable disposé dans le plan xy (fig. 10.7). (a) La rotation du système s'effectuant autour de l'axe des y à une vitesse angulaire ω, déterminez le moment d'inertie autour de l'axe des y et l'énergie cinétique de rotation autour de cet axe.

Notons d'abord que les particules de masse m situées sur l'axe des y ne contribuent pas à I_y puisque $r_i = 0$ (la distance de ces particules à l'axe étant nulle). Partant de l'équation 10.14, nous obtenons

$$I_y = \Sigma m_i r_i^2 = Ma^2 + Ma^2 = 2Ma^2$$

Par conséquent, l'énergie cinétique de rotation autour de l'axe des y est

$$K = \frac{1}{2} I_y \omega^2 = \frac{1}{2}(2Ma^2)\omega^2 = Ma^2\omega^2$$

Les masses m n'influencent pas le résultat, car elles ne se déplacent pas par rapport à l'axe de rotation choisi et elles n'ont donc pas d'énergie cinétique.

(b) Supposons à présent que le système tourne dans le plan xy autour d'un axe passant par O (soit l'axe z). Calculez le moment d'inertie autour de l'axe z et l'énergie cinétique de rotation autour de cet axe.

Puisque r_i de l'équation 10.14 représente la distance *perpendiculaire* jusqu'à l'axe de rotation, nous obtenons

$$I_z = \Sigma m_i r_i^2 = Ma^2 + Ma^2 + mb^2 + mb^2$$
$$= 2Ma^2 + 2mb^2$$

$$K = \frac{1}{2} I_z \omega^2 = \frac{1}{2}(2Ma^2 + 2mb^2)\omega^2 = (Ma^2 + mb^2)\omega^2$$

En comparant les résultats obtenus en (a) et en (b), nous concluons que le moment d'inertie

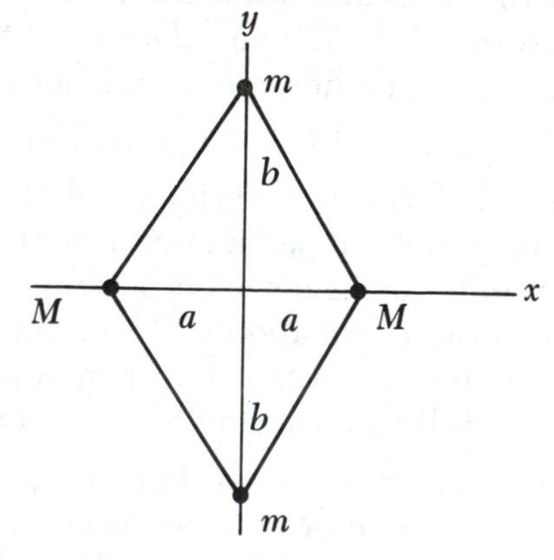

Figure 10.7 (Exemple 10.4) Toutes les particules sont situées à distance fixe, comme l'indique la figure. Le moment d'inertie dépend de l'axe par rapport auquel il est évalué.

et l'énergie cinétique de rotation attribuable à une vitesse angulaire donnée dépendent de l'axe de rotation. En (b), nous nous attendons à ce que toutes les masses interviennent dans le résultat, puisque toutes les particules sont en mouvement de rotation dans le plan xy. En outre, le fait que l'énergie cinétique soit moins grande en (a) qu'en (b) indique qu'il faudrait moins d'effort (moins de travail) pour imprimer au système un mouvement de rotation autour de l'axe des y qu'autour de l'axe z.

Q6. Supposons que dans le système de particules de la figure 10.7, $a = b$ et $M > m$. Pour quel axe (x, y ou z) le moment d'inertie prendra-t-il la plus petite valeur? Pour quel axe aura-t-il la plus grande valeur?

10.5 Calcul du moment d'inertie d'un corps rigide

Nous pouvons évaluer le moment d'inertie d'un corps rigide en imaginant qu'il est divisé en un certain nombre d'éléments de volume ayant chacun une masse Δm. Nous pouvons dès lors utiliser la définition $I = \Sigma r^2 \, \Delta m$ et poser $\Delta m \rightarrow 0$ comme limite de cette somme. Partant de cette limite, la somme devient une intégrale sur l'ensemble du solide, où r représente la distance perpendiculaire entre l'axe de rotation et l'élément Δm. D'où,

10.16 *Moment d'inertie d'un solide*

$$I = \lim_{\Delta m \rightarrow 0} \Sigma r^2 \, \Delta m = \int r^2 \, dm \tag{10.16}$$

Pour évaluer le moment d'inertie en utilisant l'équation 10.16, il faut exprimer l'élément de masse dm à l'aide de ses coordonnées. Pour y arriver, on doit exprimer dm en fonction de la densité et des dimensions. Dans le cas d'un corps tridimensionnel, nous utilisons habituellement la *densité volumique*, c'est-à-dire la *masse par unité de volume*. Nous pouvons donc écrire

$$\rho = \lim_{\Delta V \rightarrow 0} \frac{\Delta m}{\Delta V} = \frac{dm}{dV}$$

$$dm = \rho dV$$

Nous pouvons alors exprimer le moment d'inertie sous la forme

$$I = \int \rho r^2 \, dV$$

S'il s'agit d'un corps homogène, alors ρ est une constante et l'on peut évaluer l'intégrale si la configuration géométrique est connue. Si ρ n'est pas une constante, il faut alors en connaître l'expression en fonction de la position.

Lorsqu'on analyse un objet ayant une surface plane (feuille) d'épaisseur uniforme (e), il est utile de définir une densité superficielle $\sigma = \rho e$, ce qui signifie la *masse par unité de surface*. Enfin, lorsque la masse est distribuée selon une tige uniforme ayant une aire transversale A, on utilise parfois la densité linéaire $\lambda = \rho A$, où λ représente la *masse par unité de longueur*.

Exemple 10.5 Cerceau uniforme

Déterminez le moment d'inertie d'un cerceau uniforme de masse M et de rayon R tournant autour d'un axe perpendiculaire au plan du cerceau et passant par son centre (fig. 10.8).

Solution: Tous les éléments de masse sont à la même distance $r = R$ de l'axe. Par conséquent, en appliquant l'équation 10.16, nous déterminons le moment d'inertie autour de l'axe z passant par O comme suit:

$$I_z = \int r^2 dm = R^2 \int_0^M dm = MR^2$$

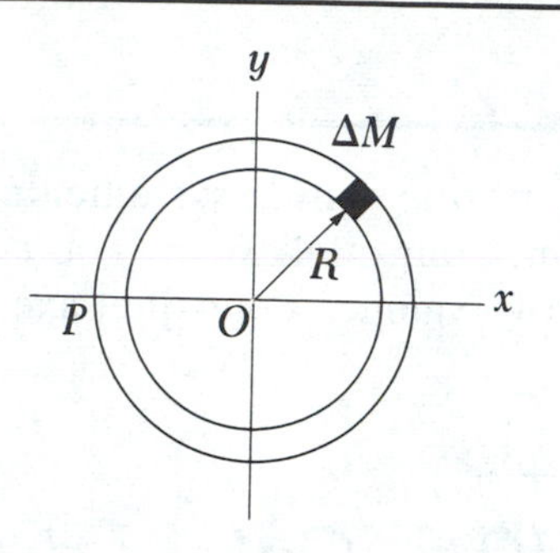

Figure 10.8 (Exemple 10.5) Les éléments de masse d'un cerceau uniforme sont tous à la même distance de O.

Exemple 10.6 Tige rigide uniforme

Calculez le moment d'inertie d'une tige rigide uniforme de longueur L et de masse M (fig. 10.9) tournant autour d'un axe perpendiculaire à la tige (l'axe des y) et passant par son centre de masse.

Solution: La partie ombrée de largeur dx a une masse dm égale à la masse par unité de longueur multipliée par l'élément de longueur dx. En d'autres termes, $dm = \frac{M}{L}dx$. En introduisant ce terme dans l'équation 10.16, et compte tenu que $r = x$, nous obtenons

$$I_y = \int r^2 dm = \int_{-L/2}^{L/2} x^2 \frac{M}{L} dx = \frac{M}{L}\int_{-L/2}^{L/2} x^2 dx$$

$$= \frac{M}{L}\left[\frac{x^3}{3}\right]_{-L/2}^{L/2} = \frac{1}{12}ML^2$$

Si nous devions calculer I pour un axe perpendiculaire à la tige passant par l'une de ses extrémités (l'axe y'), nous procéderions de façon similaire en remplaçant les limites de l'intégrale par $x = 0$ et $x = L$. À titre d'exercice, nous suggérons que l'étudiant(e) démontre que le résultat serait alors $\frac{1}{3}ML^2$. Nous constatons de nouveau que I dépend du choix de l'axe.

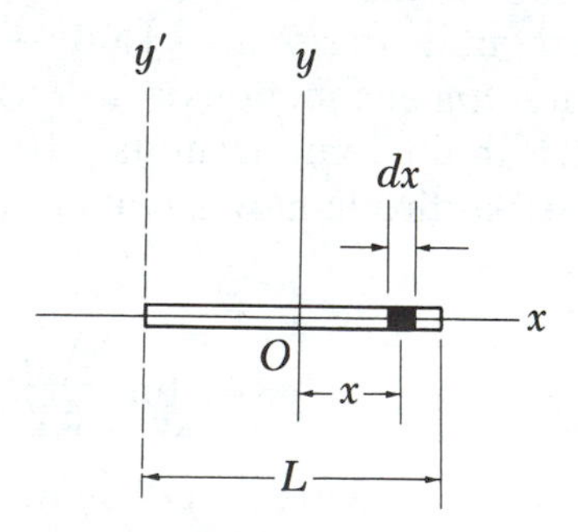

Figure 10.9 (Exemple 10.6) Une tige uniforme de longueur L. Le moment d'inertie par rapport à l'axe y est moins grand que par rapport à l'axe y'.

Exemple 10.7 Cylindre plein et uniforme

Soit un cylindre plein et uniforme, de rayon R, de masse M et de longueur L. Calculez son moment d'inertie pour un axe passant par son centre dans le sens de la longueur (l'axe des z de la figure 10.10).

Solution: Dans cet exemple, il convient de subdiviser le cylindre en plusieurs cerceaux cylindriques de rayon r, d'épaisseur dr et de longueur L, comme à la figure 10.10. Cette subdivision en cerceaux cylindriques de rayon r, d'épaisseur infinitésimale dr, de masse dm et donc de moment d'inertie $dI = r^2dm$, permet de calculer le moment d'inertie total en intégrant $I_z = \int_{\text{cylindre}} r^2dm$ (équation 10.16). Le volume de chaque cerceau correspond à son aire transversale multipliée par sa longueur, soit $dV = dA \cdot L = (2\pi r\, dr)L$. Si ρ représente la *masse par unité de volume*, alors la masse de cet élément différentiel de volume est $dm = \rho\, dV = \rho\, 2\pi rL\, dr$. En remplaçant, nous obtenons

$$I_z = 2\pi\rho L \int_0^R r^3\, dr = \frac{\pi\rho LR^4}{2}$$

Toutefois, le volume du cylindre étant πR^2L, nous avons $\rho = M/V = M/\pi R^2L$. Par substitution, nous obtenons

$$I_z = \frac{1}{2}MR^2$$

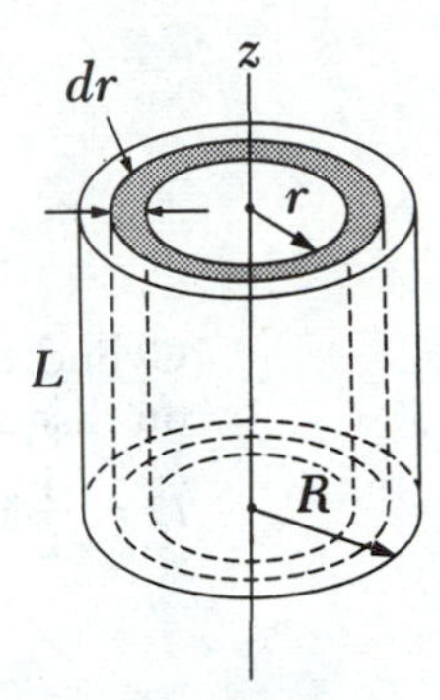

Figure 10.10 (Exemple 10.7) Calcul de I par rapport à l'axe z d'un cylindre plein uniforme.

Comme nous venons de le voir dans les exemples précédents, les moments d'inertie de solides ayant une géométrie simple (très symétriques) sont assez faciles à calculer si l'axe de rotation coïncide avec l'axe de symétrie. Le tableau 10.2 présente divers solides de formes courantes et leurs moments d'inertie soit pour un axe passant par le centre de masse, soit pour un axe parallèle au premier[2].

Le calcul du moment d'inertie pour un axe arbitraire peut devenir quelque peu laborieux, même s'il s'agit d'un corps très symétrique comme une sphère. Or, il existe un théorème important, que l'on nomme *théorème des axes parallèles*, qui permet de simplifier généralement le calcul des moments d'inertie. Supposons que le moment d'inertie pour un axe quelconque passant par le centre de masse d'un objet de masse M soit I_c. Selon le théorème des axes parallèles, le moment d'inertie pour tout axe *parallèle* à l'axe passant par le centre de masse, et situé à une distance d de ce dernier, est donné par

Théorème des axes parallèles

10.17
$$I = I_c + Md^2$$

Pour ceux qui désirent en connaître davantage au sujet du théorème des axes parallèles, nous en présentons la preuve ci-dessous.

Supposons qu'un corps tourne dans le plan xy autour d'un axe passant par O, (figure 10.11) et que les coordonnées de son centre de masse sont x_c, y_c. Les coordonnées d'un élément de masse infinitésimal quelconque dm sont x, y par rapport à l'origine. Puisque cet élément se trouve à une distance $r = \sqrt{x^2 + y^2}$ de l'axe des z, le moment d'inertie par rapport à l'axe des z passant par O est donné par

$$I = \int r^2\, dm = \int (x^2 + y^2)\, dm$$

2. Les ingénieurs civils utilisent la notion de moment d'inertie pour caractériser les propriétés d'élasticité (rigidité) de certains matériaux de structure, tels que les poutres. Il s'agit donc d'une notion utile même quand il n'y a pas de rotation.

Tableau 10.2 *Moments d'inertie de solides homogènes de géométries différentes*

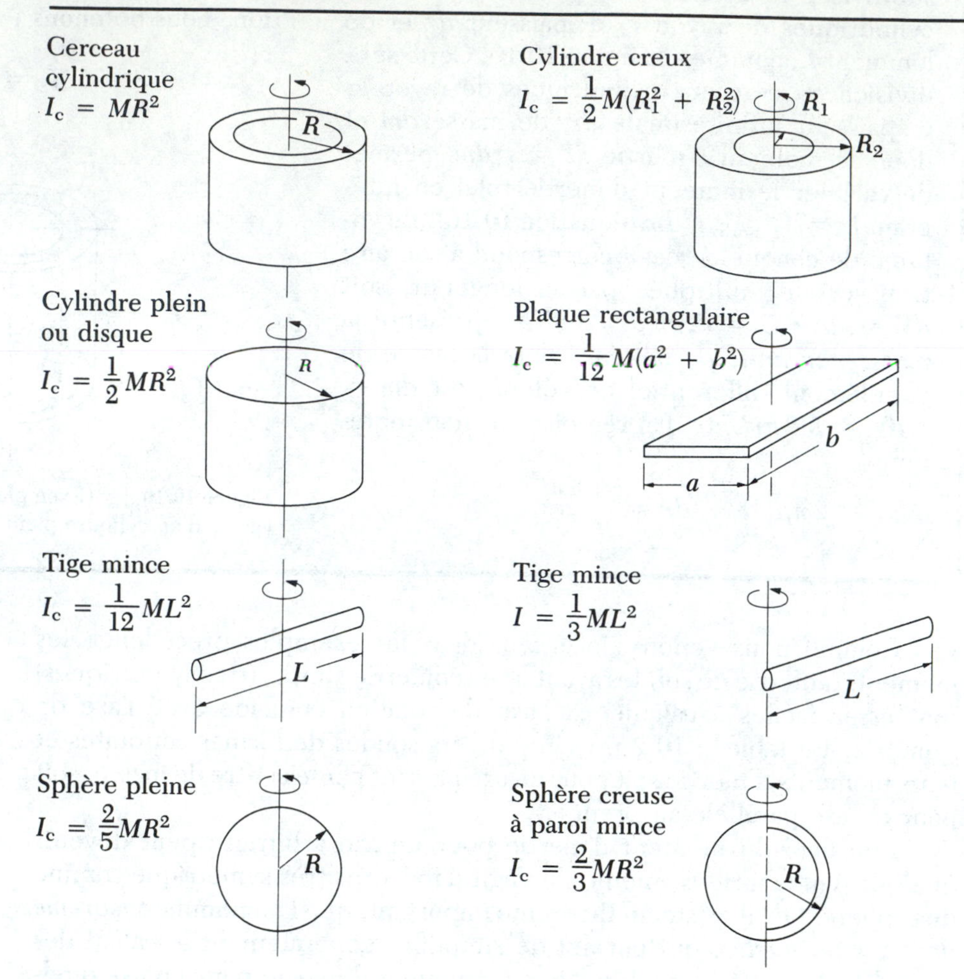

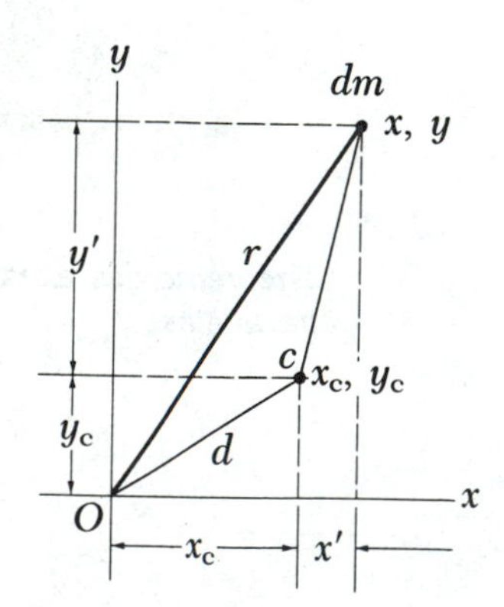

Figure 10.11 Théorème des axes parallèles. I_c étant le moment d'inertie par rapport à un axe perpendiculaire au plan de la page et passant par le centre de masse c, le moment d'inertie par rapport à l'axe des z est donc $I_z = I_c + Md^2$.

Si x' et y' sont les coordonnées de l'élément de masse dm par rapport au centre de masse, on a $x = x' + x_c$ et $y = y' + y_c$. Par conséquent,

$$I = \int[(x' + x_c)^2 + (y' + y_c)^2]\,dm$$
$$= \int[(x')^2 + (y')^2]\,dm + 2x_c\int x'\,dm + 2y_c\int y'\,dm + (x_c{}^2 + y_c{}^2)\int dm$$

Par définition, le premier terme à la droite de l'équation est le moment d'inertie par rapport à un axe parallèle à l'axe des z et passant par le centre de masse. Les deux termes suivants, zéro, puisque par définition du centre de masse nous avons $\int x'\,dm = \int y'\,dm = 0$ (x', y' sont les coordonnées de l'élément de masse par rapport au centre de masse). Enfin, le dernier terme à la droite se réduit simplement à Md^2, puisque $\int dm = M$ et $d^2 = x_c{}^2 + y_c{}^2$. Nous concluons donc que

$$I = I_z = I_c + Md^2$$

Q7. Soit une roue ayant la forme d'un cerceau, comme à la figure 10.8. Au cours de deux expériences distinctes, on accélère la roue initialement au repos à une vitesse angulaire ω autour de l'axe des z. Dans la première expérience, l'axe de rotation passe par O, alors que dans la seconde, l'axe passe par P. Laquelle des deux rotations nécessite le plus de travail?

Q8. Supposons que la masse de la tige illustrée à la fig. 10.9 ne soit pas répartie uniformément. De façon générale, le moment d'inertie par rapport à l'axe des y est-il encore égal à $\frac{1}{12}ML^2$? Sinon, pourrait-on calculer le moment d'inertie sans connaître le mode de répartition de la masse?

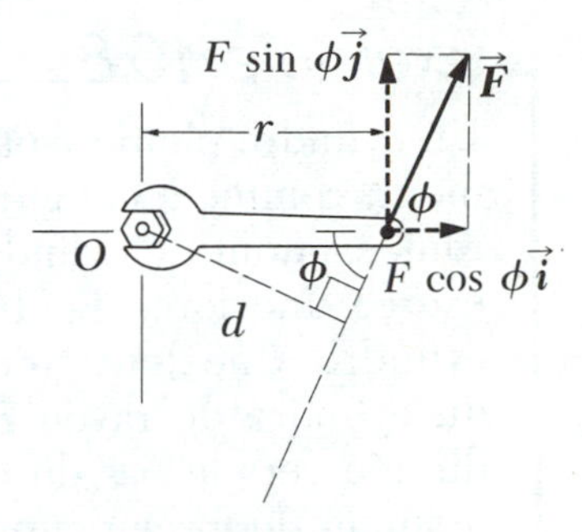

Figure 10.12 À mesure qu'augmentent F et le bras de levier d, la force $\vec{F}$ accroît sa tendance à causer une rotation autour de O. C'est l'action de la composante $F \sin \phi$ qui tend à faire tourner la clé autour de O.

10.6 Moment de force

Lorsqu'on exerce adéquatement une force sur un solide pouvant pivoter, celui-ci a tendance à décrire une rotation autour de l'axe de son pivot. Pour mesurer la capacité qu'a une force d'imprimer un mouvement de rotation à un corps, on utilise une quantité nommée le *moment de force* (τ). Examinons le cas de la clé pivotant autour de l'axe qui passe par O à la figure 10.12. La force $\vec{F}$ peut généralement être exercée à un angle ϕ par rapport à la clé. La grandeur du moment de force, τ, (la lettre tau de l'alphabet grec) attribuable à l'action de la force $\vec{F}$, est définie par

10.18
$$\tau = rF \sin \phi = Fd$$

Définition du moment de force

Il est très important de noter que *le moment de force n'est défini que lorsqu'un point de référence* (axe de rotation) *est spécifié*. La quantité $d = r \sin \phi$, que l'on nomme le *bras de levier* de la force $\vec{F}$, représente la distance perpendiculaire entre l'axe de rotation et la ligne d'action de la force $\vec{F}$. Notons que la seule composante de $\vec{F}$ responsable du mouvement de rotation est $F \sin \phi$, soit la composante perpendiculaire à r. La composante horizontale $F \cos \phi$ passe par O et ne peut causer une rotation. Si le solide est soumis à l'action de plusieurs forces, comme à la figure 10.13, alors chaque force tend à produire une rotation autour du pivot en O. Par exemple, $\vec{F}_2$ a tendance à faire tourner le solide dans le sens horaire, alors que la force $\vec{F}_1$ tend à produire une rotation dans le sens anti-horaire. Par convention, nous poserons que le signe du moment de force est positif si son action tend à imprimer une rotation anti-horaire (sens trigonométrique) et qu'il est négatif dans le cas inverse. Par exemple, à la fig. 10.13, le moment de force attribuable à $\vec{F}_1$, dont le bras de levier est d_1, est *positif* et égal à $+F_1 d_1$; par contre, le moment de force de $\vec{F}_2$ est *négatif* et égal à $-F_2 d_2$. Par conséquent, le moment de force *net* agissant sur le solide autour de O est

Bras de levier

$$\tau_{net} = \tau_1 + \tau_2 = F_1 d_1 - F_2 d_2$$

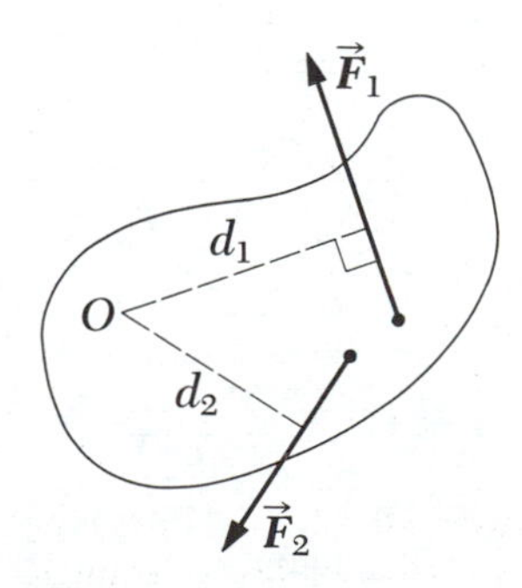

Figure 10.13 La force $\vec{F}_1$ tend à faire tourner le corps dans le sens anti-horaire autour de O, alors que la force $\vec{F}_2$ tend à le faire tourner dans le sens horaire.

Partant de la définition du moment de force, nous voyons que celui-ci augmente à mesure que $\vec{F}$ et d augmentent. Ainsi, pour fermer une porte, il est plus facile de pousser sur la poignée plutôt que sur le cadre près des pentures. *Il faut éviter de confondre le moment de force avec la force.* Le moment de force s'exprime en unités de force multipliées par la longueur, c'est-à-dire en N • m. Nous verrons à la section 10.7 que la notion de moment de force est utile pour analyser la dynamique de rotation des solides. Au prochain chapitre, nous décrirons en détail la nature vectorielle du moment de force.

Exemple 10.8

Un cylindre plein pivote sur un axe sans frottement, comme à la figure 10.14. Une corde enroulée autour du cylindre de rayon extérieur R_1 exerce une force $\vec{F}_1$ dirigée vers la droite du cylindre. Une deuxième corde, enroulée autour du cylindre de rayon R_2, exerce une force $\vec{F}_2$ dirigée vers le bas du cylindre. (a) Quel est le moment de force net agissant sur le cylindre?

Le moment de force attribuable à $\vec{F}_1$ est $-R_1F_1$; il est négatif, car il tend à causer une rotation dans le sens horaire. Le moment de force attribuable à l'action de $\vec{F}_2$ est $+R_2F_2$; il est positif, car il a tendance à causer une rotation en sens trigonométrique. Par conséquent, le moment de force net est

$$\tau_{\text{net}} = \tau_1 + \tau_2 = R_2F_2 - R_1F_1$$

(b) Supposons que $F_1 = 5$ N, $R_1 = 1{,}0$ m, $F_2 = 6$ N et $R_2 = 0{,}5$ m. Déterminez le moment de force net et le sens de la rotation du cylindre.

$$\tau_{\text{net}} = (6\text{ N})(0{,}5\text{ m}) - (5\text{ N})(1{,}0\text{ m}) = -2\text{ N} \bullet \text{m}$$

Le moment de force net étant négatif, le cylindre tournera dans le sens horaire.

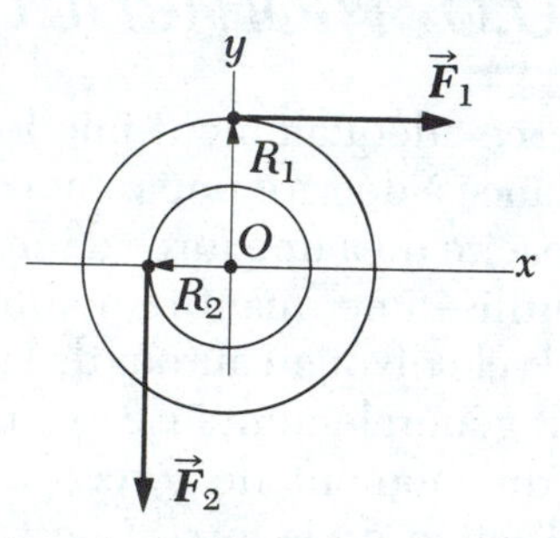

Figure 10.14 (Exemple 10.8) Un cylindre plein pivotant autour de l'axe des z qui passe par O. R_1 est le bras de levier de $\vec{F}_1$ et R_2 est le bras de levier de $\vec{F}_2$.

Q9. En vous reportant à la figure 10.14, pouvez-vous imaginer une situation dans laquelle le moment de force résultant attribuable aux deux forces agissant sur le cylindre serait nul? Expliquez.

Q10. Supposons qu'un solide ne soit soumis qu'à l'action de deux forces de même grandeur, mais de directions opposées. À quelle condition le corps décrira-t-il une rotation?

10.7 Relation entre moment de force et accélération angulaire

Dans cette section, nous allons démontrer que l'accélération angulaire d'un solide en rotation autour d'un axe fixe est proportionnelle au moment de force net par rapport à cet axe de rotation. Avant d'aborder le cas plus complexe de la rotation d'un solide, nous discuterons brièvement de la rotation d'une particule autour d'un point fixe sous l'action d'une force extérieure. Nous transposerons ensuite ces notions au cas d'un solide en rotation autour d'un axe fixe.

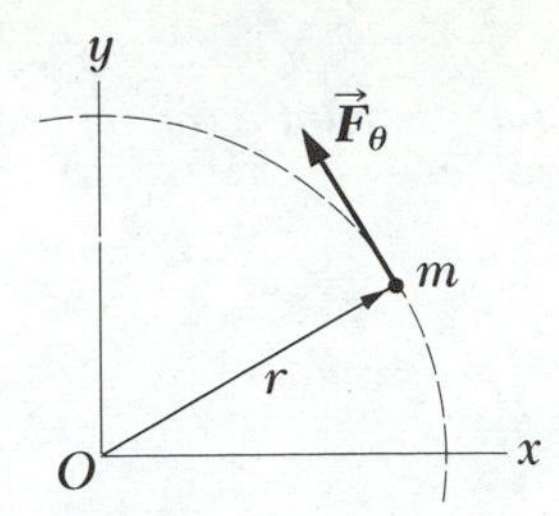

Figure 10.15 Une particule décrit un cercle sous l'action d'une force tangentielle $\vec{F}_\theta$. Une force centripète $\vec{F}_r$ (non illustrée) doit aussi intervenir pour assurer le mouvement circulaire.

Imaginons une particule de masse m décrivant un cercle de rayon r sous l'influence d'une force tangentielle F_θ, comme l'illustre la figure 10.15. La force tangentielle imprime une accélération tangentielle a_θ, et

$$F_\theta = ma_\theta$$

Le moment de force s'exerçant sur la particule sous l'action de $\vec{F}$ est égal au produit de la grandeur de F_θ par le bras de levier de la force:

$$\tau = F_\theta r = (ma_\theta)r$$

L'accélération tangentielle étant liée à l'accélération angulaire selon la relation $a_\theta = r\alpha$, nous pouvons exprimer le moment de force sous la forme

$$\tau = (mr\alpha)r = (mr^2)\alpha$$

La quantité mr^2 correspond au moment d'inertie de la masse en rotation autour de l'axe des z, de sorte que

Relation entre le moment de force et l'accélération angulaire

10.19 $$\tau = I\alpha$$

Ainsi, *le moment de force agissant sur la particule est proportionnel à son accélération angulaire*, et la constante de proportionnalité est le moment d'inertie. Il est important de noter que la relation $\tau = I\alpha$ de la dynamique de rotation est analogue à la deuxième loi du mouvement de Newton, $F = ma$.

Étendons cette discussion au cas d'un solide de forme arbitraire qui tourne avec une accélération angulaire autour d'un axe fixe, comme à la figure 10.16. On peut considérer le solide comme formé d'une infinité d'élément de masse dm et de dimension infinitésimale. Chaque élément de masse décrit un cercle autour de l'origine et chacun est animé d'une accélération tangentielle a_θ produite par une force tangentielle dF_θ. $d\vec{F}_\theta$ est la composante tangentielle de la résultante de toutes les forces internes et externes agissant sur l'élément dm. À partir de la deuxième loi de Newton, nous savons que pour un élément quelconque

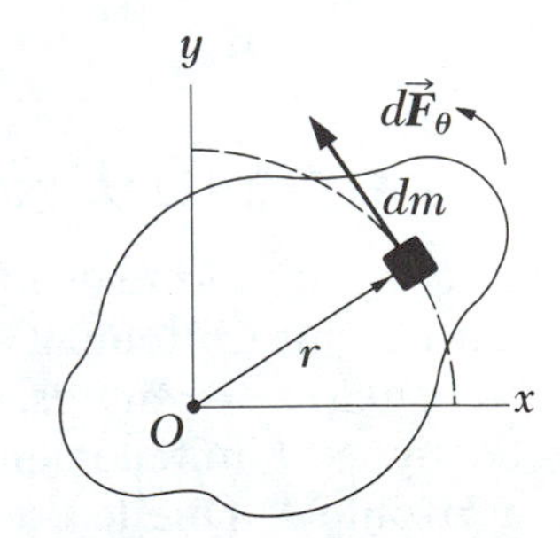

Figure 10.16 Un solide pivotant autour d'un axe qui passe par O. Tous les éléments de masse dm tournent autour de O et sont animés d'une même accélération angulaire α, et le moment de force net s'exerçant sur le solide est proportionnel à α.

$$dF_\theta = (dm)a_\theta$$

Le moment de force $d\tau$ associé à la force $d\vec{F}_\theta$ est donné par

$$d\tau = r\,dF_\theta = (r\,dm)a_\theta$$

Puisque $a_\theta = r\alpha$, on peut exprimer $d\tau$ sous la forme

$$d\tau = (r\,dm)r\alpha = (r^2\,dm)\alpha$$

Chaque point a même ω et même α

Puisqu'on a affaire à un corps rigide, tous les éléments de masse ont la *même* accélération angulaire α. L'expression ci-dessus peut être intégrée pour obtenir le moment de force net s'exerçant par rapport à O:

$$\tau_{\text{net}} = \int (r^2\,dm)\alpha = \alpha \int r^2\,dm$$

où α peut être sorti de l'intégrale puisqu'il est commun à tous les éléments de masse. Le moment d'inertie du solide autour de son axe de rotation passant par O étant défini par $I = \int r^2\,dm$, τ_{net} peut s'exprimer sous la forme

Le moment de force est proportionnel à l'accélération angulaire

10.20

$$\tau_{\text{net}} = I\alpha$$

Dans cette expression, l'accélération angulaire du corps est proportionnelle au moment de force net par rapport à l'axe de rotation. Le facteur de proportionnalité est le moment d'inertie I qui dépend de la façon dont la matière du corps est distribuée par rapport à l'axe de rotation.

Le moment de force net, τ_{net}, dans l'équation 10.20 est obtenu en faisant la somme (l'intégrale) de tous les moments de force, dus aux forces internes et externes, agissant sur chaque élément du corps. Or, bien que nous n'en fassions pas la démonstration formelle maintenant seuls les moments de force dus aux forces externes contribuent au moment de force net. La somme des moments de force dus aux forces internes est nulle. Ce résultat est facile à admettre, car si ce n'était pas le cas un corps rigide isolé, donc soumis à aucune force externe, pourrait se mettre à tourner spontanément sous l'influence de ses forces internes. Donc, dans le calcul de τ_{net} on ne tient compte que des forces externes exercées sur le corps.

Exemple 10.9 Rotation d'une tige

Une tige uniforme de longueur L et de masse M tourne sans frottement autour d'un point situé à l'une de ses extrémités, comme à la figure 10.17. La tige est initialement au repos en position horizontale. Quelle est l'accélération angulaire *initiale* de la tige et quelle est l'accélération linéaire *initiale* de son extrémité droite?

Solution: La tige étant uniforme, son centre de gravité se trouve au centre géométrique. On peut considérer que le poids $M\vec{g}$ de toute la tige s'exerce en ce point, comme l'indique la figure 10.17. La grandeur du moment de force attribuable à cette force, par rapport à un axe passant par le pivot, est donnée par

$$\tau = \frac{MgL}{2}$$

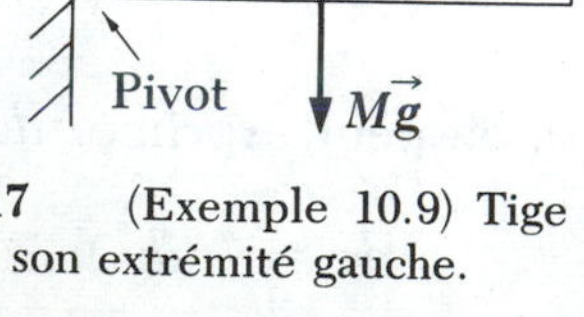

Figure 10.17 (Exemple 10.9) Tige uniforme munie d'un pivot à son extrémité gauche.

Mais $\tau = I\alpha$ et $I = \frac{1}{3}ML^2$ dans le cas d'une tige tournant par rapport à son extrémité. Par conséquent,

$$I\alpha = Mg\frac{L}{2}$$

$$\alpha = \frac{Mg(L/2)}{\frac{1}{3}ML^2} = \frac{3g}{2L}$$

Cette accélération est commune à *tous* les points de la tige.

Pour déterminer l'accélération linéaire de l'extrémité droite de la tige, nous utilisons la relation $a_\theta = R\alpha$, où $R = L$. Nous obtenons

$$a_\theta = L\alpha = \frac{3}{2}g$$

Ce résultat est intéressant puisque $a_\theta > g$. On voit que l'extrémité de la tige a une accélération *plus grande* que l'accélération gravitationnelle. Par conséquent, si l'on plaçait une pièce de monnaie à l'extrémité de la tige et si on laissait tomber les deux corps simultanément, initialement la chute de l'extrémité de la tige serait plus rapide que celle de la pièce de monnaie.

En d'autres points de la tige, l'accélération linéaire est moins de $\frac{3}{2}g$. Par exemple, le milieu de la tige est animé d'une accélération de $\frac{3}{4}g$.

10.8 Travail et énergie dans le mouvement de rotation

La description d'un solide en rotation ne serait pas complète sans la discussion de l'énergie cinétique de rotation et de sa variation en fonction du travail accompli par des forces extérieures.

De nouveau, nous allons limiter notre discussion à la rotation autour d'un axe fixe situé dans un repère galiléen. En outre, nous allons voir que la relation fondamentale $\tau_{net} = I\alpha$, établie à la section précédente, peut également être obtenue en prenant la dérivée de l'énergie par rapport au temps.

Examinons le cas d'un solide muni d'un pivot au point O (fig. 10.18). Supposons que le solide ne soit soumis qu'à l'action d'une seule force extérieure, $\vec{F}$, dont le point d'application se situe à P. Lorsque le corps décrit une rotation infinitésimale la force $\vec{F}$ se déplace sur une distance $ds = rd\theta$, en un temps dt, et accompli un travail

$$dW = \vec{F} \cdot \vec{ds} = (F \sin \phi) r \, d\theta$$

où $F \sin \phi$ est la composante tangentielle de $\vec{F}$, soit la composante de la force dirigée dans la direction du déplacement. Notons que *la composante radiale de $\vec{F}$ n'accomplit aucun travail puisqu'elle est perpendiculaire au déplacement.*

Étant donné que la grandeur du moment de force attribuable à l'action de $\vec{F}$ autour de l'origine a été définie comme $rF \sin \phi$, nous pouvons écrire le travail accompli durant la rotation infinitésimale sous la forme

$$dW = \tau d\theta \qquad \textbf{10.21}$$

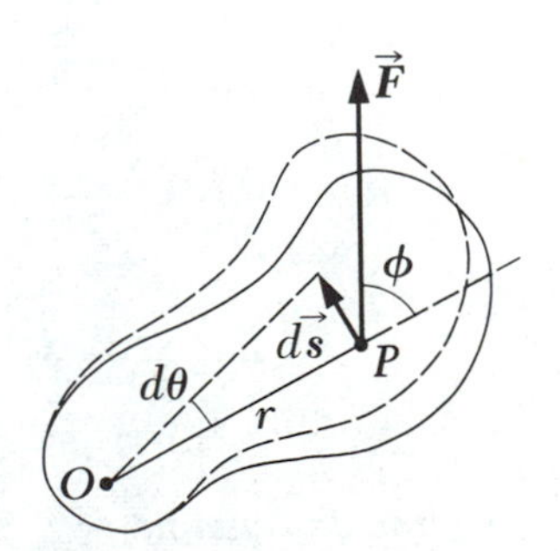

Figure 10.18 Solide en rotation autour d'un axe qui passe par O; la rotation est attribuable à l'action d'une force extérieure $\vec{F}$ dont le point d'application est P.

En divisant les deux termes de l'équation 10.21 par dt, nous obtenons le taux auquel le travail est effectué par la force $\vec{F}$ faisant tourner le corps:

10.22
$$\frac{dW}{dt} = \tau \frac{d\theta}{dt}$$

Mais par définition, dW/dt représente la puissance instantanée P développée par la force. De plus, puisque $d\theta/dt = \omega$, nous pouvons écrire

Puissance effective imprimée à un solide

10.23
$$P = \frac{dW}{dt} = \tau\omega$$

Cette expression est analogue à $P = Fv$ dans le cas du mouvement linéaire et l'expression $dW = \tau d\theta$ est analogue à $dW = F_x dx$.

Théorème de l'énergie cinétique dans le mouvement de rotation

Lorsque nous avons étudié le mouvement linéaire, nous avons montré l'utilité de la notion d'énergie (théorème de l'énergie cinétique) pour analyser le mouvement d'un système. Or, la notion d'énergie peut également servir à l'analyse du mouvement de rotation. Partant de ce que nous avons appris sur le mouvement linéaire, nous pouvons prévoir que, dans le cas du mouvement de rotation autour d'un axe fixe, le travail accompli par les forces extérieures est égal à la variation de l'énergie cinétique de rotation. À partir de l'expression $\tau = I\alpha$, en utilisant la règle de dérivation de fonctions composées (calcul différentiel et intégral), nous pouvons exprimer le moment de force ainsi:

$$\tau = I\alpha = I\frac{d\omega}{dt} = I\frac{d\omega}{d\theta}\frac{d\theta}{dt} = I\omega\frac{d\omega}{d\theta}$$

En simplifiant l'expression ci-dessus et compte tenu que $\tau d\theta = dW$, nous obtenons

$$\tau d\theta = dW = I\omega d\omega$$

Si l'on intègre cette expression, compte tenu que I est constant, nous obtenons le travail total accompli:

Théorème de l'énergie cinétique appliqué au mouvement de rotation

10.24
$$W = \int_{\theta_0}^{\theta} \tau d\theta = \int_{\omega_0}^{\omega} I\omega d\omega = \frac{1}{2}I\omega^2 - \frac{1}{2}I\omega_0^2$$

où la vitesse angulaire varie de ω_0 à ω à mesure que le déplacement angulaire varie de θ_0 à θ. Notons que cette expression est analogue à l'expression du théorème de l'énergie cinétique obtenue dans le cas du mouvement linéaire: m est remplacé par I et v par ω. *Le travail net des forces extérieures causant la rotation du solide autour d'un axe fixe est égal à la variation de l'énergie cinétique de rotation du solide.*

Le tableau 10.3 présente la liste des équations principales que nous avons étudiées au sujet du mouvement de rotation, ainsi que les expressions analogues dans le cas du mouvement linéaire. Les deux dernières équations font intervenir la notion de moment cinétique $\vec{L}$, que nous étudierons au chapitre 11. Elles figurent au tableau afin que la liste des équations soit complète. Il est intéressant de noter l'analogie constante entre les équations du mouvement de rotation autour d'un axe fixe et celles du mouvement linéaire.

Exemple 10.10

Soit une roue de rayon R, et de masse M dont le moment d'inertie est I; elle tourne sur un essieu horizontal sans frottement, comme à la figure 10.19. Une corde légère, enroulée autour de la roue, supporte un corps de masse m. Calculez l'accélération linéaire du corps suspendu, ainsi que l'accélération angulaire de la roue et la tension dans la corde.

Solution: Le moment de force qui agit sur la roue par rapport à son axe de rotation est $\tau = TR$. Le poids de la roue et la force normale de l'essieu sur la roue passent par l'axe de rotation et ne produisent pas de moment de force. Nous obtenons

$$\tau = I\alpha$$

$$TR = I\alpha$$

$$(1) \quad \alpha = TR/I$$

Appliquons maintenant la deuxième loi de Newton au mouvement de la masse m en suspension, en utilisant un diagramme des forces (fig. 10.19). L'accélération étant vers le bas

$$\Sigma F_y = mg - T = ma$$

$$(2) \quad a = \frac{mg - T}{m}$$

Nous constatons que l'accélération linéaire de la masse suspendue est égale à l'accélération tangentielle d'un point situé sur la jante de la roue. Par conséquent, l'accélération angulaire de la roue et cette accélération linéaire sont liées selon $a = R\alpha$. En combinant cette relation à (1) et à (2), nous obtenons

$$a = R\alpha = \frac{TR^2}{I} = \frac{mg - T}{m}$$

$$T = \frac{mg}{1 + \dfrac{mR^2}{I}}$$

La solution pour a et α nous donne

$$a = \frac{g}{1 + I/mR^2}$$

$$\alpha = \frac{a}{R} = \frac{g}{R + I/mR}$$

Par exemple, si la roue est un disque plein dont $M = 2{,}0$ kg et $R = 30$ cm, $I = 0{,}09$ kg $\cdot$ m^2. Si $m = 0{,}5$ kg, nous obtenons $T = 3{,}3$ N, $a = 3{,}3$ m/s^2 et $\alpha = 11$ rad/s^2.

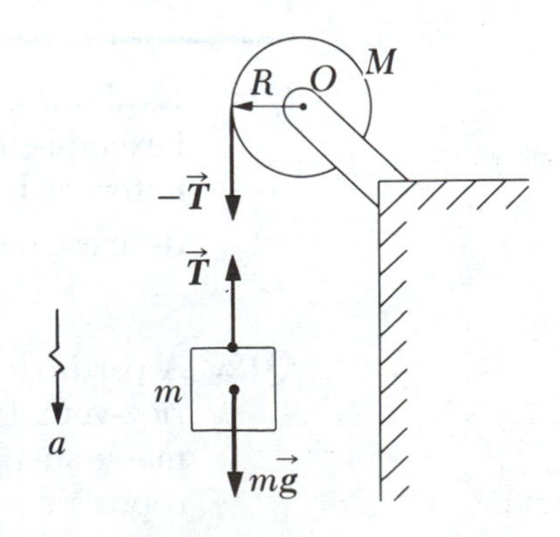

Figure 10.19 (Exemple 10.10) La corde reliée à m est enroulée autour de la poulie, ce qui produit un moment de force par rapport à l'axe qui passe par O.

Exemple 10.11

Soit une tige uniforme de longueur L et de masse M dont l'une des extrémités est munie d'un pivot sans frottement lui permettant de tourner (fig. 10.20). La tige est lâchée à partir du repos, en position horizontale. (a) Quelle est sa vitesse angulaire lorsqu'elle se trouve à sa position la plus basse?

On peut facilement répondre à cette question en tenant compte de l'énergie mécanique du système. En effet, lorsque la tige est en position horizontale, elle ne possède aucune énergie cinétique et son énergie potentielle par rapport à la position la plus basse de son centre de masse (O') est $MgL/2$. Lorsqu'elle atteint sa position la plus basse, l'énergie est devenue entièrement cinétique, soit $\frac{1}{2}I\omega^2$, où I représente le moment d'inertie par rapport au pivot. Étant donné que $I = \frac{1}{3}ML^2$ (tableau 10.2) et que l'énergie mécanique est conservée, nous avons

$$\frac{1}{2}MgL = \frac{1}{2}I\omega^2 = \frac{1}{2}\left(\frac{1}{3}ML^2\right)\omega^2$$

$$\omega = \sqrt{\frac{3g}{L}}$$

Par exemple, si la tige est une règle de un mètre, nous obtenons $\omega = 5{,}4$ rad/s.

(b) Déterminez la vitesse linéaire du centre de masse et la vitesse linéaire du point le plus bas de la tige lorsqu'elle est en position verticale.

$$v_c = r\omega = \frac{L}{2}\omega = \frac{1}{2}\sqrt{3gL}$$

Le point le plus bas de la tige est animé d'une vitesse égale à $2v_c = \sqrt{3gL}$.

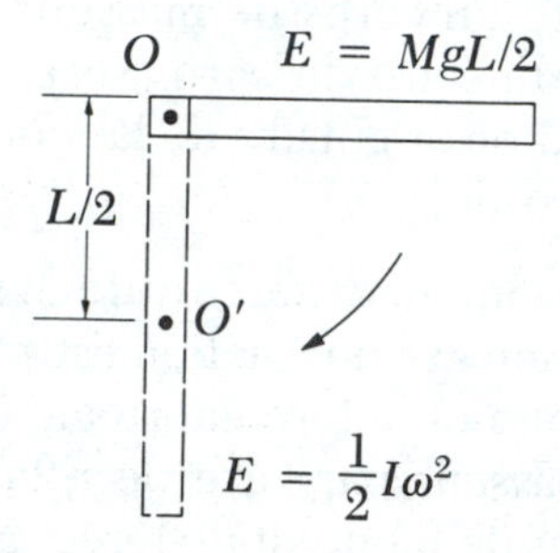

Figure 10.20 (Exemple 10.11) Une tige uniforme et rigide est munie d'un pivot en O et tourne dans le plan vertical sous l'action de la force gravitationnelle.

Q11. Expliquez comment vous pourriez utiliser le montage décrit à l'exemple 10.10 pour déterminer le moment d'inertie de la roue. (À noter: si la roue n'est pas un disque uniforme, le moment d'inertie n'est pas nécessairement égal à $\frac{1}{2}MR^2$.)

Q12. À partir des résultats obtenus à l'exemple 10.10, comment calculeriez-vous la vitesse angulaire de la roue et la vitesse linéaire de la masse suspendue à $t = 2$ s, en supposant que le système ait quitté le repos à $t = 0$?. La relation $v = R\omega$ est-elle valable dans ce cas?

Q13. Si l'on plaçait une petite sphère de masse M à l'extrémité de la tige de la figure 10.20, la valeur de ω serait-elle plus grande, égale ou moins grande que le résultat obtenu à l'exemple 10.11?

Tableau 10.3 *Comparaison de diverses équations relatives au mouvement de rotation et au mouvement de translation*

Mouvement de rotation autour d'un axe fixe	Mouvement linéaire
Vitesse angulaire $\omega = d\theta/dt$	Vitesse linéaire $v = dx/dt$
Accélération angulaire $\alpha = d\omega/dt$	Accélération linéaire $a = dv/dt$
Moment de force net $\Sigma\tau = I\alpha$	Force résultante $\Sigma F = Ma$
$\alpha = \text{constante}\begin{cases}\omega = \omega_0 + \alpha t\\ \theta - \theta_0 = \omega_0 t + \frac{1}{2}\alpha t^2\\ \omega^2 = \omega_0^2 + 2\alpha(\theta - \theta_0)\end{cases}$	$a = \text{constante}\begin{cases}v = v_0 + at\\ x - x_0 = v_0 t + \frac{1}{2}at^2\\ v^2 = v_0^2 + 2a(x - x_0)\end{cases}$
Travail $W = \int_{\theta_0}^{\theta} \tau\, d\theta$	Travail $W = \int_{x_0}^{x} F_x\, dx$
Énergie cinétique $K = \frac{1}{2}I\omega^2$	Énergie cinétique $K = \frac{1}{2}mv^2$
Puissance $P = \tau\omega$	Puissance $P = Fv$
Moment cinétique $\vec{L} = I\vec{\omega}$	Quantité de mouvement linéaire $\vec{p} = m\vec{v}$
Moment de force net $\vec{\tau} = d\vec{L}/dt$	Force résultante $\vec{F} = d\vec{p}/dt$

Exemple 10.12

Deux masses sont reliées par une corde montée sur une poulie ayant un moment d'inertie I, comme à la figure 10.21. La corde ne glisse pas sur la poulie et le système entreprend son mouvement à partir du repos. Déterminez les vitesses linéaires des masses après que la masse m_2 soit descendue d'une hauteur h; déterminez également la vitesse angulaire de la poulie à cet instant.

Solution: En faisant abstraction des frottements, nous pouvons dire que l'énergie mécanique est conservée et que l'augmentation de l'énergie cinétique du système est égale à la diminution de l'énergie potentielle. Puisque $K_i = 0$ (le système étant initialement au repos), nous avons

$$\Delta K = K_f - K_i = \frac{1}{2}m_1v^2 + \frac{1}{2}m_2v^2 + \frac{1}{2}I\omega^2$$

m_1 et m_2 ayant nécessairement la même vitesse. Cependant, $v = R\omega$, de sorte que

$$\Delta K = \frac{1}{2}\left(m_1 + m_2 + \frac{I}{R^2}\right)v^2$$

La figure 10.21 nous indique que m_2 perd de l'énergie potentielle à mesure que m_1 en gagne. En d'autres termes, $\Delta U_2 = -m_2gh$ et $\Delta U_1 = m_1gh$. En appliquant le principe de conservation

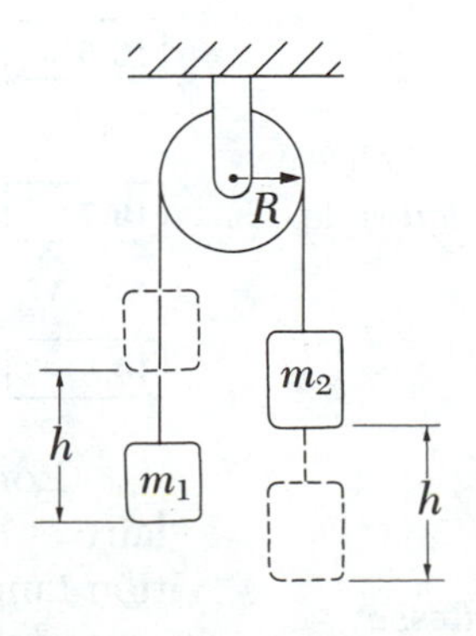

Figure 10.21 (Exemple 10.12).

de l'énergie sous la forme $\Delta K + \Delta U_1 + \Delta U_2 = 0$, nous obtenons

$$\frac{1}{2}\left(m_1 + m_2 + \frac{I}{R^2}\right)v^2 + m_1gh - m_2gh = 0$$

$$v = \left[\frac{2(m_2 - m_1)gh}{\left(m_1 + m_2 + \frac{I}{R^2}\right)}\right]^{1/2}$$

Puisque $v = R\omega$, la vitesse angulaire de la poulie est donnée par $\omega = v/R$.

Pour v, nous aurions pu arriver au même résultat en appliquant $\tau_{net} = I\alpha$ à la poulie et la deuxième loi de Newton à m_1 et m_2. Il s'agit du même procédé que celui que nous avons utilisé à l'exemple 10.10.

10.9 Résumé

La *vitesse angulaire instantanée* d'une particule décrivant un cercle ou d'un solide en rotation autour d'un axe fixe est définie comme étant

Vitesse angulaire instantanée

10.3 $$\omega = \frac{d\theta}{dt}$$

où ω est normalement exprimée en rad/s, ou rad • s^{-1}.

L'*accélération angulaire instantanée* d'un corps en rotation est définie comme étant

Accélération angulaire instantanée

10.5 $$\alpha = \frac{d\omega}{dt}$$

où α est normalement exprimé en rad/s^2, ou rad • s^{-2}.

Lorsqu'un solide est en rotation autour d'un axe fixe, toutes ses parties ont la même vitesse angulaire et la même accélération angulaire. Toutefois, en règle générale, elles n'ont pas toutes la même vitesse linéaire et la même accélération linéaire.

Lorsqu'une particule ou un corps subit un mouvement de rotation à accélération angulaire constante autour d'un axe fixe, on peut appliquer les équations cinématiques suivantes:

Équations cinématiques de rotation

10.6 $$\omega = \omega_0 + \alpha t$$

10.7 $$\theta = \theta_0 + \omega_0 t + \frac{1}{2}\alpha t^2$$

10.8 $$\omega^2 = {\omega_0}^2 + 2\alpha(\theta - \theta_0)$$

Lorsqu'un solide est en rotation autour d'un axe fixe, la vitesse angulaire et l'accélération angulaire sont liées à la vitesse linéaire et à l'accélération tangentielle selon les relations suivantes:

Relation entre la vitesse linéaire et la vitesse angulaire

10.9 $$v = r\omega$$

10.10 $a_\theta = r\alpha$ *Relation entre l'accélération linéaire et l'accélération angulaire*

Le *moment d'inertie d'un système de particules* est donné par

10.14 $I = \Sigma m_i r_i^2$ *Moment d'inertie d'un système de particules*

L'énergie cinétique d'un corps rigide tournant autour d'un axe fixe est donnée par:

10.15 $K = \frac{1}{2} I\omega^2$ *Énergie cinétique d'un solide en rotation*

où I représente le moment d'inertie par rapport à l'axe de rotation.

Le *moment d'inertie d'un solide* est donné par

10.16 $I = \int r^2\,dm$ *Moment d'inertie d'un solide*

r étant la distance entre l'élément de masse dm et l'axe de rotation.

Le *moment de force* attribuable à l'action d'une force $\vec{F}$ dépend de l'axe de rotation choisi et est donné par

10.18 $\tau = Fd$ *Moment de force*

où d représente le bras de levier de la force, qui correspond à la distance perpendiculaire entre l'axe de rotation et la ligne d'action de la force.

Lorsqu'un solide capable de tourner autour d'un axe fixe est soumis à l'action d'un *moment de force net*, il subit une accélération angulaire α telle que

10.20 $\tau_{\text{net}} = I\alpha$ *Moment de force net*

La *puissance effective* développée par une force agissant sur un corps en rotation est donnée par

10.23 $P = \tau\omega$ *Puissance effective imprimée à un solide*

Le travail net accompli par les forces extérieures engendrant la rotation d'un solide autour d'un axe fixe est égal à la variation de l'énergie cinétique de rotation du solide:

10.24 $W = \frac{1}{2} I\omega^2 - \frac{1}{2} I\omega_0^2$ *Théorème de l'énergie cinétique appliqué au mouvement de rotation*

Il s'agit là de l'application du théorème de l'énergie cinétique au mouvement de rotation.

Exercices

Section 10.1 *Vitesse angulaire et accélération angulaire*

1. Une particule décrit un cercle de 1,5 m de rayon. Quel est l'angle balayé par la particule si elle décrit un arc de 2,5 m de longueur. Exprimez cet angle en radians, puis en degrés.
2. Si une particule animée d'un mouvement circulaire tourne à n tr/min, quelle est sa vitesse angulaire exprimée en rad/s?
3. Soit une roue tournant à un taux constant de 3 600 tr/min. (a) Quelle est sa vitesse angulaire? (b) Quel angle (exprimé en radians) décrit-elle durant une rotation de 1,5 s?
4. Donnez l'équivalent en degrés de (a) 3,5 rad, (b) 5π rad, (c) 2,2 tr.

Section 10.2 *Cinématique de rotation: mouvement de rotation à accélération angulaire constante*

5. Une roue initialement immobile entreprend une rotation avec une accélération angulaire constante; elle met 2 s à atteindre une vitesse angulaire de 10 rad/s. Déterminez (a) l'accélération angulaire de la roue et (b) l'angle (exprimé en radians) qu'elle décrit au cours de ce temps de rotation.
6. Le plateau d'un tourne-disque tourne à 33⅓ tr/min et met 90 s à s'immobiliser après une panne de courant. Calculez (a) son accélération angulaire et (b) le nombre de tours qu'il effectue avant de s'immobiliser.
7. Exprimez en rad/s la vitesse angulaire (a) de la Terre sur son orbite autour du Soleil et (b) de la Lune sur son orbite autour de la Terre. (La période de la Lune est d'environ 28 jours.)
8. La rotation d'une roue est telle que son déplacement angulaire en un temps t est donné par $\theta = at^2 + bt^3$, où a et b sont des constantes. Déterminez les équations permettant d'exprimer en fonction du temps (a) la vitesse angulaire et (b) l'accélération angulaire.

Section 10.3 *Relations entre les quantités angulaires et les quantités linéaires*

9. Une voiture de course se déplace sur une piste circulaire de 200 m de rayon. Sachant que la voiture est animée d'une vitesse constante de 80 m/s, déterminez (a) la vitesse angulaire de la voiture et (b) la grandeur et la direction de l'accélération de la voiture.
10. La voiture de course décrite à l'exercice 9 est immobile au départ et accélère ensuite uniformément; elle met 30 s à atteindre une vitesse de 80 m/s. Déterminez (a) la vitesse angulaire moyenne de la voiture au cours de cet intervalle de temps, (b) son accélération angulaire, (c) la grandeur de son accélération angulaire à $t = 10$ s et (d) la distance totale parcourue au cours des 30 premières secondes.
11. Une roue de 4 m de diamètre effectue une rotation avec une accélération angulaire constante de 4 rad/s^2. À $t = 0$, la roue est au repos et le vecteur rayon au point P de la jante forme un angle de 57,3° par rapport à l'horizontale. À $t = 2$ s, déterminez (a) la vitesse angulaire de la roue, (b) la vitesse linéaire, l'accélération centripète et l'accélération linéaire du point P et (c) la position angulaire du point P.
12. Initialement au repos, un cylindre de 12 cm de rayon entreprend une rotation sur son axe; le mouvement est animé d'une accélération angulaire constante de 5 rad/s^2. À $t = 3$ s, déterminez (a) sa vitesse angulaire, (b) la vitesse linéaire d'un point situé sur la surface et (c) les composantes tangentielle et radiale de l'accélération d'un point situé sur la surface.
13. Un disque de 6 cm de rayon tourne sur son axe à un taux constant de 1 200 tr/min. Déterminez (a) la vitesse angulaire du disque, (b) la vitesse linéaire d'un point situé à 2 cm du centre, (c) l'accélération radiale d'un point en périphérie et (d) la distance totale parcourue en 2 s par un point en périphérie.

Section 10.4 Énergie cinétique de rotation

14. Un pneu a un moment d'inertie de 50 kg • m² et tourne autour d'un axe central fixe à un taux de 600 tr/min. Quelle est son énergie cinétique?

15. Les quatre particules de la figure 10.22 sont reliées par de légères tiges rigides. Si le système tourne dans le plan xy autour de l'axe des z à une vitesse angulaire de 8 rad/s, calculez (a) le moment d'inertie du système par rapport à l'axe des z et (b) l'énergie cinétique du système.

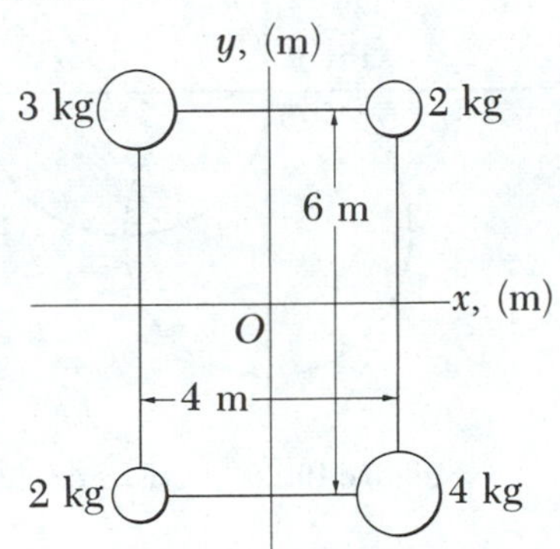

Figure 10.22 (Exercices 15 et 16).

16. Supposons que le système de particules décrit à l'exercice 15 (fig. 10.22) tourne autour de l'axe des y. Calculez (a) le moment d'inertie par rapport à l'axe des y et (b) le travail requis pour que le système passe de l'état de repos à une vitesse angulaire de 8 rad/s.

17. Soit trois particules reliées par de légères tiges rigides disposées selon l'axe des y (fig. 10.23). Si le système tourne autour de l'axe des x à une vitesse angulaire de 2 rad/s, déterminez (a) le moment d'inertie par rapport à l'axe des x et l'énergie cinétique totale estimée à partir de $\frac{1}{2}I\omega^2$ et (b) la vitesse linéaire de chaque particule et l'énergie cinétique totale estimée à partir de $\Sigma\frac{1}{2}m_i v_i^2$.

Section 10.5 Calcul des moments d'inertie des corps rigides

18. Suivant le procédé utilisé à l'exemple 10.6, démontrez que le moment d'inertie par rapport à l'axe y' de la tige rigide de la figure 10.9 est $\frac{1}{3}ML^2$.

19. Utilisez le théorème des axes parallèles et le tableau 10.2 pour déterminer les moments

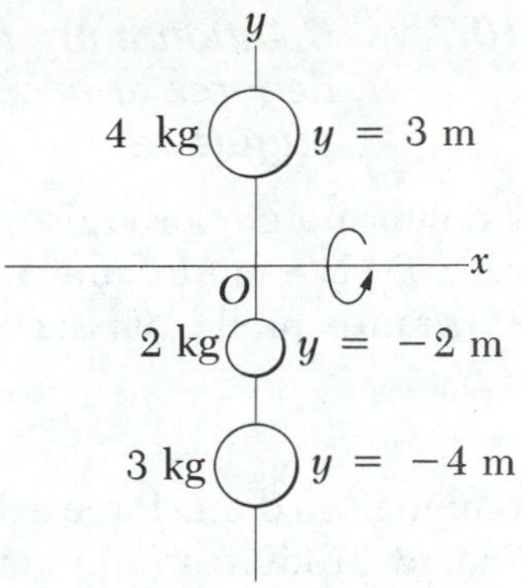

Figure 10.23 (Exercice 17).

d'inertie (a) d'un cylindre plein en rotation autour d'un axe parallèle à l'axe du centre de masse et passant par le bord du cylindre (b) d'une sphère pleine tournant autour d'un axe tangent à sa surface.

Section 10.6 Moment de force

20. Calculez le moment de force net (grandeur et orientation) s'exerçant sur la poutre illustrée à la figure 10.24 (a) par rapport à un axe passant par O et perpendiculaire au plan de la page et (b) par rapport à un axe passant par C et perpendiculaire au plan de la page.

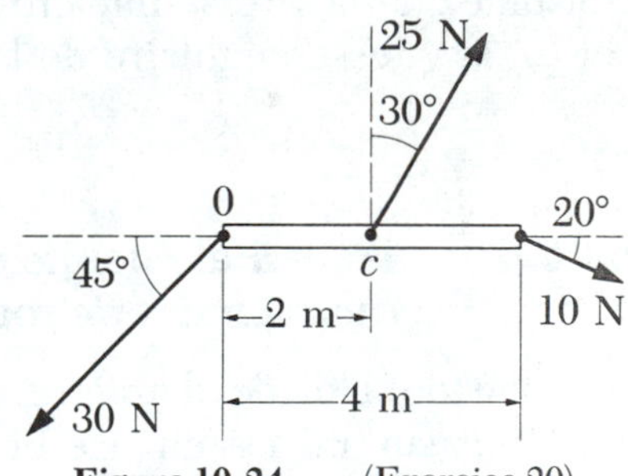

Figure 10.24 (Exercice 20).

21. Déterminez le moment de force net s'exerçant sur la roue (fig. 10.25) par rapport à l'axe passant par O, dans le cas où a = 5 cm et b = 20 cm.

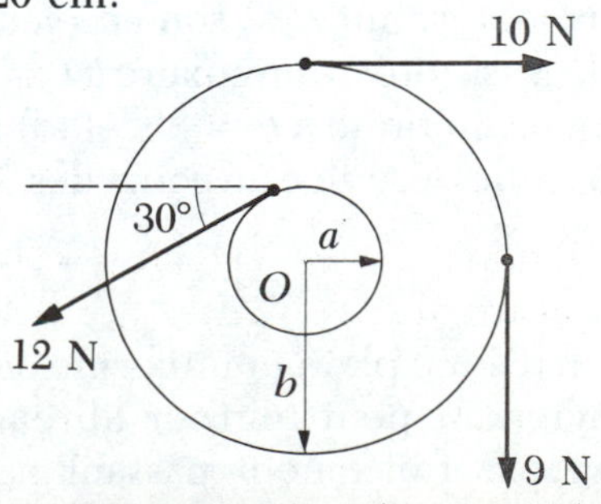

Figure 10.25 (Exercice 21).

Section 10.7 *Relation entre moment de force et accélération angulaire*

22. Pour qu'un moteur produise un moment de force de 50 N • m sur une roue tournant à 2 400 tr/min, quelle puissance doit-il développer?

23. La combinaison d'une force extérieure et d'un frottement produit un moment de force net constant de 24 N • m s'exerçant sur une roue en rotation. La force extérieure agit durant 5 s et au cours de cet intervalle la vitesse angulaire de la roue passe de 0 à 10 rad/s. Puis, l'action de la force extérieure cesse et la roue met 50 s à s'immobiliser. Déterminez (a) le moment d'inertie de la roue, (b) la grandeur du moment de force dû au frottement et (c) le nombre total de tours décrits par la roue.

24. Le système décrit à l'exemple 10.10 (fig. 10.19) est initialement au repos. Après que la masse m eut tombé sur une distance h, déterminez (a) la vitesse linéaire de la masse m et (b) la vitesse angulaire de la roue.

Section 10.8 *Travail et énergie dans le mouvement de rotation*

25. Une roue de 1 m de diamètre tourne sans frottement sur un essieu fixe et horizontal. Son moment d'inertie par rapport à l'essieu est de 5 kg • m^2. On maintient une tension constante de 20 N sur une corde enroulée autour de la jante de façon à imprimer une accélération à la roue. Si à $t = 0$ la roue est au repos, déterminez (a) son accélération angulaire, (b) sa vitesse angulaire à $t = 3$ s, (c) son énergie cinétique à $t = 3$ s et (d) la longueur de la corde déroulée au cours des 3 premières secondes.

26. (a) Un disque plein et uniforme de rayon R et de masse M peut tourner librement sur un pivot sans frottement passant par un point périphérique (fig. 10.26). Si le disque quitte l'état de repos lorsqu'il se trouve à la position indiquée par une ligne continue, quelle sera la vitesse de son centre de masse lorsqu'il atteindra la position indiquée par une ligne pointillée? (b) Quelle est la vitesse du point le plus bas du disque lorsqu'il se trouve à la position tracée par un pointillé? (c) Reprenez la question (a) en supposant que le disque soit un cerceau uniforme.

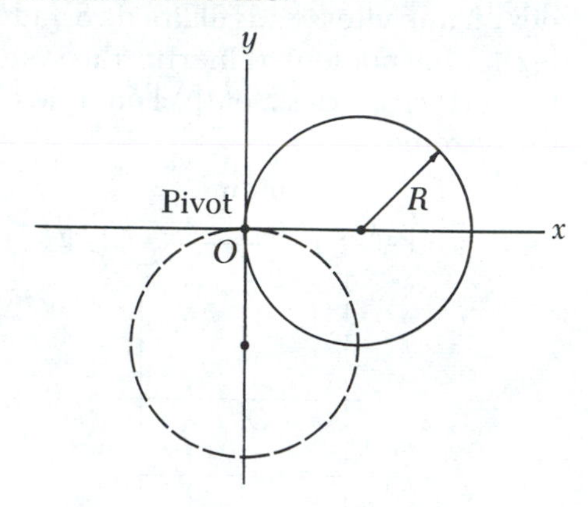

Figure 10.26 (Exercice 26).

27. On attache une masse de 12 kg à une corde enroulée autour d'une roue de rayon r = 10 cm (fig. 10.27). L'accélération de la masse vers le bas du plan incliné et lisse s'établit à 2,0 m/s^2. En supposant que l'essieu de la roue soit exempt de frottement, déterminez (a) la tension dans la corde, (b) le moment d'inertie de la roue et (c) la vitesse angulaire de la roue 2 s après s'être mise à tourner (elle était immobile au départ).

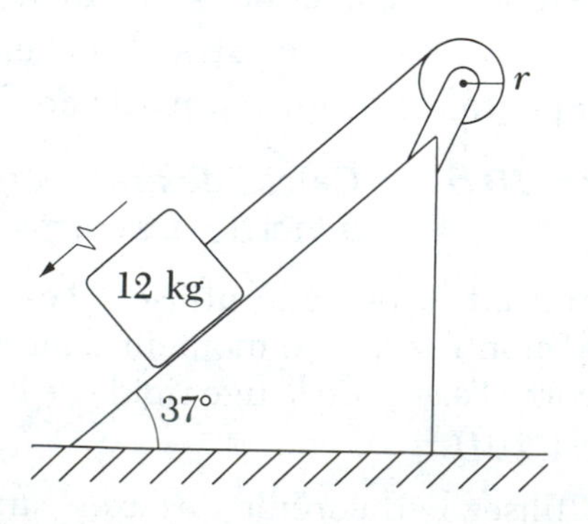

Figure 10.27 (Exercice 27).

Problèmes

1. Déterminez par intégration le moment d'inertie d'un cylindre creux tournant sur son axe de symétrie. Le cylindre a une masse M, son rayon intérieur est R_1 et son rayon extérieur, R_2. (Vérifiez votre résultat en le comparant à la valeur donnée au tableau 10.2.)

2. Calculez le moment d'inertie d'une sphère pleine et uniforme de masse M et de rayon R par rapport à un axe passant par son centre (consultez le tableau 10.2). (Indice: considérez la sphère comme un ensemble de disques de divers diamètres et établissez d'abord une expression du moment d'inertie de l'un de ces disques par rapport à l'axe de symétrie.)

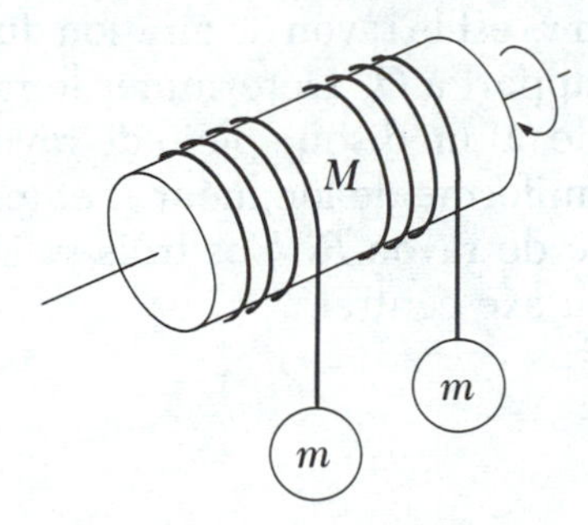

Figure 10.28 (Problème 3).

3. Un cylindre plein et uniforme de masse M et de rayon R est en rotation sur un essieu horizontal sans frottement (fig. 10.28). On a suspendu deux masses égales à l'aide de cordes légères enroulées autour du cylindre. Si le système entreprend son mouvement à partir du repos, déterminez (a) la tension dans chaque corde, (b) l'accélération de chacune des masses et (c) la vitesse angulaire du cylindre lorsque les masses ont effectué une chute sur une distance h.

4. Supposons que la poulie de la figure 10.21 a un moment d'inertie I et un rayon R. Supposons également que la corde supportant m_1 et m_2 ne glisse pas, que $m_2 > m_1$ et que l'essieu est exempt de frottement; déterminez (a) l'accélération des masses, (b) la tension de support de m_1 et celle de m_2 (notez qu'elles sont différentes) et (c) les valeurs numériques de T_1, T_2 et a, si $I = 5\ \text{kg} \cdot \text{m}^2$, $R = 0{,}5$ m, $m_1 = 2$ kg et $m_2 = 5$ kg.

5. Une masse m_1 est reliée à une masse m_2 à l'aide d'une corde légère; la masse m_2 glisse sur une surface lisse (fig. 10.29). La poulie tourne sur un essieu sans frottement; son moment d'inertie est I et son rayon, R. En supposant que la corde ne glisse pas sur la poulie, déterminez (a) l'accélération des deux masses, (b) les tensions T_1 et T_2 et (c) les valeurs numériques de a, de T_1 et de T_2, si $I = 0{,}5\ \text{kg} \cdot \text{m}^2$, $R = 0{,}3$ m, $m_1 = 4$ kg et $m_2 = 3$ kg. (d) Quels résultats obtiendriez-vous en faisant abstraction de l'inertie de la poulie?

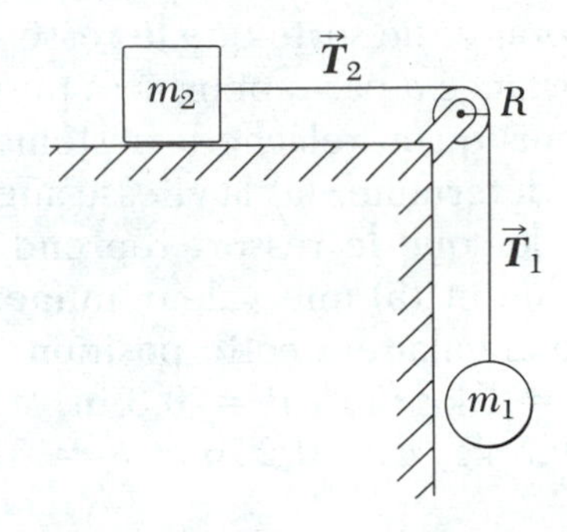

Figure 10.29 (Problème 5).

6. Une planche horizontale uniforme, de masse M et de longueur L, est soutenue à ses extrémités par deux cordes verticales. Démontrez que lorsque l'une des cordes se rompt (a) l'accélération angulaire de la planche est de $3g/2L$, (b) l'accélération du centre de masse est de $3g/4$ et (c) la tension de la corde de support est de $Mg/4$.

7. Une longue tige uniforme de longueur L et de masse M pivote sur une goupille horizontale sans frottement, fixée à l'une de ses extrémités. Initialement au repos, la tige est lâchée en position verticale (fig. 10.30). Au moment où la

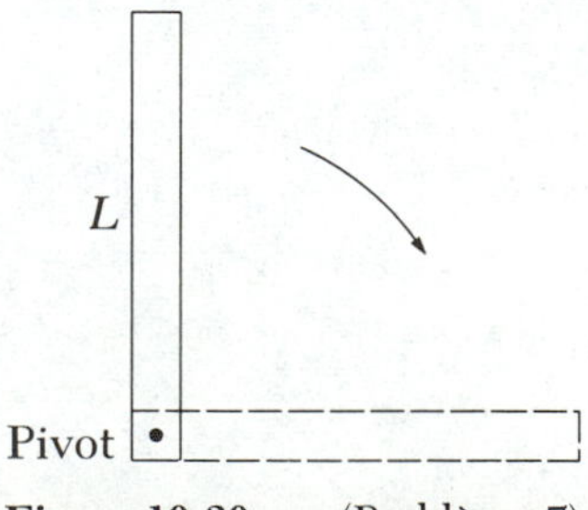

Figure 10.30 (Problème 7).

tige est en position horizontale, déterminez (a) sa vitesse angulaire, (b) son accélération angulaire, (c) les composantes x et y de l'accélération de son centre de masse et (d) les composantes de la force de réaction s'exerçant sur le pivot.

8. La poulie illustrée à la figure 10.31 a un rayon R et un moment d'inertie I. L'une des extrémités de la masse m est reliée à un ressort ayant une constante de rappel k; son autre extrémité est attachée à une corde enroulée autour de la poulie. L'essieu de la poulie et la surface inclinée sont exempts de frottement. Supposons que l'on fait tourner la poulie dans le sens anti-horaire, de sorte que le ressort s'étire sur une distance d par rapport à sa position *détendue*, puis qu'on relâche le système à l'état de repos, déterminez (a) la vitesse angulaire de la poulie lorsque le ressort reprend sa position détendue et (b) une valeur numérique de la vitesse angulaire à cette position, à supposer que $I = 1$ kg • m², $R = 0{,}3$ m, $k = 50$ N/m, $m = 0{,}5$ kg, $d = 0{,}2$ m et $\theta = 37°$.

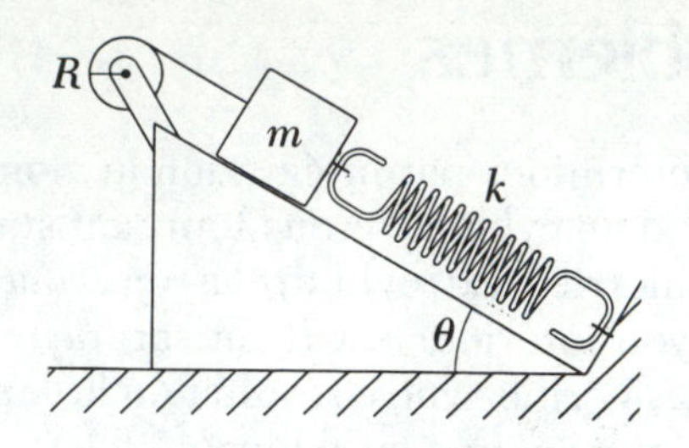

Figure 10.31 (Problème 8).

9. Soit I le moment d'inertie d'un corps rigide de masse M tournant autour d'un axe O. On peut remplacer ce corps rigide par une masse ponctuelle M tournant autour de O à une distance r_g et ayant le même moment d'inertie I: par définition r_g est le rayon de giration du corps rigide par rapport à O. Déterminer le rayon de giration de (a) un disque plein de rayon R, (b) une tige uniforme de longueur L et (c) une sphère pleine de rayon R. Ces trois solides tournent sur un axe central.

Chapitre **11**

Vecteurs moment cinétique et moment de force

Dans le chapitre précédent, nous avons analysé la rotation d'un solide autour d'un axe fixe. Une bonne partie de ce chapitre-ci est consacrée à l'analyse du cas plus général où l'axe de rotation n'est pas fixe dans l'espace. Nous allons d'abord définir le produit vectoriel, qui constitue un outil mathématique fort utile pour exprimer des quantités telles que le moment de force et le moment cinétique. La notion principale développée dans ce chapitre est celle du moment cinétique d'un système de particules, une quantité fondamentale de la dynamique de rotation. Par analogie avec la conservation de la quantité de mouvement, nous allons montrer que le moment cinétique de tout système isolé (soit un solide isolé, soit tout autre ensemble de particules isolé) est toujours conservé. Ce principe de conservation est un cas particulier du principe plus général selon lequel, le moment de force net agissant sur tout système de particules est égal à la dérivée par rapport au temps du moment cinétique du système considéré.

11.1 Produit vectoriel et moment de force

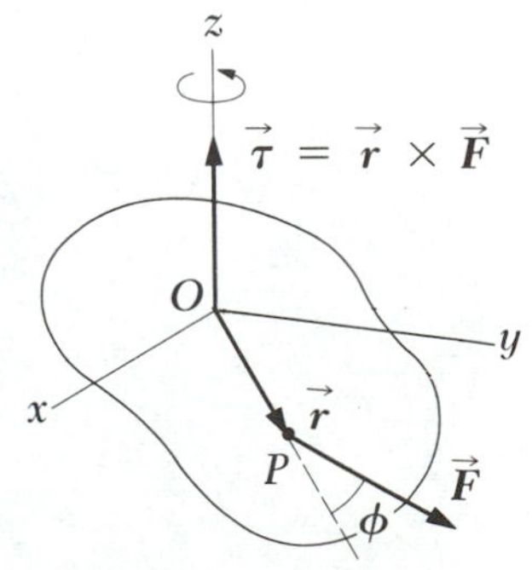

Figure 11.1 Le moment de force $\vec{\tau}$ a une orientation perpendiculaire au plan formé par le vecteur position $\vec{r}$ et la force $\vec{F}$, donnée par la règle de la main droite.

Soit une force $\vec{F}$ appliquée à un solide au point déterminé par le vecteur position $\vec{r}$ (fig. 11.1). *On suppose que l'origine O se trouve dans un repère galiléen, de sorte que la deuxième loi de Newton est applicable.* La grandeur du moment de cette force par rapport à l'origine est, par définition, égale à

$rF \sin \phi$, ϕ étant l'angle compris entre $\vec{r}$ et $\vec{F}$. L'axe autour duquel $\vec{F}$ tend à produire une rotation est perpendiculaire au plan formé par $\vec{r}$ et $\vec{F}$. Si la force se trouve dans le plan xy, comme à la figure 11.1, alors le moment de force, $\vec{\tau}$, est représenté par un vecteur parallèle à l'axe des z. À la figure 11.1, sous l'action de la force, le corps a tendance à tourner dans le sens trigonométrique (du point de vue d'un observateur situé au-dessus de l'axe des z); $\vec{\tau}$ est donc orienté vers les valeurs croissantes de z, soit la direction positive des z. Si l'orientation de $\vec{F}$ était inversée à la figure 11.1, $\vec{\tau}$ serait alors orienté dans le sens négatif des z. Le moment de force est un vecteur, obtenu en multipliant deux quantités vectorielles, soit $\vec{r}$ et $\vec{F}$, et on le définit comme égal au *produit vectoriel* de $\vec{r}$ et $\vec{F}$:

Définition du moment de force

11.1

$$\vec{\tau} \equiv \vec{r} \times \vec{F}$$

De façon générale, le produit vectoriel, $\vec{A} \times \vec{B}$, de deux vecteurs arbitraires $\vec{A}$ et $\vec{B}$ est défini comme un troisième vecteur $\vec{C}$, dont la *grandeur* est donnée par $AB \sin \theta$, θ étant l'angle compris entre $\vec{A}$ et $\vec{B}$. Si $\vec{C}$ est donné par

11.2

$$\vec{C} = \vec{A} \times \vec{B}$$

alors sa grandeur est

Grandeur du produit vectoriel

11.3

$$C = |\vec{C}| = |AB \sin \theta|$$

Notons que la quantité $AB \sin \theta$ est égale à l'aire du parallélogramme formé à partir de $\vec{A}$ et de $\vec{B}$, comme l'indique la figure 11.2. La *direction* de $\vec{A} \times \vec{B}$ est perpendiculaire au plan formé par $\vec{A}$ et $\vec{B}$ (fig. 11.2) et son sens est déterminé par le sens de progression d'une vis filetée à droite, lorsqu'on la tourne de $\vec{A}$ vers $\vec{B}$ en passant par *le plus petit* angle θ. Par ailleurs, il existe une autre méthode plus simple et plus pratique pour déterminer la direction de $\vec{A} \times \vec{B}$, soit la règle de la main droite, illustrée à la figure 11.2. Les quatre doigts de la main droite sont amenés de $\vec{A}$ vers $\vec{B}$ par le plus petit angle θ. Le pouce, demeuré droit, indique alors l'orientation de $\vec{A} \times \vec{B}$.

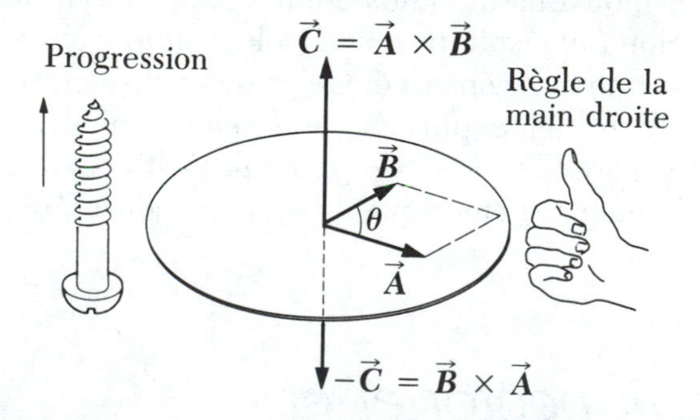

Figure 11.2 Le produit vectoriel $\vec{A} \times \vec{B}$ donne un troisième vecteur $\vec{C}$ de grandeur $AB \sin \theta$ égale à l'aire du parallélogramme illustré. La direction de $\vec{C}$ est perpendiculaire au plan formé par $\vec{A}$ et $\vec{B}$ et son sens est déterminé par la règle de la main droite.

Voici une liste de propriétés du produit vectoriel, découlant de sa définition:

1. Dans le produit vectoriel, l'ordre des vecteurs multipliés est important (contrairement au produit scalaire qui est commutatif), c'est-à-dire que

11.4

$$\vec{A} \times \vec{B} = -\vec{B} \times \vec{A}$$

Par conséquent, si vous modifiez l'ordre des termes du produit vectoriel, vous devez également en modifier le signe. Cette relation est facilement vérifiée grâce à la règle de la main droite (fig. 11.2).

2. Si $\vec{A}$ est parallèle à $\vec{B}$ ($\theta = 0°$ ou $180°$), alors $\vec{A} \times \vec{B} = 0$. Donc, $\vec{A} \times \vec{A} = 0$.
3. Si $\vec{A}$ est perpendiculaire à $\vec{B}$, alors $|\vec{A} \times \vec{B}| = AB$.
4. Il importe de souligner que le produit vectoriel obéit à la *loi de la distributivité*, c'est-à-dire que

Propriétés du produit vectoriel

11.5 $$\vec{A} \times (\vec{B} + \vec{C}) = \vec{A} \times \vec{B} + \vec{A} \times \vec{C}$$

5. La dérivée du produit vectoriel est donnée par

11.6 $$\frac{d}{dt}(\vec{A} \times \vec{B}) = \vec{A} \times \frac{d\vec{B}}{dt} + \frac{d\vec{A}}{dt} \times \vec{B}$$

où il importe de respecter l'ordre des termes de la multiplication, étant donné l'équation 11.4.

En utilisant les équations 11.2 et 11.3, ainsi que la définition des vecteurs unitaires, vous pouvez démontrer, à titre d'exercice, que les produits vectoriels des vecteurs unitaires rectangulaires $\vec{i}$, $\vec{j}$ et $\vec{k}$ obéissent aux expressions suivantes:[1]

Produit vectoriel de vecteurs unitaires

11.7a $$\vec{i} \times \vec{i} = \vec{j} \times \vec{j} = \vec{k} \times \vec{k} = 0$$

11.7b $$\vec{i} \times \vec{j} = -\vec{j} \times \vec{i} = \vec{k}$$

11.7c $$\vec{j} \times \vec{k} = -\vec{k} \times \vec{j} = \vec{i}$$

11.7d $$\vec{k} \times \vec{i} = -\vec{i} \times \vec{k} = \vec{j}$$

Notons aussi que $\vec{i} \times (-\vec{j}) = -\vec{i} \times \vec{j} = -\vec{k}$.

Le produit vectoriel de deux vecteurs $\vec{A}$ et $\vec{B}$, *quels qu'ils soient*, peut s'exprimer sous forme de déterminant, comme suit:

$$\vec{A} \times \vec{B} = \begin{vmatrix} \vec{i} & \vec{j} & \vec{k} \\ A_x & A_y & A_z \\ B_x & B_y & B_z \end{vmatrix}$$

En développant ce déterminant, nous obtenons

11.8 $$\vec{A} \times \vec{B} = (A_yB_z - A_zB_y)\vec{i} + (A_zB_x - A_xB_z)\vec{j} + (A_xB_y - A_yB_x)\vec{k}$$

1. Il est plus facile de se rappeler que $\vec{i} \times \vec{j} = \vec{k}$ (dans l'ordre alphabétique) et qu'on peut faire une permutation cyclique des trois vecteurs $\vec{i} \rightarrow \vec{j} \rightarrow \vec{k} \rightarrow \vec{i}$. Ainsi $\vec{j} \times \vec{k} = \vec{i}$ et $\vec{k} \times \vec{i} = \vec{j}$.

Le tableau 11.1 présente un résumé de certaines propriétés du produit vectoriel de deux vecteurs.

Tableau 11.1 *Quelques propriétés du produit vectoriel de deux vecteurs*

Si $\vec{C} = \vec{A} \times \vec{B}$ alors $C = |AB \sin\theta|$

$\vec{A} \times \vec{B} = -\vec{B} \times \vec{A}$

$\vec{A} \times \vec{A} = 0$

$\vec{A} \times (\vec{B} + \vec{C}) = \vec{A} \times \vec{B} + \vec{A} \times \vec{C}$

$\frac{d}{dt}(\vec{A} \times \vec{B}) = \vec{A} \times \frac{d\vec{B}}{dt} + \frac{d\vec{A}}{dt} \times \vec{B}$

Si $\vec{A} = A_x\vec{i} + A_y\vec{j} + A_z\vec{k}$ et $\vec{B} = B_x\vec{i} + B_y\vec{j} + B_z\vec{k}$,

$$\vec{A} \times \vec{B} = \begin{vmatrix} \vec{i} & \vec{j} & \vec{k} \\ A_x & A_y & A_z \\ B_x & B_y & B_z \end{vmatrix}$$

ou $\vec{A} \times \vec{B} = (A_yB_z - A_zB_y)\vec{i} + (A_zB_x - A_xB_z)\vec{j} + (A_xB_y - A_yB_x)\vec{k}$

Produits vectoriels de vecteurs unitaires

$\vec{i} \times \vec{i} = \vec{j} \times \vec{j} = \vec{k} \times \vec{k} = 0$

$\vec{i} \times \vec{j} = -\vec{j} \times \vec{i} = \vec{k}$

$\vec{j} \times \vec{k} = -\vec{k} \times \vec{j} = \vec{i}$

$\vec{k} \times \vec{i} = -\vec{i} \times \vec{k} = \vec{j}$

Exemple 11.1

Deux vecteurs dans le plan xy sont donnés par $\vec{A} = 2\vec{i} + 3\vec{j}$ et $\vec{B} = -\vec{i} + 2\vec{j}$. Déterminez $\vec{A} \times \vec{B}$ et vérifiez de façon explicite le fait que $\vec{A} \times \vec{B} = -\vec{B} \times \vec{A}$.

Solution: En utilisant la série d'équations relatives aux produits vectoriels de vecteurs unitaires (de 11.7a à 11.7d), nous obtenons

$$\vec{A} \times \vec{B} = (2\vec{i} + 3\vec{j}) \times (-\vec{i} + 2\vec{j})$$
$$= 2\vec{i} \times 2\vec{j} + 3\vec{j} \times (-\vec{i}) = 4\vec{k} + 3\vec{k} = 7\vec{k}$$

(Nous avons omis les termes $\vec{i} \times \vec{i}$ et $\vec{j} \times \vec{j}$, dont le résultat est 0.)

$$\vec{B} \times \vec{A} = (-\vec{i} + 2\vec{j}) \times (2\vec{i} + 3\vec{j})$$
$$= -\vec{i} \times 3\vec{j} + 2\vec{j} \times 2\vec{i} = -3\vec{k} - 4\vec{k} = -7\vec{k}$$

Par conséquent, $\vec{A} \times \vec{B} = -\vec{B} \times \vec{A}$.

Nous aurions également pu déterminer $\vec{A} \times \vec{B}$ en utilisant l'équation 11.8 et en posant $A_x = 2$, $A_y = 3$, $A_z = 0$ et $B_x = -1$, $B_y = 2$, $B_z = 0$, ce qui donne

$$\vec{A} \times \vec{B} = (0)\vec{i} + (0)\vec{j} + [2 \times 2 - 3 \times (-1)]\vec{k}$$
$$= 7\vec{k}$$

Q1. Peut-on calculer le moment de force agissant sur un solide sans en spécifier l'origine? Le moment de force dépend-il de la localisation de l'origine?

Q2. Le triple produit $\vec{A} \cdot (\vec{B} \times \vec{C})$ est-il égal à un scalaire ou à une quantité vectorielle? Notez que l'opération $(\vec{A} \cdot \vec{B}) \times \vec{C}$ est dénuée de signification. Expliquez.

Q3. Dans l'expression du moment de force, soit $\vec{\tau} = \vec{r} \times \vec{F}$, $\vec{r}$ est-il égal au bras de levier? Expliquez.

11.2 Moment cinétique d'une particule

Soit une particule de masse m, de position $\vec{r}$ et animée d'une vitesse $\vec{v}$ (fig. 11.3). Son moment cinétique $\vec{L}$ par rapport à l'origine O est défini par le produit vectoriel de son vecteur position et de sa quantité de mouvement linéaire $\vec{p}$:

Définition du moment cinétique d'une particule

$$\vec{L} \equiv \vec{r} \times \vec{p} \tag{11.9}$$

Dans le système international, le moment cinétique est exprimé en kg • m²/s. Soulignons que la grandeur et l'orientation de $\vec{L}$ dépendent toutes deux du choix de l'origine. La direction de $\vec{L}$ est perpendiculaire au plan formé par $\vec{r}$ et $\vec{p}$, et son sens obéit à la règle de la main droite. Par exemple, à la figure 11.3, on suppose que $\vec{r}$ et $\vec{p}$ sont dans le plan xy, de sorte que $\vec{L}$ pointe en direction de z. Puisque $\vec{p} = m\vec{v}$, la grandeur de $\vec{L}$ est donnée par

$$L = mvr \sin \phi \tag{11.10}$$

ϕ étant l'angle compris entre $\vec{r}$ et $\vec{p}$. Il s'ensuit que L est nul lorsque $\vec{r}$ est parallèle à $\vec{p}$ ($\phi = 0$ ou 180°). Lorsque la particule se déplace selon une ligne qui passe par l'origine, son moment cinétique est nul par rapport à l'origine. Par contre, si $\vec{r}$ est perpendiculaire à $\vec{p}$ ($\phi = 90°$), alors L atteint sa valeur maximale et est égal à mvr. Dans ce cas, la tendance de la particule à tourner autour de l'origine est maximale. En fait, à cet instant la particule se déplace comme si elle se trouvait sur la jante d'une roue en rotation autour de l'origine, dans un plan défini par $\vec{r}$ et $\vec{p}$.

Par ailleurs, on peut noter que le moment cinétique d'une particule par rapport à un point donné (ou origine) n'est pas nul si son vecteur position, défini à partir du même point, décrit une rotation autour de ce point. Par contre, si le vecteur position ne fait qu'augmenter ou diminuer en longueur, c'est que la particule se déplace selon une ligne passant par l'origine et, par conséquent, son moment cinétique est nul par rapport à cette origine.

Dans le cas du mouvement linéaire d'une particule, nous avons vu que la force résultante agissant sur la particule est égale à la dérivée par rapport au temps de sa quantité de mouvement. Nous allons à présent démontrer que, selon la deuxième loi de Newton, le moment de force net agissant sur une particule est égal à la dérivée par rapport au temps de son moment cinétique. Exprimons d'abord le moment de force sous la forme

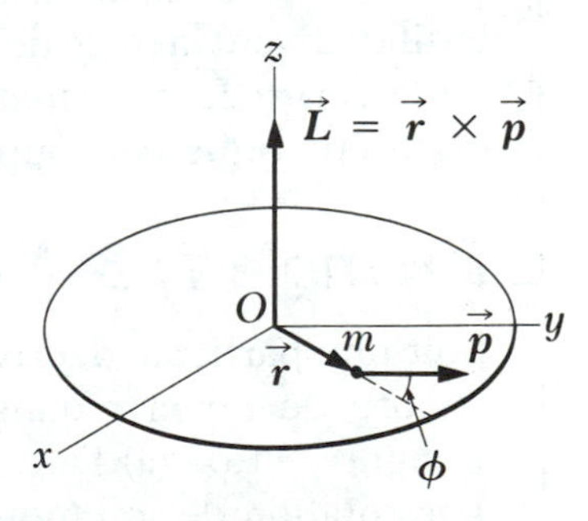

Figure 11.3 Le moment cinétique $\vec{L}$ d'une particule de masse m, de quantité de mouvement $\vec{p}$ et de vecteur position $\vec{r}$ est un vecteur donné par $\vec{L} = \vec{r} \times \vec{p}$. Notons que la valeur de $\vec{L}$ dépend de l'origine et qu'il s'agit d'un vecteur perpendiculaire à $\vec{r}$ et à $\vec{p}$.

$$\vec{\tau} = \vec{r} \times \vec{F} = \vec{r} \times \frac{d\vec{p}}{dt} \tag{11.11}$$

où nous avons utilisé le fait que $\vec{F} = d\vec{p}/dt$. À présent, dérivons l'équation 11.9 par rapport au temps, en utilisant la règle donnée par l'équation 11.6.

$$\frac{d\vec{L}}{dt} = \frac{d}{dt}(\vec{r} \times \vec{p}) = \vec{r} \times \frac{d\vec{p}}{dt} + \frac{d\vec{r}}{dt} \times \vec{p}$$

Dans l'équation ci-dessus, le dernier terme à la droite est zéro, puisque $\vec{v} = \dfrac{d\vec{r}}{dt}$ est parallèle à $\vec{p}$. Par conséquent,

$$\frac{d\vec{L}}{dt} = \vec{r} \times \frac{d\vec{p}}{dt} \tag{11.12}$$

En comparant les équations 11.11 et 11.12, nous constatons que

Égalité du moment de force et de la dérivée par rapport au temps du moment cinétique

$$\vec{\tau} = \frac{d\vec{L}}{dt} \tag{11.13}$$

ce qui, pour le mouvement de rotation, constitue l'équivalent de la deuxième loi de Newton, $\vec{F} = d\vec{p}/dt$. D'après ce résultat, *le moment de force agissant sur une particule est égal à la dérivée par rapport au temps de son moment cinétique*. Notons que l'équation 11.13 n'est valable que si $\vec{\tau}$ et $\vec{L}$ ont des origines *identiques*. À titre d'exercice, vous démontrerez que l'équation 11.13 est également valable lorsque la particule est soumise à l'action de plusieurs forces, $\vec{\tau}$ étant alors le moment de force *net* agissant sur la particule. *L'expression est valable pour toute origine fixe dans un repère galiléen*, mais, on doit évidemment utiliser la même origine pour calculer tous les moments de force et le moment cinétique.

Exemple 11.2 Mouvement linéaire

Une particule de masse m se déplace dans le plan xy à une vitesse $\vec{v}$ en décrivant une trajectoire en ligne droite (fig. 11.4). Déterminez la grandeur et l'orientation de son moment cinétique par rapport à l'origine O.

Solution: D'après la figure, nous voyons que le point de la trajectoire le plus rapproché de l'origine se trouve à une distance $d = r \sin \phi$ de l'origine. Par conséquent, la grandeur de $\vec{L}$ est donnée par

$$L = mvr \sin \phi = mvd$$

$\vec{L}$ est perpendiculaire à la feuille et entre dans la feuille suivant la règle de la main droite. On peut donc écrire $\vec{L} = -mvd\vec{k}$. Notons que le moment cinétique par rapport à O' est *nul*.

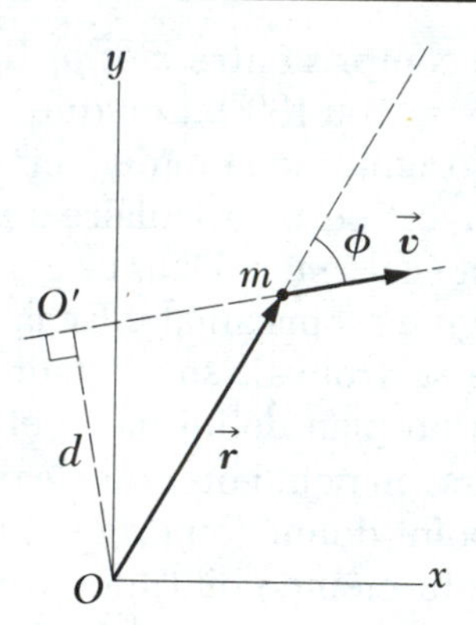

Figure 11.4 (Exemple 11.2) Une particule se déplaçant en ligne droite à une vitesse $\vec{v}$ est animée d'un moment cinétique dont la grandeur est égale à mvd par rapport à O, $d = r \sin \phi$ représentant la distance la plus rapprochée de l'origine. Dans ce cas-ci, le vecteur $\vec{L} = \vec{r} \times \vec{p}$ pointe *dans* la page.

Exemple 11.3 Mouvement circulaire

Soit une particule décrivant une trajectoire circulaire de rayon r dans le plan xy, comme à la figure 11.5. (a) Déterminez la grandeur et l'orientation de son moment cinétique par rapport à O, lorsque sa vitesse est $\vec{v}$.

$\vec{r}$ étant perpendiculaire à $\vec{v}$, $\phi = 90°$ et la grandeur de $\vec{L}$ est donnée simplement par

$$L = mvr \sin 90° = mvr$$

La direction de $\vec{L}$ est perpendiculaire au plan du cercle et son sens dépend de l'orientation de $\vec{v}$. Si le sens de la rotation est trigonométrique (anti-horaire), comme à la figure 11.5, alors d'après la règle de la main droite, l'orientation de $\vec{L} = \vec{r} \times \vec{p}$ *sort* de la page. Nous pouvons alors utiliser l'expression vectorielle $\vec{L} = mvr\vec{k}$. Par contre, si la particule se déplaçait dans le sens horaire, $\vec{L}$ entrerait dans la page.

(b) Trouvez une autre façon d'exprimer L au moyen de la vitesse angulaire ω.

Étant donné que $v = r\omega$ dans le cas d'une particule décrivant un cercle, nous pouvons exprimer L sous la forme

$$L = mvr = mr^2\omega = I\omega$$

I étant le moment d'inertie de la particule par rapport à l'axe des z passant par O. De plus, dans ce cas-ci, le moment cinétique a la *même* orientation que le vecteur vitesse angulaire $\vec{\omega}$ (voir section 10.1), ce qui nous permet d'écrire $\vec{L} = I\vec{\omega} = I\omega\vec{k}$.

À titre d'exemple numérique, supposons qu'une voiture ayant une masse de 1 500 kg se déplace sur une piste circulaire de 50 m de rayon à une vitesse de 40 m/s; son moment cinétique par rapport au centre de la piste est donné par

$$L = mvr = (1\ 500\ \text{kg})\left(40\ \frac{\text{m}}{\text{s}}\right)(50\ \text{m})$$
$$= 3{,}0 \times 10^6\ \text{kg} \cdot \text{m}^2/\text{s}$$

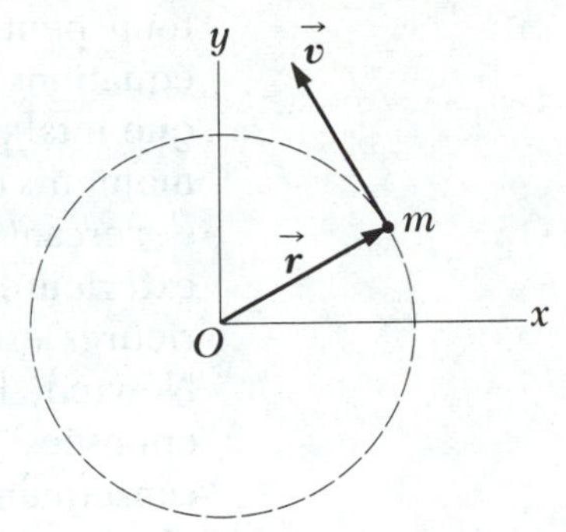

Figure 11.5 (Exemple 11.3) Une particule décrivant un cercle de rayon r possède un moment cinétique par rapport au centre dont la grandeur est mvr. Le vecteur $\vec{L} = \vec{r} \times \vec{p}$ pointe *hors* de la page.

Q4. Si une particule se déplace en ligne droite, son moment cinétique est-il nul par rapport à une origine quelconque? Son moment cinétique est-il nul par rapport à une origine en particulier? Expliquez.

Q5. Lorsqu'une particule est animée d'une vitesse linéaire constante, son moment cinétique par rapport à une origine quelconque peut-il varier en fonction du temps?

Q6. Si le moment de force agissant sur une particule est nul par rapport à une origine quelconque, que peut-on conclure au sujet de son moment cinétique par rapport à cette origine?

Q7. Soit une particule se déplaçant en ligne droite. On vous dit qu'elle est soumise à un moment de force qui est nul par rapport à une origine indéterminée. Est-ce que cela signifie que la force résultante qui s'exerce sur la particule est nécessairement nulle? Pouvez-vous en conclure que la particule est animée d'une vitesse constante? Expliquez.

Q8. Vous connaissez le vecteur vitesse d'une particule. Que pouvez-vous dire à propos de la *direction* du vecteur moment cinétique par rapport à la direction du mouvement?

11.3 Moment cinétique et moment de force d'un système de particules

Le moment cinétique total, $\vec{L}$, d'un système de particules par rapport à un point est défini par la somme vectorielle des moments cinétiques des différentes particules par rapport à ce point:

$$\vec{L} = \vec{L}_1 + \vec{L}_2 + \ldots + \vec{L}_n = \Sigma\vec{L}_i$$

la somme vectorielle s'évaluant sur la totalité des n particules du système.

Étant donné que les moments cinétiques des différentes particules peuvent varier en fonction du temps, il s'ensuit que le moment cinétique total peut également varier en fonction du temps. En fait, à partir des équations 11.11 à 11.13, nous constatons que la dérivée du moment cinétique total par rapport au temps est égale à la somme vectorielle de *tous* les moments de force, y compris ceux qui sont attribuables aux forces internes s'exerçant entre les particules et ceux qui découlent de l'action de forces extérieures. Toutefois, le moment de force net attribuable aux forces intérieures est nul. En effet, rappelons-nous que d'après la troisième loi de Newton, les forces intérieures s'exercent toujours par paires, égales et opposées, portées par la ligne qui sépare chaque paire de particules. Par conséquent, le moment de force découlant d'une paire de forces action-réaction est nul. En effectuant la somme, nous constatons que le moment net des forces internes est donc nul. Enfin, nous concluons que le moment cinétique total peut varier en fonction du temps *seulement* si le système est soumis à un moment net de forces *extérieures*, de sorte que

11.14
$$\Sigma \vec{\tau}_{\text{ext}} = \Sigma \frac{d\vec{L}_i}{dt} = \frac{d}{dt} \Sigma \vec{L}_i = \frac{d\vec{L}}{dt}$$

Ainsi, *la dérivée par rapport au temps du moment cinétique total d'un système de particules par rapport à une origine située dans un repère galiléen est égale au moment net des forces extérieures agissant sur le système par rapport à cette origine.* Notons que, pour le mouvement de rotation, l'équation 11.14 constitue l'équivalent de l'équation $\vec{F}_{\text{ext}} = d\vec{p}/dt$ dans le cas d'un système de particules (chapitre 9). L'équation 11.14 est valable pour *tout* système de particules et pas seulement pour les corps rigides.

Examinons à présent le cas d'un solide symétrique en rotation autour d'un *axe fixe* passant par le centre de masse (fig. 11.6). Toutes les particules du solide tournent autour d'un même axe à une vitesse angulaire $\vec{\omega}$. La grandeur du moment cinétique de la particule de masse m_i est $m_i v_i r_i$ par rapport à l'origine O. $\vec{L}_i$ a la même orientation que $\vec{\omega}$. Puisque $v_i = r_i \omega$, nous pouvons exprimer le moment cinétique de la i-ième particule sous la forme $m_i r_i^2 \vec{\omega}$. En effectuant la sommation sur toutes les particules, nous obtenons le moment cinétique total du solide:

Moment cinétique d'un solide par rapport à un axe fixe

11.15
$$\vec{L} = (\Sigma m_i r_i^2)\vec{\omega} = I\vec{\omega}$$

I étant le moment d'inertie du solide par rapport à l'axe de rotation. Nous avons pu mettre la vitesse angulaire en évidence car toutes les particules d'un corps rigide possèdent la même vitesse angulaire.

L'équation 11.15 est valable seulement si l'orientation du vecteur $\vec{\omega}$ est la même que celle de $\vec{L}$. En général, cette condition ne sera pas remplie pour un corps rigide tridimensionnel de forme irrégulière tournant autour d'un axe quelconque (par exemple, une patate tournant autour d'un crayon avec lequel on l'aurait transpercée de manière arbitraire). Il existe cependant pour n'importe quel corps rigide trois axes, nommés axes principaux, qui passent par le centre de masse et pour lesquels $\vec{\omega}$ et $\vec{L}$ coïncident. Pour un corps symétrique les axes principaux coïncident avec les axes de symétrie, tel que l'axe z passant par le centre de la sphère dans l'exemple 11.4.

Ces complications disparaissent quand tous les points du solide tournent dans un même plan, comme dans les exemples 11.5 et 11.6, puisqu'il s'agit alors d'une rotation dans deux dimensions. D'une manière ou d'une autre, toutes les situations analysées dans ce chapitre ont été choisies afin que l'équation 11.15 s'applique.[2] Il est en outre intéressant de remarquer que notre cheminement nous a amenés tout naturellement à faire intervenir la notion de moment d'inertie, tout comme cela s'était produit lorsque nous décrivions l'énergie cinétique de rotation d'un solide.

Dérivons l'équation 11.15 par rapport au temps, en tenant compte du fait que, dans le cas d'un solide, I est une constante:

11.16
$$\frac{d\vec{L}}{dt} = I\frac{d\vec{\omega}}{dt}$$

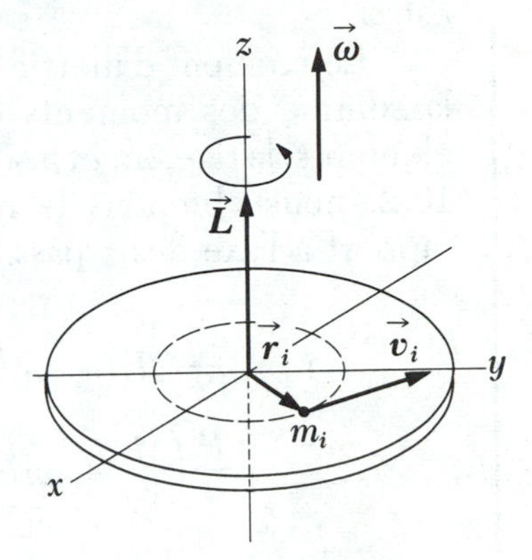

Figure 11.6 Lorsqu'un solide tourne autour d'un axe, le moment cinétique $\vec{L}$ a la même orientation que la vitesse angulaire $\vec{\omega}$, selon l'expression $\vec{L} = I\vec{\omega}$.

En appliquant les équations 11.14 à 11.16, et compte tenu que l'accélération angulaire est définie par $\vec{\alpha} = d\vec{\omega}/dt$, nous obtenons un résultat familier:

11.17
$$\Sigma\vec{\tau}_{\text{ext}} = I\vec{\alpha}$$

Cela signifie que *le moment net des forces extérieures agissant sur un solide est égal au moment d'inertie par rapport à l'axe de rotation multiplié par l'accélération angulaire du solide*. Notons que l'accélération angulaire a la *même* orientation que le vecteur moment des forces extérieures. Dans le cas d'une rotation autour d'un axe fixe, il faut se rappeler que $\vec{\alpha}$ et $\vec{\omega}$ ont une même orientation si ω croît en fonction du temps, alors qu'ils ont des orientations opposées lorsque ω décroît en fonction du temps.

Exemple 11.4 Sphère en rotation

Une sphère pleine et uniforme de rayon R = 0,50 m a une masse de 15 kg et tourne dans le plan xy autour d'un axe passant par son centre, comme à la figure 11.7. Déterminez son moment cinétique lorsque sa vitesse angulaire est de 3 rad/s.

Solution: Le moment d'inertie de la sphère par rapport à un axe central est donné par

$$I = \frac{2}{5}MR^2 = \frac{2}{5}(15\text{ kg})(0{,}5\text{ m})^2 = 1{,}5\text{ kg}\cdot\text{m}^2$$

Par conséquent, la grandeur du moment cinétique s'obtient à partir de

$$L = I\omega = (1{,}5\text{ kg}\cdot\text{m}^2)(3\text{ rad/s}) = 4{,}5\text{ kg}\cdot\frac{\text{m}^2}{\text{s}}$$

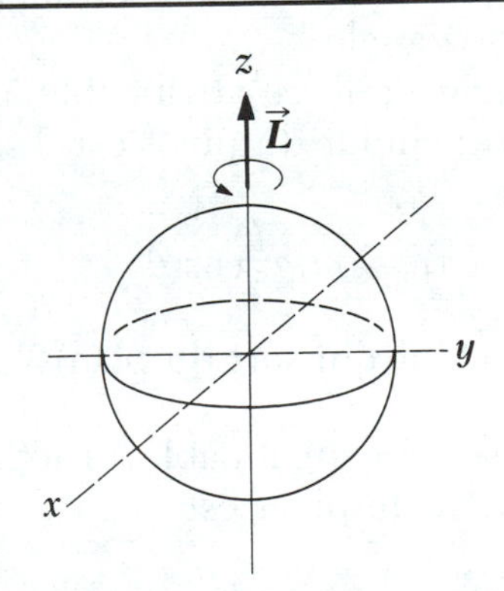

Figure 11.7 (Exemple 11.4) Une sphère tourne autour de l'axe des z dans le sens indiqué et a un moment cinétique $\vec{L}$ dans le sens positif des z. Si l'on inversait le sens de la rotation, $\vec{L}$ pointerait dans le sens négatif des z.

2. L'analyse de la rotation des corps en trois dimensions sous une forme générale est complexe et dépasse de loin le niveau de ce volume.

Exemple 11.5 Tige en rotation

Une tige rigide, de masse M et de longueur l, décrit une rotation dans un plan vertical autour d'un pivot sans frottement qui passe par son centre (fig. 11.8). On a accroché les masses m_1 et m_2 aux extrémités de la tige. (a) Déterminez le moment cinétique lorsque la vitesse angulaire est ω.

Le moment d'inertie du système est égal à la somme des moments d'inertie de ses trois éléments: la tige, m_1 et m_2. Consultant le tableau 10.2, nous obtenons le moment d'inertie par rapport à l'axe des z passant par O

$$I = \frac{1}{12}Ml^2 + m_1\left(\frac{l}{2}\right)^2 + m_2\left(\frac{l}{2}\right)^2$$

$$= \frac{l^2}{4}\left(\frac{M}{3} + m_1 + m_2\right)$$

Par conséquent, lorsque la vitesse angulaire est ω, la grandeur du moment cinétique est donnée par

$$L = I\omega = \frac{l^2}{4}\left(\frac{M}{3} + m_1 + m_2\right)\omega$$

(b) Déterminez l'accélération angulaire du système lorsque la tige forme un angle θ par rapport à l'horizontale.

Le moment de force attribuable à l'action de la force $m_1\vec{g}$ autour du pivot est

$$\tau_1 = m_1 g\frac{l}{2}\cos\,\theta$$

(vecteur qui sort du plan)

Le moment de force attribuable à l'action de la force $m_2\vec{g}$ autour du pivot est

$$\tau_2 = -m_2 g\frac{l}{2}\cos\,\theta$$

(vecteur qui entre dans le plan)

Ainsi, le moment de force net s'exerçant par rapport à O est

$$\tau_{\text{net}} = \tau_1 + \tau_2 = \frac{1}{2}(m_1 - m_2)gl\cos\,\theta$$

Notons que l'orientation de τ_{net} *sort* du plan si $m_1 > m_2$ et *entre* dans le plan si $m_1 < m_2$. Pour déterminer α, nous utilisons $\tau_{\text{net}} = I\alpha$; I ayant été obtenu en (a), nous avons

$$\alpha = \frac{\tau_{\text{net}}}{I} = \frac{2(m_1 - m_2)g\cos\theta}{l\left(\frac{M}{3} + m_1 + m_2\right)}$$

Notons que α est nul lorsque θ vaut $\pi/2$ ou $-\pi/2$ (position verticale) et qu'il atteint sa valeur maximale lorsque θ vaut 0 ou π (position horizontale). Notez qu'on ne peut pas se servir des équations de cinématiques pour le mouvement de rotation uniformément accéléré pour trouver ω, car α varie en fonction du temps. Si $m_1 > m_2$, quelle est la valeur de θ à laquelle ω atteint son maximum? Connaissant la vitesse angulaire à un instant donné, comment procéderiez-vous pour calculer la vitesse linéaire de m_1 et de m_2?

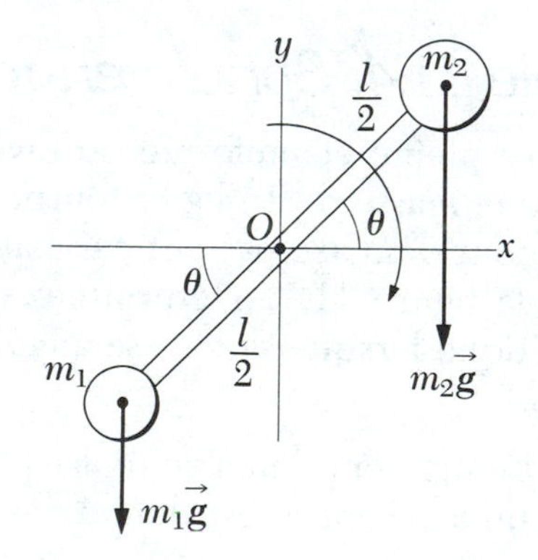

Figure 11.8 (Exemple 11.5) Étant donné que le système en rotation dans le plan vertical est soumis aux forces gravitationnelles, il s'exerce généralement un moment de force net non nul par rapport à O lorsque $m_1 \neq m_2$, ce qui donne lieu à une accélération angulaire selon $\tau_{\text{net}} = I\alpha$.

Exemple 11.6 Disque en rotation

Un disque plein, de masse M, tourne autour d'un axe qui est parallèle à l'axe de symétrie passant par son centre (fig. 11.9). Calculez le moment cinétique par rapport à l'origine O.

Solution: Toutes les particules du disque sont animées d'une même vitesse angulaire et le moment cinétique de chacune d'entre elles est parallèle à $\vec{\omega}$. Par conséquent, selon l'équation

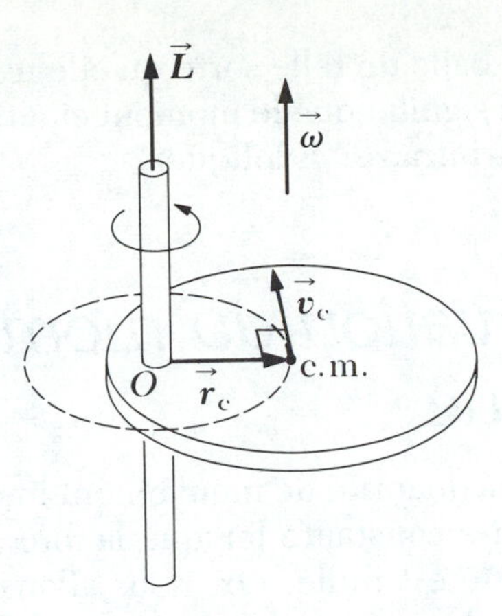

Figure 11.9 (Exemple 11.6) Le moment cinétique d'un disque par rapport à l'axe illustré est donné par $\vec{L} = I\vec{\omega}$, I étant le moment d'inertie par rapport à l'axe de rotation.

11.15, la grandeur du moment cinétique total du disque serait

$$L = I\omega$$

I étant le moment d'inertie par rapport à l'axe de rotation passant par O. D'après le théorème des axes parallèles, nous pouvons exprimer I sous la forme

$$I = I_c + Mr_c^2$$

Le moment cinétique peut donc s'écrire

$$L = I\omega = I_c\omega + Mr_c^2\omega$$

La quantité $I_c\omega$ représente la grandeur du moment cinétique par rapport au centre de masse, alors que $I\omega$ est la grandeur du moment cinétique par rapport à l'axe passant par O. La distance r_c est liée à la vitesse du centre de masse et à la vitesse angulaire selon l'expression $v_c = r_c\omega$, où r_c est la grandeur du vecteur $\vec{r}_c$ qui va de O au centre de masse. Ainsi, nous voyons que le terme $Mr_c^2\omega$ représente la grandeur du vecteur $\vec{r}_c \times M\vec{v}_c$, soit le vecteur correspondant au moment cinétique d'une particule de masse M qui se déplace à une vitesse $\vec{v}_c$. Notons que ce vecteur est perpendiculaire au plan de rotation et qu'il a la même orientation que $\vec{\omega}$. Donc, pour écrire le moment cinétique, nous pouvons utiliser l'expression vectorielle suivante:

$$\vec{L} = I_c\vec{\omega} + \vec{r}_c \times M\vec{v}_c = \vec{L}_c + \vec{r}_c \times M\vec{v}_c$$

On nomme généralement la quantité $\vec{L}_c$ *moment cinétique de spin* (de l'anglais «spin» qui signifie «tourner»). En effet, cette quantité représente la partie du moment cinétique associée au mouvement de rotation du système autour du centre de masse. Par ailleurs, la quantité $\vec{r}_c \times M\vec{v}_c$ est habituellement nommée *moment cinétique orbital*. Bien que nous ne le démontrions pas ici, on peut distinguer dans le moment cinétique total l'élément de spin et l'élément orbital, même lorsqu'il s'agit d'une rotation autour d'un axe arbitraire. De façon générale, on peut affirmer que *le moment cinétique d'un solide ou d'un système de particules de masse totale M par rapport à une origine quelconque est égal à la somme du moment cinétique par rapport au centre de masse et du moment cinétique associé au mouvement du centre de masse autour de O.*

Par exemple, le moment cinétique total de la Terre est constitué d'un élément de spin, attribuable à sa rotation sur son axe, et à un élément orbital, attribuable à sa rotation autour du Soleil. De même, on considère que l'électron d'un atome est doté à la fois d'un moment cinétique de spin et d'un moment cinétique orbital autour du noyau.

Q9. Si un solide est soumis à un moment de force net qui n'est pas nul par rapport à une origine donnée, existe-t-il une autre origine par rapport à laquelle le moment de force net est nul?

Q10. Lorsqu'un système de particules est en mouvement, est-il possible que le moment cinétique total soit nul par rapport à une origine donnée? Expliquez.

Q11. Supposons qu'on lance une balle de telle sorte qu'elle ne tourne pas sur son axe. Est-ce que cela signifie que le moment cinétique est nul par rapport à une origine arbitraire? Expliquez.

11.4 Conservation du moment cinétique

Au chapitre 9, nous avons vu que la quantité de mouvement linéaire totale d'un système de particules demeure constante lorsque la force résultante extérieure s'exerçant sur le système est nulle. Or, nous allons établir un principe de conservation analogue dans le cas du mouvement de rotation; selon ce principe, *le vecteur moment cinétique total d'un système est constant si le moment net des forces extérieures agissant sur le système est nul.* Cela découle directement de l'équation 11.14, où nous avons

11.18a
$$\Sigma \vec{\tau}_{ext} = \frac{d\vec{L}}{dt} = 0$$

d'où

11.18b
$$\vec{L} = \text{un vecteur constant}$$

Dans le cas d'un système de particules, ce principe de conservation s'écrit $\Sigma\vec{L}_i$ = constante. Si un corps subit une redistribution de sa masse, alors son moment d'inertie change et nous exprimons la conservation du moment cinétique sous la forme

$$\vec{L}_i = \vec{L}_f = \text{un vecteur constant}$$

Lorsque toutes les particules du système tournent à la même vitesse angulaire autour d'un axe fixe nous pouvons écrire $L = I\omega$, où I représente la somme des moments d'inertie de chacune des particules par rapport à l'axe. Une modification de la position des particules par rapport à l'axe entraînera normalement un changement du moment d'inertie. Dans le cas d'un système isolé, la vitesse angulaire s'ajustera pour maintenir le moment cinétique constant. Dans ce cas, nous pouvons exprimer le principe de conservation du moment cinétique sous la forme

Conservation du moment cinétique

11.19
$$I_i\omega_i = I_f\omega_f = \text{constante}$$

L'indice i réfère aux valeurs de I et ω alors que les particules étaient dans leur position initiale et l'indice f à leur valeur une fois les particules dans leur position finale. Cette expression est valable en autant que l'orientation de l'axe demeure fixe et que le moment net des forces extérieures soit nul.

En somme, l'équation 11.19 constitue notre troisième principe de conservation, ce qui permet de conclure que dans un système isolé, l'énergie, la quantité de mouvement linéaire et le moment cinétique demeurent constants.

De nombreux exemples illustrent la validité du principe de conservation du moment cinétique, et certains vous sont sans doute familiers. Ainsi, qu'il suffise de penser au mouvement de rotation rapide qu'on exécute comme figure finale en patinage artistique. Le patineur ou la patineuse augmente sa vitesse angulaire en ramenant ses mains et ses pieds le long de l'axe du corps. En faisant abstraction du frottement entre les lames et la glace, on constate que le patineur ne subit aucun moment de force extérieure. Le changement de vitesse angulaire s'explique donc comme suit: le moment cinétique étant conservé, le produit $I\omega$ demeure constant et la réduction du moment d'inertie du patineur entraîne une augmentation de sa vitesse angulaire. Bien que nous n'en fassions pas la démonstration, il existe un important théorème concernant le moment cinétique mesuré par rapport au centre de masse. Selon ce théorème, *le moment de force net agissant sur un corps, par rapport au centre de masse, est égal à la dérivée par rapport au temps du moment cinétique, quel que soit le mouvement du centre de masse*. Ce théorème est applicable même lorsque le centre de masse accélère, pourvu que les valeurs de $\vec{\tau}$ et de $\vec{L}$ soient évaluées par rapport au centre de masse. Ainsi, lorsque les acrobates (ou les plongeurs) exécutent des sauts périlleux, ils ramènent leurs mains et leurs pieds près du corps afin d'accroître leur vitesse de rotation. Dans ce cas, la force gravitationnelle agit au centre de masse et n'exerce ainsi aucun moment de force par rapport à ce point. Par conséquent, le moment cinétique autour du centre de masse doit être conservé, c'est-à-dire que $I_i\omega_i = I_f\omega_f$. Par exemple, si un plongeur désire doubler sa vitesse angulaire, il doit réduire de moitié son moment d'inertie initial.

Exemple 11.7

On tire un projectile de masse m et de vitesse v_0 dans un cylindre plein ayant une masse M et un rayon R (fig. 11.10). Le cylindre est initialement au repos et il est soutenu par un axe horizontal fixe qui passe par son centre de masse. La trajectoire du projectile est perpendiculaire à l'axe de support du cylindre, à une distance $d < R$ du centre. Le projectile reste incrusté dans la *surface* du cylindre. Déterminez la vitesse angulaire du système tout juste après la collision du projectile avec le cylindre.

Solution: Évaluons d'abord le moment cinétique du système (projectile + cylindre) par rapport à l'axe du cylindre. En faisant abstraction de la force gravitationnelle agissant sur le projectile, nous pouvons dire que le moment net des forces appliquées au système par rapport à l'axe du cylindre est nul. Le moment cinétique du système est donc le même avant et après la collision.

Avant la collision, seul le projectile possède un moment cinétique par rapport à un point de l'axe. La grandeur de ce moment cinétique est mv_0d, et son orientation entre dans la page, parallèlement à l'axe du cylindre. Après la collision, le moment cinétique total du système est $I\omega$, où I représente le moment d'inertie total par rapport à l'axe (projectile + cylindre). Le moment cinétique total étant conservé, nous avons

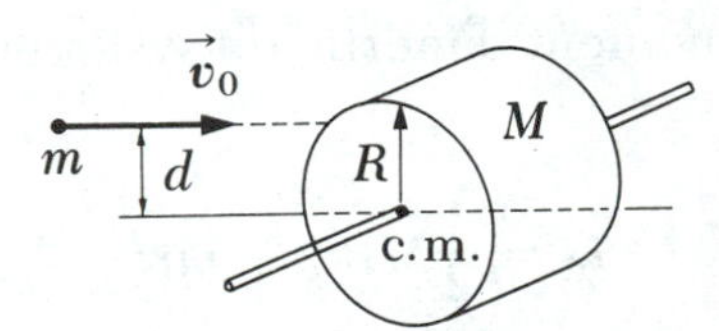

Figure 11.10 (Exemple 11.7) Avant la collision, le moment cinétique du système est égal au moment cinétique par rapport au centre de masse juste après la collision, abstraction faite du poids du projectile.

$$mv_0d = I\omega = \left(\frac{1}{2}MR^2 + mR^2\right)\omega$$

$$\omega = \frac{mv_0d}{\frac{1}{2}MR^2 + mR^2} = \frac{mv_0d}{\left(\frac{M}{2} + m\right)R^2}$$

Voilà donc une autre méthode permettant de mesurer la vitesse d'un projectile. Notons qu'au cours de ce choc parfaitement inélastique, l'énergie mécanique n'est *pas* conservée. En d'autres termes, $\frac{1}{2}I\omega^2 < \frac{1}{2}mv_0^2$. Selon vous, qu'est-ce qui explique cette perte d'énergie?

Exemple 11.8 Plate-forme d'un manège

Soit une plate-forme horizontale ayant la forme d'un disque circulaire disposé dans un plan horizontal pouvant tourner autour d'un axe vertical sans frottement (fig. 11.11). La plate-forme a une masse de 100 kg et un rayon de 2 m. Supposons qu'un étudiant de 60 kg marche lentement en se déplaçant de la jante de la plate-forme vers son centre. Sachant que la vitesse angulaire du système est de 2 rad/s lorsque l'étudiant se trouve près de la jante, (a) calculez la vitesse angulaire lorsque l'étudiant a atteint un point situé à 0,5 m du centre.

Désignons le moment d'inertie de la plate-forme par I_p et celui de l'étudiant par I_e. Si l'on considère l'étudiant comme une masse ponctuelle m, nous pouvons exprimer le moment d'inertie *initial* du système par rapport à l'axe de rotation en écrivant

$$I_i = I_p + I_e = \frac{1}{2}MR^2 + mR^2$$

Lorsque l'étudiant a marché jusqu'à la position $r<R$, le moment d'inertie du système diminue et

$$I_f = \frac{1}{2}MR^2 + mr^2$$

Puisque le système (étudiant + plate-forme) ne subit aucun moment de force extérieure par rapport à l'axe de rotation, nous pouvons appliquer le principe de conservation du moment cinétique:

$$I_i\omega_i = I_f\omega_f$$

$$\left(\frac{1}{2}MR^2 + mR^2\right)\omega_i = \left(\frac{1}{2}MR^2 + mr^2\right)\omega_f$$

$$\omega_f = \left(\frac{\frac{1}{2}MR^2 + mR^2}{\frac{1}{2}MR^2 + mr^2}\right)\omega_i$$

En remplaçant M, R, m et ω_i par leurs valeurs respectives, nous obtenons

$$\omega_f \left(\frac{200 + 240}{200 + 15}\right)(2 \text{ rad/s}) = 4{,}1 \text{ rad/s}$$

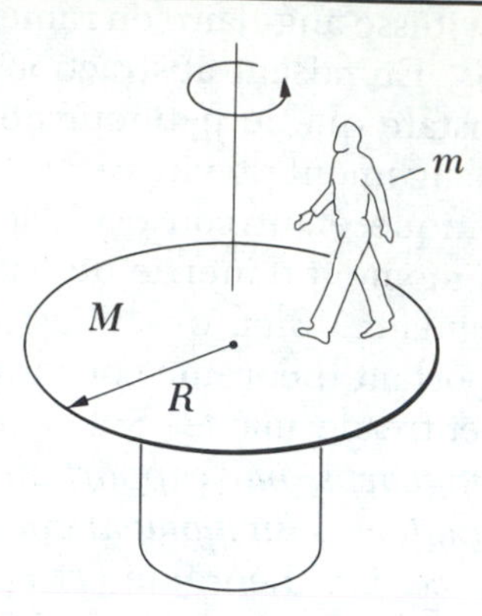

Figure 11.11 (Exemple 11.8) À mesure que l'étudiant marche vers le centre de la plate-forme pivotante, la vitesse angulaire du système augmente, car le moment cinétique doit demeurer constant.

(b) Calculez l'énergie cinétique initiale et l'énergie cinétique finale du système.

$$K_i = \frac{1}{2}I_i\omega_i^2 = \frac{1}{2}(440 \text{ kg} \cdot \text{m}^2)\left(2 \frac{\text{rad}}{\text{s}}\right)^2 = 880 \text{ J}$$

$$K_f = \frac{1}{2}I_f\omega_f^2 = \frac{1}{2}(215 \text{ kg} \cdot \text{m}^2)\left(4{,}1 \frac{\text{rad}}{\text{s}}\right)^2 = 1\,800 \text{ J}$$

Notons que l'énergie cinétique du système *augmente*! À première vue, ce résultat peut sembler surprenant, mais il s'explique comme suit: Pour marcher vers le centre de la plate-forme, l'étudiant a dû faire un effort musculaire et accomplir un travail positif, qui s'est traduit par une augmentation de l'énergie cinétique du système. Ainsi, les forces intérieures du système ont accompli un travail. L'étudiant étant situé dans un référentiel non galiléen en rotation, il perçoit une force «centrifuge» qui s'exerce vers la jante et qui varie en fonction de r. Il doit donc exercer une force compensatoire pour se diriger vers le centre et c'est pourquoi il accomplit un travail et produit de l'énergie. C'est un exemple de situation où, contrairement à son habitude, la force centripète effectue du travail, car cette fois-ci le déplacement est radial et non pas tangentiel seulement. Démontrez que le gain d'énergie cinétique peut s'expliquer à partir du théorème de l'énergie cinétique.

Exemple 11.9 Rotation sur un tabouret

Assis sur un tabouret pivotant, un étudiant tient un haltère dans chaque main, comme à la figure 11.12. Le tabouret pivote librement (sans frottement) sur un axe vertical. Lorsqu'il entreprend son mouvement de rotation, l'étudiant tient les haltères à bout de bras. Pourquoi la vitesse angulaire du système augmente-t-elle à mesure que l'étudiant ramène les haltères vers lui?

Solution: Le moment cinétique initial du système est $I_i\omega_i$, où I_i représente le moment d'inertie initial de tout le système (étudiant + haltères + tabouret). Après que l'étudiant a ramené les haltères vers lui, le moment cinétique du système devient $I_f\omega_f$. Notons que $I_f < I_i$ puisque les haltères se sont rapprochés de l'axe de rotation, réduisant ainsi le moment d'inertie. Le moment net des forces extérieures sur le système étant nul, le moment cinétique est conservé, de sorte que $I_i\omega_i = I_f\omega_f$. Par conséquent, $\omega_f > \omega_i$, c'est-à-dire que la vitesse angulaire augmente. Comme dans les exemples précédents, l'augmentation de l'énergie cinétique du système est attribuable au travail accompli par l'étudiant (qui fournit la force centripète requise) pour ramener les haltères vers l'axe de rotation.

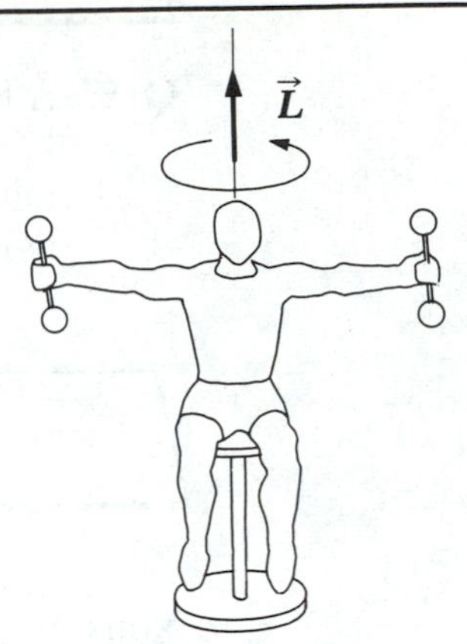

Figure 11.12 (Exemple 11.9) Qu'advient-il de la vitesse angulaire à mesure que l'étudiant ramène les haltères vers lui?

Exemple 11.10 Rotation d'une roue de bicyclette

À chacun son tour de s'asseoir sur le tabouret pivotant! Supposons qu'une étudiante, assise au repos sur un tabouret pivotant, tienne devant elle une roue de bicyclette en rotation autour de l'axe des y (figure 11.13a). Qu'arrive-t-il lorsqu'elle amène la roue directement au-dessus de sa tête comme à la figure 11.13b? À cause du tabouret pivotant tout le système roue-étudiante-tabouret peut tourner librement autour de l'axe z. En l'absence de moment de force extérieur par rapport à l'axe z, il doit y avoir conservation du moment cinétique par rapport à cet axe. Or, le moment cinétique par rapport à l'axe z est initialement nul puisque rien ne tourne autour de cet axe dans la figure 11.13a. L'étudiante et le tabouret se mettront donc à tourner dans le sens contraire de la roue avec

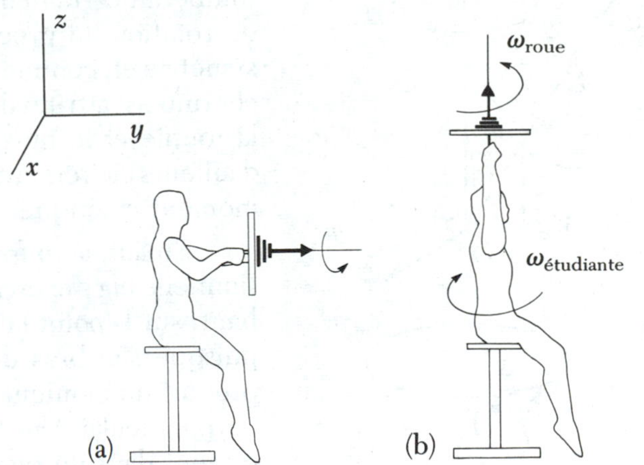

Figure 11.13 (Exemple 11.10) (a) Initialement, la roue tourne et l'étudiante est au repos. (b) Que se passe-t-il lorsqu'elle amène la roue directement au-dessus de sa tête?

$$\vec{L}_{\text{roue}} \text{ (vers le haut)} + \vec{L}_{\text{étudiante + tabouret}} \text{ (vers le bas)} = 0$$

$$\vec{I}_{\text{roue}}\vec{\omega}_{\text{roue}} + I_{\text{étudiante + tabouret}}\vec{\omega}_{\text{étudiante}} = 0$$

On suppose que le corps de l'étudiante est à peu près symétrique et que l'axe de rotation passe par son centre de masse. Notez que le moment cinétique autour de l'axe y n'est pas conservé. En effet, à cause des forces de réaction au plancher le système ne peut tourner librement autour de cet axe.

Q12. À la figure 11.12, supposons que pour ramener les haltères vers lui, l'étudiant abaisse ses bras plutôt que de les tirer vers lui à l'horizontale. Dans ce cas, qu'est-ce qui rendrait compte de l'augmentation de l'énergie cinétique du système?

11.5 Mouvement des gyroscopes et des toupies

Nous avons tous déjà observé le mouvement fascinant et insolite d'une toupie en rotation autour de son axe de symétrie (fig. 11.14). Quand la toupie tourne très rapidement autour de son axe, celui-ci décrit un cône en tournant autour de la direction verticale, comme l'indique la figure. Ce mouvement de l'axe de la toupie autour de la verticale, que l'on nomme le *mouvement de précession*, est habituellement lent en comparaison du mouvement de rotation de la toupie. Il est tout à fait naturel de se demander pourquoi la toupie ne tombe pas sur le côté. Le centre de masse ne se trouvant pas au-dessus du pivot O (soit la pointe de la toupie), il devient évident que la toupie subit un moment net par rapport à O sous l'influence de la pesanteur $M\vec{g}$. À partir de cette description, nous voyons que la toupie tomberait certainement si elle ne tournait pas. Toutefois, son mouvement de rotation lui procure un moment cinétique $\vec{L}$ orienté selon son axe de symétrie et, comme nous allons le démontrer, le mouvement de précession continu est attribuable à la relation vectorielle entre le moment de force sur la toupie et le taux de variation de son moment cinétique. Cela illustre d'ailleurs clairement que l'orientation constitue un élément fondamental du moment cinétique.

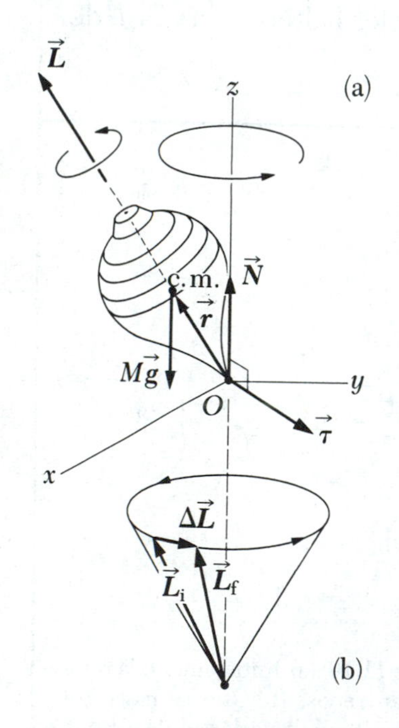

Figure 11.14 Mouvement de précession d'une toupie tournant autour de son axe de symétrie. Les deux seules forces extérieures agissant sur la toupie sont la force normale $\vec{N}$ et la force de gravitation $M\vec{g}$. Le moment cinétique $\vec{L}$ est orienté selon l'axe de symétrie de la toupie.

En fait, la toupie est soumise à l'action de deux forces: la force gravitationnelle $m\vec{g}$ s'exerçant vers le bas, et la force normale $\vec{N}$, qui s'exerce vers le haut, sur la pointe du pivot O. La force normale ne produit aucun moment puisque son bras de levier est nul. Par contre, la force gravitationnelle produit un moment $\vec{\tau} = \vec{r} \times M\vec{g}$ par rapport à O, l'orientation de $\vec{\tau}$ étant perpendiculaire au plan formé par $\vec{r}$ et $M\vec{g}$. Le vecteur $\vec{\tau}$ se trouve nécessairement dans un plan horizontal, car il est perpendiculaire à $M\vec{g}$ (toujours vertical). Il est aussi perpendiculaire au vecteur moment cinétique $\vec{L}$, car ce dernier est parallèle à $\vec{r}$. Le moment de force net et le moment cinétique du corps sont liés selon l'expression

$$\vec{\tau} = \frac{d\vec{L}}{dt}$$

Nous voyons que le moment de force non nul produit une *variation* du moment cinétique $d\vec{L}$, qui a la même orientation que $\vec{\tau}$. Par conséquent, tout comme le vecteur moment de force, $d\vec{L}$ doit également former un angle droit avec $\vec{L}$. Le mouvement de précession de l'axe de la toupie ainsi obtenu est illustré à la figure 11.14b. En un temps Δt, la variation du moment cinétique $\Delta\vec{L} = \vec{L}_f - \vec{L}_i = \vec{\tau}\,\Delta t$. Notons que la grandeur de $\vec{L}$ ne varie pas ($|\vec{L}_i| = |\vec{L}_f|$). C'est plutôt l'*orientation* de $\vec{L}$ qui varie. Puisque la variation du moment cinétique se fait selon l'orientation de $\vec{\tau}$, qui se trouve dans le plan xy, la toupie est animée d'un mouvement de précession. Ainsi, le moment de force a pour effet de modifier l'orientation du moment cinétique de la toupie. Cette variation du moment cinétique est perpendiculaire à l'axe de rotation. Évidemment, le moment de force ne produit un mouvement de précession que si la toupie est animée d'un moment cinétique initial.

Nous venons de faire une description plutôt qualitative du mouvement de la toupie, généralement très complexe. Toutefois, on peut illustrer les propriétés essentielles de ce type de mouvement en analysant le cas plus simple du gyroscope présenté à la figure 11.15. Cet appareil est composé d'une roue pouvant tourner librement sur un essieu relié à un pivot situé à une distance h du centre de masse de la roue. Si l'on imprime à la roue une vitesse angulaire $\vec{\omega}$ sur son axe, elle va acquérir un moment cinétique de spin $\vec{L} = I\vec{\omega}$ orienté selon l'essieu, comme l'indique la figure. Examinons le moment de force qui s'exerce sur la roue par rapport au pivot O. De nouveau, la force normale $\vec{N}$, qui s'exerce sur le support de l'essieu, ne produit aucun moment par rapport à O. Par contre, la pesanteur $M\vec{g}$ produit un moment de force de grandeur Mgh par rapport à O. Ce moment est orienté *perpendiculairement* à l'essieu (donc perpendiculairement à $\vec{L}$), comme l'indique la figure 11.15. Sous l'action de ce moment de force et selon son orientation, le moment cinétique se déplace perpendiculairement à l'essieu. C'est ce qui explique que l'essieu se déplace selon l'orientation du moment de force, c'est-à-dire dans le plan horizontal. Le moment cinétique *total* de la roue en précession correspond, en fait, à la somme du moment cinétique de spin, $I\vec{\omega}$, et du moment cinétique attribuable au mouvement du centre de masse autour du pivot. Pour simplifier notre description, nous allons faire abstraction de l'effet produit par le mouvement du centre de masse et nous supposerons que le moment cinétique total est égal à $I\vec{\omega}$. Sur le plan pratique, il s'agit là d'une approximation valable dans la mesure où ω atteint une valeur assez grande.

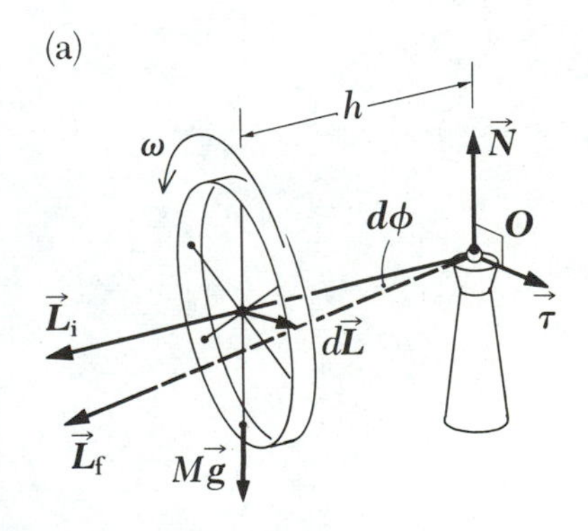

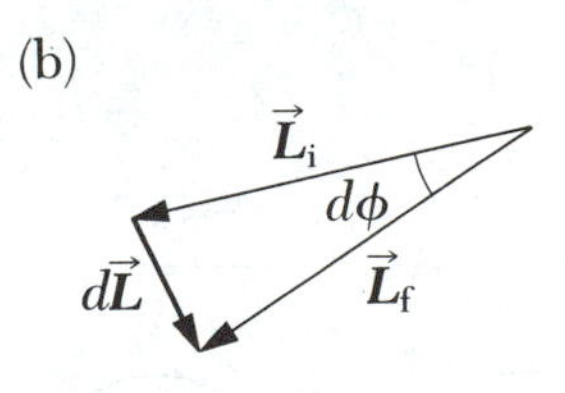

Figure 11.15 Mouvement d'un gyroscope simple pivotant à une distance h de son centre de gravité. Notons que la pesanteur $M\vec{g}$ produit un moment de force par rapport au pivot et que ce moment est perpendiculaire à l'essieu. Cela donne lieu à un changement du moment cinétique $d\vec{L}$ dirigé perpendiculairement à l'essieu. L'essieu décrit un angle $d\phi$ en un temps dt.

Durant un intervalle de temps dt, le moment de force attribuable à la pesanteur procure au système un moment cinétique *additionnel* qui est égal à $dL = \tau\, dt$ et dont l'orientation est perpendiculaire à $\vec{L}$. Lorsqu'on fait la somme vectorielle de ce moment cinétique additionnel, $\tau\, dt$, et du moment de spin initial, $I\omega$, on constate *un changement d'orientation du moment cinétique total.* Nous pouvons exprimer la grandeur de ce changement sous la forme

$$dL = \tau\, dt = (Mgh)\, dt$$

À la figure 11.15, le diagramme des vecteurs indique qu'au cours de l'intervalle de temps dt, le vecteur moment cinétique effectue une rotation d'un angle $d\phi$, qui correspond également à l'angle de rotation que décrit l'essieu. Partant du triangle formé par les vecteurs $\vec{L}_i$, $\vec{L}_f$ et $d\vec{L}$, et compte tenu de l'expression ci-dessus, nous obtenons

$$d\phi = \frac{dL}{L} = \frac{(Mgh)\, dt}{L}$$

Sachant que $L = I\omega$, nous constatons que la vitesse de rotation de l'essieu autour de l'axe vertical est donnée par

Vitesse angulaire de précession

11.20 $$\omega_p = \frac{d\phi}{dt} = \frac{Mgh}{I\omega}$$

Cette fréquence angulaire ω_p se nomme *vitesse angulaire de précession*. Notons que ce résultat n'est valable que si $\omega_p \ll \omega$; dans le cas contraire, il s'agit d'un mouvement beaucoup plus complexe. Comme on le voit à partir de l'équation 11.20, $\omega_p \ll \omega$ à condition que $I\omega^2$ soit grand en comparaison de Mgh, puisque d'après l'équation 11.20

$$\frac{\omega_p}{\omega} = \frac{Mgh}{I\omega^2}$$

Q13. Pourquoi est-il plus facile de garder son équilibre sur une bicyclette lorsqu'elle est en mouvement?

Q14. À son arrivée à l'hôtel, un scientifique demanda au chasseur de transporter une mystérieuse valise jusqu'à sa chambre. Or, lorsque le chasseur voulut tourner au bout du corridor, la valise se mit soudain à s'éloigner de lui, ce qui lui sembla très étrange. Il lâcha donc la valise et s'enfuit à toutes jambes. Selon vous, que pouvait être le contenu de la valise?

11.6 Roulement d'un solide

Dans cette section, nous allons traiter le mouvement d'un solide en rotation autour d'un axe mobile. Le mouvement général d'un solide dans l'espace est très complexe. Toutefois, nous pouvons simplifier notre analyse en la limitant au cas d'un solide homogène et très symétrique, tel qu'un cylindre, une sphère ou un cerceau. En outre, nous allons supposer que le corps est animé d'un mouvement de roulement sur un plan.

Soit un cylindre de rayon R roulant sans glisser sur une surface horizontale rugueuse (fig. 11.16). Lorsque dans sa rotation, le cylindre décrit un angle θ, son centre de masse se déplace sur une distance $s = R\theta$. Par conséquent, dans le cas d'un mouvement sans glissement, la vitesse et l'accélération du centre de masse sont données par

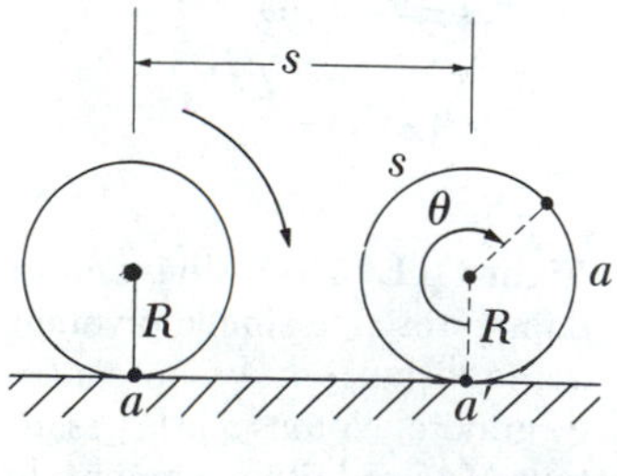

Figure 11.16 Dans le cas d'un roulement sans glissement, lorsque le cylindre décrit une rotation d'un angle θ, le centre de masse parcourt une distance $s = R\theta$.

11.21 $$v_c = \frac{ds}{dt} = R\frac{d\theta}{dt} = R\omega$$

11.22 $$a_c = \frac{dv_c}{dt} = R\frac{d\omega}{dt} = R\alpha$$

La figure 11.17 illustre les vitesses linéaires de divers points du cylindre roulant. Notons que chaque point du cylindre est animé d'une vitesse linéaire dont l'orientation est perpendiculaire à la ligne joignant ce point donné au point de contact. En tout temps, le point P est au repos par rapport à la surface, car il n'y a pas de glissement. C'est pourquoi l'axe qui passe par P et est perpendiculaire au diagramme se nomme l'*axe instantané de rotation*.

Soit Q, un point quelconque du cylindre. Sa vitesse comporte une composante horizontale et une composante verticale. Par ailleurs, les points P et P' et le point situé au centre de masse sont particulièrement intéressants. Le centre de masse se déplace à une vitesse $v_c = R\omega$, alors que le point de contact P a une vitesse nulle. Il s'ensuit donc que la vitesse du point P' doit être égale à $2v_c = 2R\omega$, puisque tous les points du cylindre ont une même vitesse angulaire.

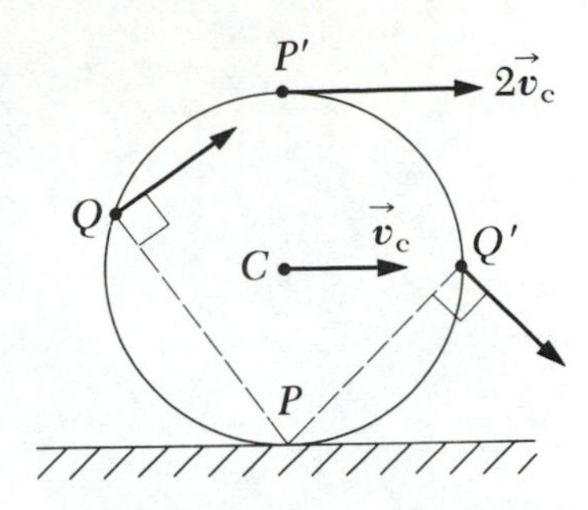

Figure 11.17 Tous les points d'un corps en rotation se déplacent dans une direction perpendiculaire à un axe passant par le point de contact P. Le centre de masse se déplace à une vitesse $\vec{v}_c$, alors que le point P' est animé d'une vitesse $2\vec{v}_c$.

Nous pouvons exprimer l'énergie cinétique totale du cylindre comme suit:

11.23
$$K = \frac{1}{2}I_P\omega^2$$

I_P étant le moment d'inertie par rapport à l'axe passant par P. En appliquant le théorème des axes parallèles, nous pouvons substituer $I_P = I_c + MR^2$ dans l'équation 11.23 pour obtenir

$$K = \frac{1}{2}I_c\omega^2 + \frac{1}{2}MR^2\omega^2$$

11.24
$$K = \frac{1}{2}I_c\omega^2 + \frac{1}{2}Mv_c^2$$

Énergie cinétique totale d'un corps en rotation

où nous avons utilisé le fait que $v_c = R\omega$.

L'équation 11.24 peut s'interpréter de la façon suivante: Le premier terme de droite, soit $\frac{1}{2}I_c\omega^2$, représente l'énergie cinétique de rotation autour du centre de masse et le terme $\frac{1}{2}Mv_c^2$ représente l'énergie cinétique qu'aurait le cylindre s'il était animé d'un simple mouvement de translation dans l'espace, sans rotation. Nous pouvons donc dire que *l'énergie cinétique totale s'obtient en additionnant l'énergie cinétique de rotation autour du centre de masse et l'énergie cinétique de translation du centre de masse.*

Pour analyser certains problèmes traitant du roulement d'un solide sur un plan incliné à surface rugueuse, nous pouvons utiliser les méthodes faisant intervenir l'énergie. Nous supposerons que le solide illustré à la figure 11.18 ne subit aucun dérapage et qu'il est initialement au repos au sommet du plan incliné. Notons que le roulement n'est possible que s'il y a un frottement entre le solide et la surface du plan incliné, produisant ainsi un moment de force net par rapport au centre de masse. Malgré l'action du frottement, il n'y a pas de perte d'énergie mécanique puisqu'en tout temps, le point de contact est au repos par rapport à la surface. Par contre, si le solide devait déraper, il y aurait une perte d'énergie mécanique à mesure que le mouvement progresserait.

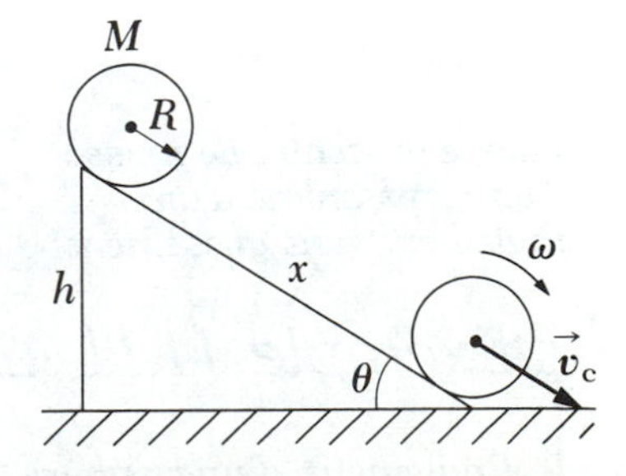

Figure 11.18 Cylindre ou sphère roulant vers la base d'un plan incliné. S'il n'y a pas de glissement, l'énergie mécanique est conservée.

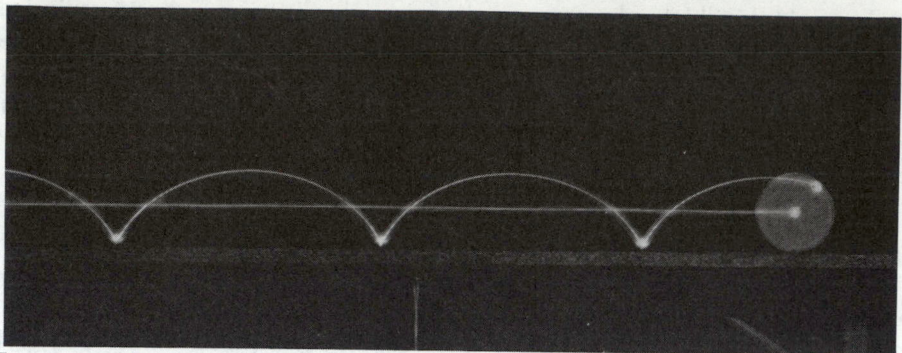

Les sources lumineuses situées au centre et sur la jante du cylindre roulant illustrent les trajectoires différentes décrites par ces deux points. Le centre de masse se déplace en ligne droite, alors que le point situé sur la jante décrit une trajectoire cycloïdale. (Education Development Center, Newton, Mass.)

Sachant que, dans le cas d'un roulement sans glissement, $v_c = R\omega$, nous pouvons récrire l'équation 11.24 sous la forme

$$K = \frac{1}{2}I_c\left(\frac{v_c}{R}\right)^2 + \frac{1}{2}Mv_c^2$$

Énergie cinétique totale d'un corps en rotation

$$K = \frac{1}{2}\left(\frac{I_c}{R^2} + M\right)v_c^2 \tag{11.25}$$

À mesure que le solide roule vers la base du plan incliné, il perd de l'énergie potentielle Mgh, h représentant la hauteur de la pente. Si le corps est immobile au sommet, son énergie cinétique à la base de la pente (donnée par l'équation 11.25) doit être égale à son énergie potentielle au sommet. Par conséquent, on peut obtenir la vitesse du centre de masse à la base en posant:

$$\frac{1}{2}\left(\frac{I_c}{R^2} + M\right)v_c^2 = Mgh$$

Vitesse du centre de masse d'un corps animé d'un roulement sans glissement

$$v_c = \left(\frac{2gh}{1 + I_c/MR^2}\right)^{1/2} \tag{11.26}$$

Exemple 11.11

Roulement d'une sphère vers la base d'un plan incliné: À supposer que le corps illustré à la figure 11.18 soit une sphère solide, calculez la vitesse de son centre de masse à la base du plan incliné et déterminez l'accélération linéaire de son centre de masse.

Solution: Dans le cas d'une sphère solide et uniforme, $I_c = \frac{2}{5}MR^2$ et, par conséquent, l'équation 11.26 donne le résultat suivant:

$$v_c = \left(\frac{2gh}{1 + \frac{2}{5} \frac{MR^2}{MR^2}} \right)^{1/2} = \left(\frac{10}{7} gh \right)^{1/2}$$

La relation entre le déplacement vertical et le déplacement x selon le plan incliné est donnée par $h = x \sin \theta$. Nous pouvons donc exprimer le résultat précédent sous la forme:

$$v_c^2 = \frac{10}{7} gx \sin \theta$$

En comparant ce résultat avec l'expression établie en cinématique, soit $v_c^2 = 2a_c x$, nous constatons que l'accélération du centre de masse est donnée par

$$a_c = \frac{5}{7} g \sin \theta$$

Ces résultats méritent d'être soulignés! En effet, la vitesse aussi bien que l'accélération du centre de masse sont *indépendantes* de la masse et du rayon de la sphère! En fait, *sur un même plan incliné, toutes les sphères solides et homogènes sont animées d'une même vitesse et d'une même accélération*. Si l'on effectuait ces calculs dans le cas d'une sphère creuse, d'un cylindre plein ou d'un cerceau, on obtiendrait des résultats semblables. Les facteurs constants qui figurent dans les expressions de v_c et de a_c dépendent du moment d'inertie autour du centre de masse du corps étudié par rapport à son centre de masse. Dans tous les cas, l'accélération du centre de masse est *inférieure* à $g \sin \theta$, soit la valeur que prendrait l'accélération si le plan était exempt de frottement et s'il n'y avait pas de roulement.

Exemple 11.12

Dans cet exemple, considérons le mouvement de la sphère solide vers la base du plan incliné et vérifions les résultats obtenus à l'exemple 11.11 en utilisant les méthodes de la dynamique. La figure 11.19 présente le diagramme des forces agissant sur la sphère.

Solution: En appliquant la deuxième loi de Newton au mouvement du centre de masse, nous obtenons

$$(1)\ \Sigma F_x = Mg \sin \theta - f_s = Ma_c$$
$$\Sigma F_y = N - Mg \cos \theta = 0$$

où x croît vers la base du plan incliné. Pour exprimer le moment de force agissant sur la sphère, il convient de choisir un axe passant par le centre de la sphère et perpendiculaire au plan de la figure[3]. Étant donné que N et Mg passent par cette origine, leurs bras de levier sont nuls et n'ont donc aucune influence sur le moment de force. Toutefois, le frottement produit un moment de force par rapport à cet axe, moment qui est égal à $f_s R$ dans le sens horaire; par conséquent,

$$\tau_c = f_s R = I_c \alpha$$

Puisque $I_c = \frac{2}{5} MR^2$ et que $\alpha = a_c / r$, nous obtenons[4]

$$(2)\ f_s = \frac{I_c \alpha}{R} = \left(\frac{\frac{2}{5} MR^2}{R} \right) \frac{a_c}{R} = \frac{2}{5} Ma_c$$

En introduisant (2) dans (1), nous avons

$$a_c = \frac{5}{7} g \sin \theta$$

ce qui est conforme au résultat obtenu à l'exemple 11.11. Notons encore une fois que $a_c < g \sin \theta$. À titre d'exercice, démontrez que l'expression de v_c à la base du plan incliné peut s'obtenir à partir de l'expression de cinématique $v^2 = 2ax$ (où $v_0 = 0$).

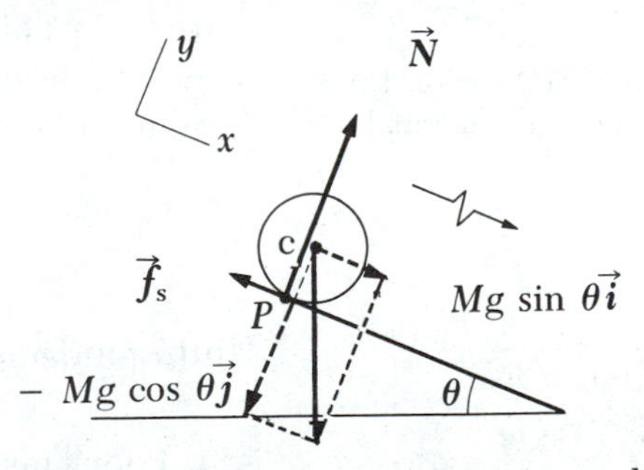

Figure 11.19 (Exemple 11.12) Diagramme des forces agissant sur une sphère pleine qui roule vers la base d'un plan incliné.

3. Notons que malgré le fait que le point situé au centre de masse ne constitue pas un repère galiléen, son utilisation comme référentiel n'est pas incompatible avec l'application de $\tau_c = I\alpha$.
4. Notez que l'on ne peut calculer f_s à partir de $f_{sm} = \mu_s N$ car rien ne dit que le frottement statique a atteint sa valeur maximum. Par ailleurs, si le frottement calculé au moyen de l'expression (2) dépasse f_{sm} cela veut dire que le corps ne peut pas rouler sans glisser.

Q15. Lorsqu'un cylindre roule sur une surface horizontale, comme à la figure 11.16, y a-t-il, à un instant donné, certains de ses points qui ne possèdent, pour un observateur immobile sur la surface, qu'une composante verticale de vitesse? Si oui, quels sont ces points?

Q16. Soit trois solides homogènes — une sphère pleine, un cylindre plein et un cylindre creux — placés au sommet d'un plan incliné (fig. 11.20). Lequel atteindra la base de la pente le premier, s'ils sont tous trois initialement immobiles à une même hauteur et si leur roulement s'effectue sans dérapage? Lequel atteint la base le dernier? Vous devriez tenter cette expérience à la maison, ce qui vous permettra de constater que le résultat est *indépendant* des masses et des rayons. Ce résultat est très étonnant!

11.7 Le moment cinétique en tant que quantité fondamentale

Jusqu'ici, nous avons constaté que la notion de moment cinétique est très utile pour décrire le mouvement de systèmes macroscopiques. Or, cette notion est également valable lorsqu'il s'agit d'analyser les systèmes submicroscopiques. En effet, le moment cinétique a servi de base à l'élaboration des modèles contemporains de l'atome et de la molécule, ainsi qu'à la physique nucléaire. Le progrès de ces théories a permis d'établir que le moment cinétique d'un système constitue une quantité *fondamentale*. Dans ce contexte-ci, le mot *fondamental* signifie que le moment cinétique est une propriété essentielle des atomes, des molécules ou de leurs éléments.

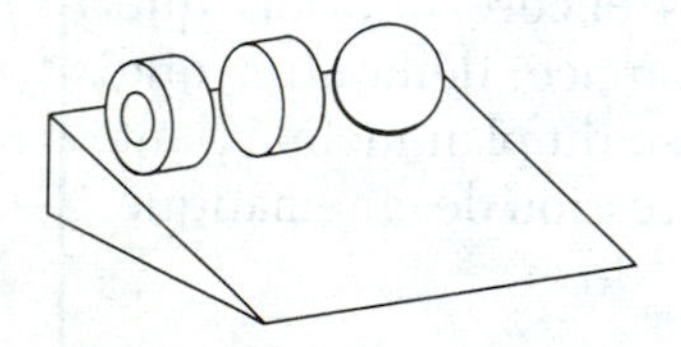

Figure 11.20 (Question 16) Lequel de ces objets gagnera la course?

Pour expliquer le comportement de systèmes atomiques et moléculaires, on doit assigner des valeurs discrètes au moment cinétique. Ces valeurs discrètes sont dites *quantifiées*. Elles sont des multiples d'une unité fondamentale, égale à $\hbar$ (c'est-à-dire la constante de Planck, h divisé par 2π):

$$\hbar = \frac{h}{2\pi}$$

$$\text{Unité fondamentale du moment cinétique} = \hbar = 1{,}054 \times 10^{-34}\,\frac{\text{kg} \cdot \text{m}^2}{\text{s}^2}$$

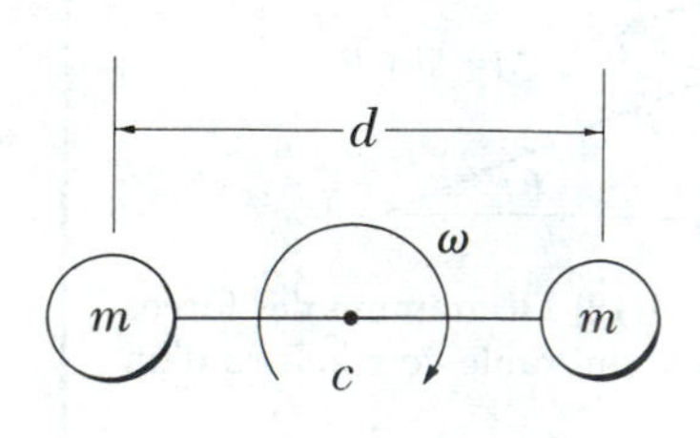

Figure 11.21 Molécule diatomique représentée suivant le modèle d'un corps rigide. La rotation s'effectue par rapport au centre de masse dans le plan du diagramme.

Pour l'instant, nous allons admettre ce postulat et nous en servir pour évaluer la fréquence de rotation d'une molécule diatomique. Par exemple, considérons la molécule O_2 comme un corps rigide, c'est-à-dire deux atomes séparés par une distance fixe d et tournant autour du centre de masse (fig. 11.21). La fréquence de rotation la plus basse est celle pour laquelle le moment cinétique est égal à l'unité fondamentale $\hbar$,

$$I_c\omega \approx \hbar \qquad \text{d'où} \qquad \omega \approx \frac{\hbar}{I_c}$$

À l'exemple 10.3, nous avons déterminé que le moment d'inertie de la molécule O_2 par rapport à son axe de rotation est $1{,}95 \times 10^{-46}$ kg • m². Par conséquent,

$$\omega \approx \frac{\hbar}{I_c} = \frac{1{,}054 \times 10^{-4}\ \text{kg} \cdot \text{m}^2/\text{s}}{1{,}95 \times 10^{-46}\ \text{kg} \cdot \text{m}^2} = 5{,}41 \times 10^{11}\ \text{rad/s}$$

Ce résultat concorde bien avec les fréquences de rotation mesurées expérimentalement. En outre, les fréquences de rotation sont beaucoup plus basses que les fréquences de vibration de la molécule, qui sont généralement de l'ordre de 10^{13} Hz.

Cet exemple simple démontre que dans certains cas, des notions classiques et des modèles mécaniques combinés aux données fondamentales de la mécanique quantique peuvent servir à décrire des propriétés élémentaires de systèmes atomiques et moléculaires.

Du point de vue historique, ce fut le physicien danois Niels Bohr (1885-1962) qui avança le premier cette audacieuse conception dans sa théorie du modèle de l'atome d'hydrogène. Jusque-là, les modèles purement classiques ne suffisaient pas à décrire plusieurs propriétés de l'atome d'hydrogène, entre autres le fait qu'il absorbe et qu'il émette une radiation selon des fréquences discrètes. Bohr postula que par rapport au proton, l'électron ne peut occuper que des orbites circulaires dont le moment cinétique est un multiple entier de $\hbar$, $n\hbar$ (où n est un nombre entier). En utilisant ce modèle simple, on peut estimer les fréquences de rotation de l'électron sur les diverses orbites (exercice 32).

Bien que la théorie de Bohr ait permis d'éclaircir le comportement de la matière à l'échelle atomique, son modèle de base est inexact. Ainsi, des recherches ultérieures (de 1924 à 1930) ont permis d'élaborer des modèles et des interprétations encore valables de nos jours. Nous aurons l'occasion d'y revenir plus en détail au chapitre 10 du tome 3.

Selon la physique atomique, l'électron comporte un autre type de moment cinétique, soit le *spin*, qui est une propriété essentielle de l'électron. Le moment cinétique de spin est, lui aussi, quantifié. Au tome 3, nous reviendrons sur cette importante propriété et nous discuterons de son effet considérable sur le développement de la physique contemporaine.

11.8 Résumé

Le moment $\vec{\tau}$ d'une force $\vec{F}$ par rapport à une origine située dans un référentiel galiléen est défini par

11.1 $$\vec{\tau} \equiv \vec{r} \times \vec{F}$$ ***Moment de force***

$\vec{A}$ et $\vec{B}$ étant des vecteurs, le *produit vectoriel* $\vec{A} \times \vec{B}$ est un vecteur $\vec{C}$ dont la grandeur est

Grandeur du produit vectoriel

$$\boxed{11.3} \qquad C = |AB \sin \theta|$$

θ étant l'angle compris entre $\vec{A}$ et $\vec{B}$. La direction du vecteur $\vec{C} = \vec{A} \times \vec{B}$ est perpendiculaire au plan formé par $\vec{A}$ et $\vec{B}$ et son sens est déterminé par la règle de la main droite. Parmi les propriétés du produit vectoriel, on note que $\vec{A} \times \vec{B} = -\vec{B} \times \vec{A}$ et que $\vec{A} \times \vec{A} = 0$.

Le *moment cinétique* $\vec{L}$ d'une particule ayant une quantité de mouvement linéaire $\vec{p} = m\vec{v}$ par rapport à une origine située dans un référentiel galiléen est donné par

Moment cinétique d'une particule

$$\boxed{11.9} \qquad \vec{L} = \vec{r} \times \vec{p} = m\vec{r} \times \vec{v}$$

$\vec{r}$ étant le vecteur position de la particule par rapport à l'origine. Si ϕ est l'angle compris entre $\vec{r}$ et $\vec{p}$, alors la grandeur de $\vec{L}$ est donnée par

$$\boxed{11.10} \qquad L = mvr \sin \phi$$

Le *moment net des forces extérieures* appliquées à une particule ou à un solide est égal à la dérivée par rapport au temps du moment cinétique:

$$\boxed{11.14} \qquad \Sigma\vec{\tau}_{\text{ext}} = \frac{d\vec{L}}{dt}$$

Le *moment cinétique* $\vec{L}$ d'un solide symétrique animé d'une vitesse angulaire $\vec{\omega}$ et en rotation autour d'un axe de symétrie fixe est donné par

Moment cinétique d'un solide par rapport à un axe fixe

$$\boxed{11.15} \qquad \vec{L} = I\vec{\omega}$$

I étant le moment d'inertie par rapport à l'axe de rotation.

Le *moment net des forces extérieures* appliquées à un solide est égal au produit de son moment d'inertie par rapport à l'axe de rotation et de son accélération angulaire:

$$\boxed{11.17} \qquad \Sigma\vec{\tau}_{\text{ext}} = I\vec{\alpha}$$

Si le moment net des forces extérieures appliquées à un système est nul, le moment cinétique total du système est constant. En appliquant ce *principe de conservation du moment cinétique* à un système dont le moment d'inertie varie, nous obtenons:

Conservation du moment cinétique

$$\boxed{11.19} \qquad I_i\omega_i = I_f\omega_f = \text{constante}$$

L'*énergie cinétique totale* d'un solide, tel un cylindre, qui tourne en avançant est obtenue en additionnant l'énergie cinétique de rotation autour du centre de masse, $\frac{1}{2}I_c\omega^2$, et l'énergie cinétique de translation du centre de masse, $\frac{1}{2}Mv_c^2$.

Énergie cinétique totale d'un corps en rotation

$$\boxed{11.24} \qquad K = \frac{1}{2}I_c\omega^2 + \frac{1}{2}Mv_c^2$$

Dans cette expression, v_c représente la vitesse du centre de masse et $v_c = R\omega$ dans le cas d'un roulement sans glissement.

Exercices

Section 11.1 Produit vectoriel et moment de force

1. Soit deux vecteurs donnés par $\vec{A} = -3\vec{i} + \vec{j}$ et $\vec{B} = \vec{i} - 2\vec{j}$. Déterminez (a) $\vec{A} \times \vec{B}$ et (b) l'angle compris entre $\vec{A}$ et $\vec{B}$.

2. À partir de la définition du produit vectoriel, vérifiez les équations de 11.7a à 11.7d dans le cas du produit vectoriel de vecteurs unitaires.

3. Vérifiez l'équation 11.8 dans le cas du produit vectoriel de deux vecteurs quelconques $\vec{A}$ et $\vec{B}$ et démontrez qu'on peut l'écrire sous forme de déterminant, comme suit:

$$\vec{A} \times \vec{B} = \begin{vmatrix} \vec{i} & \vec{j} & \vec{k} \\ A_x & A_y & A_z \\ B_x & B_y & B_z \end{vmatrix}$$

4. Soit deux vecteurs $\vec{A}$ et $\vec{B}$ formant deux côtés d'un parallélogramme. (a) Démontrez que l'aire du parallélogramme est donnée par $|\vec{A} \times \vec{B}|$. (b) Sachant que $\vec{A} = (3\vec{i} + 3\vec{j})$ m et que $\vec{B} = (\vec{i} - 2\vec{j})$ m, déterminez l'aire du parallélogramme.

5. Déterminez $\vec{A} \times \vec{B}$ pour les vecteurs suivants: (a) $\vec{A} = 3\vec{j}$ et $\vec{B} = 2\vec{i} + 2\vec{j}$, (b) $\vec{A} = 3\vec{i} - \vec{j}$ et $\vec{B} = 4\vec{k}$, (c) $\vec{A} = 3\vec{j} + \vec{k}$ et $\vec{B} = -2\vec{i}$.

6. Soit le vecteur $\vec{A}$ orienté dans le sens des y négatifs et le vecteur $\vec{B}$ orienté dans le sens des x négatifs. Quelle est l'orientation de (a) $\vec{A} \times \vec{B}$ et (b) $\vec{B} \times \vec{A}$?

7. Soit une particule dont le vecteur position est $\vec{r} = (2\vec{i} + 4\vec{j})$ m et qui est soumise à une force $\vec{F} = (3\vec{i} + \vec{j})$ N. Déterminez le moment de force par rapport (a) à l'origine et (b) au point situé à (0, 6) m.

8. Si $|\vec{A} \times \vec{B}| = \vec{A} \cdot \vec{B}$, quel est l'angle compris entre $\vec{A}$ et $\vec{B}$?

Section 11.2 Moment cinétique d'une particule

9. Soit une particule de masse m se déplaçant en ligne droite à une vitesse constante $\vec{v} = v\vec{j}$ selon l'axe positif des y. Déterminez le moment cinétique de la particule (grandeur et orientation) par rapport (a) au point situé à $(-d, 0)$, (b) au point situé à $(2d, 0)$ et (c) à l'origine.

10. Soit une particule de 0,3 kg se déplaçant dans le plan xy. Lorsqu'elle se trouve à (2, 4) m, sa vitesse est de $(3\vec{i} + 2\vec{j})$ m/s. Quelle est, à cet instant, son moment cinétique par rapport à l'origine?

11. Une particule de 4 kg se déplace dans le plan xy à une vitesse constante de 2 m/s dans le sens des x selon la ligne qui passe par $y = -3$ m. Quel est son moment cinétique par rapport (a) à l'origine et (b) au point situé à $(0, -5)$ m?

12. Deux particules ont des orientations opposées selon une ligne droite (fig. 11.22). La particule de masse m se déplace vers la droite à une vitesse v, alors que la particule de masse $3m$ se dirige vers la gauche à une vitesse v. Quel est le moment cinétique *total* du système par rapport (a) au point A, (b) au point O et (c) au point B?

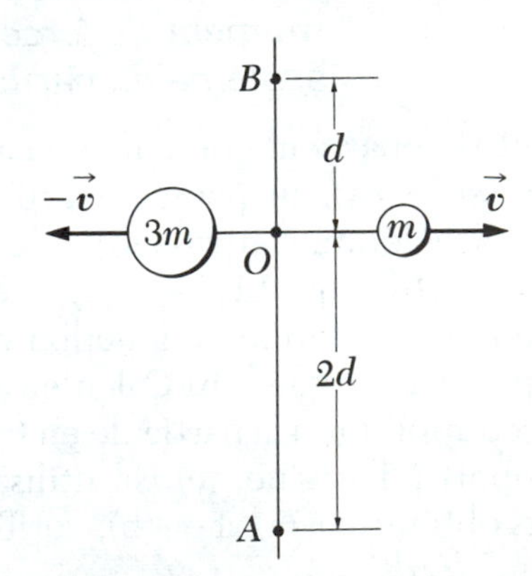

Figure 11.22 (Exercice 12).

13. Soit une tige légère et rigide de 1 m de longueur en rotation dans le plan xy autour d'un pivot passant par son centre. Deux particules, l'une de 2 kg et l'autre de 3 kg, sont fixées à ses extrémités (fig. 11.23). Déterminez le moment cinétique du système par rapport à l'origine lorsque chacune des particules a atteint une vitesse de 5 m/s.

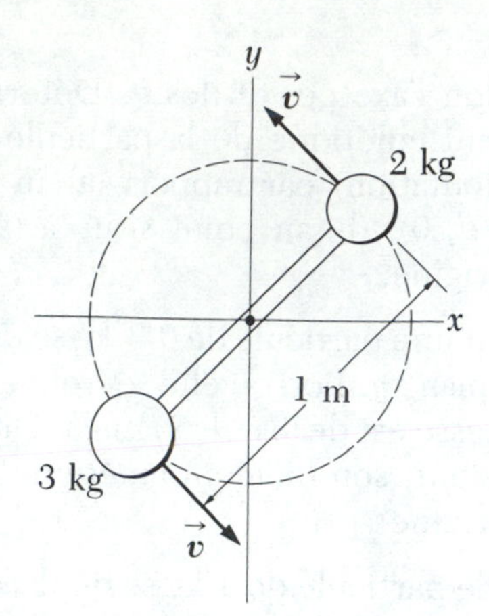

Figure 11.23 (Exercice 13).

14. Un avion de 5 000 kg vole parallèlement au sol à une altitude de 8 km et à une vitesse constante de 200 m/s par rapport à la Terre. (a) Déterminez la grandeur du moment cinétique de l'avion par rapport à un observateur au sol situé directement sous l'appareil. (b) Cette valeur change-t-elle à mesure que l'avion poursuit son mouvement en ligne droite?

Section 11.3 Moment cinétique et moment de force d'un système de particules

15. Soit une particule de masse m animée d'une vitesse $-v_0\vec{j}$ au point $(-d, 0)$ et subissant une accélération attribuable à la force gravitationnelle (fig. 11.24). (a) Exprimez son moment cinétique en fonction du temps par rapport à l'origine. (b) Calculez le moment de force appliqué à la particule en tout temps par rapport à l'origine. (c) En utilisant les résultats obtenus en (a) et en (b), vérifiez le fait que $\vec{\tau} = d\vec{L}/dt$.

16. Soit un disque plein et uniforme de 3 kg et de 0,2 m de rayon en rotation autour d'un axe fixe perpendiculaire à sa face (fig. 11.9). Sachant que la fréquence angulaire de rotation est de 5 rad/s, calculez le moment cinétique du disque lorsque l'axe de rotation (a) passe par le centre de masse et (b) passe par un

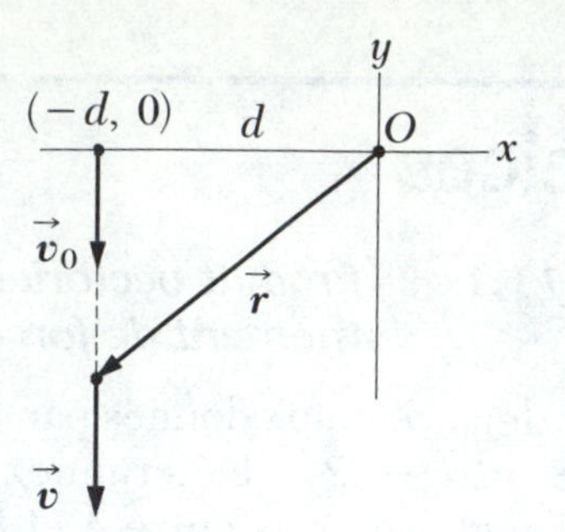

Figure 11.24 (Exercice 15).

point à mi-chemin entre le centre de masse et la périphérie du disque.

17. Soit une particule de 0,3 kg fixée à la marque de 100 cm sur une tige de 1 m ayant une masse de 0,2 kg. La tige tourne à une vitesse angulaire de 4 rad/s sur la surface lisse et horizontale d'une table. Calculez le moment cinétique du système dans le cas où (a) le pivot est perpendiculaire à la table et passe par la marque de 50 cm et (b) le pivot est perpendiculaire à la table et passe par la marque de 0 cm.

18. (a) Calculez le moment cinétique de la Terre attribuable à son mouvement de rotation sur son axe. (b) Calculez le moment cinétique de la Terre attribuable à son orbite autour du Soleil et comparez ce résultat à celui obtenu en (a). (Supposez que la Terre soit une sphère homogène de $6{,}37 \times 10^6$ m de rayon et de $5{,}98 \times 10^{24}$ kg, et qu'elle soit située à une distance de $1{,}49 \times 10^{11}$ m du Soleil.)

19. Une masse de 3 kg est fixée à une corde légère enroulée sur une poulie (fig. 10.19). La poulie est un cylindre plein et uniforme de 8 cm de rayon et de 1 kg. (a) Quel est le moment de force net appliqué au système par rapport au point O? (b) Lorsque la masse de 3 kg est animée d'une vitesse v, la vitesse angulaire de la poulie est $\omega = v/R$. Déterminez le moment cinétique total du système par rapport à O. (c) Sachant que $\vec{\tau} = d\vec{L}/dt$ et compte tenu du résultat obtenu en (b), calculez l'accélération de la masse de 3 kg.

20. Un cyclindre ayant un moment d'inertie I_1 tourne à une vitesse angulaire ω_0 sur un essieu vertical sans frottement. Un deuxième cylindre, de moment d'inertie I_2, est initialement immobile et tombe sur le premier

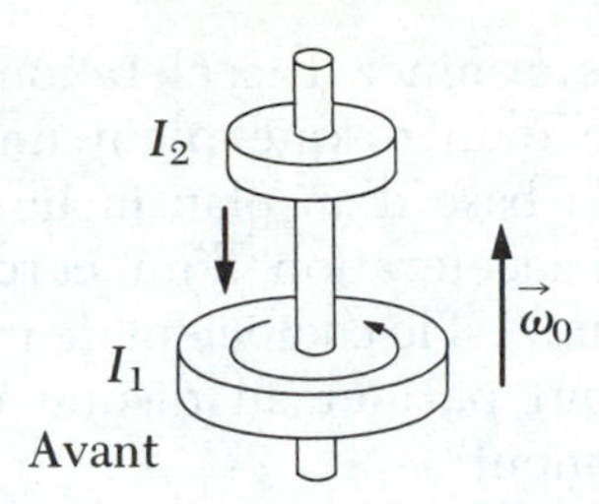

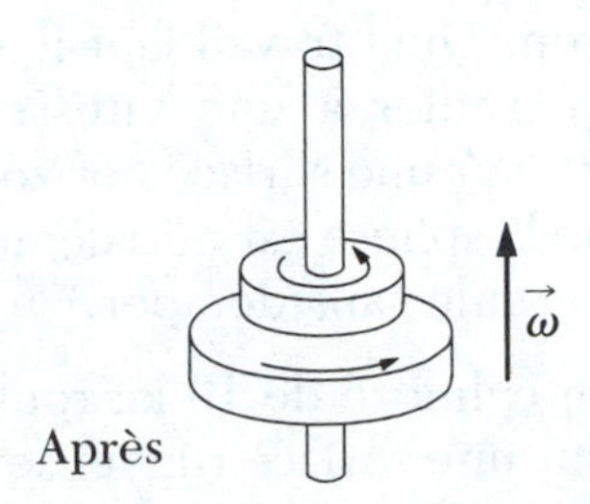

Figure 11.25 (Exercice 20).

cylindre (fig. 11.25). Étant donné le frottement entre leurs surfaces, les deux cylindres atteignent la même vitesse angulaire ω. (a) Calculez ω. (b) Démontrez qu'il y a une perte d'énergie et établissez le rapport entre les quantités finale et initiale d'énergie cinétique.

21. Un cylindre plein et uniforme de 1 kg et de 25 cm de rayon tourne sur un essieu fixe, vertical et sans frottement. Sa vitesse angulaire est de 10 rad/s. On laisse tomber à la verticale un morceau de mastic de 0,5 kg sur le cylindre, en un point situé à 15 cm de l'essieu. En supposant que le mastic adhère au cylindre, calculez la vitesse angulaire finale du système. (Considérez le morceau de mastic comme une particule.)

22. Une particule ayant une masse $m = 10$ g et une vitesse $v_0 = 5$ m/s entre en collision avec une sphère pleine et uniforme ayant une masse $M = 1$ kg et un rayon $R = 20$ cm (fig. 11.26). Après la collision, la particule demeure fixée à la surface de la sphère. Sachant que la sphère était initialement au repos et qu'elle peut pivoter sur un essieu sans frottement passant par O et perpendiculaire au plan de la page, (a) déterminez la vitesse angulaire du système après la collision et (b) déterminez la quantité d'énergie perdue au cours de la collision.

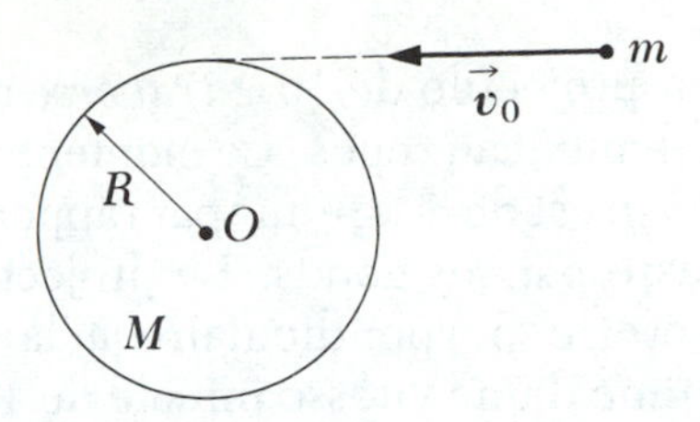

Figure 11.26 (Exercice 22).

23. L'étudiant illustré à la figure 11.12 tient deux haltères de 10 kg chacun. Lorsqu'il tend ses bras à l'horizontale, les haltères se trouvent à 1 m de l'axe de rotation et l'étudiant tourne sur lui-même à une vitesse angulaire de 3 rad/s. Le moment d'inertie de l'étudiant et du tabouret est de 8 kg • m^2 et l'on suppose qu'il est constant. Si l'étudiant ramène les haltères à l'horizontale à 0,3 m de l'axe de rotation, calculez (a) la vitesse angulaire finale du système et (b) la variation d'énergie mécanique du système.

24. Une tige uniforme de 100 g et de 50 cm de longueur tourne dans un plan horizontal sur un pivot fixe, vertical et sans frottement qui passe par son centre. On installe sur la tige deux petites boules de 30 g chacune, de telle sorte qu'elles puissent glisser sans frottement le long de la tige. Au départ, les boules sont retenues à 10 cm de part et d'autre du centre par des crochets de fixation, pendant que le système tourne à une vitesse angulaire de 20 rad/s. Soudain, on décroche les fixations et les petites boules glissent vers les extrémités de la tige. (a) Déterminez la vitesse angulaire du système à l'instant où les boules atteignent les extrémités de la tige. (b) Déterminez la vitesse angulaire de la tige après que les boules se sont envolées des extrémités.

25. Une femme de 70 kg se tient debout sur la jante d'une table horizontale pivotante ayant un moment d'inertie de 500 kg • m^2 et un rayon de 2 m. Le système est initialement au repos et la table peut tourner librement sur un pivot vertical sans frottement qui passe par son centre. La femme se met à marcher sur la jante de la table dans le sens horaire, à une vitesse constante de 1,5 m/s par rapport au sol. (a) Dans quel sens la table tourne-t-elle et quelle est sa vitesse angulaire? (b) Quelle quantité de travail la femme accomplit-elle pour mettre le système en mouvement?

26. Un projectile de 10 g *traverse* une porte initialement au repos. Le moment d'inertie de la porte est de 4 kg • m^2 par rapport à un axe qui passe par ses gonds. Le projectile a une trajectoire perpendiculaire à la porte et est animé d'une vitesse initiale de 400 m/s; après la collision, la vitesse angulaire de la porte est de 0,3 rad/s. Sachant que le projectile traverse la porte à 0,4 m des gonds, déterminez (a) la vitesse finale du projectile et (b) la perte d'énergie mécanique.

Section 11.6 Roulement d'un solide

27. Une sphère creuse à paroi mince roule vers le bas d'une pente rugueuse de hauteur h ayant un angle d'inclinaison θ (fig. 11.18). (a) Si la sphère est initialement immobile au sommet de la pente, quelle est la vitesse de son centre de masse lorsqu'il atteint la base du plan incliné? (b) Calculez l'accélération de son centre de masse. Comparez votre résultat avec les résultats obtenus à l'exemple 11.11 portant sur le roulement d'une sphère pleine.

28. Supposons qu'au sommet d'une pente rugueuse de hauteur h on place côte à côte un disque plein uniforme et un cerceau uniforme. S'ils sont initialement au repos et s'ils roulent ensuite vers le pied de la pente sans déraper, déterminez leurs vitesses lorsqu'ils atteignent la base du plan incliné; lequel des deux objets y parvient le premier?

29. (a) Déterminez l'accélération du centre de masse d'un disque plein uniforme roulant vers la base d'un plan incliné et comparez-la à l'accélération d'un cerceau uniforme. (b) Quel est le coefficient de frottement minimal qui permet au disque de rouler sans glissement?

30. Soit une sphère pleine de 150 kg et de 0,2 m de rayon. Quel travail faut-il accomplir pour la faire rouler à une vitesse angulaire de 50 rad/s sur une surface horizontale? (Supposez que la sphère est initialement au repos et qu'elle roule sans déraper.)

31. Soit un cylindre de 10 kg roulant sans dérapage sur une surface rugueuse. À l'instant où son centre de masse est animé d'une vitesse de 10 m/s, déterminez (a) l'énergie cinétique de translation du centre de masse, (b) l'énergie cinétique de rotation par rapport au centre de masse et (c) l'énergie cinétique totale.

Section 11.7 Moment cinétique en tant que quantité fondamentale

32. Selon le modèle de Bohr de l'atome d'hydrogène, l'électron se déplace en décrivant une orbite circulaire de rayon $0{,}529 \times 10^{-10}$ m autour du proton. En supposant que le moment cinétique orbital de l'électron est égal à $\hbar$, calculez (a) la vitesse orbitale de l'électron, (b) son énergie cinétique et (c) la fréquence angulaire du mouvement de l'électron.

Problèmes

1. Soit une particule de masse m, dont la position est $\vec{r}$ et la quantité de mouvement linéaire, $\vec{p}$. (a) Sachant que $\vec{r}$ et $\vec{p}$ ont tous deux des composantes x, y et z non nulles, démontrez que les composantes du moment cinétique de la particule par rapport à l'origine sont données par $L_x = yp_z - zp_y$, $L_y = zp_x - xp_z$ et $L_z = xp_y - yp_x$. (b) En supposant que la particule ne se déplace que dans le plan xy, montrez que $L_x = L_y = 0$ et que $L_z \neq 0$.

2. Une force $\vec{F}$ agit sur la particule décrite au problème 1. (a) Déterminez les composantes du moment de force par rapport à l'origine lorsque le vecteur position de la particule est $\vec{r}$ et que la force comporte trois composantes. (b) À partir de ce résultat, montrez que la particule se déplace dans le plan xy et que si la force ne comporte que des composantes x et y, le moment de force (et le moment cinétique) doit être orienté dans le sens des z.

3. Une masse m est reliée à une corde passant par un petit trou dans une surface horizontale et lisse (fig. 11.27). Initialement, la masse tourne à une vitesse v_0 en décrivant un cercle de rayon r_0. Puis, on tire lentement sur la corde vers le bas, réduisant ainsi le rayon du cercle à r. (a) Quelle est la vitesse de la masse lorsque le rayon est r? (b) Déterminez la tension dans la corde en fonction de r. (c) Quelle quantité de travail doit-on accomplir pour faire passer la masse de r_0 à r? (À noter: la tension dépend de r!) (d) Établissez les valeurs numériques de v, T et W, sachant que $r = 0{,}1$ m, $m = 50$ g, $r_0 = 0{,}3$ m et $v_0 = 1{,}5$ m/s.

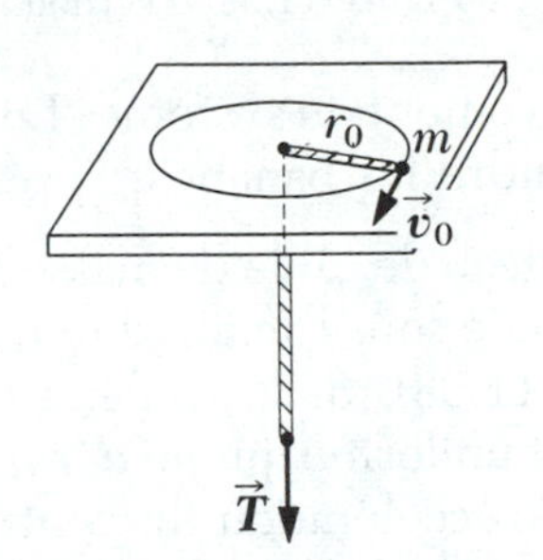

Figure 11.27 (Problème 3).

4. Un gros rouleau cylindrique de papier a un rayon initial R et repose sur une longue surface horizontale; on cloue le bout déroulé sur la surface afin de pouvoir dérouler le papier facilement. Puis, on donne au rouleau une légère poussée ($v_0 \approx 0$) et il commence alors à se dérouler. (a) Déterminez la vitesse du centre de masse du rouleau lorsque son rayon est réduit à r. (b) Calculez la valeur numérique de cette vitesse à $r = 1$ m, en supposant que $R = 6$ m. (c) Qu'advient-il de l'énergie du système lorsque le papier est complètement déroulé? (Indice: Supposez que le rouleau a une densité uniforme et utilisez les méthodes relatives à l'énergie.)

5. Une sphère pleine et uniforme de rayon r est placée sur la surface intérieure d'un bol hémisphérique de rayon R. Initialement au repos à un angle θ par rapport à la verticale, la sphère est ensuite lâchée et commence à rouler sans déraper (fig. 11.28). Déterminez la vitesse angulaire de la sphère lorsqu'elle atteint le fond du bol.

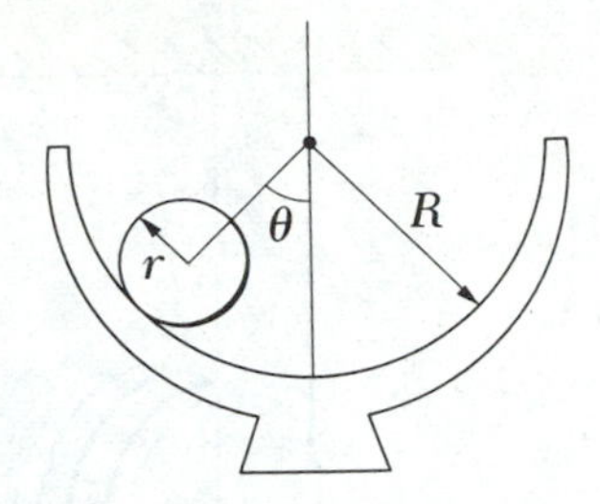

Figure 11.28 (Problème 5).

6. Une boule de bowling animée d'une vitesse initiale v_0 se déplace *initialement en glissant plutôt qu'en roulant*. Le coefficient de frottement entre la boule et la surface est μ. À l'instant où la boule entreprend un *mouvement de roulement sans glissement*, montrez que (a) la vitesse de son centre de masse est $5v_0/7$ et (b) la distance parcourue, $12v_0^2/49\ \mu g$. (Indice: le roulement sans glissement se produit lorsque $v_c = R\omega$ et que $\alpha = a_c/R$. Puisque le frottement provoque un freinage, on déduit à partir de la deuxième loi de Newton que $a_c = -\mu g$.)

7. On applique une force horizontale constante $\vec{F}$ à un rouleau à gazon ayant la forme d'un cylindre uniforme de rayon R et de masse M (fig. 11.29). Si le rouleau se déplace sans déraper sur une surface horizontale, montrez que (a) l'accélération du centre de masse est $2\vec{F}/3M$ et (b) le coefficient minimal de frottement permettant d'éviter le dérapage est $F/3Mg$. (Indice: établissez le moment de force par rapport au centre de masse.)

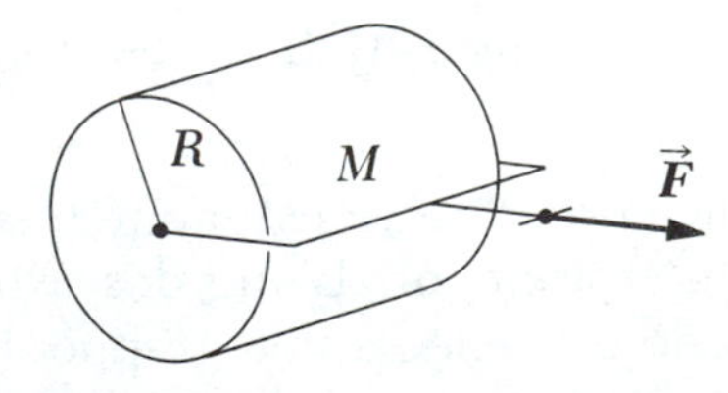

Figure 11.29 (Problème 7).

8. Un yo-yo est constitué d'une corde enroulée autour d'un disque uniforme de rayon R et de masse M. Au départ, le yo-yo est au repos et la corde, en position verticale, est reliée à un support fixe (fig. 11.30). Montrez que lorsque le yo-yo descend, (a) la tension dans la corde équivaut au tiers du poids du yo-yo, (b) l'accélération du centre de masse est $2g/3$ et (c) la

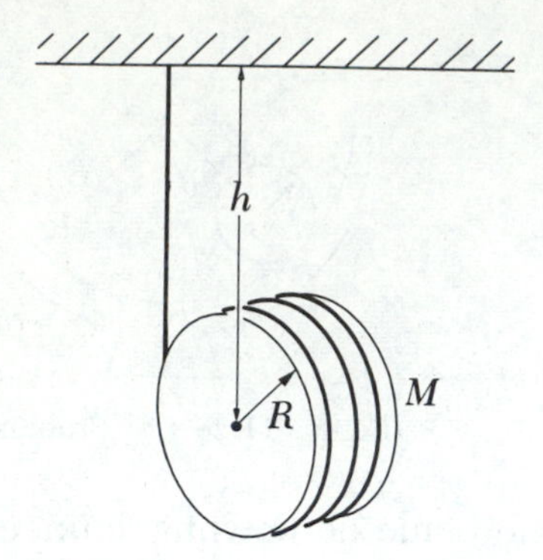

Figure 11.30 (Problème 8).

vitesse du centre de masse est $(4gh/3)^{1/2}$. Vérifiez les résultats de (c) en utilisant l'approche relative à l'énergie.

9. Une petite sphère pleine ayant une masse m et un rayon r roule sans déraper sur une piste, comme l'illustre la figure 11.31. Sachant que la sphère est initialement immobile au sommet de la piste, (a) déterminez la valeur minimale de h (en fonction du rayon R du cerceau) permettant à la sphère de parcourir le cerceau d'un bout à l'autre. (b) Quelles sont les composantes de force agissant sur la sphère au point P si $h = 3R$?

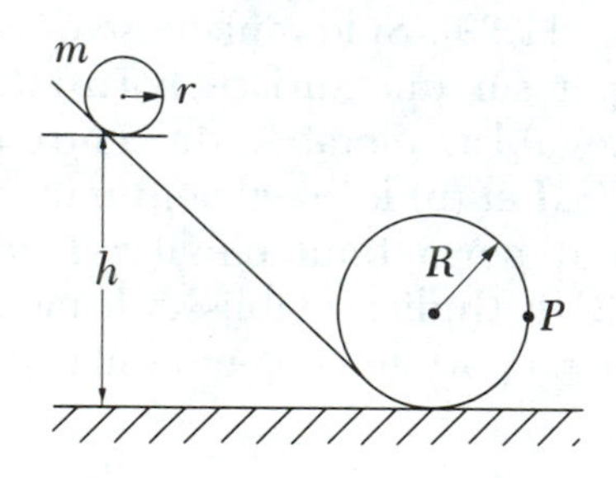

Figure 11.31 (Problème 9).

10. Une corde légère est montée sur une poulie sans frottement. L'une des extrémités de la corde est reliée à une grappe de bananes de masse M, alors qu'à l'autre extrémité se tient un singe de masse M (fig. 11.32). Supposons que le singe se mette à grimper à la corde pour tenter d'atteindre les bananes. (a) En considérant que le singe, les bananes, la corde et la poulie forment le système, évaluez le moment de force net par rapport à l'axe de la poulie. (b) Utilisez les résultats obtenus en (a) pour déterminer le moment cinétique total par rapport à l'axe de la poulie et pour décrire le mouvement du système. Le singe pourra-t-il atteindre les bananes?

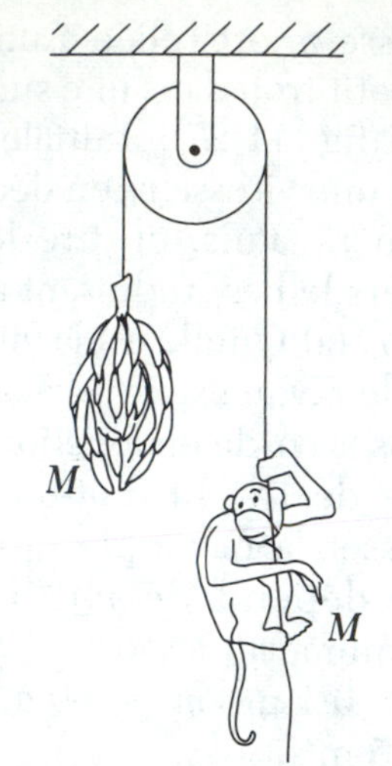

Figure 11.32 (Problème 10).

11. Un rouleau de câble de masse M et de rayon R se déroule sous l'action d'une force constante $\vec{F}$ (fig. 11.33). Si le rouleau est un cylindre plein et uniforme qui ne *dérape pas*, montrez que (a) l'accélération du centre de masse est $4\vec{F}/3M$ et (b) la force de frottement s'exerce vers la *droite* et est égale à $\vec{F}/3$.

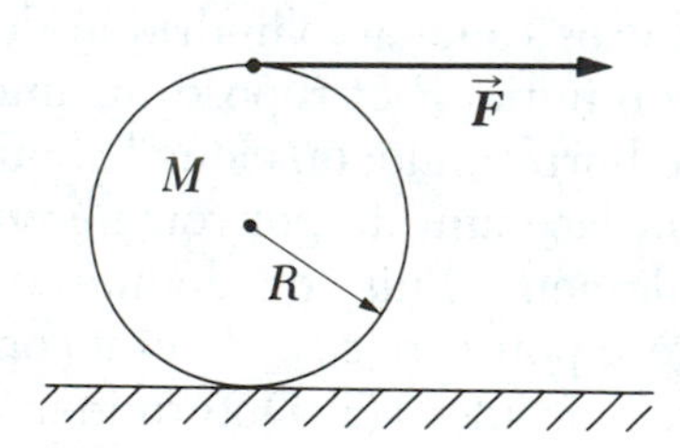

Figure 11.33 (Problème 11).

12. Supposons que le cylindre de la figure 11.33 est initialement au repos et qu'il roule ensuite sans déraper. Quelle est la vitesse de son centre de masse lorsqu'il a roulé sur une distance d? (Supposez que la force demeure constante.)

13. Une remorque chargée d'un poids $\vec{P}$ est tirée par un véhicule exerçant une force $\vec{F}$, comme à la figure 11.34. On a réparti la charge de telle sorte que le centre de gravité de la remorque se trouve à l'endroit indiqué sur la figure. Faites abstraction du frottement attribuable au roulement et supposez que la remorque est animée d'une accélération a.

(a) Déterminez la composante verticale de $\vec{F}$ en fonction des paramètres donnés. (b) Si $a = 2 \text{ m/s}^2$ et $h = 1{,}5$ m, quelle doit être la valeur de d pour que $F_y = 0$ (aucune charge verticale sur le véhicule)? (c) Déterminez la valeur de F_x et de F_y sachant que $P = 1\,500$ N, $d = 0{,}8$ m, $L = 3$ m, $h = 1{,}5$ m et $a = -2 \text{ m/s}^2$. Indice: les moments de force sont déterminés par rapport au centre de gravité c.g.

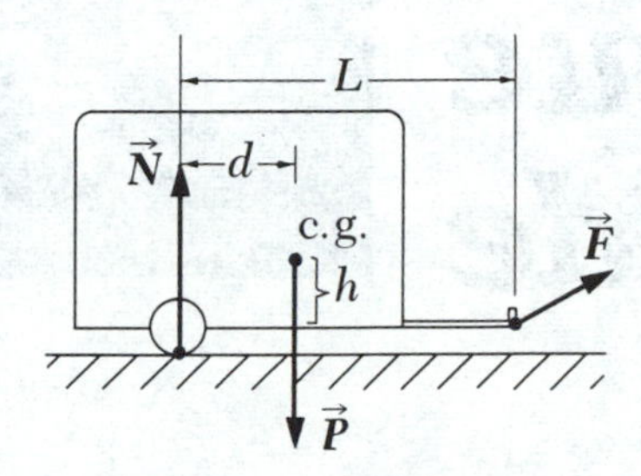

Figure 11.34 (Problème 13).

14. Reprenons le problème de la sphère solide roulant au bas d'un plan incliné (voir l'exemple 11.11). (a) Comme origine pour le moment de force, choisissez l'axe passant par le point de contact P et montrez que l'accélération du centre de masse est donnée par $a_c = \frac{5}{7} g \sin \theta$. (b) Montrez que le coefficient de frottement *minimal* permettant à la sphère de rouler sans déraper est donné par $f_{\min} = \frac{2}{7} \tan \theta$.

15. Soit un disque plein et uniforme auquel on imprime un mouvement de rotation de vitesse angulaire ω_0 autour d'un axe qui passe par son centre. Le disque en rotation est alors abaissé et lâché sur une surface horizontale *rugueuse*. (a) Quelle est sa vitesse angulaire lorsqu'il amorce son mouvement de roulement sans glissement? (b) Déterminez la fraction d'énergie cinétique perdue entre l'instant où le disque est lâché et l'instant où il se met à rouler. (Indice: le moment cinétique par rapport à un axe qui passe par le point de contact est conservé.)

16. Supposons que l'on imprime une vitesse angulaire ω_0 à un disque plein ayant un rayon R et tournant sur son axe de symétrie. On l'abaisse ensuite et on le lâche sur une surface horizontale rugueuse, comme au problème 15. Le coefficient de frottement entre le disque et la surface est μ. (a) Montrez que le *temps* qu'il faut pour que le disque se mette à rouler sans déraper est donné par $R\omega_0/3\ \mu g$. (b) Montrez que la *distance* parcourue par le disque avant de rouler sans déraper est donnée par $R^2\omega_0^2/18\ \mu g$. (Reportez-vous à l'indice donné au problème 6.)

Chapitre 12

Équilibre statique d'un corps rigide

Dans ce chapitre, nous allons traiter des conditions d'équilibre d'un corps rigide. Le terme *équilibre* sous-entend que le corps est soit au repos, soit animé d'une vitesse constante. Notre analyse portera sur les corps au repos, c'est-à-dire en état d'*équilibre statique*. Les principes que nous allons présenter constituent des notions fondamentales en génie civil, en architecture et en génie mécanique, c'est-à-dire dans les disciplines traitant de la conception de structures, telles que les ponts et les édifices. Les étudiant(e)s qui se destinent au génie auront certainement l'occasion d'approfondir cette matière dans un cours de spécialisation en statique.

Au chapitre 5, nous avons établi que l'une des conditions nécessaires à l'état d'équilibre est que la force résultante s'exerçant sur le corps soit nulle. Or, cette condition est *suffisante* si l'on considère l'ensemble du corps comme une seule et même particule. Si la force résultante qui s'exerce sur la particule est nulle, l'état initial de la particule (au repos ou animée d'un mouvement rectiligne à vitesse constante) ne varie pas.

Par contre, dans le cas des corps rigides, la situation est plus complexe, car on ne peut pas traiter les corps réels comme des particules. En effet, un corps réel a des dimensions, une forme et une répartition de masse bien définies. Pour qu'un tel corps soit en état d'équilibre, il doit être soumis à une force résultante nulle *et* il ne doit pas avoir tendance à tourner. Pour que cette deuxième condition d'équilibre soit remplie, *il faut donc que le moment de force par rapport à toute origine soit nul*. Ainsi, pour déterminer si un corps est en équilibre, nous devons en connaître les dimensions, la forme et identifier les forces appliquées à ses différentes parties ainsi que leur point d'application.

Dans ce chapitre, nous supposerons que les corps que nous traitons sont des corps rigides. *Un corps rigide est défini comme un corps qui ne se déforme pas sous l'action de forces extérieures.* C'est donc dire que la distance qui sépare les différentes parties du corps n'est pas modifiée par l'action de forces extérieures. En réalité, tous les corps subissent une certaine déformation lorsqu'ils sont soumis à des forces. Toutefois, il s'agit généralement de déformations négligeables qui n'influencent pas les conditions d'équilibre.

Corps rigide

12.1 Conditions d'équilibre d'un corps rigide

Examinons le cas d'une force $\vec{F}$ agissant sur un corps rigide qui peut pivoter autour d'un axe passant par le point O, comme à la figure 12.1. L'effet de la force dépend de son point d'application P. Si $\vec{r}$ est le vecteur position de ce point par rapport à O, *le moment de force découlant de l'action de $\vec{F}$ par rapport à O est donné par*

$$\vec{\tau} = \vec{r} \times \vec{F} \quad (12.1)$$

Il faut se rappeler que le vecteur $\vec{\tau}$ est perpendiculaire au plan formé par $\vec{r}$ et $\vec{F}$. En outre, le sens de $\vec{\tau}$ est déterminé par le sens de la rotation que $\vec{F}$ tend à imprimer au corps. On utilise la règle de la main droite pour déterminer l'orientation de $\vec{\tau}$: il suffit de fermer la main de telle sorte que les doigts s'enroulent dans le sens de la rotation que $\vec{F}$ tend à imprimer au corps, le pouce indique alors l'orientation de $\vec{\tau}$. C'est ainsi qu'à la figure 12.1, $\vec{\tau}$ *sort* de la page.

Comme vous pouvez le constater à partir de la figure 12.1, la tendance de $\vec{F}$ à faire tourner le corps autour de l'axe passant par O dépend du bras de levier d (soit la distance perpendiculaire à la ligne d'action de la force) ainsi que de la grandeur de $\vec{F}$. Par définition, la grandeur de $\vec{\tau}$ est Fd.

À présent, supposons deux forces, soit $\vec{F}_1$ et $\vec{F}_2$, qui agissent sur un solide. Elles produiront un même effet sur le corps seulement si elles ont la même grandeur, la même orientation et la même ligne d'action. En d'autres termes, *deux forces $\vec{F}_1$ et $\vec{F}_2$ sont équivalentes si et seulement si $\vec{F}_1 = \vec{F}_2$ et si elles exercent le même moment par rapport à un point quel qu'il soit.* La figure 12.2 présente un exemple de deux forces équivalentes.

Forces équivalentes

Lorsqu'un corps rigide est muni d'un pivot il tournera autour de ce pivot s'il est soumis à un moment de force non nul par rapport au pivot. Par exemple, supposons qu'un corps rigide puisse pivoter autour d'un axe, comme à la figure 12.3. Deux forces égales et opposées n'ayant pas la même ligne d'action agissent dans les directions indiquées à la figure. On utilise le terme *couple* pour désigner une paire de forces dont l'action s'exerce ainsi. Étant donné qu'à la figure 12.3, les deux forces produisent le même moment Fd par rapport à l'axe, la grandeur du moment de force net est donné par

Couple

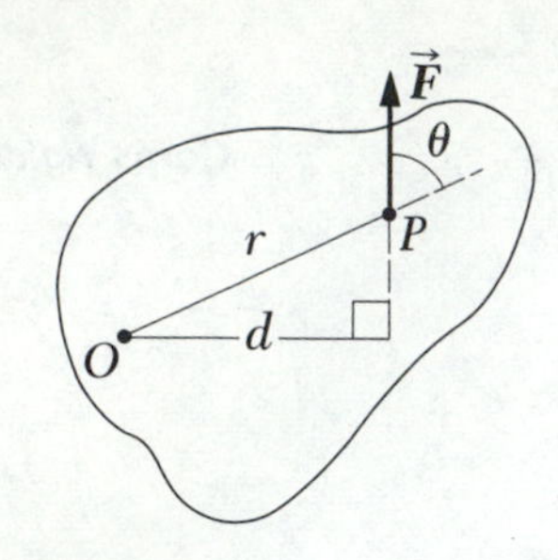

Figure 12.1 Corps rigide pivotant autour d'un axe qui passe par O. Une seule force $\vec{F}$ agit au point P. Le bras de levier de $\vec{F}$ correspond à la distance d perpendiculaire à la ligne d'action de $\vec{F}$.

$2Fd$. Évidemment, le corps tournera dans le sens horaire et subira une accélération angulaire autour de l'axe. En ce qui concerne la rotation, il s'agit donc d'une situation de déséquilibre. Le moment de force net n'est pas nul et donne lieu à une accélération angulaire α selon la relation $\tau_{\text{net}} = 2Fd = I\alpha$.

Or, un corps rigide est en équilibre de rotation seulement si son accélération angulaire $\alpha = 0$. Sachant que $\tau_{\text{net}} = I\alpha$ dans le cas d'une rotation autour d'un axe fixe, nous pouvons en déduire une condition nécessaire à l'équilibre d'un corps rigide: *le moment de force net par rapport à toute origine doit être nul.* Maintenant, nous connaissons les *deux conditions nécessaires à l'équilibre d'un corps rigide*, que nous pouvons formuler comme suit:

Conditions d'équilibre

1. La somme des forces externes exercées sur le corps doit être nulle.

12.2
$$\Sigma\vec{F} = 0$$

2. Le moment de force net des forces externes exercées sur le corps doit être nul par rapport à *toute* origine.

12.3
$$\Sigma\vec{\tau} = 0$$

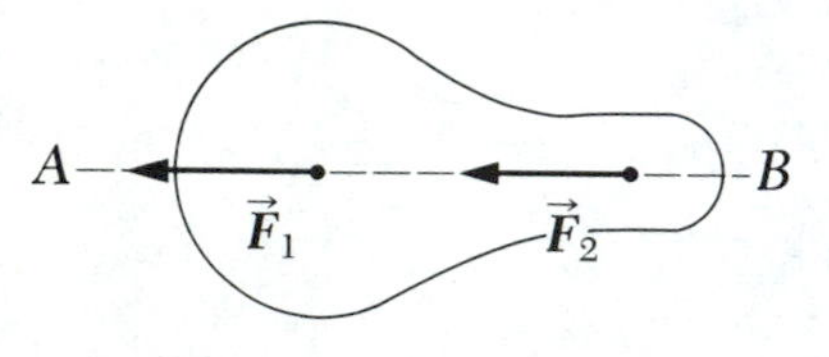

Figure 12.2 Les deux forces sont équivalentes, car elles sont égales et agissent selon la même ligne d'action AB.

La première condition assure que le corps sera en *équilibre de translation*, ce qui signifie que l'accélération linéaire du centre de masse sera nulle par rapport à un observateur situé dans un référentiel galiléen. La deuxième condition assure que le corps sera en *équilibre de rotation*, ce qui signifie que l'accélération angulaire par rapport à un axe, quel qu'il soit, sera nulle. L'*équilibre statique*, sujet principal de ce chapitre, constitue un cas particulier, car le corps est au repos et n'a ni vitesse linéaire ni vitesse angulaire ($\vec{v}_c = 0$ et $\vec{\omega} = 0$).

Les deux expressions vectorielles présentées aux équations 12.2 et 12.3 sont généralement équivalentes à six équations scalaires, dont trois se rapportent à la première condition d'équilibre et les trois autres découlent de la deuxième condition (elles correspondent aux composantes x, y et z). Ainsi, dans le cas d'un système complexe soumis à plusieurs forces agissant dans différentes directions, il vous faudrait résoudre un ensemble d'équations linéaires à plusieurs inconnues. Nous limiterons notre discussion à des situations dans lesquelles toutes les forces sont situées dans un même plan: on dit de ces forces qu'elles sont *coplanaires*. En outre, nous situerons les forces dans le plan xy et nous n'aurons donc qu'à résoudre *trois* équations scalaires, dont deux concernent l'équilibre des forces dans le sens des x et des y; la troisième équation, relative au moment de force, stipule que le moment de force net par rapport à *tout* axe perpendiculaire au plan doit être nul. Par conséquent, ces deux conditions d'équilibre nous donnent les équations suivantes:

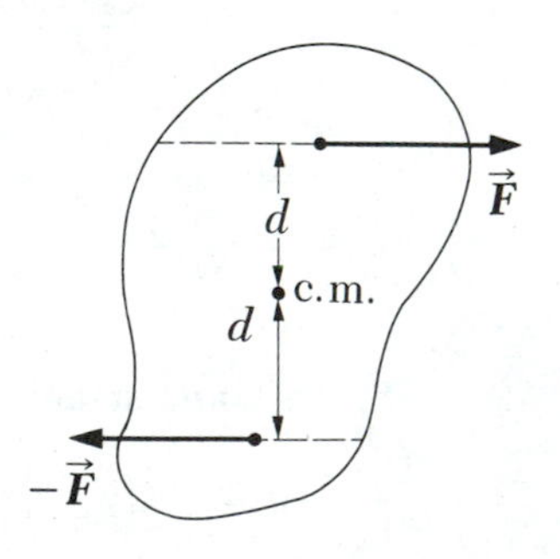

Figure 12.3 Un couple est formé de deux forces égales et opposées qui agissent sur un même corps. Dans ce cas-ci, le corps décrira une rotation dans le sens horaire. Le moment de force net s'exerçant sur le corps, par rapport au centre de masse, est $2Fd$.

12.4
$$\Sigma F_x = 0 \qquad \Sigma F_y = 0 \qquad \Sigma \tau_z = 0$$

où le point par rapport auquel on calcule les moments de force est *arbitraire*, comme nous l'établirons ultérieurement.

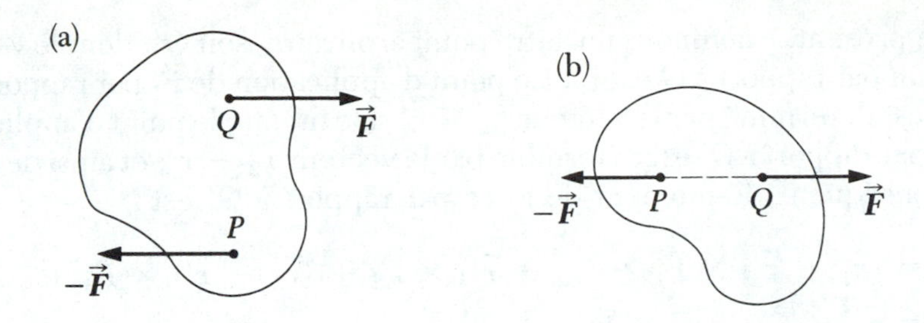

Figure 12.4 (a) Le corps n'est pas en équilibre puisque les deux forces n'ont pas la même ligne d'action. (b) Le corps est en équilibre, car les deux forces agissent selon la même ligne.

Il y a deux principaux cas d'équilibre: l'équilibre d'un corps rigide soumis à deux forces seulement et celui d'un corps rigide soumis à trois forces.

1er cas *Un corps rigide soumis à deux forces est en équilibre si et seulement si les deux forces sont d'orientations opposées, de même grandeur et si elles ont une même ligne d'action.* La figure 12.4a présente une situation dans laquelle le corps n'est pas en équilibre puisque les deux forces ne s'exercent pas selon la même ligne. Notons que par rapport à n'importe quel axe, tel que celui qui passe par P, le moment de force n'est pas nul, ce qui va à l'encontre de la deuxième condition d'équilibre. Par contre, à la figure 12.4b, le corps rigide est en équilibre, car les forces ont une même ligne d'action. Il est également facile de constater que le moment de force est nul par rapport à n'importe quel axe.

2e cas *Pour qu'un corps rigide soumis à trois forces soit en équilibre, il faut que les lignes d'action des trois forces se coupent en un même point.* C'est-à-dire que les forces doivent être *concourantes.* (Il existe une exception à cette règle, soit lorsque aucune des lignes d'action ne s'entrecoupent. Une telle situation suppose que les forces sont parallèles.) À la figure 12.5, on constate que les lignes d'action des trois forces passent par le point S. Pour que les conditions d'équilibre soient remplies, il faut que $\vec{F}_1 + \vec{F}_2 + \vec{F}_3 = 0$ et que le moment de force net soit nul par rapport à tout axe, quel qu'il soit. Notons que dans la mesure où les forces sont concourantes, le moment de force net est nul par rapport à l'axe qui passe par S.

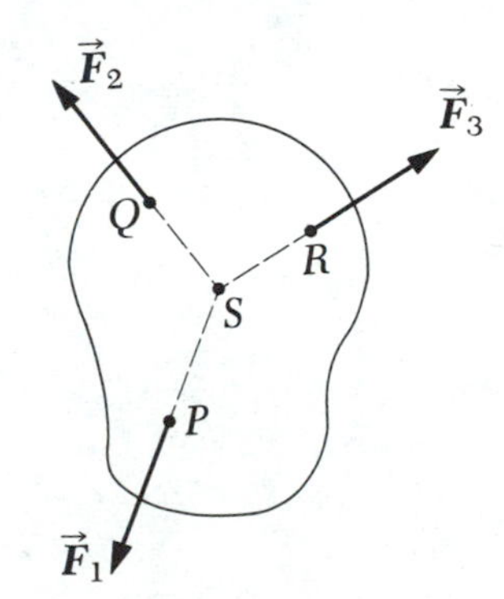

Figure 12.5 Pour qu'un corps soumis à trois forces soit en équilibre, il faut que les lignes d'action des forces se coupent en un même point S et que leur somme vectorielle donne zéro.

Nous pouvons facilement démontrer que si un corps est en équilibre de translation et si le moment de force net est nul par rapport à un point, il est également nul par rapport à *tout* point quel qu'il soit. Prenons l'exemple d'un corps soumis à diverses forces de sorte que la force résultante $\Sigma\vec{F} = \vec{F}_1 + \vec{F}_2 + \vec{F}_3 + \ldots = 0$. Cette situation est illustrée à la figure 12.6 (pour plus de clarté, la figure ne présente que quatre forces). Le point d'application de $\vec{F}_1$ est déterminé par le vecteur position $\vec{r}_1$. De même, les points d'application de $\vec{F}_2, \vec{F}_3 \ldots$ sont donnés par $\vec{r}_2, \vec{r}_3 \ldots$ (qui ne sont pas illustrés dans la figure). Le moment de force net par rapport à O est

$$\Sigma\tau_O = \vec{r}_1 \times \vec{F}_1 + \vec{r}_2 \times \vec{F}_2 + \vec{r}_3 \times \vec{F}_3 + \ldots$$

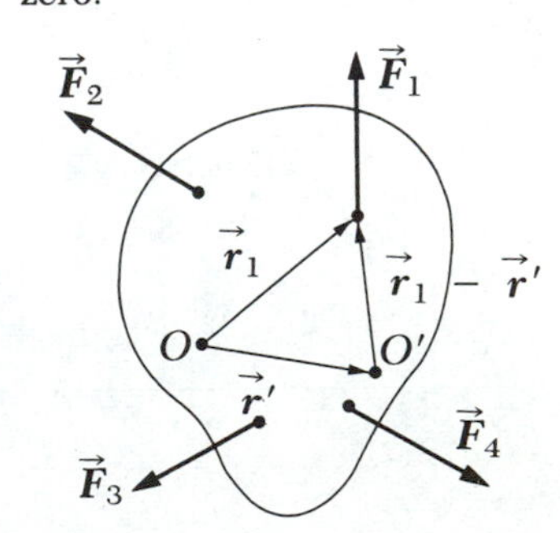

Figure 12.6 Construction qui illustre le fait que si le moment de force net est nul par rapport à l'origine O, il est également nul par rapport à toute autre origine, telle que O'.

À présent, examinons un autre point arbitraire, soit O', dont le vecteur position par rapport à O est $\vec{r}\,'$. Le point d'application de $\vec{F}_1$ par rapport à ce point est déterminé par le vecteur $\vec{r}_1 - \vec{r}\,'$. De même, le point d'application de $\vec{F}_2$ par rapport à O' est déterminé par le vecteur $\vec{r}_2 - \vec{r}\,'$, et ainsi de suite. Par conséquent, le moment de force par rapport à O' est

$$\Sigma\vec{\tau}_{O'} = (\vec{r}_1 - \vec{r}\,') \times \vec{F}_1 + (\vec{r}_2 - \vec{r}\,') \times \vec{F}_2 + (\vec{r}_3 - \vec{r}\,') \times \vec{F}_3 + \ldots$$

$$\Sigma\vec{\tau}_{O'} = \vec{r}_1 \times \vec{F}_1 + \vec{r}_2 \times \vec{F}_2 + \vec{r}_3 \times \vec{F}_3 + \ldots - \vec{r}\,' \times (\vec{F}_1 + \vec{F}_2 + \vec{F}_3 + \ldots)$$

Étant donné que la force résultante est nulle, le dernier terme de l'expression ci-dessus l'est aussi et nous voyons que $\Sigma\vec{\tau}_{O'} = \Sigma\vec{\tau}_O$. Par conséquent, *lorsqu'un corps est en équilibre de translation et que le moment de force net est nul par rapport à un point, il est également nul par rapport à tout autre point.*

Q1. Un corps peut-il être en équilibre s'il n'est soumis qu'à l'action d'une seule force extérieure? Expliquez.

Q2. Un corps en mouvement peut-il être en équilibre? Expliquez.

12.2 Centre de gravité

Lorsqu'il est question de corps rigides, on doit toujours tenir compte du poids du corps, c'est-à-dire de la force de gravitation qui s'exerce sur lui. Pour calculer le moment de la force gravitationnelle, on peut considérer que tout le poids du corps est concentré en un seul point nommé le *centre de gravité*. Comme nous le verrons, le centre de gravité coïncide avec le centre de masse, si le corps se trouve dans un champ gravitationnel uniforme.

Examinons le cas d'un corps de forme arbitraire se trouvant dans le plan xy (fig. 12.7). Supposons que le corps soit divisé en un grand nombre de particules très petites de masses $m_1, m_2, m_3, \ldots$ situées à (x_1, y_1), (x_2, y_2), $(x_3, y_3) \ldots$ Au chapitre 9, nous avons défini la coordonnée x du centre de masse d'un tel objet par

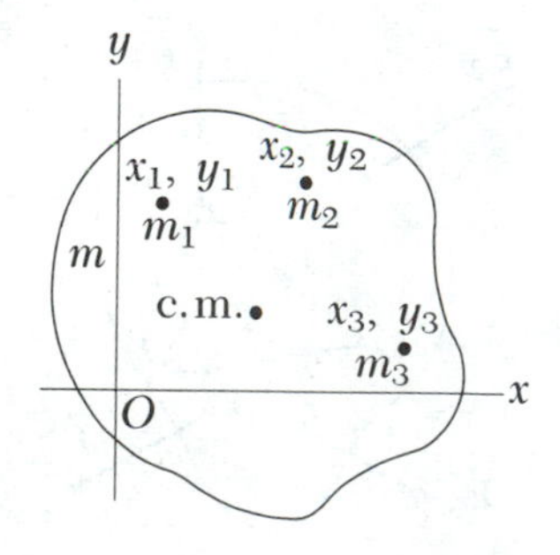

Figure 12.7 On peut diviser un corps rigide en de nombreuses petites particules de masses et de positions différentes. Cela peut s'avérer utile pour calculer la position du centre de masse.

$$x_c = \frac{m_1x_1 + m_2x_2 + m_3x_3 + \ldots}{m_1 + m_2 + m_3 + \ldots} = \frac{\Sigma m_i x_i}{\Sigma m_i}$$

Sa coordonnée y est définie de la même façon, en remplaçant x_i par y_i dans l'équation.

À présent, considérons le même corps d'un point de vue différent, en tenant compte du poids de chacune de ses parties, comme à la figure 12.8.

Chaque particule donne lieu à un moment de force, par rapport à l'origine, égal au poids de la particule multiplié par son bras de levier. Par exemple, le moment de force attribuable au poids $m_1\vec{g}_1$ est$m_1g_1x_1$, et ainsi de suite. Il nous faut déterminer la position d'une force unique $\vec{P}$ (soit le poids total du corps) ayant, sur la rotation du corps, le même effet que les particules individuelles. Cette position correspond au point que l'on nomme le *centre de gravité* du corps. Le moment de force de $\vec{P}$ agissant au centre de gravité et la somme des moments de force dus aux poids des particules individuelles sont égaux quand

$$(m_1 + m_2 + m_3 + \ldots)gx_{\text{c.g.}} = m_1g_1x_1 + m_2g_2x_2 + m_3g_3x_3 + \ldots$$

cette expression étant valable même si l'accélération gravitationnelle varie en grandeur d'un point à un autre du corps. Cependant, si g est uniforme pour l'ensemble du corps (ce qui est souvent le cas), nous constatons que les termes g de l'expression ci-dessus se simplifient et nous obtenons

$$x_{\text{c.g.}} = \frac{m_1x_1 + m_2x_2 + m_3x_3 + \ldots}{m_1 + m_2 + m_3 + \ldots}$$

C'est donc dire que *le centre de gravité est situé au centre de masse si le corps est soumis à un champ gravitationnel uniforme.*

Dans les exemples de la section suivante, nous traiterons de corps symétriques homogènes dont le centre de masse et le centre de gravité coïncident avec le centre géométrique. Notons que, dans un champ gravitationnel, un corps rigide qui ne subit pas d'autres forces peut être équilibré par l'action d'une seule force, pourvu qu'elle soit de même grandeur que le poids du corps, qu'elle soit orientée vers le haut et qu'elle passe par le centre de gravité.

Q3. Déterminez la position du centre de gravité des objets uniformes suivants: (a) une sphère, (b) un cube, (c) un cylindre.

Q4. Le centre de gravité d'un objet peut se trouver à l'extérieur de ce dernier. Donnez quelques exemples.

Q5. Supposons qu'on vous donne un morceau de contre-plaqué de forme arbitraire, un marteau, un clou, une ficelle et un petit poids de plomb. Comment utiliseriez-vous ces articles pour déterminer la position du centre de gravité du contre-plaqué? (Indice: le clou sert à suspendre le contre-plaqué.)

Q6. Pour qu'une chaise soit en équilibre sur une patte, à quel endroit de la chaise le centre de gravité doit-il se trouver?

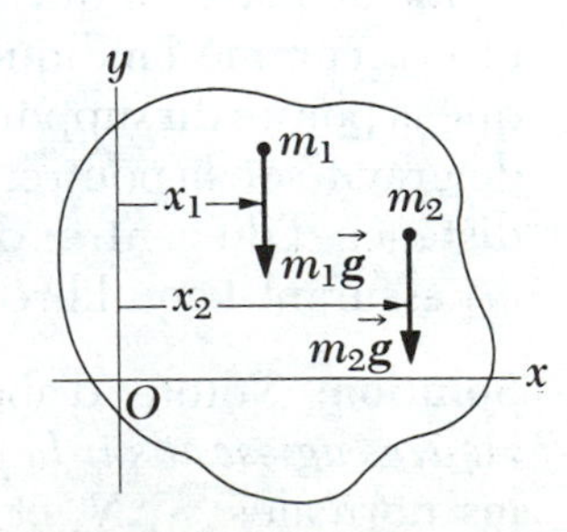

Figure 12.8 Le centre de gravité d'un corps rigide est situé au centre de masse si $\vec{g}$ est uniforme sur l'ensemble du corps.

12.3 Exemples de corps rigides en état d'équilibre statique

Dans cette section, nous présentons divers exemples de corps rigides en état d'équilibre statique. En premier lieu, il importe d'identifier *toutes* les forces extérieures appliquées au corps étudié, sans quoi l'analyse sera incorrecte. Par conséquent, nous recommandons de suivre la démarche suivante pour analyser un corps en équilibre soumis à l'action de plusieurs forces extérieures:

Marche à suivre pour analyser un corps en équilibre

1. Dessinez le corps à l'étude.
2. Tracez un diagramme des forces et assignez un symbole approprié à *toutes les forces extérieures* appliquées au corps. Essayez de deviner l'orientation des forces en présence; toute erreur concernant l'orientation d'une force donnée se traduira par un signe négatif dans la solution. Il n'y a pas lieu de s'alarmer puisque cela indique simplement que la véritable orientation de cette force est de sens opposé à celui que vous aviez d'abord supposé.
3. Décomposez toutes les forces en composantes rectangulaires, en choisissant un référentiel adéquat. Appliquez ensuite la première condition d'équilibre, qui porte sur l'équilibre des forces. N'oubliez pas de bien noter les *signes* des diverses composantes des forces.
4. Choisissez une origine appropriée pour calculer le moment de force net appliqué au corps rigide. Rappelez-vous que pour établir l'équation du moment de force, le choix de l'origine est *arbitraire*; il convient donc de choisir une origine qui permette de simplifier les calculs autant que possible. En vous pratiquant, vous réussirez à améliorer votre technique en ce domaine.
5. Les deux premières conditions d'équilibre se traduisent par un système d'équations linéaires à plusieurs inconnues. Il ne reste plus qu'à les résoudre simultanément en fonction des quantités connues.

Exemple 12.1

Équilibre d'une poutre. Soit une poutre uniforme de masse M qui supporte deux masses, m_1 et m_2, comme l'indique la figure 12.9. Sachant que la pointe du support est située sous le centre de gravité de la poutre, et que m_1 est situé à une distance d du centre, déterminez la position de m_2 assurant l'équilibre du système.

Solution: Notons d'abord que *les forces extérieures agissant sur la poutre* sont les suivantes: les normales $\vec{N}_1$, $\vec{N}_2$ et le poids $M\vec{g}$, s'exerçant vers le bas et la force de la pointe du support sur la poutre, $\vec{N}$, dirigée vers le haut. Puisque tout est au repos, il est évident que $\vec{N}_1 = m_1\vec{g}$ et que $\vec{N}_2 = m_2\vec{g}$. Évidemment, les forces en direction verticale devant s'équilibrer, nous voyons que $N = N_1 + N_2 + Mg = m_1g + m_2g + Mg$. Toutefois, cela ne nous renseigne pas sur la position de m_2. Pour la déterminer, nous devons

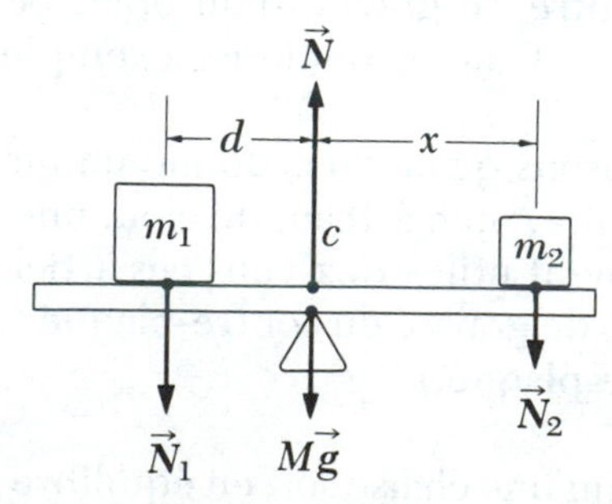

Figure 12.9 (Exemple 12.1) Équilibre d'une poutre.

faire appel à la condition de l'équilibre de rotation. En prenant le centre de gravité comme origine dans l'équation du moment de force, nous voyons que

$$\Sigma\tau_c = m_1gd - m_2gx = 0$$

$$x = \frac{m_1}{m_2}d$$

Nous aurions pu également résoudre le problème même si la pointe de support n'avait pas été située au-dessous du centre de gravité. Dans ce cas, nous aurions eu besoin d'une autre donnée. Laquelle?

Exemple 12.2 Problème de biomécanique

Cet exemple est tiré d'une discipline que l'on nomme la *biomécanique*. Soit un poids P tenu dans la main par un avant-bras en position horizontale (fig. 12.10a). Par rapport à l'articulation en O, le muscle biceps est situé à une distance d et le poids, à une distance l. Déterminez la force ascendante que le biceps doit exercer sur l'avant-bras (cubitus) ainsi que la force descendante de l'humérus (partie supérieure du bras) agissant sur l'articulation. Faites abstraction du poids de l'avant-bras.

Solution: Les forces agissant sur l'avant-bras sont équivalentes aux forces qui s'exerceraient sur une tige de longueur l, comme l'indique la figure 12.10b, $\vec{F}$ étant la force vers le haut exercée par les biceps et $\vec{R}$, la force vers le bas exercée à l'articulation. L'objet au repos dans la main exerce sur celle-ci une force normale vers le bas, $\vec{P}$, égale à son poids. Partant de la première condition d'équilibre, nous avons

$$F = R + P$$

La somme des moments de force par rapport à tout point doit être nulle. En choisissant O comme origine, nous avons

$$Fd - Pl = 0$$

$$F = Pl/d$$

Avec $P = 200$ N, $d = 5$ cm et $l = 35$ cm, nous obtenons

$$F = \frac{Pl}{d} = (200\text{ N})\left(\frac{35\text{ cm}}{5\text{ cm}}\right) = 1\,400\text{ N}$$

$$R = F - P = 1\,400\text{ N} - 200\text{ N} = 1\,200\text{ N}$$

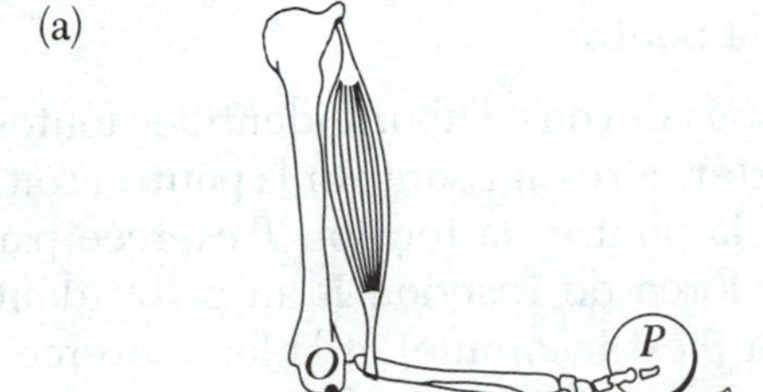

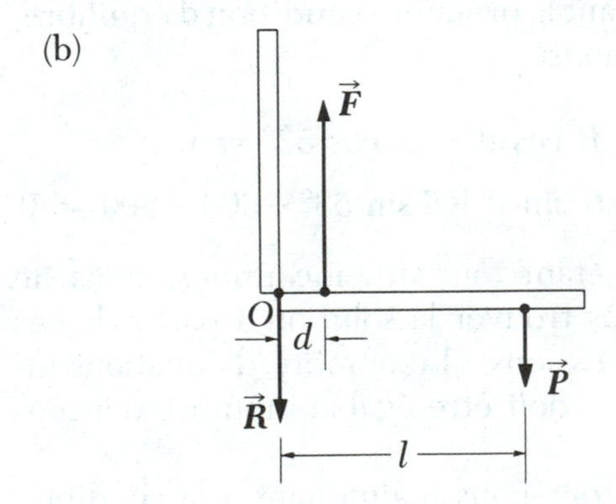

Figure 12.10 (Exemple 12.2)(a) Forces qui agissent au niveau de l'articulation du coude. (b) Le modèle mécanique du système décrit en (a).

On constate donc que les forces musculaires et articulaires peuvent être considérables. En réalité, le biceps forme un angle d'environ 15° par rapport à la verticale, de sorte que $\vec{F}$ a une composante verticale et une composante horizontale. En incluant cette donnée dans notre problème, nous constaterions un écart d'environ 3 % sur les résultats pour F et R, mais la force de réaction s'exerçant sur l'articulation aurait alors une composante horizontale additionnelle d'environ 375 N. Nous vous suggérons d'analyser cette situation de plus près.

Exemple 12.3

Une poutre horizontale uniforme pesant 200 N et faisant 8 m de longueur est accrochée à un mur par un pivot à son extrémité rapprochée du mur et par un câble à son extrémité éloignée. Le câble forme un angle de 53° par rapport à l'horizontale (fig. 12.11). Supposons qu'une personne pesant 600 N se tienne debout sur la poutre, à 2 m de distance du mur. Déterminez la tension dans le câble et la force de réaction que le mur exerce sur la poutre.

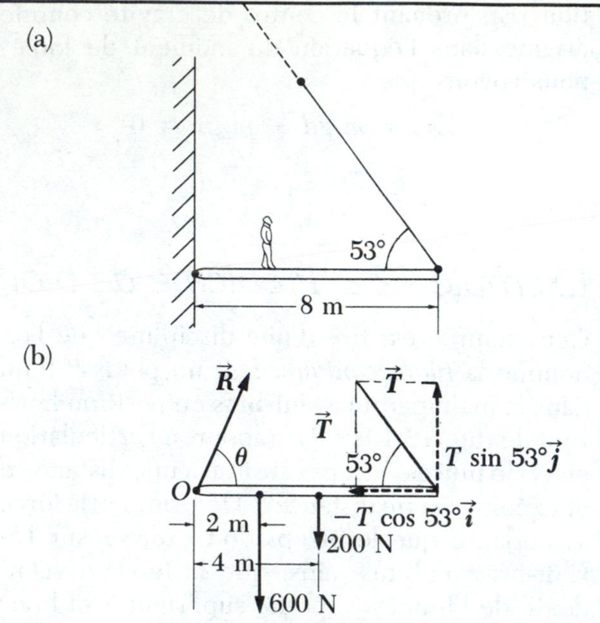

Figure 12.11 (Exemple 12.3) (a) Poutre uniforme supportée par un câble. (b) Diagramme des forces agissant sur la poutre.

Solution: Nous devons d'abord identifier toutes les forces extérieures agissant sur la poutre, soit: le poids de la poutre, la tension $\vec{T}$ exercée par le câble, la force de réaction $\vec{R}$ au pivot (dont l'orientation θ est inconnue) et la force exercée par la personne sur la poutre. Toutes ces forces figurent dans le diagramme des forces *sur la poutre* (fig. 12.11b). En décomposant $\vec{T}$ et $\vec{R}$ en leurs composantes horizontales et verticales, et en appliquant la première condition d'équilibre, nous obtenons

(1) $\Sigma F_x = R \cos \theta - T \cos 53° = 0$

(2) $\Sigma F_y = R \sin \theta + T \sin 53° - 600 - 200 = 0$

R, T et θ étant tous des inconnues, nous ne pouvons pas trouver la solution à partir de ces seules expressions. (Le nombre d'équations indépendantes doit être égal au nombre d'inconnues.)

Reportons-nous maintenant à la condition d'équilibre de rotation. Par commodité, nous choisissons le pivot en O comme origine de l'équation du moment de force, compte tenu du fait que les bras de levier de $\vec{R}$ (force de réaction) et de la composante horizontale de $\vec{T}$ sont nuls; le moment de ces forces est donc également nul par rapport à ce pivot. En suivant la convention établie pour assigner les signes aux moments de force et compte tenu que les forces de 600 N, 200 N et $T \sin 50°$ ont des bras de levier respectifs de 2 m, 4 m et 8 m, nous obtenons

(3) $\Sigma \tau_O = (T \sin 53°)8 - 600(2) - 200(4) = 0$

$$T = \frac{2\,000 \text{ N}}{8 \sin 53°} = 313 \text{ N}$$

Ainsi, grâce à ce choix d'origine, l'équation du moment de force nous permet de déterminer directement l'une des inconnues! En introduisant cette valeur dans (1) et dans (3), nous obtenons

$$R \cos \theta = 188 \text{ N}$$

$$R \sin \theta = 550 \text{ N}$$

En divisant ces deux équations, nous avons

$$\tan \theta = \frac{550}{188} = 2{,}93$$

$$\theta = 71{,}1°$$

Enfin,

$$R = \frac{188}{\cos \theta} = \frac{188 \text{ N}}{\cos 71{,}1°} = 581 \text{ N}$$

Si nous avions choisi une autre origine pour établir l'équation du moment de force, nous aurions obtenu le même résultat. Par exemple, si nous avions choisi le centre de gravité de la poutre, l'équation du moment de force comprendrait à la fois T et R. Toutefois, en associant cette équation à (1) et à (2), nous avons quand même un système d'équations qu'il est possible de résoudre. Faites-en l'essai!

Lorsqu'un problème de ce genre comporte plusieurs forces en présence, il peut s'avérer utile de dresser un tableau des forces, de leurs bras de levier et de leurs moments. C'est ainsi que dans l'exemple ci-dessus, nous aurions pu dresser le tableau qui suit. Le fait de dire que la somme des termes de la dernière colonne est nulle correspond à la condition d'équilibre de rotation.

Composante de force	Bras de levier par rapport à O (m)	Moment de force par rapport à O (N • m)
$T \sin 37°$	8	$+8T \sin 37°$
$T \cos 37°$	0	0
200 N	4	$-4(200)$
600 N	2	$-2(600)$
$R \sin \theta$	0	0
$R \cos \theta$	0	0

Exemple 12.4 Échelle inclinée

Une échelle uniforme de longueur l ayant un poids $P = 50$ N est appuyée contre un mur vertical lisse (fig. 12.12a). Sachant que le coefficient de frottement statique entre l'échelle et le sol est $\mu_s = 0{,}40$, déterminez l'angle θ *minimal* permettant à l'échelle de ne *pas* glisser.

Solution: Le diagramme de toutes les forces appliquées à l'échelle est présenté à la figure 12.12b. Notons que la force de réaction du sol, soit $\vec{R}$, correspond à la somme vectorielle d'une force normale $\vec{N}_1$ et d'une force de frottement statique $\vec{f}_s$. La force de réaction sur le mur, soit $\vec{N}_2$, est horizontale puisque le mur est lisse. En appliquant la première condition d'équilibre, nous obtenons

$$\Sigma F_x = f_s - N_2 = 0$$

$$\Sigma F_y = N_1 - P = 0$$

Étant donné que $P = 50$ N, l'équation ci-dessus nous donne $N_1 = P = 50$ N. En outre, *lorsque l'échelle est sur le point de glisser, la force de frottement doit prendre sa valeur maximale*, qui est donnée par $f_{s\max} = \mu_s N_1 = 0{,}40(50) = 20$ N. (Rappelez-vous que $f_s \leq \mu_s N$.) Donc à cet angle, $N_2 = 20$ N.

Pour déterminer la valeur de θ, nous devons utiliser la deuxième condition d'équilibre. En prenant les moments de force par rapport à une origine O située au bas de l'échelle, nous obtenons

$$\Sigma\tau_O = N_2\, l \sin\theta - P\frac{l}{2}\cos\theta = 0$$

Or, $N_2 = 20$ N lorsque l'échelle est sur le point de glisser et $P = 50$ N, de sorte que l'expression ci-dessus devient

$$\tan\theta_{\min} = \frac{P}{2N_2} = \frac{50}{40} = 1{,}25$$

$$\theta_{\min} = 51{,}3°$$

Il est intéressant de noter que le résultat ne dépend pas de l!

Il existe une autre approche pour analyser ce problème: elle consiste à considérer l'intersection O' des forces $\vec{P}$ et $\vec{N}_2$. Étant donné que le moment de force doit nécessairement être nul par rapport à quelque origine que ce soit, il doit donc être nul par rapport à O'. Cela signifie que la ligne d'action de $\vec{R}$ (la résultante de $\vec{N}_1$ et $\vec{f}_s$) passe par O'! En d'autres termes, puisqu'il s'agit d'un corps soumis à trois forces, celles-ci doivent être concourantes. Utilisant cette condition, on peut alors obtenir l'angle ϕ que forme $\vec{R}$ par rapport à l'horizontale (ϕ étant plus grand que θ), en supposant que la longueur de l'échelle est connue. Il vous revient de démontrer qu'en pareille situation, $\tan\phi = 2\tan\theta$.

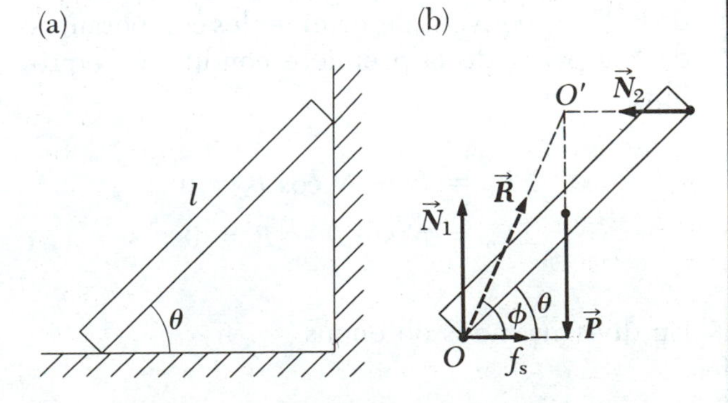

Figure 12.12 (Exemple 12.4) (a) Échelle uniforme au repos, appuyée contre un mur lisse. Le plancher est rugueux. (b) Diagramme des forces agissant sur l'échelle. Notons que les forces $\vec{R}$, $\vec{P}$ et $\vec{N}_2$ passent par un même point O'.

Exemple 12.5

Soit un cylindre de poids $\vec{P}$ et de rayon R que l'on doit hisser sur une marche de hauteur h, comme l'illustre la figure 12.13. On enroule une corde autour du cylindre et on la tire horizontalement. En supposant que le cylindre ne dérape pas sur la marche, déterminez la force *minimale* $\vec{F}$ que l'on doit exercer pour soulever le cylindre et la force de réaction au point de contact A.

Solution: Lorsque le cylindre est sur le point d'être soulevé, la force de réaction au point B tend vers zéro. Ainsi, à cet instant le cylindre n'est soumis qu'à trois forces, comme l'indique la figure 12.13b. Partant du triangle pointillé tracé à la figure 12.13a, nous voyons que le bras de levier d du poids par rapport au point A est donné par

$$d = \sqrt{R^2 - (R - h)^2} = \sqrt{2Rh - h^2}$$

Le bras de levier de $\vec{F}$ par rapport à A est $2R - h$. Par conséquent, le moment de force net appliqué au cylindre par rapport à A est

$$Pd - F(2R - h) = 0$$
$$P\sqrt{2Rh - h^2} - F(2R - h) = 0$$
$$F = \frac{P\sqrt{2Rh - h^2}}{2R - h}$$

Ainsi, il nous a suffi d'appliquer la deuxième condition d'équilibre pour obtenir la grandeur de $\vec{F}$. Nous pouvons déterminer les composantes de $\vec{N}$ à partir de la première condition d'équilibre:

$$\Sigma F_x = F - N \cos \theta = 0$$
$$\Sigma F_y = N \sin \theta - P = 0$$

En divisant, nous obtenons

$$(1)\ \tan \theta = \frac{P}{F}$$

et en solutionnant pour N, nous obtenons

$$(2)\ N = \sqrt{P^2 + F^2}$$

Par exemple, si nous prenons $P = 500$ N, $h = 0{,}3$ m et $R = 0{,}8$ m, nous obtenons $F = 385$ N, $\theta = 52{,}4°$ et $N = 631$ N.

On peut également résoudre le problème en partant du fait que les forces doivent être concourantes puisqu'elles ne sont que trois à agir sur le corps. Ainsi, la force de réaction $\vec{N}$ doit passer par C, le point d'intersection de $\vec{F}$ et $\vec{P}$. Les trois forces sont représentées par les trois côtés du triangle illustré à la figure 12.13c. On obtient alors (1) et (2) directement à partir de ce triangle.

(a)

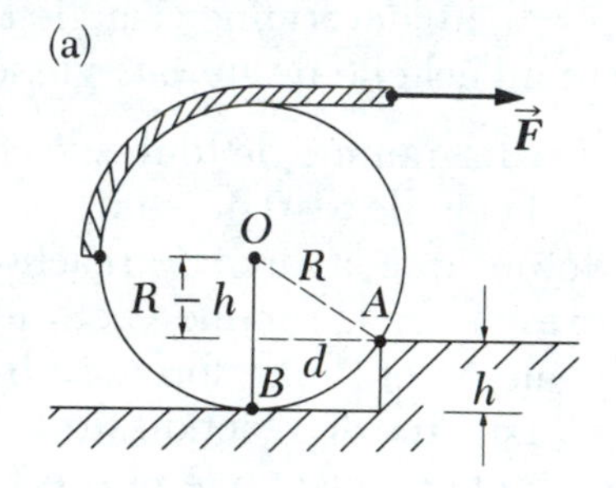

(b)

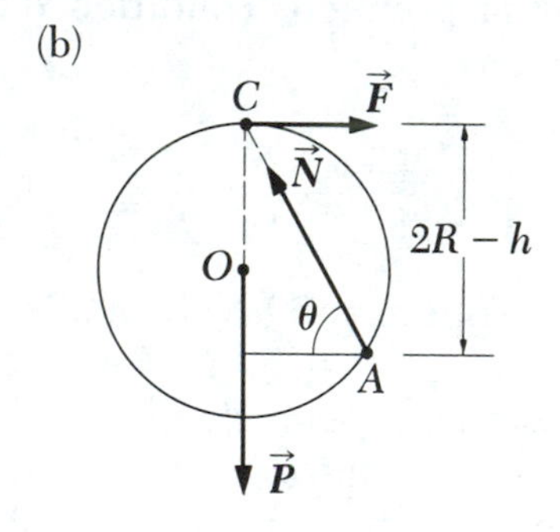

(c)

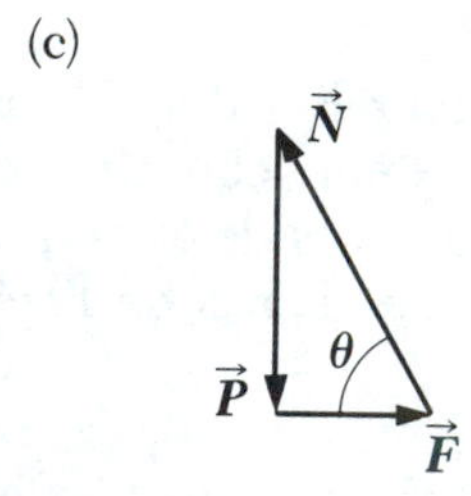

Figure 12.13 (Exemple 12.5) (a) Cylindre de poids $\vec{P}$ tiré par une force $\vec{F}$ pour lui faire grimper une marche. (b) Diagramme des forces appliquées sur le cylindre lorsqu'il est sur le point de quitter le sol. (c) La somme *vectorielle* des trois forces extérieures est nulle.

12.4 Résumé

Un corps rigide est en *équilibre* si et seulement si les deux conditions suivantes sont remplies: (1) *la force extérieure résultante doit être nulle* et (2) *le moment net des forces extérieures doit être nul par rapport à toute origine, quelle qu'elle soit.* Cela signifie que

Conditions d'équilibre

12.2 $$\Sigma\vec{F} = 0$$

12.3 $$\Sigma\vec{\tau} = 0$$

La première condition est celle *d'équilibre de translation* et la deuxième, celle *d'équilibre de rotation.*

Un corps soumis à l'action de deux forces est en équilibre si et seulement si ces forces sont de même grandeur, d'orientations opposées et si elles ont la même ligne d'action.

Lorsqu'un corps en équilibre est soumis à trois forces, celles-ci doivent être concourantes, c'est-à-dire que leurs lignes d'action doivent se couper en un même point.

Le *centre de gravité* d'un solide coïncide avec son centre de masse, si le corps est dans un champ gravitationnel uniforme.

Exercices

Section 12.1 Conditions d'équilibre d'un corps rigide

1. Écrivez les conditions d'équilibre du corps illustré à la figure 12.14. Établissez l'origine de l'équation du moment de force au point O.

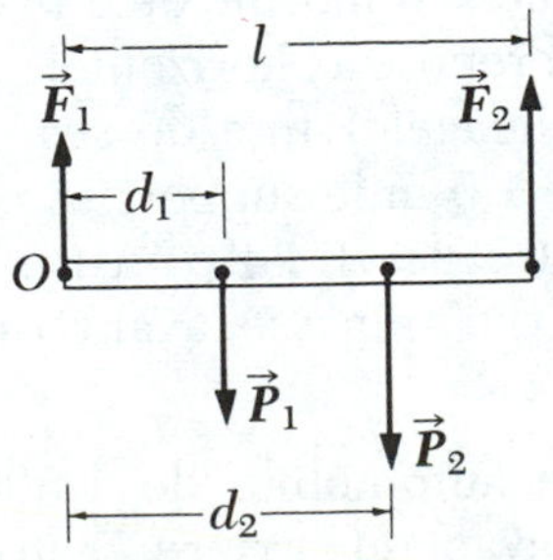

Figure 12.14 (Exercice 1).

2. Écrivez les conditions d'équilibre du corps illustré à la figure 12.15. Établissez l'origine de l'équation du moment de force au point O.

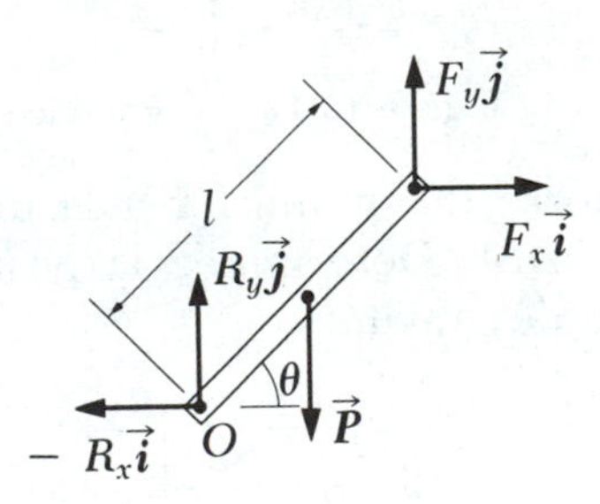

Figure 12.15 (Exercice 2).

3. Soit une poutre uniforme de poids P et de longueur l sur laquelle reposent deux poids P_1 et P_2 ayant des positions différentes (fig. 12.16). La poutre est supportée en deux points. Quelle est la valeur de x pour laquelle la poutre est équilibrée en B et telle que la force normale en A est nulle?

4. En vous reportant à la figure 12.16, déterminez x de façon à ce que la force normale en A représente la moitié de la force normale en B.

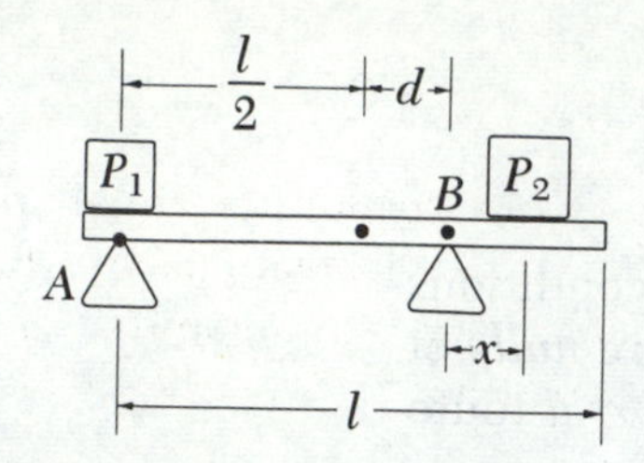

Figure 12.16 (Exercices 3 et 4).

Section 12.2 Centre de gravité

5. On découpe une mince plaque uniforme en lui donnant la forme d'un *T* suivant les dimensions indiquées à la figure 12.17. Déterminez la position de son centre de gravité. (Indice: notez que le poids de chaque élément rectangulaire est proportionnel à sa surface.)

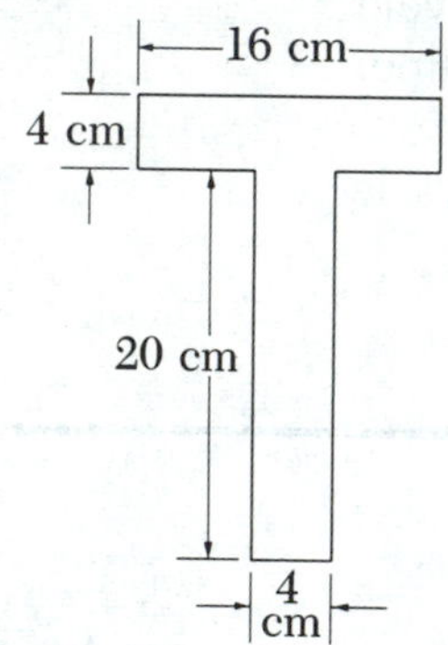

Figure 12.17 (Exercice 5).

6. L'équerre du menuisier a la forme d'un L (fig. 12.18). Déterminez la position de son centre de gravité.

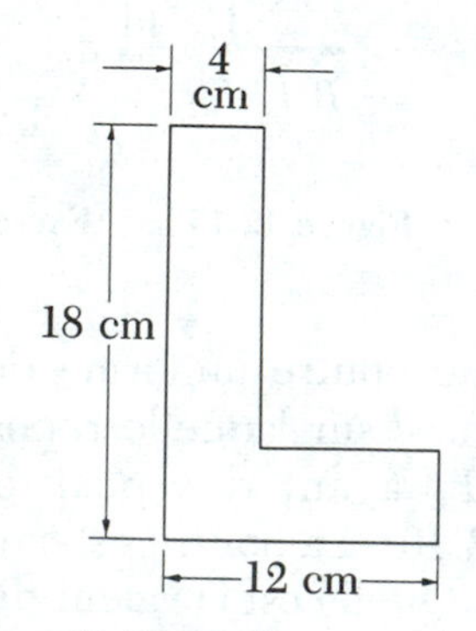

Figure 12.18 (Exercice 6).

Section 12.3 Exemples de corps rigides en état d'équilibre statique

7. Soit une tige d'un mètre supportée à la marque de 50 cm. On y suspend deux masses: l'une de 300 g à la marque de 10 cm et l'autre de 200 g à la marque de 60 cm. Déterminez à quelle position on pourrait suspendre une troisième masse de 400 g sans déséquilibrer la tige.

8. Tracez un diagramme des forces pour chacune des poutres rigides illustrées à la figure 12.19. Supposez que les poutres sont uniformes et qu'elles ont un poids *P*.

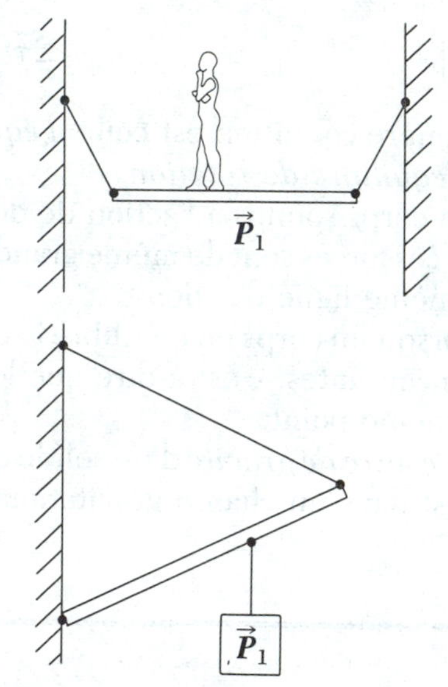

Figure 12.19 (Exercice 8).

9. Reprenez l'exemple 12.3 en faisant passer l'axe de rotation par le centre de la poutre illustrée à la figure 12.11a. Pour R, T et θ, vous devriez obtenir les mêmes résultats que ceux que nous avions déterminés à l'exemple 12.3.

10. Une planche uniforme de 6 m de longueur et de 30 kg repose à l'horizontale sur un support d'échafaudage. L'une de ses extrémités dépasse de 1,5 m le support. À quelle distance un peintre de 70 kg peut-il s'aventurer sur le bout qui dépasse avant que la planche bascule?

11. Soit une automobile de 1 600 kg dont les essieux avant et arrière se trouvent à 3 m de distance l'un de l'autre. Si la force normale est 20 % plus grande sur les pneus avant que sur les pneus arrière, (a) quelle est la position du centre de gravité de l'auto par rapport à l'essieu avant et (b) quelle est la force normale qui s'exerce sur chaque pneu?

Problèmes

1. Une poutre uniforme de 10 kg et de 4 m de longueur supporte une masse de 20 kg, comme l'illustre la figure 12.20. (a) Tracez un diagramme des forces s'exerçant sur la poutre. (b) Déterminez la tension dans le câble de support et les composantes de la force de réaction exercée par le mur sur l'extrémité de la poutre.

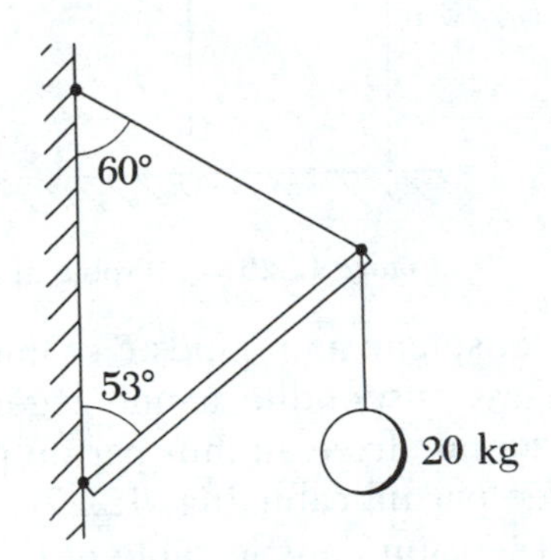

Figure 12.20 (Problème 1).

2. Un ours affamé pesant 160 kg se déplace sur une poutre afin de s'emparer d'un panier de friandises suspendu à l'extrémité de la poutre (fig. 12.21). La poutre uniforme pèse 25 kg et fait 6 m de longueur; le panier de friandises pèse 10 kg. (a) Tracez un diagramme des forces appliquées à la poutre. (b) Lorsque l'ours se trouve à $x = 1$ m, quelle est la tension dans le câble et quelles sont les composantes de la force de réaction s'exerçant sur la poutre au pivot? (c) Sachant que le câble peut supporter une tension maximale de 1 000 N, déterminez la distance maximale que peut parcourir l'ours sur la poutre avant que le câble se rompe.

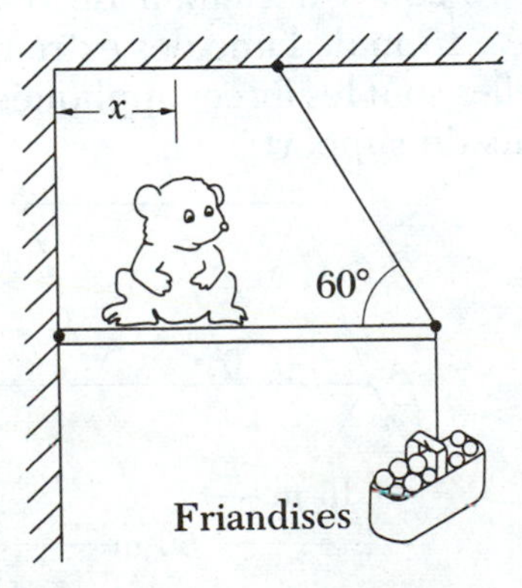

Figure 12.21 (Problème 2).

3. Un singe de 24 kg grimpe à une échelle uniforme de 30 kg et de longueur l (fig. 12.22). Les deux extrémités de l'échelle reposent sur des surfaces lisses. L'extrémité inférieure est reliée au mur par une corde horizontale dont la tension maximale est de 245 N. (a) Tracez un diagramme des forces appliquées à l'échelle. (b) Déterminez la tension dans la corde lorsque le singe a atteint le tiers de la hauteur de l'échelle. (c) Déterminez la distance maximale d qu'il peut franchir vers le sommet de l'échelle avant que la corde se rompe; exprimez le résultat sous forme de fraction de longueur l.

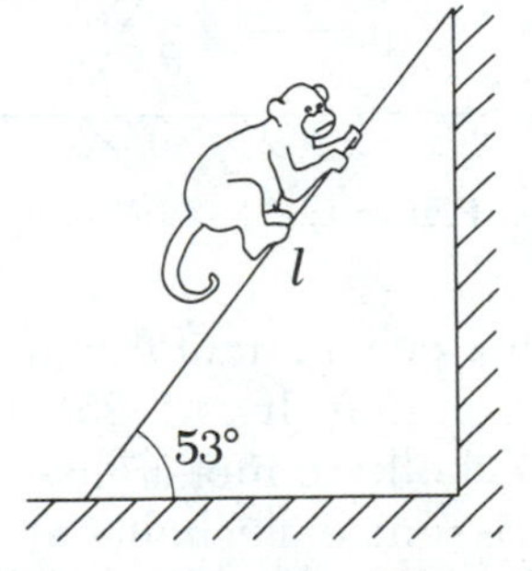

Figure 12.22 (Problème 3).

4. Une poutre uniforme de 300 kg est soutenue par un câble, comme à la figure 12.23. La base de la poutre est fixée à un pivot et son extrémité supérieure supporte un poids de 500 kg. Déterminez la tension dans le câble de support et les composantes de la force de réaction s'exerçant sur le pivot de la poutre.

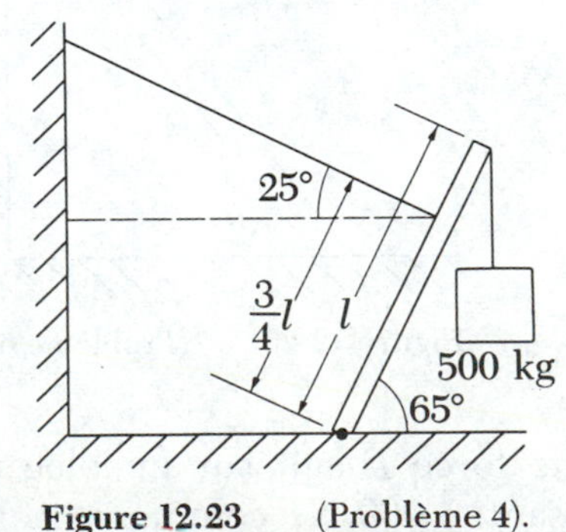

Figure 12.23 (Problème 4).

5. Une poutre uniforme de poids P est inclinée à un angle θ par rapport à l'horizontale. Son extrémité supérieure est soutenue par une corde horizontale reliée au mur et son extrémité inférieure repose sur un plancher rugueux (fig. 12.24). (a) Sachant que le coefficient de frottement statique entre la poutre et le plancher est μ_s, formulez une expression correspondant au poids *maximal* P_{max} que l'on peut suspendre au sommet de la poutre sans qu'elle ne glisse. (b) Déterminez la grandeur de la force de réaction par rapport au plancher et la grandeur de la force qu'exerce la poutre sur la corde au point Q en fonction de P, P_{max} et μ_s.

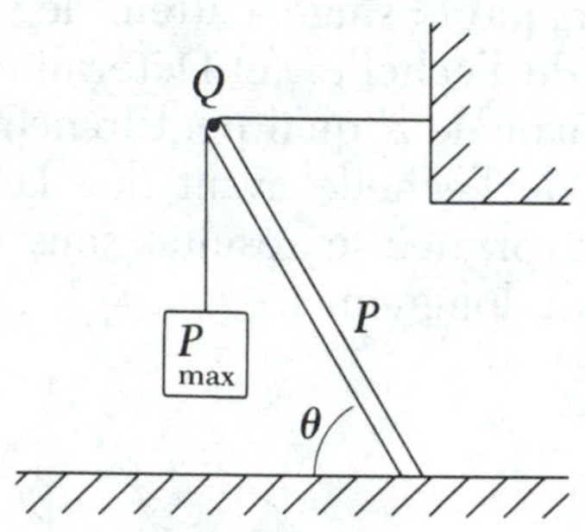

Figure 12.24 (Problème 5).

6. Soit une échelle uniforme de 50 kg appuyée contre un mur (fig. 12.25). Lorsque θ atteint 60°, l'échelle se met à glisser, θ étant l'angle compris entre l'échelle et l'horizontale. À supposer que le coefficient de frottement statique soit le même au mur et au sol, calculez la valeur de μ_s.

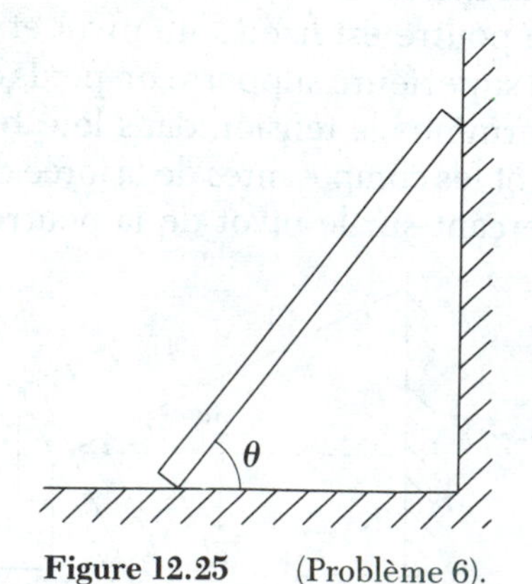

Figure 12.25 (Problème 6).

7. Une force $\vec{F}$ agit sur un bloc rectangulaire pesant 1 000 N, comme à la figure 12.26. (a) Sachant que le bloc glisse à vitesse constante lorsque F = 500 N et h = 1 m, déterminez le coefficient du frottement de glissement et la position de la force normale résultante. (b) Si initialement le bloc est immobile et F = 500 N, à quelle valeur de h le bloc commencera-t-il à basculer par rapport à sa position verticale?

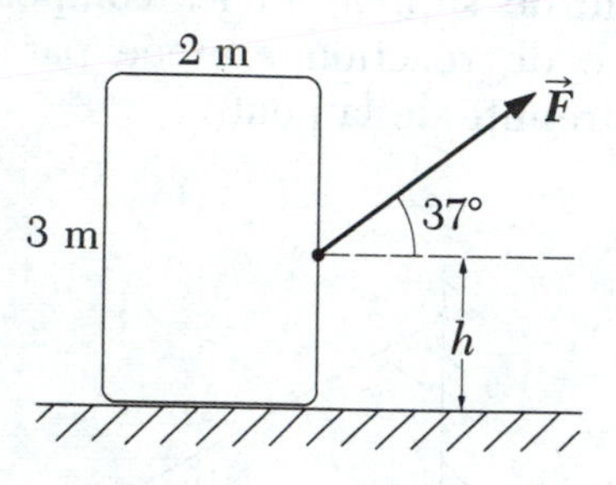

Figure 12.26 (Problème 7).

8. Une enseigne a un poids P et une largeur $2l$. Elle est suspendue à une légère poutrelle horizontale fixée au mur par un pivot et supportée par un câble (fig. 12.27). Déterminez (a) la tension dans le câble et (b) les composantes de la force de réaction au pivot, exprimées en fonction de P, d, l et θ.

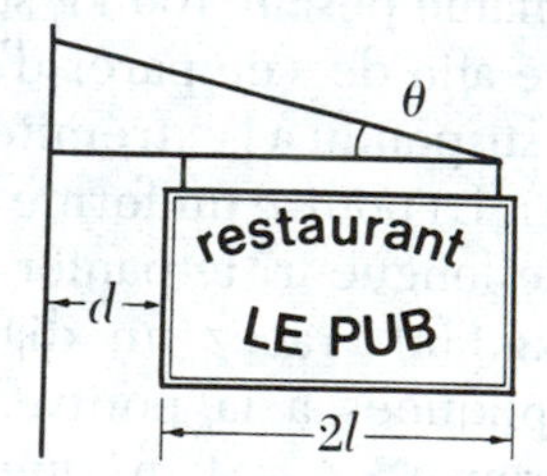

Figure 12.27 (Problème 8).

9. Un pont de 50 m de longueur a une masse de 8×10^4 kg et est supporté à ses extrémités (fig. 12.28). Un camion de 3×10^4 kg est situé à 15 m de l'une des extrémités du pont. Quelles sont les forces appliquées au pont aux points de support?

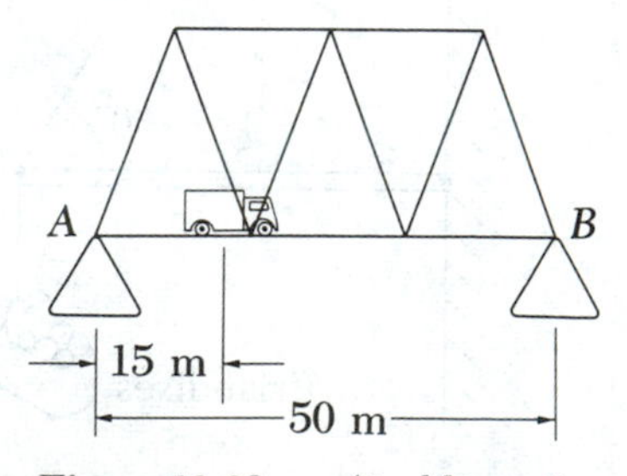

Figure 12.28 (Problème 9).

10. Une grue de 3 000 kg supporte une charge de 10 000 kg, comme à la figure 12.29. Supposons que la grue soit fixée à un pivot sans frottement au point A et qu'elle repose sur un support sans frottement en B. Déterminez les forces de réaction en A et en B.

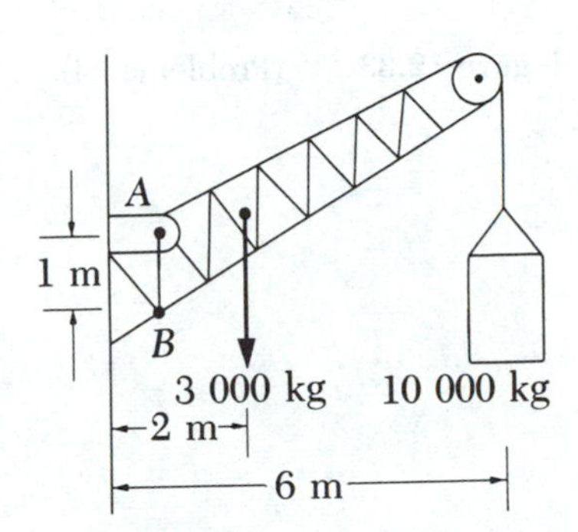

Figure 12.29 (Problème 10).

11. Soit un escabeau de poids négligeable construit comme l'indique la figure 12.30. Un peintre de 70 kg se tient debout sur l'escabeau à 3 m de sa base. En supposant qu'il n'y a pas de frottement entre le plancher et l'escabeau, déterminez (a) la tension dans la barre horizontale reliant les deux moitiés de l'escabeau, (b) les forces normales en A et en B et (c) les composantes de la force de réaction au pivot C qu'exerce la partie gauche de l'escabeau sur la partie droite. (Indice: considérez les deux moitiés de l'escabeau séparément.)

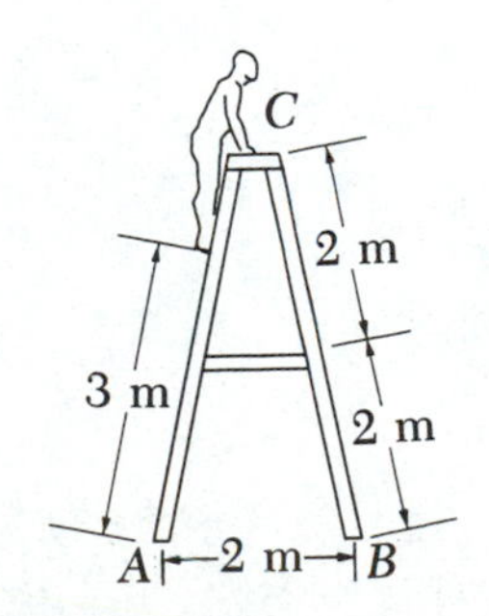

Figure 12.30 (Problème 11).

12. Lorsqu'un humain se tient sur le bout des pieds, la position du pied est telle que l'illustre la figure 12.31a. Le poids total du corps, P, est supporté par la force $\vec{N}$ du plancher sur les orteils. La figure 12.31b représente le modèle mécanique de cette situation, où $\vec{T}$ représente la tension du tendon d'Achille et $\vec{R}$ est la force qu'exerce le tibia sur le pied. Déterminez les valeurs de T et de R à partir du modèle et des dimensions données, sachant que $P = 700$ N.

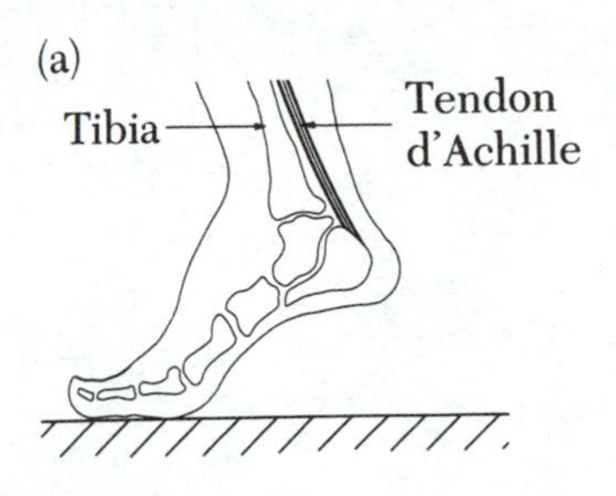

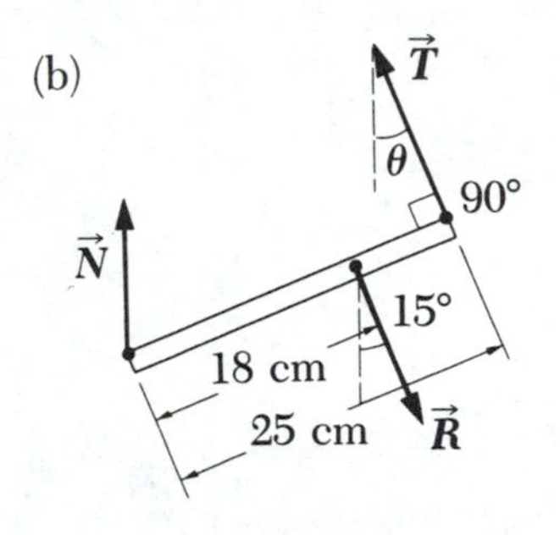

Figure 12.31 (Problème 12).

13. Une masse de 150 kg repose sur une poutre de 50 kg, comme à la figure 12.32. Ce poids est également relié à une des extrémités de la poutre par une corde montée sur une poulie. En supposant que le système est en équilibre, (a) tracez un diagramme des forces appliquées au poids et à la poutre et (b) déterminez la tension dans la corde, de même que les composantes de la force de réaction au pivot O.

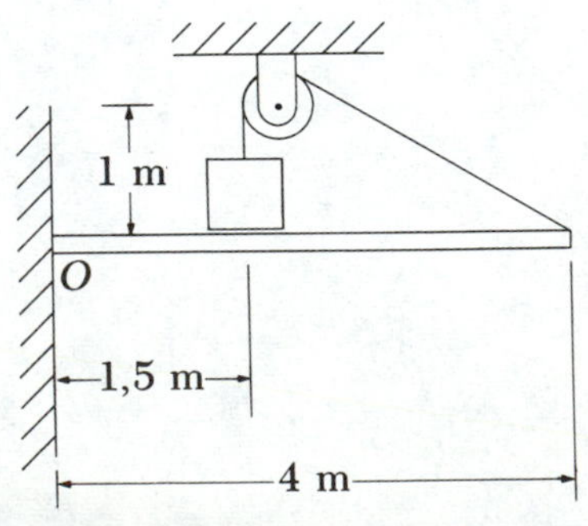

Figure 12.32 (Problème 13).

14. Le cylindre illustré à la figure 12.33 est maintenu par une corde, qui lui applique une force $\vec{F}$, et par un frottement statique. Quelle est la valeur *minimale* de μ_s permettant au cylindre de demeurer en équilibre lorsque $\vec{F}$ forme un angle θ par rapport à l'horizontale?

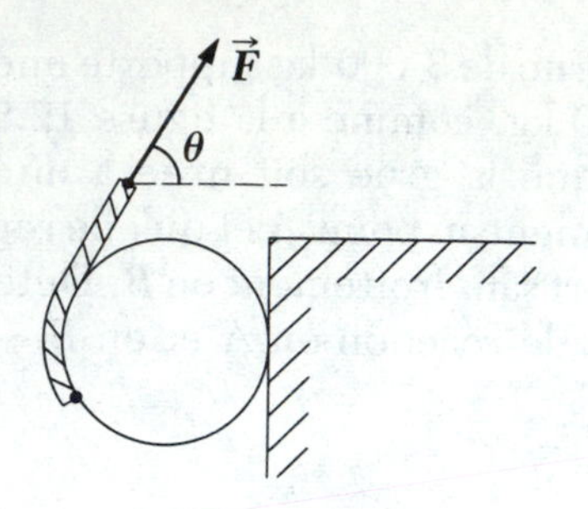

Figure 12.33 (Problème 14).

Chapitre **13**

Mouvement oscillatoire

Dans les chapitres précédents, nous avons vu qu'il est possible de prédire le mouvement d'un corps soumis à l'action de forces extérieures connues. Toute variation de la force en fonction du temps se traduit par une variation de l'accélération et de la vitesse du corps. Or, lorsque la force est proportionnelle au déplacement du corps par rapport à une position d'équilibre, et si cette force s'exerce toujours vers la position d'équilibre du corps, il se produit un mouvement de va-et-vient régulier par rapport à cette position. C'est ce type de mouvement *périodique* que l'on nomme *oscillation*.

Parmi les exemples les plus courants de ce type de mouvement périodique, citons les oscillations d'une masse reliée à un ressort, le mouvement d'un pendule et les vibrations d'un instrument à cordes. En fait, il existe une très grande variété de systèmes animés d'un mouvement oscillatoire. C'est ainsi que les molécules d'un solide oscillent par rapport à leur position d'équilibre; les ondes électromagnétiques, telles les ondes lumineuses, les ondes radar et les ondes radio sont formées de champs vectoriels électriques et magnétiques oscillants; dans les circuits de courant alternatif, le voltage, le courant et la charge électrique varient de façon périodique en fonction du temps.

Dans ce chapitre-ci, nous traitons principalement du *mouvement harmonique simple*, c'est-à-dire de l'oscillation d'un corps entre deux positions dans l'espace qui se répète de façon périodique, sans perte d'énergie mécanique. Dans les systèmes mécaniques réels, le mouvement est toujours soumis à des forces de frottement qui réduisent son énergie mécanique au cours du temps; on parle alors d'*oscillation amortie*. Pour compenser cette perte d'énergie, on peut appliquer une force extérieure et l'on obtient une oscillation *forcée*.

13.1 Mouvement harmonique simple

Une particule se déplaçant selon l'axe des x est animée d'un *mouvement harmonique simple* lorsque son déplacement x par rapport à sa position d'équilibre varie en fonction du temps selon l'expression

Position en fonction du temps dans le mouvement harmonique simple

13.1
$$x = A\cos(\omega t + \delta)$$

A, ω et δ étant des constantes du mouvement. Cette fonction est présentée sous forme de graphique à la figure 13.1. Notons d'abord que A, soit l'amplitude du mouvement, représente simplement le *déplacement maximal* de la particule dans le sens positif ou négatif des x. La constante ω est la *fréquence angulaire ou pulsation* (définie à l'équation 13.4). L'angle constant δ est appelé *constante de phase* et peut, tout comme l'amplitude A, être déterminé simplement à partir de la position et de la vitesse initiales. La constante δ dépend de la position au temps $t = 0$. La quantité $(\omega t + \delta)$ se nomme la *phase* du mouvement. Notons que la fonction x est périodique et qu'elle se répète lorsqu'on ajoute 2π radians à la variable ωt.

On nomme *période* le temps T qu'il faut pour que la particule décrive le cycle complet de son mouvement. La valeur de x au temps t est donc égale à sa valeur au temps $t + T$. Nous pouvons démontrer que la période du mouvement est donnée par $T = 2\pi/\omega$, en partant du fait que la phase s'accroît de 2π radians en un temps T:

$$\omega t + \delta + 2\pi = \omega(t + T) + \delta$$

donc, $\omega T = 2\pi$ ou

Période

13.2
$$T = \frac{2\pi}{\omega}$$

L'inverse de la période se nomme la *fréquence* f du mouvement. La fréquence représente *le nombre d'oscillations qu'effectue la particule par unité de temps*:

Fréquence

13.3
$$f = \frac{1}{T} = \frac{\omega}{2\pi}$$

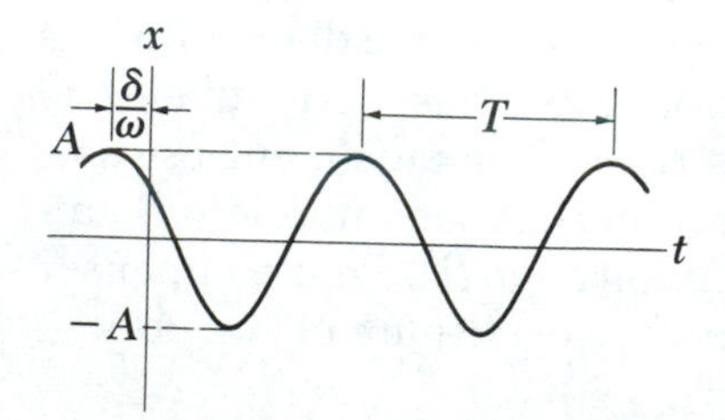

Figure 13.1 Position en fonction du temps d'une particule animée d'un mouvement harmonique simple. Le mouvement a une amplitude A et une période T.

Les unités servant à exprimer f sont les cycles/s (s^{-1}), ou hertz (Hz).

On peut récrire l'équation 13.3 sous la forme

Pulsation ou fréquence angulaire

13.4 $$\omega = 2\pi f = \frac{2\pi}{T}$$

La constante ω se nomme la *pulsation ou fréquence angulaire* et s'exprime en rad/s. À la section 13.4, nous discuterons de sa signification géométrique.

Pour déterminer la vitesse d'une particule animée d'un mouvement harmonique simple, il suffit de trouver la dérivée par rapport au temps de l'équation 13.1:

Vitesse dans le mouvement harmonique simple

13.5 $$v = \frac{dx}{dt} = -A\omega \sin(\omega t + \delta)$$

L'accélération de la particule est donnée par dv/dt:

Accélération dans le mouvement harmonique simple

13.6 $$a = \frac{dv}{dt} = -A\omega^2 \cos(\omega t + \delta)$$

Puisque $x = A \cos(\omega t + \delta)$, l'équation 13.6 peut prendre la forme

13.7 $$a = -\omega^2 x$$

À partir de l'équation 13.5, nous voyons qu'étant donné que les fonctions sinus et cosinus oscillent entre $+1$ et -1, les valeurs extrêmes de v sont $\pm A\omega$. L'équation 13.6 nous indique que les valeurs extrêmes de l'accélération sont $\pm A\omega^2$. Par conséquent, la vitesse et l'accélération ont pour maximum:

Valeurs maximales de la vitesse et de l'accélération dans le mouvement harmonique simple

13.8 $$v_{max} = A\omega$$

13.9 $$a_{max} = A\omega^2$$

La figure 13.2a représente la position en fonction du temps pour une constante de phase arbitraire. On remarque que si un point effectue un mouvement circulaire uniforme, la projection de ce point sur un axe vertical passant par le centre effectue un mouvement sinusoïdal. Nous aurons l'occasion d'y revenir à la section 13.5.

Les figures 13.2b et 13.2c représentent les courbes de la vitesse et de l'accélération en fonction du temps. On constate que les courbes de la vitesse et de la position ont des phases qui diffèrent de $\pi/2$ rad, soit 90°. Ainsi, lorsque x atteint un maximum ou un minimum, la vitesse est nulle. De même, lorsque x est nul, la vitesse atteint une valeur maximale. Notons également que la position et l'accélération ont des phases qui diffèrent de π radians, soit 180°. Donc, lorsque x atteint une valeur maximale, a atteint une valeur minimale, et vice versa.

Comme nous l'avons indiqué précédemment, la fonction $x = A \cos(\omega t + \delta)$ constitue une forme générale de l'équation du mouvement, où la constante de phase δ et l'amplitude A prennent des valeurs qui

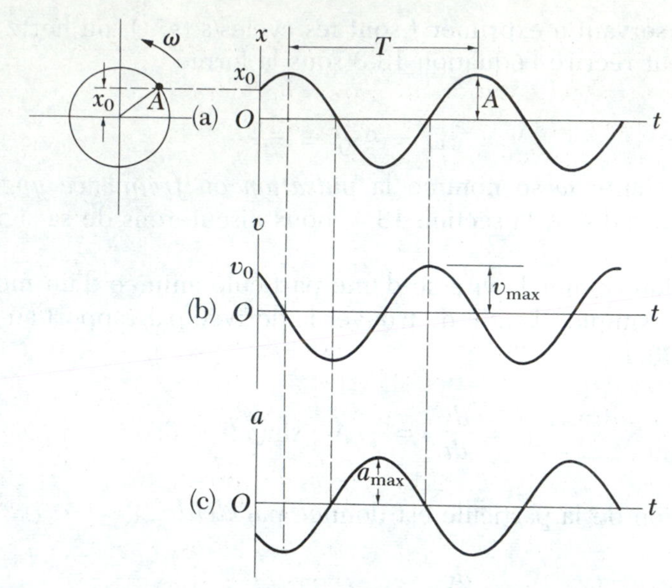

Figure 13.2 Représentation graphique du mouvement harmonique simple: (a) position en fonction du temps, (b) vitesse en fonction du temps et (c) accélération en fonction du temps. Notez que, par rapport à la position, la vitesse est déphasée de 90° et l'accélération est déphasée de 180°.

dépendent des conditions initiales du mouvement. En fait, la constante de phase n'a d'importance que lorsqu'on doit comparer le mouvement de plusieurs particules oscillantes. Supposons que la position initiale x_0 et la vitesse initiale v_0 d'un oscillateur harmonique simple soient connues. Alors, les équations $x = A\cos(\omega t + \delta)$ et $v = -A\omega\sin(\omega t + \delta)$ donnent

$$x_0 = A\cos\delta \qquad \text{et} \qquad v_0 = -A\omega\sin\delta$$

A est éliminé en divisant les deux équations et l'on obtient

$$\frac{v_0}{x_0} = -\omega\tan\delta$$

Calcul de la constante de phase δ et de l'amplitude A à partir des conditions initiales

13.10a $$\tan\delta = -\frac{v_0}{\omega x_0}$$

De plus, en prenant la somme $x_0^2 + \left(\frac{v_0}{\omega}\right)^2 = A^2\cos^2\delta + A^2\sin^2\delta$, nous obtenons

13.10b $$A = \sqrt{x_0^2 + \left(\frac{v_0}{\omega}\right)^2}$$

Ainsi, nous voyons que δ et A sont connus si x_0 et v_0 sont donnés. Dans la prochaine section, nous traiterons de divers cas spécifiques.

Propriétés du mouvement harmonique simple

Pour conclure la présente section, voici une liste de propriétés importantes d'une particule animée d'un mouvement harmonique simple: *(1) La position, la vitesse et l'accélération varient toutes en fonction du temps de façon sinusoïdale, mais elles sont déphasées de 90° l'une par rapport à l'autre (dans l'ordre). (2) L'accélération de la particule est proportionnelle à la position, mais de sens opposé. (3) La fréquence et la période du mouvement ne dépendent pas de l'amplitude.*

Exemple 13.1

Soit un corps animé d'un mouvement harmonique simple selon l'axe des x. Sa position varie en fonction du temps selon l'équation

$$x = 4{,}0 \cos\left(\pi t + \frac{\pi}{4}\right)$$

x étant exprimé en mètres, t en secondes et les angles entre parenthèses, en radians. (a) Déterminez l'amplitude, la fréquence et la période du mouvement.

En comparant cette équation et l'expression générale du mouvement harmonique simple, soit $x = A \cos(\omega t + \delta)$, nous constatons que $A = 4{,}0$ m et $\omega = \pi$ rad/s; par conséquent, $f = \omega/2\pi = \pi/2\pi = 0{,}50\ \text{s}^{-1}$ et $T = 1/f = 2{,}0$ s.

(b) Calculez la vitesse et l'accélération du corps en fonction du temps t.

$$v = \frac{dx}{dt} = -4{,}0 \sin\left(\pi t + \frac{\pi}{4}\right) \frac{d}{dt}(\pi t)$$

$$= -4\pi \sin\left(\pi t + \frac{\pi}{4}\right) \frac{\text{m}}{\text{s}}$$

$$a = \frac{dv}{dt} = -4\pi \cos\left(\pi t + \frac{\pi}{4}\right) \frac{d}{dt}(\pi t)$$

$$= -4\pi^2 \cos\left(\pi t + \frac{\pi}{4}\right) \frac{\text{m}}{\text{s}^2}$$

(c) À partir des résultats de (b), déterminez la position, la vitesse et l'accélération du corps à $t = 1$ s.

Compte tenu que les angles des fonctions trigonométriques s'expriment en radians, nous obtenons à $t = 1$ s

$$x = 4{,}0 \cos\left(\pi + \frac{\pi}{4}\right) = 4{,}0 \cos\left(\frac{5\pi}{4}\right)$$

$$= 4{,}0(-0{,}71) = -2{,}8 \text{ m}$$

$$v = -4\pi \sin\left(\frac{5\pi}{4}\right) = -4\pi(-0{,}71) = 8{,}9 \frac{\text{m}}{\text{s}}$$

$$a = -4\pi^2 \cos\left(\frac{5\pi}{4}\right) = -4\pi^2(-0{,}71) = 28 \frac{\text{m}}{\text{s}^2}$$

(d) Déterminez la vitesse maximale et l'accélération maximale du corps.

En examinant les expressions générales de v et de a obtenues en (b) et en tenant compte du fait que les fonctions sinus et cosinus ont une valeur maximum de 1, nous remarquons que v oscille entre $\pm 4\pi$ m/s, et que a oscille entre $\pm 4\pi^2$ m/s^2. Nous en déduisons que $v_{\text{max}} = 4\pi$ m/s et que $a_{\text{max}} = 4\pi^2$ m/s^2. On obtient le même résultat en utilisant $v_{\text{max}} = A\omega$ et $a_{\text{max}} = A\omega^2$, où $A = 4{,}0$ m et $\omega = \pi$ rad/s.

(e) Déterminez le déplacement du corps entre $t = 0$ et $t = 1$ s.

À $t = 0$, la coordonnée x est donnée par

$$x_0 = 4{,}0 \cos\left(0 + \frac{\pi}{4}\right) = 4{,}0(0{,}71) = 2{,}8 \text{ m}$$

En (c), nous avons établi qu'à $t = 1$ s, $x = -2{,}8$ m; donc, entre $t = 0$ et $t = 1$ s, le déplacement est

$$\Delta x = x - x_0 = -2{,}8 \text{ m} - 2{,}8 \text{ m} = -5{,}6 \text{ m}$$

Étant donné que le signe de la vitesse change au cours de la première seconde, la grandeur de Δx n'est *pas* égale à la distance parcourue durant cet intervalle de temps.

(f) Quelle est la phase du mouvement à $t = 2$ s?

La phase étant définie par $\omega t + \delta$ (dans ce cas-ci $\omega = \pi$ et $\delta = \pi/4$), nous obtenons à $t = 2$ s

$$\text{Phase} = (\omega t + \delta)_{t=2} = \pi(2) + \pi/4 = 9\pi/4 \text{ rad}$$

Q1. Un mobile est animé d'un mouvement harmonique simple d'amplitude A. Quelle distance parcourt-il en une période? Quel est son déplacement pendant une période?

Q2. Si la position d'une particule varie selon $x = -A \cos \omega t$, quelle est la constante de phase δ de l'équation 13.1? À quelle position la particule commence-t-elle son mouvement?

Q3. Le déplacement d'une particule, qui oscille entre $t = 0$ et un temps ultérieur t, est-il nécessairement égal à sa position au temps t? Expliquez.

Q4. Pour un oscillateur harmonique simple, dites si les quantités suivantes peuvent avoir le même signe: (a) la position et la vitesse, (b) la vitesse et l'accélération, (c) la position et l'accélération.

Q5. Peut-on déterminer l'amplitude A et la constante δ d'un oscillateur si l'on ne connaît que la position au temps $t = 0$? Expliquez.

13.2 Masse reliée à un ressort

Au chapitre 7, nous avons décrit le mouvement d'un système constitué d'une masse reliée à un ressort pouvant se déplacer librement sur une surface horizontale lisse (fig. 13.3). Un tel système oscille en effectuant un mouvement de va-et-vient si on le lâche après l'avoir écarté de sa position d'équilibre $x = 0$ (ressort détendu). Si le frottement est négligeable, la masse décrit alors un mouvement harmonique simple. La figure 13.4 présente un dispositif expérimental montrant la nature harmonique simple du mouvement de ce système: une masse munie d'une pointe de crayon-feutre oscille à la verticale sous l'action d'un ressort auquel elle est reliée. Pendant que la masse est en mouvement, le feutre trace une courbe sinusoïdale sur du papier que l'on déplace horizontalement à vitesse constante, comme l'indique la figure. Nous pouvons donner une première explication qualitative de ce phénomène, sachant que lorsque la masse est écartée de sa position d'équilibre sur une faible distance x, elle est soumise à la force du ressort donnée par la loi de Hooke,

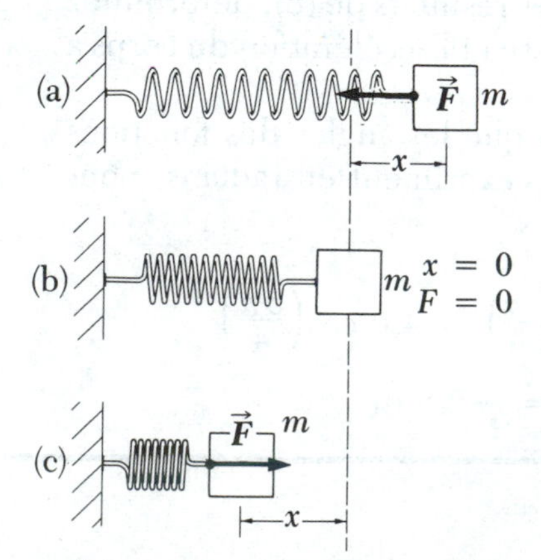

Figure 13.3 Une masse reliée à un ressort sur une surface sans frottement décrit un mouvement harmonique simple. (a) Lorsqu'on déplace la masse à droite de la position d'équilibre, le déplacement est positif et l'accélération est négative. (b) En position d'équilibre, soit $x = 0$, l'accélération est nulle mais la vitesse est maximale. (c) Lorsque le déplacement est négatif, l'accélération est positive.

13.11 $$F = -kx$$

Force de rappel

k étant la constante de rappel du ressort. Cette *force de rappel linéaire* est proportionnelle au déplacement et elle est toujours orientée vers la position d'équilibre, dans le sens *opposé* à celui du déplacement. En d'autres termes, lorsqu'on déplace la masse vers la droite, comme à la figure 13.3, x est positif et la force de rappel est orientée vers la gauche. Par contre, si la masse est déplacée vers la gauche de l'origine, alors x est négatif et $\vec{F}$ est orientée vers la droite. En appliquant la deuxième loi de Newton au mouvement de m, nous obtenons

$$F = -kx = ma$$

13.12 $$a = -\frac{k}{m}x$$

Proportionnalité entre l'accélération du système masse-ressort et la position

L'accélération est donc proportionnelle au déplacement de la masse par rapport à la position d'équilibre mais d'orientation opposée à celui-ci. Si la masse est située en $x = A$ à un temps initial, puis lâchée sans vitesse initiale, son accélération *initiale* sera $-kA/m$ (c'est-à-dire qu'elle prendra sa valeur négative maximale). Lorsqu'elle franchit la position d'équilibre, $x = 0$, l'accélération est nulle. À cet instant, sa vitesse a une valeur maximale. Elle se déplace ensuite vers la gauche de la position d'équilibre et atteint finalement $x = -A$, à l'instant où son accélération est kA/m (maximum positif) et sa vitesse redevient nulle. Donc, la masse oscille entre deux bornes, soit $x = \pm A$. Lorsqu'elle décrit un cycle complet, la masse parcourt une distance $4A$.

Nous allons maintenant décrire le mouvement de façon quantitative. En premier lieu, nous devons nous rappeler que $a = dv/dt = d^2x/dt^2$. Nous pouvons donc exprimer l'équation 13.12 sous la forme

13.13 $$\frac{d^2x}{dt^2} = -\frac{k}{m}x$$

Équation du mouvement d'un système masse-ressort

Cette équation reliant la fonction $x(t)$ et sa dérivée seconde est appelée équation différentielle du second ordre. Il s'agit maintenant de déterminer la solution de cette équation différentielle, c'est-à-dire la fonction $x(t)$ qui puisse satisfaire cette relation.

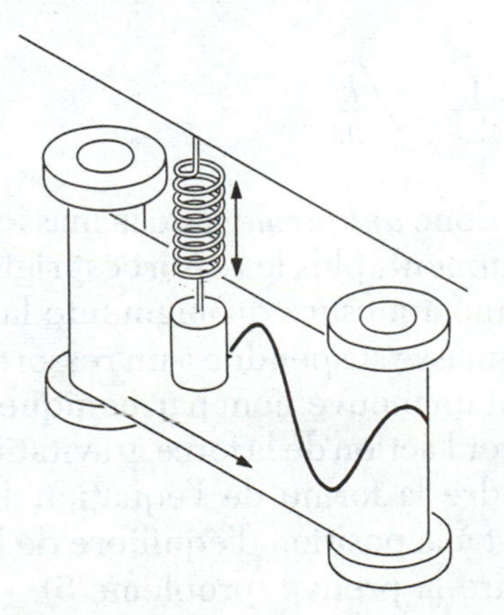

Figure 13.4 Dispositif expérimental permettant d'illustrer le mouvement harmonique simple. La pointe d'un crayon-feutre est reliée à la masse oscillante et elle trace une courbe sinusoïdale sur le papier en mouvement à vitesse constante.

Puisque $a = \frac{d^2x}{dt^2}$, on peut récrire l'équation 13.7 comme suit:

13.14 $$\frac{d^2x}{dt^2} = -\omega^2 x$$

Nous avons vu que l'expression du mouvement harmonique simple $x(t) = A \cos(\omega t + \delta)$ satisfait l'équation 13.7. Cette fonction $x(t)$ doit donc être solution de notre équation différentielle 13.13, à la condition de prendre

13.15 $$\omega^2 = \frac{k}{m}$$

Vérifions-le de façon plus explicite. Puisque:

$$x = A \cos(\omega t + \delta),$$

alors

$$\frac{dx}{dt} = -A\frac{d}{dt}\cos(\omega t + \delta) = -A\omega \sin(\omega t + \delta)$$

$$\frac{d^2x}{dt^2} = -A\omega\frac{d}{dt}\sin(\omega t + \delta) = -A\omega^2 \cos(\omega t + \delta)$$

En comparant les expressions correspondant à x et à d^2x/dt^2, nous voyons que $d^2x/dt^2 = -\omega^2 x$ et que l'équation 13.14 est vérifiée.

À partir de l'analyse ci-dessus, nous pouvons énoncer le principe général qui suit: *dès qu'elle est soumise à une force proportionnelle au déplacement et d'orientation opposée, une particule décrit un mouvement harmonique simple.* Nous présenterons d'autres exemples physiques dans les sections suivantes.

La période étant donnée par $T = 2\pi/\omega$ et la fréquence étant l'inverse de la période, nous pouvons exprimer ces deux paramètres du mouvement sous la forme

Période et fréquence d'un système masse-ressort

13.16 $$T = \frac{2\pi}{\omega} = 2\pi\sqrt{\frac{m}{k}}$$

13.17 $$f = \frac{1}{T} = \frac{1}{2\pi}\sqrt{\frac{k}{m}}$$

La période et la fréquence dépendent donc *uniquement* de la masse et de la constante de rappel du ressort. Évidemment, plus le ressort est rigide, plus la fréquence est grande, et elle diminue à mesure qu'augmente la masse.

Il est intéressant de noter qu'une masse suspendue à un ressort vertical relié à un support fixe décrit également un mouvement harmonique simple. Bien que dans ce cas on doive considérer l'action de la force gravitationnelle, l'équation du mouvement peut prendre la forme de l'équation 13.14, le déplacement étant mesuré par rapport à la position d'équilibre de la masse suspendue. Il vous reviendra d'en faire la preuve (problème 5).

Cas particulier I. Pour mieux comprendre la signification physique de notre solution de l'équation du mouvement, considérons le cas particulier suivant. Nous éloignons la masse de sa position d'équilibre sur une distance A, puis nous la relâchons à partir du repos, comme à la figure 13.5. Notre solution $x(t)$ doit alors remplir les *conditions initiales* suivantes: à $t = 0$, $x_0 = A$ et $v_0 = 0$. Alors, nous devons prendre $\delta = 0$, ce qui nous donne $x = A \cos \omega t$ comme solution. Notons que ce résultat concorde avec $x = A \cos(\omega t + \delta)$, où $x_0 = A$ et $\delta = 0$. En effet, la solution $x = A \cos \omega t$ est conforme aux conditions $x_0 = A$ à $t = 0$, puisque $\cos 0 = 1$. Examinons à présent le comportement de la vitesse et de l'accélération dans ce cas particulier. Étant donné que $x = A \cos \omega t$,

$$v = \frac{dx}{dt} = -A\omega \sin \omega t$$

et

$$a = \frac{dv}{dt} = -A\omega^2 \cos \omega t$$

En partant de l'expression de la vitesse, $v = -A\omega \sin \omega t$, nous voyons qu'à $t = 0$, $v_0 = 0$, ce qui est conforme à nos exigences. Selon l'expression de l'accélération, à $t = 0$, $a = -A\omega^2$. Cette donnée physique est plausible puisque la force qui s'exerce sur la masse est orientée vers la gauche lorsque le déplacement est positif. En fait, lorsque la masse occupe cette position, $F = -kA$ (soit vers la gauche) et l'accélération initiale est $-kA/m$.

Pour vérifier l'exactitude de la solution $x = A \cos \omega t$, nous aurions pu également recourir à une approche plus formelle en utilisant la relation $\tan \delta = -v_0/\omega x_0$ (équation 13.10a). Puisque $v_0 = 0$ à $t = 0$, $\tan \delta = 0$, d'où $\delta = 0$.

La figure 13.6 présente les graphiques de la position, de la vitesse et de l'accélération en fonction du temps pour ce cas particulier. Notons que l'accélération prend les valeurs extrêmes $\pm\omega^2 A$ lorsque le déplacement atteint ses valeurs maximales $\pm A$. En outre, la vitesse est maximale $(\pm A\omega)$ lorsque $x = 0$. La solution quantitative s'accorde donc avec notre description qualitative du système.

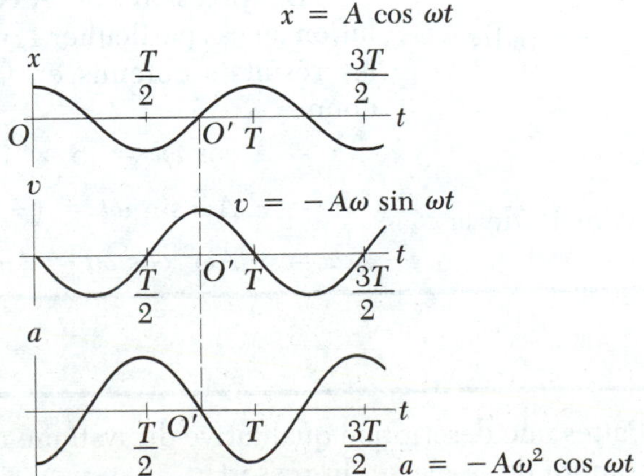

Figure 13.6 Position, vitesse et accélération en fonction du temps d'une particule en mouvement harmonique simple avec les conditions initiales suivantes: à $t = 0$, $x_0 = A$ et $v_0 = 0$.

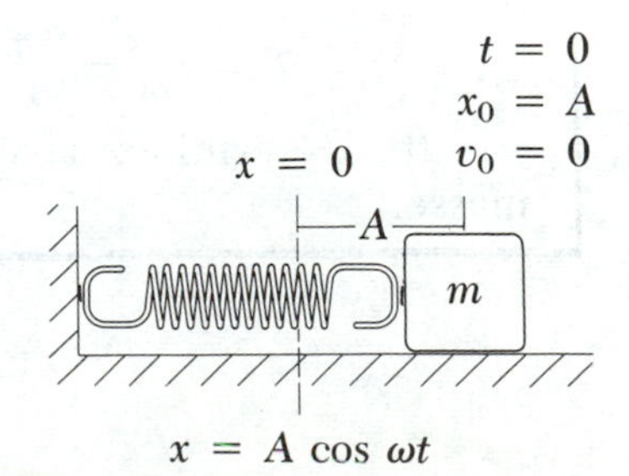

Figure 13.5 Système masse-ressort lâché sans vitesse initiale à $x_0 = A$. Dans ce cas, $\delta = 0$, d'où $x = A \cos \omega t$.

Cas particulier II. Supposons maintenant que la masse amorce son mouvement à partir de la position d'équilibre (ressort détendu), de sorte que $x_0 = 0$ et $v_0 > 0$ (fig. 13.7). Nous devons maintenant trouver une solution qui satisfasse ces conditions initiales. La masse se déplaçant vers les valeurs positives de x, à $t = 0$, nous nous attendons à ce que la solution ait la forme $x = A \sin \omega t$.

En appliquant $\tan \delta = -v_0/\omega x_0$ ainsi que la condition initiale $x_0 = 0$, nous obtenons $\tan \delta = -\infty$ et $\delta = -\pi/2$. La solution est donc $x = A \cos(\omega t - \pi/2)$, que nous pouvons récrire sous la forme $x = A \sin \omega t$. De plus, au moyen de l'équation 13.10b, nous voyons que $A = v_0/\omega$; par conséquent, nous pouvons exprimer notre solution ainsi

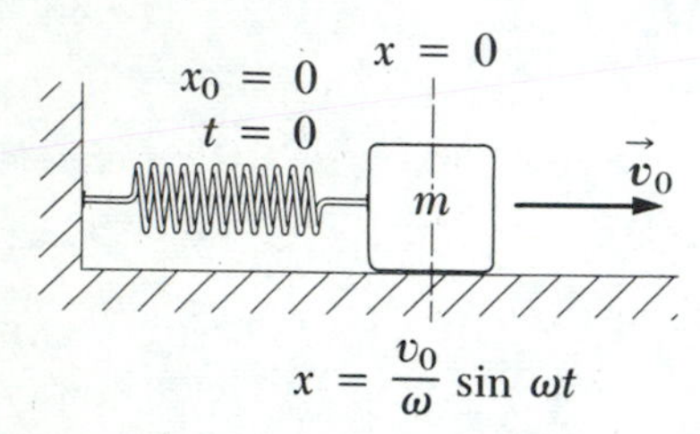

Figure 13.7 Le système masse-ressort entreprend son mouvement à partir de la position d'équilibre, soit $x_0 = 0$. Si sa vitesse initiale est $\vec{v}_0$ vers la droite, alors sa coordonnée x varie selon $x = \frac{v_0}{\omega} \sin \omega t$.

$$x = \frac{v_0}{\omega} \sin \omega t$$

La vitesse et l'accélération sont données par

$$v = \frac{dx}{dt} = v_0 \cos \omega t$$

$$a = \frac{dv}{dt} = -\omega v_0 \sin \omega t$$

Ce résultat s'accorde bien avec le fait que la vitesse est toujours maximale à $x = 0$, alors que la force et l'accélération sont nulles à cette position. On obtient les graphiques de ces fonctions en plaçant l'origine en O' à la figure 13.6. Quelle serait la solution pour x si le mouvement initial était dirigé vers la gauche dans la figure 13.7?

Exemple 13.2

Une masse de 200 g, reliée à un ressort léger de constante de rappel 5 N/m, peut osciller librement et sans frottement sur une surface horizontale. Sachant que la masse a été déplacée de 5 cm par rapport à sa position d'équilibre, puis lâchée à partir du repos (fig. 13.5), (a) déterminez la période de son mouvement.

$$\omega = \sqrt{\frac{k}{m}} = \sqrt{\frac{5 \text{ N/m}}{200 \times 10^{-3} \text{ kg}}} = 5 \text{ rad/s}$$

D'où,

$$T = \frac{2\pi}{\omega} = \frac{2\pi}{5} = 1{,}26 \text{ s}$$

(b) Déterminez la vitesse maximale de la masse.

$$v_{\text{max}} = A\omega = (5 \times 10^{-2} \text{ m})(5 \text{ rad/s}) = 0{,}25 \text{ m/s}$$

(c) Quelle est son accélération maximale?

$$a_{\text{max}} = A\omega^2 = (5 \times 10^{-2} \text{ m})(5 \text{ rad/s})^2 = 1{,}25 \text{ m/s}^2$$

(d) Exprimez la position, la vitesse et l'accélération en fonction du temps.

L'expression $x = A \cos \omega t$ étant notre solution au cas particulier I, nous pouvons utiliser les résultats obtenus en (a), (b) et (c), ce qui donne

$$x = A \cos \omega t = (5 \times 10^{-2} \cos 5t) \text{ m}$$

$$v = -A\omega \sin \omega t = (-0{,}25 \sin 5t) \text{ m/s}$$

$$a = -A\omega^2 \cos \omega t = (-1{,}25 \cos 5t) \text{ m/s}^2$$

Q6. Faites une description qualitative du système masse-ressort en tenant compte de la masse du ressort.

Q7. Comment se fait-il qu'un système masse-ressort suspendu et oscillant à la verticale finisse par s'immobiliser?

13.3 Énergie de l'oscillateur harmonique simple

Examinons l'énergie mécanique du système masse-ressort décrit à la figure 13.6. Puisque nous négligeons le frottement, nous supposons que l'énergie mécanique totale du système est conservée, comme nous l'avons vu au chapitre 8. Nous pouvons utiliser l'équation 13.5 pour exprimer l'énergie cinétique:

Énergie cinétique d'un oscillateur harmonique simple

$$K = \frac{1}{2}mv^2 = \frac{1}{2}m\omega^2A^2 \sin^2(\omega t + \delta) \tag{13.18}$$

Pour tout allongement x du ressort, l'énergie potentielle élastique est donnée par $\frac{1}{2}kx^2$. À partir de l'équation 13.1, nous obtenons

Énergie potentielle d'un oscillateur harmonique simple

$$U = \frac{1}{2}kx^2 = \frac{1}{2}kA^2 \cos^2(\omega t + \delta) \tag{13.19}$$

Nous voyons que K et U sont *toujours* positifs. Puisque $\omega^2 = k/m$, nous pouvons exprimer l'*énergie totale* de l'oscillateur harmonique simple sous la forme

$$E = K + U = \frac{1}{2}kA^2[\sin^2(\omega t + \delta) + \cos^2(\omega t + \delta)]$$

Cependant, $\sin^2 \theta + \cos^2 \theta = 1$, où $\theta = \omega t + \delta$, et l'équation peut donc être simplifiée comme suit:

Énergie totale d'un oscillateur harmonique simple

$$E = \frac{1}{2}kA^2 \tag{13.20}$$

On peut donc dire que *l'énergie d'un oscillateur harmonique simple est une constante du mouvement et qu'elle est proportionnelle au carré de l'amplitude*. En fait, l'énergie mécanique totale est tout simplement égale à l'énergie potentielle maximale du ressort lorsque $x = \pm A$. À ces deux points, l'énergie cinétique est nulle, alors qu'en position d'équilibre, $x = 0$ et $U = 0$, de sorte que l'énergie totale est entièrement cinétique, c'est-à-dire qu'à $x = 0$, $E = \frac{1}{2}mv^2_{\text{max}} = \frac{1}{2}m\omega^2A^2$.

La figure 13.8a présente les graphiques des énergies potentielle et cinétique en fonction du temps, où nous avons pris $\delta = 0$. Notez que K et U sont toujours positifs et qu'en tout temps, leur somme est une constante égale à $\frac{1}{2}kA^2$, soit l'énergie totale du système. La figure 13.8b présente le graphique de K et de U en fonction de la position de la masse. On remarque que l'énergie est l'objet d'un transfert continuel entre l'énergie potentielle du ressort et l'énergie cinétique de la masse. La figure 13.9 indique la position, la vitesse, l'accélération, l'énergie cinétique et l'énergie potentielle du système masse-ressort au cours d'une période complète du mouvement. Cette figure résume les principales caractéristiques du mouvement harmonique simple.

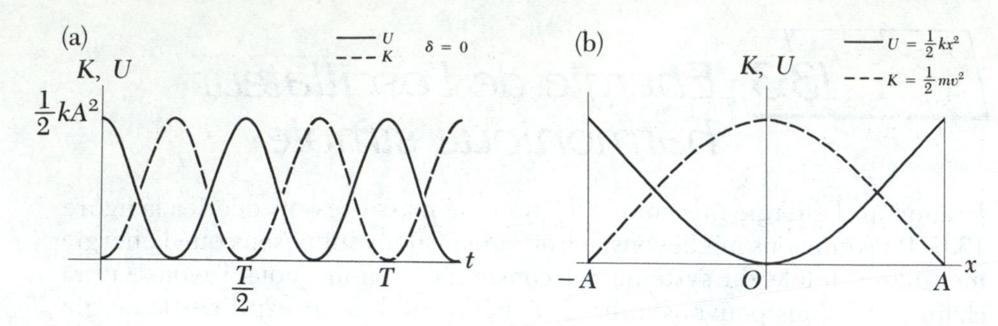

Figure 13.8 (a) Énergie cinétique et énergie potentielle en fonction du temps dans le cas d'un oscillateur harmonique simple où $\delta = 0$. (b) Énergie cinétique et énergie potentielle en fonction de la position dans le cas d'un oscillateur harmonique simple. Notez que, dans les deux graphiques, $K + U =$ constante.

Enfin, nous pouvons utiliser le principe de conservation de l'énergie pour obtenir la vitesse dans le cas d'un déplacement arbitraire x: il suffit d'exprimer l'énergie totale à une position arbitraire sous la forme

$$E = K + U = \frac{1}{2}mv^2 + \frac{1}{2}kx^2 = \frac{1}{2}kA^2$$

Vitesse en fonction de la position d'un oscillateur harmonique simple

13.21
$$v = =\sqrt{\frac{k}{m}(A^2 - x^2)}$$

Cette expression rend évidemment compte du fait que la vitesse est maximale à $x = 0$ et qu'elle est nulle aux points $x = \pm A$.

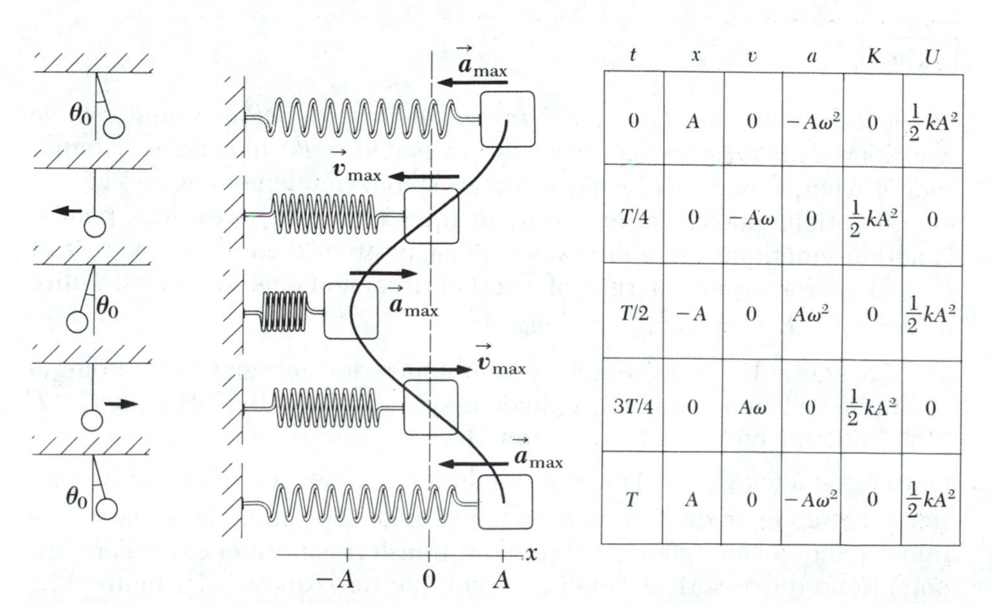

t	x	v	a	K	U
0	A	0	$-A\omega^2$	0	$\frac{1}{2}kA^2$
$T/4$	0	$-A\omega$	0	$\frac{1}{2}kA^2$	0
$T/2$	$-A$	0	$A\omega^2$	0	$\frac{1}{2}kA^2$
$3T/4$	0	$A\omega$	0	$\frac{1}{2}kA^2$	0
T	A	0	$-A\omega^2$	0	$\frac{1}{2}kA^2$

Figure 13.9 Mouvement harmonique simple d'un système masse-ressort et analogie avec le mouvement du pendule simple. Les paramètres présentés dans le tableau concernent le système masse-ressort, à supposer qu'à $t = 0$, $x = A$ de sorte que $x = A \cos \omega t$ (Cas particulier I).

Exemple 13.3

Une masse de 0,5 kg reliée à un ressort léger ayant une constante de rappel de 20 N/m oscille sans frottement sur une surface horizontale. (a) Calculez l'énergie totale du système et la vitesse maximale de la masse si l'amplitude du mouvement est de 3 cm.

En utilisant l'équation 13.20, nous obtenons

$$E = \frac{1}{2}kA^2 = \frac{1}{2}\left(20\ \frac{\text{N}}{\text{m}}\right)(3 \times 10^{-2}\ \text{m})^2 = 9{,}0 \times 10^{-3}\ \text{J}$$

Lorsque la masse se trouve à $x = 0$, $U = 0$ et $E = \frac{1}{2}mv^2_{max}$; par conséquent,

$$\frac{1}{2}mv^2_{max} = 9 \times 10^{-3}\ \text{J}$$

$$v_{max} = \sqrt{\frac{18 \times 10^{-3}\ \text{J}}{0{,}5\ \text{kg}}} = 0{,}19\ \text{m/s}$$

(b) Quelle est la vitesse de la masse lorsque la position est égale à 2 cm?

Nous pouvons appliquer directement l'équation 13.21:

$$v = \pm\sqrt{\frac{k}{m}(A^2 - x^2)} = \pm\sqrt{\frac{20}{0{,}5}(3^2 - 2^2) \times 10^{-4}}$$
$$= \pm 0{,}14\ \text{m/s}$$

Les signes positif et négatif indiquent qu'à cet instant, la masse pourrait se déplacer soit vers la gauche, soit vers la droite.

(c) Calculez l'énergie potentielle et l'énergie cinétique du système pour une position égale à 2 cm.

En partant des résultats obtenus en (b), nous avons

$$K = \frac{1}{2}mv^2 = \frac{1}{2}(0{,}5\ \text{kg})(0{,}14\ \text{m/s})^2 = 5{,}0 \times 10^{-3}\ \text{J}$$

$$U = \frac{1}{2}kx^2 = \frac{1}{2}\left(20\frac{\text{N}}{\text{m}}\right)(2 \times 10^{-2}\ \text{m})^2 = 4{,}0 \times 10^{-3}\ \text{J}$$

Notons que la somme $K + U$ est égale à l'énergie totale E.

Q8. Expliquez pourquoi l'énergie cinétique et l'énergie potentielle du système masse-ressort ne peuvent jamais être négatives.

Q9. Soit un système masse-ressort animé d'un mouvement harmonique simple d'amplitude A. L'énergie totale varie-t-elle si l'on double la masse sans modifier l'amplitude? L'énergie cinétique et l'énergie potentielle dépendent-elles de la masse? Expliquez.

13.4 Pendule

Le pendule simple

Le pendule simple est un autre exemple de système mécanique à mouvement oscillatoire périodique. Il est constitué d'une masse ponctuelle m suspendue à une corde légère de longueur L, dont l'extrémité supérieure est fixe (fig. 13.10). Le mouvement se produit dans le plan vertical sous l'action de la force gravitationnelle. Nous allons démontrer que le mouve-

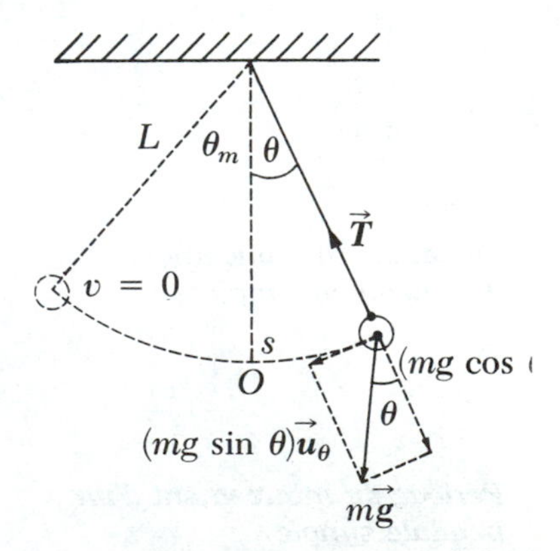

Figure 13.10 Le pendule simple oscille en décrivant un mouvement harmonique simple par rapport à sa position d'équilibre ($\theta = 0$), lorsque θ est petit. La force de rappel est $mg \sin \theta$, soit la composante du poids tangente à l'arc de cercle.

ment du pendule équivaut au mouvement d'un oscillateur harmonique simple, dans la mesure où l'angle θ que forme le pendule par rapport à la verticale est petit.

La masse du pendule est soumise à la tension $\vec{T}$, qui agit suivant la corde, et à la pesanteur $m\vec{g}$. La composante tangentielle de la pesanteur, $mg \sin \theta$, s'exerce toujours vers $\theta = 0$. Par conséquent, la force tangentielle constitue une force de rappel et nous pouvons écrire la deuxième loi de Newton dans la direction tangentielle sous la forme

$$F_\theta = -mg \sin \theta = ma_\theta = m\frac{d^2s}{dt^2}$$

s étant l'arc mesuré selon l'angle croissant, le signe négatif indiquant que F_θ s'exerce vers la position d'équilibre. Étant donné que $s = L\theta$ et que L est constant, on peut simplifier l'équation comme suit:

$$\frac{d^2\theta}{dt^2} = -\frac{g}{L}\sin \theta$$

Le membre droit de l'équation est proportionnel à $\sin \theta$ plutôt qu'à θ; cela nous amène à conclure qu'il ne s'agit pas d'un mouvement harmonique simple. Toutefois, si l'on suppose que θ est *petit*, nous pouvons recourir à l'approximation $\sin \theta \approx \theta$, où θ est mesuré en *radians*[1]. Par conséquent, l'équation du mouvement s'écrit

Équation du mouvement d'un pendule simple (θ petit)

13.22

$$\frac{d^2\theta}{dt^2} = -\frac{g}{L}\theta$$

Nous avons maintenant une expression ayant exactement la même forme que l'équation 13.14 et nous pouvons conclure qu'il s'agit d'un mouvement harmonique simple. Nous pouvons donc écrire, $\theta = \theta_m \cos(\omega t + \delta)$, où θ_m est le *déplacement angulaire maximal* par rapport à la position d'équilibre. La pulsation ω est donnée par

Pulsation du mouvement d'un pendule simple

13.23

$$\omega = \sqrt{\frac{g}{L}}$$

La période du mouvement est

Période du mouvement d'un pendule simple

13.24

$$T = \frac{2\pi}{\omega} = 2\pi\sqrt{\frac{L}{g}}$$

La période et la pulsation dépendent donc uniquement de la longueur de la corde et de l'accélération gravitationnelle. La période étant *indépendante* de la masse, nous concluons que *tous* les pendules simples de même

1. Pour comprendre cette approximation, on doit examiner le développement en série de $\sin \theta$, soit $\sin \theta = \theta - \theta^3/3! + \theta^5/5! - \ldots$ Pour de petites valeurs de θ, nous voyons que $\sin \theta \approx \theta$. L'écart relatif entre θ et $\sin \theta$, lorsque $\theta = 15°$, ne représente qu'environ 1 %.

longueur ont une même période d'oscillation[2]. La figure 13.9 présente l'analogie entre le mouvement du pendule simple et celui du système masse-ressort.
On utilise couramment le pendule comme instrument pour mesurer le temps. Il peut également s'avérer utile pour établir avec précision la grandeur de l'accélération gravitationnelle, en un lieu donné, ce qui constitue une information importante, car la variation de $\vec{g}$ est un indice essentiel pour localiser les gisements de pétrole et d'autres ressources souterraines. (Vous avez maintenant l'explication scientifique du pendule du professeur Tournesol!)

Exemple 13.4

(a) Quelle longueur un pendule simple devra-t-il avoir pour que sa période soit de 1,00 s?

Puisque $T = 2\pi\sqrt{L/g}$, on peut isoler L, ce qui donne

$$L = \frac{g}{4\pi^2}T^2 = \left(\frac{9,80}{4\pi^2}\text{ m/s}^2\right)(1,00\text{ s})^2 = 0,248\text{ m}$$

(b) Supposons que le pendule décrit en (a) soit transporté sur la Lune, où l'accélération gravitationnelle est de 1,67 m/s². Quelle serait la période du mouvement?

$$T = 2\pi\sqrt{\frac{L}{g_L}} = 2\pi\sqrt{\frac{0,248\text{ m}}{1,67\text{ m/s}^2}} = 2,42\text{ s}$$

Le pendule composé

Un pendule composé est un corps solide quelconque pouvant tourner autour d'un axe fixe qui ne passe pas par son centre de masse. Ce système oscille lorsqu'il est écarté de sa position d'équilibre. Examinons le cas d'un solide muni d'un pivot situé au point O à une distance d du centre de masse (fig. 13.11). Le moment de force τ (tau) par rapport à O est attribuable à l'action de la force gravitationnelle et la grandeur de ce moment est $mgd \sin\theta$. En partant du fait que $\tau = I\alpha$, où I représente le moment d'inertie par rapport à l'axe passant par O, et compte tenu que $\alpha = \dfrac{d^2\theta}{dt^2}$, nous obtenons

$$-mgd\sin\theta = I\frac{d^2\theta}{dt^2}$$

Le signe négatif du terme de gauche indique que le moment de force par rapport à O tend à réduire θ, c'est-à-dire que la force gravitationnelle produit un moment de force de rappel.

Si l'on suppose de nouveau que θ est petit, l'approximation $\sin\theta \approx \theta$ est valable et l'équation du mouvement peut être ramenée à la forme

$$\frac{d^2\theta}{dt^2} = -\left(\frac{mgd}{I}\right)\theta = -\omega^2\theta \qquad \textbf{13.25}$$

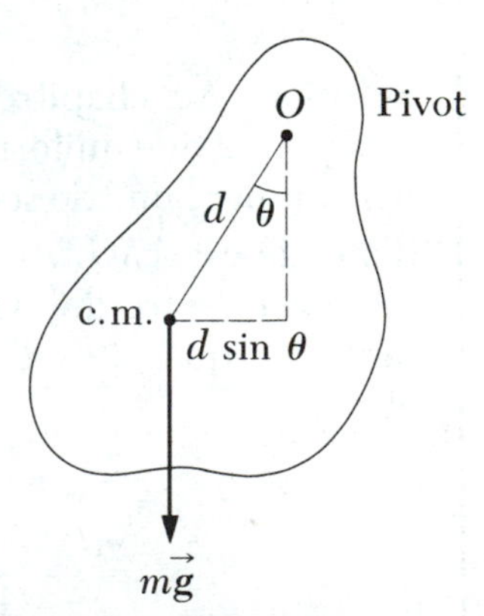

Figure 13.11 Le pendule composé est un solide pouvant tourner autour d'un axe (passant par O dans la figure) qui ne passe pas par son centre de masse. En position d'équilibre, le vecteur poids passe par O, ce qui correspond à $\theta = 0$. Le moment de force de rappel par rapport à O est $mgd \sin\theta$ lorsque le système est déplacé d'un angle θ.

---

2. La période d'oscillation d'un pendule simple d'amplitude arbitraire est

$$T = 2\pi\sqrt{\frac{L}{g}}\left(1 + \frac{1}{4}\sin^2\frac{\theta_m}{2} + \frac{9}{64}\sin^4\frac{\theta_m}{2} + \ldots\right)$$

où θ_m est le déplacement angulaire maximal exprimé en radians.

On remarque donc que l'équation a la même forme que l'équation 13.14 et qu'il s'agit d'un mouvement harmonique simple. En conséquence, la solution de l'équation 13.25 est $\theta = \theta_m \cos(\omega t + \delta)$, où θ_m représente le déplacement angulaire maximal et

$$\omega = \sqrt{\frac{mgd}{I}}$$

La période est donnée par

13.26
$$T = \frac{2\pi}{\omega} = 2\pi\sqrt{\frac{I}{mgd}}$$

Ce résultat peut servir à mesurer le moment d'inertie d'un solide à deux dimensions. En effet, si l'on connaît la position du centre de masse, et donc d, on peut déterminer le moment d'inertie en mesurant la période. Enfin, notons que l'équation 13.26 équivaut à la période d'un pendule simple (équation 13.24) lorsque $I = md^2$, soit lorsque toute la masse est concentrée au centre de masse.

Exemple 13.5 Balancement d'une tige

Une tige uniforme de masse M et de longueur L est munie d'un pivot à l'une de ses extrémités et oscille dans un plan vertical (fig. 13.12). Déterminez la période de l'oscillation, en supposant une faible amplitude.

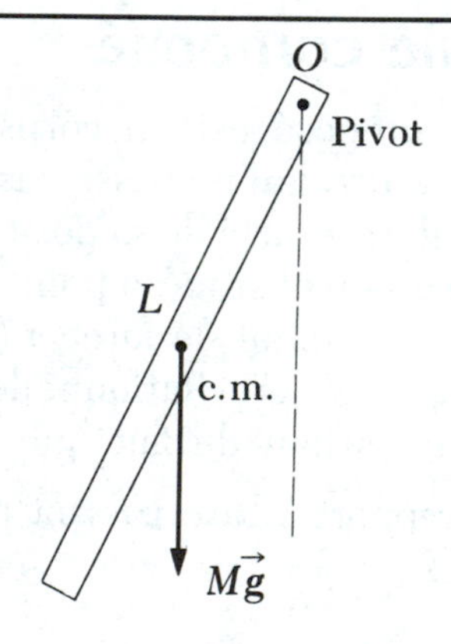

Figure 13.12 (Exemple 13.5) Une tige rigide oscillant autour d'un pivot situé à l'une de ses extrémités constitue un pendule composé où $d = L/2$ et $I_0 = \frac{1}{3}ML^2$.

Solution: Au chapitre 10, nous avons vu que lorsqu'une tige uniforme tourne autour d'un axe passant par l'une de ses extrémités, son moment d'inertie est $\frac{1}{3}ML^2$. La distance d qui sépare le pivot du centre de masse est $L/2$. En introduisant ces quantités dans l'équation 13.26, on obtient

$$T = 2\pi\sqrt{\frac{\frac{1}{3}ML^2}{Mg\frac{L}{2}}} = 2\pi\sqrt{\frac{2L}{3g}}$$

Par exemple, la période d'une règle d'un mètre ($L = 1$ m) pivotant autour de l'une de ses extrémités est $T = 1{,}64$ s. Ce résultat est facile à vérifier en laboratoire ou à la maison.

Remarque: Au cours de l'une des premières expéditions sur la Lune, une ceinture suspendue au scaphandre d'un cosmonaute, qui marchait sur le sol lunaire, se mit à osciller comme un pendule composé. Un scientifique, demeuré sur Terre, eut alors l'occasion d'évaluer l'accélération gravitationnelle à la surface de la Lune en observant le mouvement de la ceinture retransmis sur son écran de télévision. Selon vous, comment le scientifique a-t-il procédé à ce calcul?

Le pendule de torsion

La figure 13.13 représente un corps solide suspendu par un câble dont l'extrémité supérieure est reliée à un support fixe. Lorsqu'on fait tourner le corps d'un petit angle θ, le câble tordu exerce un moment de force de rappel qui est proportionnel au déplacement angulaire. On a donc

$$\tau = -\kappa\theta$$

où κ (la lettre grecque kappa) se nomme *constante de torsion* du câble. On peut déterminer la valeur de κ en exerçant un moment de force connu afin de tordre le câble d'un angle θ mesurable. En appliquant la deuxième loi de Newton au mouvement de rotation, nous obtenons

$$\tau = -\kappa\theta = I\frac{d^2\theta}{dt^2}$$

$$\frac{d^2\theta}{dt^2} = -\frac{\kappa}{I}\theta \qquad \textbf{13.27}$$

Il s'agit encore une fois de l'équation du mouvement harmonique simple où $\omega = \sqrt{\kappa/I}$ et dont la période est

$$T = 2\pi\sqrt{\frac{I}{\kappa}} \qquad \textbf{13.28}$$

Ce type de système s'appelle un *pendule de torsion*. Ainsi, le balancier d'une montre oscille à la manière d'un pendule de torsion sous l'action du ressort d'entraînement. Les oscillations des galvanomètres de laboratoire et de la balance de Cavendish sont également attribuables à des phénomènes de torsion.

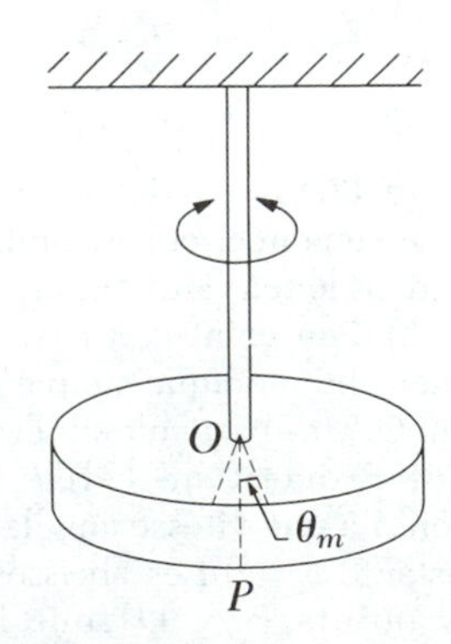

Figure 13.13 Un pendule de torsion est composé d'un solide suspendu par un câble relié à un support rigide. Le corps oscille autour de la droite OP et son mouvement a une amplitude θ_m.

Q10. Qu'advient-il de la période d'un pendule simple si l'on double sa longueur? Si l'on double la masse suspendue?

Q11. Supposons que l'on connaisse la période d'un pendule simple suspendu au plafond d'un ascenseur immobile. Décrivez, s'il y a lieu, le changement de période lorsque l'ascenseur (a) accélère vers le haut, (b) accélère vers le bas et (c) se déplace à vitesse constante.

Q12. Nous savons qu'un pendule simple décrit un mouvement harmonique simple lorsque θ est petit. Le mouvement serait-il *périodique* si θ était grand? Quel changement la période subit-elle à mesure que θ augmente?

13.5 Comparaison entre le mouvement harmonique simple et le mouvement circulaire uniforme

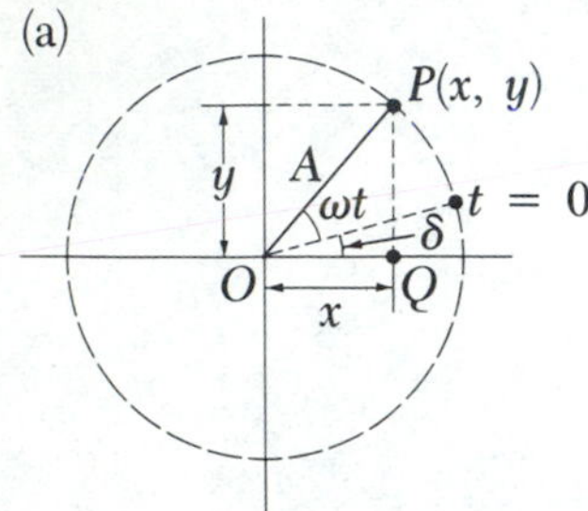

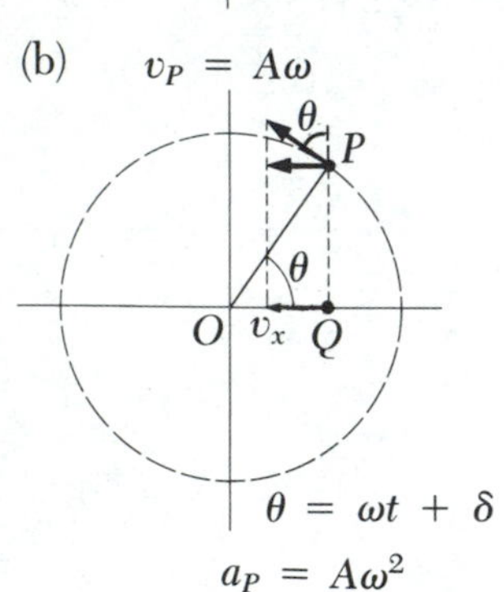

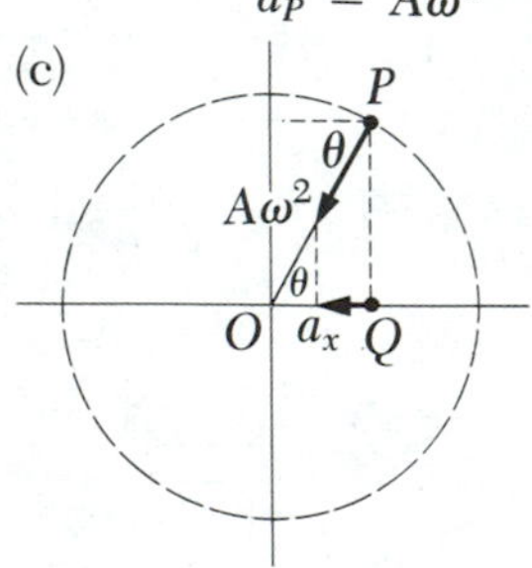

Figure 13.14 Relation entre le mouvement circulaire uniforme (dans le sens anti-horaire ou positif) d'un point P et le mouvement harmonique simple du point Q. Une particule située au point P décrit un cercle de rayon A à une vitesse angulaire constante ω. (a) Les abcisses x des points P et Q sont les mêmes et varient en fonction du temps selon $x = A\cos(\omega t + \delta)$. (b) La composante x de la vitesse de P est égale à la vitesse de Q. (c) La composante x de l'accélération de P est égale à l'accélération de Q.

Pour bien comprendre et visualiser certains concepts du mouvement harmonique simple à une dimension, il peut être utile d'établir une correspondance avec le mouvement circulaire uniforme. Soit une particule située au point P et décrivant un cercle de rayon A à une vitesse angulaire constante ω (fig. 13.14a). Nous désignerons ce cercle par le terme de *cercle de référence* du mouvement. À mesure que la particule décrit son mouvement circulaire, son vecteur position tourne autour de l'origine O. À un instant t, l'angle compris entre OP et l'axe des x est $\omega t + \delta$, où δ représente l'angle que forme OP avec l'axe des x au temps $t = 0$, qui nous sert de référence pour mesurer la position angulaire. À mesure que la particule décrit sa rotation sur le cercle de référence, l'angle compris entre OP et l'axe des x *varie* en fonction du temps. En outre, la projection de P sur l'axe des x, soit Q, décrit un mouvement de va-et-vient le long du diamètre du cercle de référence, entre les limites $x = \pm A$.

Notons que les points P et Q ont la *même* coordonnée x. Si l'on trace le triangle rectangle OPQ, nous voyons que la coordonnée x de P et de Q est donnée par

$$x = A\cos(\omega t + \delta) \qquad \text{(13.29)}$$

Cette expression illustre le fait que le point Q décrit un mouvement harmonique simple selon l'axe des x. Par conséquent, nous en déduisons *que le mouvement harmonique simple selon une ligne droite peut être représenté par une projection du mouvement circulaire uniforme selon un diamètre.* De même, on constate à partir de la figure 13.14a que la projection de P selon l'axe des y décrit également un mouvement harmonique simple. Par conséquent, *le mouvement circulaire uniforme peut être considéré comme la combinaison de deux mouvements harmoniques simples* dont la différence de phase est de 90° et dont l'un s'effectue selon l'axe des x et l'autre, selon l'axe des y.

L'interprétation géométrique que nous venons de présenter démontre que, dans le cas d'un mouvement harmonique simple entre $x = \pm A$, le temps que met le point P à effectuer une révolution complète sur le cercle de référence est égal à la période T du mouvement. En d'autres termes, la vitesse angulaire du point P équivaut à la fréquence angulaire ω du mouvement harmonique simple selon l'axe des x. La constante de phase δ du mouvement harmonique simple correspond à l'angle initial compris entre OP et l'axe des x. Le rayon du cercle de référence, soit A, est égal à l'amplitude du mouvement harmonique simple.

Étant donné que, dans le mouvement circulaire, la relation entre la vitesse linéaire et la vitesse angulaire est donnée par $v = r\omega$, la particule se déplaçant sur le cercle de référence de rayon A est animée d'une vitesse de grandeur $A\omega$. La géométrie de la figure 13.14b nous indique que la composante x de cette vitesse est donnée par $-A\omega \sin(\omega t + \delta)$. Par définition, la vitesse du point Q est donnée par dx/dt. En dérivant l'équation 13.29 par rapport au temps, nous constatons que la vitesse de Q est la même que la composante x de la vitesse de P.

L'accélération centripète du point P sur le cercle de référence est orientée vers O, et sa grandeur est donnée par $v^2/A = A\omega^2$. La géométrie de la figure 13.14c indique que la composante x de cette accélération est $-\omega^2 A \cos(\omega t + \delta)$. Encore une fois, on constate que cela coïncide avec l'accélération du point Q selon l'axe des x; cela est facilement vérifié en dérivant deux fois l'équation 13.29.

Exemple 13.6

Une particule décrit une rotation anti-horaire sur un cercle de 3,0 m de rayon à une vitesse angulaire constante de 8 rad/s, comme à la figure 13.14. À $t = 0$, la coordonnée x de la particule est 2,0 m. (a) Déterminez la coordonnée x en fonction du temps.

L'amplitude du mouvement de la particule étant égal au rayon du cercle, et puisque $\omega = 8$ rad/s, nous avons

$$x = A\cos(\omega t + \delta) = 3{,}0 \cos(8t + \delta)$$

Nous pouvons évaluer δ à partir de la condition initiale, soit $x = 2{,}0$ m à $t = 0$:

$$2{,}0 = 3{,}0\cos(0 + \delta)$$

$$\delta = \cos^{-1}\left(\frac{2}{3}\right) = 48° = 0{,}84 \text{ rad}$$

Par conséquent, la coordonnée x en fonction du temps prend la forme

$$x = 3{,}0\cos(8t + 0{,}84) \text{ m}$$

Notons que les angles de la fonction cosinus sont exprimés en radians.

(b) Déterminez la composante x de la vitesse et de l'accélération de la particule en fonction du temps.

$$v_x = \frac{dx}{dt} = (-3{,}0)(8)\sin(8t + 0{,}84)$$

$$= -24\sin(8t + 0{,}84)\ \frac{\text{m}}{\text{s}}$$

$$a_x = \frac{dv_x}{dt} = (-24)(8)\cos(8t + 0{,}84)$$

$$= -192\cos(8t + 0{,}84)\ \frac{\text{m}}{\text{s}^2}$$

Partant de ces résultats, nous concluons que $v_{max} = 24$ m/s et que $a_{max} = 192$ m/s^2. Ces valeurs sont aussi respectivement égales à la vitesse tangentielle $A\omega$ et à l'accélération centripète $A\omega^2$.

13.6 Oscillations amorties

Jusqu'ici, nous avons traité de systèmes idéaux animés d'un mouvement oscillatoire indéfini sous l'action d'une force de rappel linéaire. En réalité, le mouvement d'un système est pratiquement toujours ralenti par des forces dissipatives, telles que le frottement. Par conséquent, l'énergie mécanique du système diminue en fonction du temps et l'on dit du mouvement qu'il est *amorti*.

L'un des types les plus courants de force dissipative, traité au chapitre 6, est proportionnel à la vitesse et agit dans le sens opposé à celui du mouvement. Cela se produit fréquemment dans le cas du mouvement d'un objet dans un milieu liquide, comme l'illustre la figure 13.15 (où on suppose que la force verticale nette sur la masse est nulle — c'est le cas si, par exemple, sa masse volumique est la même que celle du liquide). Étant donné que la force de ralentissement peut s'écrire sous la forme $\vec{R} = -b\vec{v}$, où b est une constante, et que la force de rappel est $-kx$, nous pouvons exprimer la deuxième loi de Newton comme suit:

$$\Sigma F_x = -kx - bv = ma_x$$

$$-kx - b\frac{dx}{dt} = m\frac{d^2x}{dt^2} \qquad \text{13.30}$$

Il se peut que vous n'ayez pas encore acquis les notions mathématiques nécessaires pour résoudre cette équation; nous allons donc nous contenter de donner la solution sans en faire la preuve. Lorsque la viscosité du milieu est faible et la rigidité du ressort est grande (b petit, k grand), on s'attend à ce qu'il y ait encore des oscillations, mais que leur amplitude diminue. La solution de l'équation 13.30 est:

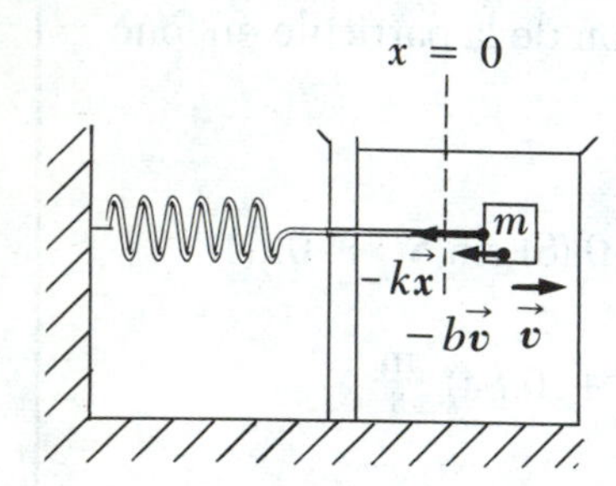

Figure 13.15 Un oscillateur immergé dans un liquide est un exemple d'oscillateur amorti. Lorsque le corps est en mouvement, l'action d'une force d'amortissement $-b\vec{v}$ vient s'ajouter à la force de rappel linéaire $-k\vec{x}$. Seules les forces horizontales ont été dessinées.

$$x = Ae^{-\frac{b}{2m}t}\cos(\omega t + \delta) \qquad \text{13.31}$$

et la fréquence du mouvement est donnée par

$$\omega = \sqrt{\frac{k}{m} - \left(\frac{b}{2m}\right)^2} \qquad \text{13.32}$$

Cela pourrait être vérifié en introduisant la solution dans l'équation 13.30. La figure 13.16 illustre la position en fonction du temps. Comme on le voit, *lorsque* $k/m > (b/2m)^2$, *c'est-à-dire que* $b < 2\sqrt{km}$, *la nature oscillatoire du mouvement est préservée mais l'amplitude de la vibration diminue en fonction du temps*, et le mouvement cesse éventuellement. C'est ce que l'on nomme un *oscillateur faiblement amorti*. Le pointillé de la figure 13.16, soit l'*enveloppe* de la courbe d'oscillation, représente le facteur exponentiel de l'équation 13.31, et indique clairement que l'*amplitude décroît de façon exponentielle en fonction du temps*. Les oscillations s'amortissent d'autant plus rapidement que la valeur de la constante b est proche de $2\sqrt{km}$.

On peut exprimer la pulsation de la vibration sous la forme

$$\omega = \sqrt{\omega_0^2 - \left(\frac{b}{2m}\right)^2}$$

où $\omega_0 = \sqrt{k/m}$ représente la pulsation d'oscillation en l'absence de force d'amortissement (oscillateur non amorti). Lorsque $b = 0$, la force d'amortissement est nulle et le système oscille avec sa pulsation naturelle, soit ω_0.

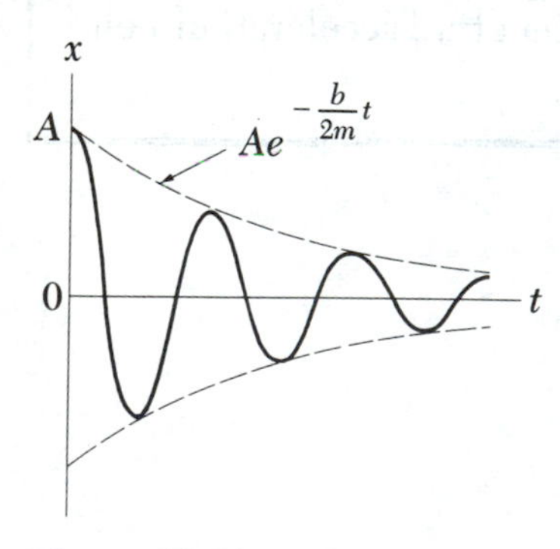

Figure 13.16 Représentation graphique de la position en fonction du temps d'un oscillateur amorti. Notez que l'amplitude décroît en fonction du temps.

Si on augmente la viscosité du milieu, à mesure que le coefficient b se rapproche de $2\sqrt{km}$, la pulsation des oscillations diminue et elles sont amorties de plus en plus rapidement. Lorsque b atteint une valeur critique b_c, telle que $b_c = 2\sqrt{km} = 2\,m\omega_0$, la fréquence devient nulle; donc le système n'oscille pas et l'on parle alors d'*amortissement critique*. Dans ce cas, le système revient à sa position d'équilibre selon une courbe exponentielle en fonction du temps, comme à la figure 13.17.

Enfin, si la viscosité du liquide est très grande ou si la rigidité du ressort ne l'est pas assez, c'est-à-dire si $b > 2\sqrt{km}$ ou $b > 2\ m\omega_0$, alors on parlera d'un *amortissement surcritique*. De nouveau, le système n'oscille pas et revient simplement vers sa position d'équilibre. Comme l'indique la figure 13.17, le temps de retour vers l'équilibre est d'autant plus grand que le coefficient d'amortissement est grand. Dans tous les cas où intervient le frottement, l'énergie de l'oscillateur diminue. L'énergie mécanique perdue est dissipée sous forme de chaleur dans le milieu responsable de l'amortissement.

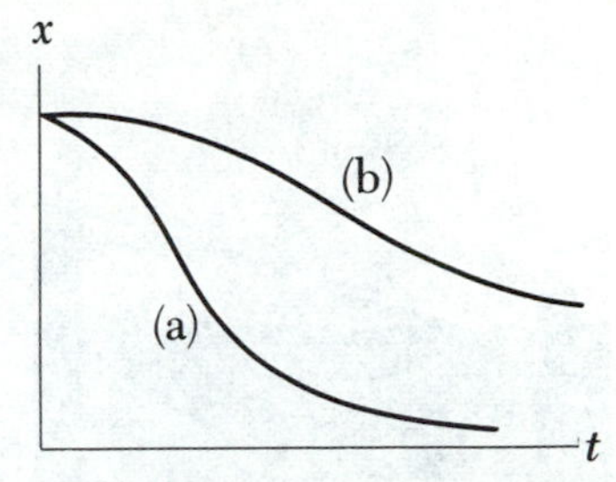

Figure 13.17 Représentations graphiques de la position d'un oscillateur en fonction du temps (a) amortissement critique, (b) amortissement surcritique.

Q13. Citez quelques exemples courants d'oscillations amorties.

Q14. Obtiendra-t-on des oscillations amorties pour toute valeur de b et de k? Expliquez.

13.7 Oscillations forcées

Nous venons de voir que l'énergie de l'oscillateur amorti décroît en fonction du temps, sous l'influence d'une force dissipative. Or, il est possible de compenser cette perte d'énergie en appliquant une force extérieure qui accomplit un travail positif sur le système. On peut donc transmettre en tout temps de l'énergie au système en lui appliquant une force qui s'exerce dans le sens du mouvement de l'oscillateur. Par exemple, le mouvement d'un enfant sur une balançoire peut être maintenu en appliquant des poussées à intervalles appropriés. Ainsi, l'amplitude du mouvement demeurera constante pourvu qu'à chaque cycle du mouvement, l'énergie transmise par la force extérieure (excitation) soit exactement égale à la perte d'énergie attribuable au frottement.

À titre d'exemple courant d'oscillation forcée, citons le cas d'un oscillateur amorti entraîné par une force extérieure qui varie de façon harmonique, de sorte que $F = F_0 \cos \omega t$, où ω représente la pulsation de la force et F_0 est une constante. En ajoutant cette force d'entraînement au membre gauche de l'équation 13.30, nous obtenons

$$F_0 \cos \omega t - b\frac{dx}{dt} - kx = m\frac{d^2x}{dt^2} \qquad (13.33)$$

Comme précédemment, nous ne présenterons pas la solution complète de cette équation, étant donné sa complexité. Qu'il suffise de noter qu'après un temps relativement long, lorsque l'énergie transmise à chaque cycle est égale à la perte d'énergie par cycle, le système atteint un *régime permanent*

Photographies de l'écroulement du pont suspendu de Tacoma Narrows, survenu en 1940. Il s'agit là d'une démonstration frappante du phénomène de résonance mécanique. Sous la poussée d'un vent fort le pont se mit à osciller à une fréquence proche de la fréquence naturelle de sa structure. Ainsi déclenché, le phénomène de résonance progressa jusqu'à ce que le pont s'écroule. (Photo de la United Press International)

au cours duquel les oscillations ont une amplitude constante. La solution de l'équation 13.33 prend alors la forme suivante:

13.34
$$x = A\cos(\omega t + \delta)$$

où

13.35
$$A = \frac{F_0/m}{\sqrt{(\omega^2 - \omega_0{}^2)^2 + \left(\dfrac{b\omega}{m}\right)^2}}$$

et où $\omega_0 = \sqrt{k/m}$ représente la pulsation de l'oscillateur non amorti ($b = 0$).

L'équation 13.35 indique que le mouvement de l'oscillateur forcé n'est pas amorti (il est entraîné par une force extérieure). L'agent extérieur procure donc l'énergie nécessaire pour compenser les pertes attribuables à la force d'amortissement. Notons qu'en régime permanent la masse oscille à la pulsation de la force d'entraînement, soit ω. On pourrait montrer que l'*amplitude atteint un maximum pour une certaine valeur de la fréquence de la force d'entraînement, appelée fréquence de résonance.* Cette fréquence correspond à la pulsation

13.36
$$\omega_r = \sqrt{\omega_0{}^2 - \frac{b^2}{2m^2}}$$

Elle est donc inférieure à ω_0, mais l'écart est très faible lorsque l'amortissement est faible. Dans une telle situation, on peut dire qu'il y a *résonance* lorsque la fréquence de la force d'entraînement est pratiquement égale à la fréquence naturelle.

Sur le plan physique, la très grande amplitude des oscillations à la fréquence de résonance s'explique par le fait que le système reçoit de l'énergie dans les conditions les plus favorables. Pour mieux comprendre ce phénomène, prenons la dérivée première de x par rapport au temps, ce qui nous donne l'expression de la vitesse de l'oscillateur. Ce faisant, nous constatons que v est proportionnel à $\sin(\omega t + \delta)$. Or, lorsque la force appliquée a la même phase que $\vec{v}$, la puissance (travail par unité de temps) fournie par la force $\vec{F}$ pendant l'oscillation est égale à Fv. La quantité Fv étant toujours positive lorsque $\vec{F}$ et $\vec{v}$ ont la même phase, *à la résonance, la force appliquée et la vitesse sont en phase et la puissance transmise à l'oscillateur est maximale.* Un exemple simple: vous êtes en train de pousser votre petite soeur sur une balançoire dans un parc de jeux. La balançoire est un oscillateur amorti car laissée à elle-même elle finira par s'immobiliser. Vous savez très bien que pour faire balancer votre petite soeur le plus haut possible avec le moins d'effort vous devez synchroniser vos poussées avec la fréquence naturelle de la balançoire. Ces poussées constituent la force d'entraînement et elles doivent être appliquées à la même fréquence que la fréquence naturelle.

La figure 13.18 présente un graphique de l'amplitude en fonction de la fréquence angulaire (ou pulsation) dans le cas d'un oscillateur forcé, en présence et en l'absence d'une force d'amortissement. Notez que l'amplitude augmente à mesure que l'amortissement diminue ($b \rightarrow 0$). En outre, la courbe de résonance s'élargit à mesure que l'amortissement s'accroît. En régime permanent, et quelle que soit la fréquence d'entraînement, l'énergie transmise au système est égale à la perte d'énergie attribuable à l'amortissement; l'énergie totale de l'oscillateur demeure donc constante. En l'absence d'une force d'amortissement ($b = 0$), nous voyons d'après l'équation 13.35 que l'amplitude correspondant au régime permanent tend vers l'infini à mesure que $\omega \rightarrow \omega_0$. En d'autres termes, si le système ne subit aucune perte d'énergie, et si l'oscillateur initialement immobile continue d'être entraîné par une force sinusoïdale ayant la même phase que la vitesse, l'amplitude du mouvement va s'accroître à l'infini (fig. 13.18). En pratique, cela ne se produit pas puisqu'il y a toujours de l'amortissement. À la résonance, lorsque l'amortissement est faible, l'amplitude devient très grande, mais elle est finie.

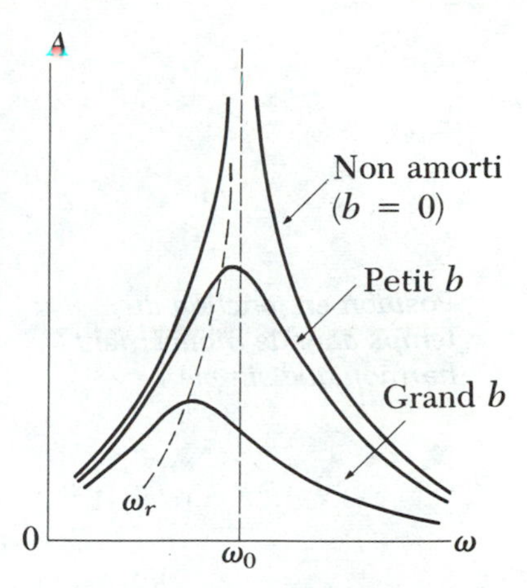

Figure 13.18 Représentation graphique de l'amplitude en fonction de la fréquence d'un oscillateur amorti en présence d'une force d'entraînement périodique. Lorsque la fréquence de la force d'entraînement est égale à la fréquence de résonance, ω_r, il se produit un phénomène de résonance. Notez que la forme de la courbe de résonance dépend du coefficient d'amortissement b et que la fréquence de résonance, ω_r, tend vers la fréquence naturelle, ω_0, quand l'amortissement tend vers zéro.

La figure 13.19 illustre une expérience permettant de visualiser le phénomène de la résonance. On suspend à une tige plusieurs pendules de différentes longueurs. Si l'un d'entre eux, soit P, est mis en mouvement, les autres commenceront à osciller, car ils sont tous couplés à la tige. Parmi les pendules que ce couplage met en oscillation forcée, c'est le pendule Q qui oscille avec la plus grande amplitude, car il a la même longueur que P et ils ont donc tous deux la même fréquence naturelle.

Nous aurons l'occasion de revenir sur le rôle de la résonance dans d'autres domaines de la physique. Par exemple, certains circuits électriques peuvent osciller et présenter des phénomènes de résonance. De même, certaines structures comme les ponts ont des fréquences naturelles d'oscillation et peuvent entrer en résonance sous l'action d'une force d'entraînement appropriée. L'exemple le plus frappant de structure résonante est sans doute le cas du pont Tacoma (Washington) qui, en 1940, subit des oscillations de torsion sous l'influence d'un vent fort. L'amplitude des oscillations augmenta sans arrêt jusqu'à ce que le pont s'écroule.

Q15. Des oscillations amorties peuvent-elles se produire lorsqu'un système est en résonance? Expliquez.

Q16. À la résonance, à quoi équivaut la constante de phase δ dans l'équation 13.34? (Indice: Comparez avec l'expression de la force d'entraînement et notez que la force doit avoir la même phase que la vitesse à la résonance.)

Q17. Une colonne de soldats circulent sur un chemin en marchant au pas. Pourquoi leur commande-t-on de rompre le pas pour traverser un pont?

Q18. Par quel mécanisme physique le pendule P réussit-il à entraîner le pendule Q dans le montage représenté à la figure 13.19?

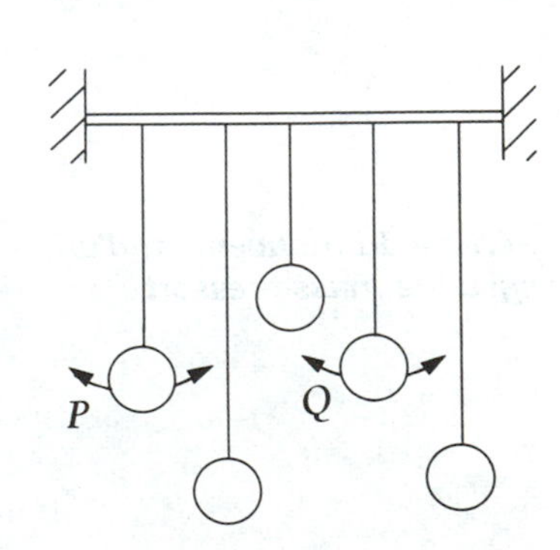

Figure 13.19 Si l'on met le pendule P en oscillation, le pendule Q se mettra également à osciller étant donné qu'ils sont couplés et qu'ils ont la même fréquence naturelle de vibration.

13.8 Résumé

La position d'un *oscillateur harmonique simple* varie de façon périodique en fonction du temps selon la relation

Position en fonction du temps dans le mouvement harmonique simple

13.1 $$x = A\cos(\omega t + \delta)$$

A étant l'amplitude du mouvement, ω sa pulsation ou fréquence angulaire et δ la constante de phase. Les valeurs de A et de δ dépendent de la position initiale et de la vitesse initiale de l'oscillateur.

La durée d'une vibration complète se nomme la *période* du mouvement et elle est donnée par

Période

13.2 $$T = \frac{2\pi}{\omega}$$

L'inverse de la période est la *fréquence* du mouvement, qui est égale au nombre d'oscillations par seconde.

La *vitesse* et l'*accélération* d'un oscillateur harmonique simple sont données par

Vitesse dans le cas du mouvement harmonique simple

13.5 $$v = \frac{dx}{dt} = -A\omega\sin(\omega t + \delta)$$

Accélération dans le cas du mouvement harmonique simple

13.6 $$a = \frac{dv}{dt} = -A\omega^2\cos(\omega t + \delta)$$

La vitesse maximale est donc $A\omega$ et l'accélération maximale $A\omega^2$. La vitesse est nulle lorsque l'oscillateur atteint les bornes $x = \pm A$, et sa grandeur est maximale en position d'équilibre $x = 0$. La grandeur de l'accélération est maximale aux bornes du mouvement et elle est nulle en position d'équilibre.

Un système masse-ressort effectue un mouvement harmonique simple lorsque le frottement est négligeable. Sa période est donnée par

Période du mouvement d'un système masse-ressort

13.16 $$T = \frac{2\pi}{\omega} = 2\pi\sqrt{\frac{m}{k}}$$

où k est la constante de rappel du ressort et m représente la masse reliée au ressort.

L'énergie cinétique et l'énergie potentielle d'un oscillateur harmonique simple varient en fonction du temps et sont données par

Énergie cinétique et énergie potentielle de l'oscillateur harmonique simple

13.18 $$K = \frac{1}{2}mv^2 = \frac{1}{2}m\omega^2A^2\sin^2(\omega t + \delta)$$

13.19 $$U = \frac{1}{2}kx^2 = \frac{1}{2}kA^2\cos^2(\omega t + \delta)$$

L'*énergie totale* de l'oscillateur harmonique simple masse-ressort est une constante du mouvement et est donnée par

Énergie totale de l'oscillateur harmonique simple

13.20 $$E = \frac{1}{2}kA^2$$

Lorsque la masse d'un oscillateur harmonique simple se trouve à l'une des extrémités de sa trajectoire (écartement maximal par rapport à la position d'équilibre), l'énergie potentielle atteint sa valeur maximale et elle devient nulle à la position d'équilibre. L'énergie cinétique est nulle aux extrémités et elle atteint sa valeur maximale à la position d'équilibre.

Un *pendule simple* de longueur L décrit un mouvement harmonique simple pour de petits déplacements angulaires par rapport à la verticale; sa *période* est donnée par

Période du mouvement d'un pendule simple

13.24 $$T = 2\pi\sqrt{\frac{L}{g}}$$

La période est donc *indépendante* de la masse suspendue.

Un *pendule composé* a un mouvement harmonique simple autour d'un axe qui ne passe pas par son centre de masse. La période de ce mouvement est

Période du mouvement d'un pendule composé

13.26 $$T = 2\pi\sqrt{\frac{I}{mgd}}$$

I étant le moment d'inertie par rapport à l'axe de rotation et d étant la distance qui sépare cet axe du centre de masse.

Des *oscillations amorties* se produisent dans un système soumis à des forces dissipatives et à une force de rappel linéaire. En l'absence d'influence extérieure, l'énergie mécanique du système décroît en fonction du temps sous l'action de la force d'amortissement (non conservative). On peut compenser cette perte d'énergie en exerçant une force d'entraînement extérieure et périodique ayant la même phase que la vitesse du système. Si la fréquence de la force d'entraînement correspond à la fréquence de résonance de l'oscillateur amorti, les oscillations atteignent leur amplitude maximum. Quand l'amortissement est faible la fréquence de résonance est proche de la fréquence naturelle de l'oscillateur non amorti. L'amplitude des oscillations d'un oscillateur sans aucun amortissement tendrait vers l'infini sous l'effet d'une force d'entraînement ayant la fréquence naturelle de l'oscillateur.

Exercices

Section 13.1 Mouvement harmonique simple

1. La position d'une particule est donnée par $x = 4 \cos(3\pi t + \pi)$, où x est exprimé en mètres et t, en secondes. Déterminez (a) la fréquence et la période du mouvement, (b) son amplitude, (c) la constante de phase et (d) la position de la particule à $t = 0$.

2. Dans le cas de la particule décrite à l'exercice 1, déterminez (a) la vitesse en fonction du temps, (b) l'accélération en fonction du temps (c) la vitesse maximale et l'accélération maximale et (d) la vitesse et l'accélération à $t = 0$.

3. Une particule décrit un mouvement d'oscillation harmonique simple et sa position est donnée par $x = 5 \cos(2t + \pi/6)$, x étant exprimé en centimètres et t, en secondes. À $t = 0$, (a) quelle est la position de la particule, (b) quelle est sa vitesse et (c) son accélération? (d) Déterminez la période et l'amplitude du mouvement.

4. Une particule animée d'un mouvement harmonique simple parcourt une distance totale de 20 cm au cours de chaque cycle de son mouvement; son accélération maximale est de 50 m/s^2. Déterminez (a) la fréquence angulaire du mouvement et (b) la vitesse maximale de la particule.

5. La position d'un mobile est donnée par $x = 8{,}0 \cos(2t + \pi/3)$, où x est exprimé en centimètres et t, en secondes. Calculez (a) la vitesse et l'accélération à $t = \pi/2$ s, (b) la vitesse maximale et le premier instant ($t > 0$) où la particule atteint cette vitesse et (c) l'accélération maximale et le premier instant ($t > 0$) où la particule atteint cette accélération.

6. À $t = 0$, une particule animée d'un mouvement harmonique simple est située à $x_0 = 2$ cm et sa vitesse est $v_0 = -24$ cm/s. Sachant que son mouvement a une période de 0,5 s et une fréquence de 2 Hz, déterminez (a) la constante de phase; (b) l'amplitude; (c) la position, la vitesse et l'accélération en fonction du temps; et (d) la vitesse et l'accélération maximales.

7. Une particule est animée d'un mouvement harmonique simple selon l'axe des x; elle est lâchée à l'origine au temps $t = 0$, et se déplace vers la droite. Sachant que son mouvement a une amplitude de 2 cm et une fréquence de 1,5 Hz, (a) montrez que la position de la particule est donnée par $x = 2 \sin 3\pi t$ cm. Déterminez (b) la vitesse maximale et le premier instant ($t > 0$) où la particule atteint cette vitesse, (c) l'accélération maximale et le premier instant ($t > 0$) où la particule atteint cette accélération et (d) la *distance* totale parcourue entre $t = 0$ et $t = 1$ s.

Section 13.2 Masse reliée à un ressort (faites abstraction de la masse des ressorts)

8. Un ressort s'allonge de 3,9 cm lorsqu'on y attache une masse de 10 g. S'il est relié à une masse de 25 g animée d'une oscillation harmonique simple (fig. 13.2), calculez la période du mouvement.

9. La fréquence de vibration d'un système masse-ressort est de 5 Hz lorsque le ressort est relié à une masse de 4 g. Quelle est la constante de rappel du ressort?

10. Un ressort ayant une constante de rappel de 25 N/m est relié à une masse de 1 kg qui oscille sans frottement sur une surface horizontale. À $t = 0$, la masse se trouve à $x = 3$ cm. (Le ressort est donc comprimé de 3 cm.) Déterminez (a) la période du mouvement, (b) les valeurs maximales de la vitesse et de l'accélération et (c) la position, la vitesse et l'accélération en fonction du temps.

11. Un oscillateur harmonique simple met 12 s pour effectuer 5 vibrations complètes. Déterminez (a) la période de son mouvement, (b) la fréquence exprimée en Hz et (c) la fréquence angulaire exprimée en rad/s.

12. Un système masse-ressort oscille de sorte que sa position est donnée par $x = 0{,}25 \cos 2\pi t$ m. (a) Déterminez la vitesse et l'accélération de la masse lorsque $x = 0{,}10$ m. (b) Déterminez la vitesse et l'accélération maximales.

13. Une masse de 0,5 kg reliée à un ressort de constante 8 N/m est animée d'un mouvement harmonique simple ayant une amplitude de 10 cm. Calculez (a) les valeurs maximales de la vitesse et de l'accélération, (b) la vitesse et l'accélération lorsque la masse se trouve à $x = 6$ cm de sa position d'équilibre et (c) le temps qu'il faut pour que la masse passe de $x = 0$ à $x = 8$ cm.

Section 13.3 Énergie de l'oscillateur harmonique simple (faites abstraction de la masse des ressorts)

14. Une masse de 200 g reliée à un ressort est animée d'un mouvement harmonique simple dont la période est de 0,25 s. Sachant que le système a une énergie totale de 2 J, déterminez (a) la constante de rappel du ressort, et (b) l'amplitude du mouvement.

15. Un système masse-ressort est animé d'une oscillation de 3,5 cm d'amplitude. Sachant que le ressort a une constante de rappel de 250 N/m et que la masse est de 0,5 kg, déterminez (a) l'énergie mécanique du système, (b) la vitesse maximale de la masse et (c) l'accélération maximale.

16. Soit un oscillateur harmonique simple ayant une énergie totale E. (a) Déterminez les énergies cinétique et potentielle lorsque la position est égale à la moitié de l'amplitude. (b) Pour quelle valeur de la position l'énergie potentielle est-elle égale à l'énergie cinétique?

17. Si l'on double l'amplitude d'un mouvement harmonique simple, comment varie (a) l'énergie totale, (b) la vitesse maximale, (c) l'accélération maximale et (d) la période?

18. Un système masse-ressort de constante 50 N/m entreprend un mouvement harmonique simple de 12 cm d'amplitude sur une surface horizontale. (a) Quelle est l'énergie totale du système? (b) Quelle est son énergie cinétique lorsque la masse se trouve à 9 cm de sa position d'équilibre? (c) Quelle est son énergie potentielle lorsque $x = 9$ cm?

19. Une particule décrit un mouvement harmonique simple ayant une amplitude de 3,0 cm. À quelle position la vitesse est-elle égale à la moitié de la vitesse maximale?

20. En vous servant des équations 13.18 et 13.19, tracez le graphique (a) de l'énergie cinétique en fonction du temps et (b) de l'énergie potentielle en fonction du temps, dans le cas d'un oscillateur harmonique simple. Par commodité, prenez $\delta = 0$. Quelles propriétés ces graphiques illustrent-ils?

Section 13.4 Pendule

21. Calculez la fréquence et la période d'un pendule simple de 10 m de longueur.

22. Un pendule simple a une période de 2,50 s. (a) Quelle longueur a-t-il? (b) Quelle serait sa période sur la Lune?

23. Un pendule simple de 2,00 m de longueur oscille en un lieu où $g = 9{,}80$ m/s^2. Combien d'oscillations complètes décrira-t-il en 5 minutes?

24. Si l'on quadruple la longueur d'un pendule simple, qu'advient-il (a) de sa fréquence et (b) de sa période?

25. Un pendule simple fait 3,00 m de longueur. Déterminez la *variation* de sa période si on le transporte d'un lieu où $g = 9{,}80$ m/s^2 à un lieu plus élevé où $g = 9{,}79$ m/s^2.

26. Une tige uniforme oscille autour d'un pivot situé à l'une de ses extrémités (fig. 13.12). Quelle longueur doit-elle avoir pour que sa période soit égale à celle d'un pendule simple de 1 m?

27. Soit un pendule composé ayant la forme d'un corps plan et décrivant un mouvement harmonique simple dont la fréquence est de 1,5 Hz. Sachant que la masse du pendule est de 2,2 kg et que son pivot se trouve à 0,35 m du centre de masse, déterminez le moment d'inertie du pendule.

28. On suspend un cerceau circulaire de rayon R à la lame d'un couteau. Montrez que sa période d'oscillation est égale à celle d'un pendule de longueur $2R$.

Section 13.6 Oscillations amorties

29. Montrez que l'équation 13.31 représente une solution de l'équation 13.30, pourvu que $b^2 < 4mk$.

30. Montrez que la constante d'amortissement b s'exprime en kg/s.

31. Montrez que la dérivée par rapport au temps de l'énergie mécanique d'un oscillateur amorti sans force d'entraînement est donnée par $dE/dt = -bv^2$ et qu'elle est donc *toujours négative*. (Indice: Trouvez la dérivée de l'expression $E = \frac{1}{2}mv^2 + \frac{1}{2}kx^2$, correspondant à l'énergie mécanique de l'oscillateur et utilisez l'équation 13.30.)

Section 13.7 Oscillations forcées

32. Dans le cas d'un oscillateur forcé et *non amorti* ($b = 0$), montrez que l'équation 13.34 représente une solution de l'équation 13.33 et que l'amplitude est donnée par l'équation 13.35.

33. Soit une masse de 2 kg reliée à un ressort entraîné par une force extérieure $F = 3 \cos 2\pi t$ N; déterminez (a) la période et (b) l'amplitude du mouvement. (Indice: Supposez qu'il n'y a pas d'amortissement, soit $b = 0$, et utilisez l'équation 13.35.)

34. Calculez les fréquences de résonance des systèmes suivants: (a) une masse de 3 kg reliée à un ressort ayant une constante de rappel de 240 N/m, (b) un pendule simple de 1,5 m de longueur.

Problèmes

1. Un corps décrit une oscillation harmonique simple selon l'équation $x = -7 \cos 2\pi t$ cm. (a) Déterminez la vitesse et l'accélération en fonction du temps. (b) Dressez un tableau présentant x, v et a en fonction du temps pour l'intervalle $t = 0$ à $t = 1$ s, en procédant par paliers de 0,1 s. (c) Tracez le graphique de x, v et a en fonction du temps.

2. Après avoir franchi un dos d'âne, une voiture munie d'amortisseurs usés cahote et son mouvement de haut en bas a une période de 1,5 s. La voiture a une masse de 1 500 kg et elle est supportée par quatre ressorts ayant chacun une constante de rappel k. Déterminez la valeur de k.

3. Une tige homogène de longueur L est munie d'un pivot situé à une distance d au-dessus du centre de masse (fig. 13.20). Lorsqu'elle est écartée et lâchée à faible distance de sa position d'équilibre, elle décrit un mouvement harmonique simple. (a) Déterminez la fréquence angulaire de ce mouvement. (b) S'il s'agit d'une règle de 1 m dont le pivot se trouve à la marque des 75 cm, quelle est la période du mouvement? (L'extrémité du bas correspond à la marque de 0 cm.)

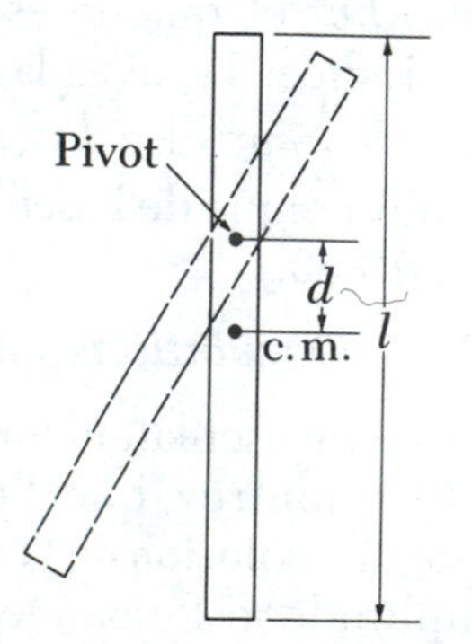

Figure 13.20 (Problème 3).

4. Une masse de 50 g reliée à un ressort décrit une oscillation harmonique simple sur une surface horizontale sans frottement. Son amplitude est de 16 cm et sa période de 4 s. À $t = 0$, la masse est lâchée à partir du repos à $x = 16$ cm, comme l'indique la figure 13.5. Déterminez (a) le déplacement en fonction du temps et sa valeur à $t = 0{,}5$ s, (b) la grandeur et l'orientation de la force agissant sur la masse à $t = 0{,}5$ s, (c) le temps minimal qu'il faut pour que la masse atteigne $x = 8$ cm, (d) la vitesse en fonction du temps et la vitesse à $x = 8$ cm et (e) l'énergie mécanique totale et la constante de rappel du ressort.

5. Une masse m est reliée à un ressort de constante k suspendu à la verticale (fig. 13.21). À supposer qu'on lâche la masse lorsque le ressort est *détendu* montrez que (a) le système décrit un mouvement harmonique simple dont la position, mesurée à partir de la position de départ, est donnée par $y = \frac{mg}{k}(1 - \cos \omega t)$, où $\omega = \sqrt{k/m}$ et (b) la tension maximale du ressort est $2mg$.

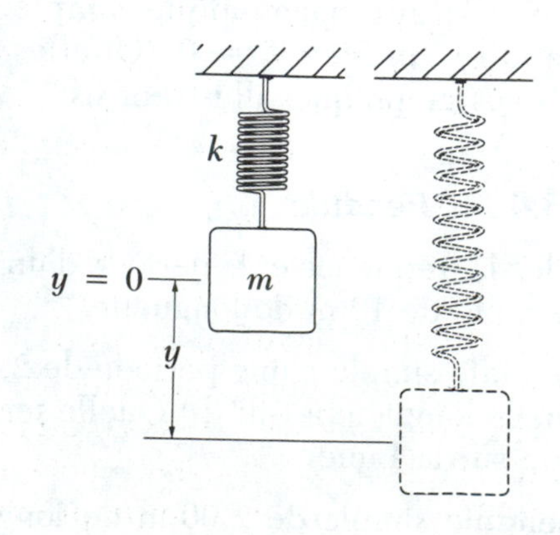

Figure 13.21 (Problème 5).

6. Une plate-forme vibre à une fréquence de 0,5 Hz en décrivant un mouvement harmonique simple dans le sens horizontal. Un corps au repos sur la plate-forme se met à glisser lorsque l'amplitude de la vibration atteint 0,3 m. Déterminez le coefficient de frottement statique entre le corps et la plate-forme.

7. Une masse sphérique m de rayon R est suspendue à l'aide d'une corde légère de longueur $L - R$ (fig. 13.22). (a) Déterminez le moment d'inertie de ce pendule composé par rapport au point O en utilisant le théorème des axes parallèles. (b) Calculez la période dans le cas de faibles déplacements par rapport à l'équilibre. (c) Démontrez que si $R \ll L$, le système a la même période qu'un pendule simple de longueur L.

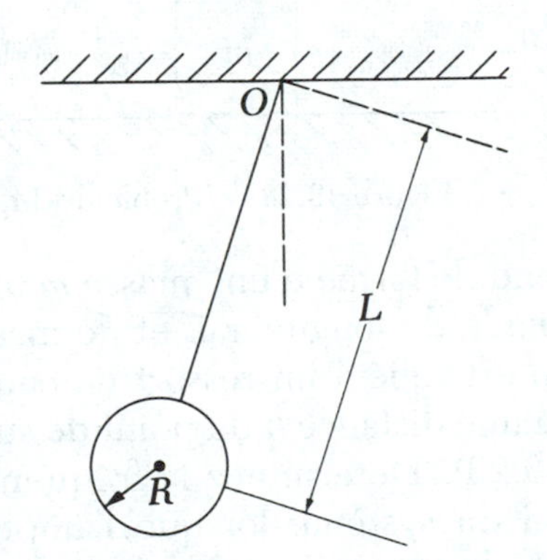

Figure 13.22 (Problème 7).

8. Une masse m est reliée à deux languettes de caoutchouc de longueur L, chacune étant soumise à une tension T, comme à la figure 13.23. On déplace la masse sur une *faible* distance verticale y. À supposer que la tension ne varie pas de façon considérable, montrez que (a) la force de rappel est $-(2T/L)y$ et (b) le système décrit un mouvement harmonique simple dont la fréquence angulaire est donnée par $\omega = \sqrt{2T/mL}$.

9. Une particule de masse m se déplace en glissant à l'intérieur d'un bol hémisphérique de rayon R. Montrez que dans le cas de faibles déplacements par rapport à la position d'équilibre, la particule décrit un mouvement harmonique simple dont la fréquence angulaire est égale à celle d'un pendule simple de longueur R. Ce qui veut dire que $\omega = \sqrt{g/R}$.

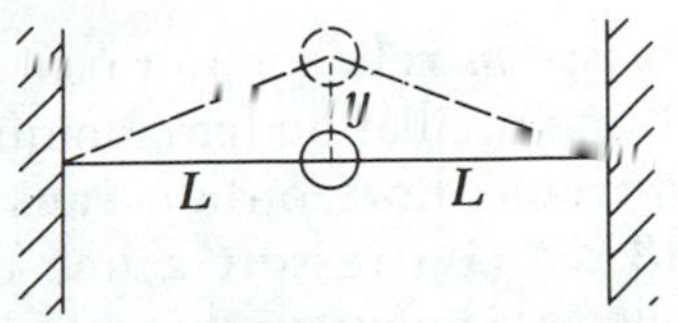

Figure 13.23 (Problème 8).

10. Une planche horizontale de masse m et de longueur L est munie d'un pivot à une extrémité et son autre extrémité est reliée à un ressort de constante k (fig. 13.24). Le moment d'inertie de la planche par rapport au pivot est $\frac{1}{3}mL^2$. Si l'on écarte la planche d'un *petit* angle θ par rapport à l'horizontale et qu'on la lâche à partir de cette position, montrez qu'elle décrira un mouvement harmonique simple dont la fréquence angulaire est donnée par $\omega = \sqrt{3k/m}$.

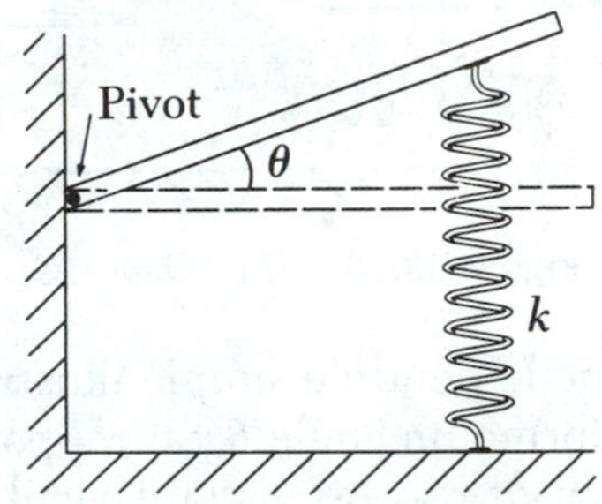

Figure 13.24 (Problème 10).

11. Une masse M est reliée à l'extrémité inférieure d'une tige uniforme de masse m et de longueur l; l'extrémité supérieure de la tige est munie d'un pivot (fig. 13.25). (a) Déterminez les tensions dans la tige au pivot et au point P, lorsque le système est immobile. (b) Calculez la période d'oscillation dans le cas de faibles déplacements par rapport à l'équilibre et déterminez la période pour $l = 2$ m. (Indice: Considérez la masse M comme une masse ponctuelle et utilisez l'équation 13.26.) Réf.: a) $T_P = (M + my/l)\,g$

b) $T = 2{,}83\sqrt{\dfrac{2m + 6M}{3m + 6M}}$

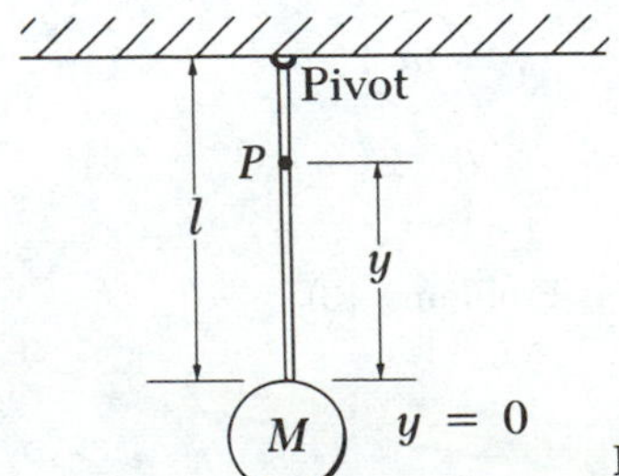

Figure 13.25 (Problème 11).

12. Une masse M reliée à un ressort de masse m décrit une oscillation harmonique simple sur une surface horizontale sans frottement (fig. 13.26). Le ressort a une constante de rappel k et la longueur du ressort à l'équilibre est l. Déterminez (a) l'énergie cinétique du système lorsque la masse a une vitesse v et (b) la période d'oscillation. (Indice: Supposez que toutes les parties du ressort oscillent en phase et que la vitesse d'un segment dx est proportionnelle à la distance par rapport à l'extrémité fixe, soit $v_x = \frac{x}{l}v$. Notez également que la masse d'un segment du ressort est $dm = \frac{m}{l}dx$.)

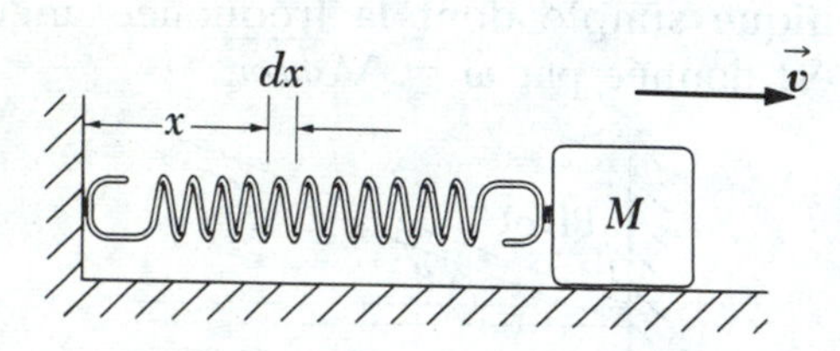

Figure 13.26 (Problème 12).

13. Lorsque le pendule simple illustré à la figure 13.27 forme un angle θ par rapport à la verticale, sa vitesse est v. (a) Calculez l'énergie mécanique totale du pendule en fonction de v et de θ. (b) Montrez que lorsque θ est petit, l'énergie potentielle peut s'exprimer par $\frac{1}{2}mgL\theta^2 = \frac{1}{2}m\omega^2 s^2$. (Indice: En (b), faites une approximation de cos θ par $\cos\theta \approx 1 - \frac{\theta^2}{2}$.)

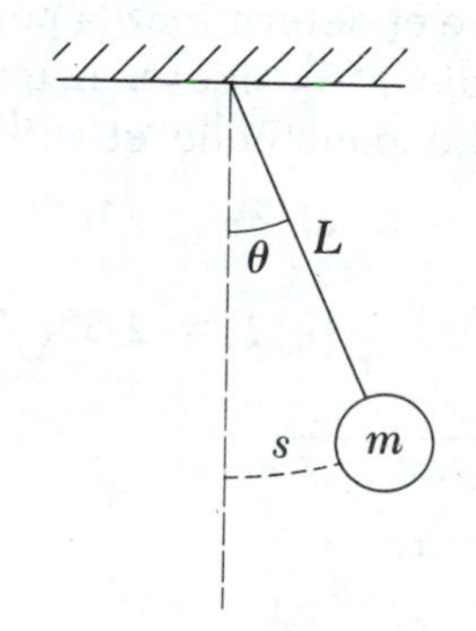

Figure 13.27 (Problème 13).

14. Une masse m est reliée à deux ressorts de constantes k_1 et k_2 (fig. 13.28a et 13.28b). Montrez que dans les deux cas, la masse décrit un mouvement harmonique simple et que les périodes sont données par:

(a) $T = 2\pi\sqrt{\dfrac{m(k_1 + k_2)}{k_1 k_2}}$ et

(b) $T = 2\pi\sqrt{\dfrac{m}{k_1 + k_2}}$.

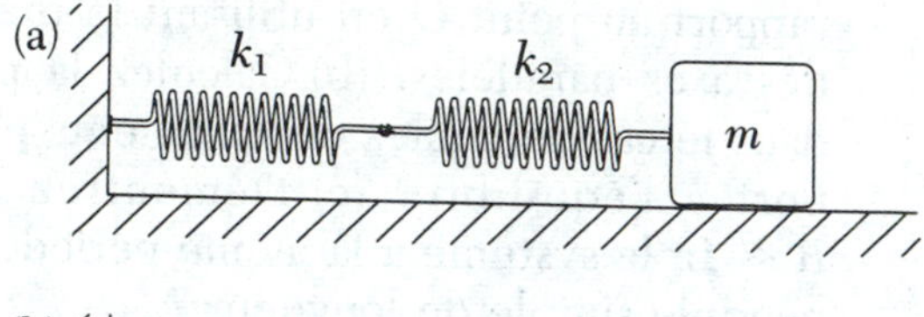

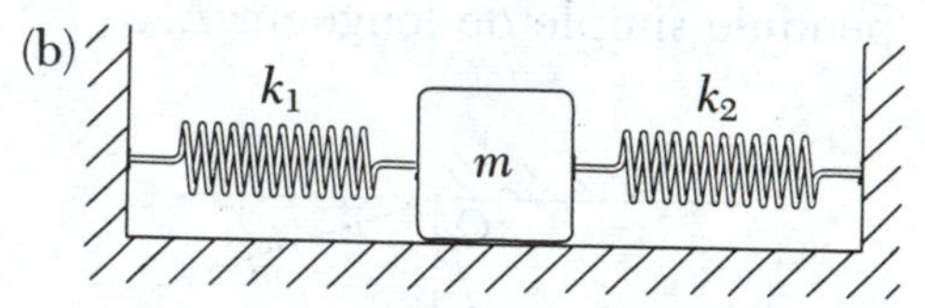

Figure 13.28 (Problème 14).

15. Un pendule formé d'une masse m fixée à une tige rigide de longueur L et de masse négligeable est relié à un ressort de constante k, situé à une distance h du point de suspension (fig. 13.29). Déterminez la fréquence de vibration du système lorsque l'amplitude est faible (valeur peu élevée de θ). (Supposez que la longueur verticale de suspension est rigide, mais faites abstraction de sa masse.)

Réf.: $f = \dfrac{1}{2\pi}\sqrt{\dfrac{mgL + kh^2}{I}}$

Figure 13.29 (Problème 15).

Chapitre **14**

Loi de la gravitation universelle

NASA/JPL

Au chapitre 6, nous avons vu que la force gravitationnelle constitue une interaction fondamentale. Il faut se rappeler qu'à l'échelle atomique, la force gravitationnelle a une grandeur négligeable en comparaison des forces nucléaire et électrostatique entre les particules élémentaires. Toutefois, les forces nucléaires ne s'exercent qu'à très courte portée et l'action des forces électrostatiques entre les objets macroscopiques est souvent négligeable étant donné la presque parfaite neutralité de charge de la matière considérée globalement. Par conséquent, le mode d'interaction principal de corps massifs, tels que le Soleil et les planètes, est l'interaction gravitationnelle et ce, malgré les distances considérables qui les séparent et la faiblesse intrinsèque de la force gravitationnelle.

Isaac Newton reconnut le premier que le mouvement de la Lune autour de la Terre et celui des planètes autour du Soleil est attribuable à la même force que celle qui cause la chute des corps. On peut dire que la force gravitationnelle est, en quelque sorte, la «colle invisible» qui assure la cohésion de l'univers.

Dans le présent chapitre, nous allons étudier en détail la loi de la gravitation universelle. Nous mettrons l'accent sur la description du mouvement des planètes, car les données astronomiques constituent un outil important pour vérifier la validité de la loi de la gravitation universelle. Nous démontrerons que les lois du mouvement des planètes énoncées par Johannes Kepler (1571-1630) découlent de la loi de la gravitation universelle et du principe de conservation du moment cinétique. Nous obtiendrons une expression générale de l'énergie potentielle de gravitation et nous traiterons de l'énergie associée au mouvement des planètes et des satellites. La loi de la gravitation universelle servira également à déterminer la force qui s'exerce entre une particule et un corps étendu.

14.1 Lois de Kepler

Les mouvements des planètes, des étoiles et des autres corps célestes sont l'objet d'observations depuis des milliers d'années. Au début, on croyait que la Terre était le centre de l'univers. Ce modèle, dit «géocentrique», fut proposé par l'astronome grec Claude Ptolémée (deuxième siècle après J.-C.) et resta en vigueur pendant 1 400 ans. L'astronome polonais Nicolas Copernic (1473-1543) avança que la Terre et les autres planètes décrivent des orbites circulaires autour du Soleil (hypothèse héliocentrique).

L'astronome danois Tycho Brahé (1546-1601) se livra à des mesures astronomiques échelonnées sur une période de 20 ans; ce sont d'ailleurs ses données qui ont servi de base au modèle actuel du système solaire. Il est intéressant de noter que ses observations précises du mouvement des planètes et de 777 étoiles visibles à l'oeil nu ont été faites à l'aide d'un grand sextant et d'une boussole, le télescope n'étant pas encore inventé à cette époque.

L'astronome allemand Johannes Kepler, élève de Brahé, hérita de ces données et consacra 16 ans à tenter d'établir un modèle mathématique capable de rendre compte du mouvement des planètes. Après de nombreux calculs complexes, il découvrit que les données précises de Brahé sur l'orbite de Mars autour du Soleil renfermaient la solution recherchée. Or, de telles données sont difficiles à évaluer et à trier, car la Terre est également en orbite autour du Soleil. L'analyse de Kepler démontra qu'il fallait avant tout abandonner la notion d'orbite circulaire autour du Soleil. Ses travaux l'amenèrent en effet à découvrir que l'orbite de Mars devait être une ellipse ayant le Soleil à l'un de ses foyers. Puis, il généralisa cette analyse au mouvement de toutes les planètes. L'analyse complète se résume en trois énoncés fondamentaux, appelés les *lois de Kepler*; appliquées au système solaire, ces lois empiriques s'énoncent comme suit:

Lois de Kepler

1. *Toutes les planètes décrivent des orbites elliptiques dont le Soleil est un des foyers.*

2. *En des intervalles de temps égaux, le segment de droite joignant le Soleil à une planète balaie des aires égales.*

3. *Le carré de la période de révolution d'une planète est proportionnel au cube du demi-grand axe de l'orbite elliptique.*

Environ 100 ans plus tard, Newton démontra que ces lois découlaient d'une force simple qui s'exerce entre deux masses. En effet, les lois de Newton sur la gravitation universelle et sur le mouvement fournissent une solution mathématique complète du mouvement des planètes et des satellites. En outre, la loi de la gravitation universelle décrit avec exactitude la force d'attraction qui s'exerce entre deux masses, *quelles qu'elles soient.*

14.2 Loi de la gravitation universelle et mouvement des planètes

Comme nous l'avons vu au chapitre 6, la force d'attraction gravitationnelle entre deux particules de masses m_1 et m_2 séparées par une distance r a une grandeur

14.1 $$F = G\frac{m_1 m_2}{r^2}$$

Loi de la gravitation universelle

où G représente la constante gravitationnelle dont la valeur en unités SI est

14.2 $$G = 6{,}673 \times 10^{-11}\ \mathrm{N \cdot m^2/kg^2}$$

Pour formuler la loi de la gravitation universelle, Newton utilisa l'observation décrite ci-dessous, qui indique que la force gravitationnelle est inversement proportionnelle au carré de la distance entre deux masses. Comparons l'accélération de la Lune sur son orbite avec l'accélération d'un objet, tel que la légendaire pomme de Newton, en chute vers la surface de la Terre (fig. 14.1). Supposons que les deux accélérations ont une même cause, soit la force d'attraction gravitationnelle de la Terre. Suivant la loi de l'inverse du carré, l'accélération de la Lune vers la Terre (accélération centripète) devrait être proportionnelle à $1/{r_L}^2$, r_L étant la distance entre la Lune et la Terre. En outre, l'accélération de la pomme vers la Terre devrait varier selon $1/{R_T}^2$, R_T étant le rayon terrestre. En utilisant les valeurs $r_L = 3{,}84 \times 10^8$ m et $R_T = 6{,}37 \times 10^6$ m, le rapport entre l'accélération de la Lune, a_L, et l'accélération de la pomme, g, s'établit à

$$\frac{a_L}{g} = \frac{(1/r_T)^2}{(1/R_T)^2} = \frac{{R_T}^2}{{r_T}^2} = \frac{(6{,}37 \times 10^6\ \mathrm{m})^2}{(3{,}84 \times 10^8\ \mathrm{m})^2} = 2{,}75 \times 10^{-4}$$

Par conséquent,

$$a_L = (2{,}75 \times 10^{-4})(9{,}8\ \mathrm{m/s^2}) = 2{,}7 \times 10^{-3}\ \mathrm{m/s^2}$$

Accélération de la Lune

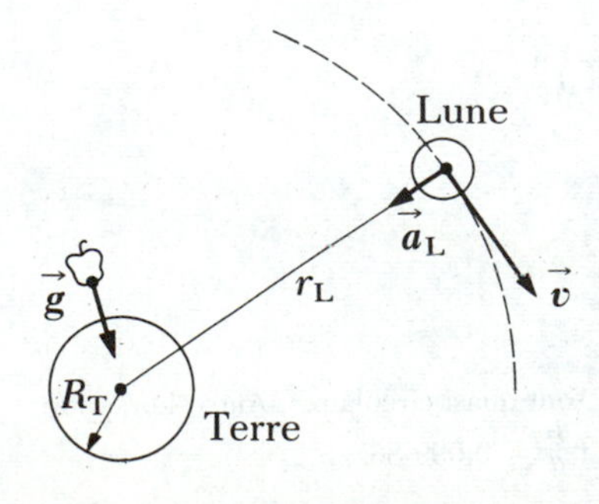

Figure 14.1 Gravitant autour de la Terre, la Lune subit une accélération centripète $\vec{a}_L$ dirigée vers la Terre. Un objet à proximité de la surface terrestre subit une accélération égale à $\vec{g}$. (Les dimensions ne sont pas à l'échelle.)

On peut également calculer l'accélération centripète de la Lune de façon cinématique, puisque l'on connaît sa période de révolution, $T = 27{,}32$ jours $= 2{,}36 \times 10^6$ s, et sa distance moyenne par rapport à la Terre. En un temps T, la Lune parcourt une distance $2\pi r_L$, qui est égale à la circonférence de son orbite. Par conséquent, sa vitesse orbitale est de $2\pi r_L/T$ et son accélération centripète est

$$a_L = \frac{v^2}{r_L} = \frac{(2\pi r_L/T)^2}{r_L} = \frac{4\pi^2 r_L}{T^2} = \frac{4\pi^2(3{,}84 \times 10^8 \text{ m})}{(2{,}36 \times 10^6 \text{ s})^2} = 2{,}72 \times 10^{-3} \text{ m/s}^2$$

Cette concordance des résultats constitue une importante preuve de la validité de la loi de l'inverse du carré.

Bien que ces résultats furent probablement très encourageants pour Newton, il n'en demeurait pas moins préoccupé par une hypothèse de base de son analyse. En effet, pour évaluer l'accélération d'un corps à la surface de la Terre, il fallait supposer que toute la masse terrestre était concentrée en son centre. Newton devait donc supposer que lorsque la Terre agit sur un corps extérieur, elle se comporte comme une particule. Plusieurs années plus tard, Newton fit la preuve de cette hypothèse grâce à ses travaux précurseurs dans le domaine du calcul différentiel. (La section 14.8 présente le détail de cette preuve au moyen du calcul différentiel et intégral.) Outre sa timidité naturelle, c'est ce qui explique que ce grand penseur ait mis 20 ans à se décider à publier sa théorie de la gravitation.

Troisième loi de Kepler

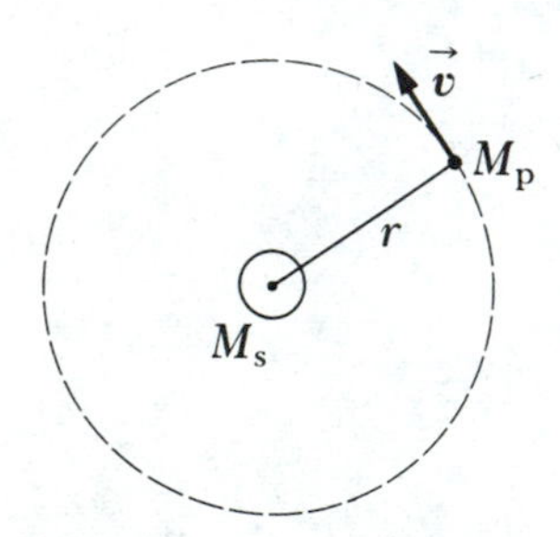

Figure 14.2 Une planète de masse M_p décrit une orbite circulaire autour du Soleil. Toutes les planètes, sauf Mercure et Pluton, ont des orbites quasi circulaires.

Il est intéressant de montrer que l'on peut obtenir la troisième loi de Kepler à partir de la loi de l'inverse du carré dans le cas d'orbites circulaires[1]. Considérons une planète de masse M_p se déplaçant autour du Soleil de masse M_s en décrivant une orbite circulaire, comme à la figure 14.2. La force gravitationnelle qui s'exerce sur la planète étant égale à la force centripète nécessaire à la poursuite de son mouvement circulaire, nous avons

$$\frac{GM_sM_p}{r^2} = \frac{M_p v^2}{r}$$

Mais la vitesse orbitale de la planète est simplement donnée par $2\pi r/T$, où T représente sa période; par conséquent, l'expression ci-dessus devient

$$\frac{GM_s}{r^2} = \frac{(2\pi r/T)^2}{r}$$

Troisième loi de Kepler

14.3 $$T^2 = \left(\frac{4\pi^2}{GM_s}\right) r^3 = K_s r^3$$

K_s étant la constante donnée par

$$K_s = \frac{4\pi^2}{GM_s}$$

1. Les orbites de toutes les planètes, sauf Mercure et Pluton, sont quasi circulaires. Ainsi, le rapport entre le demi-grand axe et le demi-petit axe de la Terre est $\frac{b}{a} = 0{,}999\ 86$.

Tableau 14.1 *Données astronomiques utiles*

Corps	Masse (kg)	Rayon moyen (m)	Période (s)	Distance du Soleil (m)	$\frac{T^2}{r^3}\left[10^{-19}\left(\frac{s^2}{m^3}\right)\right]$
Mercure	$3{,}18 \times 10^{23}$	$2{,}43 \times 10^{6}$	$7{,}60 \times 10^{6}$	$5{,}79 \times 10^{10}$	2,97
Vénus	$4{,}88 \times 10^{24}$	$6{,}06 \times 10^{6}$	$1{,}94 \times 10^{7}$	$1{,}08 \times 10^{11}$	2,99
Terre	$5{,}98 \times 10^{24}$	$6{,}37 \times 10^{6}$	$3{,}156 \times 10^{7}$	$1{,}496 \times 10^{11}$	2,97
Mars	$6{,}42 \times 10^{23}$	$3{,}37 \times 10^{6}$	$5{,}94 \times 10^{7}$	$2{,}28 \times 10^{11}$	2,98
Jupiter	$1{,}90 \times 10^{27}$	$6{,}99 \times 10^{7}$	$3{,}74 \times 10^{8}$	$7{,}78 \times 10^{11}$	2,97
Saturne	$5{,}68 \times 10^{26}$	$5{,}85 \times 10^{7}$	$9{,}35 \times 10^{8}$	$1{,}43 \times 10^{12}$	2,99
Uranus	$8{,}68 \times 10^{25}$	$2{,}33 \times 10^{7}$	$2{,}64 \times 10^{9}$	$2{,}87 \times 10^{12}$	2,95
Neptune	$1{,}03 \times 10^{26}$	$2{,}21 \times 10^{7}$	$5{,}22 \times 10^{9}$	$4{,}50 \times 10^{12}$	2,99
Pluton	$\approx 1 \times 10^{23}$	$\approx 3 \times 10^{6}$	$7{,}82 \times 10^{9}$	$5{,}91 \times 10^{12}$	2,96
Lune	$7{,}36 \times 10^{22}$	$1{,}74 \times 10^{6}$	—	—	—
Soleil	$1{,}991 \times 10^{30}$	$6{,}96 \times 10^{8}$	—	—	—

C'est ce que l'on nomme la troisième loi de Kepler, qui s'applique également aux orbites elliptiques, en remplaçant r par la longueur du demi-grand axe a (fig. 14.3). Notons que la constante de proportionnalité K_s est indépendante de la masse de la planète. Par conséquent, l'équation 14.3 est applicable à *toute* planète. Si l'on devait analyser l'orbite d'un satellite autour de la Terre, soit la Lune par exemple, alors la constante prendrait une valeur différente, car il faudrait remplacer la masse du Soleil par celle de la Terre (exemple 6.4). Dans ce cas, la constante de proportionnalité serait égale à $4\pi^2/GM_T$.

Le tableau 14.1 présente une liste de données utiles sur les planètes. La dernière colonne du tableau permet de vérifier le fait que T^2/r^3 est une constante donnée par $K_s = 4\pi^2/GM_s = 2{,}97 \times 10^{-19}\ s^2/m^3$.

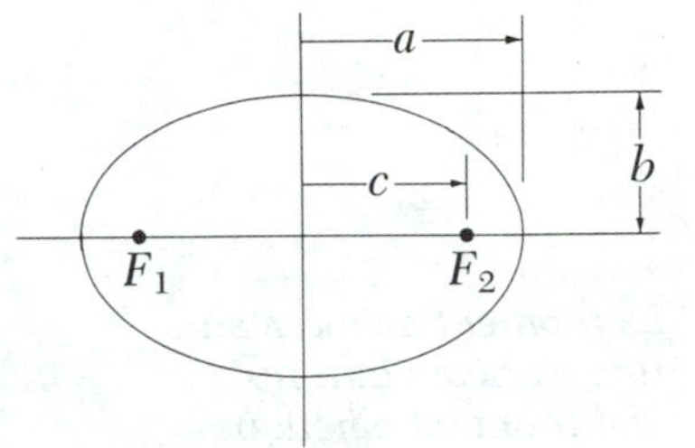

Figure 14.3 Représentation graphique d'une ellipse. Le demi-grand axe a une longueur a et le demi-petit axe, une longueur b. Les foyers sont situés à une distance c du centre et l'excentricité est définie par $e = c/a$.

Exemple 14.1 Masse du Soleil

Calculez la masse du Soleil en partant du fait que la période de la Terre est de $3{,}156 \times 10^7$ s et que la distance qui la sépare du Soleil est de $1{,}496 \times 10^{11}$ m.

Solution: L'équation 14.3 nous donne

$$M_s = \frac{4\pi^2 r^3}{GT^2} = \frac{4\pi^2(1{,}496 \times 10^{11}\ m)^3}{\left(6{,}67 \times 10^{-11} \frac{N \cdot m^2}{kg^2}\right)(3{,}156 \times 10^7\ s)^2}$$

$$= 1{,}99 \times 10^{30}\ kg$$

Notez que la masse du Soleil est 333 000 fois celle de la Terre!

Deuxième loi de Kepler et conservation du moment cinétique

Considérons une planète (ou une comète) de masse m décrivant une orbite elliptique autour du Soleil (fig. 14.4). La force gravitationnelle agissant sur la planète est toujours dirigée vers le Soleil selon le vecteur rayon. Lorsqu'une force est ainsi dirigée vers un point fixe (c'est-à-dire lorsqu'une force est une fonction de r seulement), on dit que c'est une *force centrale*[2]. Le moment de

2. Ainsi, la force électrostatique entre deux particules chargées est un autre exemple de force centrale.

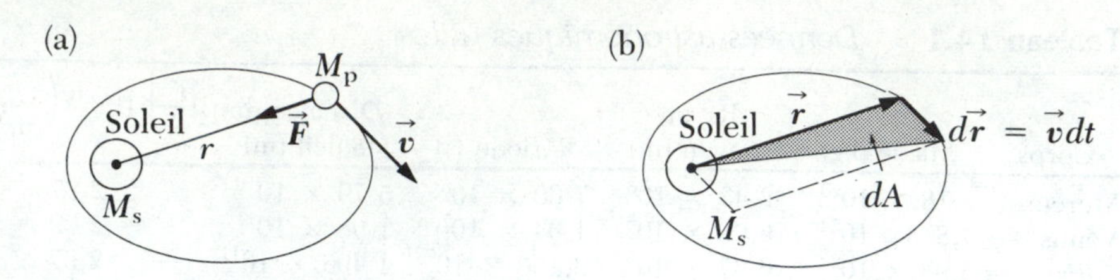

Figure 14.4 (a) La force qui agit sur une planète est dirigée vers le Soleil, selon le vecteur rayon. (b) À mesure que la planète décrit son orbite autour du Soleil, l'aire balayée par le vecteur rayon en un temps dt est égale à la moitié de l'aire du parallélogramme formé par les vecteurs r et $d\vec{r} = \vec{v}\, dt$.

cette force centrale par rapport au soleil est évidemment nul puisque $\vec{F}$ est de même direction que $\vec{r}$. On a donc.

$$\vec{\tau} = \vec{r} \times \vec{F}$$

Le moment de force sur une planète étant nul, son moment cinétique est constant

Or, le moment de force est égal à la dérivée par rapport au temps du moment cinétique, soit $\vec{\tau} = d\vec{L}/dt$. Par conséquent, puisque $\vec{\tau} = 0$, le *moment cinétique* $\vec{L}$ *de la planète est une constante du mouvement.*

$$\vec{L} = \vec{r} \times \vec{p} = m\vec{r} \times \vec{v} = \text{un vecteur constant}$$

$\vec{L}$ étant une constante du mouvement, nous voyons qu'en tout temps le mouvement de la planète est limité au plan formé par $\vec{r}$ et $\vec{v}$.

Nous pouvons rattacher ce résultat aux considérations géométriques ci-dessous. Le vecteur rayon $\vec{r}$ de la figure 14.4b balaie une aire dA en un temps dt. Cette aire est égale à la moitié de l'aire $|\vec{r} \times d\vec{r}|$ du parallélogramme formé par les vecteurs $\vec{r}$ et $d\vec{r}$. Le déplacement d'une planète en un temps dt étant donné par $d\vec{r} = \vec{v}\, dt$, nous obtenons

Deuxième loi de Kepler

$$dA = \frac{1}{2}|\vec{r} \times d\vec{r}| = \frac{1}{2}|\vec{r} \times \vec{v}\, dt| = \frac{L}{2m} dt$$

$$\frac{dA}{dt} = \frac{L}{2m} = \text{constante}$$

où L et m sont deux constantes du mouvement. Nous concluons donc que *le vecteur rayon joignant le Soleil à une planète balaie des aires égales en des temps égaux.* Ce résultat découle du fait que la force gravitationnelle est une force centrale, car ceci implique la conservation du moment cinétique. Cette loi est donc applicable à *n'importe quelle* situation où intervient une force centrale, que la loi de l'inverse du carré soit applicable ou non.

La deuxième loi de Kepler ne donne aucun indice qui pourrait permettre de conclure que la force gravitationnelle est fonction de l'inverse du carré de la distance. Bien que nous n'en fassions pas la preuve ici, la première loi de Kepler découle directement du fait que la force gravitationnelle varie selon $1/r^2$. On peut démontrer que, lorsque s'applique la loi de l'inverse du carré, les orbites planétaires sont des ellipses ayant le Soleil à l'un des foyers.

Exemple 14.2 Mouvement sur une orbite elliptique

Soit une planète de masse m qui décrit une orbite elliptique autour du Soleil (fig. 14.5). La position la plus rapprochée du Soleil se nomme *périhélie* (représentée par p à la figure 14.5), et l'*aphélie* (représentée par a) est la position la plus éloignée du Soleil. Si la planète est animée d'une vitesse v_p au point p, quelle est sa vitesse au point a? Supposez que les distances r_a et r_p sont connues.

Solution: Le moment cinétique de la planète par rapport au Soleil est $m\vec{r} \times \vec{v}$. Aux points a et p, $\vec{v}$ est perpendiculaire à $\vec{r}$. Par conséquent, la grandeur du moment cinétique à ces positions est $L_a = mv_a r_a$ et $L_p = mv_p r_p$. L'orientation du moment cinétique sort de la page. Le moment cinétique étant conservé, nous obtenons

$$mv_a r_a = mv_p r_p$$

$$v_a = \frac{r_p}{r_a} v_p$$

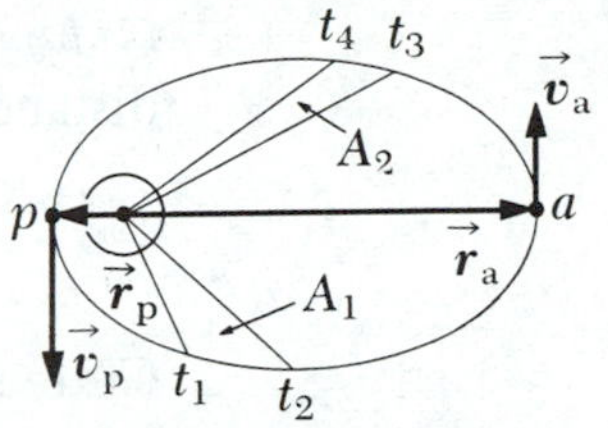

Figure 14.5 (Exemple 14.2) Au cours de son orbite elliptique autour du Soleil, une planète conserve son moment cinétique. Par conséquent, $mv_a r_a = mv_p r_p$, les indices a et p représentant l'aphélie et le périhélie.

Q1. En vous reportant à la figure 14.5, analysez l'aire balayée par le vecteur rayon durant les intervalles de temps $t_2 - t_1$ et $t_4 - t_3$. À quelle condition A_1 est-il égal à A_2?

Q2. Si A_1 est égal à A_2 dans la figure 14.5, la vitesse moyenne de la planète durant l'intervalle de temps $t_2 - t_1$ est-elle inférieure, égale ou supérieure à sa vitesse moyenne durant l'intervalle de temps $t_4 - t_3$?

Q3. À quelle position de son orbite elliptique la planète atteint-elle sa vitesse maximale? À quelle position sa vitesse est-elle minimale?

14.3 Champ gravitationnel

La force gravitationnelle qui s'exerce entre deux masses est une interaction à distance, c'est-à-dire que les deux masses sont en interaction bien qu'il n'y ait pas de contact entre elles. On peut également décrire le phénomène d'interaction gravitationnelle en introduisant le concept de *champ gravitationnel* $\vec{g}$ s'exerçant en tous les points de l'espace. Ainsi, lorsqu'une particule de masse m se trouve en un point où le champ est $\vec{g}$, elle subit une force $\vec{F} = m\vec{g}$, c'est-à-dire que le champ $\vec{g}$ exerce une force sur elle. Le champ gravitationnel est donc défini comme suit:

$$\vec{g} = \frac{\vec{F}}{m}$$

Champ gravitationnel

Ainsi, le champ gravitationnel est égal en tout point à la force gravitationnelle s'exerçant sur une masse-test divisée par cette masse-test. Par conséquent, si l'on connaît la valeur de $\vec{g}$ en un point donné de l'espace, une particule-test de masse m subira l'action d'une force gravitationnelle $m\vec{g}$ si elle se trouve à cet endroit.

Par exemple, considérons un corps de masse m près de la surface terrestre. La force gravitationnelle sur le corps est dirigée vers le centre de la Terre et a une grandeur mg. Ainsi, le champ gravitationnel en un point donné est de même grandeur que l'accélération gravitationnelle à cet endroit. Puisque la grandeur de la force gravitationnelle sur l'objet est GM_Tm/r^2 (M_T étant la masse de la Terre), le champ $\vec{g}$ s'exerçant à une distance r du centre de la Terre est donné par[3]

$$\vec{g} = \frac{\vec{F}}{m} = -\frac{GM_T}{r^2}\vec{u}_r$$

Cette expression est valable pour tout point situé *à l'extérieur* de la surface terrestre, et suppose que la Terre est sphérique. Sur la surface terrestre, où $r = R_T$, la grandeur de $\vec{g}$ est approximativement 9,8 m/s^2.

Le concept de champ est utilisé dans plusieurs autres domaines de la physique. En fait, ce modèle fut d'abord introduit par Michael Faraday (1791-1867) dans le domaine de l'électromagnétisme. Nous aurons l'occasion de revenir sur la notion de champ pour décrire les interactions électromagnétiques. Les champs gravitationnel, électrique et magnétique sont tous des *champs vectoriels* puisque chaque point de l'espace est associé à un vecteur. Par ailleurs, un *champ scalaire* est un champ dont chaque point de l'espace est décrit par une quantité scalaire. Par exemple, on peut décrire la température dans une région donnée sous forme de champ scalaire de température.

14.4 Énergie potentielle gravitationnelle

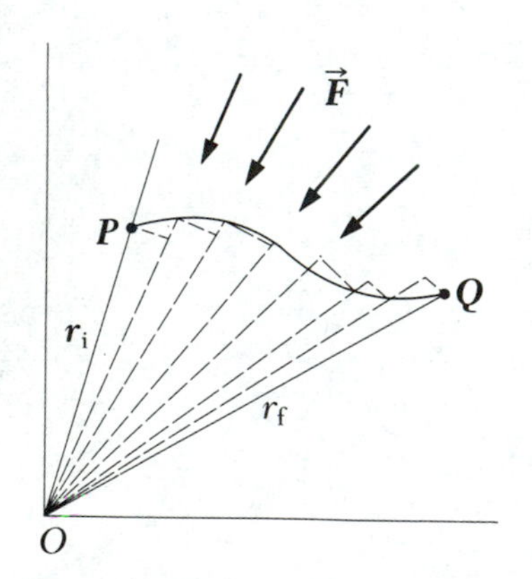

Figure 14.6 Une particule se déplace de P vers Q sous l'action d'une force centrale $\vec{F}$ de direction radiale. On décompose la trajectoire en une série de segments radiaux et circulaires. Le travail accompli suivant les segments circulaires étant nul, on peut montrer que le travail accompli est indépendant de la trajectoire.

Au chapitre 8, nous avons introduit la notion d'énergie potentielle gravitationnelle, soit l'énergie associée à la position d'une particule. Nous avons indiqué clairement que la fonction énergie potentielle gravitationnelle, $U = mgy$, n'est valable que lorsque la particule est située à proximité de la surface terrestre. Étant donné que l'interaction gravitationnelle entre deux particules varie selon $1/r^2$, nous nous attendons à ce que la fonction énergie potentielle dépende en réalité de la distance qui sépare les particules.

Avant de calculer l'expression exacte de l'énergie potentielle gravitationnelle sous sa forme spécifique, nous allons vérifier la *nature conservative de la force gravitationnelle*. Notons d'abord qu'il s'agit d'une force centrale. Par définition, une force centrale ne dépend que de la coordonnée radiale r et l'on peut donc la représenter sous la forme $-F(r)\vec{u}_r$. L'action de cette force s'exerce sur une particule à une certaine distance de l'origine du centre de force et sa direction est parallèle au vecteur rayon joignant l'origine à la particule considérée (de sens opposé, dans le cas d'une force d'attraction).

3. Rappelons que $\vec{u}_r$ est défini comme un vecteur unité ($u_r = 1$), de même orientation que $\vec{r}$: $\vec{u}_r = \frac{\vec{r}}{r}$

Supposons qu'une force centrale agit sur une particule dont la trajectoire globale va de P à Q (fig. 14.6), le point O étant le centre de force. On peut établir une approximation de la trajectoire à l'aide d'une série de segments radiaux et circulaires centrés sur O. Par définition, la force centrale est toujours dirigée selon l'un des segments radiaux; en conséquence, le travail accompli selon un *segment radial* est donné par

$$dW = \vec{F} \cdot d\vec{r} = F(r)\,dr$$

Il faut se rappeler que, par définition, le travail accompli par une force perpendiculaire au déplacement est nul. Ainsi, le travail accompli selon tout segment circulaire est *nul*, car $\vec{F}$ est perpendiculaire au déplacement selon ces segments. Le travail total effectué par $\vec{F}$ est donc la somme des travaux effectués selon les segments radiaux:

Travail accompli par une force centrale

14.4 $$W = \int_{r_i}^{r_f} F(r)\,dr$$

où les indices i et f renvoient aux positions initiale et finale. Ce résultat est valable *quelle que soit* la trajectoire de P à Q. Nous pouvons donc conclure que *toute force centrale est conservative*. À présent, nous sommes assurés de pouvoir obtenir la fonction énergie potentielle dès que nous aurons spécifié la forme de la force centrale. Rappelons-nous qu'au chapitre 8, nous avons établi que la variation de l'énergie potentielle associée à un déplacement en présence d'une force conservative est égale et opposée au travail accompli par cette force au cours du déplacement, soit

14.5 $$\Delta U = U_f - U_i = -\int_{r_i}^{r_f} F(r)\,dr$$

Nous pouvons utiliser ce résultat pour évaluer la fonction énergie potentielle gravitationnelle. Considérons une particule de masse m se déplaçant entre deux points P et Q au-dessus de la surface terrestre (fig. 14.7). La particule est soumise à la force gravitationnelle donnée par l'équation 14.1. Exprimée sous forme de vecteur, la force qui s'exerce sur m est

14.6 $$\vec{F} = \frac{-GM_Tm}{r^2}\vec{u}_r$$

$\vec{u}_r$ étant un vecteur unitaire orienté de la Terre vers la particule; le signe négatif indique qu'il s'agit d'une force d'attraction. En introduisant ce résultat dans l'équation 14.5, nous pouvons établir la fonction énergie potentielle gravitationnelle:

$$U_f - U_i = GM_Tm \int_{r_i}^{r_f} \frac{dr}{r^2} = GM_Tm\left[-\frac{1}{r}\right]_{r_i}^{r_f}$$

14.7 $$U_f - U_i = -GM_Tm\left(\frac{1}{r_f} - \frac{1}{r_i}\right)$$

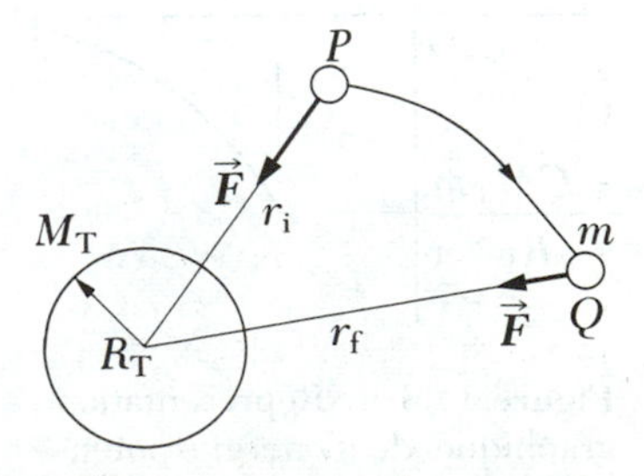

Figure 14.7 À mesure qu'une particule de masse m se déplace de P vers Q au-dessus de la surface terrestre, l'énergie potentielle varie selon l'équation 14.7.

Le choix du point de référence de l'énergie potentielle est purement arbitraire car ce sont les différences ΔU *d'énergie potentielle qui ont une importance physique.* En règle générale, pour simplifier, on choisit $U_i = 0$ à $r_i = \infty$. On obtient alors le résultat important qui suit:[4]

Énergie potentielle gravitationnelle $r > R_T$

14.8
$$U(r) = -\frac{GM_Tm}{r}$$

Cette expression est applicable à un système composé d'une particule en interaction avec la Terre seulement si $r > R_T$. En effet, ce résultat n'est pas valable lorsqu'il s'agit d'une particule se déplaçant à l'intérieur de la Terre, c'est-à-dire lorsque $r < R_T$. Nous traiterons de cette situation à la section 14.7. Étant donné notre choix de U_i, la fonction $U(r)$ est toujours négative (fig. 14.8) et elle atteint sa valeur maximale $U(r) = 0$ quand la particule est à une distance infinie de la terre.

Bien que nous ayons établi l'équation 14.8 à partir d'un système Terre-particule, cette expression est également applicable à *toute* paire de particules. Pour *toute paire* de particules de masses m_1 et m_2 séparées par une distance r, l'énergie potentielle gravitationnelle est donnée par

Énergie potentielle gravitationnelle d'une paire de particules

14.9
$$U = -\frac{Gm_1m_2}{r}$$

Cette expression montre que, pour toute paire de particules en interaction, l'énergie potentielle gravitationnelle varie selon $1/r$, alors que la force de l'interaction varie selon $1/r^2$. En outre, l'énergie potentielle est *négative*, étant donné qu'il s'agit d'une force d'attraction et que nous avons posé que l'énergie potentielle est nulle lorsque la distance entre les particules tend vers l'infini. Les particules étant soumises à une force d'attraction, nous en déduisons que toute augmentation de la distance qui les sépare est attribuable au travail positif fait par un agent extérieur, et que ce travail entraîne une augmentation de l'énergie potentielle à mesure que les particules s'éloignent l'une de l'autre. En conséquence, à mesure que r augmente, U devient moins négatif. (Notons qu'une part du travail accompli peut également entraîner une variation de l'énergie cinétique du système.) Ainsi, lorsque les particules sont immobiles et séparées par une distance r, l'agent extérieur devra fournir une énergie au *moins* égale à $+Gm_1m_2/r$ pour réussir à séparer les particules d'une distance infinie. Dans ce cas, la valeur absolue de l'énergie potentielle est, par définition, l'*énergie de liaison* du système. Si l'agent extérieur transmet une énergie *supérieure* à l'énergie de liaison Gm_1m_2/r, le surplus d'énergie du système se manifestera sous forme d'énergie cinétique lorsque les particules seront séparées à l'infini.

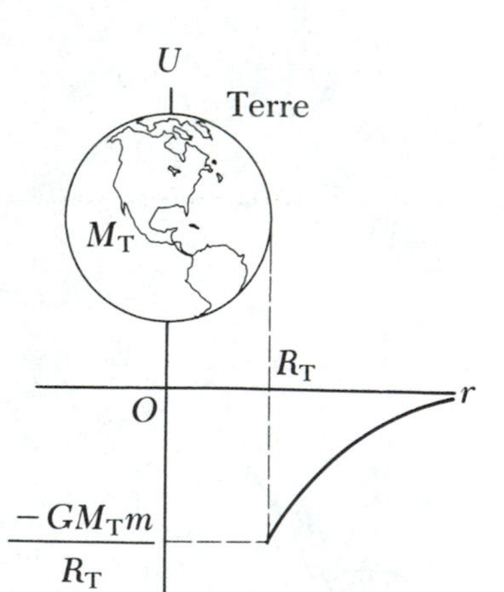

Figure 14.8 Représentation graphique de l'énergie potentielle de gravitation U en fonction de r dans le cas d'une particule au-dessus de la surface terrestre. L'énergie potentielle tend vers zéro à mesure que r tend vers ∞.

Nous pouvons appliquer cette notion aux systèmes comportant trois particules et plus. Dans ce cas, l'énergie potentielle totale du système est la

4. Tout autre choix du point de référence ajouterait une constante, dont la valeur dépendrait du point choisi, à l'expression 14.8.

somme évaluée sur toutes les *paires* de particules[5]. À chaque paire de particules correspond une quantité d'énergie potentielle donnée sous la forme de l'équation 14.9. Par exemple, si le système contient trois particules, comme à la figure 14.9, nous obtenons

14.10 $$U_{\text{total}} = U_{12} + U_{13} + U_{23} = -G\left(\frac{m_1m_2}{r_{12}} + \frac{m_1m_3}{r_{13}} + \frac{m_2m_3}{r_{23}}\right)$$

Cela représente le travail total (négatif) accompli par un agent extérieur pour équilibrer la force gravitationnelle et assembler le système sans lui fournir d'énergie cinétique à partir d'une distance infinie. Si le système est composé de quatre particules, la somme comporte six termes, qui correspondent aux six paires de forces d'interaction.

Exemple 14.3

Une particule de masse m est déplacée sur une petite distance verticale Δy près de la surface terrestre. On veut démontrer que l'expression générale de la variation d'énergie potentielle gravitationnelle donnée par l'équation 14.7 peut prendre la forme plus familière, $\Delta U = mg\ \Delta y$.

Solution: Nous pouvons exprimer l'équation 14.7 sous la forme

$$\Delta U = -GM_{\mathrm{T}}m\left(\frac{1}{r_{\mathrm{f}}} - \frac{1}{r_{\mathrm{i}}}\right) = GM_{\mathrm{T}}m\left(\frac{r_{\mathrm{f}} - r_{\mathrm{i}}}{r_{\mathrm{i}}r_{\mathrm{f}}}\right)$$

Si les positions initiale et finale de la particule sont toutes deux à proximité de la surface terrestre, alors $r_{\mathrm{f}} - r_{\mathrm{i}} = \Delta y$ et $r_{\mathrm{i}}r_{\mathrm{f}} \approx R_{\mathrm{T}}^2$. (Il ne faut pas oublier que r est mesuré à partir du centre de la Terre.) Par conséquent, la *variation* de l'énergie potentielle devient

$$\Delta U \approx \frac{GM_{\mathrm{T}}m}{R_{\mathrm{T}}^2}\Delta y = mg\,\Delta y$$

où nous avons utilisé le fait que $g = GM_{\mathrm{T}}/R_{\mathrm{T}}^2$. Rappelons ici que le choix du point de référence (le «niveau zéro» de l'énergie potentielle) est arbitraire, puisque seule la *variation* d'énergie potentielle est significative.

Q4. Si un système est composé de cinq particules distinctes, combien de termes figurent dans l'expression de son énergie potentielle totale?

Q5. Peut-on calculer la fonction énergie potentielle d'un système constitué d'une particule en interaction avec un corps étendu si l'on ignore la forme géométrique et la distribution de la masse du corps étendu?

5. On peut additionner les quantités d'énergie potentielle de toutes les paires de particules car sur le plan expérimental, les forces gravitationnelles obéissent au principe de superposition. En effet, si $\Sigma\vec{F} = \vec{F}_{12} + \vec{F}_{13} + \vec{F}_{23} + \ldots$, alors il existe une quantité d'énergie potentielle associée à chaque interaction $\vec{F}_{ij}$.

14.5 Énergie associée aux mouvements de planètes et de satellites

Soit un corps de masse m se déplaçant à une vitesse v dans le voisinage d'un corps massif de masse M, où $M \gg m$. Ce système peut représenter le cas d'une planète gravitant autour du Soleil ou d'un satellite en orbite autour de la Terre. En supposant que M est au repos dans un référentiel galiléen, l'énergie totale E du système composé des deux corps, séparés par une distance r, équivaut à la somme de l'énergie cinétique de la masse m et de l'énergie potentielle, donnée par l'équation 14.9[6], soit

$$E = K + U$$

14.11 $$E = \frac{1}{2}mv^2 - \frac{GMm}{r}$$

Figure 14.9 Diagramme de trois particules en interaction.

De plus, l'énergie totale est conservée si le système est isolé. Par conséquent, à mesure que la masse se déplace de P vers Q (fig. 14.7), l'énergie totale demeure constante et

14.12 $$E = \frac{1}{2}mv_i^2 - \frac{GMm}{r_i} = \frac{1}{2}mv_f^2 - \frac{GMm}{r_f}$$

Ce résultat indique que E peut être positif, négatif ou nul, suivant la valeur de la vitesse de m. Cependant, dans le cas d'un système lié, tel que le système Terre-Soleil, E est nécessairement plus petit que zéro. Nous pouvons établir facilement que $E < 0$ pour un système constitué d'une masse m décrivant une orbite circulaire autour d'un corps de masse M, où $M \gg m$ (fig. 14.10). En effet, si l'on applique la deuxième loi de Newton au corps de masse m, nous obtenons

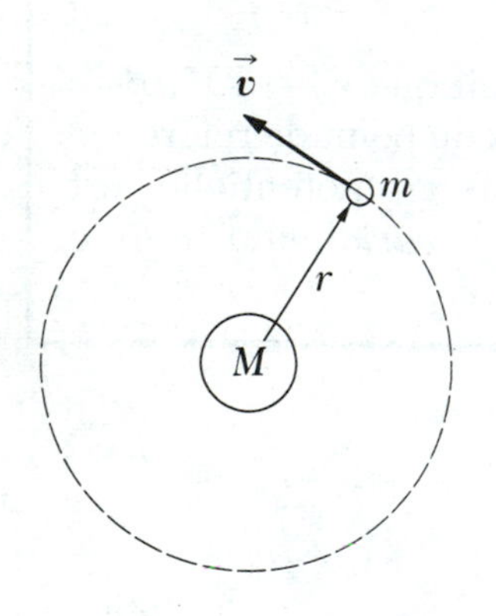

Figure 14.10 Un corps de masse m décrivant une orbite circulaire autour d'un corps de masse M.

$$\frac{GMm}{r^2} = \frac{mv^2}{r}$$

En multipliant les deux membres de l'équation par r et en divisant par 2, nous obtenons

14.13 $$\frac{1}{2}mv^2 = \frac{GMm}{2r}$$

En introduisant cette donnée dans l'équation 14.11, nous avons

$$E = \frac{GMm}{2r} - \frac{GMm}{r}$$

Énergie totale dans le cas des orbites circulaires

14.14 $$E = -\frac{GMm}{2r}$$

---

6. Vous avez sans doute remarqué que nous n'avons pas tenu compte de l'énergie cinétique de la grosse masse. Pour justifier cette approche, considérons la chute d'un objet vers la Terre. Le centre de masse du système étant immobile, il s'ensuit que $mv = M_T v_T$. La Terre acquiert donc une énergie cinétique égale à $\frac{1}{2}M_T v_T^2 = \frac{1}{2}\frac{m^2}{M_T}v^2 = \frac{m}{M_T}K$, où K représente l'énergie cinétique de l'objet. Puisque $M_T \gg m$, l'énergie cinétique de la Terre est négligeable.

Cela indique clairement que *l'énergie totale doit être négative dans le cas d'orbites circulaires*. Notons que *l'énergie cinétique est positive et équivaut à la moitié de la grandeur de l'énergie potentielle* (le fait que l'énergie totale soit égale à la moitié de l'énergie potentielle gravitationnelle est ici un exemple particulier d'un théorème plus général: le théorème du viriel). La valeur absolue de E est égale à l'énergie de liaison du système.

L'énergie mécanique totale est également négative dans le cas d'orbites elliptiques[7] et l'énergie E est obtenue au moyen de l'équation 14.14 en remplaçant r par la longueur du demi-grand axe a. *L'énergie totale et le moment cinétique total d'un système planète-Soleil sont tous deux des constantes du mouvement.*

Exemple 14.4 Variation d'orbite d'un satellite

Calculez la quantité de travail qu'il faut accomplir pour modifier le rayon de l'orbite circulaire d'un satellite de masse m gravitant autour de la Terre en le faisant passer de $2R_T$ à $3R_T$.

Solution: En appliquant l'équation 14.14, nous obtenons les énergies initiale et finale

$$E_i = \frac{GM_Tm}{4R_T} \quad , E_f = \frac{GM_Tm}{6R_T}$$

Par conséquent, le travail qu'il faut accomplir pour accroître l'énergie du système est

$$W = E_f - E_i = -\frac{GM_Tm}{6R_T} - \left(-\frac{GM_Tm}{4R_T}\right) = \frac{GM_Tm}{12R_T}$$

Par exemple, si l'on prend $m = 10^3$ kg, nous obtenons $W = 1{,}04 \times 10^{10}$ J, qui équivaut à l'énergie contenue dans 390 litres d'essence.

Pour déterminer comment l'énergie est distribuée après avoir fait du travail sur le système, on utilise l'équation 14.13 qui permet d'établir que la variation d'énergie cinétique $\Delta K = -GM_Tm/12R_T$ (elle décroît), alors que la variation correspondante de l'énergie potentielle est $\Delta U = GM_Tm/6R_T$ (elle croît). Ainsi, le travail accompli est $W = \Delta K + \Delta U = GM_Tm/12R_T$, comme nous l'avons calculé ci-dessus. C'est donc dire qu'une partie du travail accompli vient accroître l'énergie potentielle alors qu'une autre partie sert à diminuer l'énergie cinétique.

Vitesse de libération

Soit un objet de masse m projeté à la verticale vers le haut à partir du sol et animé d'une vitesse initiale v_i, comme à la figure 14.11. Nous pouvons recourir aux considérations sur l'énergie pour déterminer la valeur minimale de la vitesse initiale telle que l'objet puisse quitter le champ gravitationnel de la Terre. L'équation 14.12 nous renseigne sur l'énergie totale de l'objet à n'importe quel point, lorsque sa vitesse et son éloignement du centre de la Terre sont connus. À la surface de la Terre, où $v = v_i$, $r_i = R_T$. Lorsque l'objet atteint son altitude maximale, $v_f = 0$ et $r_f = r_{max}$. L'énergie totale étant conservée, il suffit d'introduire ces conditions dans l'équation 14.12 pour obtenir

$$\frac{1}{2}mv_i^2 - \frac{GM_Tm}{R_T} = -\frac{GM_Tm}{r_{max}}$$

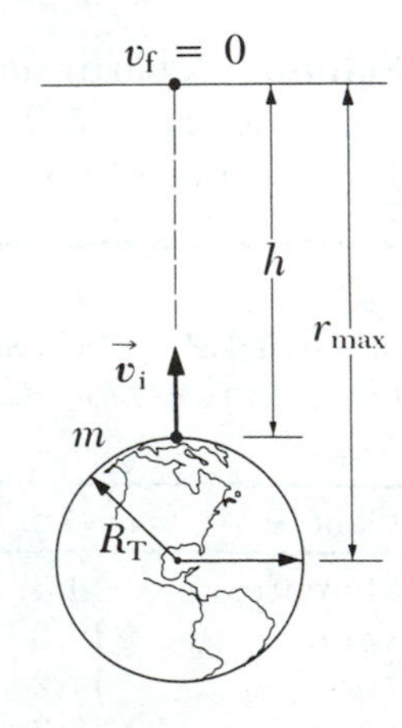

Figure 14.11 Un objet de masse m projeté vers le haut à partir de la surface terrestre et animé d'une vitesse initiale v_i; il atteint une altitude maximale h (où $M_T \gg m$).

7. Cela est démontré dans les traités de mécanique avancée. On peut également démontrer que si $E = 0$, la masse décrit une trajectoire parabolique, alors que si $E > 0$, sa trajectoire aurait la forme d'une hyperbole. Dans l'équation 14.11, lorsque $E \geq 0$, rien n'empêche la particule de s'éloigner à des distances infiniment grandes de son centre de gravitation (c'est-à-dire que l'orbite de la particule n'est pas fermée). Par contre, sur le plan de l'énergie, lorsque $E < 0$, la particule ne peut pas s'éloigner à des distances infiniment grandes et son orbite doit donc être fermée.

La solution pour v_i donne

14.15 $$v_i^2 = 2GM_T\left(\frac{1}{R_T} - \frac{1}{r_{max}}\right)$$

Connaissant la vitesse initiale, on peut donc utiliser cette expression pour calculer l'altitude maximale h, puisque nous savons que $h = r_{max} - R_T$.

Nous sommes maintenant en mesure de calculer la vitesse minimale que doit avoir l'objet au sol pour pouvoir se libérer de l'influence du champ gravitationnel de la Terre. Cela correspond à la situation d'un objet qui peut *tout juste* atteindre l'infini avec une vitesse finale *nulle*. En posant $r_{max} = \infty$ dans l'équation 14.15 et en prenant $v_i = v_{lib}$ (vitesse de libération), nous obtenons

Vitesse de libération

14.16 $$v_{lib} = \sqrt{\frac{2GM_T}{R_T}}$$

Notons que la valeur de v_{lib} est indépendante de la masse de l'objet projeté à partir de la Terre. Par exemple, une fusée a la même vitesse de libération qu'une molécule. Si l'on fournit à l'objet une vitesse initiale égale à v_{lib}, son énergie *totale* est nulle. En effet, on note que lorsque $r = \infty$, l'énergie cinétique et l'énergie potentielle de l'objet sont toutes deux nulles. Si v_i est plus grand que v_{lib}, l'énergie *totale* sera supérieure à zéro et l'objet conservera de l'énergie cinétique résiduelle à $r = \infty$.

Exemple 14.5 Vitesse de libération d'une fusée

Calculez la vitesse de libération et l'énergie cinétique au sol que doit avoir une fusée de 5 000 kg pour se libérer du champ gravitationnel de la Terre.

Solution: À partir de l'équation 14.16 et compte tenu que $M_T = 5{,}98 \times 10^{24}$ kg et $R_T = 6{,}37 \times 10^6$ m, nous obtenons

$$v_{lib} = \sqrt{\frac{2GM_T}{R_T}} = \sqrt{\frac{2(6{,}67 \times 10^{-11})(5{,}98 \times 10^{24})}{6{,}37 \times 10^6}}$$
$$= 1{,}12 \times 10^4 \ \frac{\text{m}}{\text{s}} = 11{,}2 \text{ km/s}$$

Cela représente environ 40 320 km/h.

L'énergie cinétique de la fusée est donnée par

$$K = \frac{1}{2}mv_{lib}^2 = \frac{1}{2}(5\,000)(1{,}12 \times 10^4)^2 = 3{,}14 \times 10^{11} \text{ J}$$

Tableau 14.2 *Vitesses de libération des planètes et de la Lune*

Planète	v_{lib} (km/s)
Mercure	4,3
Vénus	10,3
Terre	11,2
Lune	2,3
Mars	5,0
Jupiter	60
Saturne	36
Uranus	22
Neptune	24

Notons enfin que les équations 14.15 et 14.16 peuvent s'appliquer au lancement d'objets à partir de *n'importe quelle* planète. La vitesse de libération pour n'importe quelle planète de masse M et de rayon R est donc

$$v_{lib} = \sqrt{\frac{2GM}{R}}$$

Le tableau 14.2 présente la liste des vitesses de libération des planètes et de la Lune. Notons que les valeurs qui y figurent vont de 2,3 km/s dans le cas de la Lune à 60 km/s pour Jupiter. Ces résultats, ainsi que certaines notions relatives à la théorie cinétique des gaz expliquent que certaines planètes ont une atmosphère alors que d'autres en sont dépourvues. À une température donnée, une molécule de gaz a une vitesse moyenne qui dépend de sa masse et de la température. Les atomes légers, tels que l'hydrogène et l'hélium, ont des vitesses moyennes plus élevées que les atomes lourds. Ainsi, des atomes légers, tels que l'hydrogène et l'hélium, ayant une vitesse moyenne plus élevée que la vitesse de libération pourront s'échapper de l'atmosphère de la planète. C'est d'ailleurs ce qui explique que l'atmosphère terrestre ne puisse pas retenir les molécules d'hydrogène et d'hélium, alors que les molécules plus lourdes, comme celles d'oxygène et d'azote, ne peuvent s'en libérer. Par contre, sur Jupiter, la vitesse de libération est très grande (60 km/s), ce qui explique que son atmosphère soit principalement composée d'hydrogène.

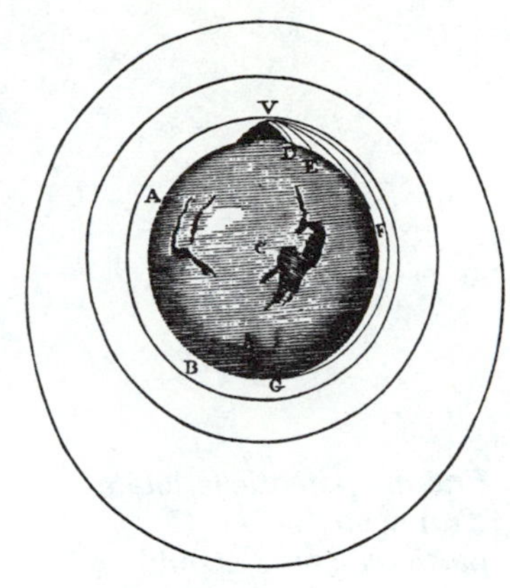

«. . . plus la vitesse d'une pierre projetée est grande, plus elle va loin avant de tomber au sol. Nous pouvons donc supposer une vitesse tellement grande qu'il (projectile) décrirait un arc de 1, 2, 5, 10, 100, 1 000 milles avant d'arriver sur Terre, jusqu'à ce qu'enfin, dépassant les limites terrestres, il atteigne l'espace sans être retombé.» (Newton, *Le système de l'univers*)

Q6. La vitesse de libération d'une fusée dépend-elle de sa masse? Expliquez.

Q7. Comparez les quantités d'énergie nécessaires pour qu'une fusée de 10^5 kg et un satellite de 10^3 kg atteignent la Lune.

Q8. Pourquoi une fusée consomme-t-elle plus de carburant pour quitter la Terre et se rendre sur la Lune que pour faire le trajet de retour? Faites une estimation de la différence de consommation,

Q9. La grandeur de l'énergie potentielle associée au système Terre-Lune est-elle supérieure, inférieure ou égale à l'énergie cinétique de la Lune par rapport à la Terre?

Q10. Expliquez en détail comment il se fait qu'aucun travail ne soit fait sur une planète lorsqu'elle se déplace autour du Soleil, bien qu'elle soit soumise à une force gravitationnelle. Quel est le travail *net* effectué sur la planète durant chaque révolution autour du Soleil suivant une orbite elliptique?

14.6 Force gravitationnelle entre un corps étendu et une particule

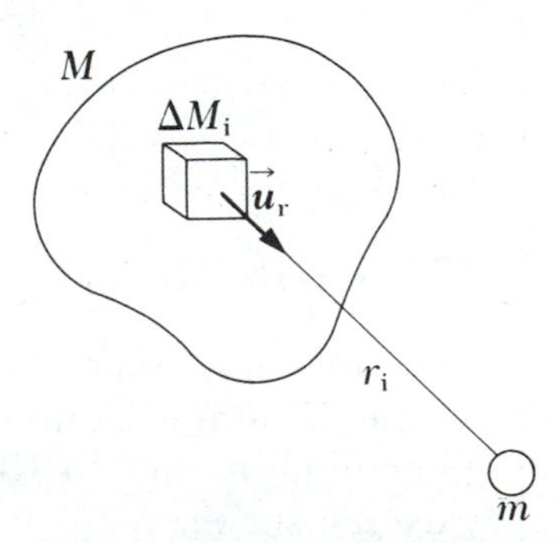

Figure 14.12 Une particule de masse m en interaction avec un corps étendu de masse M. L'énergie potentielle du système est donnée par l'équation 14.17. La force totale qu'exerce le corps étendu sur la particule au point P s'obtient en effectuant la somme vectorielle de toutes les forces attribuables à chacun des morceaux du corps.

Nous avons souligné que la loi de la gravitation universelle donnée à l'équation 14.6 est valable seulement si l'on considère les objets en interaction comme des particules. Partant de ce principe, comment peut-on calculer la force d'interaction entre une particule et un corps de dimensions finies? Dans ce cas, il faut considérer le corps *étendu* comme un ensemble de particules et utiliser le calcul intégral. Notre approche consistera à évaluer en premier lieu la fonction énergie potentielle, à partir de laquelle nous pouvons calculer la force.

L'énergie potentielle associée à un système composé d'une masse ponctuelle m et d'un corps étendu de masse M s'obtient en divisant le corps en morceaux de masse ΔM_i (fig. 14.12). L'énergie potentielle associée à cet élément et à la masse m de la particule est $-Gm\ \Delta M_i/r_i$, où r_i représente la distance entre la particule et l'élément ΔM_i. L'énergie potentielle totale du système s'obtient en prenant la somme sur tous les morceaux lorsque $\Delta M_i \to 0$. Dans cette limite, nous pouvons exprimer U sous forme d'intégrale.

Énergie potentielle totale d'un système particule-corps étendu

14.17 $$U = -Gm \int \frac{dM}{r}$$

U ayant été évalué, la force s'obtient à partir de l'opposée de la dérivée de cette fonction scalaire (voir section 8.7). Si le corps étendu est de symétrie sphérique, la fonction U dépend seulement de r et la force est donnée par $-dU/dr$. Nous traiterons cette situation à la section 14.7. En principe, on peut évaluer U quelle que soit la configuration géométrique du corps; toutefois, l'intégration peut être très compliquée.

Il existe une autre approche qui permet d'évaluer la force d'interaction entre une particule et un corps étendu: on effectue la somme vectorielle des forces exercées par tous les morceaux du corps sur la particule. En utilisant la même démarche que précédemment (pour évaluer U) et la loi de la gravitation universelle (équation 14.1), nous voyons que la force totale est donnée par

Force totale entre une particule et un corps étendu

14.18 $$\vec{F} = -Gm \int \frac{dM}{r^2} \vec{u}_r$$

où $\vec{u}_r$ est un vecteur unitaire dont l'orientation va de l'élément dM vers la particule (fig. 14.12). Ce procédé n'est pas toujours recommandé, car l'utilisation d'une fonction vectorielle est plus complexe que le recours à la fonction scalaire d'énergie potentielle. Cependant, lorsque la configuration géométrique est simple, comme c'est le cas dans l'exemple suivant, l'évaluation de $\vec{F}$ peut se faire directement.

Exemple 14.6

Soit une tige homogène de longueur L et de masse M située à une distance h d'une masse ponctuelle m (fig. 14.13). Calculez la force qui s'exerce sur m.

Solution: Le segment de tige dont la longueur est dx a une masse dM. Puisque la masse par unité de longueur est une constante, il s'ensuit que le rapport dM/dx est égal au rapport M/L et donc $dM = \frac{M}{L}dx$. La variable r de l'équation 14.18 est devenue x dans notre exemple et la force agissant sur m est dirigée vers la droite; nous avons donc

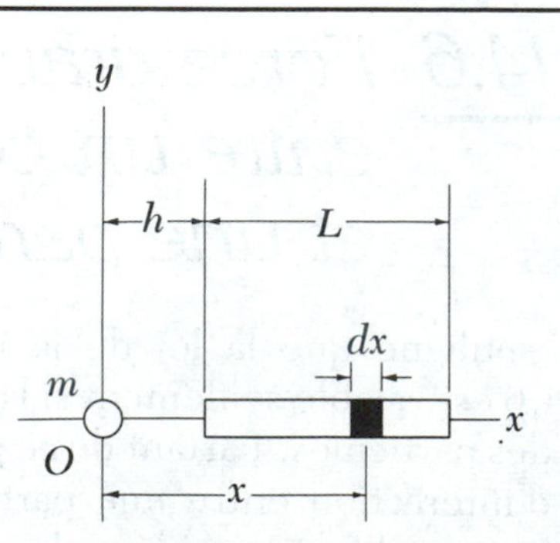

Figure 14.13 (Exemple 14.6) La force qu'exerce la tige sur la particule à l'origine est dirigée vers la droite. Notons que la tige n'est *pas* équivalente à une particule de masse M qui serait située en son centre de masse.

$$\vec{F} = Gm\int_h^{L+h}\frac{M}{L}\frac{dx}{x^2}\vec{i}$$

$$\vec{F} = \frac{GmM}{L}\left[-\frac{1}{x}\right]_h^{L+h}\vec{i} = \frac{GmM}{h(L+h)}\vec{i}$$

Notons que si $L \to 0$, la force varie comme $1/h^2$, ce qui est conforme à la loi de force entre deux masses ponctuelles. De plus, si $h \gg L$, la force varie aussi selon $1/h^2$, car le dénominateur de l'expression de $\vec{F}$ peut s'exprimer sous la forme $h^2\left(1 + \frac{L}{h}\right)$, qui est approximativement égal à h^2. Par conséquent, lorsque des corps sont séparés par des distances très grandes en comparaison de leurs dimensions propres, leurs formes n'ont plus d'importance et ils se comportent comme des particules.

14.7 Force gravitationnelle entre une particule et une masse sphérique

Dans cette section, nous allons traiter de la force gravitationnelle qui s'exerce entre une particule et une masse sphérique distribuée de façon symétrique. Comme nous l'avons vu, une grosse masse sphérique attire les particules à proximité comme si toute sa masse était concentrée en son centre. Cette caractéristique est au nombre des propriétés d'une masse à distribution sphérique que nous démontrerons de façon formelle dans la section 14.8. Décrivons la force qui s'exerce sur une particule en présence d'un corps étendu ayant la forme soit d'une coquille sphérique, soit d'une sphère pleine; cela nous permettra ensuite d'appliquer ces notions à des systèmes intéressants.

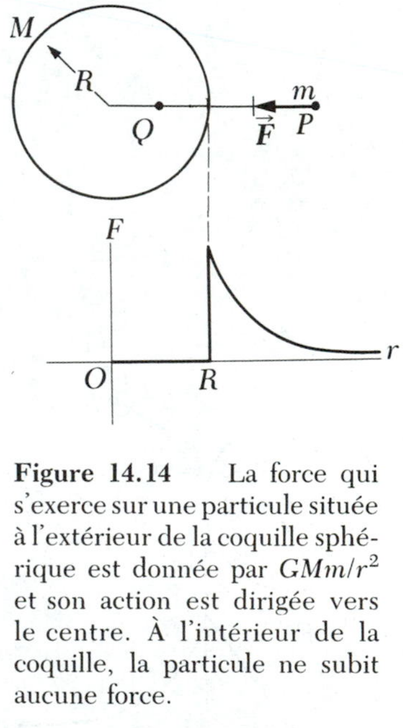

Figure 14.14 La force qui s'exerce sur une particule située à l'extérieur de la coquille sphérique est donnée par GMm/r^2 et son action est dirigée vers le centre. À l'intérieur de la coquille, la particule ne subit aucune force.

Coquille sphérique

1. Si une particule de masse m est située *à l'extérieur* d'une coquille de masse M (soit le point P de la figure 14.14), la particule est attirée par la sphère comme si la masse de la coquille était concentrée en son centre.

2. Si la particule se trouve *à l'intérieur* de la coquille sphérique (soit le point Q de la figure 14.14), elle ne subit aucune force. Nous pouvons exprimer ces deux résultats importants de la façon suivante:

Force exercée sur une particule par une coquille sphérique

14.19a $$\vec{F} = -\frac{GMm}{r^2}\vec{u}_r \quad \text{lorsque } r > R$$

14.19b $$\vec{F} = 0 \quad \text{lorsque } r < R$$

La figure 14.14 présente un graphique de la force en fonction de la distance r.

Sphère pleine

3. Si une particule de masse m est située *à l'extérieur* d'une sphère pleine et homogène de masse M (point P de la figure 14.15), la particule est attirée par la sphère comme si la masse de cette dernière était concentrée en son centre. L'équation 14.19a s'applique donc à cette situation. Ce résultat découle directement du cas 1 décrit ci-dessus, étant donné qu'une sphère pleine peut être considérée comme un ensemble de coquilles sphériques concentriques.

4. Si une particule de masse m est située *à l'intérieur* d'une sphère solide homogène de masse M (le point Q de la figure 14.15), la force qui s'exerce sur m est attribuable *uniquement* à la masse M' contenue à l'intérieur de la sphère de rayon $r < R$, représentée par un pointillé dans la figure 14.15. On a donc

Force exercée sur une particule par une sphère pleine

14.20a $$\vec{F} = -\frac{GmM}{r^2}\vec{u}_r \quad \text{lorsque } r > R$$

14.20b $$\vec{F} = -\frac{GmM'}{r^2}\vec{u}_r \quad \text{lorsque } r < R$$

La densité de la sphère étant supposée uniforme, il s'ensuit que le rapport entre les masses M'/M est égal au rapport entre les volumes V'/V, où V est le volume total de la sphère et V' représente le volume à l'intérieur de la surface pointillée. Par conséquent,

$$\frac{M'}{M} = \frac{V'}{V} = \frac{\frac{4}{3}\pi r^3}{\frac{4}{3}\pi R^3} = \frac{r^3}{R^3}$$

En isolant M' dans cette équation et en introduisant le résultat dans l'équation 14.20b, nous obtenons

14.21 $$\vec{F} = -\frac{GmM}{R^3}r\vec{u}_r \quad \text{lorsque } r < R$$

C'est donc dire qu'au centre de la sphère, la force tend vers zéro, ce qui est conforme à nos prévisions. La figure 14.15 présente un graphique de la force en fonction de r.

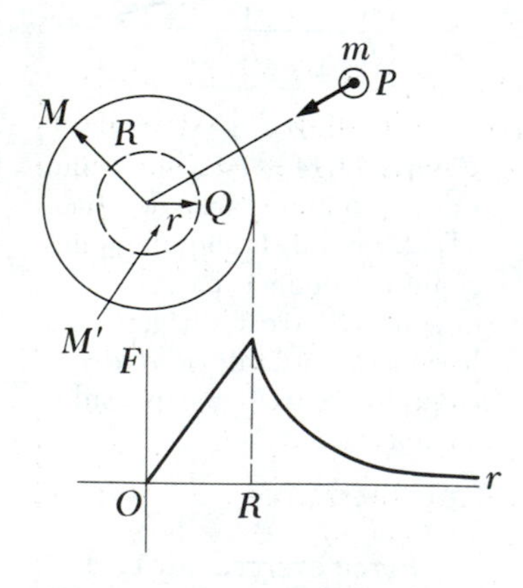

Figure 14.15 La force qui s'exerce sur une particule située à l'extérieur d'une sphère pleine et uniforme est donnée par GMm/r^2 et son action est dirigée vers le centre. Lorsque la particule se trouve à l'intérieur, la force est proportionnelle à r et devient nulle au centre.

5. Si une particule se trouve *à l'intérieur* d'une sphère pleine ayant une densité ρ, (masse volumique) de symétrie sphérique mais *non* uniforme, alors M' de l'équation 14.20b est donné par une intégrale ayant la forme $M' = \int \rho dV$, l'intégration portant sur le volume contenu *à l'intérieur* de la surface pointillée. On peut calculer cette intégrale si l'on connaît la variation radiale de ρ. Il suffit de prendre l'élément de volume dV comme volume d'une coquille sphérique de rayon r, ayant une épaisseur dr, de sorte que $dV = 4\pi r^2\, dr$. Par exemple, si $\rho(r) = Ar$, où A est une constante, alors $M' = \pi A r^4$, résultat que vous démontrerez à titre d'exercice. Ainsi, nous voyons à partir de l'équation 14.20b que dans ce cas-ci, la force est proportionnelle à r^2 et qu'elle est nulle au centre.

Exemple 14.7 Promenade gratuite

Imaginons un objet se déplaçant sans frottement dans un tunnel rectiligne reliant deux points de la Terre (fig. 14.16). Démontrez que l'objet est animé d'un mouvement harmonique simple et déterminez la période de ce mouvement.

Solution: Lorsque l'objet est dans le tunnel, la force gravitationnelle qui agit sur lui est orientée vers le centre de la Terre et est donnée par

$$F = -\frac{GmM_T}{R_T^3} r$$

La composante y de cette force est équilibrée par la force normale qu'exerce la paroi du tunnel et sa composante x est donnée par

$$F_x = -\frac{GmM_T}{R_T^3} r \sin\theta$$

La coordonnée x de l'objet étant donnée par $x = r\sin\theta$, nous pouvons écrire F_x sous la forme

$$F_x = -\frac{GmM_T}{R_T^3} x$$

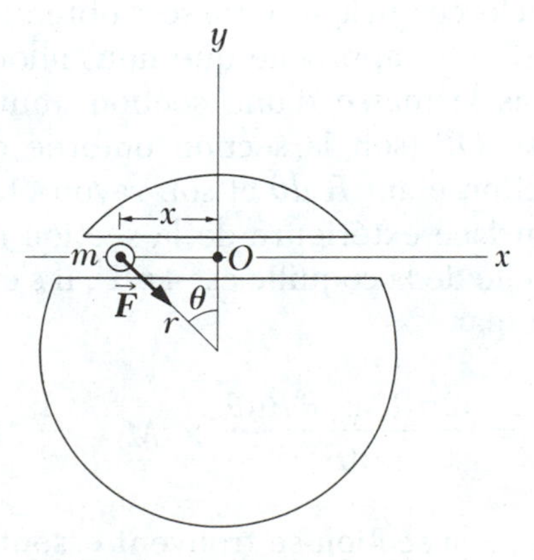

Figure 14.16 Une particule se déplace dans un tunnel qui traverse la Terre. La composante de la force gravitationnelle $\vec{F}$ selon l'axe des x constitue la force d'entraînement du mouvement. Notons que cette composante est toujours dirigée vers l'origine O.

En appliquant la deuxième loi de Newton au mouvement selon les x, nous obtenons

$$F_x = -\frac{GmM_T}{R_T^3} x = ma$$

$$a = -\frac{GM_T}{R_T^3} x = -\omega^2 x$$

Il s'agit là de l'équation du mouvement harmonique simple où figure la pulsation ω (chapitre 13) donnée par

$$\omega = \sqrt{\frac{GM_T}{R_T^3}}$$

La période s'obtient à partir des données du tableau 14.1 et en utilisant le résultat ci-dessus:

$$T = \frac{2\pi}{\omega} = 2\pi\sqrt{\frac{R_T^3}{GM_T}}$$

$$= 2\pi\sqrt{\frac{(6{,}37 \times 10^6)^3}{(6{,}67 \times 10^{-11})(5{,}98 \times 10^{24})}}$$

$$= 5{,}06 \times 10^6 \text{ s} = 84{,}3 \text{ min}$$

Cette période est la même que celle d'un satellite décrivant une orbite circulaire juste au-dessus de la surface terrestre. Notons que le résultat ne *dépend pas* de la longueur du tunnel.

Supposons que l'on songe à utiliser un tel tunnel traversant la Terre pour réaliser un système de transport en commun entre deux villes du globe. Un trajet d'aller durerait 42 minutes. Un calcul plus précis du mouvement doit tenir compte du fait que, contrairement à ce que nous avons supposé, la masse volumique (densité) de la Terre n'est pas uniforme (section 6.4). En outre, plusieurs problèmes se posent. Par exemple, il serait impossible de construire un tunnel exempt de frottement et il faudrait donc recourir à une source de puissance auxiliaire. Pouvez-vous citer d'autres problèmes?

Q11. Une particule est projetée par un petit trou à l'intérieur d'une grosse coquille sphérique. Décrivez son mouvement à l'intérieur de la sphère.

Q12. Expliquez pourquoi la force qu'exerce une sphère uniforme sur une particule est dirigée vers le centre de la sphère. Cela se produirait-il si la masse de la sphère n'était pas distribuée de façon symétrique?

Q13. En faisant abstraction de la variation de densité de la Terre, évaluez quelle serait la période d'une particule se déplaçant sans frottement dans un trou qui passerait par le centre de la Terre.

14.8 *Effet gravitationnel d'une distribution sphérique de la masse*

L'objet de cette section est de faire la preuve des équations 14.19 et 14.20, en utilisant le calcul intégral. Soit une coquille sphérique de masse M et de rayon R dont l'épaisseur est petite en comparaison de R (fig. 14.17). Une particule de masse m est placée à un point P, situé à une distance r du centre de la coquille. Nous pourrions calculer directement la force qui s'exerce sur m, mais puisqu'il s'agit d'une quantité vectorielle, il nous faudrait effectuer *la somme vectorielle* sur toutes les parties de la coquille. Il est plus simple de calculer, en premier lieu, l'énergie potentielle associée au système (une quantité scalaire). La distribution de la masse étant sphérique et symétrique, l'énergie potentielle U est fonction seulement de la distance radiale r, c'est-à-dire que $U(\vec{r}) = U(r)$. La force qui agit sur m sera obtenue à partir de la relation $F_r = -dU/dr$. C'est cette approche que nous allons utiliser.

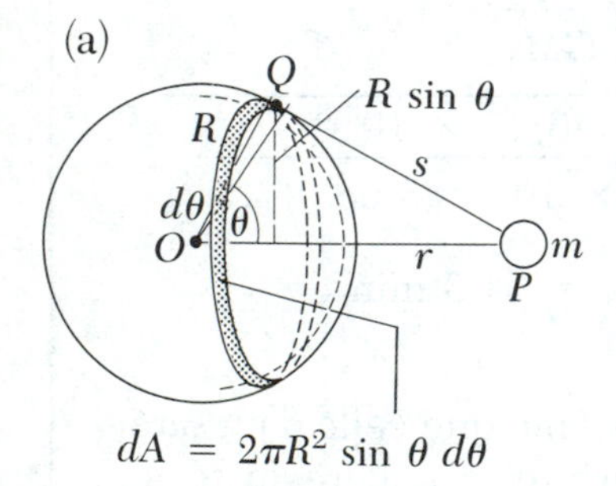

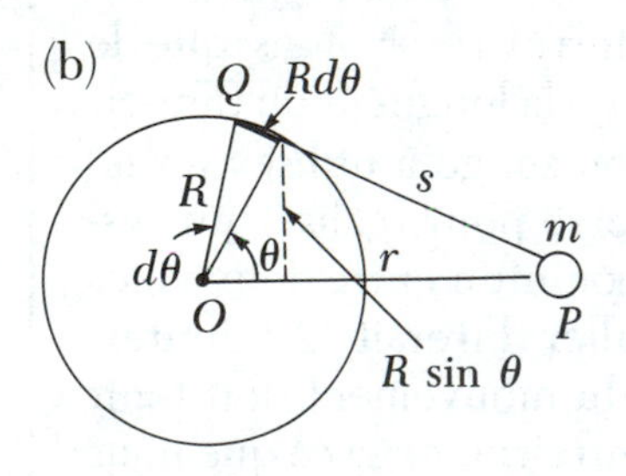

Figure 14.17 (a) Diagramme destiné au calcul de l'énergie potentielle gravitationnelle d'une particule en interaction avec une coquille sphérique. Par commodité, la coquille est divisée en sections circulaires (ombrées). (b) Vue en section (de côté) de la coquille sphérique).

En premier lieu, calculons la masse d'une section annulaire de la coquille perpendiculaire à l'axe OP (soit la section ombrée de la figure 14.17). La largeur de cette section étant $R\ d\theta$ et son rayon étant $R \sin \theta$, nous voyons que l'aire de la surface extérieure de la section $dA = 2\pi R^2 \sin \theta\ d\theta$. L'aire de la surface totale de la coquille est $4\pi R^2$; il s'ensuit que la masse de la section est donnée par

$$dM = \frac{\text{aire de la section}}{\text{aire de la coquille}} \times M = \frac{(2\pi R \sin \theta) R d\theta}{4\pi R^2} \times M = \frac{1}{2} M \sin \theta\ d\theta$$

Puisque toutes les parties de la section se trouvent essentiellement à la même distance s du point P, nous déduisons de l'équation 14.17 que l'énergie potentielle associée à l'interaction entre cette section annulaire et la particule est donnée par

$$dU = -\frac{Gm\,dM}{s} = -\frac{GmM}{2}\frac{\sin \theta\ d\theta}{s}$$

L'énergie potentielle totale du système composé de la coquille et de la particule est

14.22
$$U = -\frac{GmM}{2}\int \frac{\sin\theta\, d\theta}{s}$$

Nous ne pouvons pas évaluer cette intégrale directement, car elle comporte deux variables, θ et s. Cependant, nous pouvons éliminer l'une des variables en appliquant la loi du cosinus au triangle OPQ de la figure 14.17:

$$s^2 = r^2 + R^2 - 2rR\cos\theta$$

En prenant la dérivée par rapport à θ des deux membres de l'équation, et compte tenu que r et R sont des constantes, nous obtenons

$$2s\frac{ds}{d\theta} = -2rR(-\sin\theta)$$

$$\sin\theta\, d\theta = \frac{s\, ds}{rR}$$

En introduisant ce résultat dans la fonction à intégrer de l'équation 14.22, nous avons

14.23
$$U = -\frac{GmM}{2rR}\int_{s_1}^{s_2} ds$$

Pour évaluer U au moyen de 14.23, nous devons spécifier les limites de l'intégration. Nous considérons d'abord le cas d'un point P situé à l'extérieur de la coquille, comme à la figure 14.17, puis nous examinerons le cas d'un point situé à l'intérieur.

À l'extérieur de la coquille

Lorsque la particule est à l'extérieur de la coquille, soit $r > R$, les limites d'intégration de l'équation 14.23 sont $s_1 = r - R$ et $s_2 = r + R$. Par conséquent,

$$U = -\frac{GMm}{2rR}\int_{r-R}^{r+R} ds = -\frac{GMm}{r} \quad \text{lorsque } r > R$$

La force qui s'exerce sur m lorsque la particule est à l'extérieur est donc

$$F_r = -\frac{dU}{dr} = -\frac{d}{dr}\left(-\frac{GMm}{r}\right) = -\frac{GMm}{r^2}$$

Cela vérifie l'équation 14.19a. On peut donc faire comme si toute la masse de la coquille était une masse ponctuelle au centre de la coquille.

À l'intérieur de la coquille

Lorsque la particule est à l'intérieur de la coquille, soit $r < R$, les limites d'intégration de l'équation 14.23 sont $s_1 = R - r$ et $s_2 = R + r$. Par conséquent,

$$U = -\frac{GMm}{2rR}\int_{R-r}^{R+r} ds = -\frac{GMm}{R} \quad \text{lorsque } r < R$$

Puisque R est une constante, l'énergie potentielle est constante à l'intérieur de la sphère. Par conséquent,

$$F_r = -\frac{dU}{dr} = 0 \quad \text{lorsque } r < R$$

Cela vérifie l'équation 14.19b.

La transposition de ces notions au cas d'une sphère pleine se fait directement, car on peut considérer la sphère pleine comme un ensemble de coquilles sphériques concentriques et superposer les effets de chacune (principe de superposition).

14.9 Résumé

Lois de Kepler

Selon les lois de Kepler sur le mouvement des planètes:

1. Toutes les planètes décrivent des orbites en forme d'ellipse ayant le Soleil à l'un des foyers.
2. En des intervalles de temps égaux, le vecteur rayon joignant le Soleil à une planète balaie des aires égales.
3. Le carré de la période de révolution d'une planète est proportionnel au cube du demi-grand axe de l'orbite elliptique.

Selon la loi de la gravitation universelle de Newton, la force gravitationnelle d'attraction entre deux particules de masses m_1 et m_2 séparées par une distance r a une grandeur

Loi de la gravitation universelle

$$F = G\frac{m_1 m_2}{r^2} \tag{14.1}$$

G étant la constante de gravitation universelle égale à $6{,}673 \times 10^{-11}$ $N \cdot m^2/kg^2$.

Parce que la force gravitationnelle est une *force centrale*, c'est-à-dire une force dirigée vers un point fixe, le moment cinétique du système planète-Soleil est une constante du mouvement, ce qui implique la deuxième loi de Kepler.

La troisième loi de Kepler est conforme à la loi de la gravitation universelle. Au moyen de la deuxième loi de Newton et de l'expression de la force donnée par l'équation 14.1, nous pouvons établir la relation entre la période T et le rayon r de l'orbite d'une planète autour du Soleil:

14.3 $$T^2 = \left(\frac{4\pi^2}{GM_s}\right)r^3$$

Troisième loi de Kepler

où M_s représente la masse du Soleil. La plupart des planètes décrivent des orbites quasi circulaires autour du Soleil. Dans le cas d'orbites elliptiques, l'équation 14.3 est applicable si l'on remplace r par le demi-grand axe a.

La force gravitationnelle est une force conservative et l'on peut donc définir une fonction énergie potentielle. *L'énergie potentielle gravitationnelle* associée à deux particules séparées par une distance r est donnée par

14.9 $$U = -\frac{Gm_1m_2}{r}$$

Énergie potentielle gravitationnelle d'une paire de particules

où l'on pose que U est nul à $r = \infty$. L'énergie potentielle totale d'un système de particules est égale à la somme des énergies de toutes les paires de particules, chaque paire devenant un terme ayant la forme donnée par l'équation 14.9.

Dans le cas d'un système isolé, composé d'une particule de masse m animée d'une vitesse v dans le voisinage d'un corps massif de masse M, l'*énergie totale* du système est donnée par

14.12 $$E = \frac{1}{2}mv^2 - \frac{GMm}{r}$$

L'énergie totale est la somme des énergies cinétique et potentielle, et est une constante du mouvement.

Si m décrit une orbite circulaire de rayon r autour de M, où $M \gg m$, l'*énergie totale du système* est

14.14 $$E = -\frac{GMm}{2r}$$

Énergie totale dans le cas des orbites circulaires

L'énergie totale est toujours négative dans le cas d'un système lié, c'est-à-dire un système dont l'orbite est fermée telle une orbite elliptique.

L'*énergie potentielle* de l'attraction gravitationnelle entre une particule de masse m et un corps étendu de masse M est donnée par

14.17 $$U = -Gm\int\frac{dM}{r}$$

Énergie potentielle totale d'un système particule-corps étendu

où l'intégrale porte sur le corps étendu, dM étant un élément de masse infinitésimal du corps et r, la distance entre la particule et cet élément.

Située à l'extérieur d'une coquille sphérique uniforme ou d'une sphère solide dont la masse interne est distribuée de façon symétrique, une particule subit l'attraction de la sphère comme si la masse de la sphère était concentrée en son centre.

Si une particule est située à l'intérieur d'une coquille sphérique uniforme, elle ne subit aucune force gravitationnelle.

Si une particule est située à l'intérieur d'une sphère pleine et homogène, la force gravitationnelle qu'elle subit est orientée vers le centre de la sphère et elle est directement proportionnelle à la distance qui sépare la particule du centre de la sphère.

Exercices

Section 14.2 Loi de la gravitation universelle et mouvement des planètes

1. Soit un satellite décrivant une orbite circulaire autour de la Terre. (a) Évaluez la constante K figurant dans la troisième loi de Kepler en l'appliquant à cette situation. (b) Quelle est la période de l'orbite dans le cas où le satellite se trouve à une altitude de 2×10^6 m?

2. Sachant que la période de révolution de la Lune autour de la Terre est de 27,32 jours, et que la distance entre les deux corps est de $3{,}84 \times 10^8$ m, faites une estimation de la masse de la Terre. Supposez que l'orbite est circulaire. Pourquoi votre estimation est-elle supérieure à la masse réelle?

3. À partir des données du tableau 1, tracez un graphique de T^2 en fonction de r^3 et vérifiez la proportionnalité de T par rapport à $r^{3/2}$ (troisième loi de Kepler). À quoi correspond la pente de ce graphique?

4. La planète Jupiter a au moins 14 satellites. L'un d'entre eux, appelé Callisto, a une période de 16,75 jours et le rayon moyen de son orbite est de $1{,}883 \times 10^9$ m. Partant de ces données, calculez la masse de Jupiter.

5. Un satellite de Mars a une période de 459 min. La masse de Mars est de $6{,}42 \times 10^{23}$ kg. Déterminez le rayon de l'orbite décrite par ce satellite.

6. Lorsqu'elle est en aphélie, la planète Mercure se trouve à $6{,}99 \times 10^{10}$ km du Soleil; par contre, en périhélie, la distance qui la sépare du Soleil est de $4{,}60 \times 10^{10}$ km. Si sa vitesse orbitale est de $3{,}88 \times 10^4$ m/s en aphélie, quelle est sa vitesse orbitale en périhélie?

7. Un satellite décrit une orbite géostationnaire autour de la Terre dans le plan de l'équateur de sorte qu'il semble toujours immobile par rapport à un observateur situé sur Terre. Déterminez le rayon de son orbite. (Indice: Le satellite doit être animé de la même vitesse angulaire que la Terre.)

Section 14.4 Énergie potentielle gravitationnelle (prenez $U = 0$ lorsque $r = \infty$)

8. Soit un satellite de la Terre ayant une masse de 100 kg et une altitude de 2×10^6 m. (a) Quelle est l'énergie potentielle du système Terre-satellite? (b) Quelle est la grandeur de la force agissant sur le satellite?

9. Un système est composé de trois particules de 5 g chacune, formant un triangle équilatéral de 30 cm de côté. (a) Calculez l'énergie potentielle du système. (b) Si les particules sont lâchées simultanément, à quel endroit entreront-elles en collision?

10. Quelle quantité d'énergie faut-il pour éloigner une masse de 1 000 kg de la surface de la Terre à une altitude égale au double du rayon terrestre?

11. Soit quatre particules situées aux quatre coins d'un carré (fig. 14.18). Calculez l'énergie potentielle du système.

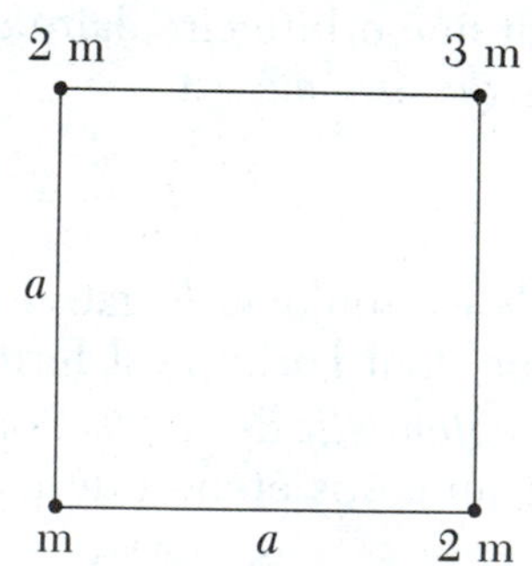

Figure 14.18 (Exercice 11).

Section 14.5 Énergie associée aux mouvements de planètes et de satellites

12. Une fusée décolle à la verticale de la surface de la Terre et atteint une altitude maximale égale à trois fois le rayon terrestre. Quelle était l'énergie initiale de la fusée? (Faites abstraction du frottement et de la rotation de la Terre sur son axe et autour du Soleil.)

13. Un satellite décrit une orbite circulaire autour d'une planète. Démontrez que sa vitesse orbitale v et sa vitesse de libération sont liées selon l'expression $v_{\text{lib}} = \sqrt{2}\, v$.

14. Calculez la vitesse de libération à la surface de la Lune, en utilisant les données du tableau 14.1.

15. Calculez la vitesse de libération à la surface de Mars, en utilisant les données du tableau 14.1.

16. Lorsqu'il décolle de la surface de la Terre, un vaisseau spatial est animé d'une vitesse initiale de $2{,}0 \times 10^4$ m/s. Quelle vitesse aura-t-il quand il sera très éloigné de la Terre? (Faites abstraction du frottement.)

17. Un vaisseau spatial de 500 kg décrit une orbite circulaire d'un rayon de $2R_T$ autour de la Terre. (a) Combien faut-il d'énergie pour le transférer sur une orbite circulaire d'un rayon de $4R_T$? (b) Discutez de la variation d'énergie potentielle, d'énergie cinétique et d'énergie totale que cela entraîne.

18. Deux vaisseaux spatiaux identiques ont chacun une masse de 1 000 kg. Tous deux se déplacent dans l'espace suivant la même trajectoire. À l'instant où la distance qui les sépare est de 20 m et où ils ont la *même* vitesse, on coupe les moteurs des deux appareils. Quelles vitesses ont-ils lorsqu'ils se trouvent à 2 m l'un de l'autre? (Considérez les vaisseaux comme s'ils étaient des particules.)

19. (a) Calculez l'énergie minimale requise pour lancer un vaisseau spatial de 3 000 kg de la surface terrestre à un point de l'espace où la force gravitationnelle de la Terre devient négligeable. (b) Si ce trajet dure trois semaines, quelle puissance *moyenne* les moteurs doivent-ils produire?

Section 14.6 Force gravitationnelle entre un corps étendu et une particule

20. Soit une tige uniforme de masse M ayant la forme d'un demi-cercle de rayon R (fig. 14.19). Calculez la force qui s'exerce sur une masse ponctuelle m située au centre du demi-cercle.

21. Une tige *non uniforme* de longueur L est placée selon l'axe des x à une distance h de

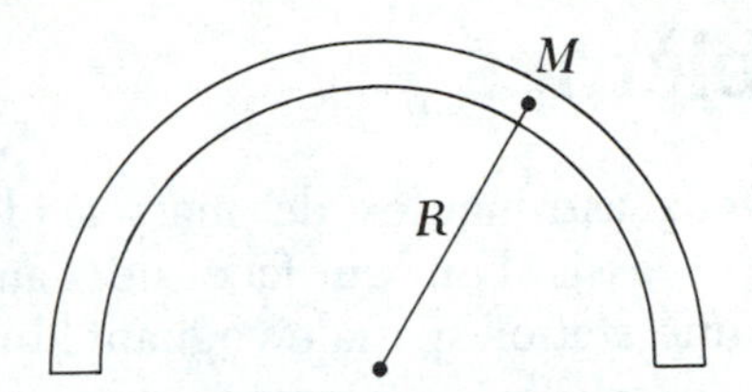

Figure 14.19 (Exercice 20).

l'origine, comme à la figure 14.13. La masse par unité de longueur, λ, varie selon l'expression $\lambda = \lambda_0 + Ax^2$, où λ_0 et A sont des constantes. Déterminez la force qui s'exerce sur une particule de masse m située à l'origine. (Indice: Un élément de la tige a une masse $dM = \lambda\, dx$.)

Section 14.7 Force gravitationnelle entre une particule et une masse sphérique

22. Soit une coquille sphérique ayant un rayon de 0,5 m et une masse de 80 kg. Déterminez la force que subit une masse de 50 g située (a) à 0,3 m du centre de la coquille et (b) à l'extérieur de la coquille, à 1 m de son centre.

23. Une sphère pleine et uniforme a un rayon de 0,4 m et une masse de 500 kg. Déterminez la grandeur de la force que subit une particule de 50 g située (a) à 1,5 m du centre de la sphère, (b) à la surface de la sphère et (c) à 0,2 m du centre.

24. Une sphère pleine et uniforme ayant une masse m_1 et un rayon R_1 est située à l'intérieur d'une coquille sphérique concentrique de masse m_2 et de rayon R_2 (fig. 14.20). Déterminez la force que subit une particule de masse m située à (a) $r = a$, (b) $r = b$, (c) $r = c$, r étant mesuré à partir du centre des sphères.

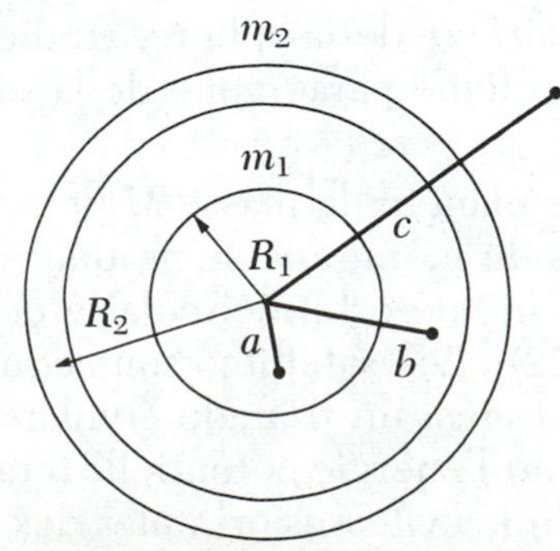

Figure 14.20 (Exercice 24).

Problèmes

1. Deux astronautes de masses identiques M sont assis l'un en face de l'autre à bord d'une station spatiale voguant librement dans l'espace. Ils se trouvent dans un compartiment qui tourne sur son axe de symétrie (fig. 14.21). La distance entre les centres de masse des astronautes est $2R$. (a) Quelle vitesse angulaire minimale le cylindre doit-il avoir pour empêcher les astronautes de tomber l'un vers l'autre s'ils ne sont pas attachés à leurs sièges? (b) Quelle doit être la vitesse angulaire minimale du cylindre pour reproduire une force gravitationnelle équivalente à celle qui s'exerce sur Terre? Calculez la valeur de ω sachant que $R = 4$ m.

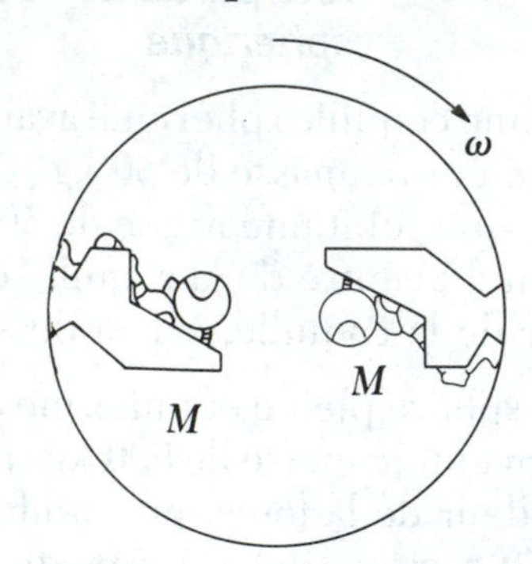

Figure 14.21 (Problème 1).

2. La densité d'une sphère *non uniforme*, de masse M et de rayon R, varie en fonction de r (la distance mesurée à partir du centre) selon l'expression $\rho = Ar$, lorsque $0 \leq r \leq R$. (a) Exprimez la constante A en fonction de M et de R. (b) Déterminez la force qui s'exerce sur une particule de masse m située *à l'extérieur* de la sphère. (c) Déterminez la force qui s'exerce sur la particule si elle se trouve *à l'intérieur* de la sphère. (Indice: Revoyez le cinquième paragraphe de la section 14.7.)

3. Une planète de masse M possède trois satellites de même masse m, décrivant tous trois une même orbite circulaire de rayon R (fig. 14.22). Les satellites sont équidistants, formant ainsi un triangle équilatéral. Déterminez (a) l'énergie potentielle totale du système et (b) les vitesses orbitales des satellites permettant de maintenir cette configuration.

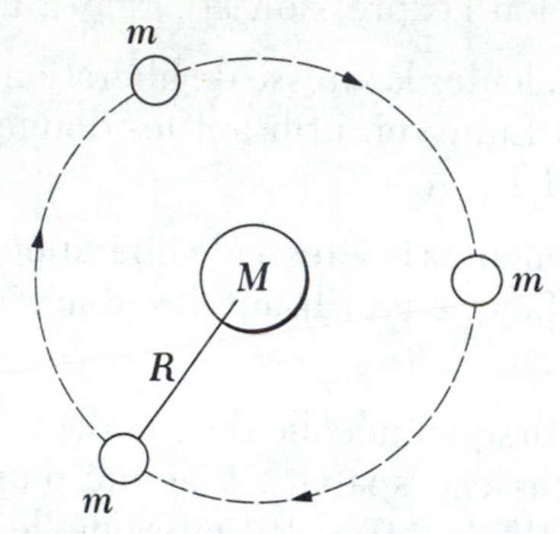

Figure 14.22 (Problème 3).

4. Soit deux étoiles de masses M et m séparées par une distance d et décrivant des orbites circulaires autour de leurs centres de masse (fig. 14.23). Montrez que la période de ces étoiles est donnée par

$$T^2 = \frac{4\pi^2}{G(M + m)} d^3$$

(Indice: Appliquez la deuxième loi de Newton aux deux étoiles et tenez compte du fait que la position constante du centre de masse implique $Mr_2 = mr_1$, où $r_1 + r_2 = d$.)

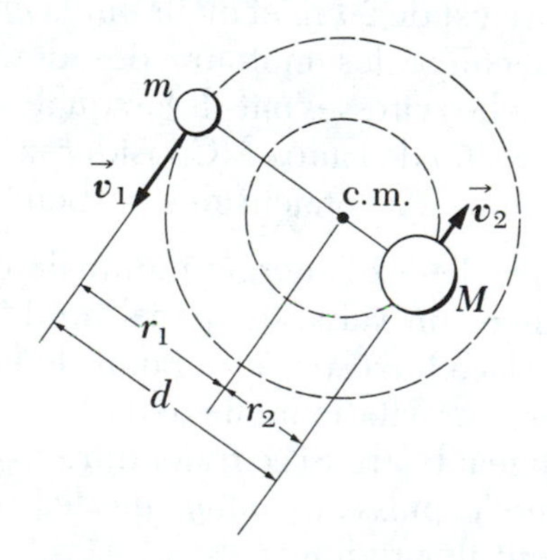

Figure 14.23 (Problème 4).

5. Une particule de masse m est située selon l'axe de symétrie d'un cerceau uniformément circulaire, de masse M et de rayon R (fig. 14.24). (a) Déterminez la force que subit la particule m si elle se trouve à une distance d par rapport au plan du cerceau. (b) Montrez que le résultat obtenu en (a) est conforme à ce que l'on prédirait intuitivement dans le cas où (1) m se trouve au centre du cerceau ($d = 0$) et (2) m est éloigné du cerceau ($d \gg R$).

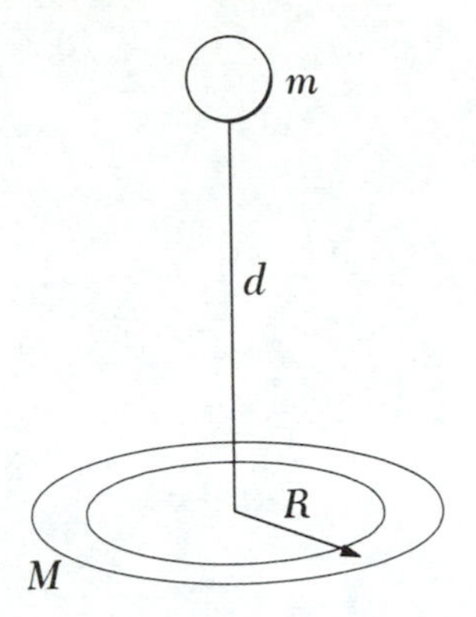

Figure 14.24 (Problème 5).

6. Une particule de masse m est située *à l'intérieur* d'une sphère pleine dont le rayon est R et la masse M. Si la particule se trouve à une distance r du centre de la sphère, (a) montrez que l'énergie potentielle gravitationnelle du système est donnée par $U = (GmM/2R^3)r^2 - 3GmM/2R$. (b) Quelle quantité de travail la force gravitationnelle accomplit-elle en amenant la particule de la surface de la sphère à son centre?

7. Un objet de masse m se déplace dans un tunnel lisse et rectiligne de longueur L qui traverse la Terre, comme celui dont nous avons traité à l'exemple 14.7 (fig. 14.16). (a) Déterminez la constante de rappel du mouvement harmonique ainsi que l'amplitude du mouvement. (b) Partant des considérations sur l'énergie, déterminez la vitesse maximale de l'objet. À quel endroit l'atteint-il? (c) Calculez la valeur de la vitesse maximale pour $L = 500$ km.

8. Un satellite décrit une orbite circulaire autour d'une planète de rayon R. Si son altitude est h et sa période T, (a) montrez que la densité moyenne de la planète est donnée par $\frac{3\pi}{GT^2}\left(1 + \frac{h}{R}\right)^3$. (b) Calculez la densité moyenne de la planète, sachant que la période du satellite est de 200 min et que son orbite frôle la surface de la planète.

9. Lorsqu'il décrivait son orbite autour de la Lune, Apollo II avait une masse de $9{,}979 \times 10^3$ kg; sa période était de 119 min et sa distance moyenne du centre de la Lune était de $1{,}849 \times 10^6$ m. En supposant que son orbite ait été circulaire et que la Lune soit une sphère uniforme, déterminez (a) la masse de la Lune, (b) la vitesse orbitale du vaisseau et (c) l'énergie minimale qu'il lui fallait pour se libérer de la force gravitationnelle de la Lune.

10. La distance maximale entre le Soleil et la Terre (aphélie) est de $1{,}52 \times 10^{11}$ m et la distance de périhélie est de $1{,}47 \times 10^{11}$ m. Sachant que la Terre est animée d'une vitesse orbitale de $3{,}027 \times 10^4$ m/s lorsqu'elle est en périhélie, déterminez (a) sa vitesse orbitale en aphélie, (b) l'énergie cinétique et l'énergie potentielle en périhélie et (c) l'énergie cinétique et l'énergie potentielle en aphélie. L'énergie totale est-elle conservée? (Faites abstraction de l'effet de la Lune et des autres planètes.)

11. Soit deux planètes de masses m_1 et m_2 et de rayons r_1 et r_2. Elles sont immobiles lorsqu'elles sont séparées par une distance telle que $\frac{1}{r^2} \simeq 0$. Étant donné l'attraction gravitationnelle qui s'exerce entre ces planètes, elles se dirigent l'une vers l'autre et suivent une trajectoire qui les mène à la collision. (a) Quelle est la vitesse de chacune et leurs vitesses *relatives* lorsque leurs centres se trouvent à une distance d? (d) Déterminez l'énergie cinétique des deux planètes *juste avant* leur collision, sachant que $m_1 = 2 \times 10^{24}$ kg, $m_2 = 8 \times 10^{24}$ kg, $r_1 = 3 \times 10^6$ m et $r_2 = 5 \times 10^6$ m. (Indice: Notez que l'énergie et la quantité de mouvement sont toutes deux conservées. Considérez les planètes comme des masses ponctuelles dont les centres sont séparés par une distance $r_2 + r_1$ juste avant la rencontre; ne tenez pas compte de l'effet des marées.)

12. Partant des données du tableau 14.1, calculez l'énergie potentielle totale du système Soleil-Lune-Terre. Supposez que la Lune et la Terre soient à la même distance du Soleil.

Annexe A

Tableau A.1 *Constantes fondamentales*

Quantité	Symbole	Valeur
Charge de l'électron (charge élémentaire)	e	1,602 189 2(46) $\times 10^{-19}$ C
Constante de Botzmann	$k = R/N_o$	1,380 662(44) $\times 10^{-23}$ J/K
Constante de la gravitation	G	6,672 $\times 10^{-11}$ N • m²/kg²
Constante de Planck	h	6,626 176(36) $\times 10^{-34}$ J • s
	$\hbar = h/2\pi$	1,054 588(57) $\times 10^{-34}$ J • s
Constante de Rydberg	R	1,097 373 177(83) $\times 10^{7}$ m^{-1}
Constante des gaz parfaits	R	8,314 41(26) $\times 10^{3}$ J/K • kmol
Électron-volt	eV	1,602 189 2(46) $\times 10^{-19}$ J
État fondamental de l'hydrogène	$E_0 = \dfrac{m_e e^4 k^2}{2\hbar^2} = \dfrac{e^2 k}{2r_0}$	13,605 804(36) eV
Longueur d'onde de Compton	$\lambda_c = \dfrac{h}{m_e c}$	2,426 308 9(40) $\times 10^{-12}$ m
Magnéton de Bohr	$\mathfrak{M}_s = \dfrac{e\hbar}{2m_e}$	9,274 078(36) $\times 10^{-24}$ A • m²
Magnéton nucléaire	$\mathfrak{M}_n = \dfrac{e\hbar}{2m_p}$	5,050 824(20) $\times 10^{-27}$ A • m²
Masse de l'électron	m_e	9,109 534(47) $\times 10^{-31}$ kg 5,485 802 6(21) $\times 10^{-4}$ u 0,511 003 4(14) MeV/c²
Masse du deutéron (deuton)	m_d	3,343 637 $\times 10^{-27}$ kg 2,013 553 215(21) u
Masse du neutron	m_n	1,674 954 3(86) $\times 10^{-27}$ kg 1,008 665 012(37) u 939,573 1(27) MeV/c²
Masse du proton	m_p	1,672 648 5(86) $\times 10^{-27}$ kg 1,007 276 470(11) u 938,279 6(27) MeV/c²
Nombre d'Avogadro	N_o	6,022 045(31) $\times 10^{26}$ kmol^{-1}
Perméabilité du vide	μ_0	$4\pi \times 10^{-7}$ N/A²
Permittivité du vide	ε_0	8,854 2 $\times 10^{-12}$ C²/N • m²
Rayon de Bohr	$r_o = \dfrac{\hbar^2}{m_e e^2 k}$	0,529 177 06(44) $\times 10^{-10}$ m
Unité de masse atomique	u	1,660 565 5(86) $\times 10^{-27}$ kg 931,501 6(26) MeV/c²
Vitesse de la lumière dans le vide	c	2,997 924 58(1,2) $\times 10^{8}$ m/s

D'après CODATA Task Group on Fundamental Constants, CODATA Bulletin, déc. 1973. Voir également E.R. Cohen et B.N. Taylor, *Journal of Physics and Chemistry*, réf. Data 2, pp. 663-734, 1973.

Tableau A.2 *Données physiques utiles*

Accélération gravitationnelle à la surface de la Terre	$9{,}81\ m/s^2$
Masse volumique de l'air	$1{,}29\ kg/m^3$
Masse volumique de l'eau (à 20 °C sous 1 atm)	$1{,}00 \times 10^3\ kg/m^3$
Distance moyenne de la Terre à la Lune	$3{,}84 \times 10^8\ m$
Distance moyenne de la Terre au Soleil	$1{,}49 \times 10^{11}\ m$
Masse de la Lune	$7{,}36 \times 10^{22}\ kg$
Masse de la Terre	$5{,}99 \times 10^{24}\ kg$
Masse du Soleil	$1{,}99 \times 10^{30}\ kg$
Pression atmosphérique normale	$1\ atm = 1{,}013 \times 10^5\ Pa$
Rayon de la Terre	$6{,}37 \times 10^6\ m$

Tableau A.3 *Symboles mathématiques*

$=$	est égal à	$<$	est plus petit que
$\neq$	est différent de	$\gg$	est beaucoup plus grand que
$\equiv$	est défini par	$\ll$	est beaucoup plus petit que
$\sim$	est proportionnel à	$\lvert x \rvert$	valeur absolue de x
$>$	est plus grand que	Σ	la somme de

Tableau A.4 *Intégrale de probabilité de Gauss et autres intégrales*

$$I_0 = \int_0^\infty e^{-\alpha x^2}\,dx = \frac{1}{2}\sqrt{\frac{\pi}{\alpha}}$$ (Intégrale de probabilité de Gauss)

$$I_1 = \int_0^\infty x e^{-\alpha x^2}\,dx = \frac{1}{2\alpha}$$

$$I_2 = \int_0^\infty x^2 e^{-\alpha x^2}\,dx = -\frac{dI_0}{d\alpha} = \frac{1}{4}\sqrt{\frac{\pi}{\alpha^3}}$$

$$I_3 = \int_0^\infty x^3 e^{-\alpha x^2}\,dx = -\frac{dI_1}{d\alpha} = \frac{1}{2\alpha^2}$$

$$I_4 = \int_0^\infty x^4 e^{-\alpha x 2}\,dx = \frac{d^2 I_0}{d\alpha^2} = \frac{3}{8}\sqrt{\frac{\pi}{\alpha^5}}$$

$$I_5 = \int_0^\infty x^5 e^{-\alpha x^2}\,dx = \frac{d^2 I_1}{d\alpha^2} = \frac{1}{\alpha^3}$$

$$\vdots$$

$$I_{2n} = (-1)^n \frac{d^n}{d\alpha^n} I_0$$

$$I_{2n+1} = (-1)^n \frac{d^n}{d\alpha^n} I_1$$

Tableau A.5 *Symboles et abréviations d'unités courantes*

Abréviation	Unité	Abréviation	Unité
A	ampère	J	joule
Å	angstrom	K	kelvin
atm	atmosphère	kg	kilogramme
C	coulomb	m	mètre
°C	degré Celsius	min	minute
cal	calorie	N	newton
deg	degré (angle)	s	seconde
eV	électron-volt	T	tesla
°F	degré Farenheit	tr	tour
G	gauss	u	unité de masse atomique
g	gramme	V	volt
H	henry	W	watt
h	heure	Wb	weber
Hz	hertz	Ω	ohm

Tableau A.6 *L'alphabet grec*

Alpha	A	α	Iota	I	ι	Rhô	P	ρ
Bêta	B	β	Kappa	K	κ	Sigma	Σ	σ
Gamma	Γ	γ	Lambda	Λ	λ	Tau	T	τ
Delta	Δ	δ	Mu	M	μ	Upsilon	ϒ	υ
Epsilon	E	ϵ	Nu	N	ν	Phi	Φ	ϕ
Zêta	Z	ζ	Xi	Ξ	ξ	Khi	X	χ
Êta	H	η	Omicron	O	o	Psi	Ψ	ψ
Thêta	Θ	θ	Pi	Π	π	Oméga	Ω	ω

Tableau A.7 *Puissances de 10 utilisées en physique*

Préfixe	Symbole	Puissance
téra	T	10^{12}
giga	G	10^{9}
méga	M	10^{6}
kilo	k	10^{3}
hecto	h	10^{2}
déca	da	10^{1}
déci	d	10^{-1}
centi	c	10^{-2}
milli	m	10^{-3}
micro	μ	10^{-6}
nano	n	10^{-9}
pico	p	10^{-12}

Tableau A.8 *Symboles, dimensions et unités de grandeurs physiques*

Quantité	Symbole usuel	Unité*	Dimensions**	Unité exprimée en fonction des unités de base SI
Accélération	a	m/s^2	L/T^2	m/s^2
Accélération angulaire	α	radian/s^2	T^{-2}	s^{-2}
Aire	A	m^2	L^2	m^2
Angle	θ, ϕ	radian		
Capacité	C	farad (F) (= C/V)	Q^{2}T^2/ML^2	A^2 • s^4/kg • m^2
Capacité thermique molaire	C	J/mole • K		kg • m^2/s^2 • kmole • K
Chaleur	Q	joule (J)	ML^2/T^2	kg • m^2/s^2
Chaleur massique	c	J/kg • K	L^2/T^2°K	m^2/s^2 • K
Champ électrique	E	V/m	ML/QT^2	kg • m/A • s^3
Champ magnétique	B	tesla (T) (= Wb/m^2)	M/QT	kg/A • s^2
Charge	q, Q, e	coulomb (C)	Q	A • s
Conductivité	σ	1/Ω • m	Q^{2}T/ML^3	A^2 • s^3/kg • m^3
Constante diélectrique	κ			
Masse volumique (densité)	ρ	kg/m^3	M/L^3	kg/m^3
Densité de charge				
Linéaire	λ	C/m	Q/L	A • s/m
Superficielle	σ	C/m^2	Q/L^2	A • s/m^2
Volumique	ρ	C/m^3	Q/L^3	A • s/m^3
Déplacement	s	*mètre*	L	m
Distance	d, h			
Longueur	l, L			
Énergie	E, U, K	joule (J)	ML^2/T^2	kg • m^2/s^2
Entropie	S	J/K	ML^2/T^2°K	kg • m^2/s^2 • K
Flux électrique	Φ	V • m	ML^3/QT^2	kg • m^3/A • s^3
Flux magnétique	Φ_m	weber (Wb)	ML^2/QT	kg • m^2/A • s^2
Force	F	newton (N)	ML/T^2	kg • m/s^2
Force électromotrice	$\mathcal{E}$	volt (V)	ML^2/QT^2	kg • m^2/A • s^3
Fréquence	f, ν	hertz (Hz)	T^{-1}	s^{-1}
Fréquence angulaire	ω	radian/s	T^{-1}	s^{-1}
Inductance	L	henry (H)	ML^2/Q^2	kg • m^2/A^2 • s^2
Intensité électrique	I	*ampère*	Q/T	A
Longueur d'onde	λ	m	L	m
Masse	m, M	*kilogramme*	M	kg
Moment cinétique	L	kg • m^2/s	ML^2/T	kg • m^2/s
Moment de force	τ	N • m	ML^2/T^2	kg • m^2/s^2
Moment d'inertie	I	kg • m^2	ML^2	kg • m^2
Moment électrique	p	C • m	QL	A • s • m
Moment magnétique	$\mathfrak{M}$	N • m/T	QL^2/T	A • m^2
Numéro atomique	Z			
Période	T	s	T	s
Perméabilité du vide	μ_0	N/A^2 (= H/m)	ML/Q^{2}T	kg • m/A^2 • s^2
Permittivité du vide	ε_0	C^2/N • m^2 (= F/m)	Q^{2}T^2/ML^3	A^2 • s^4/kg • m^3
Potentiel (voltage)	V	volt (V) (= J/C)	ML^2/QT^2	kg • m^2/A • s^3
Pression	P, p	N/m^2	M/LT^2	kg/m • s^2
Puissance	P	watt (W) (= J/s)	ML^2/T^3	kg • m^2/s^3
Quantité de mouvement	p	kg • m/s	ML/T	kg • m/s
Résistance	R	ohm (Ω) (= V/A)	ML^2/Q^{2}T	kg • m^2/A^2 • s^3
Température	T	*kelvin*	°K	K
Temps	t	*seconde*	T	s
Travail	W	joule (J) (= N • m)	ML^2/T^2	kg • m^2/s^2
Vitesse	v	m/s	L/T	m/s
Vitesse angulaire	ω	radian/s	T^{-1}	s^{-1}
Volume	V	m^3	L^3	m^3

* Les unités de base SI sont en italique.

** Les symboles M, L, T et Q représentent respectivement la masse, la longueur, le temps et la charge.

Tableau A.9 *Tableau des masses atomiques**

Numéro atomique Z	Élément	Symbole	Nombre de masse A	Masse atomique†	Abondance (%) ou mode de désintégration (éléments radioactifs)‡	Demi-vie (période des éléments radioactifs)
0	(Neutron)	*n*	1	1,008 665	β^-	10,6 min
1	Hydrogène	H	1	1,007 825	99,985	
	Deutérium	D	2	2,014 102	0,015	
	Tritium	T	3	3,016 049	β^-	12,33 ans
2	Hélium	He	3	3,016 029	0,000 14	
			4	4,002 603	≈100	
3	Lithium	Li	6	6,015 123	7,5	
			7	7,016 005	92,5	
4	Bérylium	Be	7	7,016 930	CE, γ	53,3 d
			9	9,012 183	100	
5	Bore	B	10	10,012 938	19,8	
			11	11,009 305	80,2	
6	Carbone	C	11	11,011 433	β^+, CE	20,4 min
			12	12,000 000	98,89	
			13	13,003 355	1,11	
			14	14,003 242	β^-	5 730 ans
7	Azote	N	13	13,005 739	β^+	9,96 min
			14	14,003 074	99,63	
			15	15,000 109	0,37	
8	Oxygène	O	15	15,003 065	β^+, CE	122 s
			16	15,994 915	99,76	
			18	17,999 159	0,204	
9	Fluor	F	19	18,998 403	100	
10	Néon	Ne	20	19,992 439	90,51	
			22	21,991 384	9,22	
11	Sodium	Na	22	21,994 435	β^+, CE, γ	2,602 ans
			23	22,989 770	100	
			24	23,990 964	β^-, γ	15,0 h
12	Magnésium	Mg	24	23,985 045	78,99	
13	Aluminium	Al	27	26,981 541	100	
14	Silicium	Si	28	27,976 928	92,23	
			31	30,975 364	β^-, γ	2,62 h
15	Phosphore	P	31	30,973 763	100	
			32	31,973 908	β^-	14,28 d
16	Soufre	S	32	31,972 072	95,0	
			35	34,969 033	β^-	87,4 d
17	Chlore	Cl	35	34,968 853	75,77	
			37	36,965 903	24,23	
18	Argon	Ar	40	39,962 383	99,60	
19	Potassium	K	39	38,963 708	93,26	
			40	39,964 000	β^-, CE, γ, β^+	$1{,}28 \times 10^9$ ans
20	Calcium	Ca	40	39,962 591	96,94	
21	Scandium	Sc	45	44,955 914	100	
22	Titane	Ti	48	47,947 947	73,7	
23	Vanadium	V	51	50,943 963	99,75	
24	Chrome	Cr	52	51,940 510	83,79	
25	Manganèse	Mn	55	54,938 046	100	
26	Fer	Fe	56	55,934 939	91,8	
27	Cobalt	Co	59	58,933 198	100	
			60	59,933 820	β^-, γ	5,271 ans
28	Nickel	Ni	58	57,935 347	68,3	
			60	59,930 789	26,1	
29	Cuivre	Cu	63	62,929 599	69,2	
			65	64,927 792	30,8	

* D'après *Chart of the Nuclides*, 12e éd., General Electric, 1977, et d'après C.M. Leberer et V.S. Shirley, *Table of Isotopes*, 7e éd., John Wiley & Sons, Inc., New York, 1978.

† La 5e colonne présente les masses de l'atome neutre et comprend les électrons Z.

‡ Les lettres CE réfèrent à la «capture d'un électron».

Tableau A.9 *(suite)*

Numéro atomique Z	Élément	Symbole	Nombre de masse A	Masse atomique†	Abondance (%) ou mode de désintégration (éléments radioactifs)‡	Demi-vie (période des éléments radioactifs)
30	Zinc	Zn	64	63,929 145	48,6	
			66	65,926 035	27,9	
31	Gallium	Ga	69	68,925 581	60,1	
32	Germanium	Ge	72	71,922 080	27,4	
			74	73,921 179	36,5	
33	Arsenic	As	75	74,921 596	100	
34	Sélénium	Se	80	79,916 521	49,8	
35	Brome	Br	79	78,918 336	50,69	
36	Krypton	Kr	84	83,911 506	57,0	
37	Rubidium	Rb	85	84,911 800	72,17	
38	Strontium	Sr	86	85,909 273	9,8	
			88	87,905 625	82,6	
			90	89,907 746	β^-	28,8 ans
39	Yttrium	Y	89	88,905 856	100	
40	Zirconium	Zr	90	89,904 708	51,5	
41	Niobium	Nb	93	92,906 378	100	
42	Molybdène	Mo	98	97,905 405	24,1	
43	Technétium	Tc	98	97,907 210	β^-, γ	$4,2 \times 10^6$ ans
44	Ruthénium	Ru	102	101,904 348	31,6	
45	Rhodium	Rh	103	102,905 50	100	
46	Palladium	Pd	106	105,903 48	27,3	
47	Argent	Ag	107	106,905 095	51,83	
			109	108,904 754	48,17	
48	Cadmium	Cd	114	113,903 361	28,7	
49	Indium	In	115	114,903 88	95,7; β^-	$5,1 \times 10^{14}$ ans
50	Étain	Sn	120	119,902 199	32,4	
51	Antimoine	Sb	121	120,903 824	57,3	
52	Tellure	Te	130	129,906 23	34,5; β^-	2×10^{21} ans
53	Iode	I	127	126,904 477	100	
			131	130,906 118	β^-, γ	8,04 d
54	Xénon	Xe	132	131,904 15	26,9	
			136	135,907 22	8,9	
55	Césium	Cs	133	132,905 43	100	
56	Baryum	Ba	137	136,905 82	11,2	
			138	137,905 24	71,7	
57	Lanthane	La	139	138,906 36	99,911	
58	Cérium	Ce	140	139,905 44	88,5	
59	Praséodyme	Pr	141	140,907 66	100	
60	Néodyme	Nd	142	141,907 73	27,2	
61	Prométhéum	Pm	145	144,912 75	CE, α, γ	17,7 ans
62	Samarium	Sm	152	151,919 74	26,6	
63	Europium	Eu	153	152,921 24	52,1	
64	Gadolinium	Gd	158	157,924 11	24,8	
65	Terbium	Tb	159	158,925 35	100	
66	Dysprosium	Dy	164	163,929 18	28,1	
67	Holmium	Ho	165	164,930 33	100	
68	Erbium	Er	166	165,930 31	33,4	
69	Thulium	Tm	169	168,934 23	100	
70	Ytterbium	Yb	174	173,938 87	31,6	
71	Lutecium	Lu	175	174,940 79	97,39	
72	Hafnium	Hf	180	179,946 56	35,2	
73	Tantale	Ta	181	180,948 01	99,988	
74	Tungstène (wolfram)	W	184	183,950 95	30,7	
75	Rhénium	Re	187	186,955 77	62,60, β^-	4×10^{10} ans
76	Osmium	Os	191	190,960 94	β^-, γ	15,4 d
			192	191,961 49	41,0	

Tableau A.9 *(suite)*

Numéro atomique Z	Élément	Symbole	Nombre de masse A	Masse atomique†	Abondance (%) ou mode de désintégration (éléments radioactifs)‡	Demi-vie (période des éléments radioactifs)
77	Iridium	Ir	191	190,960 60	37,3	
			193	192,962 94	62,7	
78	Platine	Pt	195	194,964 79	33,8	
79	Or	Au	197	196,966 56	100	
80	Mercure	Hg	202	201,970 63	29,8	
81	Thallium	Tl	205	204,974 41	70,5	
82	Plomb	Pb	206	205,974 46	24,1	
			207	206,975 89	22,1	
			208	207,976 64	52,3	
			210	209,984 18	α, β^-, γ	22,3 ans
			211	210,988 74	β^-, γ	36,1 min
			212	211,991 88	β^-, γ	10,64 h
			214	213,999 80	β^-, γ	26,8 min
83	Bismuth	Bi	209	208,980 39	100	
			211	210,987 26	α, β^-, γ	2,15 min
84	Polonium	Po	210	209,982 86	α, γ	138,38 d
			214	213,995 19	α, γ	164 μs
85	Astate	At	218	218,008 70	α, β^-	$\approx$2 s
86	Radon	Rn	222	222,017 574	α, γ	3,823 5 d
87	Francium	Fr	223	223,019 734	α, β^-, γ	21,8 min
88	Radium	Ra	226	226,025 406	α, γ	$1{,}60 \times 10^3$ ans
89	Actinium	Ac	227	227,027 751	α, β^-, γ	21,773 ans
90	Thorium	Th	228	228,028 73	α, γ	1,913 1 ans
			232	232,038 054	100, α, γ	$1{,}41 \times 10^{10}$ ans
91	Protactinium	Pa	231	231,035 881	α, γ	$3{,}28 \times 10^4$ ans
92	Uranium	U	232	232,037 14	α, γ	72 ans
			233	233,039 629	α, γ	$1{,}592 \times 10^5$ ans
92	Uranium	U	235	235,043 925	0,72; α, γ	$7{,}038 \times 10^8$ ans
			236	236,045 563	α, γ	$2{,}342 \times 10^7$ ans
			238	238,050 786	99,275; α, γ	$4{,}468 \times 10^9$ ans
			239	239,054 291	β^-, γ	23,5 min
93	Neptunium	Np	239	239,052 932	β^-, γ	2,35 d
94	Plutonium	Pu	239	239,052 158	α, γ	$2{,}41 \times 10^4$ ans
95	Américium	Am	243	243,061 374	α, γ	$7{,}37 \times 10^3$ ans
96	Curium	Cm	245	245,065 487	α, γ	$8{,}5 \times 10^3$ ans
97	Berkélium	Bk	247	247,070 03	α, γ	$1{,}4 \times 10^3$ ans
98	Californium	Cf	249	249,074 849	α, γ	351 ans
99	Einsteinium	Es	254	254,088 02	α, γ, β^-	276 d
100	Fermium	Fm	253	253,085 18	CE, α, γ	3,0 d
101	Mendélévium	Md	255	255,091 1	CE, α	27 min
102	Nobélium	No	255	255,093 3	CE, α	3,1 min
103	Lawrencium	Lr	257	257,099 8	α	$\approx$35 s
104	Rutherfordium (?)	Rf	261	261,108 7	α	1,1 min
105	Hahnium (?)	Ha	262	262,113 8	α	0,7 min
106			263	263,118 4	α	0,9 s
107			261	261	α	1-2 ms

Annexe B

Notions mathématiques

Les annexes mathématiques qui suivent constituent essentiellement une révision des opérations et des méthodes mathématiques. Dès le début du cours, vous devrez vous familiariser entièrement avec les procédés algébriques, la géométrie analytique et la trigonométrie. Les annexes traitant du calcul différentiel et intégral sont plus détaillées et s'adressent aux étudiants qui ont des difficultés à appliquer ces notions mathématiques aux situations physiques.

Tableau B.1 *Les symboles mathématiques utilisés dans le texte et leur signification*

Symbole	Signification
$=$	est égal à
$\neq$	est différent de
$\sim$	est proportionnel à
$>$	est plus grand que
$<$	est plus petit que
$\gg$ ($\ll$)	est beaucoup plus grand (petit) que
$\approx$	est approximativement égal à
Δx	variation de x
$\sum_{i=1}^{N} x_i$	somme de tous les x_i de $i = 1$ à $i = N$
$\|x\|$	grandeur de x (quantité toujours positive)
$\Delta x \rightarrow 0$	Δx tend vers zéro
$\frac{dx}{dt}$	la dérivée de x par rapport à t
$\frac{\partial x}{\partial t}$	la dérivée partielle de x par rapport à t
$\int$	intégrale

B.1 Puissances de dix

Vous devez vous familiariser avec l'usage des puissances de dix. Il s'agit en effet d'une façon brève et commode d'écrire de très grands ou de très petits nombres. Par exemple, au lieu de 10 000, on écrit 10^4, l'exposant représente le nombre de zéros; donc $10^4 = 10 \times 10 \times 10 \times 10 = 10\ 000$. De même, un petit nombre, tel que 0,000 1, peut s'écrire 10^{-4}, l'exposant négatif indiquant qu'il s'agit d'un nombre inférieur à 1. Voici d'autres exemples d'utilisation des puissances de dix:

$$1\ 000 = 10^3 \qquad 0{,}003 = 3 \times 10^{-3}$$
$$85\ 000 = 8{,}5 \times 10^4 \qquad 0{,}000\ 85 = 8{,}5 \times 10^{-4}$$
$$3\ 200\ 000 = 3{,}2 \times 10^6 \qquad 0{,}000\ 02 = 2 \times 10^{-5}$$

Pour *multiplier* des nombres exprimés en puissances de dix, il suffit d'*additionner* les exposants en respectant leurs signes. Par exemple,

$$(3 \times 10^3) \times (5 \times 10^4) = 15 \times 10^7 = 1{,}5 \times 10^8$$
$$(2 \times 10^5) \times (4 \times 10^{-2}) = 8 \times 10^3$$
$$(5{,}6 \times 10^4) \times (4{,}3 \times 10^8) = 24 \times 10^{12}$$

Pour *diviser* des nombres exprimés en puissances de dix, on peut faire passer la puissance de dix de la position de dénominateur à la position de numérateur en inversant son signe. Par exemple,

$$\frac{8 \times 10^5}{2 \times 10^2} = 4 \times 10^5 \times 10^{-2} = 4 \times 10^3$$

$$\frac{12 \times 10^{-4}}{4 \times 10^{-9}} = 3 \times 10^{-4} \times 10^9 = 3 \times 10^5$$

En règle générale,

$$10^n 10^m = 10^{n+m}$$
$$10^n/10^m = 10^{n-m}$$
$$(10^n)^m = 10^{nm}$$

Le tableau A-7 (annexe) présente les préfixes utilisés pour désigner les puissances de dix.

B.2 Algèbre

Pour effectuer des opérations algébriques, on doit appliquer les règles de l'arithmétique. Les symboles tels que x, y et z désignent habituellement des quantités indéterminées et les symboles a, b et c représentent des nombres (constantes). Vous devez vous familiariser avec les opérations suivantes:

Fractions

$$a\left(\frac{b}{c}\right) = \frac{ab}{c} \qquad \left(\frac{a}{b}\right)\left(\frac{c}{d}\right) = \frac{ac}{bd}$$

$$\frac{(a/b)}{(c/d)} = \frac{ad}{bc} \qquad \frac{a}{b} \pm \frac{c}{d} = \frac{ad \pm cb}{bd}$$

Décompositions et combinaisons

$$ax + bx = x(a + b)$$

$$x^2 - y^2 = (x + y)(x - y)$$

$$x^2 - 2x - 15 = (x + 3)(x - 5)$$

Racine d'une équation du second degré

Si $ax^2 + bx + c = 0$,

$$\text{Alors } x = \frac{-b \pm \sqrt{b^2 - 4ac}}{2a}$$

Multiplication des puissances d'une quantité donnée

$$x^n x^m = x^{n+m}$$

$$\frac{x^n}{x^m} = x^{n-m}$$

$$(x^n)^m = x^{nm}$$

Fonctions logarithmiques

ln = logarithme à base e

log = logarithme à base 10

$$\ln e = 1$$

$$\ln e^x = x$$

$$\ln (xy) = \ln x + \ln y$$

$$\ln (x/y) = \ln x - \ln y$$

$$\ln (1/x) = -\ln x$$

$$\ln x^n = n \ln x$$

$$\ln a = 2{,}302\,6 \log a$$

$$\log a = 0{,}434\,29 \ln a$$

Systèmes d'équations

Pour résoudre un système d'équations à deux inconnues x et y, on doit déterminer x en fonction de y dans l'une des équations et introduire cette expression de x dans la seconde équation.

Exemple

(1) $5x + y = -8$ (2) $2x - 2y = 4$

Solution: À partir de (2), nous avons $x = y + 2$. En introduisant ce résultat dans (1), nous obtenons

$$5(y + 2) + y = -8$$

$$6y = -18$$

$$y = -3$$

$$x = y + 2 = -1$$

Autre solution possible: Multipliez (1) par 2 et additionnez le résultat à (2):

$$10x + 2y = -16$$

$$2x - 2y = 4$$

$$12x = -12$$

$$x = -1$$

$$y = x - 2 = -3$$

B.3 Géométrie

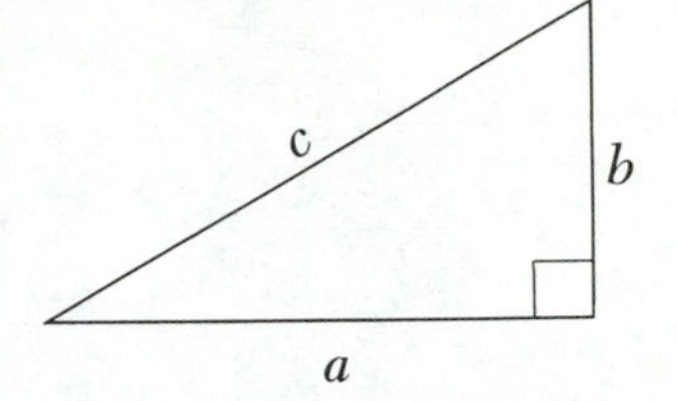

Le *théorème de Pythagore* établit la relation entre les trois côtés d'un triangle rectangle:

$$c^2 = a^2 + b^2$$

La *distance d* qui sépare les points de coordonnées (x_1, y_1) et (x_2, y_2) est

$$d = \sqrt{(x_2 - x_1)^2 + (y_2 - y_1)^2}$$

La *mesure du radian*: l'arc de longueur s est proportionnel au rayon r pour une valeur fixe de θ (en radians)

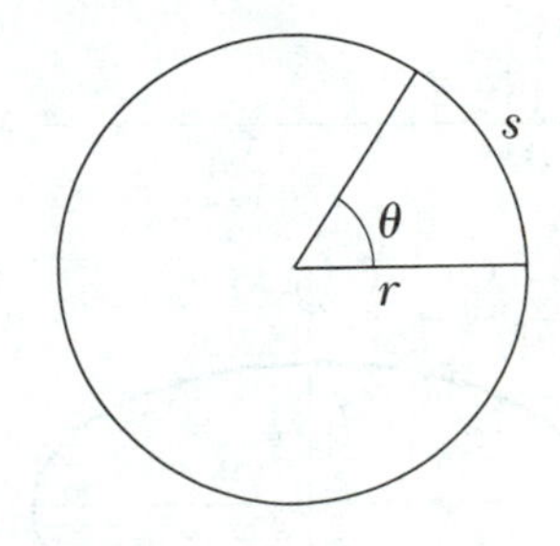

$$s = r\theta$$

$$\theta = \frac{s}{r}$$

Circonférence d'un cercle

$$C = 2\pi r$$

Aire d'un cercle

$$A = \pi r^2$$

Aire d'un triangle

$$A = \frac{1}{2}bh$$

Aire superficielle d'une sphère

$$A = 4\pi r^2$$

Volume d'une sphère

$$V = \frac{4}{3}\pi r^3$$

Volume d'un cylindre

$$V = \pi r^2 l$$

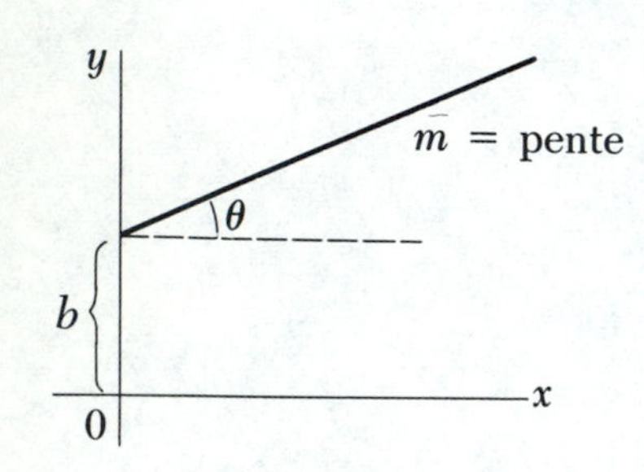

Équation d'une *droite*

$$y = mx + b$$

$b = y$ abcisse à l'origine
m = pente = $\tan \theta$

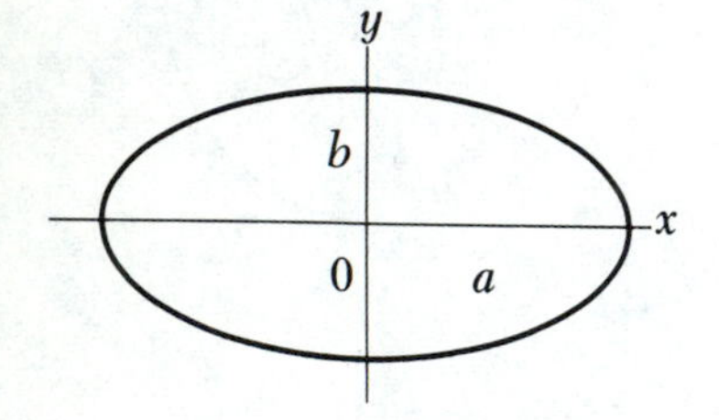

Équation d'un *cercle* de rayon R centré à l'origine

$$x^2 + y^2 = R^2$$

Équation d'une *ellipse* centrée à l'origine

$$\frac{x^2}{a^2} + \frac{y^2}{b^2} = 1$$

a = demi-grand axe
b = demi-petit axe

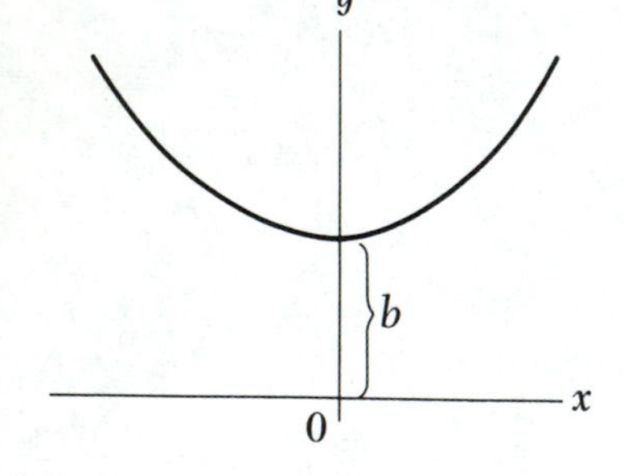

Équation d'une *parabole* dont le sommet est situé à $y = b$

$$y = ax^2 + b$$

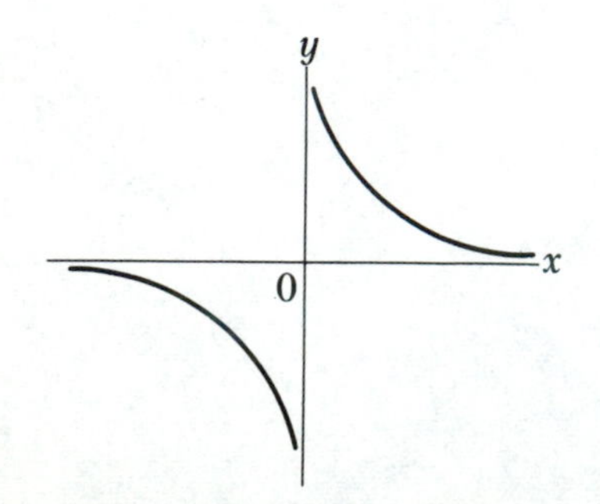

Équation d'une *hyperbole rectangulaire*

$$xy = \text{constante}$$

B.4 Trigonométrie

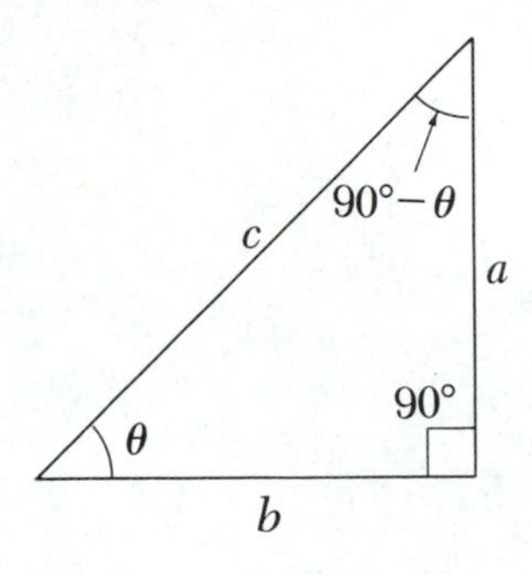

Les fonctions trigonométriques sinus, cosinus et tangente sont définies par le rapport entre les côtés d'un triangle rectangle:

$$\sin \theta = \frac{\text{côté opposé à } \theta}{\text{hypoténuse}} = \frac{a}{c}$$

$$\cos \theta = \frac{\text{côté adjacent à } \theta}{\text{hypoténuse}} = \frac{b}{c}$$

$$\tan \theta = \frac{\text{côté opposé à } \theta}{\text{côté adjacent à } \theta} = \frac{a}{b}$$

À partir des définitions ci-dessus et du théorème de Pythagore, il s'ensuit que

$$\sin^2 \theta + \cos^2 \theta = 1$$

$$\tan \theta = \frac{\sin \theta}{\cos \theta}$$

Les fonctions cosécante, sécante et cotangente sont définies par

$$\csc \theta = \frac{1}{\sin \theta} \qquad \text{séc}\ \theta = \frac{1}{\cos \theta} \qquad \cot \theta = \frac{1}{\tan \theta}$$

Les relations suivantes (membres droits des équations) découlent directement du triangle rectangle ci-dessus:

$$\begin{cases} \sin \theta = \cos (90° - \theta) \\ \cos \theta = \sin (90° - \theta) \\ \cot \theta = \tan (90° - \theta) \end{cases}$$

Quelques propriétés des fonctions trigonométriques:

$$\begin{cases} \sin (-\theta) = -\sin \theta \\ \cos (-\theta) = \cos \theta \\ \tan (-\theta) = -\tan \theta \end{cases}$$

Relations applicables à *tout* triangle:

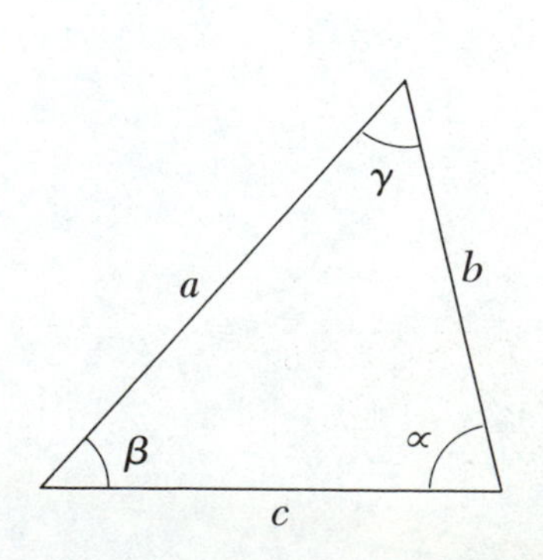

$$\propto + \beta + \gamma = 180°$$

Loi du cosinus
$$\begin{cases} a^2 = b^2 + c^2 - 2bc \cos \propto \\ b^2 = a^2 + c^2 - 2ac \cos \beta \\ c^2 = a^2 + b^2 - 2ab \cos \gamma \end{cases}$$

Loi du sinus
$$\left\{ \frac{a}{\sin \propto} = \frac{b}{\sin \beta} = \frac{c}{\sin \gamma} \right.$$

Tableau B.2 *Quelques identités trigonométriques*

$$\sin^2\theta + \cos^2\theta = 1 \qquad \csc^2\theta = 1 + \cot^2\theta$$

$$\sec^2\theta = 1 + \tan^2\theta \qquad \sin^2\frac{\theta}{2} = \frac{1}{2}(1 - \cos\theta)$$

$$\sin 2\theta = 2\sin\theta\cos\theta \qquad \cos^2\frac{\theta}{2} = \frac{1}{2}(1 + \cos\theta)$$

$$\cos 2\theta = \cos^2\theta - \sin^2\theta \qquad 1 - \cos\theta = 2\sin^2\frac{\theta}{2}$$

$$\tan 2\theta = \frac{2\tan\theta}{1 - \tan^2\theta} \qquad \tan\frac{\theta}{2} = \sqrt{\frac{1 - \cos\theta}{1 + \cos\theta}}$$

$$\sin(A \pm B) = \sin A\cos B \pm \cos A\sin B$$

$$\cos(A \pm B) = \cos A\cos B \mp \sin A\sin B$$

$$\sin A \pm \sin B = 2\sin\left[\frac{1}{2}(A \pm B)\right]\cos\left[\frac{1}{2}(A \mp B)\right]$$

$$\cos A + \cos B = 2\cos\left[\frac{1}{2}(A + B)\right]\cos\left[\frac{1}{2}(A - B)\right]$$

$$\cos A - \cos B = 2\sin\left[\frac{1}{2}(A + B)\right]\sin\left[\frac{1}{2}(B - A)\right]$$

Tableau B.3 *Développements de séries*

$$(a + b)^n = a^n + \frac{n}{1!}a^{n-1}b + \frac{n(n-1)}{2!}a^{n-2}b^2 + \dots$$

$$(1 + x)^n = 1 + nx + \frac{n(n-1)}{2!}x^2 + \dots$$

$$e^x = 1 + x + \frac{x^2}{2!} + \frac{x^3}{3!} + \dots$$

$$\ln(1 \pm x) = \pm x - \frac{1}{2}x^2 \pm \frac{1}{3}x^3 - \dots$$

$$\sin x = x - \frac{x^3}{3!} + \frac{x^3}{5!} - \dots$$

$$\cos x = 1 - \frac{x^2}{2!} + \frac{x^4}{4!} - \dots$$

$$\tan x = x + \frac{x^3}{3} + \frac{2x^5}{15} + \dots \qquad |x| < \pi/2$$

(θ en radians)

Pour $x \ll 1$, les approximations suivantes sont valables:

$(1 + x)^n \approx 1 + nx$ $\qquad \sin x \approx x$
$e^x \approx 1 + x$ $\qquad \cos x \approx 1$
$\ln(1 \pm x) \approx \pm x$ $\qquad \tan x \approx x$

B.5 Calcul différentiel

Dans plusieurs domaines scientifiques, on doit parfois utiliser les outils de base du calcul infinitésimal, inventés par Newton, pour décrire des phénomènes physiques. Ces outils conceptuels sont indispensables pour traiter divers problèmes de mécanique newtonienne, d'électricité et de magnétisme. Dans cette section, nous nous contenterons d'énoncer certaines propriétés fondamentales et quelques règles empiriques qui permettront à l'étudiant(e) de revoir des notions utiles.

On doit d'abord déterminer une *fonction* établissant un lien entre deux variables (par exemple, une position en fonction du temps). Supposons que la variable dépendante soit y et que la variable indépendante soit x. Nous pourrions alors avoir une fonction ayant la forme

$$y(x) = ax^3 + bx^2 + cy + d$$

Si a, b, c et d sont des constantes données, alors on peut calculer y pour toute valeur de x.

En règle générale, les fonctions sont continues, c'est-à-dire que y varie «graduellement» en fonction de x.

La *dérivée de y* par rapport à x est la limite de la pente d'une droite reliant deux points de la courbe de y en fonction de x lorsque Δx tend vers zéro. La formulation mathématique de cette définition est

B.1
$$\frac{dy}{dx} = \lim_{\Delta x \to 0} \frac{\Delta y}{\Delta x} = \lim_{\Delta x \to 0} \frac{y(x + \Delta x) - y(x)}{\Delta x}$$

Δy et Δx étant définis par $\Delta x = x_2 - x_1$ et $\Delta y = y_2 - y_1$ (voir figure 1).

Il convient de se rappeler que, lorsqu'une fonction a la forme $y(x) = ax^n$, a étant une *constante* et n un nombre *quelconque* (entier ou fractionnaire, positif ou négatif), on a

B.2
$$\frac{dy}{dx} = nax^{n-1}$$

Si $y(x)$ est une fonction algébrique (polynôme) de x, on doit appliquer l'équation B.2 à *chacun* des termes du polynôme en prenant $da/dx = 0$. On doit également noter que *dy/dx ne signifie pas* que dy est divisé par dx; il s'agit simplement d'une notation représentant la limite de la dérivée, telle qu'elle est définie par l'équation B.1. Dans les exemples de 1 à 4, nous évaluons les dérivées de diverses fonctions ayant un comportement régulier.

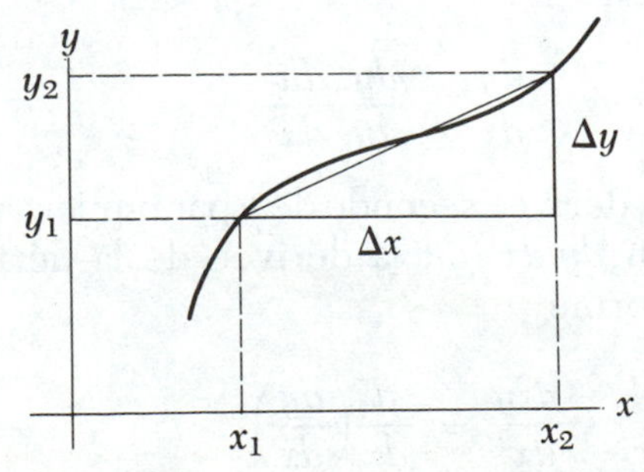

Figure 1

Exemple 1

Supposons que $y(x)$ (soit y en fonction de x) est donné par

$$y(x) = ax^3 + bx + c$$

a et b étant des constantes. Il s'ensuit que

$$y(x + \Delta x) = a(x + \Delta x)^3 + b(x + \Delta x) + c$$

$$y(x + \Delta x) = a(x^3 + 3x^2\Delta x + 3x\Delta x^2 + \Delta x^3) + b(x + \Delta x) + c$$

donc

$$\Delta y = y(x + \Delta x) - y(x) = a(3x^2\Delta x + 3x\Delta x^2 + \Delta x^3) + b\Delta x$$

En introduisant ce résultat dans l'équation B.1, nous obtenons

$$\frac{dy}{dx} = \lim_{\Delta x \to 0} \frac{\Delta y}{\Delta x} = \lim_{\Delta x \to 0} [3ax^2 + 3x\Delta x + \Delta x^2] + b$$

$$\frac{dy}{dx} = 3ax^2 + b$$

Exemple 2

$$y(x) = 8x^5 + 4x^3 + 2x + 7$$

Solution: En appliquant successivement l'équation B.2 à chacun des termes, et compte tenu que d/dx (constante) $= 0$, nous avons

$$\frac{dy}{dx} = 8(5)x^4 + 4(3)x^2 + 2(1)x^0 + 0$$

$$\frac{dy}{dx} = 40x^4 + 12x^2 + 2$$

Propriétés particulières des dérivées

A. Dérivée du produit de deux fonctions. Si une fonction y est donnée par le produit de deux fonctions, soit $g(x)$ et $h(x)$, alors la dérivée de y est définie par

B.3
$$\frac{d}{dx}f(x) = \frac{d}{dx}[g(x)h(x)] = g\frac{dh}{dx} + h\frac{dg}{dx}$$

B. Dérivée de la somme de deux fonctions. Si une fonction y est égale à la somme de deux fonctions, alors la dérivée de la somme est égale à la somme des dérivées:

B.4
$$\frac{d}{dx}f(x) = \frac{d}{dx}[g(x) + h(x)] = \frac{dg}{dx} + \frac{dh}{dx}$$

C. Règle de dérivation de fonctions composées: Si $y = f(u)$ et si u est fonction d'une autre variable x, alors dy/dx peut s'écrire sous forme du produit de deux dérivées:

B.5
$$\frac{dy}{dx} = \frac{dy}{du}\frac{du}{dx}$$

D. Dérivée seconde. La dérivée seconde de y par rapport à x est définie par la dérivée de la fonction dy/dx (ou la dérivée de la dérivée). On l'écrit habituellement sous la forme

B.6
$$\frac{d^2y}{dx^2} = \frac{d}{dx}\left(\frac{dy}{dx}\right)$$

Exemple 3

Déterminez la dérivée première de $y(x) = x^3/(x+1)^2$ par rapport à x.

Solution: Nous pouvons récrire cette fonction sous la forme $y(x) = x^3(x+1)^{-2}$ et appliquer directement l'équation B.3:

$$\frac{dy}{dx} = (x+1)^{-2}\frac{d}{dx}(x^3) + x^3\frac{d}{dx}(x+1)^{-2}$$

$$= (x+1)^{-2}\,3x^2 + x^3(-2)(x+1)^{-3}$$

$$\frac{dy}{dx} = \frac{3x^2}{(x+1)^2} - \frac{2x^3}{(x+1)^3}$$

Exemple 4

On peut déduire de l'équation B.3 une expression utile, soit la dérivée du quotient de deux fonctions. Montrez que l'expression est donnée par

$$\frac{d}{dx}\left[\frac{g(x)}{h(x)}\right] = \frac{h\dfrac{dg}{dx} - g\dfrac{dh}{dx}}{h^2}$$

Solution: Nous pouvons écrire le quotient sous la forme gh^{-1} et appliquer ensuite les équations B.2 et B.3:

$$\frac{d}{dx}\left(\frac{g}{h}\right) = \frac{d}{dx}(gh^{-1}) = g\frac{d}{dx}(h^{-1}) + h^{-1}\frac{d}{dx}(g)$$

$$= -gh^{-2}\frac{dh}{dx} + h^{-1}\frac{dg}{dx}$$

$$= \frac{h\dfrac{dg}{dx} - g\dfrac{dh}{dx}}{h^2}$$

Tableau B.4 *Dérivées de diverses fonctions*

$\frac{d}{dx}(a) = 0$	$\frac{d}{dx}(\tan ax) = a\sec^2 ax$
$\frac{d}{dx}(ax^n) = nax^{n-1}$	$\frac{d}{dx}(\cot ax) = -a\csc^2 ax$
$\frac{d}{dx}(e^{ax}) = ae^{ax}$	$\frac{d}{dx}(\sec x) = \tan x \sec x$
$\frac{d}{dx}(\sin ax) = a\cos ax$	$\frac{d}{dx}(\csc x) = -\cot x \csc x$
$\frac{d}{dx}(\cos ax) = -a\sin ax$	$\frac{d}{dx}(\ln ax) = \frac{1}{x}$

À noter: Les lettres a et n représentent des constantes.

B.6 Calcul intégral

On peut concevoir l'intégration comme l'opération inverse de la dérivation. Par exemple, examinons l'expression

$$f(x) = \frac{dy}{dx} = 3ax^2 + b$$

qui est le résultat de la dérivation de la fonction

$$y(x) = ax^3 + bx + c$$

de l'exemple 1. La première expression pourrait s'écrire $dy = f(x)dx = (3ax^2 + b)dx$ et $y(x)$ s'obtiendrait alors en effectuant la «somme» des éléments $f(x)dx$ sur l'intervalle compris entre 0 et x. L'expression mathématique de cette opération inverse est

$$y(x) = \int f(x)dx$$

Dans le cas de la fonction $f(x)$ donnée ci-dessus,

$$y(x) = \int (3ax^2 + b)dx = ax^3 + bx + c$$

c étant une constante d'intégration. Ce type d'intégrale se nomme *intégrale indéfinie* étant donné que sa valeur dépend du choix de la constante c.

La forme générale d'une intégrale indéfinie $I(x)$ est

B.7

$$I(x) = \int f(x)dx$$

où $f(x)$ est la *fonction intégrée* et $f(x) = \dfrac{dI(x)}{dx}$.

Dans le cas d'une fonction *générale continue* $f(x)$, on peut décrire l'intégrale comme l'aire située sous la courbe délimitée par $f(x)$ et l'axe des x, dans un intervalle entre deux valeurs de x données, soit x_1 et x_2 à la figure 2. L'aire de l'élément ombré dans la figure correspond approximativement à $f_i\Delta x_i$. Si l'on fait la somme des aires de tous les éléments de x_1 à x_2 et si l'on pose que la limite de cette somme est $\Delta x_i \to 0$, nous obtenons l'aire *véritable* située sous la courbe délimitée par $f(x)$ et x, entre les limites x_1 et x_2:

B.8

$$\text{Aire} = \lim_{\Delta x \to 0} \sum_i f_i(x)\Delta x_i = \int_{x_1}^{x_2} f(x)dx$$

Les intégrales ayant la forme définie par l'équation B.8 sont dites *intégrales définies*.

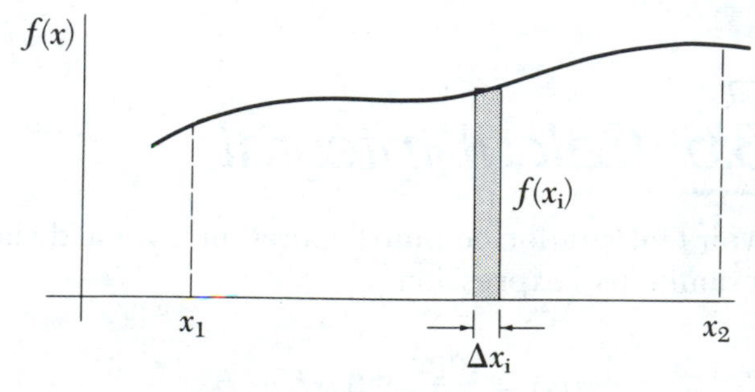

Figure 2

Intégrer est une opération linéaire: ainsi

B.9
$$\int af(x)dx + \int bg(x)dx = a\int f(x)dx + b\int g(x)dx.$$

Les intégrales les plus couramment utilisées dans l'analyse de situations concrètes ont la forme

B.10
$$\int x\,dx = \frac{x^{n+1}}{n+1} + c \qquad (n \neq -1)$$

Ce résultat est évident puisque la dérivation du terme de droite par rapport à x donne directement $f(x) = x^n$. Si l'on connaît les limites de l'intégration, l'intégrale devient *définie* et s'écrit

B.11
$$\int_{x_1}^{x_2} x^n dx = \frac{{x_2}^{n+1} - {x_1}^{n+1}}{n+1} \qquad (n \neq -1)$$

Exemples

1. $\displaystyle\int_0^a x^2dx = \frac{x^3}{3}\Big]_0^a = \frac{a^3}{3}$

2. $\displaystyle\int_0^b x^{3/2}dx = \frac{x^{5/2}}{5/2}\Big]_0^b = \frac{2}{5}b^{5/2}$

3. $\displaystyle\int_3^5 xdx = \frac{x^2}{2}\Big]_3^5 = \frac{5^2 - 3^2}{2} = 8$

Intégration par parties

Dans certains cas, il convient d'appliquer la méthode de l'*intégration par parties* pour évaluer certaines intégrales. Cette méthode est fondée sur la propriété suivante (provenant de l'expression B.3 pour la dérivée d'un produit de deux fonctions):

B.12
$$\int udv = uv - \int vdu$$

où u et v doivent être choisis *soigneusement* pour permettre de réduire une intégrale complexe à une forme plus simple. Dans bien des cas, on doit procéder à plusieurs réductions. Prenons par exemple

$$I(x) = \int x^2e^xdx$$

Pour évaluer cette intégrale, on peut procéder à deux intégrations par parties. En premier lieu, si l'on pose $u = x^2$, $v = e^x$, on obtient

$$\int x^2e^xdx = \int x^2d(e^x) = x^2e^x - 2\int e^xxdx + c_1$$

Pour le second terme, on pose $u = x$, $v = e^x$, ce qui donne

$$\int x^2e^xdx = x^2e^x - 2xe^x + 2\int e^xdx + c_1$$

ou

$$\int x^2e^xdx = x^2e^x - 2xe^x + 2e^x + c_2$$

La différentielle parfaite

La *différentielle parfaite* constitue une autre méthode. En effet, dans certains cas on doit rechercher un accroissement de la variable tel que la différentielle de la fonction corresponde à la différentielle de la variable indépendante de la fonction intégrée. Prenons par exemple l'intégrale

$$I(x) = \int \cos^2 x \sin x dx$$

Son évaluation devient facile si l'on récrit la différentielle sous la forme $d(\cos x) = \sin x dx$. L'intégrale prend alors la forme

$$\int \cos^2 x \sin x dx = -\int \cos^2 x \, d(\cos x)$$

À présent, si l'on change les variables en posant que $y = \cos x$, nous obtenons

$$\int \cos^2 x \sin x dx = -\int y^2 dy = -\frac{y^3}{3} + c = -\frac{\cos^3 x}{3} + c$$

Le tableau B.5 présente une liste d'intégrales indéfinies utilisées couramment. On trouvera une liste plus complète dans des manuels tels que *The Handbook of Chemistry and Physics*, CRC Press.

Tableau B.5 *Quelques intégrales indéfinies* (on ajoutera une constante arbitraire à chacune de ces intégrales)*

$$\int x^n dx = \frac{x^{n+1}}{n+1} \quad \text{(pourvu que } n \neq -1\text{)}$$

$$\int \frac{dx}{x} = \int x^{-1} dx = \ln x$$

$$\int \frac{dx}{a + bx} = \frac{1}{b}\ln(a + bx)$$

$$\int \frac{dx}{(a + bx)^2} = -\frac{1}{b(a + bx)}$$

$$\int \frac{dx}{a^2 + x^2} = \frac{1}{a}\tan^{-1}\frac{x}{a}$$

$$\int \frac{dx}{a^2 - x^2} = \frac{1}{2a}\ln\frac{a + x}{a - x} \quad (a^2 - x^2 > 0)$$

$$\int \frac{dx}{x^2 - a^2} = \frac{1}{2a}\ln\frac{x - a}{x + a} \quad (x^2 - a^2 > 0)$$

$$\int \frac{x dx}{a^2 \pm x^2} = \pm\frac{1}{2}\ln(a^2 \pm x^2)$$

$$\int \frac{dx}{\sqrt{a^2 - x^2}} = \sin^{-1}\frac{x}{a} = -\cos^{-1}\frac{x}{a} \quad (a^2 - x^2 > 0)$$

$$\int \frac{dx}{\sqrt{x^2 \pm a^2}} = \ln(x + \sqrt{x^2 \pm a^2})$$

$$\int \frac{x dx}{\sqrt{a^2 - x^2}} = -\sqrt{a^2 - x^2}$$

$$\int x e^{ax} dx = \frac{e^{nx}}{a^2}(ax - 1)$$

$$\int \frac{dx}{a + be^{cx}} = \frac{x}{a} - \frac{1}{ac}\ln(a + be^{cx})$$

$$\int \sin ax dx = -\frac{1}{a}\cos ax$$

$$\int \cos ax dx = \frac{1}{a}\sin ax$$

$$\int \tan ax dx = -\frac{1}{a}\ln(\cos ax) = \frac{1}{a}\ln(\sec ax)$$

$$\int \cot ax dx = \frac{1}{a}\ln(\sin ax)$$

$$\int \sec ax dx = \frac{1}{a}\ln(\sec ax + \tan ax) = \frac{1}{a}\ln\left[\tan\left(\frac{ax}{2} + \frac{\pi}{4}\right)\right]$$

$$\int \csc ax dx = \frac{1}{a}\ln(\csc ax - \cot ax) = \frac{1}{a}\ln\left(\tan\frac{ax}{2}\right)$$

$$\int \sin^2 ax dx = \frac{x}{2} - \frac{\sin 2ax}{4a}$$

$$\int \cos^2 ax dx = \frac{x}{2} + \frac{\sin 2ax}{4a}$$

$$\int \frac{dx}{\sin^2 ax} = -\frac{1}{a}\cot ax$$

$$\int \frac{xdx}{\sqrt{x^2 \pm a^2}} = \sqrt{x^2 \pm a^2}$$

$$\int \sqrt{a^2 - x^2}dx = \frac{1}{2}\left(x\sqrt{a^2 - x^2} + a^2 \sin^{-1}\frac{x}{a}\right)$$

$$\int x\sqrt{a^2 - x^2}dx = -\frac{1}{3}(a^2 - x^2)^{3/2}$$

$$\int \sqrt{x^2 \pm a^2}dx = \frac{1}{2}[x\sqrt{x^2 \pm a^2} \pm a^2\ln(x + \sqrt{x^2 \pm a^2})]$$

$$\int x\sqrt{x^2 \pm a^2}dx = \frac{1}{3}(x^2 \pm a^2)^{3/2}$$

$$\int e^{ax}dx = \frac{1}{a}e^{ax}$$

$$\int \ln ax dx = (x\ln ax) - x$$

$$\int \frac{dx}{\cos^2 ax} = \frac{1}{a}\tan ax$$

$$\int \tan^2 ax dx = \frac{1}{a}(\tan ax) - x$$

$$\int \cot^2 ax dx = -\frac{1}{a}(\cot ax) - x$$

$$\int \sin^{-1} ax dx = x(\sin^{-1} ax) + \frac{\sqrt{1 - a^2x^2}}{a}$$

$$\int \cos^{-1} ax dx = x(\cos^{-1} ax) - \frac{\sqrt{1 - a^2x^2}}{a}$$

$$\int \tan^{-1} ax dx = x(\tan^{-1} ax) - \frac{1}{2a}\ln(1 + a^2x^2)$$

$$\int \cot^{-1} ax dx = x(\cot^{-1} ax) + \frac{1}{2a}\ln(1 + a^2x^2)$$

* On trouve également l'intégrale de probabilité de Gauss et d'autres intégrales à l'annexe A-4.

Annexe C

Calcul du déplacement en fonction de la vitesse

La vitesse d'une particule se déplaçant en ligne droite s'obtient à partir de sa position en fonction du temps. D'un point de vue mathématique, la vitesse est égale à la dérivée de la position par rapport au temps. On peut également déterminer le déplacement d'une particule si l'on connaît sa vitesse en fonction du temps. Dans le langage du calcul infinitésimal, on appelle ce procédé intégration ou fonction primitive. Défini graphiquement, ce procédé équivaut à déterminer l'aire située sous une courbe.

Soit un graphique de la vitesse en fonction du temps pour une particule se déplaçant selon l'axe des x (figure 3). Divisons l'intervalle de temps $t_f - t_i$ en plusieurs petits intervalles ayant chacun une durée Δt_n. À partir de la définition de la vitesse moyenne, nous voyons que le déplacement correspondant à n'importe quel de ces petits intervalles, par exemple celui qui est ombré à la figure 3, est donné par $\Delta x_n = \bar{v}_n \Delta t_n$, où $\bar{v}_n$ représente la vitesse moyenne au cours de cet intervalle. Par conséquent, le déplacement au

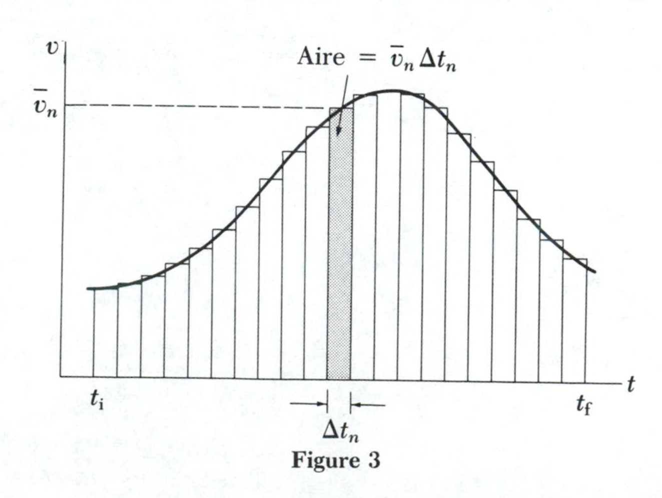

Figure 3

cours de ce petit intervalle correspond simplement à l'aire du rectangle ombré. Le déplacement total durant l'intervalle $t_f - t_i$ est la somme de l'aire de tous les rectangles:

$$\Delta x = \sum \bar{v}_n \Delta t_n$$

la somme recouvrant tous les rectangles de t_i à t_f. Or, à mesure que l'on diminue la grandeur des intervalles, le nombre de termes de la somme augmente et la somme tend vers une valeur égale à l'aire située sous la courbe du graphique vitesse-temps. Par conséquent, à la limite $n \to \infty$, au $\Delta t_n \to 0$, on constate que le déplacement est donné par

C.1
$$\Delta x = \lim_{\Delta t_n \to 0} \sum_n v_n \Delta t_n$$

ou

Déplacement = aire située sous la courbe du graphique vitesse-temps

Notons qu'à l'intérieur de la somme, nous avons remplacé la vitesse moyenne $\bar{v}_n$ par la vitesse instantanée v_n. Comme l'indique la figure 3, cette approximation est évidemment valable dans les limites de très petits intervalles. Nous en déduisons qu'à partir du graphique vitesse-temps d'un mouvement rectiligne, on peut déterminer le déplacement durant n'importe quel intervalle de temps en mesurant l'aire située sous la courbe.

Dans l'équation C.1, la limite de la somme s'appelle une *intégrale définie*, dont l'expression est

C.2
$$\lim_{\Delta t_n \to 0} \sum_n v_n \Delta t_n = \int_{t_i}^{t_f} v(t)dt$$

$v(t)$ étant la vitesse en fonction du temps. Si l'on connaît la forme fonctionnelle explicite de $v(t)$, on peut évaluer l'intégrale en cause.

Si une particule se déplace à vitesse constante v_0, comme à la figure 4, son déplacement durant l'intervalle de temps Δt correspond simplement à l'aire du rectangle ombré, soit

$$\Delta x = v_0 \Delta t \qquad (\text{lorsque } v = v_0 = \text{constante})$$

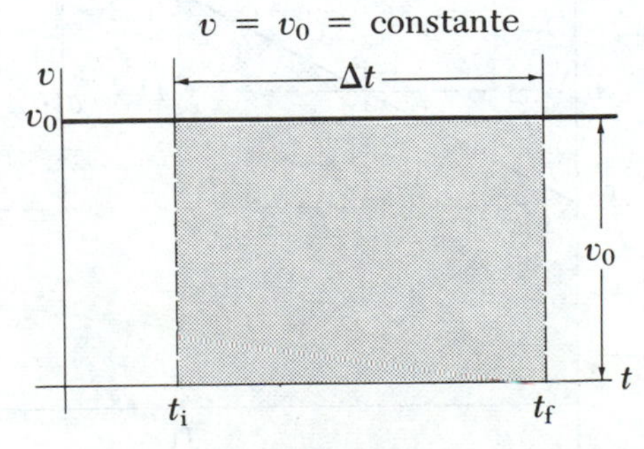

Figure 4

Comme autre exemple, prenons le cas d'une particule se déplaçant à une vitesse proportionnelle à t, comme à la figure 5, où $v = v_0 + at$ (a étant la constante de proportionnalité, en l'occurrence l'accélération). Le déplacement de la particule durant l'intervalle de temps $t = 0$ à $t = t_1$ correspond à l'aire du trapèze ombré de la figure 5:

$$\Delta x = (\text{surface du rectangle}) + (\text{surface du triangle})$$

$$\Delta x = v_0 t_1 + \frac{1}{2}(v - v_0)t_1$$

Puisque $v = v_0 + at$, nous pouvons remplacer $(v - v_0)$ par at_1. D'où

$$\Delta x = v_0 t_1 + \frac{1}{2}(at_1) \cdot t_1$$

Soit,

$$\Delta x = v_0 t_1 + \frac{1}{2}at_1^2$$

Nous pouvons de plus déterminer la vitesse moyenne de la manière suivante:

$$\bar{v} = \frac{\Delta x}{t_1} = v_0 + \frac{1}{2}at_1$$

$$\bar{v} = v_0 + \frac{1}{2}(v - v_0)$$

$$\bar{v} = \frac{v_0 + v}{2}$$

Ce résultat (valable seulement si l'accélération est constante) aurait pu être déduit à partir de la figure 5. En effet, pour que $x = \bar{v}t_1$, il faut absolument que les triangles ABC et BDE soient égaux, à savoir $\overline{BC} = \overline{DE}$

$$\bar{v} - v_0 = v - \bar{v}$$

d'où.

$$\bar{v} = \frac{v_0 + v}{2}$$

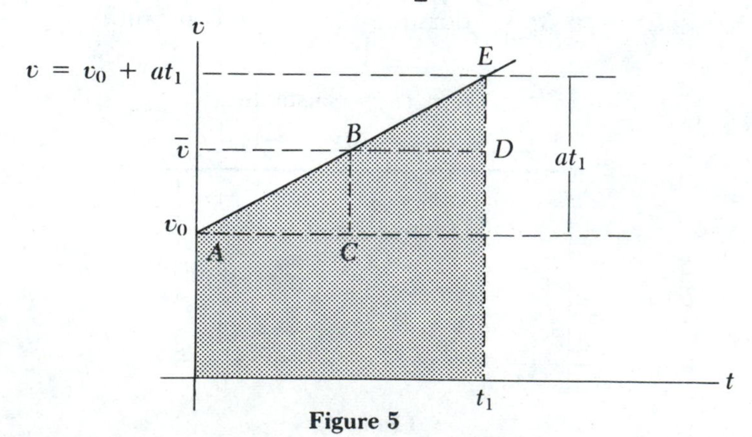

Figure 5

Annexe **D**

Cinématique au moyen du calcul différentiel et intégral

Les techniques du calcul différentiel et intégral sont essentielles en cinématique, et en physique de façon générale, dans les situations où l'accélération n'est pas constante. Pour ceux et celles qui les connaîtraient, ou désireraient les connaître, on présente rapidement dans cette annexe les notions nécessaires à leur utilisation.

Si la position $x = x(t)$ d'une particule est connue en fonction du temps, on peut, en dérivant par rapport au temps, obtenir la vitesse en tout temps

D.1

$$v = \frac{dx}{dt}$$

La vitesse ayant été obtenue de cette façon, on peut, en dérivant cette vitesse $v = v(t)$, obtenir l'accélération de la particule

D.2

$$a = \frac{dv}{dt}$$

L'interprétation géométrique de la dérivée est la suivante: la dérivée d'une fonction, évaluée en un point, donne la pente de la tangente, en ce point, à la courbe représentant cette fonction.

Ainsi, la vitesse en un temps quelconque sera donnée par la pente de la tangente à la courbe position-temps à ce temps.

De même, l'accélération en un temps quelconque sera donnée par la pente de la tangente à la courbe vitesse-temps à ce temps.

Rappelons que dériver et intégrer sont deux opérations mathématiques inverses. Si on peut obtenir la vitesse en dérivant la position, comme on vient de le voir, on devrait pouvoir obtenir la position en intégrant la vitesse. De même, si on peut obtenir l'accélération en dérivant la vitesse, on devrait obtenir la vitesse en intégrant l'accélération.

En effet, $v = \frac{dx}{dt}$ peut s'écrire sous la forme d'une égalité entre différentielles: $dx = vdt$.

En intégrant de chaque côté $\int dx = \int vdt$

c.-à-d. $x = \int vdt + c^{te}$ (intégrale indéfinie)

La constante d'intégration devant être déterminée au moyen d'une condition initiale sur la position.

Si on préfère utiliser des intégrales définies, et si on suppose que la position initiale $x(0) = x_0$, on a

$$\int_{x_0}^{x} dx = \int_0^t vdt$$

$$x - x_0 = \int_0^t vdt$$

D.3

$$x(t) = x_0 + \int_0^t vdt$$

On peut procéder de la même façon en partant de la définition de l'accélération

$$a = \frac{dv}{dt}$$

$$dv = adt \qquad \int dv = \int adt$$

$$v = \int adt + c^{te} \qquad \text{(intégrale indéfinie)}$$

La constante d'intégration sera, cette fois-ci, déterminée au moyen d'une condition initiale sur la vitesse.

Si on suppose que la vitesse initiale $v(0) = v_0$, *en utilisant des intégrales définies, on a*

$$\int_{v_0}^{v} dv = \int_0^t adt$$

$$v - v_0 = \int_0^t adt$$

D.4

$$v(t) = v_0 + \int_0^t adt$$

Ainsi, connaissant les conditions initiales (position et vitesse) — ou des conditions spécifiées à tout autre moment — de même que l'accélération d'une particule, on peut, en intégrant cette dernière, obtenir la vitesse de la particule en tout temps. Celle-ci peut alors être intégrée à son tour, pour fournir la position de cette particule en tout temps.

L'interprétation géométrique de l'intégrale est la suivante: l'intégrale d'une fonction entre deux bornes représente l'aire de la surface sous la courbe de cette fonction, comprise entre les deux bornes d'intégration. Ainsi,

D.5
$$\Delta x = x - x_0 = \int_0^t v dt$$

signifie que le déplacement de la particule dans l'intervalle de temps de 0 à t est représenté par l'aire de la surface sous la courbe du graphique vitesse-temps entre 0 et t.

Ainsi,

D.6
$$\Delta v = v - v_0 = \int_0^t a dt$$

signifie que l'augmentation de vitesse de la particule dans l'intervalle de temps de 0 à t est représentée par l'aire de la surface sous la courbe accélération-temps entre 0 et t.

À titre d'exemple, supposons qu'un objet ait une accélération donnée par

$$a = 6t \text{ (en m/s}^2\text{)}$$

Il s'agit clairement d'une accélération qui n'est pas constante. Comme elle change avec le temps, il n'est pas question d'utiliser les équations relatives au mouvement uniformément accéléré.

On peut calculer l'accroissement de la vitesse de cette particule entre 0 et t

$$\Delta v = \int_0^t a dt = \int_0^t 6t dt = 3t^2$$

Ainsi, $\quad v - v_0 = 3t^2 \quad$ et $\quad v = v_0 + 3t^2$ (en m/s)

Évidemment, pour déterminer $v = v(t)$ complètement, il faut connaître v_0, la vitesse initiale de l'objet.

Supposons-la connue. On obtiendra le déplacement entre 0 et t en intégrant la vitesse

$$\Delta x = \int_0^t v dt = \int_0^t (v_0 + 3t^2) dt$$

Ainsi, $\quad x - x_0 = v_0 t + t^3 \quad$ et $\quad x = x_0 + v_0 t + t^3$

Une condition initiale supplémentaire x_0 sur la position doit être fournie pour que la position de l'objet soit complètement déterminée, en tout temps.

Applications: mouvement uniforme et mouvement uniformément accéléré

L'accélération étant nulle, le cas du mouvement uniforme est trivial:

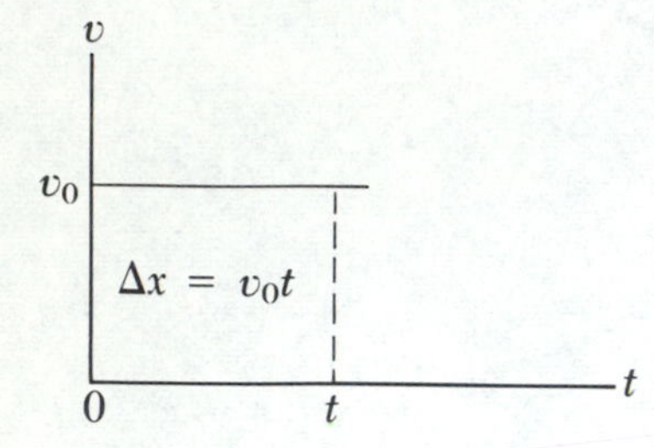

$$\Delta v = v - v_0 = \int_0^t a dt = 0$$

D.7 $$v = v_0$$

La vitesse est constante, égale à sa valeur initiale.

$$\Delta x = x - x_0 = \int_0^t v dt = \int_0^t v_0 dt = v_0 t$$

D.8 $$x = x_0 + v_0 t$$

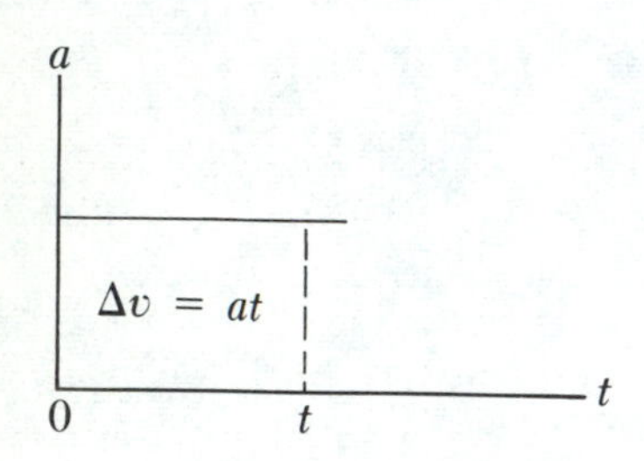

$\Delta x = v_0 t$ est la surface du rectangle ci-contre (aire de la surface sous la courbe vitesse-temps entre 0 et t).

Le cas du mouvement uniformément accéléré est plus intéressant: l'accélération est une constante a

$$\Delta v = v - v_0 = \int_0^t a dt = at$$

$\Delta v = at$ est l'aire du rectangle ci-contre (aire sous la courbe accélération-temps, entre 0 et t).

Ainsi, on a

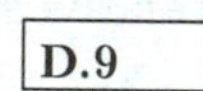

D.9 $$v = v_0 + at.$$

En intégrant cette vitesse, on obtient le déplacement:

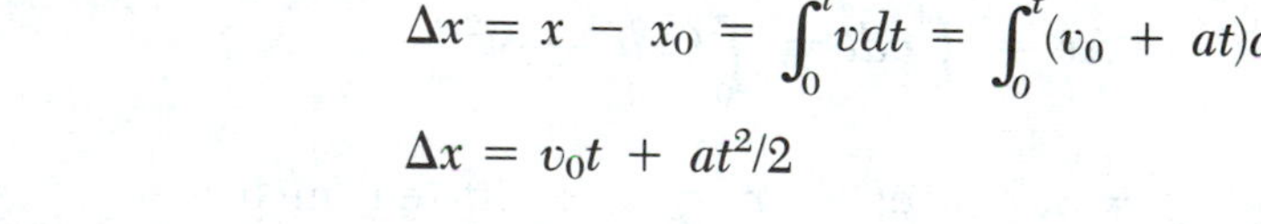

$$\Delta x = x - x_0 = \int_0^t v dt = \int_0^t (v_0 + at) dt$$

$$\Delta x = v_0 t + at^2/2$$

est l'aire de la surface sous la courbe vitesse-temps entre 0 et t.

Ainsi, on a

D.10 $$x = x_0 + v_0 t + at^2/2.$$

Cette courbe est une parabole, passant par x_0 et ayant une pente v_0 à $t = 0$. Si l'accélération est positive, la concavité est vers le haut, la pente de la tangente augmentant, la vitesse augmente. Dans le cas contraire, la concavité est vers le bas. Pour un extremum (minimum ou maximum selon les cas), la pente de la tangente, c.-à-d., la vitesse, est nulle.

Réponses aux exercices et problèmes (numéros impairs)

Chapitre 1

Exercices

1. 2,8 g/cm^3

3. $2{,}26 \times 10^3$ kg

5. (a) $9{,}83 \times 10^{-16}$ g (b) $1{,}06 \times 10^7$ atomes

7. k ne peut pas être déterminé à partir de cette analyse.

9. L/T^3

11. $1{,}14 \times 10^4$ kg/m^3

13. $1{,}18 \times 10^{17}$ kg/m^3, 1.04×10^{13}

15. $2{,}87 \times 10^8$ s

17. $8{,}4 \times 10^{22}$ atomes

19. L'estimation s'établit à 3×10^9 battements.

21. Si nous estimons qu'en moyenne un consommateur achète 6 canettes par semaine, la consommation annuelle pour une population de 30 millions est d'environ 9 milliards de canettes. Si on suppose que chaque canette a une masse de 5 g, la masse totale de canettes est d'environ $4{,}5 \times 10^7$ kg, soit $4{,}5 \times 10^4$ tonnes métriques.

23. Environ 10^4 briques. Considérant que l'aire d'une brique moyenne est d'environ 8 cm $\times$ 20 cm = 160 cm^2 = 0,016 m^2, et celle d'un mur moyen est de 3 m $\times$ 10 m = 30 m^2 (soit une aire totale de 120 m^2 pour les 4 faces), nous pouvons établir l'estimation à 120/0,016, soit environ 10^4 briques. (7 500 précisément, s'il n'y a aucune perte.)

25. $(195{,}8 \pm 1{,}4)$ cm^2

27. (a) 22 cm (b) 67,9 cm^2

Chapitre 2

Exercices

1. (a) 8,6 m (b) (4,5 m, $-63°$) (c) (4,2 m, 135°)

3. $x = -2{,}75$ m, $y = -4{,}76$ m

5. (a)

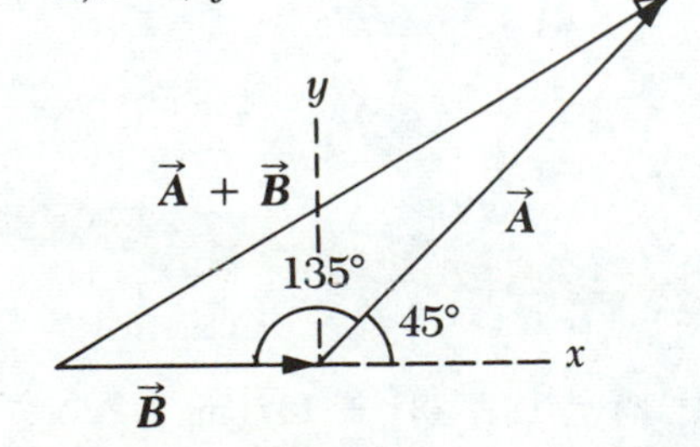

(b) $|\vec{A} + \vec{B}| = 8{,}39$ m

7. (14,3 km, 65,2°)

9.

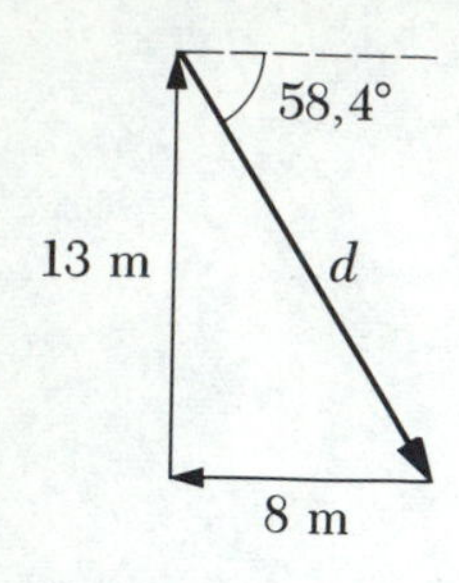

$|\vec{d}| = \sqrt{8^2 + 13^2} = 15{,}3$ m
$\theta = -58{,}4°$

11. $A_x = 2{,}6$ m, $B_x = 0$, $\vec{A} + \vec{B} = (2{,}6\vec{i} + 4{,}5\vec{j})$ m
$A_y = 1{,}5$ m, $B_y = 3$ m

13.

Quadrant	I	II	III	IV
Composante x	+	−	−	+
Composante y	+	+	−	−

15. 47,2 unités, $\theta = 122°$

17. (7,21 m, 56,3°)

19. (a) $|\vec{B}| = 7$ unités, $\theta = 217°$ (b) $C_x = -28$ unités, $C_y = -91$ unités

21. 9,2 m vers l'ouest et 2,3 m vers le nord, *ou* $\vec{R} = (-9{,}2\vec{i} + 2{,}3\vec{j})$ m

23. 1 260 km vers l'est et 386 km vers le nord, *ou*
$\vec{R} = (1\,260\vec{i} + 386\vec{j})$ km

25. (a) $\vec{A} + \vec{B} = 2\vec{i} - 6\vec{j}$
(b) $\vec{A} - \vec{B} = 4\vec{i} + 2\vec{j}$
(c) $|\vec{A} + \vec{B}| = 6{,}32$
(d) $|\vec{A} - \vec{B}| = 4{,}47$
(e) Pour $\vec{A} + \vec{B}$, $\theta = -71{,}6°$; pour $\vec{A} - \vec{B}$, $\theta = 26{,}6°$

27. (a) $\vec{A} = 8\vec{i} + 12\vec{j} - 4\vec{k}$
(b) $\vec{B} = \vec{A}/4 = 2\vec{i} + 3\vec{j} - \vec{k}$
(c) $\vec{C} = -3\vec{A} = -24\vec{i} - 36\vec{j} + 12\vec{k}$

29. (a) $\vec{r} = (-11{,}1\vec{i} + 6{,}40\vec{j})$ m
(b) $\vec{r} = (1{,}65\vec{i} + 2{,}86\vec{j})$ cm
(c) $\vec{r} = (-18{,}0\vec{i} - 12{,}6\vec{j})$ cm

31. (a) $\vec{A} = -3\vec{i} + 2\vec{j}$
(b) 3,61, 146°
(c) $\vec{B} = 3\vec{i} - 6\vec{j}$

33. 5,83 N à $\theta = 149°$

35. 38,3 N dans le sens positif des y

37. (a) $F_x = 49{,}5$ N, $F_y = 27{,}1$ N
(b) 56,4 N à $\theta = 28{,}7°$

Problèmes

3. (a) $\vec{r}_1 = (-3\vec{i} - 5\vec{j})$ m, $\vec{r}_2 = (-\vec{i} + 8\vec{j})$ m (b) $\Delta\vec{r} = \vec{r}_2 - \vec{r}_1 = (2\vec{i} + 13\vec{j})$ m

Chapitre 3

1. $-3{,}89 \times 10^{-2}$ m/s

3. (a) 1,92 km
(b) 4,57 m/s

5. (a) 4 m/s
(b) -4 m/s
(c) zéro
(d) 2 m/s

7. (a) négative
(b) positive
(c) zéro
(d) zéro

9. (b) 1,6 m/s

11. $-2{,}5$ m/s^2

13. (a) 4 m/s^2
(b) Non. L'accélération n'est pas nécessairement constante, de sorte que la vitesse moyenne ne peut pas être évaluée. Si l'accélération était constante, on aurait alors $\bar{v} = 13$ m/s.

15. (b) 2 m/s^2
(c) 3 m/s^2

17. (a) -8 m/s^2
(b) -9 m/s
(c) 7 m/s

19. (a) 0
(b) 6 m/s^2
(c) $-1\,125$ m
(d) -65 m/s

21. (a) 3,6 m/s^2
(b) 3,33 s

23. (a) 24,6 s
(b) 124 m

25. 24 s

27. (a) 12,7 m/s
(b) $-2{,}3$ m/s

29. (a) 4 cm
(b) 18 cm/s

31. (a) 3×10^{-10} s
(b) $1{,}26 \times 10^{-4}$ m

33. (a) $-3{,}5 \times 10^{5}$ m/s^2
(b) $2{,}9 \times 10^{-4}$ s

35. (a) 8,20 s
(b) 134 m

37. (a) 30,7 m/s
(b) $1{,}05 \times 10^{3}$ m/s^2 ou 107 g
(c) $2{,}9 \times 10^{-2}$ s

39. (a) 39,2 m
(b) 17,9 m/s
(c) $-9{,}8$ m/s^2

41. (a) 17,2 m/s
(b) 15,1 m

43. (a) 2,33 s
(b) $-32{,}8$ m/s

Problèmes

1.

Vitesse (km/h)	Distance de réflexe (m)	Distance de freinage (m)	Distance d'arrêt (m)
25	5,21	3,70	8,91
50	10,4	14,8	25,2
90	18,8	47,9	66,7
100	20,8	59,2	80,0
115	24,0	78,3	102,0

3. (a) 41,1 s
(b) 1 735 m
(c) -184 m/s

5. (b) $(47/12)v$
(c) $(47/60)v$

7. (a) $(3t^2 - 18t + 6)$ cm/s
(b) $(3 \pm \sqrt{7})$ s
(c) $-6\sqrt{7}$ cm/s^2, $6\sqrt{7}$ cm/s^2
(d) -74 cm

9. (a) 8,47 s
(b) 179 m
(c) $v_j = 42{,}4$ m/s, $v_y = 37{,}9$ m/s

11. (a) 23,6 m/s
(b) $-35{,}2$ m/s
(c) $-5{,}8$ m/s

13. (a) 1 700 m
(b) 113 m/s

15. (b) 4 m, 2 m/s
(c) 1/3 s
(d) -4 m, -10 m/s, -6 m/s^2

Chapitre 4

Exercices

1. (a) $v_x = 2t,\ v_y = 4t$
(b) $x = t^2,\ y = 2t^2$
(c) $\sqrt{20}\ t$

3. (a) $\vec{v} = -12t\vec{j},\ \vec{a} = -12\vec{j}$ m/s²
(b) $\vec{r} = (3\vec{i} - 6\vec{j})$ m, $\vec{v} = -12\vec{j}$ m/s

5. (a) $\vec{v} = 4\vec{i}$ m/s
(b) $x = 4$ m, $y = 6$ m

7. 2,70 m/s²

9. 54,4 cm au-dessous du centre de la cible

11. 53,1°

13. (a) 14,7°, 75,3°
(b) 10,3 s, 39,5 s

15. 80 m

17. (a) 12,6 m/s
(b) 395 m/s² en direction du centre de rotation

19. $v = 10{,}5$ m/s, $a = 219$ m/s²

21. (a) 32 m/s² vers le bas
(b) 72 m/s² vers le haut

23. (a) 13,0 m/s² vers le centre
(b) 6,24 m/s
(c) 7,50 m/s² selon $\vec{v}$

25. (a) 4 m/s² vers le centre
(b) $\sqrt{8}$ m/s

27. (a) 14,5° au nord de la direction ouest
(b) 194 km/h

29. 72 km/h, 56,3° nord-est

31. 33,6 min (comparativement à 27,8 min)

Problèmes

1. (a) $1{,}53 \times 10^3$ m
(b) 33,2 s
(c) 4,05 km

3. (a) $v_x = 7{,}14$ m/s, $v_y = -12{,}1$ m/s
(b) $t = 2{,}47$ s
(c) $d = 4{,}90$ m

5. (b) $v = -6 \sin 2t\vec{i} + 6 \cos 2t\vec{j},\ \vec{a} = -12 \cos 2t\vec{i} - 12 \sin 2t\vec{j} = -4\vec{r}$ m/s²
(c) $\frac{v^2}{r} = 12$ m/s² $= |\vec{a}|$

7. 0,139 m/s

9. à 7,52 m/s en s'éloignant du quart arrière

11. (a) 41,7 m/s
(b) 3,81 s
(c) $v_x = 34{,}2$ m/s, $v_y = -13{,}4$ m/s, $v = 36{,}7$ m/s

Chapitre 5

Exercices

1. (a) 3
(b) 1,5 m/s²

3. 1 245 N

5. 1,96 N

7. (a) 12 N
(b) 3 m/s²

9. (a) $(4\vec{i} + 3\vec{j})$ m/s²
(b) $(5{,}5\vec{i} + 2{,}6\vec{j})$ m/s²

11. 8 N dans le sens négatif des x

13. (a) $F_x = 2{,}5$ N, $F_y = 5$ N
(b) $F = 5{,}6$ N

15. $6{,}4 \times 10^3$ N

17. 0,67 m/s²

19. (a) $T_1 = 31{,}5$ N, $T_2 = 37{,}5$ N, $T_3 = 49$ N
(b) $T_1 = 113$ N, $T_2 = 56{,}6$ N, $T_3 = 98$ N

21. (a) 2 822 N
(b) Non; il faudrait que F soit infiniment grand.

23. 3,73 m

25. (a) $T = 36{,}8$ N
(b) $a = 2{,}45$ m/s^2
(c) 1,23 m

27. $a = \dfrac{F}{m_1 + m_2}$, $T = \left(\dfrac{m_1}{m_1 + m_2}\right)F$

29. (a) 16,3 N
(b) 8,07 N

31. $\mu_s = 0{,}38$, $\mu_k = 0{,}31$

33. 0,461

35. (b) $T = 16{,}7$ N, $a = 0{,}69$ m/s^2

37. (a) 1,78 m/s^2
(b) 0,368
(c) 9,37 N
(d) 2,67 m/s

39. (a) 35,4 N
(b) 0,601

41. (a) 0,55
(b) 0,25 m/s^2

Problèmes

1. (a) 3,12 m/s^2
(b) 17,5 N

3. (a) le frottement entre les deux blocs
(b) 34,7 N
(c) 0,306

5. (b) 5,75 m/s^2
(c) $T_1 = 17{,}4$ N, $T_2 = 40{,}5$ N

7. (a) 9,14 kg
(b) 47,6 N
(c) 4,5 m/s^2
(d) la corde du haut

9. (a) 1,02 m/s^2
(b) 2,04 N, 3,06 N, 4,08 N
(c) 14 N entre m_1 et m_2, 8 N entre m_2 et m_3

11. (a) $mg\left(\dfrac{\sin\theta + \mu_s\cos\theta}{\cos\theta - \mu_s\sin\theta}\right)$
(b) $\dfrac{ma + mg\,(\sin\theta + \mu_k\cos\theta)}{\cos\theta - \mu_k\sin\theta}$

13. (a) $T_1 = 78{,}0$ N, $T_2 = 35{,}9$ N
(b) 0,655

15. (b) 2,2 m/s^2
(c) 90 N

17. $T_A = 304$ N, $T_B = 290$ N, $T_C = 152$ N, $T_D = 138$ N

21. $a_1 = \dfrac{2m_2g}{4m_1 + m_2}$, $a_2 = \dfrac{m_2g}{4m_1 + m_2}$

Chapitre 6

Exercices

1. $2{,}96 \times 10^{-9}$ N

3. $4{,}62 \times 10^{-8}$ N vers le centre du triangle

5. $F_x = Gm^2\left[\dfrac{2}{b^2} + \dfrac{3b}{(a^2 + b^2)^{3/2}}\right]$,
$F_y = Gm^2\left[\dfrac{2}{a^2} + \dfrac{3a}{(a^2 + b^2)^{3/2}}\right]$

7. $\vec{F}_6 = (12{,}6\vec{i} + 1{,}92\vec{j}) \times 10^{-11}$ N,
$F_6 = 12{,}7 \times 10^{-11}$ N

9. $8{,}20 \times 10^{-8}$ N

11. $F = 4{,}41$ N en s'éloignant du centre du carré

13. $2{,}69 \times 10^{10}$

15. $2{,}3 \times 10^3$ N

17. (a) le frottement
(b) 0,128

19. (a) $5{,}60 \times 10^3$ m/s
(b) 238 min
(c) $1{,}47 \times 10^3$ N

21. (a) $8{,}20 \times 10^{-8}$ N
(b) $9{,}01 \times 10^{22}$ m/s^2
(c) $6{,}56 \times 10^{15}$ tr/s

23. (a) $2{,}49 \times 10^4$ N
(b) 12,1 m/s

25. (a) 204 N
(b) $a_\theta = 4{,}14$ m/s^2, $a_r = 32$ m/s^2
(c) 32,3 m/s^2

27. 2,42 m/s^2 vers l'avant

29. (a) 3,6 m/s^2 vers la droite
(b) zéro

31. (a) 1,47 N • s/m
(b) $2{,}03 \times 10^{-3}$ s
(c) $2{,}94 \times 10^{-2}$ N

Problèmes

1. (a) 0,61 tr/s
   (b) 0,77 m/s, 2,93 m/s^2

3. (a) 66,2 N
   (b) 36,6 N
   (c) 6,96 N

5. (a) $q = 1{,}88 \times 10^{-7}$ C
   (b) $5{,}07 \times 10^{-2}$ N

7. (a) $v_{\max} = \sqrt{Rg\left(\dfrac{\tan\theta + \mu}{1 - \mu\tan\theta}\right)}$, $v_{\min} = \sqrt{Rg\left(\dfrac{\tan\theta - \mu}{1 + \mu\tan\theta}\right)}$
   (b) $\mu = \tan\theta$
   (c) $v_{\max} = 16{,}6$ m/s (60 km/h), $v_{\min} = 8{,}57$ m/s (31 km/h)

9. (b) 2,54 s, 23,6 tr/min

Chapitre 7

Exercices

1. $5{,}88 \times 10^3$ J

3. (a) 317 J
   (b) −176 J
   (c) zéro
   (d) zéro
   (e) 141 J

5. (a) $2{,}94 \times 10^5$ J
   (b) $-2{,}94 \times 10^5$ J

7. (a) 3
   (b) 74,7°

9. 18,4

13. (a) 63,4°
   (b) 80,7°
   (c) 67,8°

15. (a) 7,5 J
   (b) 15 J
   (c) 7,5 J
   (d) 30 J

17. (b) −12 J

19. (a) 22,5 J
   (b) 90 J

21. (a) 51 J
   (b) 69 J

23. (a) 9×10^3 J
   (b) 300 N

25. (a) 1,94 m/s
   (b) 3,35 m/s
   (c) 3,87 m/s

27. (a) $v_0^2/2\mu_k g$
   (b) 12,8 m

29. (a) 0,791 m/s
   (b) 0,531 m/s

31. (a) 63,9 J
   (b) −35,4 J
   (c) −9,51 J
   (d) 19,0 J

33. 829 N

35. (a) 0,41 m/s
   (b) $2{,}45 \times 10^3$ J

37. (a) 3 920 W (5,25 hp)
   (b) $7{,}06 \times 10^5$ J

39. (a) $7{,}5 \times 10^4$ J
   (b) $2{,}50 \times 10^4$ W (33,5 hp)
   (c) $3{,}33 \times 10^4$ W (44,7 hp)

41. (a) 29,7 kW
   (b) 37,3 kW

Problèmes

1. (a) $\cos\alpha = A_x/A$, $\cos\beta = A_y/A$, $\cos\gamma = A_z/A$, où $A = (A_x^2 + A_y^2 + A_z^2)^{1/2}$

3. (a) $kd/2mg$
   (b) $kd/4mg$

5. (a) 20 J
(b) 6,71 m/s

7. (a) −5,6 J
(b) 0,152
(c) 2,28 tr

9. (c) $7{,}29 \times 10^7$ J $1{,}97 \times 10^4$ W
(d) 10,1 %

11. (a) 2,7 m/s^2
(c) $4{,}04 \times 10^3$ N
(d) 146 hp

Chapitre 8

Exercices

1. (a) $W_{OA} = 0$, $W_{AC} = -147$ J, donc $W_{OAC} = -147$ J
(b) $W_{OB} = -147$ J, $W_{BC} = 0$, donc $W_{OBC} = -147$ J
(c) $W_{OC} = -147$ J; la force gravitationnelle est conservative.

3. (a) $W_{OAO} = -30$ J
(b) $W_{OACO} = -51{,}2$ J
(c) $W_{OCO} = -42{,}4$ J
(d) le frottement est une force non conservative.

5. (a) 70 J
(b) −70 J
(c) 6,83 m/s

7. (a) 15 J, 30 J
(b) Oui. L'énergie totale n'est pas conservée puisque $E_i \neq 30$ J et $E_f = 20$ J.

9. (a) −19,6 J
(b) 39,2 J
(c) zéro

11. (a) 5,91 J
(b) 3,47 m/s
(c) 49,6 N
(d) 0,816 m

13. (a) 31,3 m/s
(b) 147 J
(c) 4

15. (a) 0,225 J
(b) 0,363 J
(c) Non. La force normale varie en fonction de la position de sorte que la force de frottement varie elle aussi.

17. (a) 8,33 m
(b) −50 J
(c) zéro

19. (a) 8,85 m/s
(b) 54,1 %

21. (a) 9,90 m/s
(b) −11,8 J
(c) −11,8 J

23. (a) 0,180 J
(b) 0,100 J

25. $(2mgh/k)^{1/2}$
(b) 8,94 cm

27. (a) 588 N/m
(b) 0,70 m/s

29. (a) $F_r = A/r^2$
(b) la force gravitationnelle (A négatif) et la force électrostatique (A positif ou négatif)

31. (a) nulle en A, C et E, positive en B et négative en D
(b) instable en A et en E, stable en C

33.

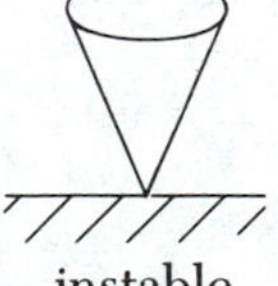

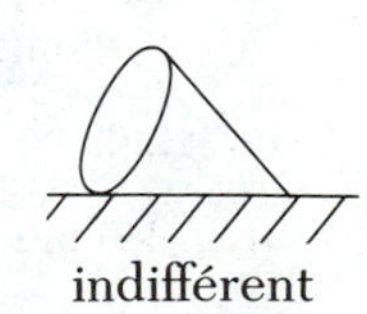

35. $2{,}74 \times 10^{-11}$ J, ou 171 MeV comparativement à $2{,}14 \times 10^{-11}$ J ou 134 MeV

37. 0,110 065 u, ou 103 MeV

39. 47 GW

Problèmes

1. (a) 349 J, 676 J, 741 J
   (b) 175 N, 338 N, 371 N
   (c) oui

3. (a) $\Delta U = -\frac{ax^2}{2} - \frac{bx^3}{3}$
   (b) $\Delta U = \frac{A}{\alpha}(1 - e^{\alpha x})$

5. (a) 125 J
   (b) 50 J
   (c) 66,7 J
   (d) non conservative, car W dépend de la trajectoire

7. 0,115

9. 1,07 m/s

11. (a) $v = \sqrt{\frac{g}{L}(L^2 - d^2)}$
    (b) $t = \sqrt{\frac{L}{g}} \ln\left(\frac{L + \sqrt{L^2 - d^2}}{d}\right)$

15. $y = \frac{mg}{k} + \sqrt{\left(\frac{mg}{k}\right)^2 + \frac{2mgh}{k}}$

Chapitre 9

Exercices

1. $p_x = 6$ kg • m/s, $p_y = -12$ kg • m/s, $p = 13{,}4$ kg • m/s

3. $1{,}70 \times 10^4$ kg • m/s vers le nord-ouest
   (b) $5{,}66 \times 10^3$ N

5. (a) 12 kg • m/s
   (b) 6 m/s
   (c) 4 m/s

7. (a) $1{,}35 \times 10^4$ kg • m/s
   (b) 9×10^3 N
   (c) 18×10^3 N

9. (a) quadruplée
   (b) $\sqrt{3}$ fois sa valeur initiale

11. (a) 22,5 kg • m/s
    (b) $1{,}13 \times 10^3$ N

13. (a) 17,1 kg • m/s
    (b) $8{,}56 \times 10^3$ N

15. 6 m/s vers la gauche

17. Le garçon se déplace vers l'ouest à une vitesse de 2,46 m/s.

19. $2{,}68 \times 10^{-20}$ m/s

21. 340 m/s

23. 6 kg

25. (a) 2,75 m/s
    (b) $6{,}75 \times 10^4$ J

27. (a) 0,284, ou 28,4 %
    (b) $K_n = 1{,}15 \times 10^{-13}$ J, $K_c = 0{,}45 \times 10^{-13}$ J

29. (a) $-6{,}67$ cm/s, 13,3 cm/s
    (b) 8/9

31. (b) et (c) sont parfaitement élastiques

33. (a) 24 cm/s
    (b) Non. La Terre subit un recul de grandeur négligeable.

35. $v = (2\vec{i} - 1{,}8\vec{j})$ m/s

37. (a) $v_x = -9{,}3 \times 10^6$ m/s, $v_y = -8{,}3 \times 10^6$ m/s
    (b) $4{,}4 \times 10^{-13}$ J

39. $4{,}67 \times 10^6$ m (ce point se trouve à l'intérieur de la Terre)

41. $\left(\frac{1}{3}, \frac{5}{3}\right)$ m

43. (a) $\vec{v}_c = (1{,}4\vec{i} + 3{,}2\vec{j})$ m/s
    (b) $\vec{p} = (7\vec{i} + 16\vec{j})$ kg • m/s

45. $\vec{a}_c = (\vec{i} + 2\vec{j})$ m/s^2

47. 3×10^5 N

49. $1{,}42 \times 10^4$ m/s

Problèmes

1. (a) 2,04 m/s vers le sud
   (b) 2,75 m/s vers le sud
   (c) 2,30 m/s à 62° au sud de l'ouest

3. $1{,}48 \times 10^3$ m/s

5. (a) $\vec{r}_c = 3\vec{j}$ m
   (b) $\vec{v}_c = (4\vec{i} + 2\vec{j})$ m/s
   (c) $\vec{a}_c = (3\vec{i} - \vec{j})$ m/s^2

7. (a) 6,93 m/s (b) 1,14 m

9. (a) 0,556 m/s
(b) 11,1 J

11. $x = \frac{2v_0^2}{9\mu g} - \frac{4}{9}d$

13. 108 N

15. $\left(\frac{3Mg}{L}\right)x$

Chapitre 10

Exercices

1. 1,67 rad, ou 95°

3. (a) 377 rad/s
(b) 565 rad

5. (a) 5 rad/s^2
(b) 10 rad

7. (a) $1{,}99 \times 10^{-7}$ rad/s
(b) $2{,}6 \times 10^{-6}$ rad/s

9. (a) 0,40 rad/s
(b) 32 m/s^2 vers le centre

11. (a) 8 rad/s
(b) 16 m/s, $a_r = 128$ m/s^2, $a_\theta = 8$ m/s^2
(c) $\theta = 9$ rad

13. (a) 126 rad/s
(b) 2,51 m/s
(c) 947 m/s^2
(d) 15,1 m

15. (a) 143 kg • m^2
(b) $4{,}58 \times 10^3$ J

17. (a) 92 kg • m^2, 184 J
(b) 6 m/s, 4 m/s, 8 m/s, 184 J

19. (a) $\frac{3}{2}MR^2$
(b) $\frac{7}{5}MR^2$

21. 3,2 N • m (entre dans le plan)

23. (a) 12 kg • m^2
(b) 2,4 N • m
(c) 43,8 tr

25. (a) 2 rad/s^2
(b) 6 rad/s
(c) 90 J
(d) 4,5 m

27. (a) 46,8 N
(b) 0,234 kg • m^2
(c) 40 rad/s

Problèmes

3. (a) $\frac{Mmg}{M + 4m}$
(b) $\frac{4mg}{M + 4m}$
(c) $\frac{1}{R}\sqrt{\frac{8mgh}{M + 4m}}$

5. (a) $m_1 g(m_1 + m_2 + I/R^2)^{-1}$
(b) $T_2 = m_1 m_2 g(m_1 + m_2 + I/R^2)^{-1}$, $T_1 = m_1 g(I + m_2R^2)[I + (m_1 + m_2)R^2]^{-1}$
(c) $a = 3{,}12$ m/s^2, $T_1 = 26{,}7$ N, $T_2 = 9{,}37$ N
(d) $a = 5{,}6$ m/s^2, $T_1 = T_2 = 16{,}8$ N

7. (a) $\omega = \sqrt{3g/l}$
(b) $\alpha = 3g/2l$
(c) $a_x = -\frac{3}{2}g$, $a_y = -\frac{3}{4}g$
(d) $R_x = \frac{3}{2}Mg$, $R_y = -\frac{1}{4}Mg$

9. (a) $0{,}707R$
(b) $0{,}289L$
(c) $0{,}632R$

Chapitre 11

Exercices

1. (a) $5\vec{k}$
(b) 135°

5. (a) $-6\vec{k}$
(b) $-4\vec{i} - 12\vec{j}$
(c) $-2\vec{j} + 6\vec{k}$

7. (a) $-10\vec{k}$ N • m
(b) $8\vec{k}$ N • m

9. (a) mvd (sort du plan)
(b) $-2mvd$ (entre dans le plan)
(c) zéro

11. (a) $24\vec{k}$ kg • m²/s
(b) $-16\vec{k}$ kg • m²/s

13. 12,5 kg • m²/s (sort du plan)

15. (a) $\vec{L} = md(v_0 + gt)\vec{k}$
(b) $\tau = mgd\vec{k}$

17. (a) 0,367 kg • m²/s
(b) 1,47 kg • m²/s

19. (a) 0,336 N • m
(b) $L = 0{,}28v$
(c) 8,4 m/s²

21. 7,35 rad/s

23. (a) 8,57 rad/s
(b) augmente de 234 J
(c) l'étudiant accomplit un travail sur le système.

25. (a) 0,420 rad/s dans le sens anti-horaire
(b) 123 J

27. (a) $\left(\frac{6}{5}gh\right)^{1/2}$
(b) $\frac{3}{5}g \sin \theta$

29. (a) $a_c = \frac{2}{3}g \sin \theta$ (disque),
$a_c = \frac{1}{2}g \sin \theta$ (cerceau)
(b) $\frac{1}{3}\tan \theta$

31. (a) 500 J
(b) 250 J
(c) 750 J

Problèmes

3. (a) v_0r_0/r
(b) $T = (mv_0{}^2r_0{}^2)r^{-3}$
(c) $\frac{1}{2}mv_0{}^2\left(\frac{r_0{}^2}{r^2} - 1\right)$
(d) 4,5 m/s, 10,1 N, 0,45 J

5. $\omega = \sqrt{\frac{10}{7}\frac{g}{r^2}(1 - \cos \theta)(R - r)}$

9. (a) $2{,}7(R - r)$
(b) $F_x = -\frac{10}{7}mg\left(\frac{2R + r}{R - r}\right) \quad F_y = -\frac{5}{7}mg$

13. (a) $F_y = \frac{P}{L}\left(d - \frac{ah}{g}\right)$, (b) $d = 0{,}306$ m
(c) $F_x = -306$ N, $F_y = 553$ N

15. (a) $\frac{1}{3}\omega_0$
(b) $\frac{2}{3}$

Chapitre 12

Exercices

1. $F_1 + F_2 - P_1 - P_2 = 0,\ F_2l - P_1d_1 - P_2d_2 = 0$

3. $x = \dfrac{(P_1 + P)d + P_1l/2}{P_2}$

5. La coordonnée y du centre de masse est de 15,3 cm à partir du bas. La coordonnée x est de 8 cm à partir du côté gauche du «T».

7. à la marque des 75 cm

11. (a) 1,36 m de l'essieu avant
(b) 3 560 N sur chaque pneu arrière et 4 280 N sur chaque pneu avant.

Problèmes

1. (b) $T = 213$ N, $R_x = 184$ N, $R_y = 188$ N

3. (b) $T = 173$ N
(c) $d = 0{,}76\, l$

5. (a) $P_{\max} = \dfrac{P}{2}\left(\dfrac{2\mu_s \sin\theta - \cos\theta}{\cos\theta - \mu_s \sin\theta}\right)$

(b) $R = (P + P_{\max})\sqrt{1 + \mu_s^2}$,
$F = \sqrt{P^2 + \mu_s^2(P + P_{\max})^2}$

7. (a) $\mu_k = 0{,}57$, à $\frac{6}{7}$ m du coin droit

(b) $h = \frac{5}{2}$ m

9. $N_a = 6{,}0 \times 10^5$ N, $N_b = 4{,}8 \times 10^5$ N

11. (a) 133 N
(b) $N_A = 429$ N, $N_B = 257$ N
(c) $R_x = 133$ N, $R_y = 257$ N

13. (b) $T = 1{,}07 \times 10^3$ N, $R_x = 991$ N, $R_y = 497$ N

Chapitre 13

Exercices

1. (a) 1,5 Hz, 0,67 s
(b) 4 m
(c) π rad
(d) −4 m

3. (a) 4,3 cm
(b) −5 cm/s
(c) −17 cm/s^2
(d) π s, 5 cm

5. (a) −14 cm/s, 16 cm/s^2
(b) 16 cm/s, 1,83 s
(c) 32 cm/s^2, 1,05 s

7. (b) 6π cm/s, 0,33 s
(c) $18\pi^2$, 0,5 s
(d) 12 cm

9. 3,95 N/m

11. (a) 2,40 s
(b) 0,417 Hz
(c) 2,62 rad/s

13. (a) 0,4 m/s, 1,6 m/s^2
(b) 0,32 m/s, −0,96 m/s^2
(c) 0,23 s

15. (a) 0,153 J
(b) 0,783 m/s
(c) 17,5 m/s^2

17. (a) quadruplée
(b) doublée
(c) doublée
(d) ne change pas

19. 2,6 cm

21. 0,158 Hz, 6,35 s

23. 106

25. augmente de $1{,}78 \times 10^{-3}$ s

27. $8{,}5 \times 10^{-2}$ kg • m^2

33. (a) 1 s
(b) 5,09 cm

Problèmes

1. (a) $v = 14\pi \sin 2\pi t$ cm/s, $a = 28\pi^2 \cos 2\pi t$ cm/s^2

3. (a) $\omega = \left(\dfrac{gd}{d^2 + l^2/12}\right)^{1/2}$

(b) 1,53 s

7. (a) $I = mL^2 + \frac{2}{5}mR^2$

(b) $T = 2\pi\sqrt{\dfrac{L}{g}}\left(1 + \dfrac{2}{5}\dfrac{R^2}{L^2}\right)^{1/2}$

11. (a) $(m + M)\, g$

$\left(M + \dfrac{my}{l}\right)g$

(b) $T = 2{,}83\sqrt{\dfrac{2m + 6M}{3m + 6M}}$

(c) $\dfrac{4\pi}{3}\sqrt{\dfrac{2l}{g}} = 2{,}68$ s

13. (a) $E = \frac{1}{2}mv^2 + mgL(1 - \cos\theta)$

15. $f = \dfrac{1}{2\pi}\left(\dfrac{mgL + kh^2}{I}\right)^{1/2}$

Chapitre 14

Exercices

1. (a) $4\pi^2/GM_T = 9{,}90 \times 10^{-14}\ s^2/m^3$
   (b) 127 min

3. La droite obtenue confirme que $T \propto r^{3/2}$. La pente de cette droite correspond à K_s.

5. $9{,}37 \times 10^6$ m

7. $4{,}22 \times 10^7$ m

9. (a) $-1{,}67 \times 10^{-14}$ J
   (b) au centre du triangle

11. $-20{,}95\ \dfrac{Gm^2}{a}$

15. $5{,}04 \times 10^3$ m/s

17. (a) $3{,}90 \times 10^9$ J
    (b) $|U|$ et K diminuent de moitié

19. (a) $1{,}88 \times 10^{11}$ J
    (b) 104 kW

21. $Gm\lambda_0 L[h(L + h)]^{-1} + GmAL$ vers la droite

23. (a) $7{,}41 \times 10^{-10}$ N
    (b) $1{,}04 \times 10^{-8}$ N
    (c) $5{,}21 \times 10^{-9}$ N

Problèmes

1. (a) $(GM/4R^3)^{1/2}$
   (b) $(g/R)^{1/2} = 1{,}57$ rad/s (0,249 tr/s)

3. (a) $U = -\dfrac{3Gm}{R}\left(M + \dfrac{\sqrt{3}}{3}m\right)$
   (b) $v = \left(\dfrac{\sqrt{3}Gm}{3R} + \dfrac{GM}{R}\right)^{1/2}$

5. (a) $F = \dfrac{GMmd}{(R^2 + d^2)^{3/2}}$ vers le bas
   (b) $F = 0$ au milieu et $F \approx \dfrac{GMm}{d^2}$ pour $d \gg R$

7. (a) $k = \dfrac{GmM_T}{R_T{}^3}$, à $\dfrac{L}{2}$
   (b) $\dfrac{L}{2}\left(\dfrac{GM_T}{R_T{}^3}\right)^{1/2}$, au milieu du tunnel
   (c) 309 m/s

9. (a) $7{,}34 \times 10^{22}$ kg
   (b) $1{,}63 \times 10^3$ m/s
   (c) $1{,}32 \times 10^{10}$ J

11. (a) $v_1 = m_2\left[\dfrac{2G}{d(m_1 + m_2)}\right]^{1/2}$,
    $v_2 = m_1\left[\dfrac{2G}{d(m_1 + m_2)}\right]^{1/2}$,
    $v_{rel} = \left[\dfrac{2G(m_1 + m_2)}{d}\right]^{1/2}$
    (b) $K_1 = 1{,}07 \times 10^{32}$ J, $K_2 = 2{,}67 \times 10^{31}$ J

Index